¿Por qué las cebras
no tienen úlcera?

Robert M. Sapolsky

¿Por qué las cebras no tienen úlcera?

La guía del estrés

Traducción de:
Celina González y Miguel Ángel Coll

ALIANZA EDITORIAL

Título original: *Why Zebras Don't Get Ulcers. The Acclaimed Guide to Stress, Stress-Related Diseases, and Coping, Third Edition*
Esta edición ha sido publicada por acuerdo con Henry Holt and Company, Nueva York.

Diseño de cubierta: Marta García
Ilustración de cubierta: © My Creative Studio/Shutterstock

PAPEL DE FIBRA
CERTIFICADA

Copyright © 1994, 1998 by W. H. Freeman, and 2004 by Robert Sapolsky.
   All rights reserved.
© de la traducción: Celina González y Miguel Ángel Coll, 2008
© Alianza Editorial, S. A., Madrid, 2008, 2025
   Calle Valentín Beato, 21
   28037 Madrid
   www.alianzaeditorial.es
   ISBN: 978-84-1148-899-0
   Depósito legal: M. 129-2025
   Printed in Spain

SI QUIERE RECIBIR INFORMACIÓN PERIÓDICA SOBRE LAS NOVEDADES DE ALIANZA EDITORIAL, ENVÍE UN CORREO ELECTRÓNICO A LA DIRECCIÓN:

alianzaeditorial@anaya.es

Para Lisa, mi mejor amiga,
que ha colmado mi vida

PRÓLOGO

Puede que usted lea esto mientras echa un vistazo en una librería. En ese caso, observe discretamente al tipo que se halla delante de usted en el pasillo cuando no le mire, el que finge estar absorto en el libro de Stephen Hawking. Obsérvelo con detenimiento. No es probable que la lepra le haya privado de algún dedo ni esté picado de viruelas o tenga escalofríos de fiebre causada por la malaria, sino que parecerá hallarse en perfecto estado de salud, lo que quiere decir que tendrá las mismas enfermedades que la mayor parte de nosotros: un nivel de colesterol elevado para un simio, un sentido del oído menos agudo que el de un cazador-recolector de su edad, una tendencia a disminuir la tensión con Valium. Las enfermedades actuales de la sociedad occidental suelen ser distintas de lo que eran; y lo que es más importante, actualmente tendemos a contraer distintos tipos de enfermedades, con causas y consecuencias muy diferentes. Hace mil años, si una joven cazadora-recolectora se comía sin saberlo un ciervo infestado de ántrax, las consecuencias eran evidentes: días más tarde moría. Ahora, si un joven abogado decide de forma irreflexiva que un filete, unos fritos y un par de cervezas constituyen una buena dieta para cenar, las consecuencias distan mucho de ser claras: puede que cincuenta años después se halle afectado por una enfermedad cardiovascular o que dé paseos en bicicleta con sus nietos. El resultado depende de varios factores obvios: de lo que haga su hígado con el colesterol, de los niveles de determinadas enzimas de sus células grasas o de si tiene defectos congénitos en las paredes de los vasos sanguíneos. Pero también depende, en buena medida, de elementos caprichosos, como su personalidad, la cantidad de estrés emocional que experimente a lo largo de los años y el hecho de tener un hombro sobre el que llorar cuando tal estrés se produzca.

El modo de concebir las enfermedades que nos afligen ha sufrido una revolución, que consiste en reconocer la interacción entre el cuerpo y la mente, en admitir que las emociones y la personalidad causan un tremendo impacto en el funcionamiento y la salud de la práctica totalidad de las células del cuerpo. Es una revolución que tiene en cuenta el papel del estrés en el grado de vulnerabilidad a la enfermedad, el modo de enfrentarse a los agentes estresantes y el concepto decisivo de que no se puede entender de verdad una enfermedad *in vacuo*, sino en el contexto de la persona que la padece.

Éste es el tema de mi libro. Comienzo intentando aclarar el significado del confuso concepto de «estrés» y tratando de enseñar, con un mínimo de complejidad, el modo en que, como respuesta al estrés, se movilizan diversas hormonas y partes del cerebro. Después me centro en las relaciones entre el estrés y un mayor riesgo de aparición de determinadas clases de enfermedades, dedicando capítulos consecutivos a los efectos del estrés en el sistema circulatorio, las reservas de energía, el crecimiento, la reproducción, el sistema inmunitario, etc. A continuación paso a examinar las relaciones entre el estrés y el trastorno psiquiátrico más común y probable™mente más incapacitador: la depresión. Como parte de la actualización del material efectuada en esta tercera edición, he añadido dos capítulos más: uno sobre las interacciones entre el estrés y el sueño, y otro acerca de la relación entre el estrés y la adicción a las drogas. Además, he reescrito entre un tercio y la mitad del material contenido en los capítulos de la edición anterior.

Algunos de estos datos son desagradables: el estrés mantenido o repetido trastorna el organismo de un número de

formas aparentemente infinito. Sin embargo, las enfermedades asociadas al estrés, en general, no nos incapacitan;
sabemos enfrentarnos a ellas tanto desde el punto de vista
fisiológico como psicológico, algunos con un éxito espectacular. Para el lector que llegue hasta el final, en el último
capítulo se revisa lo que se conoce sobre el control del estrés y la forma de aplicar algunos de sus principios a la vida
diaria. Hay muchas cosas que nos permiten ser optimistas.

Creo que todos se pueden beneficiar de estas ideas y sentirse estimulados por su fundamento científico. La ciencia
nos ofrece algunos de los enigmas más elegantes y emocionantes que proporciona la vida y lanza al ruedo del debate
moral algunas ideas muy interesantes; y de vez en cuando
mejora nuestras vidas. Adoro la ciencia y sufro al pensar
cuántos se sienten horrorizados ante ella o creen que ele-
girla excluye optar al mismo tiempo por la compasión, el
arte o la admiración por la naturaleza. La ciencia no pretende curarnos del misterio, sino reinventarlo y revigorizarlo.

Por eso creo que cualquier libro científico para legos en
la materia debe tratar de transmitir esa emoción, de hacer
el tema interesante y accesible incluso para aquellos a los
que normalmente no les entusiasma. Éste ha sido uno de
los objetivos de este libro, lo cual, con frecuencia, me ha
llevado a simplificar ideas complejas.

Como contrapartida, incluyo abundantes notas al final,
generalmente con referencias a controversias y detalles
sobre el material presentado en el texto. Estas notas son
una excelente iniciación para quienes deseen más detalles
sobre el tema.

Muchos apartados del libro contienen material en el
que disto mucho de ser un experto, razón por la que, a lo
largo de su escritura, he tenido que consultar a un buen
número de eruditos en busca de consejo, aclaraciones y
verificaciones de hechos. Quiero expresar a todos ellos mi
agradecimiento por ser tan generosos con su tiempo y sus
conocimientos: Nancy Adler, John Angier, Robert Axelrod,

Alan Baldrich, Marcia Barinaga, Alan Basbaum, Andrew Baum, Justo Bautisto, Tom Belva, Anat Biegon, Vic Boff (cuya marca de vitaminas honra los estantes de la casa de mis padres), Carlos Camargo, Matt Cartmill, M. Linette Casey, Richard Chapman, Cynthia Clinkingbeard, Felix Conte, George Daniels, Regio DeSilva, Irven DeVore, Klaus Dinkel, James Doherty, John Dolph, Leroi DuBeck, Richard Estes, Michael Fanselow, David Feldman, Caleb Tuck Finch, Paul Fitzgerald, Gerry Friedland, Meyer Friedman, Rose Frisch, Roger Gosden, Bob Grossfield, Kenneth Hawley, Ray Hintz, Allan Hobson, Robert Kessler, Bruce Knauft, Mary Jeanne Kreek, Stephen Laberge, Emmit Lam, Jim Latcher, Richard Lazarus, Helen Leroy, Jon Levine, Seymour Levine, John Liebesk ind, Ted Macolvena, Jodi Maxmin, Michael Miller, Peter Milner, Gary Moberg, Anne Moyer, Terry Muilenburg, Ronald Myers, Carol Otis, Daniel Pearl, Ciran Phibbs, Jenny Pierce, Ted Pincus, Virginia Price, Gerald Reaven, Sam Ridgeway, Carolyn Ristau, Jeffrey Ritterman, Paul Rosch, Ron Rosenfeld, Aryeh Routtenberg, Paul Saenger, Saul Schanburg, Kurt Schmidt-Nielson, Carol Shively, J. David Singer, Bart Sparagon, David Spiegel, Ed Spielman, Dennis Styne, Steve Suomi, Jerry Tally, Carl Thoresen, Peter Tyak, David Wake, Michelle Warren, Jay Weiss, Owen Wolkowitz, Carol Worthman y Richard Wurtman.

Quiero dar las gracias en particular al grupo de personas —amigos, colaboradores, colegas y antiguos profesores— que han sacado tiempo de sus apretadísimos horarios para leer algunos capítulos. Tiemblo al pensar en los errores y falsedades que habría en ellos si no me hubieran dicho, con mucho tacto, que no sabía de lo que estaba escribiendo. Se lo agradezco a todos sinceramente: Robert Ader, de la Universidad de Rochester; Stephen Bezruchka, de la Universidad de Washington; Marvin Brown, de la Universidad de California (San Diego); Laurence Frank, de la Universidad de California (Berkeley); Craig Heller, de la Universidad de Stanford; Jay Kaplan, del Bowman Gray

Medical School; Ichiro Kawachi, de la Universidad de Harvard; George Koob, de la Scripps Clinic; Charles Nemeroff, de la Universidad de Emory; Seymour Reichlin, de Tufts/New England Medical Center; Robert Rose, de la MacArthur Foundation; Tim Meier, de la Universidad de Stanford; Wylie Vale, del Salk Institut; Jay Weiss, de la Universidad Emory; y Redford Williams, de la Universidad Duke.

Varias personas han contribuido a que este libro fuera posible y a darle su forma definitiva. Gran parte del material de estas páginas se ha desarrollado en las continuas conferencias médicas educativas que a lo largo de los años he dictado para profesionales de la salud, bajo los auspicios del Institute for Cortex Research and Development y de su director, Will Gordon, que me ha ofrecido gran libertad y apoyo a la hora de examinar dicho material. Bruce Goldman, de la Portable Stanford Series, fue quien me dio la idea de escribir este libro, y Kirk Jensen me reclutó para W. H. Freeman and Company; ambos me ayudaron en la fase inicial del libro. Por último, Patsy Gardner y Lisa Pereira, mis secretarias, me han proporcionado una inmensa ayuda en los aspectos logísticos de organización del libro. Gracias a todos y espero poder trabajar con vosotros en el futuro.

Recibí una inmensa ayuda en la organización y revisión de la primera edición del libro, y quiero agradecérselo a Audrey Herbst, Tina Hastings, Amy Johnson, Meredyth Rawlins, y especialmente a mi editor, Jonathan Cobb, que fue un maravilloso profesor y amigo a lo largo de ese proceso. En la segunda edición conté con la ayuda de John Michel, Amy Trask, Georgia Lee Hadler, Victoria Tomaselli, Bill O'Neal, Kathy Bendo, Paul Rohloff, Jennifer MacMillan y Sheridan Sellers. Liz Meryman, que realiza la selección artística para la revista *Natural History*, ayudando a fundir arte y ciencia en esta hermosa publicación, aceptó amablemente leer el manuscrito y me dio excelentes consejos sobre los aspectos artísticos. Asimismo quiero expresar mi agradecimiento a Alice Fernandes-Brown, que fue quien hizo realidad de forma espléndida mi idea para la cubierta original de la versión inglesa. En esta última edición la ayuda vino de parte de Rita Quintas, Dense Cronin, Janice O'Quinn, Jessica Firger y Richard Rhorer, de Henry Holt.

En general ha sido un placer escribir este libro y creo que refleja uno de los aspectos de mi vida que más me satisfacen: la alegría que me produce la ciencia, que para mí es a la vez vocación y pasatiempo. Agradezco a quienes me aconsejaron que hiciera ciencias y, sobre todo, me enseñaron a disfrutar de ellas: el difunto Howard Klar, Howard Eichenbaum, Mel Konner, Lewis Krey, Bruce McEwen, Paul Plotsky y Wylie Vale.

Un grupo de personas ha sido indispensable para la redacción de este libro: Steve Balt, Roger Chan, Mick Markham, Kelley Parker, Michelle Pearl, Serena Spudich y Paul Stasi, mis ayudantes de investigación que tuvieron que recorrer los sótanos de los archivos bibliotecarios, llamar a desconocidos de todo el mundo para hacerles preguntas y conseguir dar coherencia a complejos artículos. En cumplimiento de sus deberes, buscaron dibujos de *castrati*, el menú diario de los campos de internamiento americanos para japoneses, las causas de la muerte por vudú y la historia de los cuerpos de bomberos, todo lo cual llevaron a cabo con competencia, rapidez y sentido del humor espectaculares. Estoy casi seguro de que este libro no podría haberse terminado sin su ayuda, y totalmente seguro de que su escritura hubiera sido mucho menos divertida. Y, por último, quiero expresar mi agradecimiento a mi agente, Katinka Matson, y a mi editor, Robin Dennis, con los que trabajar ha sido un verdadero placer. Espero que tengamos ocasión de colaborar durante muchos años más.

Hay partes del libro que describen el trabajo que he realizado en mi laboratorio, estudios que han sido posibles gracias a la ayuda económica del National Institute of Health, el National Institute of Mental Health, la National Science Foundation, la Sloan Foundation, el Kligenstein Fund, la

Alzheimer's Association y la Adler Foundation. El trabajo de campo en África que se describe ha sido posible gracias a la inagotable generosidad de la Harry Frank Guggenheim Foundation. Por último, quiero expresar mi profundo agradecimiento a la MacArthur Foundation por su apoyo en todos los aspectos de mi trabajo.

Finalmente, como es lógico, en este libro se cita la obra de un enorme número de científicos. La ciencia de laboratorio contemporánea suele requerir grandes equipos de personas. A lo largo de estas páginas me refiero a la obra de mengano o mengana en bien de la brevedad: casi siempre dicho trabajo fue llevado a cabo con la colaboración de un grupo de colegas más jóvenes.

Existe, entre los psicólogos del estrés, la tradición de dedicar sus libros a sus esposas u otros seres queridos. Parece que hay una regla no escrita por la cual se supone que hay que decir en la dedicatoria algo ingenioso sobre el estrés: «Para Madge, que atenúa mis agentes estresantes»; «Para Arturo, origen de mi estrés»; «Para mi esposa, que a lo largo de no sé cuántos años ha soportado mi hipertensión, colitis ulcerosa, pérdida de libido y agresión desplazada provocadas por el estrés». Renuncio a este estilo al dedicar este libro a mi esposa, ya que tengo algo más sencillo que decir.

Robert M. Sapolsky

CAPÍTULO 1

¿POR QUÉ LAS CEBRAS
NO TIENEN ÚLCERA?*

Son las dos de la mañana y estás en la cama. Tienes algo enormemente importante que hacer al día siguiente: una reunión decisiva, una conferencia, un examen... Necesitas descansar bien durante la noche, pero sigues despierto. Pruebas diversas estrategias para relajarte —respirar de forma profunda y lenta, tratar de imaginar un tranquilo paisaje de montaña—, pero, en vez de conseguirlo, sigues pensando que, a menos que no te duermas en seguida, tu carrera se ha acabado. Y ahí estás, poniéndote más tenso por segundos.

Si haces esto de forma sistemática, alrededor de las dos y media, cuando estés sudoroso e hiperventilado, es seguro que te surgirá un nuevo tipo de pensamientos. De pronto, en medio del resto de tus preocupaciones, comenzarás a prestar atención al dolor poco definido que sientes en el costado, la sensación de cansancio que últimamente experimentas, los frecuentes dolores de cabeza. De repente te das cuenta: ¡Estoy enfermo; mortalmente enfermo! ¡Ay! ¿Por qué no he reconocido los síntomas, por qué he negado su existencia, por qué no he ido al médico?

A las dos y media de una madrugada de este tipo, yo siempre tengo un tumor cerebral. Es muy útil para esta clase de terror, porque cualquier síntoma vago que seamos capaces de concebir puede atribuirse a un tumor cerebral, lo que consigue convencernos de que ha llegado la hora del pánico. Puede que el lector haga lo mismo que yo, o quizá crea que tiene cáncer o una úlcera o que acaba de sufrir una apoplejía.

Aunque no conozco al lector, puedo predecir con certeza que no seguirá tumbado pensando: «Lo sabía: tengo lepra». ¿Acierto? Es extremadamente improbable que se obsesione con que se trata de un caso grave de disentería si tiene que ir al servicio. Y pocos de nosotros nos convencemos de que tenemos el cuerpo infestado de parásitos intestinales o trematodos hepáticos.

Claro que no. Nuestras noches no están llenas de preocupaciones sobre la viruela, la escarlatina, la malaria o la peste bubónica. El cólera no se halla extendido en nuestras comunidades; y la ceguera, la fiebre hemoglobinúrica y la elefantiasis son exotismos del Tercer Mundo. Pocas de mis lectoras morirán de parto y aún menos de quienes lean estas páginas estarán desnutridos.

Gracias a los revolucionarios avances de la medicina y de la sanidad pública, nuestros patrones de enfermedad han cambiado, y ya no nos mantiene despiertos por la noche la preocupación por las enfermedades infecciosas (excepto, el sida o la tuberculosis, desde luego) o las enfermedades derivadas de una mala nutrición o higiene. Como prueba de ello, examinemos las causas de fallecimiento en Estados Unidos a principios del siglo xx: neumonía, tuberculosis y gripe (y si eras joven, mujer e inclinada a asumir riesgos, el parto). ¿Cuándo fue la última vez que el lector se enteró de que alguien menor de setenta años había muerto de gripe? Sin embargo, en 1918, uno de los años más terribles de la Primera Guerra Mundial, un soldado tenía muchas más probabilidades de morir de gripe o neumonía que de heridas de guerra*.

Nuestros bisabuelos no reconocerían nuestros actuales patrones de enfermedad, ni, pensándolo bien, tampoco lo haría la mayoría de los mamíferos. En pocas palabras: padecemos enfermedades distintas y tenemos más probabilidades de morir de forma diferente que la mayor parte de nuestros antepasados (o que la mayor parte de los seres humanos actuales que habita en zonas menos privilegiadas del planeta). Nuestras noches están llenas de preocupaciones sobre un tipo diferente de enfermedades; vivimos lo bastante bien y el suficiente tiempo como para irnos deteriorando de forma lenta.

Las enfermedades que actualmente nos acosan provocan un daño lento y acumulativo: enfermedades del corazón, cáncer, trastornos cerebrovasculares... Aunque ninguna de ellas sea particularmente agradable, suponen un claro avance con respecto a morir a los veinte años tras una semana de septicemia o de fiebre dengue. Al mismo tiempo que este cambio relativamente reciente en los patrones de enfermedad, se han producido cambios en el modo de percibir el proceso de la enfermedad en sí. Hemos llegado a reconocer el complejísimo entrelazamiento entre la biología y las emociones, las infinitas formas en que la personalidad, los sentimientos y el pensamiento se reflejan e influyen en los hechos del cuerpo. Una de las manifestaciones más interesantes de este reconocimiento es la comprensión de que los trastornos emocionales extremos nos afectan negativamente. En el habla corriente hay una expresión que nos resulta familiar: *el estrés causa enfermedades*. Un cambio decisivo en la medicina ha sido el reconocimiento de que muchas de las enfermedades de acumulación lenta pueden estar causadas o agravarse por el estrés.

En algunos aspectos, esto no es nuevo. Hace siglos, médicos sensibles reconocieron de forma intuitiva el papel de las diferencias individuales en la vulnerabilidad a la enfermedad. Dos personas tenían la misma enfermedad, pero su curso era muy distinto y, de un modo vago y subjetivo, podría reflejar sus características personales. O un médico podía haberse dado cuenta de que ciertos tipos de personas tenían mayores probabilidades de contraer determinados tipos de enfermedades. Pero lo que ha convertido a la psicología del estrés —el estudio sobre la forma en que el cuerpo responde a los hechos estresantes— en una verdadera disciplina desde los inicios del siglo xx ha sido la adición de la ciencia rigurosa a

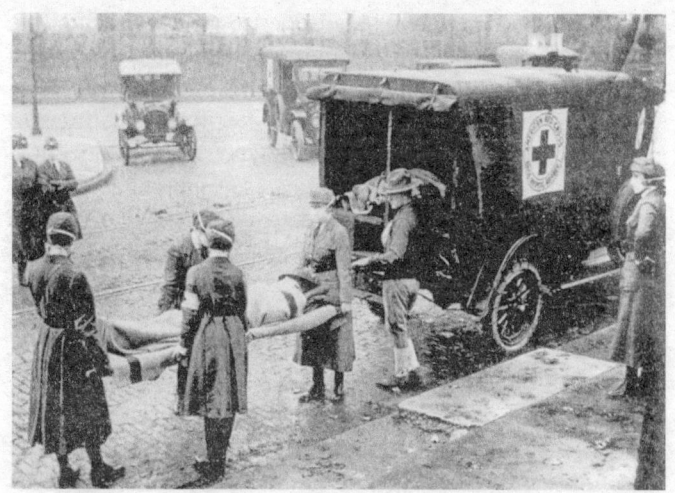

Ilustración 1. Pandemia de gripe, 1918. Archivos Nacionales, Estados Unidos

estas percepciones clínicas poco definidas. Como resultado, hoy disponemos de una extraordinaria cantidad de información fisiológica, bioquímica y molecular sobre el modo en que todos los elementos intangibles de nuestras vidas —la agitación emocional, las características psicológicas, el tipo de sociedad en la que vivimos y nuestro puesto en ella— influyen en hechos corporales reales, como que el colesterol obstruya los vasos sanguíneos o que no entorpezca la circulación, que nuestras células adiposas dejen de prestar atención a la insulina y nos sumerjan en la diabetes, que las neuronas del cerebro sobrevivan cinco minutos sin oxígeno durante un paro cardíaco.

Este libro es un texto elemental sobre el estrés, las enfermedades relacionadas con éste y los mecanismos para enfrentarse a él. ¿Cómo es que nuestros cuerpos son capaces de adaptarse a determinados hechos estresantes, en tanto que otros nos hacen enfermar? ¿Por qué algunos somos especialmente vulnerables a las enfermedades asociadas al estrés? ¿Cómo pueden los agentes estresantes estrictamente psicológicos hacer que enfermemos? ¿Qué tiene que ver el estrés con la vulnerabilidad a la depresión o con la velocidad a la que envejecemos, o con el hecho de que nuestra memoria funcione mejor o peor? ¿Qué relación hay entre nuestras pautas de enfermedades asociadas al estrés con la posición que ocupamos en la escala social? Por último, ¿cómo podemos ser más eficaces a la hora de enfrentarnos a los agentes estresantes que nos rodean?

Algunos conceptos iniciales

Puede que la mejor manera de comenzar sea haciendo una lista mental del tipo de cosas que nos producen estrés. Sin lugar a dudas aparecerán inmediatamente algunos ejemplos obvios: el tráfico, las fechas límite, las relaciones familiares, las preocupaciones económicas... Pero ¿qué pasaría si le dijera al lector: «Estás pensando como ser humano. Imagina por un momento que eres una cebra»? En seguida aparecerían nuevos elementos que encabezarían la lista: heridas graves, depredadores, muerte por hambre... La necesidad de incitar a cambiar el punto de vista ilustra algo fundamental, a saber, que el lector y yo tenemos mayores probabilidades de tener úlcera que las cebras. Para los animales como las cebras, los hechos de la vida que mayor trastorno les causan son los *agentes estresantes físicos agudos*. Imagine el lector que es una cebra y que un león la ha atacado y le ha desgarrado el estómago, pero que ha conseguido huir y ahora tiene que pasarse la hora siguiente despistando al león mientras la persigue. O, lo que es igual de estresante, que el lector es el león, medio muerto de hambre, y que, si quiere sobrevivir, más le vale cruzar la sabana corriendo a toda velocidad y cazar algo para comer. Estos hechos son extremadamente estresantes y exigen adaptaciones fisiológicas inmediatas para seguir con vida. Las respuestas corporales se hallan magníficamente adaptadas para enfrentarse a este tipo de emergencias.

Un organismo puede verse asimismo acosado por *agentes estresantes físicos crónicos*. Llega una plaga de langostas y se come la cosecha, y durante los seis meses siguientes hay que andar veinte kilómetros diarios para conseguir comida. La sequía, la hambruna, los parásitos... Esta clase de cosas desagradables, que no forman parte de nuestra experiencia habitual, pero que son hechos fundamentales en las vidas de los seres humanos no occidentales y en la mayor parte de los mamíferos. Las respuestas de estrés corporales son bastante adecuadas para enfrentarse a estos desastres continuos.

La tercera categoría de trastornos —*los agentes estresantes psicológicos y sociales*— son esenciales para este libro. Al margen de lo mal que nos llevemos con un pariente o de cuánto nos sulfuremos por perder una plaza de aparcamiento, rara vez resolvemos este tipo de situaciones a puñetazos. Del mismo modo, es bastante extraño que tengamos que perseguir y derribar a nuestra cena. En general, los seres humanos vivimos lo bastante bien, el suficiente tiempo y somos lo bastante listos como para generar todo tipo de hechos estresantes en nuestras cabezas. ¿Cuántos hipopótamos se preocupan por si la Seguridad Social va a durar tanto como ellos o por lo que dirán en una primera cita? Desde el punto de vista de la evolución del reino animal, el estrés psicológico es un invento reciente, en su mayor parte limitado a los humanos y otros primates sociales. Los seres humanos experimentamos emociones muy intensas (que provocan en nuestros cuerpos un alboroto similar) relacionadas con simples pensamientos[1]. Dos personas se sientan una frente a otra, sin hacer nada más fatigoso desde el

---

1. El neurólogo Antonio Damasio relata un maravilloso estudio sobre el director de orquesta Herbert von Karajan, según el cual los latidos del corazón del maestro se aceleraban con la misma intensidad cuando escuchaba una pieza de música y cuando la dirigía*.

punto de vista físico que mover piezas de madera de vez en cuando. Sin embargo, esto puede constituir un hecho emocionalmente agotador: los grandes maestros del ajedrez, en los torneos, plantean exigencias metabólicas a sus cuerpos que comienzan a aproximarse a las de los atletas en el momento de máximo esfuerzo de una competición[2]. Se puede hacer algo tan poco emocionante como firmar un papel: si lo que se acaba de firmar es la orden de fusilamiento de un odiado rival tras meses de complots y maniobras, las respuestas fisiológicas del firmante podrían ser sorprendentemente similares a las del babuino de la sabana que acaba de lanzarse contra la cara de un competidor desgarrándosela. Y si alguien pasa interminables meses reconcomiéndose las entrañas por la ansiedad, la ira y la tensión que le produce un problema emocional, es muy probable que caiga enfermo.

Éste es el tema fundamental de este libro. Si el lector es la cebra que corre para salvar la vida, o el león que lo hace para obtener comida, los mecanismos de respuesta fisiológica de su organismo se hallan perfectamente adaptados para enfrentarse a una emergencia física a corto plazo de este calibre. Para la inmensa mayoría de los animales de este planeta, el estrés consiste en una crisis pasajera, tras la cual o bien se ha acabado o es uno el que está acabado. Cuando nos sentamos y empezamos a preocuparnos sobre hechos estresantes, activamos las mismas respuestas fisiológicas, que son potencialmente desastrosas cuando se provocan de forma crónica por razones psicológicas o de otro tipo. Un amplio conjunto de datos convergentes indica que las enfermedades asociadas al estrés derivan principalmente del

---

2. Puede que los periodistas sean conscientes de este hecho; examinemos la siguiente descripción del enfrentamiento entre Kasparov y Karpov en 1990: «Kasparov sigue presionando con un ataque asesino. Hacia el final, Karpov tiene que hacer frente a las amenazas de violencia con más de lo mismo y el juego se convierte en una *mêlée*»*.

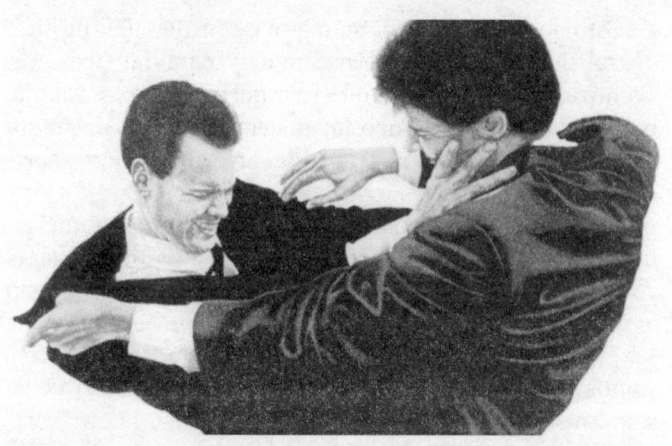

Ilustración 2. Robert Longo, 1981: obra sin título sobre papel (¿Dos yuppies peleándose en un restaurante por la última mesa para dos?). Cortesía de Robert Longo y Metro Pictures

hecho de que, al preocuparnos la hipoteca, las relaciones personales o un ascenso, activamos durante meses y meses un sistema fisiológico que ha evolucionado para responder a emergencias agudas de tipo físico.

La diferencia entre el modo en que los seres humanos padecemos estrés y el modo en que lo hacen las cebras nos permite comenzar a esbozar algunas definiciones. En primer lugar, tengo que recurrir a un concepto con el que nos torturaban en las clases de biología y que, probablemente, el lector no haya tenido que volver a examinar desde entonces: la *homeostasis*. ¡Ah!, ese concepto de vago recuerdo, la idea de que el organismo tiene un nivel ideal de oxígeno necesario, un grado óptimo de acidez, una temperatura ideal, etc. Todas estas variables se mantienen en equilibrio homeostático, un estado en que todas las medidas fisiológicas se hallan a un nivel óptimo en un determinado momento del día, estación del año, edad del organismo, etc. El cerebro ha evolucionado para buscar la homeostasis*.

Esto nos permite elaborar algunas sencillas definiciones de trabajo que pueden servir para una cebra o un león. Un agente estresante es cualquier cosa del mundo exterior que rompa el equilibrio homeostático del cuerpo, y la respuesta de estrés es el intento por parte del organismo de restablecer la homeostasis.

Pero en lo que se refiere a nosotros y a la propensión humana a preocuparse hasta enfermar, tenemos que ampliar el concepto de que un agente estresante es simplemente todo lo que destruye la homeostasis. Un agente estresante puede ser también la *anticipación* de que eso va a ocurrir. A veces somos lo bastante inteligentes como para prever lo que va a suceder y activamos una intensa respuesta de estrés basándonos únicamente en la anticipación. Algunos aspectos del estrés de anticipación no son exclusivos de los seres humanos: tanto si se es una persona rodeada por una banda de adolescentes amenazadores en una estación de metro desierta como si se es una cebra frente a un león, el corazón latirá probablemente de forma acelerada, aunque no se haya producido —todavía— daño físico alguno. Pero, a diferencia de las especies menos complejas en el plano cognitivo, los humanos podemos activar las respuestas de estrés pensando en los agentes estresantes potenciales que pueden romper nuestro equilibrio homeostático en un futuro lejano. Por ejemplo, pensemos en un granjero africano que ve cómo desciende una nube de langostas sobre su cosecha. Tiene comida almacenada. Aunque no esté a punto de sufrir un desequilibrio homeostático por malnutrición durante meses, nuestro hombre emitirá una respuesta de estrés. Las cebras y los leones prevén el peligro y ponen en marcha una respuesta de estrés anticipada, pero no son capaces de padecer estrés de forma anticipada por acontecimientos muy lejanos en el tiempo.

Y, a veces, los humanos sufrimos estrés por cosas que carecen de sentido para un león o una cebra. No es una característica general de los mamíferos la ansiedad por una hipoteca o por el Impuesto sobre la Renta, por hablar en público o por lo que se dirá en una entrevista para un empleo, o por la inevitabilidad de la muerte. La experiencia humana está repleta de agentes estresantes psicológicos que se hallan separados por un abismo del mundo físico del hambre, las heridas, la pérdida de sangre o las temperaturas extremas. Cuando activamos la respuesta de estrés por miedo a algo que resulta ser real, nos congratulamos de que esta capacidad cognitiva nos permita poner en marcha nuestras defensas de forma inmediata. Y estas defensas anticipadas pueden ser bastante protectoras, muchas de las respuestas de estrés son de carácter preparatorio. Y cuando se produce un alboroto fisiológico sin razón aparente, o por algo sobre lo que nada podemos hacer, lo denominamos ansiedad, neurosis, paranoia o agresión innecesaria.

Por tanto, la respuesta de estrés se puede poner en marcha no sólo frente a una lesión física o psicológica, sino también ante su expectativa. Precisamente es ese carácter general de la respuesta de estrés lo más sorprendente: un sistema fisiológico que se activa no sólo con todo tipo de desastres físicos, sino con el mero hecho de pensar en ellos. Este carácter general fue tenido en cuenta por primera vez hace sesenta y cinco años por uno de los padres de la fisiología del estrés, Hans Selye. Si se me permite hacer una gracia irreverente, la fisiología del estrés existe en cuanto disciplina porque este hombre era un científico tan ingenioso como inepto en el manejo de las ratas de laboratorio.

En la década de 1930, Selye comenzaba a trabajar en el campo de la endocrinología, estudiando la comunicación hormonal del cuerpo humano. Naturalmente, como ayudante de cátedra joven y desconocido, buscaba algo con que empezar su carrera investigadora. Un bioquímico al que conocía acababa de aislar una especie de extracto del ovario, y sus colegas se preguntaban qué efecto causaría en el organismo. Así que Selye pidió al bioquímico un poco del extracto y se puso a estudiar sus efectos. Todos los días trataba de inyectárselo a sus ratas, al parecer no con mucha destreza. Intentaba inyectarlas, fallaba, se le caían de las manos, se pasaba media mañana persiguiéndolas por la habitación, o viceversa, enarbolando una escoba para hacerlas salir de detrás del fregadero, etc. Al cabo de varios meses, Selye examinó las ratas y descubrió algo extraordinario: tenían úlceras pépticas, las glándulas suprarrenales muy grandes (el origen de dos importantes hormonas del estrés) y los tejidos del sistema inmunitario reducidos. Estaba encantado: había descubierto los efectos del misterioso extracto ovárico*.

Como era un buen científico, estableció un grupo de control: un grupo de ratas a las que inyectaba diariamente una solución salina, en vez del extracto. Y así, todos los días también, les inyectaba, se le caían, las perseguía… Al final resultó que también tenían úlceras pépticas, las glándulas suprarrenales muy grandes y los tejidos del sistema inmunitario atrofiados.

Llegados a este punto, la reacción normal de un científico incipiente sería echarse las manos a la cabeza y matricularse en ciencias empresariales. Pero Selye se puso a razonar sobre lo que había observado. Los cambios fisiológicos no podían deberse al extracto ovárico, puesto que se habían producido de forma idéntica en el grupo de control y en el experimental. ¿Qué tenían ambos grupos en común? Selye pensó que eran sus inyecciones casi traumáticas. Quizá los cambios en el cuerpo de las ratas eran una especie de respuesta no específica del organismo a una situación general desagradable. Para comprobarlo, puso algunas en el tejado del edificio de investigación, en invierno, y otras en la sala de la caldera; a otras las sometió a un ejercicio obligado o a procedimientos quirúrgicos. En todos los casos halló un incremento en la incidencia de úlceras pépticas, un agrandamiento de las glándulas suprarrenales y una atrofia de los tejidos inmunitarios.

Ahora sabemos con exactitud lo que Selye observó. Acababa de descubrir la punta del iceberg de las enfermedades asociadas al estrés. La leyenda (fundamentalmente propugnada por el propio Selye) afirma que fue él quien, al buscar un modo de describir las características no específicas de la situación desagradable a la que respondían las ratas, tomó prestado un término de la ingeniería y proclamó que las ratas estaban sometidas a «estrés». Pero en realidad el fisiólogo Walter Cannon ya había introducido el término en medicina, en la década de 1920, con un sentido aproximado al que hoy le conferimos. Lo que hizo Selye fue formalizar el concepto con dos ideas:

- El cuerpo dispone de un conjunto de respuestas asombrosamente similares (que denominó «síndrome de adaptación general») para un amplio grupo de agentes estresantes.
- En determinadas condiciones, los agentes estresantes pueden causar enfermedades.

De la homeostasis a la alostasis*: un nuevo concepto más apropiado al estrés

El concepto de la homeostasis ha sido modificado en años recientes en la obra iniciada por Peter Sterling y Joseph Eyer, de la Universidad de Pensilvania, y ampliada por Bruce McEwen, de la Universidad Rockefeller[3]. Han creado un nuevo marco de pensamiento que yo de manera obstinada traté de ignorar al principio y al que ahora he sucumbido, porque moderniza de forma brillante el concepto de homeostasis de una forma que logra dar incluso

---

3. McEwen y su obra van a aparecer con frecuencia en este libro, pues es la gran figura de este campo (además de un hombre maravilloso, y hace mucho tiempo fue mi tutor de tesis).

más sentido al estrés (aunque no toda la gente de mi profesión lo ha aceptado, calificándolo algunos de «vino viejo en odres nuevos»).

La concepción original de la homeostasis se basaba en dos ideas. Primera, sólo existe un nivel, número o cantidad óptimos para cualquier medida dada en el cuerpo. Pero eso no puede ser cierto; después de todo, es probable que la presión sanguínea ideal cuando uno está dormido sea diferente a cuando uno practica saltos de esquí. Lo que es ideal en condiciones basales es diferente en un estado de estrés, algo fundamental para el pensamiento alostático. (En nuestra especialidad se habla de la «invariabilidad a través del cambio», una expresión que parece zen, para referirse a la alostasis. Yo no sé si tengo claro lo que eso significa, pero siempre provoca asentimientos de cabeza cuando pronuncio esa expresión en una conferencia.)

La segunda idea de la homeostasis es que se llega a ese determinado punto ideal por medio de algún mecanismo regulador local, mientras que la alostasis admite que cualquier punto determinado se puede regular de un millón de formas diferentes, cada una con sus propias consecuencias. Así pues, supongamos que hay escasez de agua en California. Solución homeostática: ordenar la instalación de cisternas más pequeñas[4]. Soluciones alostáticas: las cisternas más pequeñas convencen a la gente de la necesidad de conservar agua y de comprar arroz del sudeste asiático en vez de hacer cultivos de riego intensivo en un estado semiárido. O supongamos que hay escasez de agua en nuestro cuerpo. Solución homeostática: los riñones son los que resuelven el problema, se vuelven más estrictos, producen menos orina para la conservación del agua. Soluciones alostáticas: el cerebro resuelve el problema, les dice a los riñones que hagan su trabajo, envía señales para retirar agua de las partes de

---

4. Actualmente los fisiólogos emplean mucho tiempo en pensar en el funcionamiento interno de las tazas de retrete.

nuestro cuerpo donde se evapora fácilmente (piel, boca, nariz), nos hace sentir sedientos. La homeostasis consiste en hacerle pequeños arreglos a esta válvula o este artilugio. La alostasis consiste en que el cerebro coordina diversos cambios en el volumen corporal, lo que a menudo incluye cambios en el comportamiento.

Un último rasgo del pensamiento alostático enlaza bellamente con el pensamiento sobre los humanos estresados. El cuerpo no lleva a cabo toda esta complejidad reguladora sólo para corregir algún punto determinado que ha dejado de funcionar. También puede realizar cambios alostáticos *anticipándose* a la probable avería de un punto determinado. Y así volvemos a la cuestión crítica de unas pocas páginas atrás: no nos estresamos porque nos persigan depredadores. Activamos la respuesta de estrés en anticipación de posibles desafíos, y normalmente dichos desafíos son esa agitación puramente psicológica y social que para una cebra no tiene el menor sentido. Regresaremos una y otra vez a lo que la alostasis tiene que decir sobre las enfermedades relacionadas con el estrés.

Cómo se adapta nuestro cuerpo a un agente estresante agudo

Dentro de este amplio contexto, un agente estresante puede definirse como todo aquello que rompe el equilibrio alostático de nuestro cuerpo, y la respuesta de estrés es el intento que nuestro cuerpo efectúa para restablecer la alostasis. La secreción de ciertas hormonas, la inhibición de otras, la activación de partes determinadas del sistema nervioso, etc. Y al margen del agente estresante —una herida, hambre, exceso de calor, exceso de frío o estrés psicológico— activamos la misma respuesta de estrés.

Lo sorprendente son estas características generales. Para alguien con formación fisiológica no tiene sentido a primera vista. En fisiología se aprende que el cuerpo activa respuestas y adaptaciones *específicas* ante desafíos *específicos*. Calentar un cuerpo produce sudoración y dilatación de los vasos sanguíneos de la piel; al enfriarlo, el resultado es opuesto: constricción de los vasos y escalofríos. Tener demasiado calor parece ser un reto fisiológico muy específico y diferente de tener mucho frío, y sería lógico que las respuestas del organismo a estos estados tan distintos fueran muy diferentes. Sin embargo, ¿qué clase de disparatado sistema corporal es este que se activa tanto si se tiene frío como calor, tanto si se es una cebra, un león o un adolescente aterrado que va al baile de fin de curso? ¿Por qué tiene el cuerpo una respuesta de estrés tan generalizada y convergente, con independencia de la situación en que nos hallemos?

Si reflexionamos sobre ello, realmente tiene sentido, dadas las adaptaciones que implican la respuesta de estrés. Si eres una bacteria estresada por la falta de alimento, entras en un estado de suspensión, durmiente. Pero si eres un león hambriento, vas a tener que correr detrás de alguna presa. Si eres alguna planta estresada por alguien que intenta comerte, pones venenos químicos en tus hojas. Pero si eres una cebra perseguida por ese león, tienes que correr. Para nosotros los vertebrados, el núcleo de la respuesta de estrés se construye en torno al hecho de que nuestros músculos van a trabajar como locos. Y, por tanto, los músculos necesitan energía de manera inmediata, en la forma que se pueda usar con mayor rapidez, no almacenada en algún lugar de las células adiposas para algún proyecto de construcción en la próxima primavera. Una de las características fundamentales de la respuesta de estrés es que moviliza rápidamente la energía desde los sitios en que se halla almacenada y evita que se siga almacenando. La glucosa y las formas más simples de las proteínas y grasas salen a raudales de las células, el hígado o los músculos para concentrarse en los músculos que luchan por salvarnos el pellejo.

Si el cuerpo moviliza la glucosa, tiene que llevarla a los músculos críticos con la mayor rapidez posible. Se incrementan el ritmo cardíaco, la presión sanguínea y el ritmo respiratorio para transportar los nutrientes y el oxígeno a mayor velocidad.

Igualmente lógica es otra característica de la respuesta de estrés. Ante una emergencia, es lógico que el cuerpo paralice los caros proyectos de construcción a largo plazo. Cuando hay un tornado sobre la casa, no es el momento de pintar la cocina; hay que esperar hasta que se haya superado el desastre. Así, en una situación de estrés se paraliza la digestión; no hay tiempo de aprovechar los beneficios energéticos de este lento proceso, por tanto, ¿para qué malgastar energía en él? Hay cosas mejores que hacer que digerir el desayuno cuando se trata de evitar convertirse en el almuerzo de otro. Del mismo modo, siguiendo la misma lógica, durante el estrés se inhibe el crecimiento. Si se está corriendo para salvar la vida, es mejor dejar para otro día que crezcan los cuernos o los huesos. Asimismo se reduce la actividad reproductora, probablemente la mayor consumidora de energía y la más optimista que el cuerpo puede llevar a cabo (sobre todo en el caso de las hembras); la preocupación por los huevos, el esperma y esas cosas se dejan para otro momento; hay que concentrarse en el problema que tenemos entre manos.

En una situación de estrés, el impulso sexual disminuye en ambos sexos; las hembras tienen menores posibilidades de ovular o de llevar los embarazos a buen término, en tanto que los machos comienzan a tener problemas con la erección y segregan menos testosterona.

Al mismo tiempo que se producen estos cambios, también se inhibe la inmunidad del organismo. El sistema inmunitario, que nos defiende de infecciones y enfermedades, es ideal para localizar el tumor que puede provocarnos la muerte en el plazo de un año o para producir suficientes anticuerpos como para protegernos en cuestión de pocas semanas, ¿pero es realmente necesario en este instante? La lógica sigue siendo la misma: hay que buscar los tumores en otra ocasión y distribuir la energía de forma más acertada en este momento. (Como veremos en el capítulo 8, esta idea de que el sistema inmunitario se suprime durante el estrés para ahorrar energía plantea grandes problemas. Pero bastará de momento.)

Otro rasgo de la respuesta de estrés se manifiesta en los casos de dolor físico extremo. Cuando el estrés dura lo suficiente, la percepción del dolor se embota. Estamos en medio de una batalla; los soldados asaltan una plaza fuerte con arrojo y temeridad. Un soldado recibe un disparo que le hiere gravemente y ni siquiera se da cuenta. Quizá vea sangre en su ropa y se preocupe porque uno de sus compañeros cercano ha sido herido, o puede que se pregunte por qué siente las entrañas como entumecidas. Conforme la batalla disminuye de intensidad, alguien señalará asombrado su herida: ¿no le dolía? No. Esta analgesia provocada por el estrés es muy adaptativa y se halla muy documentada. Una cebra gravemente herida, a pesar de todo, tiene que tratar de huir. No es el momento adecuado para sufrir un *shock* ante un dolor extremo.

Por último, durante el estrés se modifican las habilidades cognitivas y sensoriales. De repente mejoran ciertos aspectos de la memoria, lo que siempre es útil cuando se trata de resolver una emergencia (¿ha sucedido antes?, ¿hay algún buen escondite?). Además, los sentidos se agudizan. Cuando estamos viendo una película de terror en la televisión y nos hallamos sentados en el borde de la silla en un momento de máxima tensión, el más leve ruido —el crujido de una puerta, el petardeo de un coche a tres manzanas de distancia— nos hace saltar de la silla. Una mejor memoria y una detección más fina de las sensaciones son muy adaptativas y útiles.

En conjunto, la respuesta de estrés se halla adaptada de forma ideal para la cebra o el león. Se pone en marcha la energía y se lleva a los tejidos que la necesitan; los proyectos de reparación y construcción a largo plazo se posponen hasta que la crisis ha pasado. La sensación dolorosa se embota y la cognición se afina. Walter Cannon, el fisiólogo que, a comienzos del siglo xx, preparó el terreno para gran parte del trabajo de Selye, y que suele ser considerado el otro padre de este campo, se centró en el aspecto adaptativo de la respuesta de estrés para enfrentarse a emergencias de este tipo. Formuló el famoso síndrome de «lucha o huida» para describir la respuesta de estrés que, en su opinión, era muy positiva. Sus libros, con títulos como *The Wisdom of the Body* [*La sabiduría del cuerpo*], están impregnados de un optimismo complaciente sobre la capacidad del cuerpo para enfrentarse a todo tipo de agentes estresantes.

No obstante, los hechos estresantes a veces nos hacen enfermar: ¿por qué?

Selye, con sus ratas ulcerosas, se enfrentó a este enigma y llegó a una respuesta lo bastante equivocada como para que en general se piense que le impidió ganar el premio Nobel por el resto de su obra. Desarrolló un esquema en tres partes sobre el modo en que funciona la respuesta de estrés. En la fase inicial (alarma) se percibe un agente estresante, salta una alarma metafórica en el cerebro que nos indica que nos estamos desangrando, que tenemos mucho frío, que nuestro nivel de azúcar en la sangre es bajo, etc. El segundo estadio (adaptación o resistencia) se produce cuando se pone en marcha de forma eficaz el sistema de respuesta de estrés y se recupera el equilibrio alostático.

Cuando el estrés es prolongado, se entra en el tercer estadio, que Selye denomina «agotamiento», donde surgen las enfermedades asociadas al estrés. Muchos investigadores de la época creían que se enfermaba en ese momento porque los almacenes de las hormonas secretadas durante la respuesta de estrés se hallaban vacíos. Como un ejército que se queda sin municiones, de pronto nos vemos sin defensas frente al agente estresante que nos amenaza.

Sin embargo, como vamos a ver, es muy raro que cualquiera de las hormonas cruciales se agote ante un agente estresante, por muy prolongado que sea. El ejército no se queda sin balas, sino que el hecho de gastar tanto en ellas hace que el resto de la economía del organismo se derrumbe. No es que la respuesta de estrés se agote, sino que, con la suficiente activación, dicha respuesta puede ser nociva, sobre todo si el estrés es puramente psicológico. Éste es un concepto fundamental, porque subyace a la aparición de muchas enfermedades asociadas al estrés.

Que la respuesta de estrés pueda ser perjudicial tiene cierto sentido al examinar lo que ocurre en la reacción frente al estrés. Suele ser algo que se caracteriza por su miopía, ineficacia, por escatimar en cosas pequeñas y derrochar en las importantes, aunque es algo costoso que el cuerpo tiene que realizar para responder con eficacia en una emergencia. Pero si todos los días se viven como si fueran una emergencia, hay que pagar un precio.

Si se pone en marcha la energía de forma continua a costa de su almacenamiento, nunca se dispone de reservas. Uno se cansa con mayor rapidez y aumenta el riesgo de desarrollar algún tipo de diabetes. Las consecuencias de la sobreactivación crónica del sistema cardiovascular son igualmente dañinas: que la presión sanguínea se eleve a 180/100 al correr para huir de un león es una respuesta adaptativa, pero si esto sucede cada vez que vemos la revuelta habitación de nuestro hijo adolescente, estamos expuestos a sufrir un desastre cardiovascular. Si constantemente se desactivan los proyectos de construcción a largo plazo, nunca se repara nada. Por razones paradójicas que se explicarán en posteriores capítulos, se corre mayor riesgo de contraer una úlcera de estómago. En los niños, el crecimiento se inhibe hasta el punto de producirse un trastorno endocrino pediátrico, raro pero documentado —el enanismo por estrés—, y en los adultos puede alterarse la reparación y remodelación de los huesos y otros tejidos. Estar estresado de forma constante puede originar diversos trastornos de la reproducción. En las hembras, los ciclos menstruales se vuelven irregulares o desaparecen por completo; en los machos disminuyen la cantidad de esperma y los niveles de testosterona. En ambos sexos decrece el interés por la conducta sexual.

Pero éste es sólo el comienzo de los problemas como respuesta a agentes estresantes crónicos o repetidos. Si suprimimos la función inmunitaria durante demasiado tiempo, aumenta la posibilidad de que contraigamos diversas enfermedades infecciosas y disminuye nuestra capacidad de combatirlas.

Por último, los mismos sistemas cerebrales que funcionan mejor durante el estrés resultan dañados por uno de los tipos de hormonas segregadas durante éste. Como veremos, puede que se halle relacionado con la rapidez con que el cerebro pierde células al envejecer y con la cantidad de pérdida de memoria que tiene lugar en la vejez.

Todo esto es bastante deprimente. Ante agentes estresantes prolongados podemos recuperar un equilibrio alostático precario, pero el precio es elevado, y los esfuerzos para restablecer dicho equilibrio acaban por agotarnos. He aquí una forma de considerarlo: los dos elefantes del «modelo del balancín» de las enfermedades asociadas al estrés. Coloquemos a dos niños pequeños en un balancín y rápidamente se mantendrán en equilibrio. Esto es el equilibrio alostático cuando nada estresante sucede, y los niños representan los niveles bajos de las diversas hormonas del estrés de las que hablaremos en los siguientes capítulos. Por el contrario, los torrentes de tales hormonas que libera un agente estresante se pueden considerar como dos enormes elefantes sentados en el balancín, que también pueden llegar a equilibrarse, pero con gran esfuerzo. Pero si constantemente se intenta equilibrar el balancín con dos elefantes en vez de con dos niños, surgirán todo tipo de problemas:

- En primer lugar, las enormes energías potenciales de los elefantes se consumen al tratar de mantener en equilibrio el balancín, en vez de dedicarse a una tarea más útil, como cortar el césped o pintar la casa. Esto equivale a desviar la energía de diversos proyectos de construcción a largo plazo para resolver emergencias estresantes a corto plazo.

- Al usar dos elefantes para esta tarea, el daño se produce simplemente por lo grandes, pesados y poco sutiles que son los elefantes. Aplastan las flores al entrar al parque infantil, dejan esparcidos grandes montones de sobras y basuras por todas partes de los aperitivos que tienen que comer mientras mantienen el balancín en equilibrio, lo desgastan antes, etc. Esto equivale a un patrón de enfermedad asociada al estrés que aparecerá en varios de los capítulos siguientes: es difícil solucionar un problema grave en el organismo sin romper el equilibrio de algún otro elemento. Por eso, con los elefantes (niveles enormes de diversas hormonas del estrés) se puede reparar ligeramente la pérdida del equilibrio homeostático acaecida durante el estrés, pero cantidades grandes de dichas hormonas son susceptibles de dañar algo más en el proceso.

- Un último y sutil problema: cuando dos elefantes se equilibran en un balancín es difícil hacerlos bajar. O uno salta y el otro se estrella contra el suelo o nos hallamos frente a la delicada tarea de coordinar el grácil salto de ambos al mismo tiempo. Ésta es una metáfora de otro tema que aparecerá en los siguientes capítulos: a veces, la enfermedad asociada al estrés surge al desactivar de forma demasiado lenta la respuesta de estrés, o al desactivar los distintos elementos de dicha respuesta a velocidades diversas. Cuando la tasa de secreción de una de las hormonas de la respuesta de estrés vuelve a la normalidad mientras otra sigue siendo segregada en grandes cantidades, nos hallamos ante una situación equivalente a aquella en que uno de los elefantes, de repente, se queda solo en el balancín y se estrella contra el suelo[5].

Las páginas anteriores deberían permitir que el lector comenzara a darse cuenta de cuáles son las dos líneas fundamentales de este libro:

- La primera es que si pretendemos estresarnos como un mamífero normal, que tiene que enfrentarse a un grave reto físico, y no podemos *activar* de forma apropiada la respuesta, tendremos graves problemas. Para ver esto, lo único que hay que hacer es observar a alguien que sea incapaz de activar la respuesta de estrés. Como se explicará en los capítulos posteriores, durante el estrés se segregan dos clases fundamentales de hormonas. En la enfermedad de Addison* no se segrega una de ellas, las hormonas glucocorticoides; en el síndrome de Shy-Drager no se produce la secreción de la segunda clase, las hormonas adrenalina y noradrenalina. Quienes padecen la enfermedad de Addison o el síndrome de Shy-Drager no corren un mayor riesgo de enfermar de cáncer, del corazón o de otro trastorno de acumulación lenta del daño. No obstante, quienes padecen la enfermedad de Addison, cuando se enfrentan a un agente estresante importante, como un accidente de coche o una enfermedad infecciosa, sufren una crisis «adissoniana»:

---

5. Si al lector le resulta estúpida esta analogía, imagine lo que será un grupo de científicos, reunidos en una conferencia sobre el estrés, trabajando con ella. Yo me encontraba en la reunión donde se presentó por vez primera y, en un abrir y cerrar de ojos, se crearon facciones que proponían analogías sobre elefantes en saltadores, elefantes en tiovivos, luchadores de sumo en balancines, etc.

su presión sanguínea disminuye, no pueden mantener la circulación sanguínea y entran en estado de *shock*. En el síndrome de Shy-Drager es muy difícil el simple hecho de mantenerse en pie, no digamos correr a máxima velocidad tras una cebra para la cena; la mera posición erguida provoca una caída de la presión sanguínea, contracciones musculares involuntarias, mareos y todo tipo de molestias. Estas dos enfermedades nos enseñan algo importante, a saber: que la respuesta de estrés es necesaria frente a una emergencia física. Las enfermedades de Addison y Shy-Drager representan fallos catastróficos en la activación de la respuesta de estrés. En posteriores capítulos comentaré algunos trastornos que conllevan una insuficiente secreción de hormonas de estrés de naturaleza más sutil*. Entre ellas están el síndrome de cansancio crónico, la fibromialgia, la artritis reumatoide, una subclase de depresión, los pacientes en estado crítico y, posiblemente, los individuos con trastornos de estrés postraumático.

- Esa primera línea fundamental es decisiva, especialmente para la cebra que tiene que correr para salvar la vida. Pero la segunda nos concierne en mayor medida cuando nos hallamos sentados sintiéndonos frustrados en un atasco de tráfico, nos preocupamos por los gastos o le damos vueltas a las tensas relaciones con nuestros compañeros de trabajo. Si se *activa repetidamente* la respuesta de estrés o si no se puede *desactivar* de forma adecuada al final de un hecho estresante, se vuelve casi tan nociva como los propios agentes estresantes. Un amplio porcentaje de las enfermedades asociadas al estrés son trastornos derivados de una respuesta de estrés excesiva.

Esta última afirmación, que es una de las fundamentales de este libro, requiere ciertas importantes matizaciones. En un nivel superficial, el mensaje que transmite parece ser que los agentes estresantes hacen enfermar o, como se subraya en estas últimas páginas, que los agentes estresantes crónicos o repetidos hacen enfermar. Es más preciso afirmar que estos agentes, *en potencia*, hacen enfermar o aumentan el *riesgo* de que se enferme. Los agentes estresantes, aunque sean de naturaleza masiva, repetitiva o crónica, no llevan de forma automática a la enfermedad. Y el tema de la última parte de este libro trata sobre por qué algunas personas desarrollan enfermedades relacionadas con el estrés más fácilmente que otras, a pesar del mismo agente estresante.

Hay un aspecto adicional que es necesario subrayar. La afirmación de que «los agentes estresantes crónicos o repetidos aumentan el riesgo de enfermar» no es realmente correcta, salvo de un modo sutil que al principio parecerá un rebuscamiento semántico. Nunca se da el caso de que el estrés haga enfermar o de que aumente el riesgo de enfermar. Lo que aumenta el estrés es el riesgo de contraer *enfermedades* que hacen enfermar, o si ya se tiene una de ellas, el estrés aumenta el riesgo de que las defensas se vean superadas por ella. Esta distinción es importante en varios aspectos. En primer lugar, al establecer un número mayor de pasos entre el estrés y el hecho de enfermar, se pueden explicar mejor las diferencias individuales y saber por qué solo algunas personas acaban poniéndose enfermas. Además, al aclarar la progresión entre agentes estresantes y enfermedad, resulta más fácil diseñar formas de intervenir en el proceso. Por último, sirve para comenzar a explicar por qué el concepto de estrés les suele resultar tan sospechoso o escurridizo a muchos médicos de medicina general. La medicina clínica tradicionalmente ha sido muy eficaz al poder realizar afirmaciones del tipo: «Usted se siente enfermo porque tiene la enfermedad X», pero, también tradicionalmente, bastante inepta a la hora de explicar cómo se contrae dicha enfermedad. Por eso, estos médicos suelen decir: «Se siente enfermo porque tiene la enfermedad X, no por alguna tontería relacionada con el estrés», pasando por alto el papel de los agentes estresantes en el origen de la enfermedad.

Teniendo en cuenta todo esto, podemos iniciar la tarea de comprender los pasos individuales en este sistema. En el capítulo 2 se presentan las hormonas y los sistemas cerebrales implicados en la respuesta de estrés: ¿cuáles se activan, cuáles se inhiben? Esto prepara el terreno para los capítulos del 3 al 10, en los que se examinan las partes individuales del cuerpo que se ven afectadas. ¿Cómo aumentan dichas hormonas el tono cardiovascular durante el estrés y cómo causa el estrés crónico enfermedades cardíacas (capítulo 3)? ¿De qué modo las hormonas y los sistemas nerviosos movilizan la energía durante el estrés y cómo un exceso de estrés causa enfermedades energéticas (capítulo 4)? Y así sucesivamente. El capítulo 11 examina las interacciones entre el estrés y el sueño, centrándose en el círculo vicioso en que el estrés puede alterar el sueño y en cómo la falta de sueño es un agente estresante. El capítulo 12 examina el papel del estrés en el proceso de envejecimiento y los preocupantes hallazgos recientes que indican la posibilidad de que una exposición prolongada a algunas de las hormonas segregadas durante el estrés acelere el envejecimiento del cerebro. Como veremos, estos procesos suelen ser más sutiles y complicados de lo que parece a partir del simple esbozo que he presentado en este capítulo.

En el capítulo 13 nos adentramos en un tema de importancia claramente fundamental para comprender nuestra propensión hacia las enfermedades asociadas al estrés: ¿por qué es estresante el estrés psicológico? Esto sirve de introducción a los capítulos restantes. En el capítulo 14 se examina la depresión profunda, una terrible enfermedad psiquiátrica que afecta a muchos de nosotros y que suele estar íntimamente vinculada al estrés psicológico. El capítulo 15 trata de la relación entre las diversas clases de personalidad y las diferencias individuales en pautas de enfermedades relacionadas con el estrés. Éste es el mundo de los trastornos de ansiedad y la condición de Tipo-A, además de algunas sorpresas sobre inesperados vínculos entre la personalidad y la respuesta de estrés. El capítulo 16 aborda una cuestión enigmática que ronda a lo largo de la lectura de este libro: a veces el estrés provoca una sensación *agradable*, hasta el punto de que podemos pagar dinero para que nos estrese una película de terror o una vuelta en la montaña rusa. Así pues, el capítulo considera al estrés cuando es algo bueno, y las interacciones entre el sentido del placer que puede ser activado por algunos agentes estresantes y el proceso de adicción.

El capítulo 17 se centra en el nivel del individuo, examinando qué tiene que ver el lugar que uno ocupa en la sociedad, y la clase de sociedad en la que vive, con las pautas de enfermedades relacionadas con el estrés. Una de las ideas fundamentales de ese capítulo es ésta: si quieres aumentar tus posibilidades de evitar las enfermedades asociadas al estrés, procura no cometer el descuido de nacer en un hogar pobre.

En muchos aspectos, lo que se afirma hasta ese punto son malas noticias, ya que se nos ofrecen pruebas de que el estrés afecta negativamente a nuevas e inesperadas partes del cuerpo y de la mente. En el último capítulo nos proponemos dar cierta esperanza. Ante idénticos agentes estresantes externos, algunos organismos y mentes se enfrentan a ellos mejor que otros. ¿Quiénes son estos tipos que lo hacen bien y qué podemos hacer los demás para aprender de ellos? Examinaremos los principios fundamentales del control del estrés y algunos campos sorprendentes y emocionantes en que se han aplicado con increíble éxito. En tanto que en los capítulos anteriores se documenta nuestra considerable vulnerabilidad a las enfermedades asociadas al estrés, en el capítulo final se demuestra que poseemos un enorme potencial para protegernos de muchas de ellas. Es evidente que no todo está perdido.

CAPÍTULO 2

GLÁNDULAS, CARNE DE GALLINA Y HORMONAS

Para iniciar el proceso de aprendizaje del modo en que el estrés causa enfermedades, tenemos que examinar algunos aspectos del funcionamiento del cerebro, muy bien ilustrados en este párrafo, bastante técnico, de uno de los primeros investigadores de este campo:

> Y mientras ella se derretía, pequeña y hermosa entre sus brazos, se iba haciendo infinitamente deseable para él; todos sus vasos sanguíneos parecían escaldados por un intenso y sin embargo tierno deseo, de ella, de su suavidad, de la penetrante belleza que se acogía en sus brazos, e inundaba su sangre. Y suavemente, con aquella maravillosa caricia desmayada de su mano, en un puro y dulce deseo, suavemente acarició la sedosa pendiente de sus caderas, bajando y bajando entre sus dulces y calientes nalgas, llegando cada vez más cerca de su verdadero centro vital. Y ella lo sentía como una llamarada de deseo, tierno al mismo tiempo, y se sentía fundir en aquella llama. Se abandonó. Sintió su pene elevándose contra ella con una fuerza silenciosa, asombrosa y potente, y se entregó a él. Cedió con un estremecimiento como de agonía, y se abrió por completo a él.

> D. H. Lawrence, *Lady Chatterley's Lover*, 1929*.

Vamos a examinarlo. Si D. H. Lawrence es del agrado del lector, es posible que se hayan producido interesantes cambios en su organismo. Aunque no haya subido corriendo las escaleras, el corazón le latirá deprisa. La temperatura de la habitación no se ha modificado, pero se le habrán activado un par de glándulas sudoríparas. Y aunque ciertas partes de su organismo no hayan sido estimuladas de forma explícita mediante el tacto, el lector se habrá vuelto de repente muy consciente de ellas.

Estamos sentados en una silla sin mover un músculo y, por el simple hecho de pensar en algo, un pensamiento enojoso, triste, eufórico o lujurioso, de repente, el páncreas se pone a segregar una hormona. ¿El páncreas? ¿Cómo es posible hacer tal cosa con el páncreas? Si ni siquiera sabemos dónde está. El hígado está produciendo una enzima que antes no estaba ahí, el bazo manda por fax un mensaje al timo, el riego sanguíneo de los capilares pequeños de los tobillos acaba de cambiar: todo por un pensamiento.

En el plano intelectual, todos comprendemos que el cerebro regula funciones en todo el cuerpo, pero aún nos sorprende cuando se nos recuerda hasta dónde pueden llegar tales efectos. En este capítulo nos proponemos aprender algo sobre las líneas de comunicación entre el cerebro y todo lo demás, para ver qué zonas se activan y cuáles se inhiben cuando estamos sentados en una silla y nos sentimos muy estresados. Esto es un requisito previo para examinar el modo en que la respuesta de estrés nos salva el pellejo cuando corremos por la sabana, pero hace que enfermemos tras meses de preocupaciones.

El estrés y el sistema nervioso autónomo

La forma principal en que el cerebro ordena al resto del cuerpo lo que tiene que hacer consiste en enviar mensajes a través de los nervios, esa ramificación que desciende del cerebro por la columna vertebral y llega a la periferia del cuerpo. Una de las dimensiones de este sistema de comunicación resulta muy clara y familiar: el sistema nervioso voluntario es consciente. Decidimos mover un músculo y lo hacemos. Esta parte del sistema nervioso nos permite estrechar la mano, rellenar los impresos para la declaración de la renta, rascarnos detrás de la oreja o bailar una polka. Otra rama del sistema nervioso se proyecta a los órganos, además de a los músculos esqueléticos, y es la parte que controla el resto de las cosas interesantes que realiza el cuerpo: sonrojarse, tener carne de gallina, tener un orgasmo… En general, controlamos menos lo que el cerebro les dice, por ejemplo, a las glándulas sudoríparas que a los músculos del muslo. (No obstante, el funcionamiento de este sistema nervioso autónomo no escapa por completo a nuestro control; la biorretroalimentación, por ejemplo, consiste en aprender a modificar de forma consciente las funciones del sistema nervioso autónomo. En un terreno más prosaico, es lo mismo que hacemos al reprimir un fuerte eructo durante la celebración de una boda.) Las proyecciones nerviosas que llegan a puntos como las glándulas sudoríparas transmiten mensajes relativamente involuntarios y automáticos. Por eso se denomina sistema nervioso autónomo, y se halla muy relacionado con las respuestas de estrés: la mitad del sistema se activa en respuesta al estrés; la otra mitad se inhibe.

La mitad del sistema nervioso autónomo que se activa se denomina sistema nervioso simpático[6]. Las proyecciones

---

6. ¿Cuál es el origen de este nombre? Según el eminente fisiólogo del estrés Seymour Levine, proviene de Galeno, quien creía que el cerebro era responsable del pensamiento racional y las vísceras periféricas se ocupaban de las emociones. Ver este conjunto de caminos neurales que conecta a ambos sugería que eso permitía a nuestro cerebro simpatizar con nuestras vísceras. O quizá que nuestras vísceras simpatizaran con nuestro cerebro. Como veremos en breve, la otra mitad del sistema nervioso autónomo se llama sistema nervioso parasimpático. «Para», con el significado de «junto a», se refiere al hecho no muy excitante de que las proyecciones neurales parasimpáticas se asientan junto a las del simpático.

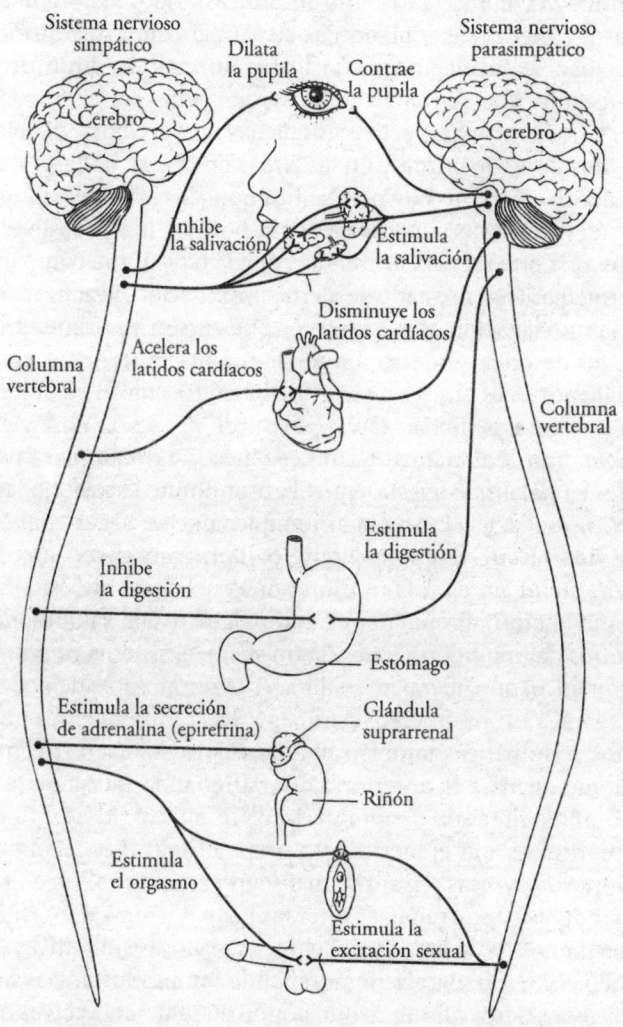

Ilustración 3. Esquema de algunos de los efectos de los sistemas nerviosos simpático y parasimpático en diversos órganos y glándulas.

simpáticas, que se originan en el cerebro, salen por la columna vertebral y se ramifican por casi todos los órganos, vasos sanguíneos y glándulas sudoríparas del organismo. Incluso se proyectan hasta los montones de diminutos músculos que se hallan unidos a los pelos del cuerpo. Si algo nos horroriza y activamos dichas proyecciones, el vello se nos pone de punta y en las zonas en que se hallan estos músculos pero no hay pelo se nos pone la carne de gallina.

El sistema nervioso simpático se pone en marcha cuando hay una emergencia, o creemos que la hay. Actúa como intermediario en el estado de alerta, la excitación, la activación y la movilización. A los médicos que cursan su primer año se les describe este sistema mediante un chiste malo pero obligatorio: es el sistema que media en las cuatro «efes» de la conducta: la huida, la lucha, el miedo y el sexo. [En inglés, *flight, fight, fear and sex*. Como es obvio, *sex* no empieza por efe. La palabra correcta, que el autor omite, es *fuck* (joder) *(N. de la T.)*]. Es el sistema arquetípico que se activa cuando la vida se vuelve emocionante o alarmante, como sucede durante el estrés. Las terminaciones nerviosas de este sistema liberan adrenalina. Cuando alguien sale saltando de detrás de una puerta y nos da un susto, el sistema nervioso simpático, que libera adrenalina, es el responsable de que se nos haga un nudo en el estómago. Las terminaciones nerviosas simpáticas también liberan una sustancia estrechamente ligada a la anterior: la noradrenalina (adrenalina y noradrenalina son denominaciones británicas; los términos americanos son epinefrina y norepinefrina). Las terminaciones nerviosas del simpático segregan adrenalina en las glándulas suprarrenales (situadas justo encima de los riñones); el resto de las terminaciones nerviosas simpáticas de todo el cuerpo segrega noradrenalina. Ambas sustancias son los mensajeros químicos que ponen en marcha diversos órganos en cuestión de segundos.

La otra mitad del sistema nervioso autónomo desempeña una función opuesta. El componente parasimpático media en las actividades tranquilas y vegetativas, en todo lo que no sean las cuatro «efes». Cuando un niño se va a la cama, se activa el sistema parasimpático, que provoca el crecimiento, el almacenamiento de energía y otros procesos positivos. Si tomamos una opípara comida, permanecemos sentados totalmente hartos y sintiendo una agradable somnolencia, el sistema parasimpático se pone a trabajar como si estuviera persiguiendo a una cuadrilla de malhechores. Si corremos por la sabana para salvar la vida, jadeando y tratando de controlar el pánico, el elemento parasimpático se desactiva. Es decir, el sistema autónomo funciona de forma opuesta: las proyecciones simpáticas y parasimpáticas del cerebro siguen su camino hasta un órgano determinado, donde, al activarse, producen resultados opuestos. El simpático acelera el corazón, el parasimpático disminuye su velocidad; el simpático envía el riego sanguíneo hacia los músculos, el parasimpático hace lo contrario. No sería de extrañar que se produjera un desastre si ambas ramas se activaran al mismo tiempo, como si presionáramos el acelerador y el freno a la vez. Hay muchos elementos de seguridad que impiden que esto suceda. Por ejemplo, las zonas del cerebro que activan el componente simpático cuando se produce una emergencia estresante, o cuando la prevemos, suelen inhibir el parasimpático al mismo tiempo.

El cerebro: la verdadera glándula maestra

La ruta neurológica que representa el sistema simpático es un primer medio para que el cerebro ponga en marcha olas de actividad en respuesta a un factor estresante. Hay además otro modo de hacerlo: mediante la secreción de hormonas. Cuando una neurona (una célula del sistema nervioso) segrega un mensajero químico que se desplaza una milésima de micra y consigue que la neurona siguiente (u otro tipo de célula) de la fila haga algo distinto, este mensajero se denomina neurotransmisor. Así, cuando las terminaciones nerviosas simpáticas del corazón segregan noradrenalina, que hace que el músculo cardíaco funcione de manera distinta, la noradrenalina desempeña la función de neurotransmisor. Cuando una neurona (u otra célula) segrega un mensajero que se une al torrente sanguíneo y afecta a hechos más amplios, el mensajero es una hormona. Las hormonas son segregadas por glándulas de todo tipo; durante el estrés se activa la secreción de algunas y se inhibe la de otras.

¿Qué relación guarda el cerebro con todas estas glándulas que segregan hormonas? Se solía creer que ninguna, pues se suponía que las glándulas periféricas del organismo —el páncreas, las glándulas suprarrenales, los ovarios, los testículos, etc.— «sabían» de forma misteriosa lo que debían hacer, tenían «mentes propias». «Decidían» cuándo segregar sus mensajeros sin recibir instrucciones de ningún otro órgano. Este concepto erróneo dio origen a una moda bastante estúpida en las primeras décadas del siglo xx. Los científicos observaron que el impulso sexual masculino disminuía con la edad y supusieron que se debía a que los testículos segregaban menos testosterona —una hormona sexual— al envejecer. (En realidad, en aquella época no se conocía la hormona de la testosterona; simplemente se referían a misteriosos «factores masculinos» en los testículos. Y de hecho los niveles de testosterona no se reducen con la edad, sólo hay un declive moderado y muy variable en la población de hombres ancianos; e incluso una disminución de la testosterona de un 10 por 100 con respecto al nivel normal no influye mucho en la conducta sexual.) Dando un paso más allá, los científicos equipararon el envejecimiento con la disminución del impulso sexual, con menos testosterona. (Debían haberse preguntado cómo se las arreglaban las mujeres, que no tienen testículos, para envejecer, pero en aquellos tiempos la mitad femenina de la población no contaba.) ¿Cómo se podía invertir el proceso de envejecimiento? Dando a los hombres mayores testosterona. De este modo se instauró la moda de que los caballeros con medios suficientes fueran a impecables clínicas suizas donde, diariamente, les inyectaban en el trasero extractos testiculares de perros, gallos o monos*. Incluso podían ir a los corrales de la clínica y escoger la cabra que fuera de su gusto —igual que uno elige langostas en un restaurante (y más de un caballero llegaba a su cita con su propio animal a cuestas)—. Esto pronto condujo a una derivación de dicha «terapia de rejuvenecimiento», a saber: la «organoterapia» —el injerto de pequeños trozos de testículos—. Así nació la moda de la «glándula de mono», siendo utilizado el término *glándula* porque los periodistas olvidaron imprimir la picante palabra *testículos*. Magnates de la industria, jefes de Estado, al menos un papa: todos se apuntaron. Y tras la carnicería de la Primera Guerra Mundial, había tal falta de hombres jóvenes y tal exceso de matrimonios de mujeres jóvenes con hombres de mucha más edad, que una terapia de este tipo parecía bastante importante.

Naturalmente, el problema era que no funcionaba. No había ninguna testosterona en los extractos testiculares, a los pacientes se les inyectaba una solución acuosa, y la testosterona no se disuelve en el agua. Y las mínimas cantidades de órganos que se trasplantaban morían casi de inmediato, y en caso de no hacerlo, no funcionaban. Si al envejecer los testículos segregan menos testosterona no es porque fallen, sino porque otro órgano (¡atención!) ya no les dice que lo hagan. Unos nuevos y flamantes testículos también fallarán por falta de señales de estimulación. No obstante, casi todos confirmaron sus maravillosos resultados. Cuando se paga una fortuna por unas dolorosas inyecciones diarias de extracto de testículos de perro, se está lo suficientemente motivado como para decidir que uno se siente como un toro: no es más que un enorme efecto placebo.

Con el paso del tiempo, los científicos descubrieron que las glándulas periféricas de secreción hormonal no eran autónomas, sino que se hallaban controladas por algo. Centraron su atención en la glándula pituitaria, situada debajo del cerebro, porque se sabía que cuando se hallaba lesionada o enferma, se alteraba la secreción hormonal de todo el cuerpo. A comienzos de siglo, cuidadosos experimentos demostraron que una glándula periférica liberaba su correspondiente hormona sólo si la pituitaria previamente segregaba otra que activaba dicha glándula. La pituitaria contenía un amplio conjunto de hormonas que llevaban la voz cantante en el resto del cuerpo; la pituitaria era la que realmente «conocía» el juego y regulaba la actividad del resto de las glándulas. Este descubrimiento dio origen a la memorable afirmación de que la pituitaria era la «glándula maestra» del cuerpo.

Este hallazgo se extendió ampliamente, sobre todo gracias al *Reader's Digest,* que publicó la serie de artículos: «Soy el... de Joe» («Soy el páncreas de Joe», «Soy la tibia de Joe», «Soy los ovarios de Joe», etc. En el tercer párrafo de «Soy la pituitaria de Joe» aparecía el asunto de la glándula maestra). Pero en la década de 1950 los científicos ya sabían que la pituitaria no era tal cosa.

La prueba más sencilla consistía en que si se extirpaba la pituitaria y se colocaba en un pequeño tazón lleno de sus nutrientes, la pituitaria actuaba de forma anormal, pues dejaba de segregar varias hormonas. Claro, se dirá el lector, si se extirpa un órgano y se echa en una sopa nutritiva, deja de funcionar. Pero es interesante señalar que, aunque esta pituitaria «explantada» dejaba de segregar ciertas hormonas, segregaba otras a una velocidad elevadísima. La pituitaria actuaba de modo irregular no porque se hallara traumatizada, sino porque resultó que no poseía el plan del juego hormonal completo: cumplía órdenes del cerebro.

Las pruebas eran bastante fáciles de obtener. Si se destruye la parte del cerebro que se halla justo al lado de la pituitaria, ésta deja de segregar determinadas hormonas y libera otras de forma excesiva, lo cual indica que el cerebro controla algunas hormonas de la pituitaria estimulando su secreción y controla otras inhibiéndola. El problema consistía en descubrir el modo en que el cerebro lo conseguía. Lo lógico era buscar los nervios que se proyectaran del cerebro o la pituitaria (como las proyecciones nerviosas que llegan al corazón o a otra zona) y los neurotransmisores correspondientes. Pero nadie pudo hallar tales proyecciones. En 1944, el fisiólogo Geoffrey Harris afirmó que también el cerebro era una glándula hormonal, que liberaba hormonas que se desplazaban hasta la pituitaria y que dirigían sus acciones. En principio, no era una idea descabellada. Un cuarto de siglo antes, uno de los padres de este campo, Ernst Scharrer, había demostrado que hormonas cuyo origen se atribuía a una glándula periférica se originaban en el cerebro. No obstante, muchos científicos creyeron que la idea de Harris era una locura. Las hormonas se producían en las glándulas periféricas como los ovarios, los testículos o el páncreas. Pero ¿que el cerebro rezumara hormonas? Era absurdo. Esto no sólo parecía científicamente inverosímil, sino también una acción impropia del cerebro, indecorosa, opuesta a la escritura de sonetos.

Dos científicos, Roger Guillemin y Andrew Schally, comenzaron a buscar estas supuestas hormonas cerebrales, lo cual era una labor increíblemente difícil. El cerebro se comunica con la pituitaria a través de un sistema circulatorio minúsculo, sólo ligeramente mayor que el punto al final de esta frase. No se podían buscar estas supuestas «hormonas liberadoras» o «inhibidoras» cerebrales en la circulación sanguínea, ya que, en el caso de que existieran, cuando llegaran allí se habrían diluido de tal modo que serían imposibles de detectar. Había que buscarlas en trocitos de tejido de la base del cerebro, que contiene los vasos sanguíneos que van del cerebro a la pituitaria.

No era una tarea trivial, pero nuestros dos científicos se hallaban dispuestos a emprenderla. Estaban muy motivados por el abstracto enigma intelectual de estas hormonas, por sus posibles aplicaciones clínicas y por el reconocimiento que les esperaba al final de este arco iris científico. Además se profesaban un odio mutuo, lo cual daba mayores incentivos a la investigación. Al principio, a finales de la década de 1950, Guillemin y Schally colaboraron en la búsqueda de las hormonas cerebrales. Posiblemente, una tarde en que se hallaran fatigados, mientras observaban los tubos de ensayo, uno hiciera un comentario sarcástico acerca del otro —los hechos reales se hunden en las tinieblas históricas—; el caso es que nació una intensa animosidad entre ambos, que se ha consagrado en los anales de la ciencia en pie de igualdad con la que los griegos experimentaron hacia los troyanos o la Coca-Cola hacia Pepsi-Cola. Guillemin y Schally se separaron y cada uno intentó por su cuenta aislar el primero las supuestas hormonas cerebrales*.

¿Cómo se aísla una hormona que quizá no exista o que, si existe, se produce en cantidades mínimas en un sistema de circulación minúsculo al que no se tiene acceso? Tanto Guillemin como Schally siguieron la misma estrategia: conseguir cerebros de animales en los mataderos, cortar la parte de la base del cerebro que se halla cerca de la pituitaria, ponerla en una batidora, verter el puré cerebral resultante en un gigantesco tubo de ensayo repleto de sustancias químicas que lo purifiquen y recoger las gotas que salen por el extremo opuesto; inyectárselas seguidamente a una rata y observar si se modifica el patrón de secreción hormonal de la pituitaria del animal. Si así fuera, cabría la posibilidad de que las gotitas cerebrales contuvieran algunas de las imaginarias hormonas liberadoras o inhibidoras. Después se intenta purificar lo que hay en las gotitas, se averigua su composición química, se crea una versión artificial de la misma y se observa si regula la función pituitaria. Como se ve, muy fácil en teoría. Pero tardaron años.

Un elemento importante en esta inmunda labor fue la escala. En el mejor de los casos, habría una cantidad ínfima de hormonas en un cerebro, así que los científicos tuvieron que tratar miles de cerebros a la vez. Había comenzado la «guerra de los mataderos». Se recibían camiones cargados de cerebros de cerdo y oveja, los químicos vertían calderos de cerebro en monumentales columnas de separación química, mientras otros examinaban los hilillos de líquido que salían por el fondo y los purificaban en la siguiente columna, y volvían a hacerlo en la siguiente… Pero no se trataba de una cadena de montaje automática. Hubo que inventar nuevos tipos de química, formas completamente novedosas de comprobar los efectos en un organismo vivo de las hormonas que podían o no existir. Era un problema científico tremendamente difícil, agravado por el hecho de que muchas de las personas influyentes en ese campo no creían en la existencia de las hormonas y porque esos dos tipos estaban empleando una gran cantidad de dinero y de tiempo.

Guillemin y Schally fueron los pioneros de un nuevo enfoque colectivo de la forma de hacer ciencia. Uno de los clichés al uso es el del científico solitario que se queda hasta las dos de la mañana tratando de descubrir lo que significan sus resultados. En este caso había equipos de químicos, bioquímicos, fisiólogos, etc., coordinados para aislar las supuestas hormonas. Y tuvieron éxito. «Sólo» catorce años después de haberse embarcado en esta aventura, se publicó la estructura de la primera hormona de activación[7]. Dos

---

7. Entonces, pregunta el aficionado al deporte, ¿quién ganó la carrera? Depende de lo que se considere llegar en primera posición. La primera hormona aislada regula de forma indirecta la secreción de la hormona tiroidea (es decir, controla el modo en que la pituitaria regula el tiroides). Schally y su equipo fueron los primeros en publicar un artículo, en el que decían: «Existe realmente una hormona en el cerebro que regula la liberación de la hormona del tiroides, y su estructura química es X». En un final de carrera muy reñido, el equipo de Guillemin publicó *cinco semanas* después, un artículo en el que llegaba a idénticas conclusiones. Pero la cosa se complica porque, unos meses antes, Guillemin y sus amigos fueron los primeros en publicar un artículo en el que

años después, en 1971, Schally consiguió la secuencia de la siguiente hormona hipotalámica y Guillemin la publicó dos meses más tarde. El siguiente asalto fue para Guillemin, en 1972, que se adelantó tres años a Schally en el descubrimiento de la siguiente hormona. Todos estaban encantados: el ya fallecido Geoffrey Harris estaba en lo cierto, y Guillemin y Schally obtuvieron el Nobel en 1976. Uno de ellos, dando muestras de educación y de saber lo que había que decir, afirmó que su única motivación había sido la ciencia y el impulso de ayudar a la humanidad, y comentó lo estimulantes y productivas que le habían resultado las relaciones con su colega; el otro, menos educado pero más honesto, afirmó que había sido la competitividad lo que le había impulsado durante décadas y describió la relación con su colega como «muchos años de violentos ataques y amargos desquites».

Así que ¡vivan Guillemin y Schally!: el cerebro era la glándula maestra. Actualmente sabemos que su base, el hipotálamo, contiene un enorme grupo de hormonas liberadoras e inhibidoras que da instrucciones a la pituitaria, que, a su vez, regula las secreciones de las glándulas periféricas. En ciertos casos, el cerebro activa la secreción de la hormona X de la pituitaria a través de la acción de una sola hormona liberadora. A veces detiene la secreción de la hormona y de la pituitaria segregando una única hormona

---

decían: «Si se sintetiza un elemento químico con una estructura X, éste regula la secreción de la hormona del tiroides y lo hace de forma similar a como lo hace el puré cerebral hipotalámico. Aún no sabemos si lo que quiera que haya en el hipotálamo también posee la estructura X, pero no nos sorprendería que así fuera». Así que fue Guillemin el primero en afirmar: «Esta estructura funciona como lo que buscamos» y Schally fue el primero en afirmar: «Esta estructura es lo que buscamos». Como he descubierto por mí mismo, casi un cuarto de siglo después, los veteranos curtidos en las batallas de la prolongada guerra por el premio entre Guillemin y Schally siguen dispuestos a enzarzarse en la discusión de quién ganó por KO.

inhibidora. En otros casos, una hormona de la pituitaria se halla controlada por dos hormonas cerebrales, una liberadora y otra inhibidora, que actúan de forma coordinada (doble control). Por si fuera poco, hay otros casos (por ejemplo, el del sistema desgraciadamente confuso que yo estudio) en que hay un grupo de hormonas hipotalámicas que regulan la pituitaria de forma colectiva, unas como liberadoras y otras como inhibidoras.

Las hormonas de la respuesta de estrés

Como glándula maestra, el cerebro experimenta o piensa en algo estresante y activa los componentes de la respuesta de estrés a través de esta vía hormonal. Ciertas conexiones entre el hipotálamo, la pituitaria y las glándulas periféricas se activan durante el estrés; otras se inhiben.

Dos hormonas vitales en la respuesta de estrés, que ya hemos mencionado, son la adrenalina y la noradrenalina, que segrega el sistema nervioso simpático. Otra clase importante de hormonas de la respuesta de estrés se denomina glucocorticoides. Al final del libro, el lector dispondrá de una sorprendente cantidad de información sobre trivialidades relacionadas con los glucocorticoides, ya que estoy enamorado de estas hormonas. Son hormonas esteroides («esteroide» es el término empleado para describir la estructura química general de cinco clases de hormonas: los andrógenos —los famosos esteroides anabolizantes, como la testosterona, que hace que te expulsen de los Juegos Olímpicos—, los estrógenos, la progestina, los mineralocorticoides y los glucocorticoides), que segregan las glándulas suprarrenales y, como vamos a ver, a veces actúan de forma similar a la adrenalina. Ésta actúa en cuestión de segundos; los glucocorticoides prolongan su actividad durante minutos u horas.

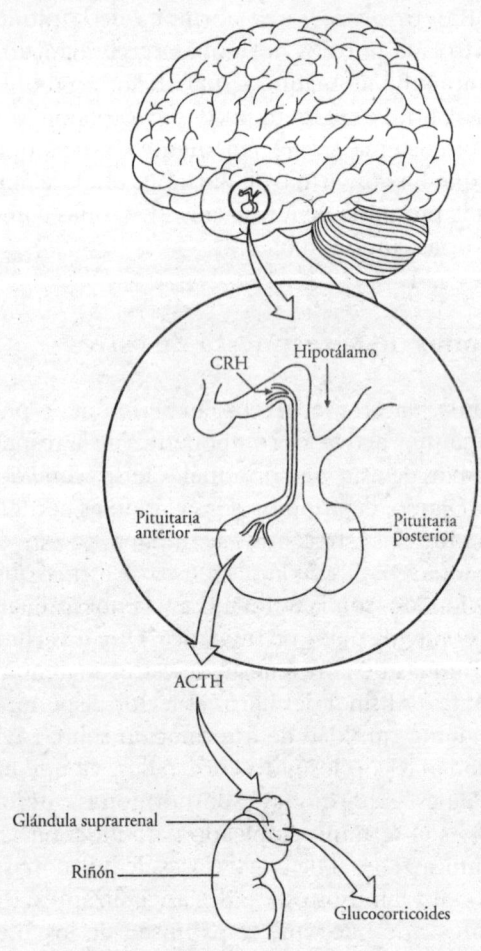

Ilustración 4. **Esquema del control de la secreción de glucocorticoides.** El cerebro percibe o prevé un agente estresante, lo que
hace que el hipotálamo desencadene la liberación de CRH (y de
las hormonas relacionadas). Estas hormonas entran en el sistema circulatorio privado que une el hipotálamo con la pituitaria
anterior, lo que origina que ésta libere ACTH. La ACTH llega a la
circulación general y desencadena la liberación de glucocorticoides por las glándulas suprarrenales.

Puesto que las glándulas suprarrenales son básicamente estúpidas, los glucocorticoides que segregan tienen que estar controlados, en último término, por hormonas cerebrales. Cuando sucede algo estresante o se tiene un pensamiento de este tipo, el hipotálamo segrega una hormona fundamental de iniciación de la activación: el CRH[8] (factor liberador de corticotropina) en el sistema circulatorio del hipotálamo y la pituitaria. En aproximadamente quince segundos, el CRH activa la pituitaria para que libere la hormona ACTH (también denominada *corticotropina*). Una vez en el torrente sanguíneo, la ACTH llega a las glándulas suprarrenales y, en unos minutos, activa la liberación de glucocorticoides. Los glucocorticoides unidos a las secreciones del sistema nervioso simpático (adrenalina y noradrenalina) explican buena parte de lo que sucede en el cuerpo durante el estrés. Son los caballos de tiro de la respuesta de estrés.

Asimismo, en momentos de estrés, el páncreas se estimula para que segregue una hormona llamada glucagón. Los glucocorticoides, el glucagón y el sistema nervioso simpático elevan el nivel de glucosa en circulación (como veremos, estas hormonas son esenciales para movilizar la energía durante el estrés). Se activan también otras hormonas. La pituitaria segrega prolactina, que, entre otras cosas, desempeña la función de inhibir la actividad reproductora durante

---

8. Tal vez las dos o tres personas del planeta que estén leyendo este libro, o leyeron la edición anterior y recuerden algo de ella, se estén preguntando por qué la hormona anteriormente conocida como CRF (factor liberador de corticotropina) ha sido transformada en CRH. Según las normas de la endocrinología, una supuesta hormona es llamada un «factor» hasta que se confirma su estructura química, momento en el cual se gradúa convirtiéndose en una «hormona». El CRF alcanzó esa condición a mediados de la década de 1980, y mi continuado uso de «CRF» hasta la edición de 1998 no era más que un intento nostálgico y patético por mi parte de aferrarme a esos imprudentes días de mi juventud, antes de que el CRF fuese domesticado. Tras un arduo trabajo psicológico, he llegado a aceptarlo y a partir de ahora usaré el acrónimo «CRH».

el estrés. La pituitaria y el cerebro segregan asimismo un tipo de sustancias endógenas, similares a la morfina, denominadas endorfinas y encefalinas, que sirven para anular la percepción del dolor, entre otras cosas. Por último, la pituitaria segrega asimismo vasopresina, también denominada hormona antidiurética, que interviene en la respuesta cardiovascular de estrés.

Del mismo modo que algunas glándulas se activan en respuesta al estrés, otros sistemas hormonales se inhiben; por ejemplo, la secreción de diversas hormonas reproductoras, como los estrógenos, la progesterona y la testosterona. Las hormonas asociadas al crecimiento (como la hormona del crecimiento) también se inhiben, al igual que la secreción de insulina, una hormona pancreática que suele ordenar al cuerpo que almacene energía para su uso posterior.

Algunas complicaciones

Esto es un resumen de lo que sabemos actualmente sobre los mensajeros neurológicos y hormonales que transmiten el mensaje cerebral de que algo horrible está teniendo lugar. Cannon fue el primero en reconocer la función de la adrenalina, la noradrenalina y el sistema nervioso simpático. Como se dijo en el capítulo anterior, él acuñó la frase «respuesta de lucha o huida», que es una forma de concebir la respuesta de estrés como una preparación del organismo para un súbito estallido de demanda energética. Selye fue el primero en descubrir el papel de los glucocorticoides. Desde entonces se han descubierto las funciones de otras hormonas y sistemas neurológicos. En los doce años transcurridos desde la primera publicación de este libro, se han incorporado varios nuevos agentes hormonales al cuadro, y, sin lugar a dudas, aún quedan más por descubrir. El conjunto de estos cambios de secreción y activación constituye la respuesta de estrés primaria.

Hay, naturalmente, algunas complicaciones. Como se repetirá a lo largo de los capítulos siguientes, la respuesta de estrés trata de preparar al organismo para un gran gasto de energía —la canónica (o, tal vez, «cannónica») respuesta de «lucha o huida»—. La obra reciente de la psicóloga Shelley Taylor, de UCLA, ha obligado a un replanteamiento del concepto. Ella sugiere que la respuesta de lucha o huida se refiere al estrés en los machos, y que ha sido sobredimensionada como fenómeno debido a la prolongada tendencia existente entre los científicos (la mayoría hombres) a estudiar más a los machos que a las hembras.

Taylor argumenta de forma convincente que la fisiología de la respuesta de estrés puede ser muy diferente en las hembras, basándose en el hecho de que en la mayoría de las especies las hembras suelen ser menos agresivas que los machos, y que el hecho de tener crías dependientes a menudo impide la opción de la huida. Demostrando que no sólo los hombres pueden proponer una elegante frase a modo de síntesis, Taylor sugiere que la respuesta de estrés femenina no es de «lucha o huida», sino de «cuidar y ofrecer amistad»*, ocuparse de su cría y buscar afiliación social. Como se verá en el último capítulo del libro, hay algunas asombrosas diferencias de género en los estilos de control del estrés que apoyan la opinión de Taylor, muchas de ellas basadas en la propensión hacia la afiliación social.

Asimismo, Taylor hace hincapié en un mecanismo hormonal que ayuda a contribuir a la respuesta de estrés de «cuidar y ofrecer amistad». Mientras que el sistema nervioso simpático, los glucocorticoides y las otras hormonas recién examinadas preparan al organismo para grandes exigencias físicas, la hormona oxitocina parece más relacionada con el hecho de cuidar y ofrecer amistad. La hormona pituitaria hace que las hembras de diversas especies de mamíferos marquen a sus crías después del parto, estimula la producción de leche y favorece la conducta maternal. Además, la oxitocina podría ser fundamental para que una hembra forme una pareja monógama con un macho (en las relativamente escasas especies de mamíferos que son monógamas)[9]. Y el hecho de que las hembras segreguen oxitocina en momentos de estrés apoya la idea de que responder al estrés tal vez no consista sólo en prepararse para una enloquecida carrera a través de la sabana, sino que también podría implicar sentir un impulso de socialización.

Algunos críticos de la influyente obra de Taylor han señalado que a veces la respuesta de estrés en las hembras puede ser de «lucha o huida» en vez de sociabilidad. Por ejemplo, es indudable que las hembras son capaces de ser salvajemente agresivas (con frecuencia para proteger a sus crías), y a menudo corren a toda velocidad para salvar sus vidas o en pos de la comida (la hembra del león, por ejemplo, es la que realiza la mayor parte de la caza). Además, en ocasiones la respuesta de estrés en los machos puede ser de sociabilidad en vez de «lucha o huida». Ésta puede consistir en la creación de alianzas con otros machos o, en esas raras especies monógamas (en las cuales los machos suelen encargarse de una buena parte del cuidado de las crías), algunos de los mismos comportamientos de «cuidado y ofrecimiento de amistad» que se ven entre las hembras. Sin embargo, entre estas críticas, existe la idea generalmente aceptada de que el organismo no responde al estrés sólo con vistas a prepararse para la agresión o la huida, y que hay importantes diferencias de género en la fisiología y psicología del estrés.

Se plantean más complicaciones. Incluso al considerar la clásica respuesta de estrés elaborada en torno a la «lucha o huida», no todas sus características se dan exactamente igual en distintas especies. Por ejemplo, en las ratas, el estrés produce una rápida disminución de la secreción de la

---

9. Una lista de especies que probablemente no debería incluir a los humanos, por una serie de razones biológicas. Pero ése es otro libro.

hormona del crecimiento, en tanto que en los humanos causa un incremento transitorio de la misma (este enigma y sus implicaciones para los humanos se tratan en el capítulo sobre el crecimiento).

Otra complicación tiene que ver con el tiempo que dura el efecto de la adrenalina y los glucocorticoides. Hace apenas unos párrafos, señalé que la primera actúa al cabo de unos segundos, mientras que los últimos hacen retroceder la actividad de la adrenalina durante el curso de minutos a horas. Esto es fantástico: frente a un ejército invasor, a veces la respuesta defensiva puede consistir en sacar armas de una armería (la adrenalina que actúa en segundos), y una defensa también puede ser iniciar la construcción de nuevos tanques (los glucocorticoides que actúan durante horas). Pero en el contexto de unos leones que persiguen cebras, ¿cuántas carreras a toda velocidad a través de la pradera realmente duran horas? ¿De qué sirven los glucocorticoides si algunas de sus acciones se notan mucho después de que nuestro característico agente estresante «amanecer en la sabana» haya pasado? Algunos efectos de los glucocorticoides ayudan a producir la respuesta de estrés. Otros ayudan a recuperarse de la respuesta de estrés. Como se describirá en el capítulo 8, es probable que esto tenga importantes implicaciones para varias enfermedades autoinmunes. Y algunas acciones de los glucocorticoides nos preparan para el siguiente agente estresante*. Como se comentará en el capítulo 13, esto es fundamental para entender la facilidad con la que los estados psicológicos anticipatorios pueden activar la secreción de glucocorticoides.

Otra complicación se relaciona con la consistencia de la respuesta de estrés. En el concepto de Selye de la respuesta de estrés era fundamental la creencia de que tanto si se tiene mucho frío o mucho calor como si se es la cebra o el león (o simplemente si una frase repetitiva nos cansa), se activa el mismo patrón de secreción de glucocorticoides, adrenalina, hormona del crecimiento, estrógenos, etc., para cada agente estresante. En general esto es así, y este entrelazamiento de las diversas ramas de la respuesta de estrés en un conjunto de medidas comienza en el cerebro, donde el mismo camino puede estimular la liberación de CRH del hipotálamo y activar el sistema nervioso simpático. Además, la adrenalina y los glucocorticoides, ambos segregados por la glándula suprarrenal, pueden potenciar la liberación de cada uno de los otros.

Sin embargo, resulta que no todos los agentes estresantes producen la misma respuesta de estrés*. El sistema nervioso simpático y los glucocorticoides intervienen en la respuesta a casi todos los agentes estresantes. Pero la velocidad y magnitud del cambio en la secreción de una hormona concreta varía en función del agente estresante, sobre todo en el caso de los más sutiles. La organización y el patrón de la liberación de una hormona tiende a variar en función del agente estresante. Un tema candente en la actual investigación sobre el estrés es el descubrimiento de la «firma» hormonal de un agente estresante concreto.

Un ejemplo lo constituye la magnitud relativa de la respuesta de estrés de los glucocorticoides frente a la del sistema nervioso simpático. James Henry, que ha llevado a cabo un trabajo importante sobre la influencia de agentes estresantes sociales, como la subordinación en la aparición de enfermedades cardíacas en los roedores, ha descubierto que el sistema nervioso simpático se activa de manera especial en un roedor socialmente subordinado que se halla en estado de alerta y trata de enfrentarse a un desafío. Por el contrario, el sistema glucocorticoide es el que más se activa en un roedor subordinado que ha abandonado el enfrentamiento. Los estudios sobre humanos estresados o deprimidos demuestran lo que podría considerarse la analogía humana de esta dicotomía. La excitación del sistema nervioso simpático es una señal de ansiedad y estado de alerta, en tanto que una fuerte secreción de glucocorticoides suele ser una señal de depresión (el nivel de glucocorticoides se eleva en aproximadamente la mitad de los depresivos).

Además, no todos los agentes estresantes producen secreción de adrenalina y noradrenalina, ni de noradrenalina en todas las ramas del sistema nervioso simpático. Por último, como veremos en el capítulo 13, dos agentes estresantes idénticos pueden originar distintas formas de estrés según el contexto psicológico en que aparezcan.

Por tanto, no todos los agentes estresantes generan exactamente la misma respuesta de estrés, lo cual no es de extrañar. Pese a las características comunes a diversos agentes estresantes, es una exigencia fisiológica muy distinta tener demasiado frío o demasiado calor, sentir una extrema ansiedad o una profunda depresión. A pesar de todo, los cambios hormonales esbozados en este capítulo, que tienen lugar, con bastante fiabilidad, ante agentes estresantes muy distintos, constituyen la superestructura de la respuesta de estrés neurológica y endocrina*. Ahora ya estamos preparados para ver el modo en que estas respuestas, en su conjunto, nos sirven para salvar el pellejo en emergencias agudas, pero pueden hacernos enfermar a largo plazo.

CAPÍTULO 3

APOPLEJÍA, ATAQUE CARDÍACO Y MUERTE POR VUDÚ

Se produce una de esas emergencias inesperadas: vamos por la calle para reunirnos con un amigo. Ya estamos pensando en lo que nos gustaría comer, saboreándolo por anticipado. Doblamos la esquina y... ¡Oh no! ¡Un león! Inmediatamente, las actividades de todo nuestro organismo se transforman para enfrentarse a la crisis: el tracto digestivo se cierra y el ritmo respiratorio se acelera vertiginosamente; se inhibe la secreción de hormonas sexuales y se vierte adrenalina, noradrenalina y glucocorticoides al torrente circulatorio. Los músculos de las piernas hacen lo que pueden para salvarnos y, para que eso ocurra, la actividad cardiovascular debe incrementarse lo suficiente como para suministrar oxígeno y energía a los músculos en acción.

La respuesta de estrés cardiovascular*

Activar el sistema cardiovascular es bastante sencillo, siempre que tengamos un sistema nervioso simpático y no nos preocupemos mucho por los detalles. Lo primero que sucede es que el corazón se acelera, late más deprisa y con mayor intensidad, lo que se consigue activando el sistema simpático y desactivando el parasimpático. Todos conocemos este efecto. El proceso real es extremadamente complejo y va más allá del objetivo de este libro (por ejemplo, algunos cambios de funcionamiento del corazón dependen de otros cambios y se basan en caprichosas características de contracción del músculo cardíaco). El resultado evidente es que la sangre circula más deprisa y con más fuerza. En momentos de máximo estrés, el corazón quintuplica su actividad con respecto a un periodo de reposo*.

De modo que el latido del corazón y la presión sanguínea se aceleran. La siguiente tarea consiste en distribuir la sangre con prudencia a lo largo de ese cuerpo nuestro que corre a gran velocidad. Las arterias que conducen a nuestros músculos están relajadas —dilatadas—, aumentando el flujo sanguíneo y la distribución de energía. Al mismo tiempo, se produce un dramático descenso en el flujo sanguíneo a las partes no esenciales de nuestro cuerpo, como el tracto digestivo y la piel (también cambia la pauta de flujo sanguíneo a nuestro cerebro, algo de lo que hablaremos en el capítulo 10). La disminución del riego sanguíneo a los intestinos se observó por primera vez en 1833, en un prolongado estudio sobre un indio canadiense a quien colocaron un tubo en el estómago después de que le hirieran de un disparo**. Cuando el hombre se hallaba tranquilamente sentado, los tejidos de su estómago eran de un rosa brillante, por tener un buen suministro de sangre. Pero cuando se enfadaba o experimentaba ansiedad, la mucosa estomacal se volvía blanca, debido a la disminución del riego sanguíneo. (Puede que sea mera especulación, pero me temo que sus accesos de ansiedad y de ira pudieran estar relacionados con esos rostros pálidos que experimentaban con él, en vez de hacer algo útil como coserle.)

Hay un último truco cardiovascular en respuesta al estrés, que está relacionado con los riñones***. La cebra con la tripa abierta ha perdido mucha sangre. Puede que, además, haya tenido que correr por la llanura durante una hora tratando de despistar a su perseguidor. Hace calor y es la hora en que normalmente iría a beber; pero ahora es imposible. Hay que conservar el agua. Si el volumen de sangre disminuye debido a la deshidratación o a la hemorragia, da igual lo que hagan las venas y el corazón: se verá dañada la capacidad de suministrar oxígeno y glucosa a los músculos. ¿Cuál es la forma más probable de perder agua? La formación de orina, y la fuente de agua de la orina es la circulación sanguínea. Por eso el cerebro envía un mensaje a los riñones: detened el proceso, que la sangre reabsorba el agua. Esto lo llevan a cabo una hormona, la vasopresina (conocida como la «hormona antidiurética» por su capacidad para bloquear la diuresis o formación de orina), y un grupo de hormonas relacionadas con ella que regulan el equilibrio del agua.

Llegados a este punto, el lector, sin lugar a dudas, se estará haciendo la siguiente pregunta: si una de las características de la respuesta de estrés cardiovascular es la conservación del agua en el sistema circulatorio, lo cual se consigue inhibiendo la formación de orina en los riñones, ¿cómo es que cuando estamos realmente aterrorizados mojamos los pantalones? Felicito al lector por haberse planteado una de las preguntas para las que la ciencia actual carece de contestación. Al tratar de responderla, nos topamos con otra más amplia. ¿Por qué tenemos vejiga? Es un órgano excelente para un hámster o un perro, porque esas especies la llenan hasta que está a punto de estallar y se dedican a recorrer su territorio estableciendo límites de demarcación, pequeñas señales olorosas de «prohibido el paso» para los vecinos[10]. Una vejiga tiene su lógica para las especies que

---

10. Una de mis intrépidas ayudantes de investigación, Michelle Pearl, se puso en contacto con algunos de los urólogos más importantes de Estados Unidos para preguntarles por qué evolucionó la vejiga. Un especialista en urología comparada (al igual que Jay Kaplan, de cuya investigación se habla en este capítulo) tomó los hallazgos sobre roedores territoriales con vejigas para dejar rastros de olor e invirtió el argumento: tal vez poseamos vejigas para evitar una continua pérdida de orina que dejaría un rastro de olor por medio del cual cualquier depredador podría localizarnos. El mismo urólogo señaló, sin embargo, que un punto débil de esta idea es que también los peces poseen vejigas, y presumiblemente ellos no se tienen que preocupar de dejar rastros de

marcan el territorio con el olor. Pero me da la impresión de que el lector no se dedica a esta actividad de forma habitual[11]. En el caso de los humanos es un misterio, una aburrida zona de almacenamiento. Ahora bien, los riñones son otra cosa. Son órganos bidireccionales de absorción, lo que quiere decir que nos podemos pasar la tarde alegremente introduciendo en ellos agua de la circulación y recuperando parte de ella, mediante la regulación de un conjunto de hormonas. Pero cuando la orina sale de los riñones y se dirige hacia la vejiga, podemos despedirnos de ella con un beso: la vejiga es unidireccional. Cuando se produce una situación de estrés, la vejiga significa un peso muerto con

_____

olor. Varios urólogos sugirieron que quizá la vejiga actúa como un regulador entre el riñón y el mundo exterior, para reducir la posibilidad de infecciones renales. No obstante, parece extraño desarrollar un órgano con el exclusivo propósito de proteger a otro órgano de la infección. Pearl sugirió que tal vez haya evolucionado para la reproducción masculina —la acidez de la orina no es muy saludable para el esperma (en la antigüedad, las mujeres usaban medio limón como diafragma); así pues, quizá tenía sentido desarrollar un lugar donde almacenar la orina—. Un notable porcentaje de los urólogos preguntados dijeron algo como «Bien, sería un enorme inconveniente social no tener vejiga», antes de darse cuenta de que acababan de sugerir que los vertebrados desarrollaron vejigas hace decenas de millones de años para que los humanos no pudiésemos hacernos pis encima involuntariamente. Sin embargo, la mayoría de los urólogos dijeron cosas como «Para ser honesto, nunca había pensado en esto antes», «No lo sé y he hablado con mis colegas y ellos tampoco saben nada», y «Me supera»*.

11. Bien, tal vez algunos humanos lo hagan. Cuando los aliados atravesaron el Rin, en Alemania, durante la Segunda Guerra Mundial, colocando un puente de pontones, al parecer el general George Patton lo cruzó a pie, se detuvo en el medio, y, ante los flashes de las cámaras, meó en las aguas del Rin. «Llevaba mucho tiempo esperando esto», dijo**. Continuando esta mezcla de militarismo, cuerpos acuosos y marcas de olor, durante la guerra de Corea, las tropas americanas se alinearon a lo largo del río Yalu, frente a los soldados chinos a los que se enfrentaban, y orinaron en masa en el río.

el que hay que cargar al correr por la sabana. La respuesta es evidente: hay que vaciarla[12].

Todo va bien ahora: se ha incrementado el volumen de sangre, circula por el cuerpo a mayor velocidad y con mayor fuerza y llega a donde más se necesita. Esto es exactamente lo que se requiere cuando se trata de huir de un león. Marvin Brown, de la Universidad de California (San Diego), y Laurel Fisher, de la Universidad de Arizona, han demostrado que el panorama es distinto cuando se está alerta, cuando una gacela se halla agazapada en la hierba, completamente inmóvil, mientras pasa un león a su lado. La visión del león es, por supuesto, un agente estresante, pero muy sutil; al mismo tiempo que hay que mantenerse lo más inmóvil posible, hay que estar fisiológicamente preparado para salir corriendo a máxima velocidad al más mínimo aviso. En este estado de alerta, el ritmo cardíaco y el riego sanguíneo tienden a disminuir, y a aumentar la resistencia vascular en todo el cuerpo, músculos incluidos. Es otro ejemplo del complicado problema planteado al final del capítulo 2 sobre las firmas del estrés: no se activa la misma respuesta de estrés ante todos los agentes estresantes*.

Por último, el agente estresante ha desaparecido, el león persigue a algún otro peatón, uno puede volver a sus planes para la cena. Las diversas hormonas de la respuesta de estrés se desactivan, nuestro sistema nervioso parasimpático comienza a aminorar el ritmo del corazón a través de algo llamado el nervio vago, y nuestro cuerpo se serena.

---

12. Debería decirse que, aunque el estrés puede aumentar la ocurrencia de enuresis (pérdida del control de la vejiga), la mayoría de los niños que padecen enuresis nocturna (mojar las sábanas) son psicológicamente normales. Este tema plantea el misterioso interrogante de por qué a muchos tipos nos resulta tan difícil orinar en un servicio público cuando estamos estresados por una multitud que espera en cola detrás de nosotros, impacientes por volver a sus asientos antes de que empiece la película.

Estrés crónico y enfermedades cardiovasculares*

Gracias al sistema cardiovascular, hemos escapado del león. Pero si ponemos a trabajar el corazón, los vasos sanguíneos y los riñones de este modo cada vez que alguien nos irrita, aumentamos el riesgo de padecer una enfermedad cardíaca. No hay ejemplo más claro de la falta de adaptación de la respuesta de estrés durante el estrés psicológico que el del sistema cardiovascular. Si corremos aterrorizados por el barrio del restaurante donde habíamos quedado con nuestro amigo, las funciones cardiovasculares se alteran para dirigir más sangre hacia los músculos del muslo. En tales casos se produce un ajuste estupendo entre el torrente circulatorio y las exigencias metabólicas. Por el contrario, si nos sentamos y comenzamos a pensar en un importante plazo límite que se cumple la semana siguiente hasta que un pánico hiperventilador se apodera de nosotros, también en este caso la función cardiovascular se altera para desviar más sangre hacia los músculos. Una locura y, en potencia, perjudicial a largo plazo.

Pero ¿cómo es que el aumento de la presión sanguínea provocado por un estrés psicológico crónico acaba causando enfermedades cardiovasculares, la primera causa de muerte en Estados Unidos y el resto del mundo desarrollado? En pocas palabras, porque el corazón no es más que una bomba estúpida, sencilla y mecánica, y los vasos sanguíneos no son más emocionantes que una manguera. La respuesta de estrés cardiovascular consiste básicamente en hacer que ambos trabajen más durante un periodo de tiempo, y si esto se lleva a cabo de forma regular, se desgastan, tal como lo haría una bomba o una manguera que hubiésemos comprado en unos grandes almacenes.

El primer paso en el camino a la enfermedad asociada con el estrés es el desarrollo de hipertensión, una presión sanguínea elevada de forma crónica[13]. Esto parece obvio: si el estrés hace que suba nuestra presión sanguínea, entonces el estrés crónico hace que nuestra presión sanguínea suba de forma crónica. Misión cumplida, tenemos hipertensión.

Es algo más confuso porque en este punto se produce un círculo vicioso. Los pequeños vasos sanguíneos distribuidos a través de nuestro cuerpo tienen la tarea de regular el flujo sanguíneo a las zonas adyacentes locales para asegurar unos adecuados niveles de oxígeno y nutrientes. Si elevamos de forma crónica nuestra presión sanguínea —un aumento crónico de la fuerza con la cual la sangre circula a través de esos pequeños vasos—, dichos vasos tienen que trabajar más duramente para regular el flujo sanguíneo. Pensemos en la facilidad con que se controla una manguera de jardín para el riego de las plantas frente a una manga de incendios con un chorro de agua que sale a toda fuerza de una boca de riego. Esta última requiere más músculo. Y precisamente es eso lo que ocurre en esos pequeños vasos. Forman una capa de músculo más densa en torno a ellos, para controlar mejor la incrementada fuerza del riego sanguíneo. Pero a consecuencia de estos músculos más densos, estos vasos ahora se han vuelto más rígidos, más resistentes a la fuerza del riego sanguíneo. Lo cual tiende a aumentar la presión sanguínea, que a su vez tiende a aumentar aún más la resistencia vascular, y así sucesivamente...

De modo que ya tenemos nuestra presión sanguínea crónicamente alta. Esto no es bueno para nuestro corazón. La sangre ahora regresa al corazón con más fuerza y,

---

13. La presión sanguínea en estado de reposo en la que la presión sistólica —el número superior, que refleja la fuerza con que la sangre sale de nuestro corazón— está por encima de 140, o cuando la presión diastólica —el número inferior, que refleja la fuerza con que la sangre regresa al corazón— está por encima de 90, se considera elevada.

como se dijo, esto provoca un mayor impacto sobre la pared muscular del corazón que se encuentra ese *tsunami*. Con el paso del tiempo, esa pared se adensará con más músculo*. Esto se denomina «hipertrofia izquierda ventricular», lo que significa aumentar la masa del ventrículo izquierdo, la parte del corazón en cuestión**. Nuestro corazón ahora está desequilibrado, en cierto modo, al estar hiperdesarrollado en un cuadrante. Esto incrementa el riesgo de desarrollar un ritmo cardíaco irregular. Y más noticias malas: además, esta pared más gruesa de músculo cardíaco ventricular tal vez ahora requiera más sangre de la que pueden proporcionar las arterias coronarias. Resulta que, después de la edad, tener hipertrofia ventricular izquierda es el mejor pronosticador de riesgo cardíaco.

La hipertensión tampoco es buena para nuestros vasos sanguíneos. Una característica general del sistema circulatorio es que, en determinados puntos, los vasos sanguíneos grandes (la aorta descendente, por ejemplo) se ramifican en vasos más pequeños, que a su vez lo hacen en otros más pequeños, y así sucesivamente hasta formar diminutas capas de miles de capilares. Este proceso de división en unidades cada vez menores se llama «bifurcación». (A título de ejemplo de la extraordinaria eficacia de la bifurcación repetida del sistema circulatorio mencionaremos que ninguna célula del cuerpo se halla a más de cinco células de distancia de un vaso sanguíneo, a pesar de que el sistema circulatorio ocupa sólo el 3 por 100 de la masa corporal.) Uno de los rasgos de los sistemas que se bifurcan de este modo es que los puntos de bifurcación, o ramificación, son extremadamente vulnerables a las lesiones. Los puntos de las paredes del vaso sanguíneo donde se produce la bifurcación soportan la máxima presión del fluido que choca contra ellos. Una regla sencilla es, por tanto, que, al incrementar la fuerza con que se mueve el fluido por el sistema, aumenta la turbulencia y esos puntos de las paredes tienen mayores probabilidades de desgastarse.

Con el aumento crónico de la presión sanguínea que acompaña al estrés repetido, los puntos de ramificación de las arterias en todo el cuerpo empiezan a sufrir daño. El fino revestimiento interno de los vasos sanguíneos comienza a desgarrarse y agujerearse. Cuando esta capa está dañada, se produce una respuesta inflamatoria: las células del sistema inmunitario que median en la inflamación se suman al lugar lesionado. Además, también comienzan a formarse unas células llenas de nutrientes grasos, denominadas células espumosas. Asimismo, durante el estrés el sistema nervioso parasimpático hace que la sangre se vuelva más viscosa*. Concretamente, la adrenalina hace que aumente la probabilidad de que las plaquetas circulantes (un tipo de células sanguíneas que coagulan la sangre) se agrupen debajo de la capa desgarrada, lo cual agrava el problema. Como veremos en el próximo capítulo, durante el estrés se moviliza energía hacia la corriente sanguínea, entre ella grasa, glucosa y el colesterol «malo». Toda clase de residuos fibrosos se quedan ahí adheridos. Ya nos hemos hecho con una placa aterosclerótica.

Por consiguiente, el estrés puede favorecer la formación de placas al aumentar la cantidad de vasos sanguíneos dañados e inflamados, y al incrementar la probabilidad de que la porquería en circulación (plaquetas, grasa, colesterol, etc.) se adhiera a los lugares inflamados. Durante años se han efectuado estudios clínicos para intentar calcular el riesgo de enfermedad cardiovascular midiendo la cantidad de una clase determinada de porquería existente en el flujo sanguíneo. Sabemos que unos altos niveles de colesterol, sobre todo de colesterol «malo», incrementan el riesgo de enfermedad cardiovascular. Pero no son un claro pronosticador; un sorprendente número de personas puede tolerar altos niveles de colesterol malo sin consecuencias cardiovasculares, y sólo alrededor de la mitad de las víctimas de ataque al corazón posee elevados niveles de colesterol**.

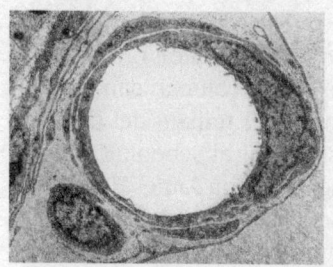 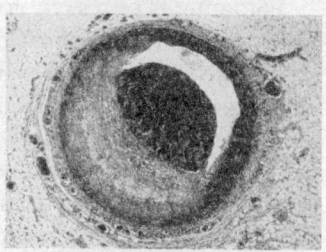

Ilustración 5. Microfotografías de un vaso sanguíneo sano (izquierda) y de otro con una placa aterosclerótica (derecha)

En los últimos años está resultando claro que el número de vasos sanguíneos dañados, inflamados, es un mejor pronosticador de problemas cardiovasculares que la cantidad de porquería. Esto tiene sentido, puesto que uno puede comer una docena de huevos al día y no tener que preocuparse de la aterosclerosis si no hay vasos dañados para que la porquería se pegue a ellos; del mismo modo, se pueden formar placas incluso entre niveles «saludables» de colesterol, si hay suficiente daño vascular.

¿Cómo se puede medir la cantidad de daño inflamatorio? Un gran marcador está resultando ser algo llamado proteína reactiva-C (CRP, por sus siglas en inglés). Se forma en el hígado y se segrega en respuesta a una señal que indica una lesión. Migra al vaso dañado, donde ayuda a amplificar la cascada de inflamación que se está desarrollando. Entre otras cosas ayuda a retener el colesterol malo en el conjunto inflamado.

La CRP está resultando ser un pronosticador mucho mejor de riesgo de enfermedad cardiovascular que el colesterol, incluso con años de antelación a la aparición de la enfermedad. En consecuencia, la CRP se ha puesto bastante de moda en medicina, y se está convirtiendo rápidamente en un punto clave estándar para medir de forma general el funcionamiento de la sangre en los pacientes.

Por tanto, el estrés crónico puede causar hipertensión y aterosclerosis (la acumulación de estas placas). Una de las demostraciones más claras de este problema, con amplias aplicaciones en nuestras vidas, es el trabajo del fisiólogo Jay Kaplan en el Bowman Grey Medical School. Kaplan se basó en el trabajo de un fisiólogo anterior, James Henry, que demostró que el estrés puramente social causaba aterosclerosis (así como una elevación de la presión sanguínea) en los ratones. Kaplan y sus colaboradores han demostrado la existencia de un fenómeno similar en los primates, acercando de este modo la historia mucho más a nosotros. Si se forma un grupo social con monos machos, en cuestión de días o meses cada uno determina cuál es su posición con respecto a los demás. Cuando aparece una jerarquía dominante estable, el último lugar en el que se desearía estar es en la base, pues se tienen muy pocas oportunidades de predecir lo que puede ocurrirte, ningún control sobre lo que te suceda y pocas salidas cuando se produce una situación estresante. Estos animales subordinados muestran muchos de los índices fisiológicos de activación crónica en sus respuestas de estrés y suelen acabar con placas ateroscleróticas. Como evidencia de que la aterosclerosis se deriva de un sistema nervioso simpático demasiado activo en la respuesta de estrés, si Kaplan administraba a los monos en situación de riesgo drogas que evitan la actividad del simpático (betabloqueadores), no formaban placas*.

Kaplan demostró que hay otro grupo de animales que también corre el mismo riesgo. Supongamos que el sistema de dominación deviene inestable al trasladar a los monos a nuevos grupos cada mes, de modo que todos los animales se encuentran siempre en el estado tenso e incierto de determinar dónde se hallan con respecto a los demás. En tales circunstancias, generalmente los animales que se sitúan de forma precaria en el vértice de la jerarquía de dominación cambiante son los que más luchan y los que muestran más índices de estrés en su conducta y en sus hormonas. Tienen toneladas de placas ateroscleróticas y algunos incluso sufren ataques cardíacos (bloqueo repentino de una o varias arterias coronarias).

En general, los monos que sufrían mayor estrés social corrían mayor riesgo de desarrollar placas. Kaplan demostró que esto podía ocurrir incluso con una dieta baja en grasas, lo cual tiene su lógica, ya que, como describiremos en el capítulo siguiente, gran parte de las grasas que forman las placas procede de la almacenada en el cuerpo, no de la hamburguesa con queso que el mono se come antes de una tensa conferencia. Pero si el estrés social se une a una dieta rica en grasas, el efecto es sinérgico y la formación de placas se dispara.

De modo que el estrés puede aumentar el riesgo de sufrir aterosclerosis. Si se forman suficientes placas ateroscleróticas para obstruir seriamente el riego sanguíneo de la parte inferior del cuerpo, se produce una «claudicación», lo que significa un dolor agudo en las piernas y en el pecho al andar, por falta de oxígeno y glucosa, y uno se convierte en candidato a una operación de *bypass*. Si sucede lo mismo en las arterias que van al corazón, pueden producirse enfermedades coronarias, isquemia de miocardio y todo tipo de cosas espantosas.

Pero no hemos acabado. En cuanto se nos han formado esas placas, el estrés continuado puede crearnos problemas de otra manera. De nuevo, al aumentar el estrés se eleva la presión sanguínea, y, como la sangre se mueve con suficiente fuerza, la posibilidad de que esa placa se rompa y se desprenda es mayor. De modo que tal vez teníamos una forma de placa en el enorme acueducto de un vaso sanguíneo, con la placa circulando demasiado pequeña como para causar ningún problema. Pero al desprenderse ahora, forma lo que se llama un trombo, y esa bola de pelo móvil puede alojarse en un vaso sanguíneo mucho menor, obstruyéndolo por completo. Si se obstruye una arteria coronaria tenemos un infarto de miocardio, un ataque al corazón (y la ruta de este trombo explica la inmensa mayoría de los ataques al corazón). Si obstruimos un vaso sanguíneo del cerebro tendremos un infarto cerebral (una hemorragia cerebral)*.

Si el estrés crónico ha dañado los vasos sanguíneos, cada nuevo agente estresante aumentará su capacidad nociva, por una razón muy insidiosa relacionada con la isquemia de miocardio**, enfermedad que se produce cuando las arterias que riegan el corazón se obstruyen lo suficiente como para que se reduzca el riego sanguíneo del órgano, privándolo parcialmente de oxígeno y glucosa. (En principio, puede parecer ilógico que el corazón necesite arterias especiales. Cuando las paredes del corazón —del músculo— requieren la energía y el oxígeno almacenados en la sangre, podría limitarse a absorberlos de las grandes cantidades de sangre que lo atraviesan. Pero no es así, ya que lo alimentan unas arterias que proceden de la aorta. A modo de analogía, pensemos en los trabajadores de un depósito de agua municipal. Cuando tienen sed, podrían inclinarse sobre el borde del depósito con un cubo y sacar agua. Pero la solución habitual consiste en tener una fuente en la oficina que se alimenta indirectamente del depósito situado fuera.)

Supongamos que se produce una situación de estrés agudo y que nuestro sistema cardiovascular se halla en plena forma. Nos excitamos y el sistema nervioso simpático se pone en marcha. El corazón se acelera de forma intensa y coordinada y aumenta la fuerza de sus contracciones. Por el hecho de trabajar más, el músculo cardíaco consume más energía y oxígeno, para lo cual se dilatan las arterias coronarias, suministrándole más nutrientes y oxígeno. Todo va bien.

Pero si nos enfrentamos a un agente estresante agudo con un corazón que padece isquemia crónica, tenemos un verdadero problema. En vez de producirse una vasodilatación de las arterias coronarias en respuesta al sistema nervioso simpático, tiene lugar una *vasoconstricción*. Precisamente cuando el corazón requiere que los vasos, ya obstruidos,

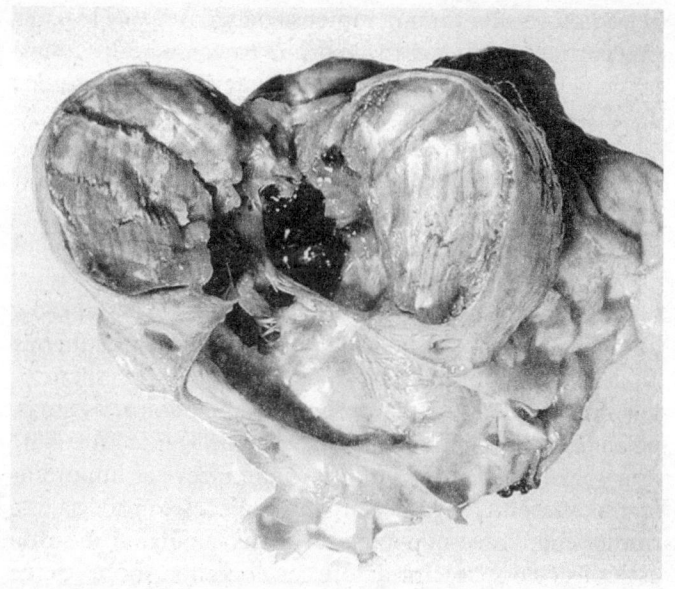

Ilustración 6. Corazón necrótico.

le suministren más oxígeno y glucosa, un estrés agudo los estrecha aún más, justo lo contrario de lo que necesita. El dolor que se experimenta en el pecho es terrible: es una angina de pecho.

La isquemia de miocardio crónica producida por la placa de ateroma garantiza, como mínimo, un dolor terrible en el pecho ante un agente estresante físico. Con la mejora de las técnicas cardiológicas en la década de 1970, los cardiólogos se quedaron sorprendidos al descubrir que éramos aún más vulnerables en este terreno de lo que suponían. Con las técnicas antiguas se cogía a un hombre con isquemia de miocardio (los hombres son más propensos a padecer enfermedades del corazón que las mujeres) y se le conectaba a un enorme electrocardiógrafo para realizarle un electrocardiograma (ECG), para lo cual se le enfocaba el pecho con una cámara inmensa de rayos X y se le pedía que corriera en una cinta continua hasta que estuviera al borde del colapso. Como era de esperar, el riego sanguíneo del corazón disminuía y le dolía el pecho.

Unos ingenieros crearon un electrocardiógrafo en miniatura que se lleva atado al cuerpo con correas mientras uno hace la vida cotidiana: se había inventado la «electrocardiografía ambulante». De ese modo, los cardiólogos podían observar cómo funcionaba el proceso a un nivel mucho más sutil. Y cuál no sería su sorpresa al comprobar que se producían infinidad de pequeñas crisis de isquemia en las personas propensas. La mayor parte eran «silenciosas», no avisaban mediante una señal de dolor. Además, podía desencadenarlas cualquier clase de agente estresante psicológico: hablar en público, una entrevista importante, un examen... Según el antiguo dogma, si se padecía una cardiopatía, había que empezar a preocuparse si se sufría estrés físico o aparecían dolores en el pecho. Ahora se cree que, cuando alguien es propenso, puede tener problemas en toda clase de circunstancias de estrés psicológico de la vida diaria, y sin siquiera saberlo. Estos datos coinciden con los de los estudios con animales que demuestran que se produce fibrilación (latidos cardíacos descoordinados) en los perros cuando están irritados o tienen miedo. Cuando el sistema cardiovascular ha sufrido daños, parece ser tremendamente sensible a los agentes estresantes agudos, tanto físicos como psicológicos.

Hasta ahora nos hemos centrado en las consecuencias asociadas al estrés provocadas por activar demasiado a menudo el sistema cardiovascular. ¿Qué sucede al desactivarlo al final de cada agente estresante físico? Como se dijo antes, nuestro corazón aminora sus latidos como resultado de la activación del nervio vago por parte del sistema nervioso parasimpático. De nuevo el sistema nervioso autónomo nunca nos deja pisar el acelerador y frenar al mismo tiempo, por definición, si todo el tiempo nos volvemos hacia el sistema nervioso simpático, estamos cerrando de forma crónica el parasimpático. Y esto hace que sea más difícil bajar el ritmo general, incluso durante esos raros momentos en los que no nos sentimos estresados por nada.

¿Cómo podemos diagnosticar un nervio vago que no cumple su función de serenar al sistema cardiovascular al final de una situación estresante? Un médico podría someter a alguien a un agente estresante, por ejemplo, hacer que la persona corra sobre una cinta continua, y luego comprobar la velocidad de recuperación. Resulta que hay una forma más sutil pero más fácil de detectar un problema. Cada vez que inhalamos activamos ligeramente el sistema nervioso simpático, y aceleramos un poco el corazón. Y cuando exhalamos, el parasimpático se activa a medias, activando el nervio vago para bajar el ritmo general (ésta es la razón de que muchas formas de meditación se basen en exhalaciones prolongadas). Por consiguiente, la duración del tiempo entre los latidos cardíacos tiende a ser menor cuando estamos inhalando que exhalando. ¿Pero qué sucede si el estrés crónico ha embotado la capacidad de nuestro sistema nervioso parasimpático para poner al nervio vago en acción? Cuando exhalemos, nuestro corazón no aminorará su ritmo, no aumentarán los intervalos de tiempo entre latidos. Los cardiólogos utilizan monitores sensibles para medir los intervalos entre los latidos. Grandes cantidades de variabilidad (es decir, intervalos entre latidos breves durante la inhalación, largos durante la exhalación) significan que tenemos un fuerte tono parasimpático que contrarresta nuestro tono simpático, algo bueno. Una variabilidad mínima significa un componente parasimpático que tiene problemas para poner el pie en el freno. Éste es el marcador para alguien que no sólo activa la respuesta de estrés cardiovascular con demasiada frecuencia, sino que, ahora, tiene problemas para desactivarlo*.

Muerte cardíaca súbita*

Los apartados anteriores demuestran cómo el estrés crónico ataca el sistema cardiovascular y cómo cada agente estresante aumenta su grado de vulnerabilidad. Pero uno de los rasgos más sorprendentes y conocidos de las cardiopatías es la frecuencia con que el ataque cardíaco se produce ante un agente estresante. Un hombre recibe una noticia impactante: su mujer ha muerto, ha perdido su empleo, un hijo al que creía muerto desde hace tiempo aparece en la puerta, le ha tocado la lotería... Nuestro hombre, llevado por la intensidad de la noticia, llora, vocifera, está exultante, se tambalea jadeando y respirando con fuerza... Poco después, repentinamente, se lleva la mano al pecho, sufre fibrilación ventricular y cae muerto debido a un súbito paro cardíaco. Una fuerte emoción negativa, como la cólera, duplica el riesgo de sufrir un infarto en las dos horas siguientes. Por ejemplo, durante el juicio a O. J. Simpson, Bill Hodgman, uno de los fiscales, sintió dolores en el pecho en torno a la vigésima vez que se levantaba de un salto para objetar algo que Johnnie Cochran estaba diciendo, y a continuación sufrió un colapso (sobrevivió). Esta especie de vulnerabilidad cardíaca a las emociones fuertes ha hecho que los casinos de Las Vegas tengan desfibriladores a mano. También se cree que está muy relacionada con el hecho de que un entorno como la ciudad de Nueva York sea un factor de riesgo para un ataque cardíaco mortal[14]**.

---

14. Esto es auténtico, como se relata en un estudio ampliamente citado que publicaron en 1999 Nicholas Christenfeld y colegas suyos de la Universidad de California, en San Diego (¿acaso el lector esperaba que fuese Nueva York?). Los autores hicieron un excelente trabajo en el que se descartaban varios factores que inducían a confusión. Demostraron que este mayor riesgo no se daba en otros núcleos urbanos del país. No se debía a la autoselección (es decir, ¿quiénes sino unos locos estresados con propensión a las cardiopatías elegirían vivir en Nueva York?). No dependía del estatus

Este fenómeno se halla muy bien documentado. En un estudio, un médico recogió artículos de periódico sobre la muerte súbita de 170 personas e identificó una serie de acontecimientos que parecían estar relacionados con ella: la muerte, el colapso nervioso o la amenaza de pérdida de alguien querido; una pena honda; la pérdida de estatus o de autoestima; el dolor por la muerte de un ser querido en el aniversario de ésta; un peligro personal; amenazas de lesiones o recuperación después de éstas; el triunfo o la extrema alegría. Otros estudios demuestran lo mismo. Como ejemplo de este fenómeno, en 1991, durante la guerra del Golfo, en Israel murieron más ancianos por muerte súbita que por los daños causados por los misiles SCUD. Durante el terremoto de Los Ángeles de 1994 se produjo una gran subida en ataques cardíacos por razones análogas[15].

Las causas reales son difíciles de estudiar, puesto que no se puede predecir lo que va a suceder y no se puede entrevistar

---

socioeconómico, la raza, la etnia o la condición de inmigrante. No era debido a que las personas casualmente estuvieran en Nueva York a la hora del día en que se producen más infartos (es decir, en los desplazamientos para ir al trabajo). No era debido a que los médicos de Nueva York tuvieran tendencia a clasificar erróneamente otras dolencias como ataques al corazón. No, el factor más probable es que allí había más estrés, excitación, miedo y alteración de los ciclos del sueño que en la mayoría de los otros lugares. Y esto antes del 11-S. Naturalmente, como los demás neoyorquinos de nacimiento que conozco, me parece que este artículo es perversamente agradable y confirmativo.

15. Una vez recibí una carta del médico analista jefe de Vermont en la que describía su investigación de lo que concluía ser un caso de paro cardíaco producido por estrés: un anciano de ochenta y ocho años con un historial de cardiopatías había sido hallado muerto de un infarto junto a su amado tractor, mientras que fuera de la casa, en un ángulo donde ella podía haberle visto tumbado boca abajo en el granero, estaba su esposa de ochenta y siete años, muerta más recientemente de un ataque al corazón (pero sin historial de cardiopatías ni nada claramente erróneo hallado en la autopsia). Junto a ella estaba la campanilla que había empleado para llamarle a comer durante quién sabe cuántos años.

a las víctimas *a posteriori* para saber qué sentían. Pero los cardiólogos coinciden en que la muerte súbita es una versión extrema del estrés agudo que provoca fibrilación ventricular[16] e isquemia cardíaca. Como ya habrá adivinado el lector, el sistema nervioso simpático interviene en la muerte súbita, que tiene mayores probabilidades de aparición en tejidos cardíacos dañados que en tejidos sanos. Se puede producir sin tener un historial de enfermedad coronaria; en tales casos, las autopsias suelen demostrar la existencia de un grado elevado de aterosclerosis. Sin embargo, hay casos misteriosos de personas de treinta años, aparentemente sanas, que son víctimas de una muerte súbita por paro cardíaco y cuyas autopsias no revelan signos de ateroma.

Parece que el hecho decisivo en la muerte súbita es la fibrilación. Una de las causas es que un músculo cardíaco enfermo se excita eléctricamente más, lo que le expone a la fibrilación. Además, en presencia de un agente estresante muy intenso se desorganiza la activación de los *inputs* de estimulación *hacia el corazón*. El sistema nervioso simpático le envía dos proyecciones nerviosas simétricas, y existe la teoría de que, en periodos de elevada excitación emocional, los dos *inputs* se activan hasta tal punto que se descoordinan, lo que se traduce en una grave fibrilación, en llevarse la mano al pecho y caer muerto.

Placeres mortales

En la lista de factores que precipitan la muerte súbita se halla uno especialmente interesante: el triunfo o la alegría

---

16. Que no cunda el pánico. En la fibrilación ventricular, la mitad del corazón —los ventrículos— comienza a contraerse de una forma rápida y descoordinada que resulta inútil para bombear la sangre. Contrasta con la arritmia, en la que todos los latidos cardíacos se vuelven irregulares.

extrema. Pensemos en un hombre que muere por recibir la noticia de que le ha tocado la lotería; o el ejemplo proverbial de «al menos ha muerto feliz» de alguien que muere haciendo el amor (cuando un vicepresidente de Estados Unidos murió en estas circunstancias, los detalles médicos del incidente fueron examinados con suma atención, ya que no se encontraba con su esposa en aquel momento).

La posibilidad de morir de placer parece descabellada. ¿No se supone que las enfermedades asociadas al estrés se derivan de éste? ¿Cómo es posible que una experiencia agradable mate del mismo modo que una pena repentina? Es evidente que porque comparten ciertas características. La cólera o la alegría extremas tienen distintos efectos en el sistema reproductor, en el crecimiento y probablemente en el sistema inmunitario. Pero en lo que se refiere al sistema cardiovascular, poseen efectos similares. De nuevo nos topamos con un concepto fundamental de la fisiología del estrés que explica por qué se producen respuestas similares ante el hecho de tener demasiado frío o demasiado calor, ser una presa o un depredador: hay partes de nuestro cuerpo, entre ellas el corazón, a las que les da lo mismo en qué dirección se rompa el equilibrio alostático: lo que les importa es el grado de ruptura. Por eso lamentarse y dar puñetazos a las paredes debido a la pena o saltar y gritar de placer plantean graves exigencias, muy similares, a un corazón enfermo. Dicho de otro modo, los efectos del sistema nervioso simpático en las arterias coronarias son aproximadamente los mismos tanto si se es presa de un ataque de cólera asesina como si se experimenta un maravilloso orgasmo. Las emociones diametralmente opuestas tienen bases fisiológicas asombrosamente similares (recordando una de las afirmaciones más citadas de Elie Wiesel, el escritor premio Nobel y superviviente del Holocausto: «Lo opuesto del amor no es el odio. Es la indiferencia».) En lo tocante al sistema cardiovascular, la ira y el éxtasis, la pena y el triunfo suponen un desafío para la alostasis.

Mujeres y cardiopatías*

Pese a que los hombres sufren ataques al corazón en un índice superior a las mujeres, las cardiopatías son la principal causa de muerte entre las mujeres de Estados Unidos: 500.000 al año (en comparación con 40.000 muertes anuales por cáncer de mama). Y el índice está subiendo entre las mujeres, mientras que los índices de muerte cardiovascular en hombres han ido descendiendo durante décadas. Además, dada la misma gravedad de ataque cardíaco, las mujeres tienen el doble de probabilidades que los hombres de quedar discapacitadas.

¿Qué significan estos cambios? El mayor índice de discapacitación por infarto parece ser un incidente epidemiológico. Las mujeres aún sufren menos ataques al corazón que los hombres, empiezan a ser vulnerables a él con un retraso de más o menos un decenio, con relación a los hombres. Por tanto, si un hombre y una mujer sufren ataques al corazón de la misma gravedad, desde el punto de vista estadístico es probable que la mujer sea diez años mayor que el hombre. Y debido a esto, es menos probable que logre recuperarse.

¿Pero qué ocurre con la creciente incidencia de cardiopatías en las mujeres? Es probable que a ello contribuyan varios factores. La obesidad está aumentando enormemente en este país, más en las mujeres, y esto incrementa el riesgo de cardiopatía (como se verá en el próximo capítulo). Además, aunque los índices de tabaquismo están descendiendo en todo el país, lo hacen a un ritmo más lento entre las mujeres que entre los hombres.

Por supuesto, también el estrés parece tener algo que ver con esto. Kaplan y Carol Shively han estudiado a diversas monas en jerarquías de dominio y observan que los animales crónicamente relegados a posiciones subordinadas tienen el doble de aterosclerosis que las hembras dominantes, incluso con una dieta baja en grasas. Entre los humanos se dan resultados semejantes en un contexto de subordinación social. Este incremento del índice de enfermedades cardiovasculares entre las mujeres se corresponde con una época en la que aumenta el porcentaje de mujeres que trabajan fuera del hogar. ¿Puede ser que el estrés tenga relación con esto? Exhaustivos estudios han demostrado que trabajar fuera de casa no aumenta el riesgo de enfermedad cardiovascular en la mujer. A no ser que haga trabajo de oficina. O tenga un jefe insoportable. Y una prueba de que la inserción de las mujeres en el mundo laboral no significa que los hombres carguen con más peso del trabajo doméstico: el otro pronosticador de enfermedad cardiovascular para las mujeres que trabajan fuera del hogar es tener a los hijos de vuelta en casa.

Así pues, ¿por qué el estrés incrementa el riesgo de enfermedades cardiovasculares en las hembras primates, humanas o no? La respuesta nos la dan los sospechosos habituales: demasiada agitación del sistema nervioso simpático, demasiada secreción de glucocorticoides. Pero hay otro factor relevante, muy controvertido: el estrógeno*.

Durante décadas se había creído que el estrógeno protege contra las enfermedades cardiovasculares (así como de la apoplejía, la osteoporosis, y posiblemente la enfermedad de Alzheimer), sobre todo gracias al papel del estrógeno como antioxidante, que se deshace de peligrosos radicales de oxígeno. Esto explicaba por qué las mujeres no empezaban a padecer una gran cantidad de enfermedades cardíacas hasta después de que los niveles de estrógeno cayeran con la menopausia. Esto se sabía de forma general y era una de las razones de la terapia de reposición de estrógenos posmenopáusica.

La importancia del estrógeno no se derivaba sólo de las estadísticas con poblaciones humanas, sino también de cuidadosos estudios experimentales. Como se verá en el capítulo 7, el estrés provoca un descenso en los niveles de estrógeno, y las monas de rango subordinado de Kaplan tenían unos niveles de estrógeno tan bajos como los que encontraríamos en una mona a la que se le hubiesen extirpado los ovarios. En cambio, si sometemos a una hembra a años de subordinación pero la tratamos con estrógenos, elevando sus niveles a los que hemos visto en animales dominantes, el riesgo de aterosclerosis desaparece. Y si le extirpamos los ovarios a una hembra de alto rango, ya no estará protegida contra la aterosclerosis. Estudios como éstos parecían concluyentes.

En 2002 apareció un artículo decisivo, basado en el Women's Health Initiative, un estudio sobre miles de mujeres. El objetivo había sido evaluar los efectos de ocho años de terapia de reposición posmenopáusica con estrógeno más progestina. Se esperaba que ésta fuese la demostración decisiva de los efectos protectores de dicha terapia contra la enfermedad cardiovascular, la apoplejía y la osteoporosis. Y al cabo de cinco años, los códigos sobre a quién se le daban hormonas y a quién placebo fueron desvelados, y el consejo ético que supervisaba el gigantesco proyecto decidió interrumpirlo. ¿Debido a que los beneficios del estrógeno y la progestina eran tan claros que no era ético dar a la mitad de las mujeres placebo? No, debido a que el estrógeno y la progestina estaban *incrementando* claramente el riesgo de cardiopatía y apoplejía (aunque todavía protegiesen contra la osteoporosis) no era ético proseguir con el estudio.

Fue un bombazo. Noticias de primera plana por todas partes. Ensayos similares se interrumpieron en Europa. Las acciones de las compañías farmacéuticas cayeron en picado. Y millones de mujeres perimenopáusicas se preguntaron qué se suponía que debían hacer con la terapia de reposición de estrógenos.

¿Por qué resultados tan contradictorios tras años de estadísticas clínicas y cuidadosos estudios de laboratorio, por un lado, y este enorme y excelente estudio, por el otro? Un factor importante es que los estudios como los realizados por Kaplan se centraban en el estrógeno, mientras que en este ensayo clínico se utilizó estrógeno *más* progestina. Esto podía suponer una gran diferencia. Entonces, como ejemplo del puntillismo crítico que adoran los científicos y que saca de quicio a quienes no lo son, probablemente las dosis de hormonas utilizadas eran distintas, como en el caso del tipo de estrógeno (estradiol frente a estriol frente a estrona, y hormona sintética frente a natural). Por último, y éste es un punto importante, los estudios de laboratorio sugieren que el estrógeno protege contra la *formación* de aterosclerosis, en lugar de invertir la aterosclerosis que ya se ha declarado. Esto es bastante importante porque, dadas nuestras dietas occidentales, es probable que las mujeres ya empiecen a formar placas de aterosclerosis a los treinta y tantos años, no después de la menopausia, a los cincuenta o sesenta y tantos años.

El jurado todavía está deliberando sobre este particular. Y aunque tal vez resulte que el estrógeno posmenopáusico no protege contra las enfermedades cardiovasculares, parece plausible que el segregado por las propias mujeres a edades mucho menores sí lo haga. Y el estrés, al suprimir dichos niveles de estrógeno, podría estar contribuyendo de esa forma a las enfermedades cardiovasculares.

Muerte por vudú*

Ha llegado el momento de examinar un tema que rara vez se suele tratar en las escuelas públicas. Hay ejemplos muy documentados de muerte por vudú en todas las culturas tradicionales no occidentales. Alguien come un alimento prohibido, insulta al jefe, se acuesta con quien no debiera o realiza una acción inaceptable, violenta o blasfema. El pueblo agraviado recurre a un chamán, que agita ante el transgresor algún amuleto horrible y ritual, le echa el mal de ojo o hace un muñeco vudú. Como es de esperar, la persona embrujada pronto cae muerta.

El equipo de Harvard formado por el etnobotánico Wade Davis y el cardiólogo Regis DeSilva ha examinado este tema[17]. Davis y DeSilva no están de acuerdo con la expresión «muerte por vudú», porque rebosa de condescendencia occidental hacia las sociedades no occidentales (faldas de hierba, huesos en la nariz... Ese tipo de cosas). En su lugar, prefieren la expresión «muerte psicofisiológica», aunque observan que, en muchos casos, incluso esta denominación es inadecuada. A veces, por ejemplo, el chamán se da cuenta de que alguien está muy enfermo y afirma que lo ha hechizado, por lo que le corresponde todo el mérito cuando la persona muere. O puede que se limite a envenenarla y gane prestigio por sus poderes maléficos. El caso que me parece más divertido es cuando el chamán lanza una maldición sobre alguien delante de todo el pueblo y la comunidad dice: «La maldición vudú funciona. Esta persona tiene los días contados, así que no desperdiciemos en ella agua y comida». Al verse privada de alimento y de agua, muere de hambre: otra maldición vudú cumplida.

No obstante, hay casos reales de muerte psicofisiológica que, aunque parezca extraño, han sido el centro de interés de algunos grandes fisiólogos de este siglo. Tuvo lugar un gran enfrentamiento entre Walter Cannon (el que acuñó el concepto de «lucha o huida») y Curt Richter

---

17. Wade Davis es el etnobotánico preferido de los aficionados a las películas de terror. Como se detalla en las notas, en su investigación más importante descubrió una posible base farmacológica del modo en que en Haití se convierte a la gente en zombis (personas en un trance similar a la muerte, sin voluntad propia). La tesis doctoral de Davis, de la Universidad de Harvard, sobre la «zombificación» se convirtió primero en un libro, *The Serpent and the Rainbow* (Warne Books, Inc., 1985) y después en una película de terror de serie B con el mismo título, el sueño hecho realidad de todos los licenciados, cuyas tesis se hallan destinadas a ser hojeadas superficialmente por uno o dos miembros del tribunal.

(un eminente experto en medicina psicosomática) por los diferentes mecanismos de muerte psicofisiológica que postulaba cada uno. Cannon creía que se debía a un exceso de actividad del sistema nervioso simpático. Según este esquema, la persona se pone tan nerviosa por la maldición que el sistema nervioso simpático se acelera, produciendo tal vasoconstricción que rompe los vasos sanguíneos, lo cual provoca una disminución mortal de la presión sanguínea. Richter creía que la muerte se debía a un exceso de actividad del sistema nervioso parasimpático. Según esta sorprendente teoría, la persona, al darse cuenta de la gravedad de la maldición, se daba por vencida. La proyección parasimpática al corazón (el nervio vago) se volvería muy activa, disminuyendo los latidos del corazón hasta detenerlos y produciéndose la muerte por una «tormenta del vago», como se la denominó. Tanto Cannon como Richter mantuvieron sus teorías incontaminadas, ya que nunca examinaron a nadie que hubiera fallecido de muerte psicofisiológica, de muerte por vudú o de otro tipo de muerte. Al parecer quien tenía razón era Cannon. En una tormenta del vago, el corazón casi nunca se detiene. Según Davis y DeSilva, estos casos son una versión espectacular de la muerte súbita, en la que un exceso de tono simpático provoca isquemia y fibrilación cardíacas.

Todo esto está muy bien a la hora de explicar por qué tiene lugar la muerte psicofisiológica en personas con cierto grado de lesión cardíaca. Pero una característica sorprendente de la muerte psicofisiológica en las sociedades tradicionales es que también puede producirse en personas jóvenes, cuyas probabilidades de sufrir una cardiopatía latente son extremadamente bajas. Este enigma sigue sin ser resuelto. Puede que el riesgo de padecer una cardiopatía sea mayor de lo que suponemos, o tal vez sea testimonio del poder de las creencias culturales. Como observan Davis y DeSilva, si la fe cura, también puede matar.

Personalidad y cardiopatía:
una breve introducción

Dos personas atraviesan por una misma situación social estresante. Sólo una de ellas se vuelve hipertensa. Dos personas viven diez años de vida con sus altibajos y vicisitudes. Sólo una de ellas contrae una enfermedad cardiovascular.

Estas diferencias individuales pueden deberse a que una de ellas ya tenga dañado el sistema cardiovascular, por ejemplo, porque haya disminuido el riego sanguíneo coronario. También pueden deberse a factores genéticos que influyen en los mecanismos del sistema (la elasticidad de los vasos sanguíneos, el número de receptores de noradrenalina, etc.). Pueden asimismo ser el resultado de la diferencia entre el número de factores de riesgo que cada una experimenta: ¿dicha persona fuma, tiene la presión sanguínea elevada y niveles altos de ácidos grasos (triglicéridos) en la sangre? (Es interesante observar que las diferencias individuales en los factores de riesgo explican menos de la mitad de la variabilidad de los patrones de cardiopatías.)

Ante factores estresantes similares, grandes o pequeños, la personalidad puede ser la causa de que dos personas difieran en el riesgo que tienen de sufrir una enfermedad cardiovascular. En los capítulos 14 y 15 examinaremos algunos de éstos: de qué modo el riesgo de padecer una enfermedad cardiovascular es incrementado por la hostilidad, la personalidad de Tipo A y la depresión clínica. La mala noticia es que estos factores de riesgo de la personalidad son importantes en su efecto. Pero la buena noticia es que a menudo se puede hacer algo al respecto.

El tratamiento de este capítulo sirve como ejemplo del estilo de análisis que prevalecerá en los capítulos posteriores. Al enfrentarse a una emergencia física a corto plazo, la respuesta de estrés cardiovascular es vital. Frente al estrés crónico, la misma respuesta tiene consecuencias terribles. Los efectos adversos son especialmente perjudiciales cuando interactúan con las consecuencias adversas de una excesiva respuesta de estrés metabólica, que es el tema del siguiente capítulo.

CAPÍTULO 4

ESTRÉS, METABOLISMO Y CÓMO LIQUIDAR NUESTRA CUENTA BANCARIA

Así que vamos corriendo por la calle a máxima velocidad, perseguidos por un león. La cosa se estaba poniendo fea, pero nuestra buena suerte —el sistema cardiovascular— se ha puesto en marcha y suministra energía y oxígeno a nuestros músculos. Pero ¿qué energía? Mientras corremos a toda velocidad, no tenemos tiempo de tomarnos una chocolatina y extraer sus beneficios; ni siquiera tenemos tiempo de digerir la comida que ya está en nuestro estómago. El cuerpo tiene que obtener energía de sus zonas de almacenamiento: la grasa, el hígado o los músculos. Para comprender cómo se pone en marcha la energía en estas circunstancias y cómo, a veces, eso puede hacernos enfermar, tenemos que aprender, en primer lugar, la forma en que el organismo almacena energía*.

Ingresar energía en el banco

El proceso básico de la digestión consiste en descomponer partes de animales y vegetales para que puedan transformarse en partes de humanos. No podemos emplear esas partes tal como están; no podemos, por ejemplo, aumentar la fuerza de los músculos de las piernas injertando el trozo de muslo de pollo que nos comemos. Hay que descomponer los alimentos en sus elementos más simples (moléculas): los aminoácidos (piezas de construcción de proteínas), los azúcares simples como la glucosa (piezas de construcción de los azúcares más complejos y de los almidones (carbohidratos) y los ácidos grasos libres y el glicerol (los elementos que constituyen las grasas). Esto lo llevan a cabo en el tracto gastrointestinal las enzimas, elementos químicos que descomponen moléculas más complejas. Las piezas de construcción simples que se obtienen de este modo pasan al torrente circulatorio, que las transporta a las células que las necesiten. Una vez en ellas, las células son capaces de usarlas para fabricar las proteínas, grasas y carbohidratos necesarios para seguir vivas. Es asimismo igual de importante el hecho de que el cuerpo quema estas piezas simples (sobre todo los ácidos grasos y los azúcares) para obtener la energía necesaria para toda la construcción.

Es el día de Acción de Gracias y hemos comido con abandono porcino. Nuestro torrente sanguíneo rebosa de aminoácidos, ácidos grasos y glucosa, mucho más de lo que necesitamos para incorporarnos hasta el sofá, aturdidos tras la sobremesa. ¿Qué hace el cuerpo con el exceso?

Para responder a esta pregunta es hora de que hablemos de dinero: libretas de ahorro, el cambio del dólar, bonos y acciones, amortización negativa de la tasa de interés, sacar monedas de una hucha…, ya que el proceso de transportar energía por el cuerpo guarda sorprendentes semejanzas con el movimiento del dinero. Hoy en día es raro que las personas obscenamente ricas vayan por ahí con su fortuna en el bolsillo, o que la atesoren en efectivo dentro de un colchón. Lo normal es que la guarden en otro sitio, en formas más complejas que el dinero en efectivo: fondos de inversión, bonos del tesoro libres de impuestos, cuentas en bancos suizos… Del mismo modo, el exceso de energía no se guarda en lo que constituye el dinero en efectivo del cuerpo —los aminoácidos, la glucosa y los ácidos grasos que circulan en la sangre—, sino que se almacena de forma más compleja. Las enzimas de las células adiposas se combinan con los ácidos grasos y el glicerol para formar triglicéridos (véase la tabla de la página siguiente). Si se acumula un número suficiente en las células adiposas, se engorda. Mientras tanto, las enzimas de las células de todo el organismo hacen que se unan varias moléculas de glucosa. Estas largas cadenas, formadas a veces por miles de ellas, se denominan glucógeno, que se adhiere a los músculos o al hígado. De igual modo, las enzimas de las células del cuerpo hacen que se formen largas cadenas de aminoácidos, transformándolos en proteínas.

Lo que nos metemos en la boca	Lo que llega al torrente circulatorio	Cómo se almacena si hay en exceso	Cómo se moviliza en una emergencia estresante
Proteínas →	Aminoácidos →	Proteínas →	Aminoácidos
Almidón, azúcares, carbohidratos →	Glucosa →	Glucógeno →	Glucosa
Grasa →	Ácidos grasos y glicerol →	Triglicéridos →	Ácidos grasos, glicerol y cuerpos cetónicos

La insulina es la hormona que activa el transporte y el almacenamiento de estas piezas de construcción en las células adecuadas. En cierto sentido, la insulina planifica nuestro futuro metabólico. Si tomamos una opípara comida, la insulina sale del páncreas al torrente circulatorio, estimulando el transporte de ácidos grasos hasta las células adiposas, así como la síntesis del glucógeno y las proteínas. La insulina es la que rellena los impresos de depósito de nuestros bancos de grasa. Incluso segregamos insulina cuando estamos a *punto* de llenar el torrente circulatorio con las piezas de construcción nutritivas: si todos los días cenamos a las seis, a las seis menos cuarto el sistema nervioso parasimpático ya está estimulando la secreción de insulina por adelantado*.

Vaciar la cuenta bancaria: movilización de la energía ante un agente estresante

Esta estrategia de descomponer la comida en sus elementos más sencillos y reconvertirlos en formas de almacenamiento complejas es precisamente lo que el cuerpo tiene que hacer cuando se ha comido mucho. Y es precisamente lo que *no* debe hacer frente a una emergencia física, ya que entonces hay que detener el almacenamiento de energía. Incrementar la actividad del sistema nervioso simpático y disminuir la del parasimpático, lo que hace decrecer la secreción de insulina, es el primer paso para enfrentarse a una emergencia.

El cuerpo, además, tiene otro modo de asegurarse de que ha cesado el almacenamiento de energía. Cuando se inicia una situación de emergencia estresante, se segregan glucocorticoides, que bloquean el transporte de nutrientes a las células adiposas, lo cual contrarresta los efectos de la insulina que aún haya en circulación.

Además de detener el almacenamiento de energía, es necesario que el cuerpo tenga acceso a la energía ya acumulada. Queremos acceder a nuestra cuenta bancaria, liquidar parte de nuestro saldo y convertir los nutrientes almacenados en el equivalente corporal del dinero en efectivo para salir de la crisis. El organismo vuelve sobre sus pasos de almacenamiento mediante la liberación de las hormonas del estrés: glucocorticoides, glucagón, adrenalina y noradrenalina, lo que hace que los triglicéridos se descompongan en las células adiposas y, como resultado, se descarguen ácidos grasos y glicerol en el sistema circulatorio. Las mismas hormonas desencadenan la degradación del glucógeno en glucosa en las células de todo el organismo, y la glucosa se vierte al torrente circulatorio. Estas hormonas provocan asimismo que las proteínas de los músculos que no estén trabajando se vuelvan a convertir en aminoácidos.

Ya tenemos a los nutrientes almacenados transformados en formas más sencillas. Entonces, el cuerpo lleva a cabo otra maniobra de simplificación. Los aminoácidos no son una buena fuente de energía, pero la glucosa sí. El cuerpo desvía los aminoácidos que se hallan en la sangre hacia el hígado, donde se transforman en glucosa. El hígado, en un proceso llamado *gluconeogénesis*, genera nueva glucosa que se halla inmediatamente disponible como energía para la crisis*.

Como consecuencia de estos procesos, los músculos de las piernas pueden disponer de grandes cantidades de energía. Se produce una actividad frenética, dejamos atrás al león, tras una nube de polvo, y llegamos al restaurante sólo con unos segundos de retraso con respecto a la secreción anticipada de insulina de las seis menos cuarto. Lo que acabo de esbozar es esencialmente una estrategia para, en caso de emergencia, canalizar la energía desde las zonas de almacenamiento, como la grasa, hacia los músculos. Pero carece de sentido adaptativo que, al huir de un depredador, llegue energía de forma automática, por ejemplo, a los músculos de los brazos. Resulta que el cuerpo ha solucionado el problema. Los glucocorticoides y otras hormonas de la respuesta de estrés también actúan para bloquear la absorción de energía por parte de los músculos y del tejido adiposo. Los músculos individuales que se ejercitan durante una emergencia tienen algún medio de burlar el bloqueo y apoderarse de los nutrientes que se hallan en la circulación sanguínea. Nadie sabe cuál es la señal local, pero el resultado evidente es la desviación de la energía de las células adiposas y los músculos en reposo a los que se están ejercitando.

¿Y qué ocurre si uno no puede movilizar energía durante una crisis? Esto es lo que sucede en la enfermedad de Addison, en la que las personas no pueden segregar adecuadas cantidades de glucocorticoides, o en el síndrome de Shy-Drager, donde son la adrenalina y la noradrenalina las que son inadecuadas, teniendo una incapacidad para movilizar al cuerpo durante las exigencias energéticas. Obviamente, lo más probable es que el león se dé un banquete. Y en un escenario más sutil, ¿si vivimos en una sociedad occidental y tendemos a tener una respuesta de estrés algo insuficiente? Igual de obviamente, tendremos problemas para movilizar energía en respuesta a las demandas de la vida cotidiana. Y eso es justo lo que se ve en los individuos con *síndrome de cansancio crónico*, que se caracterizan entre otras cosas por niveles de glucocorticoides en la sangre demasiado bajos*.

Entonces, ¿por qué nos ponemos enfermos?

Puesto que la movilización de la energía en respuesta al estrés funciona tan maravillosamente bien, ¿por qué este proceso nos hace enfermar cuando activamos la misma respuesta durante meses y meses? Por muchas de las mismas razones que hacen que ir corriendo una y otra vez al banco a sacar dinero de nuestra cuenta sea una forma insensata de manejar nuestra economía.

En el plano más básico, no es eficaz. Aquí podemos recurrir a otra metáfora financiera. Supongamos que disponemos de un dinero extra y decidimos ingresarlo durante un tiempo en una cuenta de interés elevado. Si aceptamos no tocar el dinero durante un periodo determinado (seis meses, dos años, etc.), el banco nos ofrece un interés más alto de lo habitual. Y, normalmente, si queremos retirar el dinero antes de la fecha, habrá que pagar una sanción por el reintegro. Supongamos entonces que, con este acuerdo, ingresamos alegremente nuestro dinero. Al día siguiente nos ponemos nerviosos, lo retiramos y pagamos la sanción. Al día siguiente volvemos a cambiar de opinión, reingresamos el dinero y firmamos un nuevo acuerdo, para volver a cambiar de opinión por la tarde, retirar el dinero y pagar otra multa. Pronto se nos habrá ido más de la mitad del dinero en sanciones.

Del mismo modo, cada vez que retiramos energía de la circulación para almacenarla y la devolvemos de nuevo, perdemos buena parte de la energía potencial. Se requiere energía para llevar esos nutrientes al torrente circulatorio y para sacarlos de él, para activar las enzimas que los unen (con el fin de formar proteínas, triglicéridos y glucógeno) y las que los descomponen y para alimentar al hígado durante la gluconeogénesis. En efecto, se nos sanciona si activamos la respuesta de estrés con demasiada frecuencia; acabamos gastando tanta energía que, como primera consecuencia, nos cansamos antes; se produce lo que simple y llanamente llamamos fatiga cotidiana*.

La segunda consecuencia consiste en que los músculos se desgastan, aunque raramente de forma significativa. Los músculos están hasta los topes de proteínas. Si sufrimos estrés crónico, si activamos continuamente la descomposición de las proteínas, los músculos nunca tienen la posibilidad de regenerarse. Aunque se atrofian un poquito cada vez que el organismo activa la respuesta de estrés, se requiere una extraordinaria cantidad de estrés para que tenga consecuencias graves. Sin embargo, una miopatía muscular de este tipo puede ocurrir cuando a un paciente se le administran cantidades ingentes de glucocorticoides para controlar una enfermedad. En estos casos, el desgaste se suele denominar «miopatía esteroide»**.

En el último capítulo veremos otro problema relacionado con la movilización constante de la respuesta de estrés metabólica. No es deseable tener toneladas de grasa y glucosa circulando de forma perpetua por nuestra corriente sanguínea porque, como hemos visto, eso aumenta la probabilidad de que se agarren a algún vaso sanguíneo dañado y agraven la aterosclerosis. El colesterol también desempeña aquí un papel. Como se sabe, hay un colesterol «malo», también conocido como colesterol de baja densidad asociado a la lipoproteína (LDL), y un colesterol «bueno», colesterol de alta densidad asociado a la lipoproteína (HDL). El colesterol LDL es del tipo que se adhiere a una placa aterosclerótica, mientras que el colesterol HDL es aquel que ha sido eliminado de las placas y va camino de ser degradado en el hígado. Como consecuencia de esta distinción, nuestro nivel total de colesterol en el torrente sanguíneo no es realmente un número significativo. Uno quiere saber cuánto tiene de cada clase, y que haya grandes cantidades de LDL y mínimas de HDL son malas noticias, con independencia una de la otra. Vimos en el último capítulo que la cantidad de inflamación vascular, tal como la miden los niveles de CRP, es el mejor pronosticador de riesgo de enfermedad cardiovascular. Sin embargo, no queremos tener toneladas de colesterol LDL sin suficiente HDL para contrarrestarlo. Y durante el estrés se aumentan los niveles de colesterol LDL y descienden los de HDL[18].

Por lo tanto, si uno se estresa con demasiada frecuencia, los rasgos metabólicos de la respuesta de estrés pueden elevar nuestro riesgo de enfermedad cardiovascular. Esto resulta particularmente importante en la diabetes.

Diabetes juvenil

Hay múltiples formas de diabetes, y dos son importantes para este capítulo. La primera se llama diabetes juvenil (o tipo 1, diabetes insulinodependiente). Por razones que se acaban de exponer, en algunas personas el sistema inmunitario decide que las células del páncreas que segregan insulina son, en realidad, invasores y las atacan (de dichas enfermedades «autoinmunes» se hablará en el capítulo 8). Eso destruye

---

18. De modo que puede ser mal asunto que se eleven a menudo los niveles de LDL debido a agentes estresantes recurrentes. Pero, aparte de eso, tampoco es buena señal que ante cualquier agente estresante se tenga un aumento de LDL particularmente *grande*. Los estudios demuestran que los hijos de personas con enfermedades cardíacas en situaciones de estrés suelen tener unas reacciones de LDL anormalmente grandes, lo que sugiere que se les ha transmitido un factor de vulnerabilidad*.

a dichas células, dejando a la persona con escasa capacidad de segregar insulina. Por razones igualmente misteriosas, esto tiende a afectar a las personas a una edad relativamente temprana (de aquí la parte «juvenil» del nombre) aunque, para mayor misterio, en las últimas décadas, el número de adultos, incluso adultos de mediana edad, que están siendo diagnosticados con diabetes juvenil está ascendiendo*.

Debido a que la persona ya no puede segregar adecuadas cantidades de insulina (o ninguna), hay poca capacidad de fomentar la ingesta de glucosa (e, indirectamente, ácidos grasos) en las células objetivo. Las células se mueren de hambre: mal asunto, falta energía, los órganos no funcionan correctamente. Además, ahora está toda esa glucosa y ácido graso que circulan por el torrente sanguíneo, bloqueando los vasos sanguíneos de los riñones e impidiendo su funcionamiento. Lo mismo puede suceder en los ojos, provocando ceguera. Los vasos sanguíneos de todo el cuerpo se obstruyen, causando pequeños ataques en los tejidos y a menudo dolor crónico. No es un buen panorama**.

¿Y cuál es la mejor forma de manejar la diabetes insulinodependiente? Como todos sabemos, acomodando esa dependencia con inyecciones de insulina. Si uno es diabético, no debe permitir que sus niveles de insulina bajen demasiado. Pero tampoco debe tomar demasiada insulina. Por razones complejas, esto priva al cerebro de energía, potencialmente poniéndolo a uno en *shock* o en un coma y lesionando las neuronas. Cuanto mejor sea el control metabólico de un diabético, menores serán las complicaciones y mayor su esperanza de vida. Se trata de mantener un equilibrio entre la ingesta de alimentos y las dosis de insulina, por un lado, y la actividad y el cansancio, por el otro. Y en este campo se ha producido un extraordinario avance tecnológico que permite a los diabéticos controlar los niveles de glucosa en sangre minuto a minuto, y en consecuencia provocar minúsculos cambios en las dosis de insulina.

¿Cómo afecta el estrés crónico a este proceso? En primer lugar, las hormonas de la respuesta de estrés hacen que aún más glucosa y ácidos grasos se movilicen en el torrente circulatorio. Y hay otro efecto más sutil: cuando sucede algo estresante, el cuerpo bloquea la secreción de insulina. Como el cerebro no se fía de que el páncreas no siga segregando algo de insulina, tiene lugar un segundo paso: en una situación de estrés, los glucocorticoides actúan sobre las células adiposas de todo el organismo para hacerlas menos sensibles a la insulina, por si acaso queda algo circulando*. Las células adiposas liberan entonces unas hormonas descubiertas hace poco que entran en otros tejidos, como el músculo o el hígado, para dejar de responder a la insulina también**. El estrés favorece la resistencia a la insulina. (Y cuando las personas llegan a este estado diabético por tomar grandes cantidades de glucocorticoides sintéticos han sucumbido a la «diabetes esteroide».)

¿Por qué esta resistencia a la insulina inducida por el estrés es mala para alguien con diabetes juvenil? Lo tiene todo bien y equilibrado, con una dieta sana, una buena sensibilidad a las señales de su cuerpo para saber cuándo hay que inyectar un poco de insulina, etc. Pero si cae en un estrés crónico, la insulina súbitamente deja de funcionar igual de bien, haciendo que la gente se sienta muy mal hasta que se les ocurre que necesitan inyectarse algo más... lo que puede hacer que las células se vuelvan aún más resistentes a la insulina, haciendo que las exigencias de insulina suban de forma vertiginosa... hasta que el periodo de estrés ha pasado, momento en el cual no está claro cuándo empezar a bajar la dosis de insulina... porque las diversas partes del cuerpo recuperan su sensibilidad a la insulina con ritmos distintos... El sistema perfectamente equilibrado está alterado por completo.

El estrés, también el psicológico, puede hacer estragos con el control metabólico en un diabético juvenil***. En una demostración de esto, varios diabéticos fueron expuestos a un agente estresante experimental (hablar en público) y se controló su secreción de glucocorticoides. Los que tendían a mostrar la mayor respuesta de estrés en esas circunstancias eran aquellos con menos probabilidad de tener la diabetes bien controlada. Además, en estudios relacionados, los que manifestaban las reacciones emocionales más fuertes ante un agente estresante experimental tendían a tener los niveles de glucosa en sangre más altos*.

El estrés puede actuar de otra forma. Algunos estudios exhaustivos han demostrado índices más altos de grandes agentes estresantes sufridos por personas durante los tres años anteriores a la aparición de su diabetes juvenil de los que cabría esperar por azar**. ¿Significa eso que el estrés puede hacer que el sistema inmune sea más susceptible de atacar al páncreas? Existe algún indicio de esto, del cual se hablará en el capítulo 8 sobre la inmunidad. Una explicación más probable se basa en el hecho de que una vez que el sistema inmune comienza a atacar al páncreas (es decir, cuando ha empezado la diabetes), pasa un tiempo hasta que aparecen los síntomas. Al tener todos los efectos adversos de los que acabamos de hablar, el estrés puede acelerar el proceso, haciendo que la persona advierta antes que no se encuentra bien.

Así, el estrés frecuente y/o grandes respuestas de estrés podrían aumentar las probabilidades de contraer diabetes juvenil, acelerar el desarrollo de la diabetes y, una vez que ésta se ha establecido, causar grandes complicaciones en esta enfermedad que acorta la vida[19]. Por lo tanto, ésta es una población para la cual lograr un control del estrés es decisivo.

_____

19. Un gran desafío para los diabetólogos en su intento de mantener bajo control la enfermedad de sus pacientes es que la diabetes juvenil suele darse en jóvenes que estresan su sistema biológico adoptando conductas muy típicas de su edad. Comer lo que no se debe, saltarse comidas, no dormir lo suficiente. Un importante problema de autogestión.

Diabetes del adulto

En la diabetes del adulto (diabetes de tipo 2 o diabetes no insulinodependiente), el problema no es que haya poca insulina, sino que las células no responden a ella. Este trastorno recibe asimismo el nombre de diabetes resistente a la insulina*. El problema se plantea debido a la tendencia de muchas personas a ganar peso con la edad. (No obstante, si no se aumenta de peso con la edad, no se incrementa el riesgo de padecer esta enfermedad. Por ejemplo, en las poblaciones no occidentales no suele haber incidencia de diabetes del adulto. Esta enfermedad no es, por tanto, una característica normal de la vejez, sino de la inactividad y del exceso de grasa, condiciones que suelen ser más habituales con la edad en algunas sociedades.) Cuando hay la suficiente grasa almacenada, las células adiposas se llenan. Al llegar a la adolescencia, el número de células adiposas es fijo, y, si se engorda, se distienden. Otra comida pesada más y se produce un estallido de insulina para lograr que las células adiposas almacenen más grasa, pero éstas se niegan. «Mala suerte, me da igual que seas insulina: estamos llenos». Las células adiposas se vuelven menos sensibles a la insulina que trata de aumentar el almacenamiento de grasa y absorben menos glucosa**.

Esta menor sensibilidad se debe fundamentalmente a que, como respuesta a la señal constante de insulina, las células pierden los receptores especializados para esta hormona, proceso denominado «regulación descendente» de los receptores. Puede que el lector atento se sienta confuso: si la insulina regula la absorción de *glucosa*, ¿por qué influye en la cantidad de *grasa* que se almacena en las células adiposas (teniendo en cuenta que el almacenamiento de triglicéridos está en función de la absorción de ácidos grasos y glicerol, no de glucosa)? Por razones demasiado complicadas de explicar ahora, el almacenamiento de ácidos grasos libres y de glicerol en forma de triglicéridos requiere la absorción de glucosa.

¿Se mueren de hambre las células en este caso? Por supuesto que no; la cantidad de grasa acumulada en ellas es la fuente inicial del problema. Entonces, ¿por qué es una situación peligrosa? Porque el exceso de glucosa y ácidos grasos libres se halla circulando en la sangre, son rufianes oleaginosos que no tienen dónde ir y pronto causan problemas: obstruyen los vasos sanguíneos de los riñones, por lo que les resulta más difícil cumplir su función; forman placas ateroscleróticas en las arterias, haciendo imposible que el oxígeno y la glucosa lleguen a los tejidos que dependen de dichos vasos sanguíneos, lo cual origina pequeñas apoplejías en los tejidos y, con frecuencia, dolor crónico; y hacen que se agrupen proteínas en los ojos, que forman cataratas. Como se ve, problemas en todos los frentes.

¿Cómo afecta el estrés crónico a este proceso? Una vez más, las hormonas de la respuesta de estrés hacen que aún más glucosa y ácidos grasos se movilicen en el torrente circulatorio. Y hay otro efecto más sutil: cuando sucede algo estresante, el cuerpo bloquea la secreción de insulina. En una situación de estrés, los glucocorticoides actúan sobre las células adiposas de todo el organismo para hacerlas menos sensibles a la insulina, por si acaso queda alguna circulando*.

Supongamos que tenemos sesenta años, exceso de peso y estamos a punto de padecer diabetes del adulto. Se produce un periodo de estrés crónico: aumentan la glucosa y los ácidos grasos en el torrente circulatorio y, además, los glucocorticoides instan continuamente a las células a que presten aún menos atención a la insulina**. Cuando esto se produce durante un tiempo lo bastante largo, superamos el umbral y nos convertimos en diabéticos, con la garantía de futuros problemas de aterosclerosis.

¿Por qué merece la pena prestar atención a todo esto? Porque hay una epidemia mundial de diabetes del adulto, sobre todo en Estados Unidos***. En 1990 la padecía un 15 por 100 de la población norteamericana mayor de

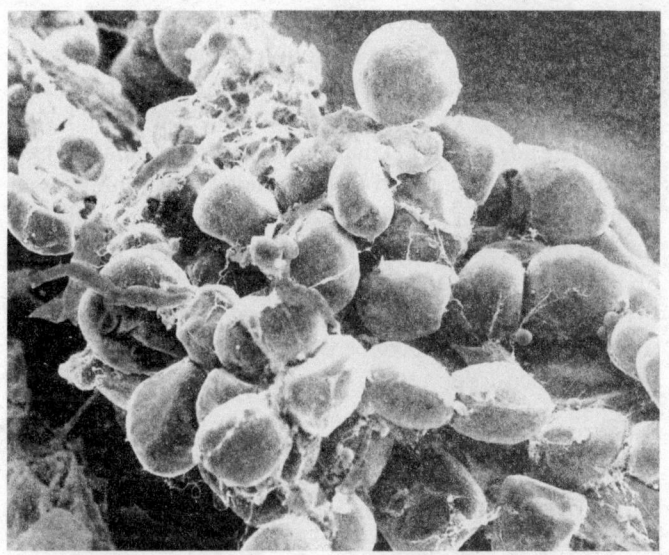

Ilustración 7. Microfotografía de células adiposas llenas

sesenta y cinco años. Eso se consideraba entonces un desastre sanitario. Algo más de una década después se ha producido un incremento del 33 por 100 respecto del dato anterior, y también entre adultos de edad madura. Y esta enfermedad del envejecimiento de pronto está afectando a personas mucho más jóvenes, en la última década se ha producido un aumento del 70 por 100 en su incidencia entre personas de treinta y tantos años. Además, en torno a unos veinte millones de norteamericanos son «prediabéticos». La diabetes del adulto incluso ha pasado a ser más común entre los jóvenes que la diabetes juvenil, lo cual es bastante horrible. Por otra parte, como los habitantes del mundo en vías de desarrollo empiezan a estar expuestos a dietas occidentales, no sólo desarrollan diabetes, sino que lo hacen a un ritmo más rápido que los occidentales, por razones probablemente culturales* y genéticas**. Esta antaño inexistente enfermedad aflige aproximadamente a 300 millones de personas en todo el mundo y el año pasado fue la causa de muerte de 200.000 estadounidenses.

¿Qué significa esto? Es obvio. Pese a la impresión de que todo el mundo se pasa el día comiendo dietas bajas en grasas/carbohidratos/colesterol y realizando largas caminatas en los parques, a cada año que pasa comemos más cantidad de comida (basura) y hacemos menos ejercicio. El 20 por 100 de los norteamericanos son ahora técnicamente «obesos» (frente al 12 por 100 de 1990), y el 54 por 100 tienen «sobrepeso» (frente al 44 por 100 de entonces). Parafraseando al teórico alostático Joseph Eyer, la prosperidad se ha convertido en una causa de muerte[20].

Síndrome metabólico/Síndrome X*

En la muy arraigada tradición de la compartimentación médica, hay toda una serie de cosas que pueden no funcionar bien en nosotros y que nos enviarían a un cardiólogo, en tanto que un conjunto de problemas diversos

---

20. Para quien haya aprendido fisiología bajo el magisterio de Walter Cannon, esto no tiene sentido: «¿Cómo es posible que nuestros cuerpos ganen todo ese peso, qué ocurrió con ese asunto de «la sabiduría del cuerpo?», se preguntaría. Peter Sterling** afirma que si el cuerpo funcionase según los principios homeostáticos clásicos de control de realimentación local de bajo nivel, la diabetes de los adultos no debería existir. Se evitaría con un sencillo mecanismo regulador: al adquirir cierta cantidad de peso las células grasas les dicen a los centros del apetito del cerebro que dejen de estar hambrientos. Pero no funciona así: pues la población en su conjunto seguimos ganando peso, nuestra hambre aumenta de forma colectiva. Sterling señala el hecho alostático de que el apetito lo regulan otras muchas cosas aparte de la cantidad de grasa que hayamos acumulado, y que una gran variedad de factores de nivel superior, entre ellos numerosos de carácter social, tienden a sobrepasar los esfuerzos de las células grasas por disminuir la sensación de hambre. Este tema se volverá a tratar en el capítulo 16.

nos pondría en manos de un doctor de medicina interna especializado en diabetes. Con alguna suerte, incluso uno y otro intercambiarían información de cuando en cuando. Lo que debe deducirse de los dos últimos capítulos es que nuestros sistemas metabólico y cardiovascular están estrechamente interconectados. «Síndrome metabólico» (también llamado Síndrome X) es un término nuevo que reconoce dicha interconexión. Realmente no es tan nuevo, pues fue formulado a finales de la década de 1980 por Gerald Reaven, de la Universidad de Stanford. Lo que ocurre es que se ha puesto muy de moda en los últimos años (tan de moda que incluso se ha descrito en una población de babuinos salvajes que atraviesan desiertos para hurgar en el vertedero de basura de un albergue turístico de África oriental).

Hagamos una lista de las cosas que pueden funcionar mal a partir de los dos últimos capítulos: niveles elevados de insulina en la sangre. Niveles elevados de glucosa. Presión sanguínea sistólica y diastólica elevada. Resistencia a la insulina. Demasiado colesterol LDL. Poco HDL. Demasiada grasa o colesterol en la sangre. Si uno sufre alguna combinación de estas variables, tiene un síndrome metabólico (el diagnóstico formal implica «uno o más» de una lista de algunos de estos problemas, y «dos o más» de una lista de los otros)[21]. La condición de síndrome es una forma de constatar que si tenemos alguna combinación de esos síntomas, es probable que surjan los demás, puesto que todos están a uno o dos pasos de distancia entre sí*. Si se tienen niveles altos de insulina, HDL bajo y obesidad abdominal, hay muchas probabilidades de llegar a ser obeso en poco tiempo, otro conjunto de factores que predicen hipertensión.

---

21. Aquí soy un poco impreciso porque no parece haber un consenso, que yo sepa, respecto a cuál es el conjunto exacto de síntomas que permiten diagnosticar el síndrome metabólico.

Las diversas combinaciones de esta serie de características no sólo se predicen unas a otras, de forma colectiva anuncian grandes enfermedades, como ataques cardíacos o apoplejía, y tasas de mortalidad. Esto se demostró con particular sutileza en un impresionante estudio que llevó a cabo un equipo dirigido por Teresa Seeman, de UCLA*. La medicina suele trabajar con categorías diagnósticas: si uno tiene los niveles de glucosa por encima de X, es oficial, tiene hiperglicemia. Con los niveles de presión sanguínea por encima de Z, se es hipertenso. ¿Pero qué ocurre si nuestros niveles de glucosa, presión sanguínea, colesterol HDL, etc., son todos normales, pero se acercan al punto en que uno debería empezar a preocuparse? En otras palabras, ninguna medida es anormal, pero hay un número de medidas anormalmente grande que es casi anormal. Técnicamente, nada está mal, aunque sea obvio que las cosas no están bien. Escojamos a más de mil sujetos para efectuar un estudio, todos por encima de los setenta años, ninguno de los cuales esté enfermo de modo certificable; es decir, donde ninguna de esas medidas sea técnicamente anormal. Ahora, veamos cómo responden a todas esas mediciones del síndrome metabólico. Introduzcamos algunas otras medidas también, entre ellas los niveles de glucocorticoides, adrenalina y noradrenalina en estado de reposo. Combinemos de forma matemática las conclusiones que se infieran de estas medidas y, en conjunto, esta información es significativamente predictiva de quién tendrá una enfermedad cardíaca, un deterioro del funcionamiento cognitivo o físico, o de su esperanza de vida, de manera mucho más precisa que un solo subgrupo de esas variables.

Ésta es la esencia del concepto de «alostasis», mantener un equilibrio general a través de las interacciones entre diferentes y distantes sistemas del cuerpo. Ésta también es la esencia del concepto de deterioro de la carga «alostática», una demostración formal de que, aunque no haya ninguna medida errónea de manera certificable, si hay suficientes cosas que no están del todo bien, tenemos problemas. Y como evidente conclusión, también esto es la esencia de lo que hace el estrés. No nos enfrenta a un único efecto desastroso, a un pistolero solitario. En vez de eso, nos da patadas, codazos y pone obstáculos aquí y allá, empeora esto un poco, hace que aquello sea un poco menos eficaz. De ese modo es más probable que en algún momento se hunda el tejado.

CAPÍTULO 5

ÚLCERA, COLITIS Y DIARREA

No tener suficiente comida o agua sin duda se puede considerar un agente estresante. Si uno es un ser humano, tener bastante alimento y agua para comer ahora, pero no saber dónde obtener la siguiente comida también es un importante agente estresante, una de las experiencias que definen la vida fuera del mundo occidental. Y *decidir* no comer hasta el punto de la inanición —anorexia— también es un agente estresante (y uno con una extraña firma endocrina, que nos remonta al capítulo 2, pues los glucocorticoides tienden a elevarse mientras que el sistema nervioso simpático se inhibe de forma inesperada)*. Nada de esto es sorprendente. Tampoco es de extrañar que el estrés cambie las pautas de alimentación. Esto está muy claro. La cuestión, por supuesto, es en qué sentido.

Estrés y apetito

Es evidente que en la regulación del tracto gastrointestinal durante el estrés intervienen los patrones de alimentación y el apetito. Si eres la cebra que corre para salvar su vida, ni piensas en comer. Por esa razón perdemos el apetito cuando estamos estresados. Salvo aquellos que, cuando se estresan, comen cualquier cosa que tienen a mano, de forma mecánica. Y esos que dicen no tener hambre, que están demasiado estresados para comer, y resulta que a base de picar ingieren 3.000 calorías de alimento al día. Y aquellos otros que realmente no pueden probar bocado. Excepto helados con frutas y nueces recubiertos de caliente y negro chocolate fundido. Con crema batida y avellanas. Las estadísticas oficiales indican que el estrés convierte a dos tercios de las personas en *hiper*fágicas (comen más) y el resto *hipo*fágicas. (Según los historiales clínicos y los estudios de laboratorio, las personas que se vuelven hiperfágicas debido al estrés también desarrollan una inclinación por los carbohidratos. Sin embargo, se da la circunstancia de que los alimentos ricos en carbohidratos suelen ser más fáciles de comer que los bajos en carbohidratos, ya que los primeros tienden a ser tentempiés. Así que no está claro si las personas realmente prefieren los carbohidratos o una comida fácil y cómoda.) Extrañamente, los experimentos con ratas de laboratorio sometidas a estrés arrojan el mismo resultado confuso, algunas se vuelven hiperfágicas y otras hipofágicas. Así pues, podríamos concluir que «el estrés influye en el apetito», pero eso no nos diría nada de por qué lo hace en sentido opuesto en casos distintos.

Al principio, cuando se estudia el aspecto biológico de la influencia del estrés sobre el apetito, el panorama no se aclara. Al menos una de las hormonas decisivas en la respuesta de estrés estimula el apetito, mientras que otra lo inhibe. Recordará el lector que dicha hormona (CRH) es liberada por el hipotálamo y que, al estimular la pituitaria para que segregue ACTH, desencadena la avalancha de acontecimientos que culmina en la liberación de glucocorticoides por parte de las glándulas suprarrenales*. La evolución ha hecho posible el desarrollo del uso eficaz de los mensajeros químicos del organismo, y el CRH no es una excepción. También se emplea en algunas zonas del cerebro para regular otros rasgos de la respuesta de estrés. Contribuye a la activación del sistema nervioso simpático e interviene en el incremento del estado de alerta y de la excitación durante el estrés. Asimismo suprime el apetito, lo que podría hacernos concluir que el estrés inhibe la ingesta alimenticia*. (Hay que desaconsejar a quienes siguen una dieta sin éxito que vayan corriendo a la farmacia del barrio a por una botella de CRH. Puede que les ayude a perder peso, pero se sentirán fatal, como si estuvieran constantemente en medio de una emergencia que provoca ansiedad: el corazón se les desbocará, se sentirán nerviosos e irritables y disminuirá su respuesta sexual. Más vale que opten por aumentar el número de ejercicios abdominales.)

La otra cara de la moneda son los glucocorticoides. Además de las acciones ya mencionadas como respuesta al estrés, parece que estimulan el apetito, lo cual se suele demostrar con ratas: los glucocorticoides aumentan la disposición de estos animales a recorrer laberintos buscando comida, a apretar una palanca para obtener una bola de comida, etc. Que yo sepa, no se ha comprobado lo mismo en humanos; no se les ha atiborrado de esteroides suprarrenales para comprobar cuántas veces recorren arriba y abajo los pasillos de un supermercado. A pesar de ello, los científicos tienen una idea bastante aproximada del lugar del cerebro donde los glucocorticoides estimulan el apetito, de qué tipo de receptores intervienen, etc.[22] Lo que es realmente fascinante es que los glucocortidoides no sólo estimulan el apetito —lo estimulan preferentemente para alimentos que son feculentos, azucarados o saturados de grasa.

Así pues, parece que aquí tenemos un problema. El CRH inhibe el apetito, en tanto que los glucocorticoides provocan

---

22. El efecto implica a una hormona recientemente descubierta llamada leptina. Las células adiposas muy llenas segregan mucha leptina, que actúa en el cerebro disminuyendo el apetito. Este hecho causó una histeria empresarial poco después: toda clase de compañías farmacéuticas pensaban que dar a la gente leptina iba a ser la dieta farmacológica perfecta. No ha funcionado, por alguna razón. En cualquier caso, los glucocorticoides hacen que el cerebro sea menos sensible a la leptina, bloqueando su señal de saciedad. Así que comes más.

una reacción contraria. También las betaendorfinas, liberadas en el estrés, aumentan el apetito, pero de momento vamos a dejar esto a un lado*. Sin embargo, ambas son hormonas segregadas durante el estrés. ¿Cómo reconciliar los efectos opuestos de ambos? Puede que el factor temporal sea decisivo. Cuando se produce un hecho estresante, la secreción de CRH estalla en pocos segundos. Los niveles de ACTH tardan medio minuto en elevarse, en tanto que los de glucocorticoides tardan una media hora en llegar al torrente circulatorio (dependiendo de la especie). En cualquier caso, la ola de CRH es la más rápida de la cascada suprarrenal, y la de glucocorticoides, la más lenta. Esta diferencia en lo que los investigadores denominan «curso temporal» también se observa en la velocidad de funcionamiento de estas hormonas en diversas partes del organismo. El CRH actúa en cuestión de segundos; los glucocorticoides tardan horas. Cuando finaliza la situación estresante, el CRH tarda segundos en desaparecer de la corriente sanguínea, mientras que los glucocorticoides tardan horas.

Estas diferencias nos permiten realizar algunas predicciones con bastante certeza. Si hay grandes cantidades de CRH en el torrente circulatorio, y casi no hay glucocorticoides, es casi seguro que el organismo se encuentra en los primeros minutos de un hecho estresante. Si hay grandes cantidades de CRH y glucocorticoides en la corriente sanguínea, probablemente nos encontremos en medio de un agente estresante prolongado. Y si hay cantidades considerables de glucocorticoides y poco CRH, probablemente haya comenzado el periodo de recuperación.

Comienzan a tener sentido los efectos opuestos del CRH y de los glucocorticoides sobre el apetito. Al principio de la respuesta de estrés, es lógico detener la digestión, desactivar la actividad del estómago y movilizar la energía de las reservas del cuerpo. Si las glándulas salivares dejan de segregar y el estómago está dormido, es el momento adecuado para perder el apetito, a lo que contribuye el CRH.

Después, cuando termina la situación estresante, se reanuda la digestión y el cuerpo puede volver a llenar las reservas de energía consumida en la alocada carrera por la sabana; se estimula el apetito. En este caso, los glucocorticoides servirían no como mediadores de la respuesta de estrés, sino como medio de *recuperarse de ella*.

Estos procesos pueden incluso comenzar a explicar por qué algunos pierden el apetito durante el estrés, en tanto que a otros les entra un hambre voraz. Puede que guarde relación con el patrón y la duración de los agentes estresantes. Ocurre algo realmente estresante y se activa una señal máxima de secreción de CRH, ACTH y glucocorticoides. Si el agente estresante cesa al cabo de, por ejemplo, *diez* minutos, puede que se esté expuesto al CRH durante doce minutos (diez minutos mientras dura el agente estresante y aproximadamente dos hasta *que se* elimina el CRH después) y dos horas a los glucocorticoides (los diez minutos de secreción mientras dura el agente estresante y un tiempo mucho mayor para que desaparezcan). Es posible que éste sea el caso cuando el resultado del agente estresante es la estimulación del apetito. Por el contrario, cuanto más dure el agente, mayor será el tiempo acumulado de exposición al CRH, lo que se traducirá en una inhibición del apetito.

La clase de agente estresante es clave para que el resultado neto sea hiper o hipofagia. Imaginemos a cierto ser humano enloquecido como una de esas ratas que corren por un laberinto. Lo primero que le sucede por la mañana es que estaba tan dormido que no oyó la alarma del reloj despertador. Pánico total. Se tranquiliza al ver que el tráfico no parece estar tan mal hoy, tal vez no llegue tarde al trabajo después de todo. Le entra el pánico de nuevo al verse aprisionado en un atasco. Se tranquiliza en el trabajo cuando parece que el jefe se ha tomado el día libre y, por tanto, no podrá enterarse de que ha llegado tarde. El pánico se apodera de él otra vez cuando descubre que el jefe está ahí y sí se ha enterado. Así transcurre el día entero.

¿Y cómo describiría esa persona su vida? «Estoy muy estresado, totalmente estresado, sin interrupción, 24 horas al día, siete días a la semana». Pero eso en realidad no es como estar totalmente estresado sin interrupción. Imaginemos un cuerpo quemado por completo. *Eso* es como estar estresado totalmente sin interrupción, 24 horas al día, siete días a la semana. Lo que esta primera persona en realidad experimenta son *frecuentes e intermitentes* agentes estresantes. ¿Y qué sucede desde el punto de vista hormonal en esa situación? Frecuentes estallidos de CRH a lo largo del día. Como consecuencia de la lenta velocidad a la que los glucocorticoides dejan de estar en circulación, el elevado nivel de glucocorticoides está próximo a la no interrupción. ¿Adivinan quién va a estar picoteando patatas fritas todo el día en el trabajo?

De modo que una gran razón por la que la mayoría de nosotros nos volvemos hiperfágicos durante el estrés es nuestra capacidad humana occidental de experimentar agentes estresantes psicológicos de forma intermitente a lo largo del día. El tipo de agente estresante es un factor importante.

Otra variable que ayuda a predecir la hiperfagia o hipofagia durante el estrés es cómo responde nuestro cuerpo a un agente estresante determinado. Si sometemos a un grupo de individuos al mismo agente estresante (por ejemplo, una sesión de bicicleta estática, unas operaciones matemáticas con presión de tiempo o tener que hablar en público), como era de esperar, ninguno segregará la misma cantidad exacta de glucocorticoides. Además, al final del agente estresante, los niveles de glucocorticoides de cada uno no regresan a la línea de base al mismo ritmo. El origen de estas diferencias individuales puede ser psicológico —el agente estresante experimental podría ser un completo sufrimiento para una persona y un asunto de poca monta para otra—. Las diferencias también pueden derivarse de la fisiología —el hígado de una persona podría ser más lento en liberar glucocorticoides que el de otra.

Elissa Epel, de la UCSF, ha demostrado que los hiperse-gregadores de glucocorticoides tienen más probabilidades de ser hiperfágicos después del estrés*. Además, cuando se les da a elegir entre un surtido de alimentos durante el periodo postestrés, también ellos de forma atípica se inclinan por los dulces. Éste es un efecto específico del estrés. Las personas que segregan excesivos glucocorticoides durante el estrés no comen más que los otros sujetos en ausencia de estrés, y sus niveles de glucocorticoides en situación de reposo no son más elevados que los otros.

¿Qué más diferencia a los hiperfágicos de los hipofági-cos por causa del estrés? En parte es algo relacionado con nuestra actitud hacia la comida. Mucha gente no sólo come para satisfacer su necesidad nutricional, sino también por necesidad emocional**. Estas personas tienden a tener so-brepeso y a ser comedores estresados. Además, existe una fascinante literatura respecto a la mayoría de nosotros, para quienes comer es una tarea regulada y disciplinada. En un momento dado, alrededor de dos tercios de nosotros so-mos comedores «comedidos». Son personas que intentan seguir una dieta de forma activa, que estarían de acuerdo con declaraciones como «En una comida normal procuro restringir la cantidad de alimento que consumo». En rea-lidad, estas personas no necesariamente tienen sobrepeso. Muchísima gente obesa no sigue dietas. Los comedores co-medidos están restringiendo de forma activa su ingesta de comida. Lo que los estudios demuestran de forma conclu-yente es que, durante el estrés, las personas que normal-mente son comedores comedidos tienen más probabilidad de volverse hiperfágicas que otras.

Esto es muy lógico. Las cosas son un poco estresan-tes, criminales corporativos han saqueado los ahorros de nuestra jubilación, hay ántrax en el correo y acabas de darte cuenta de que no te gusta nada el aspecto de tu pelo. Ése es exactamente el instante en que la mayoría de la gente de-cide que, para sobrellevarlo, el mejor recurso es darse un pequeño capricho, necesitan aliviarse en ese momento difícil con algo que normalmente tengan bastante regimentado. Y lo que uno suele tener regimentado es la ingesta de alimento. Luego vienen los bizcochos de chocolate fundido y nueces.

De modo que diferimos respecto a si el estrés estimula o inhibe nuestro apetito, y esto tiene que ver con la clase y la pauta de los agentes estresantes, lo reactivo al estrés que sea nuestro sistema glucocorticoideo y si el hecho de comer es algo sobre lo que solemos mantener un férreo control. Resulta que también diferimos en la facilidad con que almacenamos alimento después de un agente estresante. Y *en qué parte* del cuerpo lo almacenamos.

Manzanas y peras

Los glucocorticoides no sólo aumentan el apetito, sino que, como medio adicional para recuperarse de la respuesta de estrés, también incrementan las reservas de comida ingerida. Si movilizamos toda esa energía durante esa loca carrera a través de la sabana, tendremos que almacenar mucha energía durante nuestro periodo de recuperación. Para lograr este efecto, los glucocorticoides activan a las células adiposas para que fabriquen una enzima que ayude a almacenar los nutrientes en circulación para el próximo invierno.

Los glucocorticoides no sólo estimulan algunas células adiposas. Ésta es una de las grandes dicotomías que apasionan a los aficionados a las células adiposas: las que están localizadas en nuestra zona abdominal, alrededor de nuestra barriga, se conocen como grasa «visceral». Si llenamos esas células adiposas con grasa sin depositar mucha grasa en otras partes de nuestro cuerpo, adquirimos forma de «manzana»*.

En cambio, las células adiposas que hay alrededor de nuestro trasero forman la grasa «glútea». Si llenamos éstas de forma preferente con grasa adoptaremos forma de «pera», con el trasero redondeado. La manera formal de cuantificar estas diversas clases de deposición de grasa es medir la circunferencia de nuestra cintura (lo que nos habla de la cantidad de grasa abdominal) y la de nuestra caderas (una medida de la grasa glútea). Las personas con tipo de manzana tienen cinturas más grandes que sus caderas, lo que produce una «proporción cintura-cadera» (WHR, por sus siglas en inglés) superior a 1,0; mientras que las personas con tipo de pera poseen caderas que son más grandes que sus cinturas, produciendo una WHR menor de 1,0.

Cuando los glucocorticoides estimulan la deposición de grasa, tienden a hacerlo en el abdomen, lo que fomenta la obesidad en forma de manzana. Esto incluso ocurre en los monos. La razón es que las células adiposas abdominales son más sensibles a los glucocorticoides que las células adiposas glúteas; las primeras poseen más receptores que responden a los glucocorticoides al activar esas enzimas que almacenan grasa. Además, los glucocorticoides sólo hacen esto en presencia de altos niveles de insulina. Y una vez más, esto tiene sentido. ¿Qué significa que uno tenga altos niveles de glucocorticoides y bajos niveles de insulina en el riego sanguíneo? Como sabemos por el capítulo 4, estamos en medio de un agente estresante. ¿Altos glucocorticoides y alta insulina? Esto sucede durante la fase de recuperación. Deshagámonos de esas calorías para recuperarnos de la carrera en la pradera.

Que los glucocorticoides estimulen la deposición de grasa visceral no es bueno. La razón es que si tenemos que acumular algo de grasa, sin duda preferimos ser una pera, no una manzana. Como vimos en el capítulo sobre el metabolismo, la abundancia de grasa es un pronosticador del síndrome X. Pero resulta que una gran WHR es incluso un mejor pronosticador de problemas que el sobrepeso. Cojamos a unas personas con forma extremada de manzana y otras con una forma de pera muy acusada. Si comparamos su peso, son las manzanas quienes están en riesgo de enfermedad metabólica y cardiovascular*. Entre otras razones, quizá sea porque la grasa que liberan las células adiposas abdominales encuentra más fácilmente su camino hacia el hígado (en contraste con la grasa procedente de las reservas del glúteo, que se reparte por todo el cuerpo de un modo más igual), donde se convierte en glucosa, provocando una subida del nivel de azúcar en sangre y resistencia a la insulina.

Estos hallazgos conducen a una simple predicción, a saber, que dado el mismo agente estresante, si tendemos a segregar más glucocorticoides que la mayoría, no sólo tendremos mayor apetito después del estrés, sino que adquiriremos una silueta de manzana, con preferencia a almacenar más cantidad de esas calorías en nuestras células adiposas abdominales**. Y eso es precisamente lo que ocurre. Epel ha estudiado esto en mujeres y hombres de diversas edades, y ha descubierto que una prolongada respuesta de glucocorticoides frente a una novedad es un rasgo propio de personas con tipo de manzana, no de pera.

Así que con mucho estrés tenemos ardientes deseos de un alimento feculento y consolador y lo almacenamos en el abdomen. Un último dato descorazonador, basado en un reciente y fascinante trabajo de Mary Dallman, de la Universidad de California, en San Francisco: consumir una gran cantidad de esas comidas consoladoras y almacenarla en forma de grasa abdominal es un reductor de estrés***. Ayudan a disminuir el tamaño de la respuesta de estrés (tanto en términos de secreción de glucocorticoides como de actividad del sistema nervioso simpático). No sólo es que las galletitas con chocolate sepan bien, sino que al reducir la respuesta de estrés, también te hacen sentir bien.

Parece haber un enorme número de rutas que conducen a la obesidad: demasiado o demasiado poco de esta o esa hormona; demasiada o demasiado poca sensibilidad a esta o esa hormona[23]. Pero otra ruta consistiría en ser esa clase de persona que segrega demasiados glucocorticoides, ya sea por la existencia de demasiados agentes estresantes, reales o imaginarios, o por algún problema para desactivar la respuesta de estrés. Y gracias a ese nuevo y extraño bucle regulador descubierto por Dallman, parece que la grasa abdominal es una ruta para intentar atenuar esa respuesta de estrés superactiva.

Movimientos intestinales

Gracias a la parte anterior de este capítulo y al capítulo 4, hemos visto de qué modo el estrés altera nuestra ingesta, cómo ésta se almacena y se moviliza. Nos queda por colocar una última pieza, que es el paso del alimento de la boca a su forma ya digerida en el sistema circulatorio. Éste es el examen del tracto gastrointestinal (GI): estómago, intestino delgado e intestino grueso (también conocido como colon).

Cuando llega a nuestro tracto GI, no hay nada comparable a una comida gratis. Acabamos de darnos un festín, hemos comido como cerdos: pavo en salsa con el famoso puré de patata de la abuela de alguno de los comensales, una mínima cantidad de hortalizas para darle al asunto un aspecto saludable y —vaya, ¿por qué no?— otro muslo de pavo y una mazorca de maíz, de postre uno o dos trozos

---

23. Entre las hormonas implicadas obviamente hay algunas de las que ya tenemos noticia, como la insulina, la leptina, el CRH y los glucocorticoides, además de otros agentes, como la hormona del crecimiento, el estrógeno y la testosterona. Pero también hay una serie de hormonas nuevas relacionadas con el apetito y neurotransmisores con nombres tan odiosos que no me queda más remedio que enterrarlos en esta nota a pie de página. Neuropéptido Y. Cholecistoquinina. Hormona estimulante de melanocita. Oleiletanolamida. Adiponectina. Hipocretina. Proteína relacionada con Agouti. Ghrelina*.

de tarta…, *ad nauseam*. ¿Esperamos que el estómago convierta, por arte de magia, todo esto en materia nutritiva para nuestro torrente circulatorio? Pues necesita energía, inmensas cantidades de energía; y trabajo muscular. El estómago no sólo lleva a cabo la descomposición de los alimentos de forma química, sino también mecánica. Experimenta contracciones sistólicas: las paredes musculares de una parte del estómago se contraen violentamente y los trozos de comida son lanzados contra las del otro lado, descomponiéndose en ácidos y enzimas. El intestino delgado efectúa una serpenteante danza peristáltica (contracciones direccionales), contrayendo las paredes musculares del extremo superior para empujar la comida hacia abajo antes de que el siguiente trozo de músculo se contraiga. A continuación, el intestino grueso hace lo mismo y pronto tenemos que ir al servicio. Los músculos circulares denominados esfínteres, que se hallan situados al principio y al final de cada órgano, se abren y se cierran, sirviendo como esclusas que aseguran que nada pase al siguiente nivel del sistema hasta que la fase de la digestión haya terminado, un proceso no más complicado que dirigir los barcos a través de las esclusas del canal de Panamá. En la boca, el estómago y el intestino delgado hay que verter agua en el sistema para conseguir que todo se mantenga disuelto, para asegurarse de que la tarta de manzana, o lo que quede de ella, no se convierta en un tapón seco. Para entonces, la acción se ha trasladado al intestino grueso, que tiene que extraer el agua y devolverla al torrente circulatorio para que no expulsemos, inadvertidamente, todo ese líquido y nos desequemos como una ciruela pasa. Todo esto requiere energía, y eso que ni siquiera hemos tenido en cuenta el cansancio que produce masticar. Todos los mamíferos, incluidos nosotros, gastan entre un 10 y un 20 por 100 de su energía en la digestión*.

Así que volviendo a nuestro ya familiar drama de la sabana: si somos la cebra, no podemos malgastar energía para que las paredes de nuestro estómago bailen la rumba; no hay tiempo para obtener los beneficios nutritivos de la digestión. Y si somos el león, por definición, no nos ponemos en movimiento inmediatamente después de una copiosa comida.

La digestión se interrumpe con rapidez durante el estrés[*]. Todos conocemos el primer paso del proceso. Si nos ponemos nerviosos, dejamos de segregar saliva y se nos seca la boca. El estómago se detiene rechinando, cesan las contracciones, se dejan de segregar enzimas y ácidos digestivos, el intestino delgado no realiza los movimientos peristálticos y nada se absorbe[**]. El resto del organismo sabe que el tracto digestivo se halla paralizado: disminuye el riego sanguíneo del estómago para poder suministrar el oxígeno y la glucosa que transporta la sangre a otra parte del cuerpo que las necesite. El sistema nervioso parasimpático, perfecto para la calmada fisiología vegetativa, media generalmente en la digestión. Se presenta el estrés: desactivemos el parasimpático, activemos el simpático y olvidémonos de la digestión[24]. Fin del estrés: volvemos a cambiar de marcha y se reanuda el proceso de la digestión.

Como ya es habitual, todo esto tiene pleno sentido para la cebra o el león. Y, como ya es habitual, las enfermedades surgen frente al estrés crónico.

Alboroto intestinal

Con independencia de lo estresante que resulte una reunión de junta o un examen, las probabilidades de que

---

24. De nuevo el estrés desactivando la salivación, una inhibición mediada por el sistema nervioso simpático. ¿Pero qué ocurre si uno tiene que salivar para ganarse la vida, si es, digamos, un oboísta? Llega el momento de la gran audición, bueno, uno está nervioso y —desastre— sin nada de saliva. Así, muchos músicos de viento acaban utilizando drogas como los betabloqueadores, que bloquean la acción del sistema nervioso simpático y permiten salivar justo a tiempo para el gran arpegio.

manchemos los calzoncillos son mínimas. No obstante, todos conocemos la tendencia a defecar espontáneamente en momentos de inmenso terror; es, por ejemplo, el caso del soldado en medio de una terrible batalla. (Esta reacción es tan previsible que en muchos Estados a los condenados les ponen pañales antes de la ejecución.)

La razón es similar a la que explica por qué perdemos el control de la vejiga cuando estamos muy asustados, que hemos examinado en el capítulo 3. La digestión es, en su mayor parte, una estrategia para que la boca, el estómago, los conductos biliares, etc., actúen de forma conjunta y puedan descomponer los alimentos en sus elementos constituyentes antes de que lleguen al intestino delgado. Éste, a su vez, es el responsable de absorber los nutrientes de esta mezcla y de enviarlos al torrente circulatorio. Como la mayoría sabemos, poco de lo que ingerimos es realmente nutritivo, y una buena porción se desecha una vez que el intestino ha realizado su selección. En el intestino grueso, las sobras se convierten en heces y al final salen por la parte izquierda del escenario.

De nuevo estamos corriendo a máxima velocidad por la sabana. Todo lo que llevamos en el intestino grueso, cuyo potencial nutritivo ya se ha absorbido, no es más que un peso muerto. Tenemos la opción de correr para salvar la vida con un kilo de más o de menos de exceso de equipaje en el intestino: obviamente, lo vaciamos.

Se conoce muy bien el aspecto biológico de este proceso, cuyo responsable es el sistema nervioso simpático. Al tiempo que envía al estómago la señal de que cesen sus contracciones y al intestino delgado la de que se detengan los movimientos peristálticos, estimula el movimiento muscular del intestino grueso. Si se inyectan en el cerebro de una rata las sustancias químicas que motivan el sistema nervioso simpático, de repente el intestino delgado deja de contraerse y el grueso comienza a hacerlo como un loco*.

Pero ¿por qué, para colmo de males, es tan frecuente la diarrea cuando se está realmente asustado? La digestión requiere bastante cantidad de agua para formar una solución con los alimentos cuando los descompone, de modo que sean más fáciles de absorber por la sangre una vez finalizada la digestión. La labor del intestino grueso es devolver ese agua, por eso es tan largo; los residuos, que avanzan milímetro a milímetro por él, comienzan siendo unas gachas muy líquidas y terminan, si todo va bien, como heces bastante secas. Se produce el desastre, hay que salir corriendo para salvar la vida, se incrementa la movilidad del intestino grueso y los residuos se ven empujados con demasiada rapidez para que se produzca una óptima absorción del agua. Resultado: una diarrea, así de sencillo.

Estrés y trastornos funcionales y gastrointestinales*

En líneas generales existen dos clases de trastornos gastrointestinales. En el primero, uno se siente muy mal, algo no funciona bien y los médicos encuentran algo erróneo. Éstos son trastornos «orgánicos» GI. Un agujero abierto en la pared de nuestro estómago, en otras palabras, una úlcera péptica, equivale a algo demostrablemente erróneo. Consideraremos las úlceras brevemente. Una inflamación descontrolada del tejido de nuestro tracto GI, que es en lo que consiste una enfermedad inflamatoria del intestino, también viene a ser algo demostrablemente erróneo. Trataremos por encima este trastorno en el capítulo 8.

Pero supongamos que uno se siente muy mal, algo no funciona bien, y los médicos no pueden encontrar cuál es el problema. Enhorabuena, ahora tenemos un trastorno «funcional» GI. Éstos son muy sensibles al estrés.

El trastorno funcional GI más común, que será considerado aquí, es el síndrome de intestino irritable (SII), que implica dolor abdominal (sobre todo justo después de una comida), que se alivia defecando, y síntomas como diarrea o estreñimiento, mucosidad, inflamación y distensión abdominal. A pesar de que los médicos examinan el cuerpo del paciente con minuciosidad, no pueden hallar nada malo, lo que cualifica al SII como un trastorno funcional. En mi caso, los principales ritos de paso de mi vida han estado marcados por impresionantes diarreas unos días antes: la ceremonia de iniciación judía del *bar mitzvah*, marcharme de casa para ir a la universidad, leer la tesis doctoral, pedirle a mi mujer que se casara conmigo, la boda. (Al fin aparece ese tono de confesión obligatorio, en la actualidad, en los libros de éxito. Si pudiera nombrar a unas cuantas actrices famosas de Hollywood con las que hubiera tomado diuréticos, este libro sería *un best-seller.*)

Estudios cuidadosamente dirigidos muestran que grandes agentes estresantes crónicos incrementan el riesgo de que aparezcan los primeros síntomas de SII, y empeoran los casos existentes*. Esto tiene sentido. Como vimos, lo que el estrés hace es aumentar las contracciones del colon, deshaciéndose de ese peso muerto. Y el SII —también llamado «colon espástico»— implica que el colon sea demasiado contráctil, una excelente forma de producir diarrea. (No está claro por qué muchas contracciones del colon inducidas por estrés pueden llevar al estreñimiento. Como posible explicación, dichas contracciones son direccionales, lo que quiere decir que empujan los contenidos del colon desde el extremo del intestino delgado hacia el ano. Y si hacen eso muchas veces, las cosas se aceleran, provocando diarrea. Sin embargo, en un escenario plausible, con periodos de estrés lo bastante largos, las contracciones comienzan a desorganizarse, a perder su direccionalidad, y no hay mucho movimiento hacia el ano.)

De modo que las personas con SII tienen una probabilidad desproporcionadamente mayor de experimentar muchos agentes estresantes. Pero además el SII puede ser un trastorno de demasiada sensibilidad gastrointestinal frente al estrés. Esto se puede demostrar en situaciones experimentales, donde una persona con SII es sometida a un agente estresante controlado (meter la mano en agua helada durante un rato, tratar de entender al mismo tiempo dos conversaciones grabadas, participar en una entrevista muy tensa…). Las contracciones del colon aumentan en respuesta a dichos agentes estresantes más en pacientes con SII que en los sujetos de control.

Otra conexión entre el estrés y el SII se refiere al dolor. Como veremos en el capítulo 9, el estrés puede embotar la clase de dolor que sentimos en la piel y los músculos del esqueleto, mientras aumenta la sensibilidad al dolor de órganos internos como los intestinos (algo llamado dolor «visceral»). Y ése es el perfil observado en los pacientes con SII, menos sensibilidad al dolor cutáneo y más al visceral. Otro apoyo más a la relación estrés/SII es que las personas con SII normalmente no tienen hipercontractividad de los intestinos mientras duermen*. La condición espástica del intestino no es algo que se prolongue todo el tiempo —sólo cuando la persona está despierta y existe la posibilidad de ser estresada.

¿Cuál es la fisiología de este intestino demasiado contráctil? Como vimos antes, el sistema nervioso simpático es responsable de las cada vez más largas contracciones intestinales durante el estrés. Y, como cabía esperar, las personas con SII poseen un sistema nervioso simpático hiperactivo (aunque está menos claro si los niveles de glucocorticoides son anormales en los SII)**. Y justo para empeorar todo el proceso, el dolor de ese gaseoso, distendido e hipersensible intestino puede estimular la activación del simpático aún más, creando un círculo vicioso.

Así que el estrés continuado se puede asociar estrechamente con el SII. Resulta interesante que el estrés traumático en las primeras etapas de la vida (el abuso sexual, por ejemplo) aumenta enormemente el riesgo de SII en la edad adulta. Esto implica que el trauma infantil puede dejar un eco de vulnerabilidad, un intestino grueso que sea hiperactivo al estrés, mucho después. Estudios con animales demuestran que esto ocurre*.

A pesar de estos descubrimientos, hay una considerable resistencia a reconocer la conexión entre el estrés y el SII (lo que me ha hecho recibir cartas más o menos airadas de algunos lectores de ediciones anteriores de este libro). Una razón para ello es la conexión entre SII y ciertas clases de personalidad. En los casos de depresión o ansiedad, la conexión es indudable, pero las conexiones anteriores parecen bastante sospechosas. Estos estudios tendían a centrarse en un montón de jerigonza psicoanalítica (ahora me voy a buscar problemas con esa gente): algún rollo sobre la persona que se quedó estancada en la fase anal del desarrollo, una regresión al periodo del aprendizaje del aseo cuando ir al baño provocaba una gran aclamación y, de pronto, la diarrea tenía un alcance simbólico para la aprobación de los padres. O la aprobación de los médicos como sustituto de aquéllos. Una cosa o la otra. No estoy seguro de cómo influyeron en el estreñimiento, pero estoy seguro de que lo hicieron**.

Pocos gastroenterólogos siguen tomándose estas ideas en serio. No obstante, en círculos menos científicos, algunos aún se adhieren a estas ideas. Es fácil ver cómo alguien que sufre de SII, que acaba de comprender que aún tiene pendientes algunas cuestiones de aprendizaje infantil, no se entusiasma ante el hecho de que le señalen con el dedo por no manejarse bien con el estrés.

Otra razón por la que la conexión estrés/SII se suele ver con escepticismo es porque ha habido muchos estudios que no lograron hallarla***. ¿Por qué sucedería esto?

Primero, tanto la gravedad de los síntomas del SII como la intensidad de los agentes estresantes que alguien está experimentando tienden a crecer o menguar con el paso del tiempo, y detectar una relación entre dos patrones tan fluctuantes requiere algunas estadísticas muy sofisticadas. (Normalmente, una técnica llamada *análisis de serie temporal,* un tema cuatro cursos más avanzado que las estadísticas que la mayoría de los científicos biomédicos hayan podido aprender. Cuando mi esposa tuvo que hacer un análisis de serie temporal como parte de su investigación doctoral, me ponía nervioso el simple hecho de tener en casa un libro de texto sobre la materia.) Semejante crecimiento y mengua del estrés y de los síntomas es particularmente difícil de seguir porque la mayoría de los estudios son *retrospectivos* (examinan a personas que ya tienen SII y les piden que identifiquen agentes estresantes de su pasado) en vez de *prospectivos* (en los cuales se hace un seguimiento a individuos que no padecen una enfermedad para ver si el estrés predice quién va a contraerla). El problema es que las personas son terriblemente imprecisas al recordar información sobre agentes estresantes y síntomas que tengan más de unos meses de antigüedad, un punto sobre el que volveremos a menudo en este libro. Además, como se dijo antes, la clase de agentes estresantes que pueden aumentar el riesgo de SII pueden producirse muchos años antes de la aparición de los síntomas, haciendo que resulte difícil detectar la conexión incluso en estudios prospectivos. Por último, el «SII» probablemente sea un batiburrillo de enfermedades con múltiples causas, y el estrés podría ser relevante sólo en algunas de ellas, y hacen falta más estadísticas sofisticadas para detectar a las personas que forman un subgrupo representativo del conjunto, en vez de ser tan sólo un elemento al azar en los datos*.

Más adelante veremos otras supuestas conexiones entre el estrés y alguna enfermedad, y estaremos ante el mismo dilema, ahí sin duda existe un vínculo en algunos pacientes, o impresiones clínicas que apoyan con fuerza una conexión estrés-enfermedad; sin embargo, estudios rigurosos no logran demostrar la misma cosa. Como veremos reiteradamente, el problema es que los estudios supuestamente rigurosos con frecuencia plantean una pregunta directa bastante poco sofisticada: ¿el estrés causa la enfermedad en la mayoría de los pacientes? Las preguntas mucho más sofisticadas que habría que hacer son si el estrés agrava la enfermedad preexistente, si los patrones de los síntomas y los agentes estresantes fluctúan en paralelo con el paso del tiempo, y si estas conexiones se producen únicamente en un subconjunto de individuos vulnerables. Cuando se plantean de esta forma, la conexión entre estrés y enfermedad se vuelve mucho más clara.

Formación de la úlcera

Al final llegamos al problema médico que puso al concepto de «estrés» en el camino a la notoriedad mundial. Una úlcera es un agujero en la pared de un órgano. Si se origina en el estómago o en los órganos adyacentes, se denomina úlcera péptica; la de estómago también se llama úlcera gástrica; la que se produce un poco más arriba del estómago es una úlcera de esófago, y la que lo hace en el límite entre el estómago y el intestino es duodenal (la más común de las úlceras pépticas).

Como se recordará, las úlceras pépticas se hallaban en el trío de síntomas que Selye observó hace más de cincuenta años cuando sometió a las ratas a molestias no específicas*. Desde entonces, la úlcera de estómago se ha convertido para los legos en la materia en la enfermedad más relacionada con el estrés. Según este punto de vista, si se tienen pensamientos desagradables durante un largo periodo de tiempo, aparecen agujeros en las paredes del estómago. La mayor parte de los médicos coinciden en que hay un subtipo de úlceras que se forman con relativa rapidez (a veces en cuestión de días) en los humanos expuestos a crisis tremendamente estresantes: hemorragias, infecciones masivas, traumas debidos a un accidente o a una operación, etc. En casos muy graves, estas úlceras debidas al estrés pueden poner en peligro la vida.

Pero donde se ha producido mucha contención ha sido con las úlceras que aparecen de forma gradual. Éste solía ser un ámbito en el que todo el mundo, incluso los médicos, en seguida pensaba en el estrés. Pero una revolución ha cambiado de forma radical el pensamiento en torno a las úlceras.

Esa revolución llegó con el descubrimiento en 1983 de una bacteria llamada *Helicobacter pylori**. Este microorganismo fue descubierto por un desconocido patólogo australiano llamado Robert Warren. Él, a su vez, interesó a un colega aún más desconocido llamado Barry Marshall, quien documentó que esta bacteria aparecía de forma sistemática en las biopsias de estómagos de personas con úlceras duodenales e inflamación estomacal (gastritis). Teorizó que ésa era la verdadera causa de la inflamación y las úlceras, lo anunció al mundo (gastroenterológico) en una conferencia, y casi se rieron de él en la sala. Las úlceras las causaban la dieta, la genética, el estrés: no una bacteria. Todo el mundo lo sabía. Y además, como el estómago es tan increíblemente ácido, con el ácido clorhídrico entre los jugos gástricos, ninguna bacteria podría sobrevivir allí. La gente sabía desde hacía años que el estómago era un entorno estéril, y que cualquier bacteria que pudiera aparecer sería debida simplemente a la contaminación de algún patólogo chapucero.

Marshall demostró que la bacteria causaba gastritis y úlceras en los ratones. Eso es fantástico, pero los ratones funcionan de modo diferente a los humanos, dijeron todos. Así pues, en un gesto heroico digno de una película, se tragó algunas muestras de *Helicobacter* y se provocó una gastritis. Sin embargo, no hicieron caso de Marshall. Finalmente, varios especialistas en la materia se cansaron de oírle hablar de la maldita bacteria en los congresos, decidieron efectuar algunos experimentos para demostrar su error y descubrieron que estaba absolutamente en lo cierto.

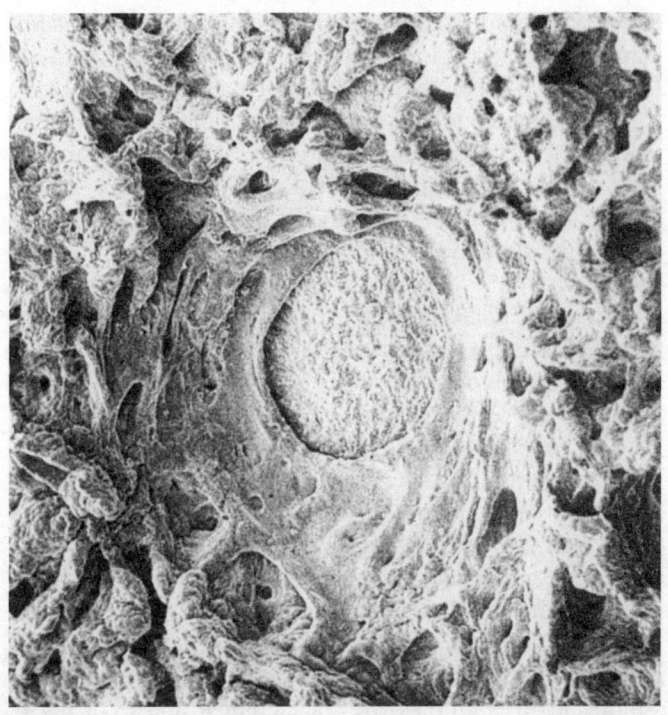

Ilustración 8. Microfotografía de una úlcera estomacal

Resulta que la *Helicobacter pylori* es capaz de vivir en el entorno ácido del estómago, protegiéndose por medio de una estructura particularmente resistente al ácido y envolviéndose en una capa de bicarbonato protector. Y esta bacteria probablemente tiene mucho que ver con el 85 por 100 de las úlceras en la población occidental (así como en el cáncer de estómago). Casi el 100 por 100 de las personas del mundo desarrollado están infectadas de *Helicobacter* —quizá sea la infección bacteriana crónica más común entre los seres humanos—. La bacteria infecta a células del revestimiento del estómago causando gastritis, lo cual de algún modo compromete la capacidad de las células que revisten el duodeno de defenderse de los ácidos del estómago. En las condiciones adecuadas, tenemos un agujero en esa pared duodenal.

Aún quedan por esclarecer muchos detalles, pero el mayor triunfo de Marshall y Warren ha sido demostrar que los fármacos antimicrobianos, como los antibióticos, resultan ser lo mejor desde el pan en rebanadas para tratar las úlceras de duodeno —son tan buenos deshaciéndose de las úlceras como los antiácidos o fármacos antihistamínicos (los principales tratamientos anteriores) y, lo mejor de todo, a diferencia de las secuelas de otros tratamientos, no vuelven a producirse úlceras (o al menos hasta la próxima infección de *Helicobacter*)*.

Una vez que todo el mundo dentro de la especialidad se acostumbró a la idea de que Marshall y Warren fuesen llevados sobre palanquines por su descubrimiento, aceptaron el *Helicobacter* de forma exagerada. Es muy lógico, dado el deseo actual de la medicina de avanzar hacia rigurosos y reductivos modelos de enfermedad, en vez de ese inocuo rollo psicosomático. El Center for Disease Control envió panfletos informativos a todos los médicos de Estados Unidos, aconsejándoles que tratasen de quitarles de la cabeza a sus pacientes la obsoleta idea de que el estrés tiene algo que ver con las úlceras pépticas. Los médicos se congratularon de no tener que sentarse nunca más con sus pacientes ulcerosos, establecer algún serio contacto ocular y preguntarles cómo iban sus vidas. En lo que un par de investigadores han denominado la «helicobacterización» de la investigación sobre el estrés y las úlceras, el número de artículos que relacionan el estrés con el origen de la úlcera ha caído en picado.

El problema es que toda la historia no puede limitarse a una bacteria. De entrada, hasta el 15 por 100 de las úlceras de duodeno se forman en personas que no están infectadas de *Helicobacter,* o de cualquier otra bacteria conocida relacionada con ella. Y algo más irrecusable, sólo alrededor del 10 por 100 de las personas infectadas con la bacteria desarrollan úlceras*. Tiene que ser el *Helicobacter pylori* y otra cosa. A veces, ese algo más es un factor de riesgo en la forma de vida, alcohol, tabaco, saltarse el desayuno habitualmente, tomar muchos fármacos no esteroideos antiinflamatorios como si fuesen aspirinas. Quizás ese algo más es una tendencia genética a segregar mucho ácido o producir sólo mínimas cantidades de mucosidad para proteger el revestimiento del estómago del ácido.

Pero uno de los factores adicionales es el estrés**. Estudio tras estudio, incluso los que se han llevado a cabo después de la aparición de la bacteria, muestran una mayor incidencia de la ulceración del duodeno en personas que están ansiosas, deprimidas o sufren graves agentes estresantes vitales (prisión, guerra, desastres naturales). Un análisis de la literatura existente al respecto muestra que entre el 30 y el 65 por 100 de las úlceras pépticas obedecen en parte a factores psicosociales (es decir, estrés). El problema es que el estrés hace que la gente beba y fume más. De modo que tal vez aumente el riesgo de desarrollar una úlcera sólo por incrementar la incidencia de esos factores de riesgo asociados a la forma de vida. Pero no —aun después de controlar esas variables, el propio estrés causa entre el doble y el triple del aumento del riesgo de una úlcera.

La *Helicobacter* está relacionada con las úlceras, pero sólo en el contexto de sus interacciones con estos otros factores, entre ellos el estrés. Esto se puede demostrar de forma estadística si estudiamos a un millón de pacientes con úlcera. Haciendo un meticuloso análisis matemático que tenga en cuenta la carga bacterial, los factores de riesgo asociados al estilo de vida y el estrés (algo apropiadamente llamado un *análisis multivariado*), observaremos que las úlceras pueden aparecer sólo con que tengamos un poco de uno de estos tres factores, siempre que tengamos mucho de uno o los otros dos. Como ejemplo de esto, si exponemos a unas ratas de laboratorio a agentes estresantes psicológicos, desarrollarán úlceras, pero no si viven en un entorno libre de gérmenes donde no haya *Helicobacter**.

Rebote de los ácidos

Para comprender este mecanismo de formación de úlceras, tenemos que volver a referirnos a la cruda realidad de las extrañas cosas que comemos y que esperamos que nuestro estómago digiera. La única forma que tiene el estómago de tratar los alimentos es mediante poderosas armas de degradación. Las contracciones sistólicas ciertamente ayudan, pero el arma principal es el ácido clorhídrico que vierten al estómago las células que lo bordean. El ácido clorhídrico tiene un enorme poder acidificante. Todo esto está muy bien, pero se plantea la obvia pregunta de por qué los ácidos digestivos no digieren al propio estómago, ya que si nos comemos el estómago de otro ser, el nuestro lo desintegra. ¿Por qué resultan ilesas las paredes del propio estómago? Básicamente, porque se gasta una fortuna en autoprotección. Construye muchas capas de pared estomacal y las reviste con una mucosa espesa y calmante que actúa a modo de parachoques de los ácidos. Además, el estómago segrega bicarbonato para neutralizarlos. Solución maravillosa, que nos permite seguir digiriendo tan contentos.

Se produce un periodo de estrés de varios meses. El cuerpo corta la secreción de ácidos y, con bastante frecuencia, la digestión se inhibe. En este periodo, el estómago decide esencialmente ahorrar energía economizando esfuerzos. Recorta un poco el engrosamiento constante de las paredes del estómago, disminuye la secreción de mucosa y bicarbonato y se embolsa la diferencia. ¿Por qué no iba a hacerlo? En cualquier caso, no hay mucho ácido rondando en este periodo estresante.

Fin del periodo de estrés. Para celebrarlo decidimos tomar un gran pastel de chocolate, muy adecuado para la ocasión, estimulamos el sistema nervioso parasimpático, comenzamos a segregar ácido clorhídrico y…, nos hallamos bajos de defensas. Las paredes se han vuelto más finas, no hay una capa espesa de mucosa protectora como antes, el bicarbonato se ve desbordado y, en un abrir y cerrar de ojos, el ácido clorhídrico daña algunas células. La cantidad de ácido que segregamos es la normal, pero las paredes de nuestro estómago no tienen la misma capacidad de defenderse. Si repetidamente se pasa por este ciclo de periodos prolongados de disminución en la secreción de ácido clorhídrico, seguidos de periodos de secreción normal, puede aparecer una úlcera.

Supongamos que nos hallamos en medio de un periodo muy estresante y estamos preocupados ante el riesgo de una úlcera. ¿Cuál es la solución? Una podría ser el mantenerse sometidos a estrés todos los segundos que nos quedan de vida. De este modo, sin lugar a dudas, evitaríamos la úlcera causada por la secreción de ácido clorhídrico, aunque moriríamos por millones de otras razones. La paradoja reside en que, en estos casos, la úlcera no se forma tanto en presencia del agente estresante cuanto en el periodo de recuperación. Esta idea predice que varios periodos de estrés transitorio producirán más úlcera que uno largo y prolongado, como suelen demostrar los experimentos con animales*.

Grave disminución del riego sanguíneo

Como sabemos, ante una emergencia hay que suministrar la mayor cantidad posible de sangre a los músculos que tienen que trabajar. En respuesta al estrés, el sistema nervioso simpático desvía la sangre del estómago hacia zonas más importantes (recuérdese el hombre con una herida de bala en el estómago; las paredes se volvían blancas cada vez que se enfadaba o sufría ansiedad porque disminuía el riego sanguíneo). Si el agente estresante implica una grave disminución de éste (por ejemplo, a consecuencia de una hemorragia), comienzan a producirse ligeros infartos —pequeñas apoplejías— en las paredes estomacales, debido a la falta de oxígeno, desarrollándose pequeñas lesiones de tejido necrótico (muerto), que son las piezas de construcción de la úlcera*.

Esto sucede probablemente por dos razones. En primer lugar, al disminuir el riego sanguíneo, se elimina una menor cantidad del ácido acumulado. La segunda razón implica otra paradoja biológica. Como se sabe, todos necesitamos oxígeno; sin él nos volveríamos de un desagradable color azul para la vista. Sin embargo, el oxígeno necesario para el funcionamiento de las células a veces produce una extraña y peligrosa clase de compuestos denominada radicales de oxígeno. Normalmente no tenemos problemas para deshacernos de ellos. Hay algunas pruebas de que, en periodos de estrés crónico, cuando disminuye el riego sanguíneo (y, por tanto, el suministro de oxígeno) del estómago, éste deja de fabricar los componentes que nos protegen de los radicales de oxígeno (denominados extintores o depuradores de radicales libres), lo cual está muy bien para el periodo de estrés, pues es una forma de ahorrar energía durante la crisis. Pero al finalizar el estrés, cuando se reanuda el riego sanguíneo repleto de oxígeno y se genera la cantidad normal de radicales de oxígeno, el estómago se halla con los pantalones oxidativos bajados. Al no haber suficientes depuradores, los radicales comienzan a destruir las células de las paredes del estómago, preparando el terreno para la aparición de una úlcera. Obsérvese la similitud entre este mecanismo y el primero que hemos mencionado, en ambos casos el daño no se produce durante el periodo de estrés, sino después, y no tanto porque éste aumente el nivel de un elemento nocivo (por ejemplo, la cantidad de ácido segregada o la de radicales de oxígeno producidos), sino porque, durante la emergencia estresante, el estómago ahorra defensas contra tales elementos.

Supresión inmune

La *Helicobacter*, en tanto que una bacteria, activa nuestro sistema inmunitario que trata de defenderse de ella[25]. Como veremos en detalle en el capítulo 8, el estrés crónico suprime la inmunidad, y en este escenario, las defensas inmunes más bajas equivalen a más *Helicobacter* reproduciéndose felizmente.

Cantidades insuficientes de prostaglandinas

En esta situación, de vez en cuando aparecen microúlceras en el estómago, como consecuencia del previsible desgaste del sistema. Normalmente, el organismo repara el daño segregando un tipo de sustancias químicas denominadas prostaglandinas, que se cree que contribuyen al proceso de cicatrización al aumentar el riego sanguíneo de las paredes del estómago. Durante el estrés, la acción de los glucocorticoides inhibe la síntesis de las prostaglandinas*. En el caso de este mecanismo, el estrés no provoca la formación de úlceras, sino que disminuye la capacidad de detectarlas y repararlas a tiempo. No está aún bien establecida la frecuencia de esta vía de formación de úlceras durante el estrés. (La aspirina también inhibe la síntesis de las prostaglandinas, motivo por el cual puede agravar una úlcera sangrante.)**

Contracciones estomacales***

Por razones desconocidas, el estrés provoca contracciones lentas y rítmicas del estómago (aproximadamente una por minuto), que, también por razones desconocidas, parece

---

25. Y algunos científicos incluso creen que la *Helicobacter*, entre su potencial causante de enfermedad, también es beneficiosa en la medida en que estimula la inmunidad.

que aumentan el riesgo de úlcera. Una posibilidad es que, durante las contracciones, el riego sanguíneo del estómago no se interrumpa, produciéndose pequeñas isquemias, aunque no hay muchas pruebas de que así sea. Otra posibilidad es que las contracciones dañen de forma mecánica las paredes estomacales. El jurado sigue asimismo deliberando sobre este mecanismo.

La mayor parte de estos mecanismos son vías de formación de úlceras que se hallan muy bien documentadas; de estos mecanismos creíbles, la mayoría puede actuar en presencia de al menos ciertos tipos de agentes estresantes. Puede intervenir más de uno a la vez, y se producen diferencias individuales de probabilidad de intervención de cada uno durante el estrés. Las úlceras duodenales suelen ser el resultado de un exceso de ácidos, en tanto que las gástricas tienen mayores probabilidades de producirse por una disminución de las defensas contra los ácidos. No hay duda de que se descubrirán otros mecanismos de formación de úlceras, pero de momento, estos seis son suficientes para poner enfermo a cualquiera.

Las úlceras pépticas son lo que la médico Susan Levenstein, la persona más ingeniosa del mundo al escribir sobre gastroenterología, ha denominado «el modelo perfecto de una moderna etiología»[26]*. El estrés no hace que se formen úlceras pépticas. Pero aumenta la probabilidad de que lo hagan los rufianes biológicos que causan las úlceras, o de forma más virulenta, o merma nuestra capacidad para defendernos de esos villanos. Ésta es la clásica interacción entre los componentes orgánicos (bacteria, virus, toxinas, mutaciones) y psicogénicos de la enfermedad.

---

26. Hay que reconocer que no hay muchos escritores de su talla. Uno de sus ensayos, por el que siento predilección, comienza diciendo: «Cuando estaba en la escuela de medicina, la actitud predominante hacia el paciente combinaba lo paternal, lo veterinario y lo sacerdotal: interrogar, palpar, pontificar».

CAPÍTULO 6

EL ENANISMO Y LA IMPORTANCIA
DE LAS MADRES

Me sigue sorprendiendo que los organismos crezcan, quizá porque no creo en la biología tanto como debiera. Comer y digerir me parecen cosas muy reales. Nos metemos en la boca una enorme cantidad de alimento y, como resultado, suceden toda clase de cosas tangibles: se nos cansa la mandíbula, se nos distiende el estómago y, al final, sale algo por el otro extremo. Los resultados del crecimiento también parecen muy tangibles: los huesos largos se alargan, los niños pesan más al cogerlos en brazos.

Lo que me plantea dificultades son los pasos que conectan la digestión con el crecimiento. En teoría sé lo que sucede en la sangre después de haber comido —la universidad en que trabajo incluso me permite enseñárselo a alumnos impresionables—: aumenta la cantidad de glucosa, de ácidos grasos y de aminoácidos en el torrente circulatorio, y también sé que todo ello es nutritivo. Pero no se puede observar un tubo de ensayo lleno de sangre y saber, a simple vista, si está repleto de nutrientes. ¿Que alguien se ha comido una montaña de espaguetis, una ensalada, pan con ajo y, de postre, dos trozos de tarta, todo ello se ha transformado y ahora se halla en este tubo de ensayo lleno de sangre? Es difícil de creer. ¿Y que se convierte en hueso? Figúrese el lector que su fémur está compuesto de los trocitos de empanada de pollo de mamá que comió durante toda la adolescencia. ¡Ja, ja! ¿Lo ve? Tampoco usted cree en este proceso. Quizá seamos demasiado primitivos para comprender semejante metamorfosis de la materia.

Cómo crecemos

Pese a todo, el crecimiento se produce a consecuencia de la alimentación. Y en un niño no es un proceso trivial. El cerebro se agranda y la forma de la cabeza cambia; las células se dividen, aumentan de tamaño y sintetizan nuevas proteínas; los huesos largos se alargan más cuando las células cartilaginosas de sus extremos se trasladan a la caña y se solidifican; la grasa del bebé se deshace y es sustituida por músculo; la laringe se hace más gruesa, y la voz, más profunda, el pelo crece en las zonas más inverosímiles del cuerpo, se desarrollan los pechos, se agrandan los testículos.

Para comprender la influencia del estrés en el crecimiento, hay que tener en cuenta que la característica más importante del proceso de crecimiento es que no es económico, claro está. Hay que obtener calcio para formar los huesos, se necesitan aminoácidos para sintetizar proteínas, ácidos grasos para construir las paredes celulares y glucosa, que es la que paga los costes de la construcción. Aumenta el apetito y los nutrientes llegan desde el intestino. Gran parte de la función de diversas hormonas consiste en movilizar la energía y el material necesarios para todos estos proyectos de expansión cívica. La hormona del crecimiento domina el proceso. A veces actúa directamente sobre las células del cuerpo —por ejemplo, contribuye a descomponer las células adiposas, vaciándolas de los ácidos grasos para que los nutrientes almacenados puedan dirigirse a las células en crecimiento—; otras veces activa, en primer lugar, la secreción de otra clase de hormonas llamadas somatomedinas, que son las que realmente actúan, fomentando, por ejemplo, la división celular. La hormona del tiroides tiene su función, que consiste en activar la secreción de la hormona del crecimiento y hacer que los huesos sean más sensibles a las somatomedinas. La insulina actúa de forma similar. Las hormonas reproductoras intervienen cuando se alcanza la pubertad. Los estrógenos contribuyen al crecimiento de los huesos largos, tanto actuando directamente sobre ellos como aumentando la secreción de la hormona del crecimiento. La testosterona tiene una función similar en los huesos largos y, además, influye en el crecimiento muscular*.

Los adolescentes dejan de crecer cuando los extremos de los huesos largos se unen y comienzan a soldarse. Pero, por complejas razones, la testosterona, al acelerar el crecimiento de los extremos de los huesos largos, puede acelerar el cese del crecimiento. Por eso los adolescentes a quienes se administra concentraciones muy elevadas de testosterona, paradójicamente, ven su estatura adulta ligeramente reducida. Por el contrario, los niños castrados antes de la pubertad crecen mucho y tienen cuerpos larguiruchos y miembros muy largos. Los amantes de la historia de la ópera reconocerán tal morfología: los *castrati* eran famosos por su forma corporal.

Padres neuróticos: ¡cuidado!

Es hora de ver cómo el estrés perturba un desarrollo normal. Como veremos, esto no sólo implica perjudicar al crecimiento del esqueleto (esto es, qué estatura tendremos), sino también cuánto estrés en las primeras etapas de la vida puede alterar nuestra vulnerabilidad a la enfermedad a lo largo de nuestra vida.

Bien, antes de adentrarnos en este tema, debo hacer una advertencia a cualquiera que sea padre, o que planee serlo, o que haya tenido padres. No hay nada como la paternidad para volverse realmente neurótico, pues uno se preocupa por las consecuencias de cada acto, pensamiento u omisión. Yo tengo hijos pequeños, y he aquí algunas de las atroces cosas que mi esposa y yo hemos hecho para perjudicarles de forma irreparable: hubo una época en que teníamos la desesperante necesidad de aplacarles y les permitíamos desayunar alguna bomba de azúcar y cereales que normalmente les habríamos prohibido; o el atronador concierto que sufrimos cuando nuestro primogénito era un recién nacido, y pataleaba todo el tiempo, sin duda en dolorosa protesta; y hubo una época en que echábamos a perder nuestra de otro modo continua vigilancia y permitíamos que vieran diez segundos de unos violentos dibujos animados en la televisión mientras manejábamos torpemente la cinta de estilo cumbayesco que tratábamos de insertar en el vídeo. Uno sólo quiere la perfección para aquellos a quienes ama de forma indecible, de modo que a veces te vuelves maniático. Este apartado hará que el lector se vuelva más maniático.

Así que recuerde esta advertencia, un punto al que volveré al final.

Estrés prenatal

¿De qué trata la infancia? Es una época en la que uno elabora juicios sobre la naturaleza del mundo. Por ejemplo: «Si sueltas algo en el aire, cae hacia abajo, no hacia arriba». O «aunque algo esté oculto debajo de otra cosa, todavía existe». O de forma ideal: «Incluso si mamá desaparece durante un rato, volverá porque mamá siempre vuelve».

A menudo, estas evaluaciones modelan nuestra visión del mundo para siempre. Por ejemplo, como se verá en el capítulo 14, si uno de nuestros progenitores muere mientras somos niños, nuestro riesgo de sufrir una depresión habrá aumentado para el resto de nuestra vida. En mi opinión esto es consecuencia de haber aprendido a una edad prematura una profunda lección emocional sobre la naturaleza de la vida: que éste es un mundo en el que pueden ocurrir cosas desagradables sobre las cuales uno no tiene ningún control.

Durante el desarrollo, ya desde la vida fetal, nuestro cuerpo también está aprendiendo cosas sobre la naturaleza del mundo y, metafóricamente, tomando decisiones de por vida sobre cómo responder al mundo exterior. Y si el desarrollo implica cierta clase de agentes estresantes, algunas de estas «decisiones» causan un aumento de por vida del riesgo de ciertas enfermedades.

Imaginemos una hembra que esté embarazada durante una hambruna. Ella no obtiene suficientes calorías, tampoco su feto. Resulta que durante la última parte del embarazo, un feto está «aprendiendo» acerca del abundante alimento que hay en ese mundo exterior, y una hambruna impide «enseñar» eso. Dios mío, no hay mucho alimento ahí fuera, será mejor almacenar hasta la última gota. Algo sobre el metabolismo de ese feto cambia de modo permanente, un rasgo llamado «huella» o «programación» metabólica*. Para siempre, ese feto será particularmente bueno en almacenar el alimento que consume, en retener cada precioso grano de sal de la dieta. Ese feto desarrolla para el resto de su vida lo que se ha dado en llamar un metabolismo «ahorrativo».

¿Y cuáles son las consecuencias de eso? De pronto nos encontramos de nuevo en medio de los capítulos 3 y 4. Con todo lo demás siendo igual durante el resto de la vida, incluso al final de la vida, ese organismo tiene un mayor riesgo de hipertensión, obesidad, diabetes del adulto y enfermedad cardiovascular.

Curiosamente, las cosas funcionan de esta forma en las ratas, los cerdos y las ovejas. Y en los seres humanos, también. El ejemplo más dramático y el más citado se refiere al invierno de hambruna que se vivió en Holanda al final de la Segunda Guerra Mundial. Las fuerzas de ocupación de los nazis estaban retrocediendo en todos los frentes, los holandeses trataban de ayudar a los aliados para que éstos acudiesen a liberarlos y, como castigo, los nazis cortaron todo el transporte de alimentos. Durante aquella estación invernal, los holandeses se morían de hambre. La gente consumía menos de 1.000 calorías al día, se vieron obligados a comer bulbos de tulipanes, y 16.000 personas murieron de inanición. Los fetos, en lo referente a su programación vital metabólica, aprendieron algunas graves lecciones sobre la disponibilidad de alimentos en ese invierno de hambre. El resultado es una legión de personas con metabolismos ahorrativos y riesgos mayores de síndrome metabólico medio siglo después. Del mismo modo, diversos aspectos del metabolismo y la fisiología quedaron programados en varios momentos del desarrollo fetal. Si uno era un feto del primer trimestre durante la hambruna, eso le programaba para un mayor riesgo de enfermedad cardíaca, obesidad y un perfil de colesterol insano, en tanto que si era un feto del segundo trimestre, eso le programaba para un mayor riesgo de padecer diabetes.

Al parecer, la clave de este fenómeno no es sólo el hecho de estar subalimentado como fetos, sino que después del nacimiento tenían abundante alimento y pudieron recuperarse de la privación de forma rápida*. Así, desde los primeros años de la infancia, no sólo eran muy eficaces en almacenar nutrientes, sino que tenían acceso a muchos de ellos[27].

Pero este fenómeno también se aplica a situaciones menos dramáticas. Dentro del espectro normal de los pesos de nacimiento, cuanto menos pese el bebé (cuando se ajusta a la longitud del cuerpo), mayor será el riesgo de esos problemas de síndrome metabólico al ser adulto. Incluso después de que uno controle el peso del cuerpo adulto, un bajo peso de nacimiento sigue prediciendo un mayor riesgo de diabetes e hipertensión**.

Son grandes efectos. Cuando comparamos a los que eran más pesados con los de menor peso al nacer, vemos una diferencia de aproximadamente ocho veces en el riesgo de

---

27. El ejemplo holandés es perfecto en este sentido, pues una vez que el país se recuperó de ese invierno, la población disfrutó de abundante comida. En cambio, no sucedió lo mismo con las personas que habían sido fetos durante el asedio de Leningrado en la Segunda Guerra Mundial: una vez acabada ésta tampoco tuvieron suficiente alimento.

desarrollar diabetes, y un riesgo de síndrome metabólico dieciocho veces mayor. Entre hombres y mujeres, comparamos a los que tuvieron unos pesos de nacimiento en el 25 por 100 más bajo frente a los que se situaron en el 25 por 100 más alto, y los primeros presentan un 50 por 100 más alto de índice de mortalidad por enfermedad cardíaca*.

Quien primero describió esta relación entre los acontecimientos nutricionales fetales y los riesgos de por vida de enfermedad metabólica y cardiovascular fue el epidemiólogo David Barker, del Southampton Hospital de Inglaterra, y ahora es conocida como Fetal Origins of Adult Disease [Orígenes fetales de la enfermedad adulta] (FOAD, por sus siglas en inglés). Y todavía no hemos acabado con esto**.

La inanición es claramente un agente estresante, que plantea la cuestión de si la programación metabólica ocurre debido a consecuencias nutricionales por la escasez de calorías, y/o debido al estrés de la falta de calorías. Dicho de otro modo, ¿los agentes estresantes no nutricionales durante el embarazo también inducen efectos tipo FOAD? La respuesta es sí.

Una extensa literatura, que se remonta varias décadas, muestra que estresar a una hembra de rata de diversas formas mientras está preñada ocasionará cambios irreversibles en la fisiología de sus crías. Previsiblemente, una serie de cambios implica secreción de glucocorticoides. De nuevo, pensemos en el cuerpo fetal que «aprende» acerca del mundo exterior, esta vez según las directrices de «¿es muy estresante lo de ahí fuera?». Los fetos pueden controlar señales de estrés de la madre, ya que los glucocorticoides pasan en seguida a la circulación fetal, y un gran número de glucocorticoides «enseña» al feto que realmente ahí fuera el mundo es estresante. ¿Cuál es el resultado? Preparaos para ese mundo estresante: tended a segregar enormes cantidades de glucocorticoides. Las ratas prenatalmente estresadas se convierten en adultos con niveles altos de glucocorticoides —dependiendo del estudio, niveles basales elevados, una mayor respuesta de estrés, y/o una lenta recuperación de la respuesta de estrés—*. La programación de por vida parece deberse a una permanente disminución del número de receptores de los glucocorticoides en una parte del cerebro. La región cerebral se ocupa de desactivar esta respuesta de estrés al inhibir la producción de CRH. Menos receptores de glucocorticoides allí significa menos sensibilidad a la señal de la hormona, lo que quiere decir un predominio menos eficaz de la subsiguiente secreción de glucocorticoides. El resultado es una tendencia a niveles elevados de por vida.

¿Es la secreción de glucocorticoides por parte de la hembra preñada lo que origina estos cambios permanentes en las crías? Al parecer sí —el efecto puede repetirse en diversas especies, entre ellas los primates no humanos, inyectando a la hembra preñada altos niveles de glucocorticoides, en vez de estresarla.

Una literatura médica no tan extensa, pero bastante sólida, muestra que el estrés prenatal también programa a los humanos para una secreción superior de glucocorticoides en la edad adulta. En estos estudios, un peso bajo de nacimiento (en relación con la longitud corporal) se utiliza como marcador subordinado de agentes estresantes durante la vida fetal, y cuanto menor sea el peso de nacimiento, mayores son los niveles basales de glucocorticoides en los adultos entre los veinte y los setenta años; esta relación se vuelve incluso más pronunciada cuando el bajo peso de nacimiento va unido a un parto prematuro[28].

La excesiva exposición a los glucocorticoides de una vida fetal estresante parece contribuir al aumento de por vida del riesgo de síndrome metabólico**. Como prueba, si

---

28. Los septuagenarios fueron estudiados en Finlandia. Como veremos en un par de puntos del libro, este tipo de estudios sólo podían llevarse a cabo en Escandinavia, cuyos países tienen la tradición de llevar un registro obsesivamente escrupuloso de cualquier cosa imaginable, incluidos los pesos de nacimiento de grandes grupos humanos.

exponemos a un feto de rata, oveja o primate no humano a abundantes cantidades de glucocorticoides sintéticos durante la última fase de la gestación (inyectándoselos a la madre), ese feto tendrá un mayor riesgo de padecer el síndrome metabólico de adulto. ¿Cómo ocurre esto? Una secuencia posible es que la exposición prenatal a un elevado nivel de glucocorticoides conduce al elevado nivel de glucocorticoides de la edad adulta, lo que aumenta el riesgo de síndrome metabólico. Los lectores que hasta ahora hayan logrado memorizar el contenido del libro no tendrán problemas en recordar exactamente cómo un exceso de glucocorticoides en la edad adulta puede incrementar las probabilidades de obesidad, diabetes insulina-resistente e hipertensión. A pesar de esos vínculos potenciales, los niveles altos de glucocorticoides en la edad adulta tal vez sólo sean una de las rutas que conectan al estrés prenatal con el síndrome metabólico adulto.

Así que ahora tenemos un cuadro de hipertensión, diabetes, enfermedad cardiovascular, obesidad y exceso de glucocorticoides. Empeorémoslo. ¿Qué sucede con el sistema reproductor?* Muchos estudios demuestran que si estresamos a ratas preñadas, «desmasculinizamos» a los fetos machos. De adultos son menos activos sexualmente y poseen unos genitales menos desarrollados. Como veremos en el próximo capítulo, el estrés disminuye la secreción de testosterona, y también parece hacerlo en los fetos machos. Además, los glucocorticoides y la testosterona poseen estructuras químicas similares (ambos son hormonas «esteroides»), y muchos glucocorticoides en un feto pueden empezar a adherirse y bloquear a los receptores de la testosterona, haciendo imposible que ésta tenga sus efectos.

Más problemas del FOAD. Si estresamos de forma intensa a una rata, sus crías serán ansiosas. Ahora bien, ¿cómo sabemos si una rata está ansiosa? La colocamos en un nuevo (y, por definición, espantoso) entorno; ¿cuánto tiempo tarda en explorarlo? O aprovechemos el hecho de que a las ratas, por ser nocturnas, no les gustan las luces. Cojamos una rata hambrienta y pongamos un poco de comida en una jaula potentemente iluminada; ¿cuánto tiempo tardará en dirigirse al alimento? ¿Con qué rapidez puede aprender la rata en un lugar nuevo, o interactuar socialmente con ratas desconocidas? ¿Cuánto defeca la rata en un entorno nuevo? Las ratas estresadas prenatalmente, de adultas se quedan rígidas cuando están rodeadas de luces brillantes, no pueden aprender en lugares nuevos, defecan como locas. Una pena. Como veremos en el capítulo 15, la ansiedad gira en torno a una parte del cerebro llamada la amígdala, y el estrés prenatal programa a la amígdala en un perfil de por vida que tiene inscrita la palabra ansiedad. La amígdala acaba con más receptores de los glucocorticoides (esto es, más sensibilidad a ellos), más neurotransmisores que median en la ansiedad, y menores receptores de una sustancia química del cerebro que reduce la ansiedad[29]. ¿El estrés prenatal en los humanos produce adultos ansiosos?* Es difícil estudiar esto en seres humanos, porque no es fácil hallar madres que estén ansiosas durante el embarazo, o mientras su hijo está creciendo, pero no ambos casos. De modo que no hay muchas pruebas de que suceda con los humanos.

Por último, el capítulo 10 examinará cómo un estrés excesivo puede tener malos efectos sobre el cerebro, en particular en su desarrollo**. Los roedores prenatalmente

---

29. Tan sólo para adelantar algo de lo que veremos en el capítulo 15, el neurotransmisor que transmite la ansiedad a través de la amígdala no es otro que el CRH (recordemos del capítulo 5 que el CRH media otros aspectos de la respuesta de estrés aparte de liberar ACTH). Por otra parte, el receptor de la sustancia química cerebral que inhibe la ansiedad se llama receptor benzodiazepina. ¿Qué es la benzodiazepina? Nadie sabe con certeza cuál es la benzodiazepina reductora de ansiedad en el cerebro que normalmente se une al receptor, pero todos conocemos las benzodiazepinas sintéticas: son Valium y Librium, los tranquilizantes que reducen la ansiedad.

estresados desarrollan menos conexiones neuronales en una zona clave del cerebro que se ocupa del aprendizaje y la memoria, y tienen más pérdidas de memoria en la edad madura, mientras que los primates no humanos prenatalmente estresados también tienen problemas de memoria y forman menos neuronas. Los estudios con humanos han sido muy difíciles de llevar a cabo por razones similares a las de examinar si el estrés prenatal aumenta el riesgo de ansiedad. Con esa advertencia, diversos estudios han demostrado que dicho estrés se produce en niños que nacen con una menor circunferencia craneal (lo cual desde luego se ajusta al cuadro de tener menor peso en general). Sin embargo, no está claro si el diámetro de la cabeza en el momento del parto pronostica el grado de desarrollo que alcanzará su inteligencia treinta años después.

Un último aspecto de la historia FOAD es tan intrínsecamente fascinante que durante unos minutos hizo que dejase de pensar como un progenitor preocupado y en su lugar me maravillase del funcionamiento de la biología.

Supongamos que tenemos un feto de niña expuesto a mucho estrés, por ejemplo, desnutrición, y que, por tanto, programa un metabolismo ahorrativo. Más adelante, de adulta, se queda embarazada. Consume cantidades normales de comida. Debido a que tiene ese metabolismo ahorrativo, se le da muy bien almacenar nutrientes por si vuelve la hambruna fetal, su cuerpo acumula para sí misma una desproporcionada parte de los nutrientes en su torrente sanguíneo. En otras palabras, aunque consume una cantidad media de alimento, su feto recibe una parte menor de la media, lo que le produce una leve malnutrición. Y por tanto programa una versión más suave del metabolismo ahorrativo. Y cuando ese feto, a su vez otra niña, con el tiempo se queda embarazada...

En otras palabras, estas tendencias del FOAD se pueden transmitir durante generaciones sin la ayuda de los genes*. No es debido a los genes comunes, sino al entorno común, a saber, la provisión de sangre íntimamente compartida durante la gestación.

Sorprendente. Esto es precisamente lo que se ve en la población holandesa que sufrió aquel invierno de hambruna, en que sus nietos nacieron con pesos de parto menores de los esperados. También se aprecia en otros campos. Escojamos algunas ratas al azar y alimentémoslas con una dieta que las haga obesas en el momento del embarazo. En consecuencia, sus crías, pese a ser alimentadas con una dieta normal, tienen un riesgo mayor de obesidad. Como lo tendrán sus nietos. Del mismo modo, en los humanos, tener diabetes insulina-resistente durante el embarazo incrementa el riesgo de que nuestra progenie padezca este trastorno, tras controlar el peso. ¡Un momento! Pasar por una hambruna significa menos nutrientes en el torrente sanguíneo, mientras que tener diabetes insulina-resistente significa más. ¿Cómo pueden producir el mismo metabolismo ahorrativo en el feto? Recordemos, tenemos elevados niveles de glucosa en el riego sanguíneo en el caso de la diabetes porque no se la puede almacenar. Recordemos una frase del capítulo 4: cuando las células adiposas sobresaturadas empiezan a volverse resistentes a la insulina, liberan hormonas que urgen a las otras células adiposas y músculos a hacer lo mismo. Y esas hormonas entran en la circulación fetal. Así que tenemos a mamá, que es insulina-resistente porque tiene demasiada energía almacenada, liberando hormonas que hacen que el feto de peso normal también sea malo en almacenamiento de energía…, y el feto acaba con un peso insuficiente y una visión del mundo de metabolismo ahorrativo.

Así que si exponemos a un feto a grandes cantidades de glucocorticoides, aumentaremos su riesgo de sufrir obesidad, hipertensión, enfermedad cardiovascular, diabetes insulina-resistente, quizá problemas reproductivos, tal vez ansiedad y un deterioro en el desarrollo del cerebro. Y puede que incluso determinemos a la eventual progenie de ese feto a padecer lo mismo. ¿No os sentís mal ahora por haber tenido esa discusión sobre si grabar el parto en vídeo? Pasemos ya al siguiente ámbito de preocupaciones.

Estrés posnatal

La pregunta obvia para comenzar este apartado es: ¿el estrés posnatal también tiene efectos adversos de por vida en el desarrollo? Por supuesto que puede tenerlos. Para empezar, ¿cuál es la cosa más estresante que le podría ocurrir a una cría de rata? Ser apartada de su madre (mientras aún recibe una nutrición adecuada). Trabajos efectuados por Paul Plotsky en la Universidad de Emory muestran que la privación maternal provoca en una rata consecuencias similares al estrés prenatal: niveles mayores de glucocorticoides durante el estrés y peor recuperación al final del estrés. Más ansiedad, y la misma clase de cambios en la amígdala que vimos en los adultos prenatalmente estresados. Un desarrollo insuficiente de una parte del cerebro importante para el aprendizaje y la memoria. Separemos a una cría de mono rhesus de su madre y crecerá también con altos niveles de glucocorticoides*.

¿Qué tal algo más sutil? ¿Qué sucede si nuestra mamá rata anda por ahí pero sencillamente no presta atención? Michael Meaney, de la Universidad McGill, ha examinado las consecuencias de por vida que tiene para las ratas el haber tenido una madre muy atenta o muy desatenta. ¿Qué se considera atención? Acicalar y lamer. Las crías cuyas madres las acicalaron y lamieron menos se convirtieron en ratas que eran versiones más suaves de las ratas que fueron separadas de sus madres siendo crías, con elevados niveles de glucocorticoides.

¿Qué consecuencias tiene el estrés infantil en la vulnerabilidad a las enfermedades de los humanos adultos? Esto se ha estudiado de forma muy mínima, lo que no debería sorprendernos, dada la dificultad de semejantes estudios. Algunos de los ya mencionados indican que la pérdida de un progenitor por defunción durante la infancia incrementa el riesgo de depresión durante el resto de la vida. Otro, comentado en el capítulo 5, muestra que un trauma a temprana edad aumenta el riesgo de sufrir síndrome de intestino irritable en la edad adulta, y estudios con animales semejantes demuestran que un estrés prematuro produce intestinos gruesos que se contraen a grados anormales en respuesta al estrés.

Aunque el tema todavía está poco estudiado, el estrés infantil podría producir los fundamentos de la clase de enfermedades de los adultos que hemos considerado. Por ejemplo, cuando examinamos a niños que habían sido adoptados de orfanatos rumanos hacía más de un año, cuanto más tiempo había pasado el niño en el orfanato, más elevados eran sus niveles de glucocorticoides en reposo. Del mismo modo, los niños que han sufrido abusos poseen altos niveles de glucocorticoides, y una menor actividad en la parte más desarrollada del cerebro, el córtex frontal*.

Inhibición del crecimiento causada por el estrés**

Crecer es estupendo cuando uno tiene diez años y está en la cama por la noche con la barriga llena. Pero no es lógico emplear demasiada energía en ello cuando tiene lugar una situación estresante. Tenemos que correr para salvar la vida, tratando de escapar del león, la escena ya habitual. Si no tenemos tiempo para aprovechar las ventajas de la digestión, tampoco lo tenemos para extraer beneficio alguno del crecimiento.

Para comprender el proceso por el que el estrés inhibe el crecimiento, es útil comenzar por casos extremos. Una niña de, digamos, ocho años va al médico porque ha dejado de crecer. No presenta ninguno de los problemas habituales:

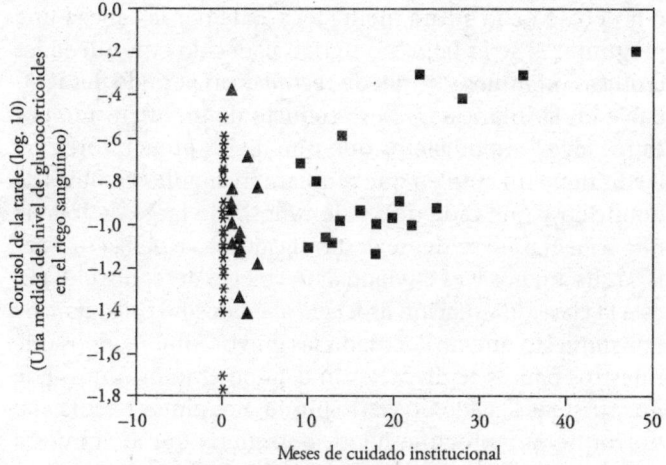

* Niños criados con las familias de origen.

▲ Niños adoptados tras menos de cuatro meses de cuidado institucional.

■ Niños adoptados tras más de ocho meses en orfanatos de Rumanía.

Ilustración 9.

come lo suficiente, no parece estar enferma ni tiene parásitos intestinales que la priven de los nutrientes. No es posible identificar *una causa orgánica de* su problema, pero no crece. En muchos casos de este género suele haber un elemento tremendamente estresante: abandono emocional o maltrato psicológico. En tales circunstancias, el síndrome se denomina enanismo causado por estrés, enanismo psicosocial o enanismo *psicogénico*[30].

---

30. Terminología clínica: «síndrome de privación maternal», «síndrome de privación» y «fallo no orgánico de crecimiento» son términos que se suelen referir a niños menores de tres años e, invariablemente, a la pérdida de la madre. «Enanismo por estrés», «enanismo psicogénico» y «enanismo psicosocial» suelen referirse a niños de tres años o más. Sin embargo, algunos artículos

Puede que, en este momento, a la mitad de los lectores por debajo de la altura media les ronde por la cabeza una pregunta. Si se es bajo, no se han padecido enfermedades crónicas infantiles y se puede recordar un periodo desagradable en la infancia, ¿se es producto de un enanismo por estrés leve? Supongamos que uno de los progenitores del lector tiene un empleo que requiere frecuentes cambios de domicilio y que cada uno o dos años, a lo largo de toda la infancia, el niño se siente desarraigado, se ve obligado a dejar a sus amigos y es enviado a un colegio desconocido. ¿Es esta la clase de situación asociada al enanismo psicogénico? Por supuesto que no. ¿Y algo más grave? Supongamos que nuestros padres se divorciaron cuando éramos niños. Fue muy triste y, llegado un cierto punto, nos dimos cuenta con horror de que ninguno de los dos quería que fuéramos a vivir con él. ¿Enanismo por estrés? Probablemente no.

Este síndrome es extremadamente raro. Son casos de niños constantemente maltratados y psicológicamente aterrorizados por un padrastro desquiciado; de niños que, cuando la policía y los asistentes sociales tiran la puerta abajo, llevan encerrados meses en un armario oscuro, alimentados con una bandeja que les pasan por debajo de la puerta. Son producto de una amplia y absurda psicopatología familiar. Aparecen en cualquier texto de endocrinología de pie y desnudos delante de un gráfico de crecimiento. Niños atrofiados, con un retraso de años con respecto al índice de crecimiento esperable, con un retraso de años en su desarrollo mental, magullados y en posturas distorsionadas y encogidas, atormentados, con una expresión apagada en sus caras y los ojos ocultos por los rectángulos obligatorios que acompañan a las personas desnudas en los textos de

---

no siguen esta dicotomía de edad. En el siglo xix se decía que los niños menores de tres años que morían en los orfanatos por fallo no orgánico de crecimiento sufrían «marasmas», el término griego para consunción.

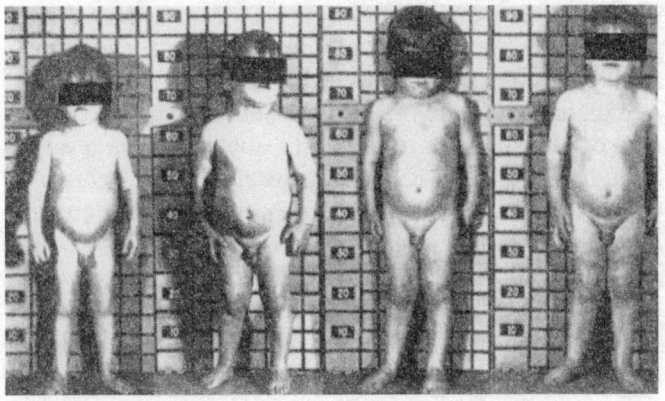

Ilustración 10. Niño con enanismo por estrés: cambios de apariencia durante su hospitalización (de izquierda a derecha)

Fuente: P. Saenger y otros: «Somatedin Growth Hormone in Psychosocial Dwarfism», *Padiatrie und Patologie*, suplemento 5, 1977, p. 2.

medicina. E, invariablemente, con historias que te dejan sin habla y te hacen asombrarte del potencial enfermizo de la mente humana.

Y siempre, en la misma página del libro, hay una segunda foto sorprendente: el mismo niño, años más tarde, después de haber vivido en un entorno distinto (o, según la divertida calificación de un endocrinólogo infantil, después de haber sufrido una «parentetomía»). Sin moratones, quizá con un esbozo de sonrisa; y mucho más alto. Si se elimina el agente estresante antes de que el niño entre de lleno en la pubertad (cuando los extremos de los huesos se sueldan y el crecimiento se detiene), es posible «recuperar» parte del crecimiento, aunque, en estado adulto, persistirán una baja estatura y cierto grado de falta de desarrollo intelectual y de personalidad*.

A pesar de que el enanismo por estrés sea una rareza clínica, hay ejemplos a lo largo de toda la historia. Es posible que en el siglo XIII se produjera un caso a consecuencia de un experimento realizado por un famoso endocrinólogo, el rey Federico II de Sicilia. Parece que en la corte se hallaban enzarzados en una disputa filosófica acerca de cuál era la lengua natural del ser humano. Para resolver la cuestión, a Federico (que apostaba por el hebreo, el griego o el latín) se le ocurrió una idea asombrosamente compleja para un experimento. Reclutó a la fuerza a un grupo de niños muy pequeños y encerró a cada uno de ellos en una habitación. Todos los días alguien les llevaba comida, mantas y ropa limpia, todo de la mejor calidad. Pero no se quedaba a jugar con los niños ni los abrazaba, pues se corría el peligro de que la persona en cuestión hablara en presencia del niño. Los niños tenían que crecer sin contacto con el lenguaje humano para descubrir cuál era la lengua natural.

Naturalmente, estos niños no salieron un día por la puerta recitando de forma espontánea un poema en italiano o cantando ópera. En realidad, ni siquiera salieron por la puerta, pues ninguno sobrevivió. La lección ahora nos resulta evidente: el desarrollo y el crecimiento óptimos no sólo dependen de ingerir el número correcto de calorías y de tener el calor adecuado. Federico «trabajó en vano, ya que los niños no podían vivir sin palmadas, gestos y expresiones alegres y zalamerías», cuenta Salimbene, un historiador contemporáneo. Parece muy plausible que estos niños, sanos y bien alimentados, murieran de enanismo por estrés[31] *.

---

31. El viejo rey Federico era un científico incipiente. Más tarde se interesó por la digestión. Federico se preguntaba si ésta era más rápida cuando se descansaba después de comer o cuando se hacía ejercicio. Hizo excarcelar a dos presos, los alimentó con idénticas cenas suntuosas, a uno lo envió después a echarse la siesta, mientras que el otro fue sometido a una agotadora persecución. Terminada esa fase del experimento, ordenó que ambos

Otro estudio que se encuentra en la mitad de los manuales llega a la misma conclusión, aunque de manera más sutil. Los sujetos del «experimento» fueron niños criados en dos orfanatos distintos de Alemania, justo al terminar la Segunda Guerra Mundial. Ambos eran estatales, por lo que se llevaban a cabo controles periódicos y los niños seguían la misma dieta, la visita del médico se producía con la misma frecuencia, etc. La diferencia principal en el cuidado de los niños la constituían las dos mujeres que dirigían los orfanatos. Los científicos las estudiaron, y la descripción que de ellas realizaron parece una parábola. En uno de los orfanatos estaba Fräulein Grun, una madre cariñosa y nutricia que jugaba con los niños, los consolaba y se pasaba el día cantando y riendo. En el otro estaba Fräulein Schwarz, una mujer que claramente había elegido la profesión equivocada. Llevaba a cabo sus obligaciones profesionales, pero reducía al mínimo su contacto con los niños; los solía criticar y reñir, generalmente delante de sus compañeros. Los índices de crecimiento de los dos orfanatos eran totalmente diferentes. Los niños de Fräulein Schwarz crecían y engordaban más despacio que los del otro asilo para huérfanos. Entonces se produjo un hecho que no podría haber resultado más útil si un científico lo hubiera planeado: Fräulein Grun se fue a vivir al campo y, por motivos burocráticos, Fräulein Schwarz fue transferida al otro orfanato. Los índices de crecimiento de su antigua institución aumentaron con rapidez, en tanto que los de su nuevo orfanato disminuyeron.

Me viene a la mente un último ejemplo realmente inquietante. Si por casualidad el lector se encuentra en la situación de tener que leer de forma exhaustiva textos sobre la endocrinología del crecimiento (cosa que no le recomiendo), observará que aparecen referencias ocasionales a Peter

---

hombres volvieran a su corte, hizo que les sacaran las entrañas y las examinó. El durmiente había digerido mejor su comida.

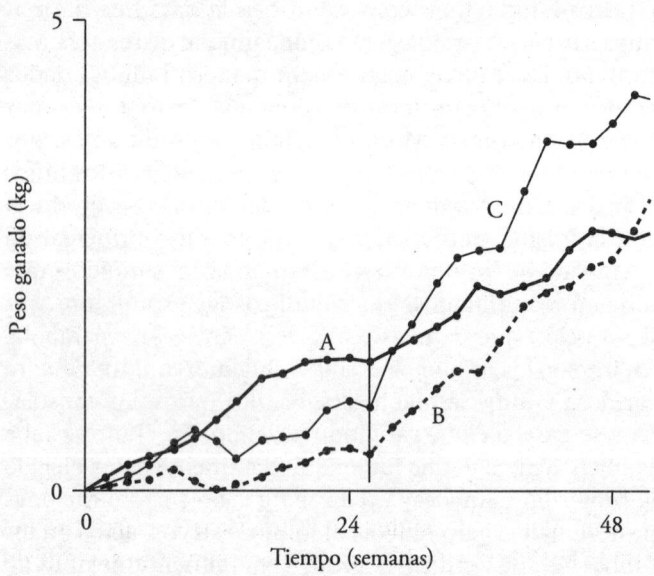

Ilustración 11. Tasa de crecimiento en los dos orfanatos alemanes. Durante las primeras 26 semanas del estudio, la tasa del orfanato A, que administraba la afectuosa Fräulein Grun, fue mucho más elevada que la del orfanato B, que dirigía la severa Fräulein Schwarz. A las 26 semanas (línea horizontal), Fräulein Grun dejó el orfanato A y fue sustituida por Fräulein Schwarz; la tasa de crecimiento de la institución pronto disminuyó, en tanto que la tasa del orfanato B, ahora sin la severa Fräulein Schwarz, se aceleró y, en poco tiempo, sobrepasó la del A. Una complicación fascinante deriva del hecho de que Fräulein Schwarz también tenía su corazoncito y se llevó con ella a un grupo de niños que eran sus favoritos (curva C)

Pan, quizás una cita de la obra de teatro o un comentario sarcástico sobre Campanilla. Durante bastante tiempo me fue imposible entender por qué. Al final, oculta en un capítulo de un libro, encontré la explicación.

El capítulo en cuestión trataba de la regulación del crecimiento en los niños y de la capacidad del estrés psicológico intenso de provocar enanismo, y ofrecía un ejemplo de lo que le había ocurrido a una familia inglesa de la época victoriana. Uno de los hijos, de trece años, el preferido de la madre, muere en un accidente. La madre, desesperada y sin consuelo, se queda en la cama durante años, olvidándose por completo de su otro hijo de seis años. Se suceden escenas terribles. En una ocasión, el niño entra en el oscuro dormitorio; la madre, en su delirio, cree por un momento que se trata del hijo muerto: «David, ¿eres tú? ¿Es posible que seas tú?», antes de darse cuenta de su error: «¡Ah, eres tú!». Crecer con ese «Ah, eres tú». En las escasas ocasiones en que la madre se relaciona con el hijo pequeño, no deja de expresar el mismo pensamiento obsesivo: el único consuelo que experimenta es que David murió cuando aún era perfecto, un niño, que no se había echado a perder al crecer y al alejarse de su madre*.

Una demostración de la sensibilidad al crecimiento del estado emocional. La hormona del crecimiento se mide en términos de nanogramos de hormona por mililitro de sangre después de una estimulación insulínica; el crecimiento se expresa en centímetros por 20 días; la ingesta alimenticia se expresa en calorías consumidas diariamente.

El niño más pequeño, abandonado (parece que el padre, severo y distante, no se relacionaba con ninguno de los hijos), se aferra a esta idea: si siempre es un niño, si no crece, tendrá al menos la oportunidad de agradar a su madre, de conseguir su amor. Aunque no hay pruebas de existencia de enfermedades o de desnutrición en su acaudalada familia, el niño deja de crecer. Ya adulto, mide apenas un metro y medio y su matrimonio no se consuma.

El desgraciado niño se convirtió en el autor de un famoso clásico de la literatura infantil: *Peter Pan*. Las obras de teatro y las novelas de J. M. Barrie se hallan repletas de niños que no crecen, que tuvieron la suerte de morir en la infancia y vuelven como fantasmas a visitar a sus madres**.

Los mecanismos que subyacen al enanismo por estrés*

El enanismo por estrés está relacionado con unos niveles muy bajos de la hormona del crecimiento en la sangre de estos niños. Existe un caso clínico que demuestra la sensibilidad de la hormona del crecimiento al estado psicológico. Se trata del estudio de un niño con enanismo por estrés. Al ingresar en el hospital, se le asignó una enfermera especial que pasaba mucho tiempo con él y a la que cogió cariño. El punto A de la tabla que aparece a continuación muestra su perfil fisiológico al llegar al hospital: un nivel extremadamente bajo de hormona del crecimiento y un bajo índice de crecimiento. El punto B muestra su perfil meses después, cuando aún se hallaba en el hospital: su nivel de hormona del crecimiento se ha más que duplicado (sin haberle sido administradas hormonas sintéticas) y se ha producido un gran incremento del índice de crecimiento.

Condición	Hormona del crecimiento	Crecimiento	Ingesta alimenticia
A. Ingreso en el hospital	5.9	0,5	1663
B. Cien días después	13,0	1,7	1514
C. La enfermera preferida, de vacaciones	6,9	0,6	1504
D. Regreso de la enfermera	15,0	1,5	1521

Fuente: Saenger y colaboradores, 1977.

Estos datos demuestran de forma gráfica que el enanismo por estrés no es un problema de falta de comida, pues el niño comía más al entrar en el hospital que meses después, cuando reanudó su crecimiento.

El punto C de la tabla muestra el perfil del periodo en que la enfermera a la que el niño estaba apegado se fue tres semanas de vacaciones. A pesar de la misma ingesta alimenticia, los niveles de hormona del crecimiento y la tasa de crecimiento cayeron en picado hasta alcanzar los valores mínimos que se observaron cuando el niño ingresó en el hospital. Por último, el punto D muestra el perfil del niño después de volver la enfermera. Esto es extraordinario. Se podía predecir con éxito el índice al cual este niño estaba depositando calcio en sus huesos por su proximidad a un ser querido. No se puede pedir una demostración más clara de que lo que sucede dentro de nuestras cabezas influye en cada célula de nuestros cuerpos*.

¿Por qué disminuye el nivel de la hormona del crecimiento en estos niños? Esta hormona es segregada por la glándula pituitaria, que, a su vez, se halla regulada por el hipotálamo (véase el capítulo 2). Éste controla la secreción de la hormona del crecimiento mediante la liberación de dos hormonas: una que estimula su secreción y otra que la inhibe. La hiperactividad del sistema nervioso simpático inducida por estrés tal vez tenga algo que ver en esto. Además, el cuerpo se vuelve menos sensible a la escasa cantidad de hormona del crecimiento que realmente se segrega. Por tanto, incluso administrar hormona del crecimiento sintética no necesariamente resuelve el problema del crecimiento. Algunos niños con enanismo por estrés poseen un alto nivel de glucocorticoides, y la hormona bloquea la liberación de hormona del crecimiento, así como la sensibilidad del cuerpo a ésta.

Además de problemas hormonales, los niños con enanismo por estrés también presentan problemas gastrointestinales. Con dietas totalmente correctas, no son capaces de absorber los nutrientes a partir del estómago, tal vez debido al incremento de la actividad de sus sistemas nerviosos simpáticos. Como veíamos en el capítulo anterior, estas hormonas del simpático detienen la liberación de diversas enzimas digestivas, así como las contracciones musculares de las paredes del estómago y el intestino, y bloquean la absorción de los nutrientes.

Esto nos dice algo sobre cómo las hormonas del estrés detienen el crecimiento. ¿Pero cuál es el elemento decisivo que se halla ausente cuando un niño se cría en condiciones patológicas? Kuhn y Schanberg —y, en estudios separados, Myron Hofer, del Instituto Psiquiátrico Estatal de Nueva York— han estudiado este tema en crías de rata separadas de sus madres. ¿Es la ausencia del olor de la madre? ¿Es algo que hay en su leche lo que estimula el crecimiento? ¿Se enfrían las ratas al no estar con ella? ¿Son las canciones de cuna que les canta? El lector puede imaginar los diversos modos en que los científicos han comprobado estas posibilidades: con grabaciones de las vocalizaciones maternales, introduciendo su olor en la jaula, observando qué es lo que puede sustituir al elemento importante*.

Resulta que es el tacto y que tiene que ser activo. Si se separa a una cría de rata de su madre, sus niveles de hormona de crecimiento caen en picado y se detiene su desarrollo. Si se le permite el contacto con la madre cuando ésta se halla anestesiada, los niveles de la hormona se mantienen bajos. Si se imitan los movimientos de lamer de la madre mediante caricias adecuadas a la cría, el crecimiento se normaliza. Otros investigadores, en hallazgos similares, han observado que tocar a las ratas recién nacidas hace que crezcan más y más deprisa**.

Lo mismo parece aplicable a los humanos, como se ha demostrado en un estudio muy importante. Tiffany Field, de la Universidad de la Escuela de Medicina de Miami, con la colaboración de Schanberg, Kuhn y otros, llevó a cabo un experimento increíblemente sencillo, inspirado en el trabajo con ratas que acabamos de describir. Al estudiar a bebés prematuros en unidades neonatales, observaron que, a pesar de los mimos que se les prodigaban y la preocupación que inspiraban, apenas se les tocaba debido a las condiciones casi estériles en que se les mantenía. Así que Field y compañía entraron y comenzaron a tocarlos en periodos de quince minutos, tres veces al día, acariciándoles el cuerpo y moviéndoles los miembros, con resultados prodigiosos. Los bebés crecieron casi un 50 por 100 más deprisa, eran más activos y espabilados, su conducta maduró más deprisa y les dieron el alta casi una semana antes que a los bebés prematuros a quienes no se tocó. Meses después seguían desarrollándose mejor que éstos. Si es posible replicar estos estudios de forma general, las implicaciones serán enormes. Teniendo en cuenta el coste de la hospitalización de los bebés y el número de ellos que acaba en unidades neonatales, tocarlos diariamente, al reducir la duración de su estancia hospitalaria, supondría un ahorro de mil millones de dólares anuales y quizá contribuiría a crear niños más sanos. No es frecuente que el instrumental médico de alta tecnología —máquinas MRI, órganos artificiales, marcapasos— influya de forma tan significativa como esta simple intervención*.

El tacto es una de las experiencias fundamentales de una cría, ya sea de roedor, de primate o humana. Tendemos a creer que los agentes estresantes son una serie de cosas desagradables que le suceden a un organismo. Pero, a veces, el agente estresante es la *incapacidad* de suministrarle algo esencial, y la ausencia de tacto parece ser uno de los más importante agentes estresantes evolutivos que podemos padecer.

Estrés y secreción de la hormona del crecimiento en humanos

El patrón de secreción de la hormona del crecimiento durante el estrés difiere en humanos y roedores, lo cual conlleva fascinantes implicaciones. Pero se trata de un tema difícil, no recomendable para corazones delicados.

Cuando se somete a una rata a un agente estresante por primera vez, su nivel de la hormona del crecimiento en la sangre comienza a disminuir de manera casi inmediata.

Si el agente se mantiene, el nivel continúa bajo. Y, como hemos visto, en los humanos, los agentes estresantes intensos y prolongados también provocan una disminución del nivel de la hormona del crecimiento. Lo extraño es que durante el periodo inmediato al comienzo del estrés, los niveles de esta hormona se elevan en los humanos y en otras especies; es decir, en tales casos, el estrés a corto plazo *estimula* la secreción de la hormona del crecimiento durante cierto tiempo.

¿Por qué? Como hemos visto, esta hormona estimula la secreción de somatomedinas que, a su vez, estimulan el crecimiento óseo, la división celular y otros procesos. Pero la hormona del crecimiento tiene otra función, además de la de estimular el crecimiento: contribuye al suministro de la energía necesaria para el desarrollo físico. Durante el crecimiento se extraen nutrientes de las células adiposas y de otros puntos de almacenamiento y se transportan a los tejidos que están creciendo, razón por la que los niños pierden de repente la grasa infantil al comenzar a crecer en la adolescencia. La hormona del crecimiento es parcialmente responsable. Actúa de forma directa sobre las células adiposas para descomponer la grasa acumulada (triglicéridos), que, como veíamos en el capítulo 4, se vierte al torrente circulatorio en forma de ácidos grasos y glicerol, donde pueden ser empleados por los músculos en desarrollo. La hormona del crecimiento no sólo controla el lugar de construcción del nuevo edificio, sino que se encarga también de financiar el trabajo.

La hormona del crecimiento, por tanto, provoca la descomposición de los nutrientes almacenados y los dirige a los tejidos en crecimiento. Como veíamos en el capítulo 4, durante el estrés, la principal acción metabólica que realiza el organismo con los glucocorticoides, la adrenalina, la noradrenalina y el glucagón consiste en descomponer los nutrientes almacenados y dirigirlos hacia los músculos en ejercicio. Son primeros pasos muy similares, pero pasos posteriores muy distintos. En consecuencia, durante el estrés, por una parte es adaptativo segregar hormona del crecimiento en la medida en que contribuye a movilizar energía, pero, por otra, no es una maniobra acertada, ya que estimula un caro proyecto a largo plazo como es el crecimiento*.

Como ya hemos dicho, las somatomedinas median en la acción de todas las hormonas del crecimiento sobre el desarrollo y la división de los tejidos. Si se bloquea la secreción o la acción de las somatomedinas, la hormona del crecimiento no estimula el desarrollo, aunque pueda movilizar energía. Como hemos visto, durante el estrés disminuyen los niveles de somatomedinas y la sensibilidad de los tejidos a éstas, lo cual resulta ser un mecanismo inteligente para aprovechar parte de las habilidades de la hormona del crecimiento, al tiempo que se bloquean otras. Ampliando una metáfora anteriormente empleada, la hormona del crecimiento saca dinero del banco con el propósito de financiar los seis meses próximos de construcción; pero el dinero se emplea para resolver las necesidades inmediatas del organismo.

Siempre que se bloquee la liberación o la acción de las somatomedinas, el organismo sigue segregando hormona del crecimiento de forma continua, disfrutando de las ventajas de movilizar la energía sin causar un desarrollo indebido en presencia de un agente estresante. Entonces, ¿por qué los niveles de la hormona del crecimiento disminuyen durante el estrés (ya sea de forma inmediata, como en las ratas, o al cabo de cierto tiempo, como en los humanos)? Probablemente porque el sistema no funciona de forma perfecta y la acción de las somatomedinas no cesa por completo durante el estrés. En la práctica, el cuerpo sólo puede emplear durante cierto tiempo los efectos de la movilización de energía antes de que se produzca el crecimiento. Quizá el periodo de disminución de los niveles de hormona del crecimiento suponga un compromiso entre el rasgo positivo desencadenado por la hormona durante el estrés y el rasgo no deseable.

Lo que me impresiona es lo cuidadoso y calculador que tiene que ser el cuerpo durante el estrés para coordinar de forma correcta la actividad hormonal. Tiene que equilibrar a la perfección los costes y los beneficios y saber con exactitud cuándo debe dejar de segregar la hormona. Si calcula mal en un sentido y bloquea la secreción de hormona del crecimiento demasiado pronto, se moviliza menos energía para enfrentarse al agente estresante. Si calcula mal en sentido contrario y sigue segregando hormona del crecimiento durante demasiado tiempo, es probable que el estrés estimule el crecimiento. Un estudio muy citado indica que se produce el segundo error ante determinados agentes estresantes.

A principios de la década de 1960, Thomas Landauer, de Darmouth, y John Whiting, de Harvard, estudiaron de forma metódica los ritos de paso de diversas sociedades no occidentales de todo el mundo. Querían saber si el estrés que suponían tales rituales se relacionaba con la altura adulta de los niños. Clasificaron las culturas según sometieran o no a los niños a ritos de desarrollo físicamente estresantes y según el momento en que lo hicieran. Estos ritos conllevan hacer agujeros en la nariz, los labios o las orejas; la circuncisión, la inoculación, la escarificación o la cauterización; estirar los miembros o atarlos, o moldear la cabeza; exposición a baños calientes, fuego o luz solar muy intensa; exposición a baños fríos, nieve o aire frío; sustancias eméticas, irritantes y enemas; frotamiento con arena o raspado con una concha u otro objeto duro. (Y el lector creía que tener que tocar el piano, a los diez años, ante sus tías era un estresante rito de paso.)

Landauer y Whiting sólo estudiaron varones, lo que refleja la estrechez de miras de la antropología del momento. Examinaron ochenta culturas de todo el mundo y controlaron cuidadosamente su estudio, pues recogieron ejemplos de culturas con el mismo acervo genético, con y sin ritos estresantes. Por ejemplo, compararon las tribus de

África occidental de los yoruba (con rituales estresantes) y los ashanti (sin rituales), e hicieron lo mismo con aborígenes americanos. Con este enfoque trataban de controlar la contribución genética a la estatura (además de la nutrición, puesto que es mayor la probabilidad de que los grupos étnicos relacionados sigan la misma dieta) y de examinar las diferencias culturales*.

Teniendo en cuenta la influencia del estrés en el crecimiento, no es de extrañar que, en las culturas donde los niños de seis a quince años de edad eran sometidos a ritos de madurez estresantes, el crecimiento se hubiera inhibido (con respecto a las culturas sin tales rituales, la diferencia era de unos 38 milímetros). Es sorprendente que si los rituales tienen lugar entre los dos y los seis años no influyan en el crecimiento. Y todavía lo es más que, en las culturas en que suceden antes de los dos años de edad, se estimula el crecimiento: los adultos medían unos 63 milímetros más que en las culturas sin rituales estresantes.

Hay varios factores que pueden explicar estos resultados. Uno de ellos es bastante estúpido: es posible que a las tribus altas les guste someter a los niños a estos ritos. Otro es más plausible: puede que el hecho de someter a estos rituales a niños muy pequeños mate a un determinado porcentaje y, sin saberlo, se seleccione a los más robustos, que tienen más probabilidades de ser adultos altos. Landauer y Whiting tuvieron en cuenta tal posibilidad y no pudieron descartarla. Además, aunque trataron de emparejar grupos similares, podía haber otras diferencias aparte del grado de estrés de los ritos de paso, quizá en la dieta o en la forma de criar a los niños. No es de extrañar que nadie haya medido los niveles de hormona del crecimiento, somatomedinas, etc., en los niños shilluk y hausa cuando se hallan sometidos a uno de esos duros rituales, así que carecemos de pruebas endocrinas directas de que tales agentes estresantes estimulen la secreción de la hormona del crecimiento de forma que éste aumente. A pesar de estos problemas, muchos antropólogos interpretan los estudios transculturales como prueba de que ciertos agentes estresantes pueden estimular el crecimiento en los humanos.

Ya es suficiente

De modo que existe toda una variedad de formas en que el estrés prenatal o de la primera infancia puede tener malas consecuencias a largo plazo. Esto puede provocar ansiedad; me introduce en una tormenta de agitación paterna el mero hecho de escribir sobre esto. Veamos qué es preocupante y qué no lo es.

Primero, ¿puede la exposición fetal o en la infancia a los glucocorticoides sintéticos tener unos efectos adversos de por vida? Los glucocorticoides (como la hidrocortisona) se prescriben en enormes cantidades, debido a sus efectos inmunosupresores o antiinflamatorios. Durante el embarazo, se les administra a mujeres con ciertos trastornos endocrinos o que corren el peligro de un parto prematuro. Si se administran de forma abundante durante el embarazo, el resultado pueden ser hijos con menores circunferencias craneales, problemas emocionales o de conducta en la infancia, y desarrollo más lento. ¿Estos efectos son de por vida? Nadie lo sabe. En este punto, los expertos han recalcado que una sola toma de glucocorticoides ya sea durante la vida fetal o posnatal no tiene efectos adversos, aunque en grandes cantidades tendría problemas potenciales. Pero fuertes dosis de glucocorticoides no se administran a no ser que haya una grave enfermedad, de modo que el consejo más prudente es minimizar su uso clínico pero reconocer que la alternativa, la enfermedad que originó el tratamiento en primer lugar, probablemente es lo peor*.

¿Qué sucede con el estrés prenatal o posnatal? ¿Cualquier pequeña subida de estrés deja una marca adversa para siempre, a lo largo de múltiples generaciones? Muchas veces, alguna relación en biología podría aplicarse a situaciones extremas —un trauma masivo, un invierno de carestía, etc.—, pero no a situaciones más cotidianas. Por desgracia, incluso el espectro normal de pesos de nacimiento predice niveles de glucocorticoides en adultos y el riesgo de síndrome metabólico. Así que estos fenómenos no parecen ser sólo de extremos.

La siguiente pregunta importante: ¿cómo de grandes son los efectos? Hemos visto la evidencia de que crecientes cantidades de estrés fetal, por encima de lo normal, predicen un mayor riesgo de síndrome metabólico mucho después. Esa afirmación podría ser cierta y describe uno de dos escenarios muy distintos. Por ejemplo, podría ser que los niveles más bajos de estrés fetal aumenten en un 1 por 100 el riesgo de síndrome metabólico, y cada aumento en la exposición al estrés incremente el riesgo hasta que una exposición a un máximo de estrés fetal provoque un 99 por 100 de probabilidad. O el menor estrés fetal podría aumentar en un 1 por 100 el riesgo, y cada aumento en exposición al estrés incrementase el riesgo hasta que la exposición al máximo de estrés fetal provocase un riesgo de un 2 por 100. En ambos casos, el punto final es sensible a pequeños incrementos en la cantidad de estrés, pero el poder de estrés fetal para aumentar el riesgo de enfermedad es inmensamente mayor en el primer escenario. Como veremos en más detalle en capítulos posteriores, el estrés y el trauma en las primeras etapas de la vida parecen tener un tremendo poder para aumentar el riesgo de sufrir diversos trastornos psiquiátricos muchos años después.

Siguiente pregunta: al margen de lo potentes que sean estos efectos, ¿hasta qué punto son *inevitables?* ¿Si pierdes los nervios una sola vez, en un desesperante momento de insomnio, a las dos de la mañana, y le gritas a tu niño enfermo de cólico, ya está, acabas de garantizar un mayor bloqueo de sus arterias en 2060? En absoluto. Como vimos, el enanismo por estrés es reversible con un entorno diferente. Los estudios han demostrado que los cambios de por vida en el nivel de glucocorticoides en ratas prenatalmente estresadas se pueden evitar con determinados estilos maternos después del parto. Gran parte de la medicina preventiva es una demostración de que muy diversas situaciones de salud adversas se pueden invertir: en realidad, ésta es una premisa de este libro.

Meredith Small, la antropóloga de Cornell, ha escrito un libro maravillosamente no neurótico, *Our Babies, Ourselves* [*Nuestros bebés, nosotros*]*, que examina las prácticas de crianza de niños en todo el planeta. Dentro de una cultura determinada, ¿con qué frecuencia un niño es cogido en brazos por sus padres, o por los que no son sus padres? ¿Los bebés siempre duermen solos? Y, en ese caso, ¿a qué edad empiezan? ¿Cuál es la media de tiempo que llora un niño en una cultura concreta hasta que lo cogen y lo confortan?

En medida por medida, las sociedades occidentales, y en concreto Estados Unidos, se sitúan en el extremo de estas medidas interculturales, con nuestro énfasis en la individualidad, la independencia y la confianza en uno mismo. El nuestro es un mundo en el que ambos progenitores trabajan fuera del hogar, de casas de un solo progenitor, de guarderías y niños con llave. Hay pocas pruebas de que alguna de estas experiencias de infancia deje marcas biológicas indelebles, en contraste con las huellas que dejan los horribles traumas infantiles. Pero cualquiera que sea la forma en que se críe a los niños, tendrá sus consecuencias. Small hace una observación profunda. Uno empieza leyendo su libro suponiendo que va a ser un surtido de prescripciones, que al final uno saldrá con una perfecta combinación para sus hijos, una mezcla del dietario infantil de los kwakiutl, el programa de horas de sueño de los trobriand y el plan de aerobic infantil de los pigmeos ituri. Pero, recalca Small, no existe un programa «natural» perfecto. Las sociedades educan a sus niños para que se conviertan en adultos que se comporten según los valores de esa sociedad. Como cantaba Harry Chapin en «Cat's in the Cradle», esa oda al remordimiento de la generación del *baby boom:* «Mi niño era mi viva imagen».

Crecimiento y crecimiento hormonal en adultos

En mi caso, ya he dejado de crecer, salvo a lo ancho. Según los manuales, una docena más de primaveras y empezaré a encoger. Sin embargo, al igual que los demás adultos, sigo vertiendo hormona del crecimiento en la sangre (aunque con mucha menos frecuencia que en mi adolescencia). ¿Qué sentido tiene dicha secreción en un adulto que no crece?

Como la Reina de Corazones de *Alicia en el País de las Maravillas*, el organismo adulto tiene que trabajar cada vez más para mantenerse en el mismo sitio. Cuando finaliza el periodo de crecimiento juvenil y se termina el edificio, las hormonas del crecimiento se dedican fundamentalmente a labores de reconstrucción y remodelación: pintan, cubren con yeso las grietas que aparecen aquí y allá...

Gran parte de este trabajo de reparación tiene lugar en los huesos. Es probable que la mayoría de nosotros considere sus huesos como algo bastante aburrido y flemático, pues se limitan a estar ahí sentados, inertes. En realidad, son puestos avanzados dinámicos y activos. Están llenos de vasos sanguíneos, de canalillos repletos de fluidos, de toda clase de células que crecen y se dividen de forma activa. Los huesos se renuevan constantemente, de modo muy parecido a como lo hacen en un adolescente. Las partes viejas son desintegradas por voraces enzimas (este proceso se denomina «resorción»). La sangre suministra calcio nuevo y el antiguo se elimina. La hormona del crecimiento, las somatomedinas, la hormona paratiroidea y la vitamina D están por allí, provistas de cascos, supervisando el trabajo.

¿Para qué todo este jaleo? Parte se debe a que los huesos son la Reserva Federal del calcio del cuerpo, que constantemente concede préstamos de calcio a otros órganos y los recibe de éstos; y otra parte se debe a los propios huesos, pues les permite reconstruir su forma y cambiarla de modo gradual para adaptarse a sus necesidades. ¿Cómo, si no, se arquearían las piernas de los vaqueros por pasar mucho tiempo a caballo? El proceso tiene que mantenerse equilibrado. Si los huesos se apoderan de un exceso de calcio del organismo, buena parte del resto deja de funcionar; si vierten demasiado calcio a la sangre, se vuelven frágiles y tienden a fracturarse, y el exceso de calcio que circula comienza a formar cálculos en el riñón.

Como era de esperar, las hormonas del estrés causan estragos en el tráfico de calcio, dirigiendo los huesos hacia su desintegración, en vez de hacia el crecimiento. Los glucocorticoides son los culpables principales. Inhiben el crecimiento de nuevo hueso al interrumpir la división de las células precursoras del hueso en los extremos de éstos. Además, reducen el suministro de calcio a los huesos. Bloquean la absorción del calcio de la dieta por los intestinos (la absorción suele estar estimulada por la vitamina D), aumentan la excreción de calcio por los riñones y aceleran la reabsorción de los huesos*.

Si el cuerpo segrega cantidades excesivas de glucocorticoides, los huesos causan problemas. Esto se observa en personas aquejadas del síndrome de Cushing (en el que se segregan elevadísimas cantidades de glucocorticoides a causa de un tumor) y en personas tratadas con altas dosis de estas hormonas para controlar alguna enfermedad. En tales casos, la masa ósea disminuye notablemente y los pacientes corren un riesgo mayor de osteoporosis (reblandecimiento y debilitamiento de los huesos, con fractura)[32]. Cualquier situación

---

32. JFK tenía una famosa dolencia en la espalda, que sus publicistas siempre atribuyeron a las heridas que sufrió en el hundimiento de la

que eleve la concentración de glucocorticoides en la sangre constituye un problema para los ancianos, en los que predomina el crecimiento óseo (en contraste con los adolescentes, en quienes predomina el crecimiento, o los jóvenes, en quienes ambos procesos se hallan equilibrados). Este problema se agrava en las mujeres mayores. Actualmente se está prestando una enorme atención a la necesidad de administrar suplementos de calcio para evitar la osteoporosis en las mujeres posmenopáusicas. Los estrógenos tienen una potente capacidad de inhibir la resorción ósea, y puesto que su nivel disminuye después de la menopausia, se produce una repentina degeneración de los huesos[33]. Una fuerte medicación de glucocorticoides es lo menos indicado en esta situación.

Estos hallazgos indican que el estrés aumenta el riesgo de osteoporosis y causa la atrofia del esqueleto. Es probable que la mayoría de los médicos afirme que los efectos de los glucocorticoides en los huesos son más «farmacológicos» que «fisiológicos», lo que quiere decir que los niveles normales de glucocorticoides en la corriente sanguínea, incluso los que son una respuesta a hechos estresantes normales, no son suficientes para dañar los huesos. Se necesitan niveles farmacológicos de estas hormonas (mucho más elevados de los que es capaz de generar el organismo), debidos a un tumor o a una medicación, para provocar efectos adversos. Sin embargo, trabajos recientes del grupo de Jay Kaplan demuestran que el estrés social crónico conlleva pérdidas de masa ósea en las monas.

---

lancha torpedera PT109 en la Segunda Guerra Mundial. La reciente desclasificación de su historial médico indica que probablemente se debiera a una osteoporosis grave, a causa de la enorme cantidad de glucocorticoides sintéticos que tomó para tratarse la enfermedad de Addison y la diarrea*.

33. Para reiterar un punto del capítulo 3, aunque ahora mismo sea objeto de gran controversia si el estrógeno protege o no de las enfermedades cardiovasculares, queda claro que protege de la osteoporosis.

Un último comentario sobre la palabra «A»

Al examinar las investigaciones sobre el modo en que el estrés y/o la falta de estimulación alteran el crecimiento, surge un tema de forma repetida: una cría humana o animal puede estar bien alimentada, mantenida a una temperatura adecuada; se puede estar pendiente de ella y llevarla al mejor pediatra; y, sin embargo, no crecer. Le falta algo. Podemos incluso arriesgarnos a perder nuestra credibilidad y objetividad científicas y mencionar la palabra «amor», ya que este fenómeno, el más efímero de todos, se halla agazapado entre las líneas de este capítulo. Hace falta algo muy similar al amor para que se produzca un desarrollo biológico correcto, y su ausencia es uno de los agentes estresantes más dolorosos y deformantes que se puede padecer. Los científicos, los médicos y otros cuidadores suelen sorprenderse al tener que reconocer su importancia en los prosaicos procesos biológicos de crecimiento y desarrollo de órganos y tejidos. Por ejemplo, al comienzo del siglo xx, el principal experto en la crianza de niños era un tal Dr. Luther Holt, de la Universidad de Columbia, quien prevenía a los padres de los efectos adversos de la «viciosa práctica» de utilizar una cuna, coger al niño cuando lloraba, o tenerlo en brazos demasiado a menudo. Todos los expertos creían que el afecto no sólo no era necesario para el desarrollo, sino que era una cosa sucia y sobona que impedía que los niños se convirtieran en ciudadanos hechos y derechos, independientes. Sin embargo, varios organismos jóvenes se lo demostraron a unos científicos estupefactos en un conjunto de estudios clásicos iniciados en la década de 1950, estudios que, en mi opinión, se hallan entre los más preocupantes y problemáticos de toda la historia de la ciencia*.

Un polémico y reconocido científico, Harry Harlow, de la Universidad de Wisconsin, fue quien los llevó a cabo. La psicología de la época se hallaba dominada por una escuela de pensamiento extremo denominada conductismo, en la que se consideraba que la conducta (de un animal o de un humano) operaba siguiendo reglas muy sencillas: un organismo hace algo con más frecuencia porque se le ha reforzado de forma positiva (recompensado) en el pasado; un organismo hace algo con menor frecuencia porque se le ha reforzado de forma negativa (castigado) por dicha conducta. Según esta concepción, sólo unas cuantas cosas básicas subyacen al refuerzo: los impulsos primarios de hambre, dolor o instinto sexual. Al observar sólo la conducta, los organismos se convierten en máquinas que responden a estímulos, por lo que los conductistas desarrollaron un modelo matemático de predicción basándose en los conceptos de recompensa y castigo.

Harlow contribuyó a responder a una pregunta en apariencia obvia de forma no obvia. ¿Por qué los niños sienten apego por sus madres? Porque mamá proporciona alimento. Para los conductistas, esto era evidente, pues se creía que el apego era una exclusiva consecuencia del reforzamiento positivo del alimento. Para los freudianos también era evidente: se suponía que los niños carecían del «desarrollo del ego» para formar una relación con nada o nadie que no fuese el pecho de mamá. Para los médicos influidos por especialistas como Holt, era obvio y práctico —no había necesidad de que las madres visitaran a los niños hospitalizados— cualquiera con un biberón supliría las necesidades de afecto. No había que preocuparse de que a los bebés prematuros se los mantuviese antisépticamente aislados en incubadoras, la alimentación periódica basta como contacto humano. No había necesidad de que los niños de los orfanatos fuesen tocados, cogidos en brazos, advertidos como individuos. ¿Qué tiene que ver el amor con un desarrollo saludable?

Harlow sospechó algo y decidió comprobar lo que todos daban por sentado. Crió a monos rhesus sin la presencia de las madres, dándoles dos tipos de «sustitutas artificiales». Una de estas falsas madres tenía una cabeza de mono hecha de madera y un torso formado por un tubo de tela metálica, en medio del cual había un biberón. Esta madre sustituta daba de comer. La otra tenía una cabeza y torso similares, pero en lugar de contener un biberón, el torso estaba envuelto en felpa. Sabemos con exactitud lo que dirían los conductistas y los freudianos. ¡Ajá! La primera madre suministra alimento, por lo que su refuerzo positivo es mayor. Pero los monitos elegían la de felpa. Este resultado indica que los niños no quieren a su madre porque ésta equilibre su ingesta alimenticia, sino porque, generalmente, la madre también los quiere o, al menos, es algo suave a lo que aferrarse. «No sólo de leche vive el hombre. El amor es una emoción que no hay que alimentar con biberón o cuchara», escribió Harlow*.

El trabajo de Harlow sigue siendo controvertido[34] a causa de la naturaleza de estos experimentos y de las variaciones que se introdujeron en ellos (por ejemplo, criar monos en completo aislamiento social, sin ver a ningún otro animal vivo). Estos estudios fueron brutales, y suelen ser los primeros que citan quienes se oponen a la experimentación con animales. Además, la escritura científica de Harlow refleja una sorprendente falta de sensibilidad hacia el sufrimiento de los animales, lo cual también suelen citar los defensores de los derechos de éstos.

Pero, al mismo tiempo, dichos estudios han sido de enorme utilidad (aunque piense que deberían haberse realizado muchos menos), pues nos han enseñado por qué los primates podemos amar a individuos que nos tratan mal, por qué a veces el maltrato puede aumentar el amor. Nos han ayudado a comprender por qué, por ejemplo, los humanos maltratados en la infancia tienen mayores probabilidades de ser padres que maltratarán en el futuro; y otras

---

34. La ganadora del premio Pulitzer, Deborah Blum, ha escrito una biografía sobre Harlow titulada, *Love at Goon Park: Harry Harlow and the Science of Affection* (Perseus, 2002).

Ilustración 12. Monito y madre de trapo en un estudio de Harlow. Cortesía del Harlow Primate Laboratory, Universidad de Wisconsin

variantes del trabajo de Harlow nos han enseñado que una separación prolongada de la madre predispone a los niños a la depresión al llegar al estado adulto.

La ironía es que haya hecho falta el trabajo pionero de Harlow para demostrar la naturaleza inmoral de ese mismo trabajo. ¿Pero es que eran necesarios tales experimentos? Si nos pincháis, ¿no sangramos? Si nos aisláis socialmente siendo niños, ¿no sufrimos? Pocos pensaban eso entonces. El principal tema del trabajo de Harlow no era enseñar lo que ahora podríamos erróneamente suponer que habría sido obvio en su día, que aislar a una cría de mono es un agente estresante descomunal, algo que la entristece y la hará sufrir durante mucho tiempo después. Se trataba de enseñar el hecho, totalmente novedoso, de que si hacemos otro tanto con una cría humana, ocurre lo mismo.

CAPÍTULO 7

SEXO Y REPRODUCCIÓN

Es indudable que nos preocupa lo que les pasa a los riñones y al páncreas durante el estrés y que las enfermedades del corazón son importantes. Pero lo que realmente queremos saber es por qué, cuando estamos estresados, el ciclo menstrual se vuelve irregular, es más difícil alcanzar una erección y perdemos el interés por el sexo. Cuando estamos alterados, el número de posibilidades de mal funcionamiento de los mecanismos reproductores es sorprendente.

Machos: testosterona y pérdida de la erección

Parece lógico comenzar por lo más sencillo, así que vamos a referirnos primero al sistema reproductor menos complicado, el de los machos. En el macho, el cerebro libera la hormona LHRH (hormona liberadora de hormona luteinizante) que estimula la pituitaria para que libere LH (hormona luteinizante) y FSH (hormona estimulante de los folículos)[35]. La LH, por su parte, estimula los testículos para que segreguen testosterona. Puesto que los hombres carecen de folículos que pueden estimular la FSH, ésta activa la producción de esperma. Éste es el sistema reproductor del macho prototípico*.

---

35. La LHRH es conocida también como GnRH, u «hormona liberadora de gonadotropina».

Cuando se presenta un agente estresante, se inhibe todo el sistema. Disminuye la concentración de LHRH y poco después lo hacen la LH y la FSH, y los testículos cierran para ir a comer. Como consecuencia, disminuye el nivel de testosterona en circulación. La demostración más clara de todo esto se produce durante el estrés físico. Si un macho es operado, segundos después del primer corte en su piel, el axis reproductor comienza a dejar de funcionar. Las heridas, las enfermedades, el hambre y las operaciones disminuyen el nivel de testosterona. Los antropólogos incluso han demostrado que en las sociedades humanas en las que hay un estrés energético constante (por ejemplo, las de los aldeanos nepalíes), hay niveles de testosterona significativamente más bajos que entre los sedentarios ciudadanos de Boston*.

Pero los agentes estresantes psicológicos, más sutiles, también producen trastornos. Si desciende el rango de dominancia de un primate social, también lo hace su nivel de testosterona. Lo mismo ocurre al someter a una persona o a un mono a una tarea estresante de aprendizaje. En un famoso estudio de hace unas décadas, los soldados que estudiaban en la Escuela de Oficiales de Estados Unidos, ya sometidos de por sí a cantidades enormes de estrés físico y psicológico, tuvieron que soportar la indignidad añadida de tener que orinar en un recipiente para que los psiquiatras militares midieran su nivel hormonal: el de testosterona era bajo; puede que no alcanzara las cotas del de un bebé, pero merece la pena recordarlo la próxima vez que veamos a un soldado de la Marina en un bar alardeando de su concentración de esteroides**.

¿Por qué disminuye la concentración de testosterona al comenzar a actuar un agente estresante? Por varias razones. La primera tiene lugar en el cerebro. Cuando se inicia el estrés, dos importantes clases de hormonas, las endorfinas y las encefalinas (sobre todo las primeras) actúan para bloquear la secreción de LHRH del hipotálamo. Como veremos en el

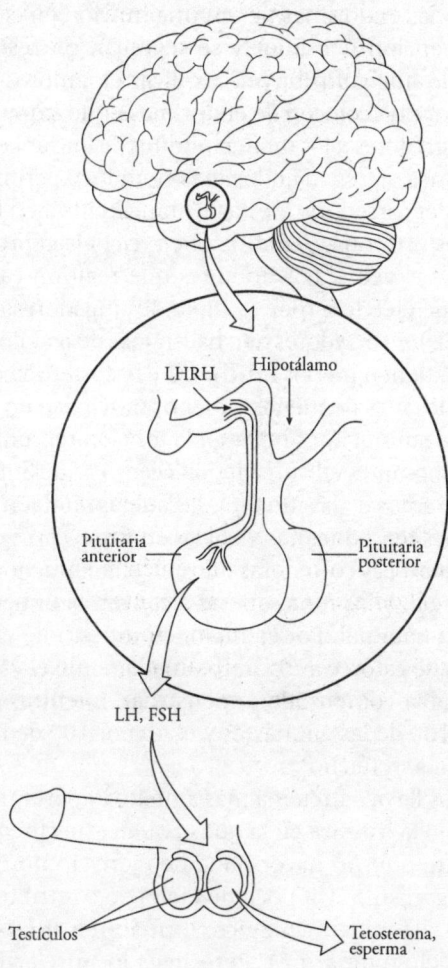

Ilustración 13. Versión simplificada de la endocrinología reproductiva masculina. El hipotálamo libera LHRH en el sistema circulatorio privado que comparte con la pituitaria anterior. La LHRH desencadena la secreción de LH y FSH por la pituitaria, que causan la secreción de testosterona y la producción de esperma en los testículos

capítulo 9, las endorfinas tienen una función en el bloqueo de la percepción del dolor y se segregan en respuesta al ejercicio (lo que contribuye a explicar el famoso «colocón del corredor» o «colocón de endorfinas» que experimentan muchos corredores a los treinta minutos de iniciar la carrera). Si los varones segregan endorfinas cuando experimentan el «colocón del corredor», y estas sustancias inhiben la liberación de testosterona, ¿elimina el ejercicio la reproducción masculina? A veces. Los hombres que realizan cantidades extremas de ejercicio (por ejemplo, los jugadores de fútbol profesional, los corredores que hacen más de 65 kilómetros a la semana) tienen menos LHRH, LH y testosterona circulando, testículos más pequeños y menor movilidad en el esperma. (Una disminución similar en la función reproductora se aprecia en hombres adictos a los opiáceos.)* Adelantándonos a lo que diremos de las mujeres, las atletas también padecen disfunciones reproductoras, debidas en parte a la segregación de endorfinas. Las corredoras que entrenan mucho dejan de tener la regla, y las niñas atletas alcanzan la pubertad más tarde de lo habitual. Por ejemplo, en un estudio efectuado con chicas de catorce años, aproximadamente el 95 por 100 de ellas había comenzado a menstruar, mientras que sólo el 20 por 100 de las gimnastas y el 40 por 100 de las corredoras lo habían hecho**.

Esto nos lleva a un tema más amplio, importante en una época como la nuestra en la que el buen aspecto lo es todo. Es evidente que no hacer nada de ejercicio no es bueno para el organismo. Un poco de ejercicio contribuye a que todos los sistemas fisiológicos funcionen mejor. Hacer más ejercicio ayuda más. Pero llegado un cierto punto, un exceso de ejercicio comienza a dañar diversos sistemas. En fisiología, todo se rige por esta regla: que más de algo sea mejor no significa que mucho más de ese algo sea mucho mejor. Demasiado puede ser tan perjudicial como demasiado poco. Hay puntos óptimos de equilibrio alostático. En nuestra época fanática del *footing* los atletas de treinta años que corren más de 65 kilómetros a la semana presentan una gran descalcificación ósea, una disminución de la masa ósea y un incremento del riesgo de fracturas por estrés y escoliosis (curvatura lateral de la columna vertebral): su esqueleto se asemeja al de una persona de setenta años.

Para tener cierta perspectiva con respecto al ejercicio, imaginemos que nos sentamos con un grupo de cazadores recolectores africanos y les explicamos que en nuestro mundo tenemos tanta comida y tanto tiempo libre que algunos corren 40 kilómetros diarios simplemente para hacer ejercicio. Es muy probable que digan: «¿Están locos? Eso produce estrés». A lo largo de la historia, los homínidos que han corrido 40 kilómetros lo han hecho con la firme intención de encontrar comida o porque estaban a punto de ser devorados. No era una actividad muy normal*.

Por tanto, tenemos un primer paso. Cuando se inicia el estrés, disminuye la secreción de LHRH. Además, la prolactina, otra hormona de la pituitaria que se segrega ante agentes estresantes graves, disminuye la sensibilidad de la pituitaria a la LHRH. Un doble golpe: el cerebro segrega menos hormona y la pituitaria deja de responder a ella con la misma eficacia. Por último, los glucocorticoides bloquean la respuesta de los testículos a la LH, por si acaso algo de ella consigue llegar hasta ellos durante la presencia del agente estresante (los atletas tienden a presentar niveles muy elevados de glucocorticoides en la sangre, lo cual, sin duda, se añade a los problemas de reproducción que acabamos de mencionar)**.

La disminución de la secreción de testosterona sólo es parte de la historia de lo que no funciona en la reproducción masculina durante el estrés. La otra parte se refiere al sistema nervioso y la erección. Conseguir una erección que funcione correctamente es tan complicado desde el punto de vista fisiológico que, si los hombres hubieran tenido que comprenderlo, ninguno de nosotros estaría aquí. Por suerte, funciona de forma automática. Para que un macho tenga una erección, tiene que activarse el sistema nervioso parasimpático. En algunas especies, incluida la humana, el sistema nervioso parasimpático provoca erecciones hemodinámicas: se incrementa el riego sanguíneo del pene, se bloquea la vía de salida de la sangre por las venas y el pene se llena de sangre y se endurece[36] *.

¿Qué pasa después? Supongamos que alguien se lo está pasando de maravilla con otra persona. Es probable que tenga la respiración agitada y el ritmo cardíaco se haya incrementado. Su cuerpo está adquiriendo un tono simpático (recuérdense las cuatro «efes» de la función simpática mencionadas en el capítulo 2). Su sistema nervioso autónomo funciona de forma extrañamente compartimentada. Al cabo de cierto tiempo, la mayor parte de su cuerpo se halla con un grado máximo de activación simpática, mientras que nuestro amigo, en plan heroico, trata de mantener el tono parasimpático, tanto como sea posible, sólo en un miembro. Por último, cuando ya no puede resistir más, el parasimpático se aparta del pene, el simpático avanza rugiendo y se produce la eyaculación. (Una coreografía tremendamente complicada la de los dos sistemas; no trate el lector de ensayarla sin supervisión.) Comprender esto genera trucos que los terapeutas sexuales suelen aconsejar: si se está a punto de eyacular y no se quiere hacerlo aún, hay que realizar una profunda inspiración. Expandir los músculos del pecho activa de forma breve una descarga parasimpática que retrasa el cambio del parasimpático al simpático.

----

36. Curiosamente, Leonardo da Vinci fue el primero en demostrar (¡¿cómo?!) que las erecciones las produce un aumento de la afluencia de sangre al pene. Asimismo escribió que: «El pene no obedece la orden de su dueño… Debe decirse que tiene una mente propia». Cuando se combina su afirmación con la observación científica, estamos a sólo unos pasos de la famosa ocurrencia y casi truismo de que un hombre no puede tener afluencia de sangre hacia su pene y hacia el cerebro simultáneamente.

¿Qué se modifica durante el estrés? En primer lugar, si se está nervioso o ansioso, es difícil que se establezca la actividad parasimpática, por lo que hay problemas para lograr la erección: impotencia. Y si ya se tiene la erección, también se plantean problemas. Cuando alguien que se lo está pasando muy bien, con el parasimpático controlando el pene, se pone repentinamente nervioso o preocupado, ¡zas!, cambia del parasimpático al simpático con más rapidez de la necesaria: eyaculación precoz.

Es muy habitual que los problemas de impotencia y eyaculación precoz se originen en momentos de estrés. Además, esto puede ser combinado por el hecho de que la disfunción eréctil es un importante agente estresante en sí mismo, colocando a los hombres en este ansioso círculo vicioso de tenerle miedo al propio miedo. Varios estudios han demostrado que más de la mitad de las consultas médicas de hombres aquejados de una disfunción en su conducta sexual resulta ser producto más de impotencia «psicogénica» que «orgánica» (no hay enfermedad, sólo demasiado estrés). ¿Cómo se sabe si la impotencia es orgánica o psicogénica?* En la actualidad, el diagnóstico es muy fácil, debido a una peculiaridad de los varones consistente en que, en cuanto se duermen y entran en el sueño REM (movimiento ocular rápido), tienen una erección. No se sabe por qué, pero es así. Llega, por tanto, un hombre quejándose de que hace seis meses que no consigue tener una erección. ¿Se trata simplemente de estrés? ¿Sufre una enfermedad neurológica? Se coge un manguito peneano unido a un transductor de presión electrónico. Se dice al paciente que se lo ponga antes de irse a la cama. A la mañana siguiente se sabe la respuesta: si el tipo tiene una erección en la fase de sueño REM, es muy probable que su problema sea psicogénico. (Me han hablado de un avance en esta tecnología. En vez de usar uno de estos aparatos electrónicos, que podrían electrocutarte durante la noche, lo que constituye un agente estresante por sí mismo, hay que pegarse unos cuantos sellos en el pene en forma de anillo antes de dormir. A la mañana siguiente, si los sellos se han despegado por un lado o roto, es que se ha tenido una erección nocturna en la fase REM.)

El estrés, por tanto, elimina con rapidez la respuesta sexual masculina. En general, suele haber más problemas con la falta de erección que con la liberación de testosterona. Para que influya en la actuación, la producción de testosterona y esperma tiene que cesar casi por completo. Un poco de testosterona y un par de espermatozoides deambulando hacen posible que la mayoría de los machos salgan del paso. Pero, sin erección, hay que olvidarse del asunto[37].

El componente eréctil es tremendamente sensible al estrés en una increíble variedad de especies. No obstante, hay algunas circunstancias en las que el estrés no suprime el sistema reproductor de un macho*. Supongamos que somos un gran ejemplar de alce en época de apareamiento. Pasamos todo el tiempo pavoneándonos, haciendo crecer nuestras cornamentas, bufando, teniendo disputas territoriales y entrechocar de cabezas con el otro tipo, olvidándonos de comer adecuadamente, sin dormir lo suficiente, recibiendo heridas y rivalizando por los favores de alguna hembra de alce[38]. Estresante. ¿No sería bastante poco

_____

37. Es importante señalar que una incapacidad para tener una erección no es sinónimo de ausencia de deseo. Esto lo ilustra una historia que leí hace tiempo sobre Marx (Groucho en este caso) cuando era un anciano. Un visitante estaba en su casa admirando los diversos premios y galardones de su carrera. Marx, desdeñoso, se apartó de ellos diciendo: «Los cambiaría todos por una buena erección». Desde luego el estrés puede aplastar el deseo, al margen de alterar las erecciones, por medio de mecanismos de difícil comprensión.
38. En realidad, no tengo la menor idea de si a los alces les crece la cornamenta en la época de apareamiento, ni siquiera si esas cosas que a Bullwinkle le salían de la cabeza se *llaman* técnicamente cornamenta o cuernos o yo qué sé, pero el lector capta la idea: todo ese material de exhibición del macho.

adaptativo que las conductas competitivas entre machos necesarias para aparearse fuesen tan estresantes que cuando llegase la ocasión, fuésemos sexualmente disfuncionales? Una mala jugada darwiniana.

O supongamos que pertenecemos a una especie en la que el sexo es una actividad salvajemente exigente desde el punto de vista metabólico, que implica horas, incluso días de copulación a costa de descansar o alimentarse (los leones entran en esta categoría, por ejemplo). Altas demandas energéticas más escasa alimentación o sueño equivale a estrés. Sería contraproducente si el estrés del apareamiento provocase disfunción eréctil.

Resulta que en muchas especies los agentes estresantes asociados con la competición en la temporada de apareamiento en sí misma no sólo no suprimen el sistema reproductor, sino que pueden estimularlo un poco. En algunas especies a las que les ocurre esto, el supuesto agente estresante no origina secreción de hormonas de estrés; en otros casos, se segregan hormonas de estrés pero el sistema reproductor se vuelve insensible a ellas.

Y luego hay una especie que, al margen de si está en época de apareamiento o no, rompe todas las reglas sobre la influencia del estrés en la función eréctil. Ya va siendo hora de que hablemos de la hiena.

Nuestra amiga la hiena*

La hiena con manchas es un animal muy poco apreciado y del que se tiene un concepto erróneo. Lo sé porque a lo largo de los años, trabajando en África oriental, he acampado con el biólogo Laurence Frank, de la Universidad de Berkeley (California), especialista en hienas. A falta de televisión, libros o teléfono, dedicaba su tiempo a cantarme las alabanzas de esta especie. Son animales maravillosos que tienen mala prensa.

Todos conocemos la escena. Amanece en la sabana. Marlin Perkins, de «Reino Salvaje», está filmando a unos leones que se comen a un animal muerto. Nos encanta y estiramos el cuello para poder ver bien la sangre y las tripas. De pronto, las localizamos en el borde de nuestro campo visual: hienas remolonas, inmundas, que inspiran desconfianza y que intentan abalanzarse sobre la comida: ¡carroñeras! Se nos invita a colmarlas de desprecio (un prejuicio sorprendente, teniendo en cuenta el reducido número de entre nosotros que, siendo carnívoros, ha derribado alguna vez su comida con sus propios caninos). Hasta que el Pentágono adquirió una nueva clase de visores nocturnos infrarrojos y decidió deshacerse de los antiguos ofreciéndoselos a diversos zoólogos universitarios, los investigadores no pudieron observar las hienas de noche (detalle importante, ya que estos animales duermen la mayor parte del día). Resulta que son fantásticas cazadoras. ¿Y saben lo que pasa? Los leones, que no se distinguen por su eficacia a la hora de cazar, porque son grandes, lentos y muy visibles, se dedican a espiar a las hienas y a quitarles lo que han matado. No es de extrañar que cuando amanece en la sabana las hienas tengan un aspecto horrible, con grandes ojeras. Se han pasado toda la noche cazando y ahora, ¿quién está desayunando?

Después de establecer un vínculo de simpatía con estos animales, les voy a explicar lo que hay de extraño en ellos. Las hembras son dominantes en el aspecto social, lo cual es bastante raro entre los mamíferos. Son más musculosas, más agresivas y tienen más hormona sexual masculina (una pariente cercana de la testosterona llamada androstenediona) en la corriente sanguínea que los machos. Es casi imposible saber el sexo de una hiena mediante la simple observación de los genitales externos.

Hace más de dos mil años, Aristóteles, por razones oscuras incluso para los más eruditos, diseccionó varias hienas, y de ellas habla en su tratado *Historia Animalium*, VI, XXX.

Los entendidos en hienas de la época creían que la hiena era hermafrodita, es decir, un animal que posee la maquinaria de ambos sexos. En realidad, es lo que los ginecólogos denominarían seudohermafrodita (sólo lo parece). La hembra tiene un falso saco escrotal formado por células adiposas compactas; no tiene pene, sino un clítoris alargado que puede ponerse erecto. El mismo clítoris con el que se aparea y a través del cual pare. ¡Es increíble! Laurence Frank, que es uno de los expertos mundiales en genitales de hiena, lanzaba un dardo con anestesia a uno de estos animales y lo arrastraba al campamento. Gran excitación. Lo examinábamos y, tras veinte minutos de observación, Frank afirmaba que creía saber de qué sexo era. (Claro, las hienas sí saben de qué sexo son, probablemente por el olor.)

Quizá lo más interesante sobre la hiena sea la existencia de una teoría plausible acerca de las razones de esta evolución sexual, teoría lo bastante complicada como para que, por compasión, la relegue a las notas finales. Para nuestros fines, lo importante es que la hiena ha desarrollado unos genitales que no sólo son únicos, sino que también lo es la forma en que los emplean para la comunicación social. Ahí entra en acción el estrés.

En muchos mamíferos sociales, el macho tiene una erección en situaciones competitivas como signo de dominación. Si se enfrenta a otro macho para ver cuál de los dos domina, tiene una erección y alardea delante del otro para demostrarle lo duro que es. Los primates sociales lo hacen de forma continua. En las hienas, por el contrario, la erección es un signo de subordinación social. Cuando una hembra aterradora amenaza a un macho, éste tiene una erección: «Mira, sólo soy un pobre macho sin importancia. No me pegues, ya me iba». Las hembras que ocupan un puesto inferior en la jerarquía hacen lo mismo. Si una de ellas está a punto de ser atacada por otra de posición superior, tiene una erección clitoridiana: «Mira, soy como un macho, no me ataques. Sabes que tú dominas. ¿Para qué te vas a molestar?». La hiena, por tanto, tienen una erección *cuando se halla sometida a estrés*. En el macho es necesario invertir totalmente el sistema autónomo para explicar que el estrés produzca erecciones. Esto todavía no se ha demostrado, pero tal vez los científicos de Berkeley, que trabajan sin descanso en temas como éste, derrochando el dinero del contribuyente que, de lo contrario, podría emplearse en misiles intercontinentales, algún día lo hagan.

La hiena, por tanto, representa una excepción a la regla de que el estrés influye de forma negativa en la función eréctil, lo cual demuestra la importancia de estudiar una rareza zoológica para comprender mejor el contexto de nuestra fisiología normativa, y es, a la vez, un aviso amistoso para que el lector se lo piense dos veces antes de salir con una hiena.

Hembras: ciclos más largos y amenorrea

Vamos a centrarnos ahora en la reproducción femenina. Su esquema básico es similar al del macho. El cerebro libera LHRH, que, a su vez, activa la secreción de LH y FSH en la pituitaria. La FSH estimula la liberación de óvulos por los ovarios; la LH activa la síntesis de estrógenos por los ovarios. Durante la primera mitad del ciclo menstrual, o estadio «folicular», se incrementan los niveles de LHRH, LH, FSH y estrógenos, que alcanzan su punto máximo con la ovulación. Ésta inicia la segunda parte del ciclo, o fase «luteal», en la que la progesterona, producida en el cuerpo lúteo del ovario, se convierte en la hormona dominante y estimula las paredes del útero para que maduren y el óvulo, si queda fecundado justo después de la ovulación, pueda implantarse en ellas y transformarse en embrión. Puesto que la secreción de hormonas fluctúa de forma rítmica a lo largo del ciclo menstrual, la zona del hipotálamo que la regula suele ser de estructura más complicada en la hembra que en el macho.

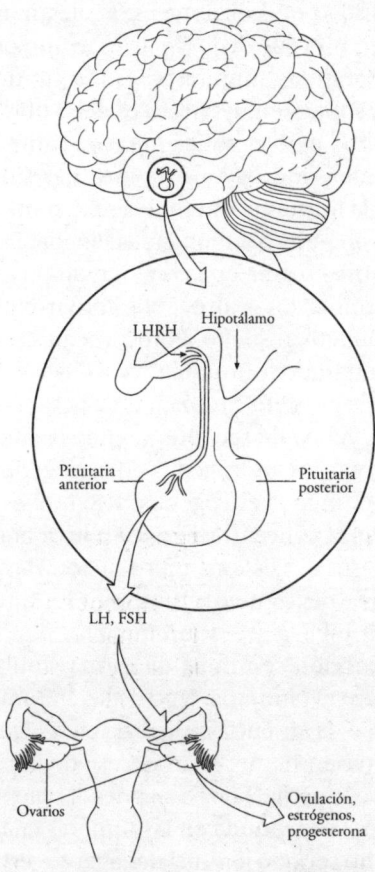

Ilustración 14. Versión simplificada de la endocrinología reproductora femenina. El hipotálamo libera LHRH en el sistema circulatorio privado que comparte con la pituitaria anterior. La LHRH desencadena la secreción de LH y FSH por la pituitaria, las cuales provocan la ovulación y la liberación de hormonas en los ovarios

La primera forma de alteración de la reproducción femenina que provoca el estrés se relaciona con un aspecto sorprendente del sistema. En la corriente sanguínea de las hembras —incluso en las que no son hienas— hay una pequeña cantidad de hormonas sexuales masculinas. En las mujeres no procede de los ovarios, como en las hienas, sino de las glándulas suprarrenales. La cantidad de estos «andrógenos suprarrenales» sólo es del 5 por 100 con respecto al hombre, pero es suficiente para causar problemas. (Información: los andrógenos suprarrenales no suelen ser testosterona, la hormona esteroidea sexual más importante en el macho, sino una hormona relacionada: la androstenediona.) Hay una enzima en las células adiposas femeninas que suele eliminar los andrógenos convirtiéndolos en estrógenos. Problema resuelto. Pero ¿qué pasa si uno se está muriendo de hambre porque las cosechas se han perdido o porque hay sequía? El cuerpo pierde peso, las reservas de grasa disminuyen y, de repente, no hay la suficiente grasa para transformar los andrógenos en estrógenos. Se producen, por tanto, menos estrógenos, y lo que es más importante, aumenta la concentración de andrógenos, que inhibe numerosos pasos del sistema reproductor. Hay que señalar que éste es uno de los mecanismos por los que el hambre, o inanición, inhibe la reproducción.

La reproducción se inhibe de forma similar si se pasa hambre de forma voluntaria. Uno de los síntomas de la anorexia nerviosa es la ausencia de la regla en las (generalmente) jóvenes que pasan hambre. En el cese de la reproducción no sólo influye la pérdida de peso, pues el ciclo menstrual no necesariamente se reanuda en las mujeres cuando recuperan el peso a no ser que los iniciales agentes estresantes psicológicos hayan desaparecido. Pero la pérdida de peso sigue desempeñando un papel inicial importante. Y el aumento de andrógenos por la pérdida de grasa corporal es uno de los mecanismos por los que se altera la reproducción en mujeres físicamente muy activas. Esto se halla muy bien documentado sobre todo en niñas pequeñas que son bailarinas o corredoras, en las que la pubertad sufre un retraso de años, o en mujeres que hacen mucho ejercicio, cuyos ciclos se vuelven irregulares o desaparecen por completo.

Se trata de un mecanismo lógico. En la mujer, el embarazo supone aproximadamente 50.000 calorías, y dar de mamar, unas 1.000 diarias. No hay que embarcarse en ninguna de las dos cosas sin la suficiente grasa acumulada*.

El estrés, además de hacer disminuir las células adiposas, inhibe la reproducción de otras formas. También aquí intervienen muchos de los mecanismos de la reproducción masculina. Las endorfinas y las encefalinas inhiben la secreción de LHRH (como hemos dicho, esto sucede en los atletas, ya sean hombres o mujeres), la prolactina y los glucocorticoides bloquean la sensibilidad de la pituitaria a la LHRH y los glucocorticoides también inhiben la sensibilidad de los ovarios a la LH. El resultado es una disminución de la secreción de LH, FSH y estrógenos, lo que se traduce en una menor probabilidad de ovulación. En consecuencia, el estadio folicular se alarga, haciendo que todo el ciclo lo haga también y que sea menos regular. Llevado al extremo, el proceso de ovulación no sólo se retrasa, sino que desaparece por completo, trastorno denominado amenorrea anovulatoria**.

El estrés puede, asimismo, causar otros problemas en la reproducción. Se suele inhibir el nivel de progesterona, lo cual interrumpe la maduración de las paredes uterinas. La liberación de prolactina durante el estrés incrementa este efecto, pues interfiere en la actividad de la progesterona. Por eso, aunque haya la suficiente acción hormonal durante la fase folicular como para que tenga lugar la ovulación y se fecunde el óvulo, es menos probable que se implante con normalidad.

La pérdida de estrógenos con un estrés prolongado tiene consecuencias que sobrepasan el campo de la reproducción. Por ejemplo, entre las controversias discutidas en el capítulo 3 sobre si el estrógeno protege contra la enfermedad cardiovascular, está bastante claro que protege contra la osteoporosis, y que la caída de los niveles de estrógeno por estrés inducido tiene malos efectos sobre la fortaleza de los huesos.

De todas las hormonas que inhiben el sistema reproductor durante el estrés, la prolactina es probablemente la más interesante. Es muy poderosa y versátil. Si no se quiere ovular, ésta es la hormona que hay que tener en la sangre. No sólo desempeña una función fundamental en la eliminación de la reproducción durante el estrés y el ejercicio, sino que es la razón principal de que la lactancia sea una forma de anticoncepción tan eficaz.

¡Ah!, veo que el lector mueve la cabeza con suficiencia. Todo el mundo conoce ese cuento de viejas: amamantar no es un método anticonceptivo eficaz. Pues resulta que es todo lo contrario: funciona de maravilla. Probablemente evita más embarazos que cualquier otro método. Lo único que se necesita es hacerlo bien*.

Dar el pecho origina la secreción de prolactina. Hay un bucle reflejo que va de los pezones al hipotálamo. Si se estimulan los pezones por cualquier motivo (tanto en los hombres como en las mujeres), el hipotálamo envía una señal a la pituitaria para que segregue prolactina. Y ahora sabemos que la prolactina en cantidades adecuadas hace que la reproducción cese.

El problema que plantea la lactancia como método anticonceptivo es la forma de llevarla a cabo en las sociedades occidentales. Durante los aproximadamente seis meses que da de mamar, una madre occidental típica da el pecho al bebé unas seis veces al día, cada una de ellas de 30 a 60 minutos. Cada vez, el nivel de prolactina de la corriente sanguínea se eleva en cuestión de segundos, y cuando se termina el amamantamiento, la prolactina vuelve a bajar con bastante rapidez hasta el nivel inicial, lo cual produce un patrón festoneado de secreción de prolactina.

La mayor parte de las mujeres del mundo no amamantan de este modo. Un importante ejemplo se dio hace unos años en un estudio de los bosquimanos del desierto del Kalahari, en el sur de África (los tipos que aparecen en la película *Los dioses deben de estar locos*). Los hombres y mujeres bosquimanos tienen muchas relaciones sexuales y ninguno emplea anticonceptivos. A pesar de ello, las mujeres tienen un hijo más o menos cada cuatro años. Al principio parecía fácil de explicar. Los científicos examinaron este patrón y dijeron: «Son cazadores-recolectores. La vida les tiene que resultar corta, desagradable y embrutecedora; seguro que se mueren de hambre». Diagnóstico: cese de la ovulación por desnutrición.

Sin embargo, cuando los antropólogos examinaron el tema con mayor atención, hallaron que los bosquimanos hacían de todo menos sufrir. Si no se es occidental, es preferible ser cazador-recolector que pastor nómada o agricultor. Los bosquimanos cazan y recolectan sólo unas horas al día, y el resto del tiempo en su mayor parte lo pasan sentados, charlando. Los científicos los han denominado la sociedad original del bienestar. Así que hay que descartar la idea de que el intervalo de cuatro años entre cada nacimiento sea debido a un mala nutrición.

Es probable que se deba al patrón de amamantamiento, según descubrieron dos científicos: Melvin Konner y Carol Worthman[39]. Cuando una cazadora-recolectora da a luz, comienza a dar de mamar al bebé cada cuarto de hora durante uno o dos minutos, las veinticuatro horas del día y durante tres años. (De repente, esta idea deja de parecer descabellada, ¿verdad?) La madre lleva al niño colgado a la cadera para poder amamantarlo con frecuencia y facilidad. Por la noche, el niño duerme con sus padres (como, sin duda, Konner y Worthman, provistos de sus visores de visión nocturna infrarroja y sus cronómetros, constatarían en sus cuadernos a las dos de la madrugada). Cuando puede andar, cada hora viene corriendo de jugar para mamar un minuto*.

---

39. El trabajo y pensamiento de Konner, que fue mi asesor en la universidad, se nota a lo largo de este libro, ya que es la persona que más ha influido intelectualmente en mi vida.

Cuando se da el pecho de este modo, la historia endocrina es muy distinta. En la primera toma se eleva el nivel de prolactina. Y debido a la frecuencia y el ritmo de las miles de tomas siguientes, permanece alta durante años. Se eliminan los estrógenos y la progesterona y no se ovula.

Este patrón tiene fascinantes implicaciones. Pensemos en la vida de una mujer cazadora-recolectora. Alcanza la pubertad a los trece o catorce años (algo más tarde que en nuestra sociedad); se queda embarazada muy pronto; da el pecho a su hijo durante tres años; lo desteta; tiene varias reglas; vuelve a quedarse embarazada y repite el ciclo hasta que alcanza la menopausia o muere (lo que probablemente suceda antes de la octava década de su vida). Pensemos en ello: puede que llegue a tener doce reglas en toda su vida. Comparémoslo con la mujer occidental moderna, que tiene una media de unos quinientos periodos en la vida. La diferencia es enorme. El patrón del cazador-recolector, que se ha seguido en casi toda la historia de la humanidad, también se observa en los primates no humanos. Es posible que algunas de las enfermedades ginecológicas de la mujer occidental estén relacionadas con el hecho de activar quinientas veces una pieza fundamental de la maquinaria fisiológica que quizá haya evolucionado para ser empleada sólo veinte. Un posible ejemplo lo constituye la endometriosis, más común en las mujeres que han tenido pocos embarazos y lo han hecho a edades tardías[40].

Hembras: alteración de la libido*

En el apartado anterior hemos descrito el modo en que el estrés altera el mecanismo de la reproducción femenina:

---

40. Curiosamente, lo mismo les sucede a los animales de los zoológicos, que, debido a las circunstancias de su cautividad, se reproducen con mucha menos frecuencia que los que viven en estado salvaje.

las paredes uterinas, los óvulos, las hormonas ováricas, etc. ¿Cuáles son sus efectos en la conducta sexual? Al igual que influye negativamente en la erección o en el deseo del macho de hacer algo con ella, también altera la libido femenina. Se trata de una experiencia habitual en mujeres estresadas por diversas circunstancias y en animales de laboratorio sometidos a estrés.

Es bastante sencillo documentar la pérdida del deseo sexual en mujeres estresadas; basta con pasar un cuestionario sobre el tema y esperar que sean sinceras en sus respuestas. Pero ¿cómo se estudia el impulso sexual en un animal de laboratorio? ¿Cómo se infiere una urgencia libidinosa en una rata, por ejemplo, cuando mira al macho de la jaula contigua con ojos claros y agudos incisivos? La respuesta es asombrosamente sencilla: ¿cuántas veces estaría dispuesta a apretar una palanca para llegar hasta el macho? Es la forma científica cuantitativa de medir el deseo del roedor (o, empleando la jerga del ramo, la «proceptividad»)[41]. Un diseño experimental similar se emplea para medir la conducta proceptiva de los primates. Las conductas proceptiva y receptiva de los animales oscilan en función de factores como el momento del ciclo reproductor (ambas medidas de la conducta sexual suelen alcanzar valores máximos en

---

41. Nociones elementales rápidas sobre cómo describir el sexo en los animales como lo hacen los profesionales: «Capacidad de atracción» se refiere al grado de interés que el sujeto animal despierta en otro. Se puede definir de forma operativa como el número de veces que el otro animal está dispuesto a apretar una palanca para, por ejemplo, llegar hasta el sujeto. «Receptividad» describe la rapidez con que el sujeto responde a los ruegos del otro animal. En las ratas se define por la aparición del reflejo de «lordosis», una postura receptiva de la hembra en la que arquea el lomo para que el macho la pueda montar más fácilmente. Las hembras de los primates despliegan diversos reflejos receptivos para facilitar la monta por el macho, que varían según las especies. «Proceptividad» se refiere al grado de actividad con que el sujeto persigue al otro animal.

torno a la ovulación), lo reciente de la relación sexual, la época del año o los caprichos del corazón (quién sea el macho en cuestión). En general, el estrés elimina tanto la conducta proceptiva como la receptiva.

Este efecto del estrés se debe probablemente al hecho de que elimina la secreción de varias hormonas sexuales. En los roedores desaparecen tanto la conducta proceptiva como la receptiva al extirpar los ovarios a la hembra, debido a la ausencia de estrógenos. Como prueba de ello, una inyección de estrógenos reinstaura ambas conductas sexuales. Además, el hecho de que el nivel de estrógenos alcance un valor máximo en torno a la ovulación explica por qué la conducta sexual se halla prácticamente restringida a dicho periodo. En los primates se observa un patrón similar, pero no es tan claro como en los roedores. Se produce un declive de la conducta sexual, aunque en menor medida, después de extirpar los ovarios a la hembra. En las mujeres, los estrógenos desempeñan una función en la conducta sexual, pero mucho menos importante; los factores sociales e interpersonales lo son mucho más.

Los estrógenos ejercen su influencia en el cerebro y en los tejidos periféricos. Los genitales y otras partes del cuerpo contienen grandes cantidades de receptores de estrógenos que se vuelven más sensibles a la estimulación de la hormona. En el cerebro, los receptores de estrógenos se presentan en áreas que intervienen en la conducta sexual. Mediante uno de los mecanismos neuroendrocrinológicos peor comprendidos, se producen pensamientos libidinosos cuando los estrógenos llegan a dichas zonas del cerebro.

De modo sorprendente, los andrógenos de las suprarrenales desempeñan asimismo una función en las conductas proceptiva y receptiva, como lo prueba el hecho de que el impulso sexual disminuya al extirpar las glándulas suprarrenales y se restablezca al administrar andrógenos sintéticos, en mayor medida en el caso de los primates y los humanos que en el de los roedores. Aunque el tema no se ha estudiado en detalle, hay algunos informes de que el estrés hace disminuir el nivel de andrógenos suprarrenales en la sangre. Y, desde luego, elimina la secreción de estrógenos. Como veíamos en el capítulo 3, Jay Kaplan ha demostrado que, en los monos, el agente estresante de subordinación social suprime el nivel de estrógenos de forma tan eficaz como la extirpación de los ovarios. Teniendo en cuenta estos hallazgos, es bastante sencillo comprender cómo altera el estrés la conducta sexual femenina.

El estrés y el éxito de las técnicas de reproducción asistida*

En términos de angustia psicológica, pocas enfermedades médicas pueden compararse a la infertilidad: la tensión que supone en la relación de la pareja, la alteración de las actividades cotidianas y de la capacidad de concentrarse en el trabajo, el alejamiento respecto de los amigos y la familia, y los índices de depresión[42]. De ahí que superar la infertilidad con los recientes avances de alta tecnología haya sido un maravilloso adelanto médico.

Ahora hay todo un mundo nuevo de reproducción asistida: inseminación artificial; fecundación in vitro (FIV), en la que el esperma y el óvulo se encuentran en una placa de Petri, y luego los óvulos fecundados son implantados en la mujer; cribado genético de preimplantación, que se lleva

---

42. Dos de los temas más habituales de los que se habla en los grupos de apoyo de parejas infértiles son: (1) cómo sobrellevar el daño que supone para las relaciones familiares y de amistad el hecho de que ya no podamos asistir al baño de un bebé, ya no podamos reunirnos con la familia en vacaciones debido a todos esos sobrinos y sobrinas que están aprendiendo a andar, ya no podamos ver a la vieja amiga que está embarazada; y (2) de qué modo afecta a la relación de la pareja que el sexo se convierta en un procedimiento médico, especialmente uno sin éxito.

a cabo cuando uno de los miembros de la pareja tiene un grave trastorno genético; después de que los óvulos son fecundados, se analiza su ADN, y sólo se implantan aquellos que no portan consigo la anomalía genética; donante de óvulos, donante de esperma; inyección de un espermatozoide en un óvulo, cuando el problema es la incapacidad del esperma para penetrar la membrana del óvulo por sí mismo.

Algunas formas de infertilidad se resuelven con procedimientos relativamente sencillos, pero otras requieren una extraordinaria tecnología de vanguardia. No obstante, dicha tecnología presenta dos problemas. El primero es que se trata de una experiencia asombrosamente estresante para los individuos que pasan por ella. Además, resulta enormemente cara, y no suele cubrirla ningún seguro[43], sobre todo cuando se están probando las nuevas técnicas experimentales más sofisticadas. ¿Cuántas jóvenes parejas pueden permitirse gastar de 10.000 a 15.000 dólares en cada ciclo en el que intentan quedarse embarazados? A eso hay que añadir el hecho de que la mayoría de las clínicas de FIV sólo están ubicadas cerca de grandes centros médicos, lo que significa que muchos pacientes tienen que pasar semanas en una habitación de motel en alguna ciudad desconocida, lejos de los amigos y la familia. Para algunas técnicas de cribado genético, sólo hay disponible un puñado de lugares en el mundo, lo que supone una larga lista de espera sumada a los otros factores de estrés.

Pero esos factores estresantes no son nada en comparación con el estrés que genera el proceso en sí. Semanas de numerosas y dolorosas inyecciones diarias de hormonas sintéticas y supresores de hormonas que pueden influir de forma dramática en el estado anímico y mental. Extracciones de sangre diarias, sonogramas diarios, la constante montaña

---

43. En España, la Seguridad Social sufraga los gastos de tres intentos de FIV y el coste en clínica privada es muy inferior al que se señala en este texto. [N. del E.]

rusa emocional de si ese día las noticias serán buenas o malas: ¿cuántos folículos, qué tamaño tienen, qué niveles de circulación hormonal se han alcanzado? Un procedimiento quirúrgico y luego la espera final para ver si hay que repetirlo todo de nuevo.

El segundo problema es que raramente funciona. Es muy difícil imaginarse con qué frecuencia los intentos naturales de fertilización realmente tienen éxito en los seres humanos. Y es difícil averiguar cuáles son los índices de éxito en lo que respecta a los procedimientos de alta tecnología, pues las clínicas a menudo hinchan los números en sus folletos —«No queremos publicar nuestros índices de éxito, porque sólo asumimos los casos más difíciles y desafiantes, y por eso nuestras cifras superficialmente deben de parecer peores que las de otras clínicas que sólo aceptan los casos fáciles»— y así, dicen, es difícil calcular lo bajas que son las probabilidades para una pareja con problemas de infertilidad que vaya por este camino. Sin embargo, pasar por uno de esos agotadores ciclos de FIV tiene una probabilidad de éxito bastante remota.

Todo lo dicho hasta ahora en este capítulo apuntaría a que el primer problema, el estrés inherente a los procedimientos de FIV, contribuye al segundo problema, el bajo índice de éxito. Varios investigadores han examinado de forma específica si las mujeres que sufren más estrés durante los ciclos de FIV son las que tienen más probabilidad de obtener resultados exitosos. Y la respuesta es un resonante «tal vez». La mayoría de los estudios demuestran que las mujeres con más estrés (según lo determinan los niveles de glucocorticoides, la reactividad cardiovascular a un agente estresante experimental o las respuestas dadas en un cuestionario) tienen de hecho menor probabilidad de unas FIV exitosas. ¿Por qué entonces la ambigüedad? Por una razón, algunos de los estudios se llevaron a cabo durante muchos días o semanas del largo proceso, cuando las mujeres ya han obtenido abundante información respecto a si las cosas van por buen camino; en esos casos, la aparición de un resultado infructuoso podría causar la respuesta de estrés elevada, en vez de lo contrario. Incluso en los estudios en los que las mediciones de estrés se toman al comienzo del proceso, el número de ciclos previos debe ser controlado. En otras palabras, una mujer estresada quizá tenga menos probabilidades de un resultado con éxito, pero ambos rasgos podrían deberse al hecho de que es una aspirante especialmente poco apta que ya ha pasado por ocho intentos previos fallidos y está desesperada.

En otras palabras, hace falta más investigación. Si la correlación resulta ser cierta, esperemos que la consecuencia sea algo más constructiva que unas palabras de consejo de los médicos: «Y procure no estresarse, porque los estudios han demostrado que eso reduce las posibilidades de que la FIV tenga éxito». Sería muy positivo que el progreso en este campo de verdad condujera a la eliminación del agente estresante que originó todas estas complejidades en un primer lugar, es decir, la infertilidad.

Aborto y aborto psicogénico

La relación entre el estrés y el aborto espontáneo en los humanos llevó a Hipócrates a aconsejar a las mujeres embarazadas que evitaran los trastornos emocionales innecesarios[44]. Desde entonces, es un hilo que recorre las interpretaciones más floridas y románticas de la biología del embarazo, ya sea cuando Ana Bolena atribuye el hecho de abortar a la conmoción que le supuso ver a Jane Seymour sentada en el regazo

---

44. Embarazo interrumpido y aborto se utilizan indistintamente en los textos de medicina y así se hará a lo largo de este capítulo. Sin embargo, en la práctica clínica cotidiana es más probable que al cese espontáneo de un embarazo cuando el feto está cerca de ser viable lo llamen embarazo interrumpido que aborto.

del rey Enrique VIII, o cuando, en *Middlemarch* Rosamond Vincy pierde el bebé porque un caballo la asusta. En la película de 1990 *Pacific Heights* (con la que la era Reagan-Bush alcanzó su extremo lógico, pues nos predisponía a favor de los propietarios de un inmueble que se veían amenazados por un arrendatario depredador), la dueña de la casa, interpretada por Melanie Griffith, sufría un aborto debido al acoso psicológico del maquiavélico inquilino. Y en el ámbito menos literario y más mundano de la vida cotidiana, el estrés de un trabajo de alta exigencia y bajo control aumenta el riesgo de aborto entre las mujeres*.

El estrés también puede producir abortos en otros animales; por ejemplo, cuando, por algún motivo (un examen veterinario), hay que capturar al animal preñado, en estado salvaje o domesticado, o sufre estrés por ser transportado. Se halla muy bien documentado en animales en estado salvaje, en las siguientes condiciones: en muchas especies sociales, no todos los machos se reproducen en cantidades iguales. A veces, el grupo tiene un solo macho (un «macho de harén») para realizar todos los apareamientos; otras veces, hay varios machos, pero sólo se reproducen el más o los más dominantes. Supongamos que otro macho mata al macho del harén o lo expulsa, o que un macho nuevo emigra a un grupo con varios machos y asciende al vértice de la jerarquía. Generalmente, el nuevo macho dominante trata de aumentar su éxito reproductor a expensas del macho anterior.

¿Qué hace el nuevo? En algunas especies, los machos tratan sistemáticamente de matar a las crías del grupo (patrón denominado «infanticidio competitivo», que se observa en los leones y los monos, entre otros), para reducir el éxito reproductor del macho anterior. Después de la matanza, las hembras dejan de amamantar y, en consecuencia, ovulan en un breve plazo y se hallan dispuestas para el apareamiento, lo cual le viene muy bien al macho nuevo. Es un asunto desagradable y una buena demostración de algo que los estudiosos de la evolución reconocen en la actualidad: contrariamente a lo que nos enseñó Marlin Perkins, los animales rara vez actúan «por el bien de la especie», sino que suelen hacerlo por el bien de su herencia genética y la de sus parientes cercanos. En algunas especies —los caballos salvajes, por ejemplo, y los babuinos—, siguiendo la misma lógica, el macho acosa de forma sistemática a las hembras preñadas hasta hacerlas abortar.

Este patrón se observa en los roedores de forma muy sutil. Un grupo de hembras vive con un único macho. Si un intruso lo expulsa del grupo y se queda en él, en unos días, los óvulos fertilizados de las hembras que han quedado recientemente preñadas no se implantan. Es notable que esta terminación de la preñez se produzca sin acoso físico por parte del macho. Es su nuevo y extraño olor lo que provoca el fracaso de los embarazos, al elevar de forma desmesurada el nivel de prolactina. Como prueba de ello, los investigadores activan este fenómeno (denominado el «efecto Bruce-Parkes») simplemente con el olor de un nuevo macho. ¿Por qué es una respuesta adaptativa que las hembras dejen de estar preñadas sólo porque ha aparecido en escena un macho nuevo? Porque si la preñez se lleva adelante, las crías morirán a manos del recién llegado. Así que, sacando el mejor partido posible de una situación adversa, lo más adaptativo parece ser ahorrar las calorías que se malgastarían en una preñez inútil, acabar con ella y ovular días después*. (No es de extrañar que las hembras hayan desarrollado diversas estrategias propias para asegurarse el éxito reproductor frente a estos machos combativos. Una de ellas consiste en fingir un falso celo [en los primates se denomina «pseudoestro»] que haga creer al nuevo macho que es el padre de la criatura que la hembra ya lleva en su seno. *Touché.*)

A pesar del drama que supone el efecto Bruce-Parkes, los abortos inducidos por estrés son bastante raros en los animales, sobre todo en los humanos. Es habitual decidir *a posteriori* que cuando algo malo sucede (un aborto) es porque ha habido mucho estrés previo. La confusión aumenta con la tendencia a atribuir los abortos espontáneos a situaciones estresantes que tienen lugar el día anterior. En realidad, en la mayor parte de estos abortos se expulsa el feto muerto, que suele llevar así bastante tiempo. Si hubiera una causa estresante, tal vez se produciría días o incluso semanas antes del aborto, no inmediatamente antes.

Cuando se produce un aborto inducido por estrés, hay una explicación bastante plausible de cómo tiene lugar. El suministro de sangre al feto depende de la corriente sanguínea de la madre, y cualquier cosa que disminuya el riego sanguíneo del útero altera el suministro de sangre al feto. Además, el ritmo cardíaco del feto va al unísono con el de la madre, y los estímulos psicológicos que lo estimulan o disminuyen provocan un efecto similar un minuto después en el feto, lo cual se ha demostrado en varios estudios con humanos y primates.

Parece que se presentan problemas durante el estrés a causa de la poderosa y prolongada excitación del sistema nervioso simpático, lo que provoca un aumento de la secreción de adrenalina y noradrenalina. Los estudios de un buen número de distintas especies demuestran que ambas hormonas disminuyen el riego sanguíneo del útero, a veces de forma dramática. Al exponer a un animal a un agente estresante psicológico (por ejemplo, un ruido fuerte en el caso de una oveja preñada, o la entrada de un desconocido en la habitación donde vive una mona rhesus preñada) se produce una reducción similar del riego sanguíneo, cuyo resultado es que el feto deviene «hipóxico» y «bradicardio» (su presión sanguínea y ritmo cardíaco disminuyen). Los expertos en este campo suponen que unas cuantas situaciones de este tipo no causan problemas, pero que episodios repetidos de hipoxia fetal acaban provocando asfixia.

Así pues, un estrés agudo puede incrementar la probabilidad de aborto. Además, si la mujer se encuentra en una fase avanzada del embarazo, el estrés puede aumentar el riesgo de parto prematuro, un efecto probablemente debido a unos elevados glucocorticoides. Desde luego no es algo bueno, dado lo que vimos en el último capítulo sobre las consecuencias metabólicas de por vida de un bajo peso de nacimiento*.

¿Hasta qué punto es perjudicial el estrés para la reproducción femenina?

Como hemos visto, hay una extraordinaria variedad de mecanismos capaces de alterar la reproducción de las hembras estresadas: disminución de la grasa, secreción de endorfinas, prolactina y glucocorticoides que actúan en el cerebro, la pituitaria y los ovarios, falta de progesterona y exceso de prolactina actuando en el útero. Además, un posible bloqueo de la implantación del óvulo fecundado y los cambios en el riego sanguíneo del feto generan numerosas maneras en que el estrés disminuye la probabilidad de que el embarazo se lleve a su término. Con la intervención de todos estos mecanismos, da la impresión de que el más mínimo agente estresante anularía por completo el sistema reproductor. Sin embargo, aunque parezca mentira, no es así, ya que, en conjunto, estos mecanismos no son muy eficaces.

Para comprobarlo, vamos a examinar los efectos del estrés leve crónico en la reproducción. Tomemos a los agricultores tradicionales no occidentales, con una historia de enfermedades (malaria estacional, por ejemplo), una elevada incidencia de parásitos y cierto grado de desnutrición estacional; por ejemplo, los granjeros de Kenia. Antes de que se pusiera de moda la planificación familiar, el promedio de hijos de una mujer keniana era de ocho, aproximadamente. Comparémoslo con los huteritas, granjeros no mecanizados que llevan una vida similar a la de los amish. Los huteritas no experimentan los agentes estresantes de los granjeros kenianos, no emplean anticonceptivos y, básicamente, tienen la misma tasa de natalidad: nueve hijos por mujer*. (Es difícil establecer comparaciones cuantitativas muy precisas entre ambos pueblos. Los huteritas, por ejemplo, retrasan el matrimonio, lo cual disminuye su tasa de natalidad; los kenianos no lo hacen, pero las mujeres suelen amamantar a sus hijos durante un año, lo cual disminuye su tasa de natalidad, a diferencia de los huteritas, que dan el pecho mucho menos tiempo. El aspecto principal, sin embargo, es que, a pesar de unos estilos de vida tan distintos, ambas tasas de natalidad son casi iguales.)

¿Y la reproducción en momentos de máximo estrés? Este tema se estudia en una literatura que siempre plantea problemas a quienes se refieren a ella: ¿cómo se cita un hallazgo científico sin citar a los monstruos que realizaron la investigación? Son estudios de mujeres en los campos de concentración del Tercer Reich realizados por médicos nazis. (Se ha desarrollado la tradición de no citar el nombre de los médicos y de señalar lo criminal de su colaboración.) En un estudio de las mujeres del campo de concentración de Theresienstadt, el 54 por 100 de éstas en edad fértil había dejado de menstruar. No es de extrañar: el hambre, el trabajo y el terror psicológico inenarrable alteran la capacidad de procrear. Lo importante es que la mayor parte de las mujeres que dejaron de menstruar lo hicieron en su primer mes de internamiento, antes de que el hambre y el trabajo hubieran llevado la cantidad de grasa a un punto crítico. Muchos investigadores lo citan para demostrar el grado de alteración que el estrés psicológico provoca en la procreación**.

En mi opinión, lo asombroso es justamente lo contrario. A pesar del hambre, el trabajo agotador y el terror de que cada día pudiera ser el último, sólo el 54 por 100 de las mujeres dejaron de menstruar. Los sistemas reproductores siguieron funcionando en casi la mitad de las mujeres (aunque parte de ellas pudieran tener ciclos anovulatorios). Y apuesto a que muchos hombres, a pesar de lo horroroso de su situación, se hallaban intactos desde el punto de vista de la procreación. Que la fisiología reproductora siguiera operando en un solo individuo, en la medida que fuera, en aquellas circunstancias, ya me parecería extraordinario.

La reproducción representa una amplia jerarquía de hechos conductuales y fisiológicos que difieren considerablemente en su grado de sutileza. Algunos pasos son básicos: el surgimiento del óvulo o la desviación de torrentes de sangre hacia el pene. Otros son tan delicados como el verso que enternece el corazón o la leve fragancia de una persona que despierta nuestros instintos. No todos los pasos son igualmente sensibles al estrés. La maquinaria básica de la reproducción es asombrosamente resistente al estrés en diversos grupos de personas, como demuestran las pruebas del Holocausto. La reproducción es uno de los reflejos biológicos más poderosos: que se lo pregunten al salmón que va saltando corriente arriba para desovar o a los machos de diversas especies que arriesgan la vida por acercarse a las hembras, o a cualquier adolescente con mirada de locura esteroidea. Pero en lo que se refiere a las piruetas y filigranas de la sexualidad, el estrés causa estragos, lo que, probablemente, carezca de importancia para un refugiado hambriento o para un ñu en mitad de una sequía. Pero nos importa a nosotros, con nuestra cultura de orgasmos múltiples, minúsculos periodos refractarios y mares de libido. Y aunque es fácil burlarse de nuestras obsesiones, esos matices de la sexualidad son importantes: nos proporcionan una de nuestras mayores alegrías, si bien la más frágil y evanescente.

CAPÍTULO 8

INMUNIDAD, ESTRÉS Y ENFERMEDAD*

Los salones académicos se están llenando de una nueva especie de científico de reciente aparición, el psiconeuroinmunólogo, que se gana la vida estudiando un hecho extraordinario: de qué modo lo que nos pasa por la cabeza puede influir en el funcionamiento del sistema inmunitario. Se creía que ambos campos se hallaban totalmente separados: el sistema inmunitario destruye las bacterias, crea anticuerpos, busca tumores; el cerebro crea poesía, inventa la rueda y tiene programas preferidos de televisión. Pero el dogma de la separación de los sistemas nervioso e inmunitario se ha hundido por la base. Desde el sistema nervioso autónomo llegan nervios a los tejidos que forman o almacenan las células del sistema inmunitario que acaban en la circulación sanguínea. Además, resulta que el tejido del sistema inmunitario es sensible a todas las hormonas importantes que segrega la pituitaria bajo control del cerebro, es decir, posee receptores de ellas, lo que se traduce en un enorme potencial del cerebro para meter las narices en los asuntos del sistema inmunitario.

Las pruebas de que el cerebro influye en el sistema inmunitario se remontan por lo menos a un siglo atrás, cuando se demostró que una rosa artificial desencadenaba una respuesta alérgica en un paciente alérgico a las rosas (y que ignoraba que fuera falsa). He aquí una demostración encantadora y más reciente de la influencia del cerebro sobre el sistema inmunitario: escojamos a varios actores profesionales y hagámosles pasar un día entero representando o bien una escena emocionalmente depresiva o una que levante el ánimo a niveles de euforia. Los del primer estado muestran una menor sensibilidad inmune, mientras que los del último manifiestan un incremento. (¿Y dónde se llevó a cabo semejante estudio? En Los Ángeles, por supuesto, en UCLA.) Pero el estudio que ha demostrado de forma más convincente la relación entre el cerebro y el sistema inmunitario utilizó un paradigma denominado «inmunosupresión condicionada».

Se administra a un animal una droga que suprime su sistema inmunitario. Al mismo tiempo se le proporciona, a la manera de los experimentos de Pavlov, un «estímulo condicionado»; por ejemplo, una bebida con aroma artificial, algo que el animal asocie con la droga supresora. Días después se presenta al animal sólo el estímulo condicionado..., y la función inmunitaria disminuye. En 1982, los científicos se quedaron asombrados ante el informe de un experimento en que se empleaba una variante de este paradigma y que había sido llevado a cabo por dos pioneros en este campo: Robert Ader y Nicholas Cohen. Experimentaron con una especie de ratones que desarrolla enfermedades de forma espontánea, a causa del exceso de actividad de su sistema inmunitario. Normalmente, la enfermedad se controla administrando a los ratones una droga inmunodepresora. Ader y Cohen demostraron que, empleando sus técnicas de condicionamiento, podían sustituir la droga por el estímulo condicionado y modificar el sistema inmunitario de los animales lo suficiente como para alargarles la vida.

Este tipo de estudios convenció a los científicos de la existencia de una estrecha relación entre el sistema nervioso y el inmunitario. No es de extrañar que si la visión de una rosa artificial o el sabor artificial de una bebida alteran la función inmunitaria también lo haga el estrés. En la primera mitad de este capítulo voy a referirme al modo en que el estrés tiende a suprimir la función inmunitaria y a las razones por las que sería útil eliminarla ante una emergencia estresante. En la segunda mitad examinaremos si el estrés prolongado, mediante la supresión crónica del sistema inmunitario, puede deteriorar la capacidad del cuerpo de luchar contra las infecciones. Se trata de un interrogante fascinante, al que sólo se puede responder con mucha prudencia y muchas precauciones. Aunque están apareciendo pruebas de que la inmunosupresión inducida por estrés aumenta el riesgo y la gravedad de las enfermedades, la conexión es probablemente bastante débil y su importancia se suele exagerar.

Para evaluar los resultados de este campo confuso pero importante, tenemos que empezar por unas nociones elementales sobre el funcionamiento del sistema inmunitario.

Nociones básicas sobre el sistema inmunitario*

La labor principal del sistema inmunitario consiste en defender al cuerpo de agentes infecciosos como los virus, las bacterias, los hongos y los parásitos. Se trata de un proceso enormemente complejo. En primer lugar, el sistema inmunitario tiene que saber distinguir entre las células normales que forman parte del cuerpo y las invasoras; en la jerga inmunológica se habla de diferenciar entre el «yo» y el «no yo». De algún modo, el sistema inmunitario recuerda el aspecto de cada célula del organismo y ataca a cualquier otra (por ejemplo, una bacteria) que carezca del sello celular distintivo. Además, cuando el sistema inmunitario se topa con un nuevo invasor, crea un recuerdo inmunológico de cómo es el agente infeccioso, para estar mejor preparado para la siguiente invasión, proceso en el que se basa la vacunación con una versión rebajada del agente infeccioso a fin de preparar el sistema inmunitario para un ataque real.

Las defensas inmunitarias son producidas por un complejo conjunto de células de la corriente sanguínea llamadas linfocitos y monocitos (que reciben el nombre colectivo de glóbulos blancos; cito significa célula). Hay dos clases de linfocitos: las células T y las células B. Ambas se originan en la médula ósea, pero las T emigran al timo para madurar (por eso se llaman «T»), mientras que las B maduran en la médula. Las B fundamentalmente producen anticuerpos, pero hay varios tipos de células T (células T auxiliares y células T supresores, células agresoras citotóxicas, etcétera).

Las células T y B atacan a los agentes infecciosos de forma muy distinta. Las T producen inmunidad mediada por células (ver la ilustración 15). Cuando un agente infeccioso invade el organismo, es reconocido por un tipo de monocito llamado macrófago, que da a conocer la partícula extraña a una célula T auxiliar. Suena una alarma metafórica y las células T comienzan a proliferar en respuesta a la invasión. Este sistema de alarma se traduce en la activación y proliferación de células agresoras citotóxicas, que, como su nombre indica, atacan al agente infeccioso y lo destruyen. A título informativo, el componente celular T del sistema inmunitario es el que destruye el virus del sida.

Las células B, por el contrario, producen inmunidad mediada por anticuerpos (ver la ilustración 16). Cuando la unión de macrófagos y células T auxiliares hacen sonar la alarma, éstas también estimulan la proliferación de células B. La tarea principal de estas células consiste en diferenciar y generar anticuerpos, grandes proteínas que reconocen un rasgo específico del agente infeccioso invasor y se ligan a él (generalmente, una proteína superficial distintiva). Esta especificidad es fundamental; el anticuerpo formado tiene una forma única, que se adapta perfectamente a la del rasgo distintivo del invasor, como si fueran una llave y su cerradura. Al ligarse a rasgos específicos, los anticuerpos inmovilizan los agentes infecciosos y los destruyen.

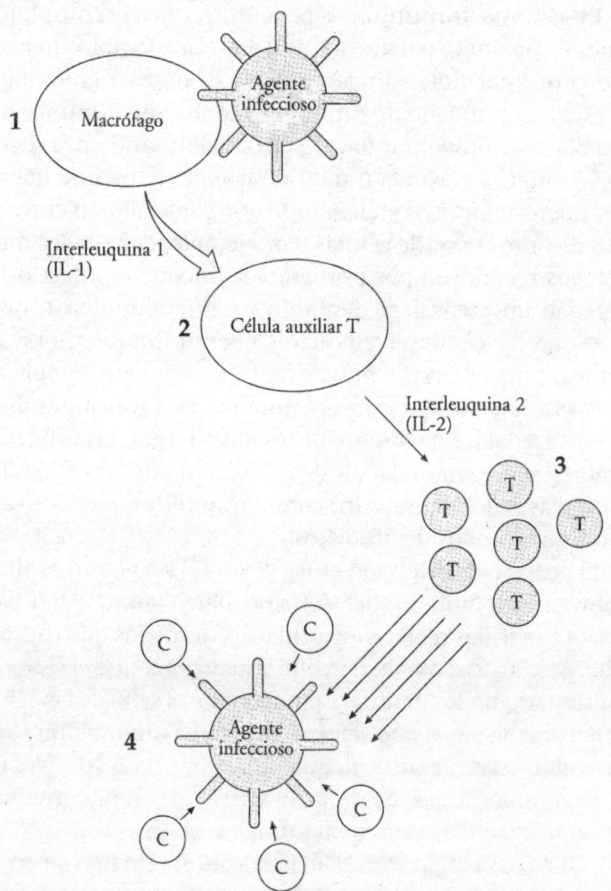

Ilustración 15. La cascada de la inmunidad mediada por células. (1) Un tipo de monocito llamado macrófago sale al encuentro de un agente infeccioso. (2) El macrófago presenta el agente infeccioso a una célula auxiliar T (un tipo de glóbulo blanco) y segrega interleuquina 1 (IL-1), que estimula la actividad de las células auxiliares T. (3) A consecuencia de ello, la célula auxiliar T libera interleuquina 2 (IL-2), que desencadena la proliferación de las células T. (4) Esto origina la proliferación de otro tipo de glóbulos blancos, las células agresoras citotóxicas, que destruyen el agente infeccioso

El sistema inmunitario posee otro rasgo complejo. Cuando distintas partes del hígado, por ejemplo, tienen que coordinar determinada actividad, poseen la ventaja de estar unas al lado de otras. Pero el sistema inmunitario se halla distribuido por toda la circulación sanguínea. Para hacer sonar la alarma en todo el sistema, tiene que haber mensajeros químicos en la sangre que comuniquen entre sí a los distintos tipos de células. Por ejemplo, cuando los macrófagos reconocen por primera vez un agente infeccioso, segregan un mensajero denominado interleuquina 1, que hace que las células T auxiliares liberen interleuquina 2, que estimula el crecimiento de las células T (para complicar las cosas, hay otras seis interleuquinas, con funciones más especializadas). En el frente de los anticuerpos, las células T también segregan un factor de crecimiento de las células B. Otras clases de mensajeros, como los interferones, activan tipos más amplios de linfocitos.

El proceso de selección entre el yo y el no yo que realiza el sistema inmunitario suele funcionar bien (aunque hay parásitos tropicales realmente insidiosos, como los que causan esquistosomiasis, que han evolucionado para que el sistema inmunitario no los detecte, «pirateando» el sello de las células del organismo al que atacan). El sistema inmunitario pasa el tiempo alegremente distinguiendo el yo del no yo: «glóbulos rojos, míos; cejas, de mi lado; virus, no son buenos: hay que atacar; células musculares, buenas chicas…».

¿Qué pasa si algo va mal en la selección? Un tipo de error obvio podría ser que el sistema inmunitario no detectara a un agente infeccioso invasor: mal asunto. Igual de grave sería el error opuesto: que el sistema inmunitario confundiera una parte normal del organismo con un agente infeccioso y lo atacara. En una variante de esto, algún compuesto absolutamente inofensivo que existe en nuestro entorno activa una reacción de alarma. Tal vez sea algo que uno ingiere normalmente, como cacahuetes o marisco, o algo aerotransportado e inocuo, como el polen. Pero nuestro sistema

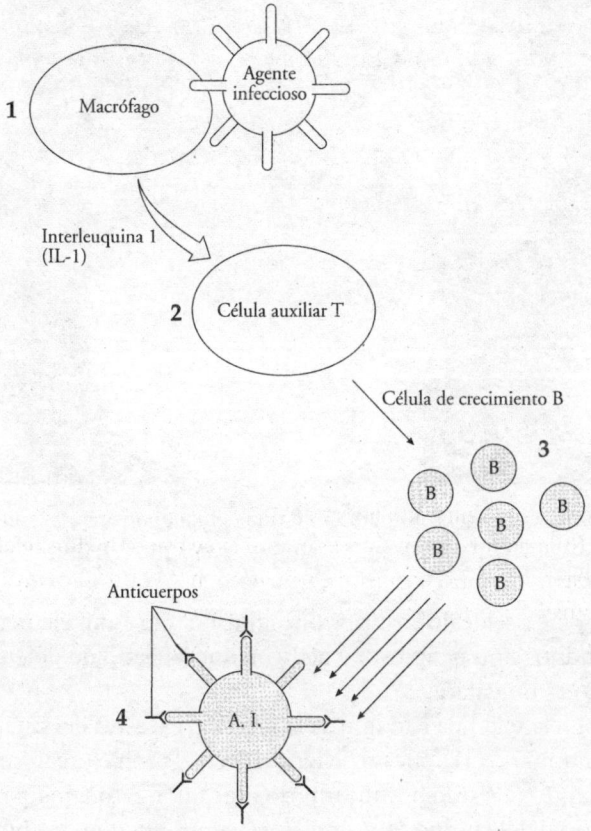

Ilustración 16. La cascada de la inmunidad mediada por anticuerpos. (1) Un macrófago sale al encuentro de un agente infeccioso. (2) Este encuentro provoca que el agente infeccioso sea presentado a una célula auxiliar T y segregue interleuquina 1 (IL-1), que estimula la actividad de la célula auxiliar T. (3) A consecuencia de ello, la célula auxiliar T libera un factor de crecimiento de célula B, que activa la diferenciación y proliferación de otro glóbulo blanco, las células B. (4) Las células B liberan específicos anticuerpos que se unen a las proteínas de superficie del agente infeccioso, destruyéndolo a través de un gran grupo de proteínas en circulación llamadas complemento

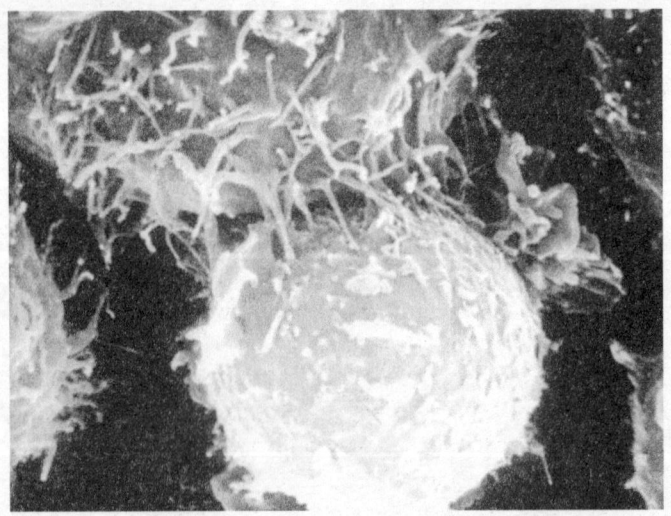

Ilustración 17. Microfotografía de una célula agresora atacando a la célula de un tumor. Cortesía de Gilla Kaplan. The Rockefeller University

inmune decide de forma errónea que no sólo es un elemento extraño, sino peligroso, y activa el mecanismo de defensa. Esto es una alergia.

En la segunda variante de la reacción excesiva del sistema inmunitario el supuesto peligro está en el propio organismo. Cuando el sistema inmunitario ataca por error una parte normal del cuerpo (autoinmunización), pueden producirse diversas enfermedades autoinmunes espantosas. En la esclerosis múltiple, por ejemplo, se ataca parte del sistema nervioso; en la diabetes juvenil, las células del páncreas que normalmente segregan insulina. Como vamos a ver, el estrés tiene efectos confusos en las enfermedades autoinmunes.

Hasta ahora, en este examen general del sistema inmunitario, nos hemos concentrado en algo llamado inmunidad adquirida. Supongamos que somos expuestos por primera vez a algún nuevo y peligroso patógeno, el patógeno X. La inmunidad adquirida posee tres características. Primera, adquirimos la capacidad de atacar al patógeno X en particular, con anticuerpos e inmunidad mediada por células que lo reconocen de forma específica. Esto realmente actúa en nuestro beneficio: una bala con el nombre del patógeno X escrito en ella. Segunda, se tarda un tiempo en crear esa inmunidad cuando uno se expone por primera vez al patógeno X —esto implica encontrar qué anticuerpo es el más apropiado y generar millones de copias suyas—. Por último, aunque ya nos hayamos pertrechado para perseguir de forma específica al patógeno X durante mucho tiempo, una vez que esa defensa concreta está lista, la exposición repetida al patógeno X aumentará aún más esas defensas.

Semejante inmunidad adquirida es una invención bastante sofisticada, y sólo existe en los vertebrados. Pero también poseemos una rama más sencilla y más antigua del sistema inmunitario, compartida con especies tan distantes como los insectos, que se llama inmunidad innata*. En este ámbito no nos molestamos en adquirir los medios para destruir al patógeno X con anticuerpos diferentes de los que emplearíamos contra, digamos, el patógeno Y. Cualquiera que sea la segunda clase de patógeno que ataque nuesro sistema, esta respuesta inmune no específica entrará en acción.

Dicha respuesta inmune generalizada tiende a producirse en la cabeza de playa donde el patógeno conquista su primera posición, ya sea en nuestra piel, o en un tejido húmedo mucoso, como la boca o la nariz. En un primer paso, nuestra saliva contiene una clase de anticuerpos que generalmente atacan a todos los microbios que encuentran, en lugar de adquirir los medios para destruir a invasores específicos. Estos anticuerpos, una vez segregados, cubren las superficies mucosas como una pintura antiséptica. Por otra parte, en el lugar de la infección, los capilares se aflojan, permitiendo que las células de la respuesta inmune innata se salgan de la circulación para infiltrarse en la zona adyacente a la infección. Entre estas células se hallan macrófagos, neutrófilos y células agresoras naturales, que luego atacan al microbio. El aflojamiento de los capilares también permite flujos que contienen proteínas que pueden combatir a los microbios invasores para que fluyan en la circulación. ¿Y cuál es el resultado de todo esto? Las proteínas luchan contra el microbio, pero el fluido también hace que la zona se hinche, causando edema. He aquí a nuestro sistema inmunitario innato entrando en acción y causando inflamación[45].

Esto nos da una amplia visión general de la función inmune. Es hora de ver qué hace el estrés con la inmunidad. Naturalmente, como se verá, muchas cosas más complicadas de las que cabría esperar.

¿Cómo inhibe el estrés la función inmunitaria?*

Hace casi setenta años que Selye descubrió las primeras pruebas de la inmunosupresión inducida por estrés y observó que en las ratas sometidas a molestias no específicas se atrofiaban los tejidos inmunes, como la glándula del timo. Desde entonces, los científicos han aprendido más cosas sobre las sutilezas del sistema inmunitario, y resulta que un periodo de estrés altera un amplio conjunto de funciones inmunitarias: la formación de nuevos linfocitos y su secreción a la corriente sanguínea, la creación de nuevos

---

45. Como acabo de decir, la respuesta inmune innata implica a proteínas que se infiltran en la zona de la herida. Entre las proteínas que combaten a los microbios, hay una de la que hablamos en el capítulo 3 llamada «proteína reactiva-C». El lector recordará que sustancias como el colesterol sólo forman placas ateroscleróticas en los sitios donde nuestros vasos sanguíneos están dañados. Así, cierto grado de lesión e inflamación de los vasos sanguíneos es un claro pronosticador de riesgo de aterosclerosis. La proteína reactiva-C, como vimos, es el indicador más fiable de dicha inflamación.

anticuerpos como respuesta a un agente infeccioso y la comunicación entre los linfocitos mediante la liberación de mensajeros relevantes, por citar algunas. E inhibe la respuesta del sistema inmunitario, suprimiendo la inflamación. Toda clase de agentes estresantes —físicos, psicológicos— hacen esto en primates, ratas, aves, incluso en los peces. Y, por supuesto, también en los humanos.

La forma mejor documentada en que tiene lugar esta supresión del sistema es a través de los glucocorticoides, que, por ejemplo, provocan la reducción de la glándula del timo; este efecto es tan seguro que antaño (en 1960), antes de que fuera posible medir de forma fácil y directa la cantidad de glucocorticoides en la sangre, una forma indirecta de hacerlo consistía en comprobar el grado de disminución de la glándula del timo en un animal; cuanto menor fuera, más glucocorticoides había en el torrente circulatorio. Los glucocorticoides detienen la formación de nuevos linfocitos en el timo; la mayor parte del tejido de esta glándula está formado por esas células, listas para ser liberadas a la sangre. Debido a que los glucocorticoides inhiben la secreción de mensajeros como las interleuquinas y los interferones, hacen asimismo que disminuya la sensibilidad de los linfocitos a la alarma de infección. Además, expulsan a los linfocitos de la corriente sanguínea. La mayor parte de estos efectos de los glucocorticoides van dirigidos contra las células T, en lugar de las B, lo que significa que la inmunidad mediada por las células se ve más alterada que la inmunidad mediada por anticuerpos. Y lo que es aún más impresionante es que los glucocorticoides pueden destruir a los linfocitos, lo cual nos introduce en uno de los temas más controvertidos de la medicina: la «muerte celular programada»[46]. Las células están pro-

---

46. Otro término de moda en este campo es «apoptosis», una palabra procedente del latín para referirse a algo «que cae» (como la caída de las hojas en otoño, un ejemplo de muerte progra-

gramadas para suicidarse en determinadas ocasiones. Por ejemplo, si una célula comienza a volverse cancerosa, hay una vía de suicidio que se activa para matar a la célula antes de que empiece a dividirse fuera de control; algunos tipos de cáncer implican el fallo de la muerte celular programada. Y los glucocorticoides pueden provocar el suicidio de los linfocitos por medio de diversos mecanismos.

Las hormonas del sistema nervioso simpático o betaendorfinas también desempeñan un papel en la supresión de la inmunidad durante el estrés. Aunque los mecanismos precisos siguen siendo tan poco claros para los científicos como la supresión inmunitaria inducida por los glucocorticoides. No obstante, diversos experimentos han demostrado que los agentes estresantes pueden suprimir la inmunidad con independencia de la secreción de glucocorticoides, lo que claramente señala estas otras rutas*.

¿Por qué se suprime la inmunidad durante el estrés?

Averiguar de qué forma exacta los glucocorticoides y las otras hormonas del estrés suprimen la inmunidad es un tema muy controvertido en la biología celular y molecular de la actualidad, en especial la parte relacionada con la eliminación de los linfocitos. Pero en medio de todo este alboroto sobre la ciencia de vanguardia, sería razonable comenzar a preguntarse *por qué* tiene que producirse la supresión del sistema inmune durante el estrés. En el capítulo 1 explicaba por qué es lógico, desde el punto de vista adaptativo, eliminar la inmunidad durante el estrés. Ahra que he explicado el proceso de inmunosupresión inducida por estrés

---

mada). Hay grandes debates respecto a si la apoptosis equivale a la muerte celular programada o es sólo un subtipo de ella (yo suscribo esta última idea).

con más detalle, es evidente que mi explicación anterior carece de sentido. Afirmaba que, durante el estrés, es lógico que el organismo detenga los proyectos de construcción a largo plazo para canalizar la energía hacia las necesidades inmediatas; en esta inhibición se incluye el sistema inmunitario, que, aunque es maravilloso a la hora de detectar un tumor que nos causaría la muerte en seis meses o la de crear anticuerpos que nos ayudan en el plazo de una semana, no es vital en una emergencia. Tal explicación tendría sentido si el estrés congelara el sistema inmunitario tal como se halla cuando se presenta la emergencia y no se produjeran más gastos inmunitarios hasta que ésta hubiera terminado. Pero no es esto lo que sucede, sino que el estrés desmonta *activamente* el sistema; atrofia los tejidos y destruye las células, lo cual no se explica mediante un simple cese de los gastos, así que vamos a hacer un paréntesis para examinar las teorías del largo plazo y del corto plazo.

¿Por qué la evolución nos ha obligado a hacer algo tan aparentemente estúpido como desmontar el sistema inmunitario durante el estrés? Tal vez no haya una buena razón. En realidad, ésta no es una respuesta tan absurda como parece. No todo en el cuerpo debe tener una explicación en términos de adaptación evolutiva. Quizá la inmunosupresión inducida por estrés es simplemente una consecuencia de otra cosa que es adaptativa.

En este caso, es poco probable. Durante una infección, el sistema inmunitario libera un transmisor químico, la interleuquina 1, que, entre otras cosas, estimula la liberación de CRH por parte del hipotálamo. Como observábamos en el capítulo 2, el CRH estimula a la pituitaria para que libere ACTH, que, a su vez, hace que las glándulas suprarrenales segreguen glucocorticoides que suprimen la actividad inmunitaria. Es decir, en determinadas circunstancias, el sistema inmune pide al cuerpo que segregue hormonas que, en último término, lo suprimen. Sea cual sea la razón, el caso es que se produce la inmunosupresión, a veces promovida por el propio sistema inmunitario. Probablemente no se trate de un accidente[47].

Varias ideas han circulado durante años para explicar por qué desmontamos de forma activa la inmunidad durante el estrés con la voluntaria cooperación del sistema inmunitario. Algunas parecían bastante verosímiles hasta que aprendimos un poco más sobre inmunidad y pudimos deshacernos de ellas. Otras eran bastante tontas, y yo alegremente defendí algunas de ellas en la primera edición de este libro. Pero en la última década ha aparecido una respuesta, y realmente pone todo este campo patas arriba*.

Sorpresa

Resulta que durante los primeros minutos (digamos que hasta unos treinta) posteriores a la aparición de un agente estresante, la inmunidad no se suprime de manera

---

47. Mi notita científica a pie de página: yo formaba parte del grupo que descubrió que la interleuquina 1 estimula la liberación de CRH. O al menos eso creía. Fue a mediados de la década de 1980, la idea tenía sentido y el laboratorio en que trabajaba se lanzó a estudiarla a instancias mías. Trabajábamos como locos y, a las dos de la madrugada, tuve uno de esos momentos de euforia que tanto anhelan los científicos: fue al mirar lo que estaba imprimiendo una máquina y darme cuenta de que, ¡ajá!, estaba en lo cierto, así funcionaba: la interleuquina 1 liberaba CRH**. Anotamos los hallazgos, la prestigiosa revista *Science* los aceptó, todos estábamos emocionados, llamé a mis padres, etc. Se publicó el artículo y, justo al lado, había un estudio ¡idéntico!, de un grupo suizo, que lo había enviado la misma semana. Así que me convertí en *uno* de los descubridores de este oscuro hecho. (Volviendo a un tema del capítulo 2, si se es una persona madura y segura —lo que, por desgracia, yo sólo soy en raras ocasiones—, es muy agradable que se produzca una situación de este tipo: dos laboratorios que, trabajando de forma independiente en puntos opuestos del globo, llegan al mismo hallazgo. Debe de ser verdad. Y la ciencia avanza unos milímetros.)

uniforme, se *refuerzan* muchos aspectos de ésta (fase A en la ilustración 18 de la siguiente página). Sucede en todos los ámbitos de la inmunidad, pero en particular en la inmunidad innata. Esto tiene sentido: puede ser útil activar las partes de nuestro sistema inmune que producirán algunos anticuerpos para nosotros a lo largo de las próximas semanas, pero tiene incluso más sentido activar inmediatamente las partes del sistema inmune que nos van a ayudar ahora mismo. Más células inmunes son liberadas al torrente circulatorio y, en el sistema nervioso dañado, más células inflamatorias se infiltran en el lugar de la herida. Además, los linfocitos en circulación son mejores liberando y respondiendo a esos transmisores inmunes. Y más cantidad de esos anticuerpos genéricos del sistema inmune innato son liberados a nuestra saliva. Este aumento de la inmunidad no sucede únicamente después de algún reto infeccioso. Los agentes estresantes físicos y psicológicos parecen ser la causa de una temprana activación inmune. Y lo que es aún más asombroso, esos villanos inmunosupresores, los glucocorticoides, parecen desempeñar un importante papel en esto (junto con el sistema nervioso simpático).

De modo que con la aparición de toda clase de agentes estresantes, nuestras defensas inmunes se refuerzan. Y ahora estamos listos para la otra parte de esta espada de doble filo, cuando el estrés se prolonga por más tiempo. Al cabo de una hora, la permanencia de los glucocorticoides y de la activación del simpático comienza a tener el efecto opuesto, a saber, la supresión de la inmunidad. Si el agente estresante desaparece entonces, ¿qué hemos conseguido con esa inmunosupresión? Llevar la función inmune de nuevo a su lugar de partida, a la línea de base (fase B). Únicamente con los grandes agentes estresantes de larga duración, o con una exposición a los glucocorticoides realmente considerable, es cuando el sistema inmune no sólo regresa a la línea de base, sino que cae en picado hacia la inmunosupresión (fase C). Respecto a la mayoría de las cosas que se pueden

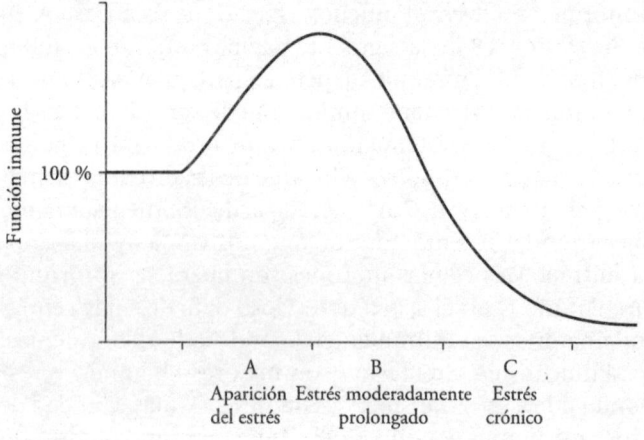

Ilustración 18. El estrés pasa a estimular de forma transitoria el sistema inmunitario

medir en el sistema inmune, los agentes estresantes sostenidos bajan los números desde un 40 a un 70 por 100 por debajo de la línea de base*.

Que nuestro sistema inmune se refuerce temporalmente con la aparición de un agente estresante tiene bastante sentido (desde luego no menos que algunas retorcidas teorías acerca de por qué suprimirlo tiene sentido). Como la idea de que todo lo que sube tiene que bajar. Y como lo hace un recurrente tema de este libro, es decir, que si un agente estresante se mantiene demasiado tiempo, se puede producir una caída adaptativa de nuevo a la línea de base y crearnos problemas.

¿Por qué se ha tardado tanto tiempo en averiguar esto? Probablemente por dos razones. Primera, porque muchas de las técnicas que se emplean para medir lo que ocurre en el sistema inmune hace poco que han alcanzado el suficiente grado de sensibilidad como para detectar mínimas diferencias, lo necesario para captar la fase A, ese breve punto luminoso inmunoestimulante al comienzo de un agente estresante. Así, durante décadas, los investigadores creían estar estudiando la respuesta inmune al estrés, cuando en realidad estaban estudiando la *recuperación* de la respuesta inmune frente al estrés. Como segunda razón, la mayoría de los científicos de este campo estudian agentes estresantes importantes y prolongados, o administran grandes cantidades de glucocorticoides durante largos periodos. Esto representa una tendencia razonable en la forma de realizar los experimentos. Si no ocurre nada, eliges un nuevo campo que estudiar. Si ocurre algo y se ha replicado tantas veces que puedes confiar en los resultados, sólo entonces empiezas a pensar en elaboraciones más sutiles. Así que en los primeros años, los investigadores sólo estudiaban la clase de agentes estresantes o pautas de exposición a los glucocorticoides que daban paso a la fase C, y sólo más tarde llegaban a las circunstancias más sutiles que revelarían la fase B.

Esta reorientación del campo representa un triunfo para Allan Munck (una eminencia de la endocrinología de los glucocorticoides) y sus colaboradores del Darmouth Medical School, quienes no sólo predijeron la mayoría de estos avances a mediados de la década de 1980, sino también lo que resulta ser la respuesta a una pregunta que surge al cabo de un tiempo. ¿Por qué querríamos que la función inmune descendiera de nuevo al nivel anterior al estrés (fase B en la ilustración 18)? ¿Por qué no limitarse a dejarla en el nivel reforzado de los primeros treinta minutos y obtener los beneficios de un sistema inmune activado todo el tiempo? Dicho metafóricamente, ¿por qué no tener al ejército que nos defiende en máxima alerta siempre? Por una razón, es demasiado caro. Y lo que es más importante, un sistema que está siempre en estado de máxima alerta es más probable que se desmande en algún momento y dispare a uno de los nuestros en un accidente de fuego amigo. Y esto es lo que puede suceder con los sistemas inmunes que se activan de forma crónica: empiezan a confundir parte de uno con algún elemento invasor, y entonces acabamos desarrollando una enfermedad autoinmune.

Semejante razonamiento llevó a Munck a predecir que si no tenemos fase B, si no hacemos que el sistema inmune vuelva a bajar a la línea de base, corremos un mayor riesgo de desarrollar una enfermedad autoinmune. Esta idea se ha verificado en al menos tres ámbitos. Primero, bloquear de modo artificial los niveles de glucocorticoides en un espectro basal bajo de diversas ratas y luego estresarlas. Esto produce animales que tienen fase A (en su mayoría mediadas por la adrenalina), pero no se produce la subida de glucocorticoides que daría paso a la fase B. Las ratas ahora corren mayor riesgo de enfermedad autoinmune. Segundo, los médicos a veces tienen que extirpar una de las dos glándulas renales (la fuente de los glucocorticoides) de un paciente, normalmente debido a un tumor. Inmediatamente después, los niveles de glucocorticoides en circulación descienden a la mitad durante un tiempo, hasta que la glándula restante logra hacer el trabajo de las dos. Durante ese periodo de bajo nivel de glucocorticoides, hay más probabilidades de lo normal de que las personas desarrollen alguna enfermedad autoinmune o inflamatoria. Por último, si examinamos conjuntos de ratas o pollos que desarrollan de forma espontánea enfermedades autoinmunes, resulta que todas tienen algo que no marcha bien en su sistema glucocorticoideo por lo que poseen niveles de la hormona más bajos de lo normal, o células inmunes e inflamatorias menos sensibles a los glucocorticoides de lo normal. Lo mismo ocurre con los humanos con enfermedades autoinmunes como la artritis reumatoide*.

Por tanto, al comienzo de esta respuesta de estrés, se activa el sistema inmune, y una gran cosa que hace la respuesta de estrés es asegurarse de que la activación inmune no suba hasta la autoinmunidad. Todo esto ha obligado a ciertos replanteamientos en este campo. Una vez que el estrés ha durado lo suficiente como para empezar a suprimir

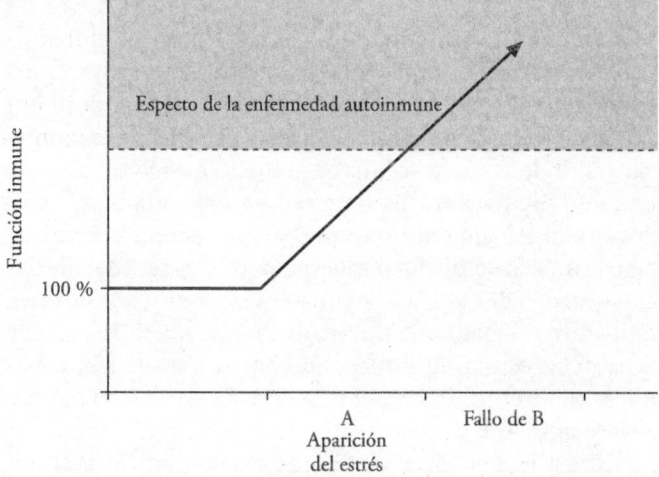

Ilustración 19. Representación esquemática de cómo un fallo en la inhibición de la función inmune durante el estrés puede conducir a una enfermedad autoinmune

la inmunidad, algunos de los aspectos que tradicionalmente se atribuían a la supresión de la inmunidad en realidad son versiones más sutiles de un reforzamiento inmune.

Esto se ve de dos maneras. Si administramos a alguien cantidades masivas de glucocorticoides, o lo sometemos a un inmenso agente estresante que dure muchas horas, las hormonas se pondrán a matar linfocitos de forma indiscriminada. Si tenemos una leve subida en los niveles de glucocorticoides durante un corto periodo de tiempo (como lo que sucedía al comienzo de la fase B), las hormonas matarán sólo a un subgrupo particular de linfocitos: los más viejos y los que no funcionan. En esa fase los glucocorticoides están ayudando a *esculpir* la respuesta inmune, deshaciéndose de los linfocitos que no son ideales para la urgencia inmediata. Esto equivale de forma indirecta a una versión del reforzamiento inmune*.

Una segunda sutileza refleja la reinterpretación de algo que las personas han sabido desde el alba de la humanidad (o al menos a partir de Selye). Como se dijo, los glucocorticoides no sólo matan linfocitos, también expulsan del sistema circulatorio a los linfocitos que quedan. Firdhaus Dhabhar, de la Universidad del Estado de Ohio, se preguntaba: ¿adónde van esas células inmunes cuando se las pone fuera de circulación? Siempre se ha creído que irían a tejidos de almacenamiento inmune (como la glándula del timo), pero el trabajo de Dhabhar muestra que no es así, sino que los glucocorticoides y la adrenalina envían a muchos de estos linfocitos al lugar de la infección, como la piel. No se desactivan las células inmunes, sino que son trasladadas a las líneas del frente. Una consecuencia de esto es que la herida se cura antes*.

Estos nuevos hallazgos ayudan a explicar una de las paradojas más persistentes de este campo, referida a las enfermedades autoinmunes.

Dos hechos sobre la autoinmunidad:

1. En la medida en que las enfermedades autoinmunes conllevan una activación excesiva del sistema inmune (hasta el punto de considerar una parte sana de nuestro cuerpo como un elemento invasor), el tratamiento más eficaz para dichas enfermedades es poner a la gente «en esteroides»: administrarles cantidades masivas de glucocorticoides. La lógica aquí es evidente: al suprimir radicalmente el sistema inmune, éste ya no puede atacar nuestro páncreas o sistema nervioso (y, como obvio efecto colateral, nuestro sistema inmune no será muy eficaz en la defensa frente a patógenos verdaderos). Por tanto, administrar grandes cantidades de estas hormonas de estrés hace que las enfermedades autoinmunes sean menos perjudiciales. Además, los agentes estresantes prolongados disminuyen los síntomas de las enfermedades autoinmunes en las ratas de laboratorio**.

2. Al mismo tiempo, parece que el estrés puede *agravar* las enfermedades autoinmunes. Esto a menudo ha sido confirmado por los pacientes, y es abiertamente pasado por alto por los médicos clínicos que saben que las hormonas de estrés ayudan a reducir la autoinmunidad, no a empeorarla. Pero algunos estudios objetivos también apoyan esta idea en lo que respecta a enfermedades autoinmunes como la esclerosis múltiple, la artritis reumatoide, la enfermedad de Grave, la colitis ulcerosa, la inflamación intestinal y el asma.

Así pues, ¿los glucocorticoides y el estrés empeoran o disminuyen los síntomas de la autoinmunidad? El gráfico de la página siguiente da una respuesta que no estaba clara en años anteriores. Ahora hemos visto dos situaciones que incrementan el riesgo de enfermedad autoinmune. Primera, parece que numerosos agentes estresantes transitorios (esto es, muchas fases A y B) aumentan el riesgo de autoinmunidad; por alguna razón, las reiteradas subidas y bajadas mantienen el sistema en alto, conduciéndolo hacia la autoinmunidad. Segunda, aunque no parece que sea positivo tener muchos ejemplos de fase A seguidos de fase B, tener una fase A *no* seguida de la fase B también aumenta el riesgo de autoinmunidad. Si no tenemos una adecuada fase B, eso dispara al sistema inmune hacia la autoinmunidad (véase de nuevo el gráfico de la página 227).

Como cabría esperar, si tenemos agentes estresantes masivos, o se nos administran elevadas dosis de glucocorticoides, ponemos el sistema en fase C: drástica supresión inmune, lo que disminuye los síntomas de autoinmunidad. Este resumen lo apoya el descubrimiento de que mientras que el estrés agudo pone a las ratas en mayor riesgo de padecer una esclerosis múltiple, el estrés crónico suprime los síntomas de esa enfermedad autoinmune. Al parecer, el sistema no evolucionó para tratar con numerosas

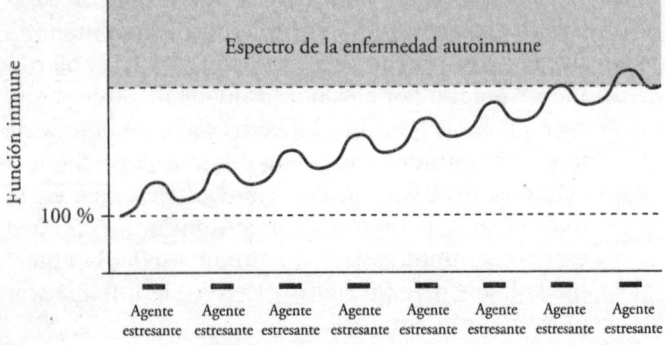

Ilustración 20. Representación esquemática de cómo un estrés reiterado aumenta el riesgo de enfermedad autoinmune

repeticiones en las que se coordinasen las diversas activaciones y desactivaciones, y al final sucede algo descoordinado, aumentando el riesgo de que el sistema se vuelva autoinmune*.

Estrés crónico y riesgo de enfermedad

Un tema repetido a lo largo de este libro es cómo alguna respuesta fisiológica a un agente estresante medio puede crearnos problemas si éste es demasiado largo o frecuente. La capacidad de los grandes agentes estresantes para suprimir la inmunidad por debajo de la línea de base sin duda parece entrar en esta categoría. ¿Cuánto daño causa la inmunosupresión inducida por estrés si se produce de forma crónica? Como nos ha enseñado el virus del sida, si en una persona de treinta años disminuye lo suficiente la actividad del sistema inmunitario, su cuerpo será presa de un cáncer o una neumonía como los que los médicos se solían encontrar una vez en una carrera de cincuenta años. Pero, ¿el estrés crónico elimina la actividad inmunitaria hasta el punto de hacernos más sensibles a enfermedades que, en caso contrario, no contraeríamos? Si se tiene una enfermedad, ¿se es menos capaz de combatirla?

Pruebas procedentes de diversas fuentes sugieren que el estrés podría dañar a nuestro sistema inmune y aumentar el riesgo de enfermedad. Pero, a pesar de estos fascinantes hallazgos, no está nada claro la cantidad de estrés crónico que nos hace más vulnerables a enfermedades que, en condiciones normales, serían vencidas por el sistema inmunitario. Para poder apreciar la actual confusión de la investigación, vamos a desglosar los hallazgos mencionados en los elementos que los componen.

En esencia, todos los estudios demuestran la existencia de un vínculo entre algo que incrementa o disminuye el estrés y una enfermedad o la muerte. El enfoque de muchos psiconeuroinmunólogos se basa en el supuesto de que dicho vínculo se establece en los pasos siguientes:

1. Los individuos en cuestión viven una circunstancia estresante.
2. Esto hace que activen la respuesta de estrés (secreción de glucocorticoides, adrenalina, etc.).
3. La magnitud y la duración de la respuesta de estrés suprimen la función inmunitaria.
4. Esto incrementa la probabilidad de que dichos individuos contraigan enfermedades infecciosas, y merma su capacidad para defenderse de ellas.

Así pues, supongamos que vemos que cierta enfermedad relacionada con el sistema inmune es más común en circunstancias de estrés. Ahora debemos hacernos dos preguntas cruciales. Primera, ¿podemos demostrar que los pasos 1 a 4 se han producido en esos individuos estresados con esa enfermedad? Segunda, ¿hay alguna vía alternativa que explique el empezar con estrés y contraer la enfermedad?

Vamos a analizar los pasos por separado.

En primer lugar, ¿a cuánto estrés nos hallamos expuestos? En los estudios con animales, el consenso general es que el estrés conduce al paso 2 a través del 4. Pero, al extrapolar estos resultados a los humanos, se plantea el problema de que los agentes estresantes experimentales que se emplean en los estudios con animales son lo bastante espantosos como para no considerar ética su aplicación a los humanos. Los que se emplean en los experimentos con humanos son más suaves, y se ha demostrado que algunos agentes estresantes leves y cortos *estimulan* los elementos del sistema inmunitario. Y no sólo eso, sino que diferimos enormemente en lo que cada uno de nosotros experimenta como realmente estresante (este campo de las diferencias individuales será el centro del último capítulo del libro). En consecuencia, si de lo que se trata es de estudiar los efectos de los agentes estresantes naturales y cotidianos sobre el sistema inmunitario de las personas, hay que enfrentarse al problema de determinar si tales agentes son estresantes o no para una persona en concreto.

Hay otro problema con el paso 1: no suele estar claro que los humanos se hallen de verdad expuestos a los agentes estresantes a los que afirman verse sometidos. Tendemos a informar muy mal de lo que nos sucede en la vida. Un experimento imaginario: se cogen cien personas y se les administra un fármaco que les causa dolor de estómago durante unos días. Luego se las manda a ver a un médico, que participa en el experimento, quien les dice que tienen úlcera de estómago. El médico pregunta de forma inocente: «¿Ha estado sometido a un gran estrés recientemente?». Un mínimo de noventa personas encontrará algo supuestamente estresante a lo que atribuir la úlcera. En estudios *retrospectivos* de este tipo, es muy probable que las personas con una enfermedad afirmen que se han producido hechos estresantes en su vida. Cuando se confía demasiado en estudios retrospectivos con humanos, se corre el riesgo de establecer un vínculo fuerte, pero falso, entre el estrés y la enfermedad; y el problema es que la mayor parte de los estudios de este campo son retrospectivos. Los estudios *prospectivos*, muy caros y largos, están empezando a ser ahora más habituales: se elige a un grupo de personas sanas y se las sigue durante décadas, registrando como observador externo y objetivo los momentos en que se hallan expuestas a agentes estresantes y si se ponen enfermas.

Vayamos al paso siguiente: del agente estresante a la respuesta de estrés (del 1 al 2). De nuevo, si se aplica a un organismo un agente estresante intenso, su respuesta de estrés también lo será. Con agentes más leves, se obtienen respuestas más débiles.

Lo mismo vale para el tránsito del paso 2 al 3. En estudios experimentales con animales, grandes cantidades de glucocorticoides hacen que el sistema inmunitario toque fondo. Igual sucede si un humano tiene un tumor que provoca la secreción de cantidades masivas de glucocorticoides (síndrome de Cushing), o si alguien toma cantidades enormes de glucocorticoides sintéticos para controlar una enfermedad. Pero como ahora sabemos, las moderadas subidas en los niveles de glucocorticoides vistas en respuesta a muchos más agentes estresantes característicos estimulan el sistema inmune en vez de suprimirlo. Más aún, en algunos tipos de cáncer unos elevados niveles de glucocorticoides resultan ser protectores. Como vimos en el capítulo anterior, niveles muy altos de glucocorticoides suprimen los niveles de estrógenos en las hembras y de testosterona en los machos, y ciertas clases de cáncer son estimuladas por estas hormonas (las más notables formas de cáncer de mama «estrógeno-sensibles» y cáncer de próstata «andrógeno-sensibles»). En estos casos, mucho estrés equivale a muchos glucocorticoides, lo cual equivale a menos estrógenos o testosterona, lo que a su vez equivale a menor crecimiento del tumor.

Pasemos ahora del paso 3 al 4. ¿En qué medida un cambio de perfil inmunitario altera los patrones de enfermedad?

Aunque parezca extraño, los inmunólogos no están seguros. Si la actividad del sistema inmunitario disminuye mucho, aumenta la probabilidad de ponerse enfermo, de eso no hay duda. Quienes toman dosis elevadas de glucocorticoides como medicación, que ponen en peligro su sistema inmunitario, son vulnerables a toda clase de enfermedades infecciosas, al igual que los que tienen el síndrome de Cushing o sida.

Las implicaciones de fluctuaciones más sutiles de la inmunidad están menos claras. Pocos inmunólogos afirmarían que «por cada mínima disminución de tal medida de la función inmunitaria se produce un mínimo aumento del riesgo de enfermedad». Sus dudas proceden de la posibilidad de que la relación entre la competencia inmunitaria y la enfermedad no sea lineal; es decir, al sobrepasar un determinado umbral de inmunosupresión, tenemos que ir corriente arriba sin remos; pero antes es posible que las fluctuaciones del sistema inmunitario carezcan de importancia. Este sistema es tan complejo que ser capaz de medir el cambio de un pequeño elemento en respuesta al estrés puede no significar nada para el sistema en su conjunto. Por tanto, acaba siendo muy débil, en los humanos, la relación entre las fluctuaciones menores del sistema inmunitario y los patrones de enfermedad.

Hay otra razón por la que es difícil generalizar al mundo real los hallazgos de laboratorio. En éste se pueden estudiar los efectos de los pasos 1, 2 o 3 en la enfermedad (4). A la mayor parte de los científicos no les resulta cómodo manipular los niveles de estrés, glucocorticoides e inmunidad de una rata y esperar el resto de la vida del animal para ver si tiene más probabilidades de caer enferma que una rata de control, ya que es un proceso lento y caro. En general, lo que hacen es estudiar enfermedades *inducidas*. Manipulan los pasos 1, 2 o 3 en una rata que ha sido expuesta a un virus y ven lo que ocurre. Al hacerlo, se obtiene información sobre las relaciones con el paso 4 al enfrentarse a enfermedades

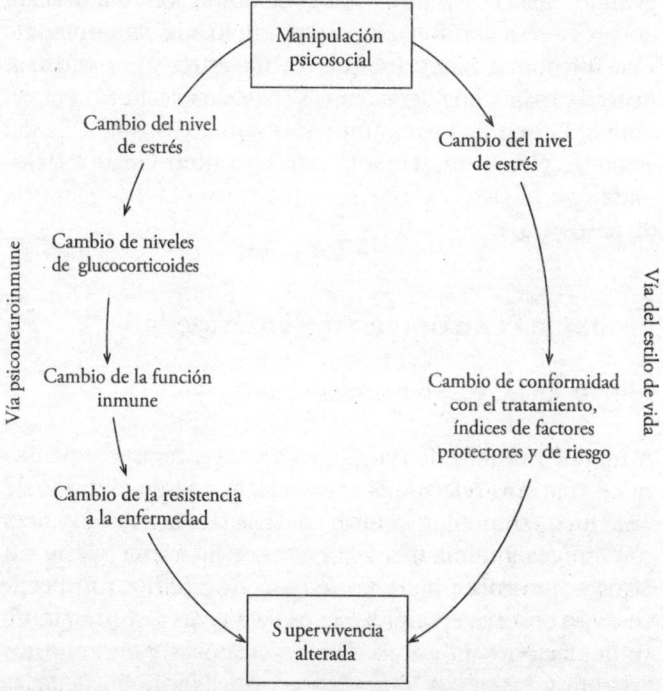

Ilustración 21.

graves inducidas de forma artificial, pero tal enfoque pasa por alto el hecho de que nosotros no enfermamos porque un científico nos exponga deliberadamente a una enfermedad, sino que nos pasamos la vida en un mundo repleto de sustancias cancerígenas dispersas y epidemias ocasionales, en el que alguien estornuda al otro lado de la habitación. Pocos estudios experimentales con animales se han centrado en las enfermedades *espontáneas* en vez de en las provocadas.

Hay muchas advertencias. Consideremos algunas zonas en las que hay conexiones entre el estrés y enfermedades asociadas con una disfunción inmune. Esto nos permitirá evaluar hasta qué punto estas conexiones son una función del progreso a partir de los pasos 1 a 4, lo que llamaremos la «Vía psiconeuroinmune», que vincula estrés y enfermedad. En cada caso, consideraremos si hay una secuencia alternativa, lo que de forma imprecisa llamaremos la «Vía del estilo de vida», que vincula estrés y enfermedad relacionada con el sistema inmune mientras evita la secuencia de pasos 1 a 4.

Probar la conexión estrés-enfermedad

Apoyo social y aislamiento social*

A menor número de relaciones sociales, menor esperanza de vida. Las relaciones «protectoras» desde el punto de vista médico adoptan la forma del matrimonio, el contacto con amigos y familiares y la pertenencia a una iglesia o a otros grupos. Este hallazgo se basa en estudios prospectivos, y se observa en ambos sexos y en razas distintas, tanto en poblaciones americanas como europeas y en entornos urbanos y rurales. Además, parece que la influencia de las relaciones sociales en la esperanza de vida es tan importante como el de otras variables, como el tabaquismo, la hipertensión, la obesidad y el nivel de actividad física. Las personas con menor número de relaciones sociales tienen más del doble de probabilidades de morir que las que tienen muchas, controlando variables como la edad, el sexo y la salud general.

Apasionante. ¿Y qué puede explicar esta relación? Tal vez a través de la vía psiconeuroinmune de los pasos 1 a 4, que indicaría algo como que las personas socialmente aisladas están más estresadas por falta de desahogos sociales y apoyo (paso 1); esto conduce a una activación crónica de las respuestas de estrés (paso 2); lo que conduce a la supresión inmune (paso 3); y a más enfermedades infecciosas (paso 4).

Veamos qué base hay para cada uno de estos pasos. Primero, el hecho de que alguien esté socialmente aislado no significa que eso le cause estrés, hay numerosos ermitaños absolutamente contentos de su condición. El aislamiento social como agente estresante es una valoración subjetiva. No obstante, en muchos de estos estudios los sujetos que se ajustan al perfil de socialmente aislados se consideran a sí mismos solitarios, desde luego una emoción negativa. Así que podemos dejar el paso 1. Vayamos al paso 2: ¿tienen estas personas respuestas de estrés crónicamente hiperactivas? Existen pocas pruebas en uno u otro sentido.

¿Qué tal el paso 3: está asociado el aislamiento social con la disminución de algún aspecto de la función inmune? Hay muchas pruebas de ello: los individuos más solos y aislados socialmente poseen menos respuesta de anticuerpos a una vacuna en uno de los estudios; en otro estudio, de personas con sida, tienen una caída más rápida en una categoría clave de los linfocitos; en otro, de mujeres con cáncer de mama, tienen menos actividad de las células agresoras naturales.

Pasemos al paso 4: ¿podemos realmente demostrar que el grado de supresión inmune desempeñó un papel en la aparición de la enfermedad? Los hechos son relativamente inconsistentes. Algunos estudios manifiestan aislamiento social y paso 3; otros muestran aislamiento y paso 4, pero pocos muestran ambas cosas y también de forma explícita muestran que la magnitud del paso 3 tiene algo que ver con la transición al paso 4.

Sin embargo, existe una evidencia relativamente sólida de que este paso es importante. ¿Qué pasa con la vía del estilo de vida? ¿Y si el problema es que la gente socialmente aislada carece de ese alguien especial que les recuerde que deben tomarse su medicación diaria? Se sabe que las personas aisladas tienen menos probabilidad de obedecer un régimen médico. ¿Y si lo que ocurre es que subsisten a base de comida rápida recalentada en vez de ingerir algo nutritivo? ¿O tal vez se entregan a un hábito estúpido y peligroso, como fumar, porque no hay nadie que intente convencerles de que lo dejen? Muchos patrones del estilo de vida podrían vincular el aislamiento social con más enfermedades infecciosas, evitando esta secuencia de pasos. ¿O si la causalidad se invierte: si el vínculo se produce porque las personas enfermas tienen menos probabilidad de poder mantener relaciones sociales estables?

Numerosos estudios han controlado estos factores de riesgo del estilo de vida como el tabaquismo, la dieta o la obediencia médica, y han demostrado que existe una relación entre aislamiento y mala salud. Además, lo mismo se puede demostrar en primates no humanos, que no se machacan la salud con hamburguesas, alcohol y tabaco. Si infectásemos a unos monos con SIV (el equivalente simio al sida), los animales más socialmente aislados tendrían niveles más altos de glucocorticoides, menos anticuerpos contra el virus, más virus en su sistema, y una mayor tasa de mortalidad: en otras palabras, pasos 1 a 4.

Duelo*

El duelo, una versión extrema del aislamiento social, es por supuesto la pérdida de un ser amado. Una extensa literatura médica demuestra que aunque el duelo suela coincidir con la depresión, es diferente de ella. Existe la creencia común de que quien sufre la pérdida —el cónyuge afligido, el progenitor desconsolado, la mascota sin amo— ahora anhela una muerte prematura. Diversos estudios sugieren que en efecto el duelo aumenta el riesgo de muerte, aunque el efecto no es tan poderoso. Es probable que sea así porque el riesgo se produce sólo en un subconjunto de afligidos, entre esas personas que poseen un factor de riesgo adicional fisiológico o psicológico además del duelo. En un meticuloso estudio prospectivo, a los padres de todos los soldados israelíes que murieron en la guerra del Líbano se les hizo un seguimiento durante los diez años posteriores al conflicto bélico. La pérdida de un hijo no influyó en las tasas de mortalidad de la población de padres afligidos en general. Sin embargo, se produjeron tasas de mortalidad significativamente más altas entre los padres que ya habían enviudado o se habían divorciado. En otras palabras, este agente estresante está relacionado con la mayor mortalidad en el subconjunto de padres con el factor de riesgo añadido del mínimo apoyo social.

De este modo volvemos al tema del aislamiento social. De nuevo, la evidencia respecto a lo que ocurre en la vía psiconeuroinmune es apreciable pero, una vez más, existen muchas vías de estilo de vida potenciales: es probable que las personas afligidas no coman, duerman o se ejerciten de forma saludable. A veces, el elemento confuso es más sutil. Las personas tienden a casarse con otras personas que son étnica y genéticamente bastante parecidas a ellas mismas. Dentro de esta tendencia a la «homogamia» hay otra tendencia de las parejas casadas a tener más ocasiones de lo normal de compartir factores de riesgo ambiental (y a compartir de forma desproporcionada genes relacionados con enfermedades, haciendo que este componente de la vía de estilo de vida no esté realmente relacionado con el estilo de vida). Esto hace más probable que caigan enfermos más o menos al mismo tiempo. Sin embargo, entre estos interrogantes, los pasos 1 a 4 de la vía psiconeuroinmune probablemente expliquen la mayor tasa de mortalidad entre los individuos con duelo que carecen de apoyo social.

El resfriado común*

Todo el mundo sabe que estar estresado aumenta nuestras probabilidades de coger un resfriado. Basta con recordarse a sí mismo agotado y falto de sueño durante unos exámenes finales, y, sin duda, allí estaba esa tos y la nariz moqueante. Si examinamos los archivos de los servicios sanitarios de la universidad veremos lo mismo: estudiantes que se constipan a diestro y siniestro en torno a la época de exámenes. A muchos de nosotros nos sigue ocurriendo décadas después cuando nos vemos en situaciones semejantes.

Los pasos 1 a 4 de la vía psiconeuroinmune parecen bastante verosímiles. Algunos de los estudios implican varios acontecimientos externos bastante pesados que la mayoría de las personas considerarían estresantes, como verse en el paro (paso 1). Pero pocos han examinado la magnitud de la respuesta de estrés (paso 2). Sin embargo, se han documentado cambios en medidas inmunes relevantes, por ejemplo, en estudios en los que el estrés aumenta el riesgo de contraer un resfriado común, esos mismos individuos tienen menos anticuerpos de los que combaten los resfriados que son segregados en nuestra saliva y en los conductos nasales (pasos 3 y 4).

La posibilidad de que el estrés cambie nuestro estilo de vida y eso aumente a su vez la exposición a los virus que causan resfriados se ha examinado en una famosa serie de estudios. En uno de ellos, varios voluntarios alegremente obedientes fueron alojados bajo condiciones en las que se controlaban algunos aspectos importantes del estilo de vida. Después rellenaban unos cuestionarios considerando cuál era su grado de estrés. A los sujetos luego se les rociaba la nariz con cantidades iguales de rinovirus, los que causan el resfriado común. Todos fueron expuestos a la misma cantidad de patógenos. ¿Cuál fue el resultado? (Fanfarria.) Más cantidad de estrés equivalía más o menos a una probabilidad tres veces mayor de sucumbir a un constipado tras ser expuesto al virus. El mayor riesgo lo representaban los agentes estresantes de naturaleza social que se prolongaban más de un mes[48].

---

48. Dichos estudios surgieron de la famosa Unidad de Resfriado Común del Medical Research Council de Salisbury, Inglaterra, que

Además, lo mismo se ha comprobado con ratones de laboratorio y primates no humanos.

Sida*

Dado que el sida es una enfermedad de profunda inmunosupresión, y que los agentes estresantes importantes suprimen el sistema inmune, ¿puede el estrés incrementar la probabilidad de que alguien seropositivo desarrolle sida? Y una vez que el sida se ha declarado, ¿puede el estrés agravar su curso?

Estas preguntas se han hecho públicas desde que comenzó la epidemia del sida. Desde la última edición de este libro, la triple combinación de terapia antirretroviral ha hecho que el sida deje de ser una enfermedad mortal para convertirse en una enfermedad crónica a menudo manejable, haciendo que estas preguntas sean aún más relevantes. (Suponiendo que seamos de los pocos afortunados

---

reclutó voluntarios para sus habituales experimentos de dos semanas sobre diversos aspectos relacionados con el resfriado común. Al parecer, toda una experiencia: todos los gastos cubiertos más un pequeño sueldo, muchas actividades recreativas en la apacible campiña de Salisbury, sonarse la nariz a diario en cubetas de recogida para el personal de investigación, rellenar cuestionarios y ser rociados en la nariz bien con placebo o con virus causantes de resfriado. La probabilidad de coger un resfriado durante la estancia era de una entre tres, por término medio. Las personas competían por ofrecerse como voluntarios; allí se habían formado parejas, casado, regresado para su luna de miel; personas con contactos maniobraban para volver de visita, convirtiéndolo en unas vacaciones anuales pagadas. (Aunque no todo era idílico en la Unidad de Resfriado. Un grupo ocasional participó en unos estudios que, por ejemplo, demostraban que estar congelado y mojado no provoca resfriados, y tenían que andar durante horas con unos calcetines húmedos.) Por desgracia, debido a limitaciones de presupuesto, la unidad fue cerrada.

con sida que tienen suficiente dinero, o cuyo país lo tiene, para pagarse los medicamentos.)

Hay una evidencia indirecta lo bastante sólida como para pensar que el estrés puede alterar el curso del sida. Supongamos que desarrollamos linfocitos humanos en una placa de Petri y los exponemos al VIH. Si también exponemos las células a los glucocorticoides, tienen más probabilidad de ser infectadas por el virus. Además, la noradrenalina puede facilitar al virus la invasión de un linfocito y, una vez dentro, refuerza su replicación. Esto lo ratifica un estudio con primates no humanos, del que ya hablamos, que sugiere que los pasos 1 a 4 podrían aplicarse al VIH.

Comenzando con la misma cantidad de VIH en nuestro sistema, se produce un descenso más rápido y una tasa de mortalidad más alta, por término medio, entre las personas que tienen cualquiera de los elementos siguientes: (a) una forma de afrontar el estrés basada en la negación; (b) mínimo apoyo social; (c) un temperamento socialmente inhibido; (d) más agentes estresantes, particularmente la pérdida de seres queridos. No son efectos enormes, pero, aun así, parecen tener bastante consistencia. Eso parece capacitarnos para el paso 1.

¿Estos individuos tienen también respuestas de estrés hiperactivas (paso 2)? Los niveles de glucocorticoides no son particularmente pronosticadores del curso del VIH. Sin embargo, tienen más riesgo las personas con temperamentos socialmente inhibidos y una actividad elevada de su sistema nervioso simpático, y el grado de esa hiperactividad es incluso un pronosticador mejor de declive que la propia personalidad. Parece que esto nos lleva al paso 2.

¿Mucho estrés, un temperamento inhibido, negación o falta de apoyo social no sólo predice tasas de mortalidad más altas (paso 4), sino una caída más rápida de la función inmune (paso 3)? Parece que también ése es el caso.

Así pues, el sida parece seguir la vía psiconeuroinmune. ¿Y la vía del estilo de vida? Los regímenes de medicación para tratar el VIH pueden ser enormemente complejos, y es bastante plausible que las personas más estresadas tengan menos probabilidad de tomar su medicación antiviral, o de tomarla correctamente. Mi impresión es que los factores de riesgo del estilo de vida no han sido controlados igual de bien en estos estudios. ¿Y si la conexión actúa en dirección contraria? ¿Y si experimentar un empeoramiento más rápido de la enfermedad le hace ser a uno más inhibido socialmente, tener menos relaciones sociales? Parece bastante plausible, pero, como control importante, se ha demostrado que el tipo de personalidad predice perfiles inmunes muchos meses después.

En resumen, los aspectos psiconeuroinmunes podrían contribuir a una conexión entre el estrés y el agravamiento de ciertos aspectos del sida. Pero hace falta más investigación para saber hasta qué punto influye el estrés en las personas que cumplen sus regímenes de tratamiento, y cuál es el grado de eficacia de dichos tratamientos.

Virus latentes*

Existe una última categoría de virus, aquellos que, después de infectarnos al principio, pueden pasar a un estado latente. «Latencia» significa que los virus, una vez que han entrado en algunas de nuestras células, pasan a hibernación durante un tiempo, al acecho cerca de nuestro ADN celular pero sin replicarse. En algún momento posterior, algo activa al virus durmiente, y, tras realizar varias copias de sí mismo, el ahora número mayor de partículas virales se esconde y vuelve a un estado latente. El ejemplo clásico son los virus del herpes, que, tras infectar a algunas de nuestras neuronas, pueden quedar latentes durante años, incluso décadas, hasta que salen de su latencia.

Se trata de una táctica inteligente que han desarrollado los virus. Infectar algunas células, replicarse, reventar dichas células en el proceso, provocar la clase de desorden que dispara todas las alarmas en el sistema inmune y, justo cuando esas células inmunes activadas están a punto de saltar, se introducen en otro grupo de células.

¿Cuál es la siguiente cosa inteligente que hacen los virus? No se reactivan en cualquier momento. Esperan a que el sistema inmune del organismo anfitrión esté agobiado, y entonces se lanzan a producir rápidas copias virales. ¿Y cuándo están más agobiados los sistemas inmunes? Efectivamente. Está documentado hasta la saciedad que los virus latentes como los herpes se despiertan en momentos de estrés físico o psicológico de todas las clases.

Hay que quitarse el sombrero ante estos virus altamente evolucionados. Ahora una pregunta clave. ¿Cómo sabe el virus de un herpes latente, que, al fin y al cabo, no es más que un trocito de ADN sin escolarizar arrebujado como una bola de naftalina dentro de un montón de neuronas, cuándo estamos bajos de defensas? Una posibilidad es que el herpes está siempre intentando salir de la latencia y, si nuestro sistema inmune funciona bien, abandona el intento. Una segunda posibilidad es que el herpes pueda medir de algún modo lo que hace el sistema inmune.

Asombrosamente, la respuesta ha aparecido en los últimos años. El herpes no mide lo que hace nuestro sistema inmune, sino otra cosa que, para sus propósitos, le da la información que necesita: el nivel de glucocorticoides. El ADN del herpes contiene una banda que es sensible a las señales elevadas de glucocorticoides, y cuando los niveles suben, ese sensor de ADN activa los genes implicados en salir de la latencia. La enfermedad de Epstein-Barr y la varicela zóster también contienen esta banda sensible a los glucocorticoides.

Y ahora algo aún más diabólicamente astuto. ¿Sabe el lector qué más puede hacer el herpes una vez que infecta a nuestro sistema nervioso? Hace que el hipotálamo libere CRH, que a su vez libera ACTH, que eleva el nivel de glucocorticoides. Increíble, ¿verdad? Así que ni siquiera hace falta un agente estresante. El herpes te infecta, te empuja artificialmente al paso 2 con tus niveles elevados de glucocorticoides, lo que te lleva al paso 3, y permite al virus salir de la latencia. Además, los niveles altos de glucocorticoides bloquean nuestras defensas inmunes contra el herpes activado. Esto conduce al paso 4: un molesto resfriado. Y nosotros que nos creemos tan listos con nuestros grandes cerebros y nuestros pulgares oponibles.

Ya hemos examinado varios temas predilectos de la psiconeuroinmunología, y podemos ver que el estrés puede aumentar la probabilidad y/o la gravedad de algunas enfermedades relacionadas con el sistema inmune. Todo esto es un preludio para considerar el tema más polémico de todo este campo. La idea principal es una de las más importantes de este libro, y va en contra de lo que es tristemente común en la sabiduría popular.

Estrés y cáncer*

¿Qué relación hay entre el estrés y el hecho de contraer un cáncer?

La primera evidencia proviene de estudios realizados con animales. Ya existe una literatura sobre experimentación con animales razonablemente convincente que demuestra que el estrés afecta al curso de algunos tipos de cáncer. Por ejemplo, la velocidad de crecimiento de los tumores en los ratones puede determinarla la clase de jaula en la que se hallen los animales: cuanto más ruidosa y estresante, más rápidamente crecen los tumores. Otros estudios demuestran que las ratas expuestas a descargas eléctricas de las que finalmente pueden escapar, rechazan los tumores trasplantados a una velocidad normal. Si se les impide la huida y se les administra el mismo número de descargas, pierden la capacidad de rechazar los tumores. Si se somete a estrés a unos ratones al poner la jaula en una plataforma giratoria (básicamente, un tocadiscos), se observa una estrecha relación entre el número de vueltas y el ritmo de crecimiento de los tumores. Si se sustituye al agente estresante de la rotación por glucocorticoides, la velocidad de crecimiento de los tumores también se acelera. Estos resultados proceden de estudios muy serios realizados por los mejores expertos en este campo.

¿El estrés actúa en estos animales a través de la vía psiconeuroinmune? Al parecer, de forma parcial al menos. En estos estudios dichos agentes estresantes elevan los niveles de glucocorticoides, los cuales influyen directamente en la biología del tumor en los ámbitos inmune y autoinmune. Como primer mecanismo, el sistema inmune contiene una clase de células especializadas (en especial, las células agresoras naturales) que impiden la extensión de los tumores. Según estos estudios, el estrés suprime el número de células agresoras naturales en circulación. Una segunda vía probablemente sea no inmunológica. Cuando un tumor comienza a desarrollarse requiere cantidades ingentes de energía, y una de las primeras cosas que hace es enviar una señal al vaso sanguíneo más próximo para que desarrolle capilares en el tumor. Esta «angiogénesis» permite el suministro de sangre y nutrientes al hambriento tumor. Los glucocorticoides, en la concentración que se genera durante el estrés, ayudan a la angiogénesis. Una vía final podría ser el suministro de glucosa. Las células tumorales absorben glucosa de la corriente sanguínea. Recordemos a la cebra que huye del león: se interrumpe el almacenamiento de energía para aumentar la concentración de glucosa en la sangre que tienen que usar los músculos. Pero, como mi laboratorio descubrió hace unos años, cuando durante el estrés se eleva en las ratas la concentración de glucosa en la sangre, al menos un tipo de tumor experimental se apropia de la glucosa antes de que lo haga el músculo. Los almacenes de energía destinados a los músculos se vacían y la energía se transfiere al voraz tumor.

Así pues, tenemos algunas conexiones entre estrés y cáncer en animales, y varios mecanismos psiconeuroinmunes para explicar estos efectos. ¿Esto es aplicable a los humanos? Dos grandes características de estos estudios con animales limitan drásticamente su relevancia para nosotros. Primero, se trataba de estudios de tumor *inducido*, en los que se inyectaban o trasplantaban células tumorales al animal. De modo que no estamos examinando al estrés *causando* cáncer en estos animales, sino al estrés alterando el curso de los cánceres introducidos por vías artificiales. No tengo conocimiento de ningún estudio con animales que haya demostrado que el estrés incrementa la incidencia de tumores espontáneos. Además, la mayoría de estos estudios se han basado en tumores causados por virus. En dichos casos, los virus se apropian del mecanismo de replicación de una célula y le hacen dividirse y crecer fuera de control. En los seres humanos la mayoría de los cánceres surgen por factores genéticos o exposición a carcinógenos ambientales, en vez de por virus, y éstos no han sido el objeto de estudio con animales de laboratorio.

De modo que volvamos nuestra atención a los seres humanos. Una primera y sencilla pregunta: ¿Un historial de graves agentes estresantes está relacionado con un mayor riesgo de tener cáncer en el futuro?*

Diversos estudios parecían demostrarlo así, pero todos adolecían del mismo problema, que eran retrospectivos. De nuevo, es más probable que alguien con diagnóstico de cáncer recuerde acontecimientos estresantes que alguien con un juanete. ¿Qué sucede si hacemos un estudio retrospectivo en el que nos basamos en una historia de agentes estresantes verificables, como la muerte de un miembro de la familia, la pérdida de un empleo o un divorcio? Un par de estudios han detectado la existencia de un nexo entre dichos agentes estresantes y la aparición de un cáncer de colon entre cinco y diez años después. Varios estudios, sobre todo de pacientes con cáncer de mama, han tenido un diseño «cuasi-prospectivo», evaluando historias de estrés de mujeres en el momento en que se les está haciendo una biopsia por un bulto en el pecho, comparando a las que tienen un diagnóstico de cáncer con las que no. Algunos de estos estudios han demostrado una conexión entre el estrés y el cáncer, y debe de ser sólida —después de todo, no puede haber un prejuicio retrospectivo si las mujeres todavía no saben si tienen cáncer—. ¿Cuál es aquí el problema? Al parecer, las personas pueden adivinar si resultará ser un cáncer en una proporción superior a la del mero azar, tal vez como reflejo del conocimiento de una historia familiar de la enfermedad, o por exposición personal a factores de riesgo. Por tanto, dichos estudios cuasi-prospectivos ya son cuasi-retrospectivos, y de la clase menos fiable.

Cuando nos basamos en los infrecuentes estudios prospectivos, no aparece una evidencia clara de una conexión entre estrés y cáncer. Por ejemplo, como veremos en el capítulo 14, sufrir una depresión está estrechamente relacionado con el estrés y con una secreción excesiva de glucocorticoides, y un famoso estudio de dos mil hombres en una planta de la Western Electric demostró que la conexión entre depresión y cáncer era atribuible a un subconjunto de hombres que estaban terriblemente deprimidos porque se veían obligados a trabajar con algunos carcinógenos importantes.

Estudios prospectivos posteriores de otras poblaciones han demostrado o la no existencia de una conexión entre depresión y cáncer o una tan mínima que es irrelevante desde el punto de vista biológico. Por otra parte, estos estudios no han descartado la vía del estilo de vida, pues las personas deprimidas fuman y beben más, dos hábitos que contribuyen a aumentar el riesgo de cáncer. Similares resultados arrojan los cuidadosos estudios prospectivos sobre la situación de duelo como agente estresante: ningún vínculo con cáncer posterior.

Así que pasamos a una literatura diferente. En el capítulo 11 veremos cómo la privación de sueño y las pautas de trastorno del mismo son importantes agentes estresantes. Al buscar un nexo entre estrés y mayor riesgo de cáncer, no debería sorprendernos hallar que las mujeres que han pasado largos periodos (décadas) trabajando en turnos de noche tienen mayor riesgo de padecer cáncer de mama. Sin embargo, aquí la explicación más verosímil no tiene nada que ver con el estrés: una jornada laboral nocturna hace que descienda de forma drástica el nivel de una hormona sensible a la luz llamada melatonina, y la disminución de esta hormona aumenta enormemente el riesgo de diversos tipos de cáncer, entre ellos el de mama*.

Como se dijo antes, los individuos que poseen órganos trasplantados tienen el riesgo de rechazarlos, y una de las estrategias de prevención es darles glucocorticoides para suprimir el sistema inmune más allá del punto en que pueda rechazar el órgano. En un pequeño subgrupo de dichos individuos, se produce una mayor incidencia de unas pocas clases de cáncer de piel (de la clase menos grave). Además, como se dijo, si el sistema inmune de una persona es suprimido de forma masiva debido al sida, hay una mayor incidencia de varios tipos de cáncer. ¿Así pues, estos hallazgos refuerzan los vínculos entre cáncer y estrés? No. Porque: (a) el estrés nunca suprime el sistema inmune hasta ese punto; (b) incluso cuando el sistema inmune es suprimido a ese nivel, sólo un pequeño subconjunto de los trasplantados o pacientes de sida contraen cáncer, y (c) es sólo una mínima parte de cánceres que ahora se han vuelto más comunes.

De modo que junto a esos dos informes sobre el cáncer de colon, no hay nada en particular que refuerce la idea de que el estrés aumenta el riesgo de cáncer. ¿Pero existe un subgrupo de individuos que tenga una particular (y deficiente) forma de afrontar el estrés que le suponga un mayor riesgo de cáncer? Ya lo vimos en el capítulo 5, la idea de que existen tipos de personalidad que son más susceptibles a los trastornos gastrointestinales. ¿Existe una personalidad proclive al cáncer y cabe interpretarla en el contexto de un mal manejo del estrés?

Algunos científicos así lo creen. Gran parte del trabajo en este campo se ha hecho con cáncer de mama, sobre todo debido al predominio y la gravedad de la enfermedad. Sin embargo, el mismo patrón se ha detectado también en otros cánceres. La personalidad proclive al cáncer, según se nos dice, es de naturaleza represiva: emociones ocultas dentro de uno, especialmente las de cólera. Éste es el cuadro de un introvertido, un respetuoso individuo con un fuerte deseo de agradar: sumiso y obediente. Reprimir esas emociones aumenta la probabilidad de producir un cáncer, según este punto de vista.

La mayoría de estos estudios han sido retrospectivos o cuasi prospectivos, y hemos visto cuáles son los problemas inherentes a ellos. No obstante, los estudios prospectivos han demostrado que existe cierto nexo, aunque sea pequeño.

¿Estamos en el ámbito de los pasos 1 a 4 de la vía psiconeuroinmune? Nadie ha demostrado eso, en mi opinión. Como veremos en el capítulo 15, una personalidad reprimida está asociada a elevados niveles de glucocorticoides, así que estamos en el paso 2. Pero, por lo que yo sé, nadie ha mostrado pruebas del paso 3 —alguna clase de supresión inmune—, menos aún que sea de una magnitud relevante para el cáncer. Por otra parte, ninguno de los estudios prospectivos ha descartado la vía del estilo de vida (como fumar, beber o, en el caso del cáncer de mama, más consumo de grasa). Así que el jurado sigue deliberando sobre el particular. No existen evidencias concluyentes de que el estrés aumente el riesgo de cáncer en las personas.

Estrés y recaída del cáncer*

¿Y si el cáncer ha sido curado? ¿El estrés aumenta el riesgo de que vuelva? Los escasos estudios existentes al respecto no sugieren que exista ninguna conexión: la mitad la afirman y la otra mitad la niegan.

El estrés y el curso del cáncer

Pasemos ahora al tema más complejo y controvertido de todos. Quizás el estrés no tenga relación con la aparición de un cáncer, pero una vez que lo tenemos, ¿hace que el tumor crezca más deprisa, aumentando el riesgo de muerte? ¿Y puede la reducción del estrés aminorar el crecimiento del tumor, alargando el tiempo de supervivencia?

Como vimos antes, el estrés acelera el crecimiento tumoral en los animales, pero esa clase de tumores instigados y su biología no son extrapolables a los humanos. De modo que debemos echar un vistazo a los estudios realizados con personas. Y aquí el tema se complica.

Comenzamos examinando si diferentes maneras de afrontarlo predicen diferentes resultados de cáncer. Cuando comparamos pacientes que responden a su cáncer con un «espíritu combativo» (esto es, son optimistas) con aquellos que se hunden en la depresión, el rechazo y la represión, los primeros viven más tiempo, tras controlar la gravedad del cáncer.

Hallazgos como éstos impulsaron estudios en los que los médicos trataban de intervenir, reducir el estrés e inculcar algo de ese espíritu combativo en las personas. El estudio decisivo en este sentido lo llevó a cabo a finales de la década de 1970 el psiquiatra David Spiegel, de la Universidad de Stanford*. Mujeres que acababan de recibir un diagnóstico de cáncer de mama con metástasis fueron asignadas al azar a grupos que o bien recibían un tratamiento médico estándar o tenían sesiones intensivas de psicoterapia colectiva. Como se esperaba, mejoró el estado de ánimo y disminuyó el dolor de las mujeres del grupo de terapia de apoyo. Pero lo que sorprendió a Spiegel y sus colaboradores fue descubrir que este grupo de mujeres vivió el doble que las del grupo de control. El propio Spiegel señala que el hecho de vivir más quizá no se debiera a que las mujeres del grupo de terapia estuvieran menos estresadas, sino a que estar en un grupo de apoyo aumentaba la probabilidad de que las enfermas siguieran las prescripciones médicas, llevasen a cabo los ejercicios terapéuticos que se les exigían, siguieran estrictamente una dieta difícil, etc. No obstante, en su día el efecto fue de gran impacto.

Sin embargo, ha surgido un gran problema desde entonces: no está tan claro si una intervención psicosocial realmente funciona. Desde el estudio de Spiegel, ha habido aproximadamente una docena más y han llegado incluso a cuestionar si existe algún efecto protector de la terapia de grupo. En lo que quizá haya sido el intento más completo de repetir los hallazgos de Spiegel, un estudio publicado en 2001 en la prestigiosa *New England Journal of Medicine*, no hubo ningún efecto en el tiempo de supervivencia.

¿Por qué este hallazgo ha sido tan difícil de reproducir? Spiegel y otros dan una explicación plausible, que tiene mucho que ver con los enormes cambios que se han producido con los años en la «cultura del cáncer». No hace muchas décadas, desarrollar un cáncer poseía una cualidad extrañamente vergonzante: los médicos no querían comunicar a los pacientes el embarazoso y desesperanzado diagnóstico; los pacientes ocultaban que tenían la enfermedad. Como ejemplo, en un informe de 1961, un sobresaltado 90 por 100 de los médicos americanos dijo que no solía revelar un diagnóstico de cáncer a sus pacientes; al cabo de dos décadas la cifra bajó a un 3 por 100. Además, con el paso de los años, los médicos han llegado a considerar el bienestar psicológico de sus pacientes un factor esencial para luchar contra el cáncer, y ven el curso del tratamiento médico como una colaboración entre ellos y el paciente. Como dice Spiegel, cuando comenzó su trabajo en la década de 1970, el mayor reto era conseguir que sus pacientes del grupo «experimental» estuviesen dispuestas a perder su tiempo con algo tan irrelevante como un grupo de terapia. En cambio, según las versiones de la década de 1990 de estos estudios, el mayor reto era convencer a los sujetos de «control» de que renunciasen a la terapia de grupo. En esta perspectiva, se ha vuelto difícil demostrar que introducir una intervención psicosocial reductora de estrés alarga la supervivencia al cáncer sobre los sujetos de control porque todos, entre ellos los sujetos de control, ahora reconocen la necesidad de reducir el estrés durante el tratamiento del cáncer, y buscan apoyo psicosocial por encima de todo, aunque no venga con un sello oficial del «grupo de psicoterapia bisemanal».

Supongamos que esta explicación es correcta, y a mí me parece convincente. Por tanto, aceptamos la premisa de que las intervenciones psicosociales que reducen el estrés alargan la supervivencia al cáncer. Sigamos los pasos de la vía psiconeuroinmune para ver si podemos comprender por qué la terapia de grupo tiene semejante efecto. ¿Los pacientes perciben que las intervenciones psicosociales reducen el estrés (paso 1)? Existen asombrosas excepciones individuales, pero en conjunto los estudios demuestran de forma concluyente que en efecto así es.

¿Están dichas intervenciones psicosociales asociadas a una caída de la respuesta de estrés (paso 2)? Algunos estudios han demostrado que las intervenciones psicosociales pueden bajar los niveles de glucocorticoides. Veamos la cuestión de forma opuesta: ¿tener una respuesta de estrés hiperactiva predice una supervivencia más breve al cáncer? No. En el más detallado estudio sobre esta cuestión, siguiendo a una población posterior a los pacientes de cáncer de mama con metástasis de Spiegel, tener altos niveles de glucocorticoides en torno al momento del diagnóstico no predijo un tiempo de supervivencia más corto[49].

---

49. En su lugar, al margen de los niveles absolutos de glucocorticoides, los pacientes cuyos niveles de glucocorticoides no seguían un

De modo que, aunque las intervenciones psicosociales pueden reducir los niveles de glucocorticoides, hay escasa evidencia de que un elevado nivel de glucocorticoides prediga un tiempo más corto de supervivencia al cáncer. ¿Pero los pacientes de cáncer con más apoyo psicosocial tienen una mejor función inmune (paso 3)? Al parecer. Las pacientes con cáncer de mama que informaron de más estrés tenían una actividad menor de las células agresoras naturales, mientras que había mayor actividad de dichas células en las mujeres que contaron con mayor apoyo social o que participaron en alguna terapia de grupo*. ¿Esas diferencias de los sistemas inmunes fueron determinantes para el mayor o menor tiempo de supervivencia (paso 4)? Probablemente no, puesto que los niveles de actividad de las células agresoras no predecían tiempos de supervivencia en estos estudios.

Así que no hay mucha evidencia de la vía psiconeuroinmune. ¿Y de la vía del estilo de vida? Hay muchas razones para pensar que el estilo de vida tiene un papel clave en la conexión entre estrés y el curso del cáncer, pero es muy difícil de demostrar, por una razón sutil. Uno de los grandes problemas de la terapia del cáncer es que alrededor de una cuarta parte de los pacientes no toman sus medicaciones con la frecuencia prescrita, o no asisten a las citas de quimioterapia. Puedo imaginarlo, dado que estos tratamientos le hacen sentir a uno tan mal. ¿Y qué ocurre en una sesión de terapia de grupo, cuando te encuentras rodeado de personas

---

ritmo de veinticuatro horas en ese momento tuvieron un tiempo de supervivencia más corto. Dado que este apartado es casi un análisis crítico sobre la materia, creo que merece la pena señalar que yo fui coautor de este estudio. Seguimos sin saber por qué la pérdida de la fluctuación rítmica diaria en los niveles de glucocorticoides predecía un mal resultado. Una posibilidad es que la pérdida del ritmo glucocorticoideo sea irrelevante, una pista falsa, y la cuestión clave sea la pérdida del ritmo diario de alguna otra hormona, como la melatonina. De momento el asunto es objeto de investigación**.

que están atravesando el mismo infierno que tú? «Puedes pasar por la siguiente sesión de quimio, sé que puedes. Sí, me sentí muy mal todo el tiempo durante la mía, pero tú también puedes hacerlo», o «¿Has comido hoy? Lo sé, yo tampoco tengo apetito, pero tenemos que comer algo después de esto», o «¿Has tomado hoy tus medicinas?». La obediencia es mayor. Cualquier clase de intervención que aumente la obediencia incrementará los índices de éxito de los tratamientos. Y como a muchos enfermos de cáncer les resulta muy incómodo admitir que no siguen al pie de la letra sus tratamientos, es difícil detectar con exactitud si alguno de los efectos de la terapia psicosocial está cayendo por esta vía*.

Lo que aquí tenemos son unas aguas extremadamente interesantes pero fangosas. Parece que prácticamente no hay ningún nexo entre un historial de mucho estrés y una mayor incidencia de cáncer, o un mayor riesgo de recaída. Al parecer, existe relación entre cierto tipo de personalidad y un riesgo de cáncer algo mayor, pero ningún estudio ha demostrado de qué modo encaja la fisiología del estrés en esta historia, ni se han descartado los factores del estilo de vida. Por otra parte, los resultados no aclaran si las intervenciones psicosociales que reducen el estrés mejoran la evolución del cáncer. Por último, al considerar los casos en los que la intervención psicosocial es eficaz, hay pocos indicios de que una vía psiconeuroinmune explique dicha eficacia, y buenas razones para pensar que una vía alternativa, relativa al estilo de vida y la obediencia al médico, es importante.

Cáncer y milagros

Llegados a este punto, se impone un inciso. Cuando se acepta que los factores psicológicos, las intervenciones para disminuir el estrés, etc., influyen en cierta medida en el cáncer, se suele sacar la precipitada conclusión, fruto de la esperanza y de la desesperación, de que tales factores controlan el cáncer. Y cuando se comprueba que no es así, el efecto es corrosivo y venenoso: si erróneamente creemos que tenemos el poder de impedir o curar el cáncer mediante un pensamiento positivo, podemos llegar a creer que es culpa nuestra que nos estemos muriendo.

Los defensores de esta nociva exageración de la relación entre psicología y salud no siempre pertenecen a grupos de marginales lunáticos; entre ellos se hallan influyentes profesionales de la salud cuya titulación médica parece avalar sus extravagantes afirmaciones. Voy a centrarme en las de Bernie S. Siegel, un cirujano de la Universidad de Yale, muy eficaz a la hora de hacer llegar al público sus ideas, ya que es el autor de un *best-seller*.

La premisa de la obra fundamental de Siegel, *Love, Medicine and Miracles* [*Amor, medicina y milagros*] (Nueva York: Harper & Row, 1986), es que el amor es la forma más eficaz de estimular el sistema inmunitario y que se producen curaciones milagrosas en pacientes que se atreven a amar. Siegel trata de demostrarlo*.

A medida que avanza el libro, nos damos cuenta de que el autor vive en un mundo extraño. Cuando tiene que operar a pacientes anestesiados, afirma: «Tampoco dudo en pedir al paciente (anestesiado) que no sangre si las circunstancias así lo requieren» (p. 49). En su mundo, los pacientes que mueren vuelven reencarnados en pájaros (p. 222), hay países sin nombre donde todas las personas viven un siglo (p. 140) y, lo mejor de todo, quienes poseen la espiritualidad adecuada no sólo vencen al cáncer, sino que conducen coches que en manos de otros conductores se averían de forma sistemática (p. 137).

Hasta aquí se trata de palabrería sin mayor trascendencia, e incluso puede que los entusiastas de la historia se sientan reconfortados por el hecho de que entre nosotros haya quien todavía viva de acuerdo con el sistema de creencias de los campesinos medievales. Los problemas, muy graves, se plantean cuando Siegel se centra en el aspecto fundamental de su libro. Por mucho que rectifique afirmando que *no* trata de que nos sintamos culpables, la premisa del libro es que el cáncer (o cualquier otra enfermedad) se puede curar si el paciente tiene el valor, el amor y el espíritu suficientes; si el paciente no se cura, es porque no posee tales rasgos admirables en cantidad suficiente. El problema de las ideas de Siegel es que muy pocos científicos hallarían justificación científica para tales afirmaciones. Las enfermedades no funcionan así, y un médico no debería ir por ahí diciendo lo contrario a gente gravemente enferma.

Su libro está repleto de personas que tienen cáncer por su carácter nervioso y su falta de espiritualidad. Menciona a una mujer que reprimía sus sentimientos sobre sus pechos: «*Naturalmente* (el subrayado es mío), Jan contrajo un cáncer de mama» (p. 85). De otra paciente afirma: «Guardaba todos sus sentimientos en su interior y enfermó de leucemia» (p. 164). O realiza esta extraordinaria afirmación: «El cáncer parece ser una respuesta a la pérdida… Creo que si se evita el desarrollo emocional en ese momento, el impulso que subyace toma una dirección errónea y se traduce en un desarrollo físico maligno» (p. 123).

Naturalmente, las personas con valor, amor y espíritu suficientes vencen al cáncer. A veces, Siegel tiene que darles un empujoncito. En la página 108 aconseja a quienes tengan una grave enfermedad que piensen si de algún modo la han deseado, ya que se nos ha educado para asociar la enfermedad con la recompensa (Siegel menciona el hecho de recibir tarjetas postales y flores, p. 110). Otras veces tiene que ser algo más enérgico con un paciente recalcitrante. Cita el caso de una mujer que se negaba a dibujar algo que Siegel le había pedido, pues se avergonzaba de su falta de habilidad para el dibujo: «Le pregunté cómo esperaba vencer al cáncer si ni siquiera tenía valor para hacer un dibujo» (p. 81). Ya sabemos de quién sería la culpa en el caso de que muriera.

Pero cuando los pacientes buenos superan sus dificultades de actitud y siguen el programa, comienzan a producirse milagros por doquier. Un paciente, con las técnicas adecuadas de visualización, se curó de un cáncer, de una artritis y, mientras las estuvo usando, de un problema de impotencia de veinte años de duración (p. 153). Otra paciente: «Eligió el camino de la vida, y mientras ella crecía, el cáncer desapareció» (p. 113). Examinemos la siguiente conversación (p. 175):

> Entré y él dijo: «Ella ya no tiene cáncer».
> «Phyllis —le dije—, diles lo que ha pasado».
> Ella dijo: «Usted ya sabe lo que ha pasado».
> «Ya sé que lo sé —dije—, pero quiero que lo sepan los demás».
> Phyllis respondió: «Decidí vivir hasta los cien años y dejar mis problemas en manos de Dios».

Realmente podría concluir el libro aquí, porque esta paz espiritual es capaz de curar cualquier cosa.

Según Siegel, el cáncer se puede curar con una combinación correcta de atributos, y quienes carecen de ellos pueden enfermar de cáncer y morir. Una enfermedad incurable es culpa de la víctima. De vez en cuando trata de suavizar su mensaje: «No todas las complejas causas del cáncer se hallan en la mente», afirma (p. 103), y en la página 75 nos dice que lo que le interesa es que la persona comprenda su papel en la enfermedad en vez de hacerla sentir culpable. Pero cuando deja las anécdotas sobre pacientes individuales y expresa sus ideas en términos generales, sus efectos perniciosos no dejan lugar a dudas: «El problema fundamental de la mayor parte de los pacientes es su incapacidad para quererse a sí mismos» (p. 4); «Creo que toda enfermedad, en último término, está relacionada con la falta de amor» (p. 180).

Siegel dedica una parte especial del libro a los niños enfermos de cáncer y a los padres de estos niños que tratan de entender por qué han enfermado. Después de mencionar que los psicólogos evolutivos han descubierto en los niños pequeños mayores facultades perceptivas de lo que se creía, afirma: «No me sorprendería que el cáncer en la primera infancia se relacionara con la percepción, ya desde el útero, de mensajes de conflicto con los padres o de desaprobación por su parte» (p. 75). Es decir, si su hijo tiene cáncer, considere la posibilidad de que usted sea el causante[50].

Y quizá más directamente: «No hay enfermedades incurables, sino personas incurables» (p. 99). (Compárese con la afirmación de Herbert Weiner, psiquiatra e investigador del estrés: «Las enfermedades son meras abstracciones; no se entienden sin tener en cuenta a la persona enferma»*. Superficialmente, los conceptos de Weiner y Siegel guardan cierta semejanza. Pero los del primero constituyen una afirmación científicamente válida de la interacción entre la enfermedad y las características individuales de los enfermos, en tanto que los del segundo me parecen una distorsión no científica de tal interacción.)

Desde la Edad Media, por lo menos, ha habido una concepción filosófica de la naturaleza «culpable» de la enfermedad, que se caracteriza por considerarla un castigo de Dios por nuestros pecados (derivado de la caída de la Humanidad en el Paraíso). Es evidente que sus partidarios eran anteriores a los conocimientos sobre microbios, infecciones y el funcionamiento del organismo. Esta concepción prácticamente ha desaparecido (aunque en las notas finales doy un extraordinario ejemplo de esta línea de pensamiento que floreció en la administración Reagan)**, pero al leer el libro de Siegel, esperamos, de forma inconsciente, que surja

---

50. Esto es algo que me irritó la primera vez que leí este libro, hace quince años, cuando era un joven soltero y frívolo; lo hace a un grado indescriptible ahora que soy padre de hijos pequeños y tengo compañeros que sufren el infierno de tener un hijo gravemente enfermo.

en cualquier momento, pues nos damos cuenta de que la enfermedad tiene que ser algo más que el hecho de no tener la suficiente espiritualidad maravillosa de la Nueva Era y de que Dios también va a aparecer en el mundo de culpa de Siegel. Finalmente sale a la superficie en la p. 179: «Aconsejo a los pacientes que piensen en la enfermedad no como la voluntad de Dios, sino como nuestra desviación de Su voluntad. En mi opinión, es la ausencia de espiritualidad lo que crea las dificultades». El cáncer, por tanto, es el resultado de contradecir la voluntad de Dios.

¡Ah! Otra cosa sobre los puntos de vista de Siegel. Dirige un programa contra el cáncer, Pacientes de Cáncer Excepcionales, que incorpora sus ideas sobre la naturaleza de la vida, el espíritu y la enfermedad. Que yo sepa sólo hay dos estudios publicados sobre este programa y sus efectos en la prolongación de la vida, y ambos concluyeron que no tenía un efecto significativo en tal sentido. Unas palabras finales de Siegel, en las páginas 185-186 de su libro, con las que se lava las manos con respecto al primer estudio (el segundo no se había publicado aún cuando escribió su libro): «Prefiero tratar con personas y con técnicas efectivas y dejar que otros se encarguen de las estadísticas».

Volveré sobre este tema en el último capítulo, al hablar de las teorías de control del estrés. Como es evidente, este libro trata del número de cosas que dejan de funcionar en el organismo debido al estrés y de la importancia de que lo reconozcamos. Sin embargo, sería una negligencia exagerar las implicaciones de esta idea. No todos los niños pueden llegar a ser presidentes, ni las guerras terminan porque nos cojamos de la mano y cantemos canciones populares, ni el hambre desaparece por el hecho de concebir un mundo sin ella. No todo lo negativo en la salud humana actual se debe al estrés, ni está en nuestras manos curarnos de las pesadillas médicas más terribles disminuyendo el estrés y teniendo pensamientos sanos, repletos de valor, de espíritu y de amor. ¡Ojalá fuera así!

¡Qué vergüenza que haya quienes traten de vender estas ideas!

Posdata. Una historia médica grotesca

Es fascinante la noción de que la mente influye en el sistema inmunitario, de que la tensión emocional modifica la resistencia a determinadas enfermedades; la psiconeuroinmunología ejerce una poderosa atracción. Sin embargo, a veces me sorprende la cantidad de psiconeuroinmunólogos que está surgiendo, que incluso se están empezando a constituir en subespecialidades. Unos estudian sólo a humanos, otros a animales; unos analizan los patrones epidemiológicos de poblaciones grandes, otros células individuales. En los descansos de los congresos científicos hay equipos de pediatras psiconeuroinmunólogos que juegan al balonvolea con equipos de geriatras psiconeuroinmunólogos. Tengo edad suficiente, debo admitirlo, para recordar la época en que no había psiconeuroinmunólogos. Ahora veo a estos nuevos mamíferos proliferar como lo haría un viejo dinosaurio del periodo Cretácico. Pero hubo incluso un tiempo en que no se sabía que el estrés atrofiaba los tejidos inmunes y, en consecuencia, un investigador médico llevó a cabo un estudio importante y malinterpretó sus resultados, lo que se tradujo de forma indirecta en la muerte de miles de personas.

En el siglo XIX, los científicos y los médicos se empezaron a interesar por un nuevo trastorno infantil: los padres metían en la cama a su bebé totalmente sano en apariencia, lo arropaban bien con la manta y lo dejaban durmiendo tranquilamente..., y a la mañana siguiente lo encontraban muerto. Entonces se le llamó «muerte en la cuna» o «síndrome de muerte infantil súbita» (SMIS). Cuando se producía, lo primero que había que explorar era la inquietante posibilidad de que hubiera juego sucio o maltrato por parte de los padres, pero generalmente se podía descartar y permanecía el misterio de bebés sanos que morían durante el sueño por razones desconocidas.

En la actualidad, los científicos han progresado en la comprensión del SMIS. Parece que se produce en niños que, en el tercer trimestre de vida fetal, sufren una crisis que hace que el cerebro no reciba oxígeno suficiente, lo que origina una especial vulnerabilidad en determinadas neuronas del tronco cerebral que controla la respiración. Pero en el siglo XIX no tenían ni idea de lo que sucedía.

Algunos patólogos iniciaron una vía lógica de investigación de este síndrome en el siglo XIX. Hacían la autopsia a los niños muertos de SMIS y las comparaban con material de autopsia de niños normales. Ahí es donde se produjo el error sutil y fatal. «Material de autopsia de niños normales». ¿A quién se le hace la autopsia? ¿Con quién practican los médicos residentes en los hospitales? ¿Qué cuerpos acaban siendo diseccionados de cualquier manera por estudiantes de primer año de medicina? Generalmente han sido los de los pobres.

En el siglo XIX, los hombres de espalda resistente y hábitos nocturnos podían optar por la carrera de «resucitadores»: eran los ladrones de tumbas y ladrones de cuerpos que vendían los cadáveres a los anatomistas de las escuelas de medicina que los usaban en sus estudios y enseñanzas. Los cuerpos que cogían eran, en su inmensa mayoría, de gente pobre, enterrada sin ataúd en fosas comunes poco profundas; los ricos, por el contrario, eran enterrados en ataúdes triples. A medida que se extendía el robo de cuerpos, se producían nuevas adaptaciones en los féretros de los ricos. El «ataúd patentado» de 1818 se comercializaba de forma explícita —y cara— como un féretro a prueba de resucitadores, y los cementerios de los ricos ofrecían una estancia en la casa mortuoria, donde el cuerpo, bien guardado, se pudría de forma distinguida hasta sobrepasar el punto de interés para los diseccionadores, momento en el que se enterraba sin peligro. En este periodo se acuñó el término *burking*, derivado de un tal William Burke, un viejo resucitador pionero en la práctica de engañar a los vagabundos con el señuelo de una comida gratis para estrangularlos y venderlos inmediatamente a los anatomistas. (Final irónico: tras su ejecución, William Burke y su socio fueron entregados a los anatomistas. Al diseccionarlos se prestó especial importancia a sus cráneos, en un intento por hallar razones frenológicas a sus atroces crímenes.)

Todo muy útil para la comunidad biomédica, pero con algunos inconvenientes. Los pobres tendían a expresar su desagrado de forma violenta ante el tándem médicos-ladrones de cuerpos. Masas enloquecidas linchaban a los resucitadores que atrapaban, asaltaban las casas de los anatomistas, quemaban hospitales… Los gobiernos, preocupados por los violentos desórdenes causados por el aprovechamiento no regulado de los cuerpos de los pobres, tomaron medidas claras de control. A comienzos del siglo XIX, diversos gobiernos europeos administraron cuerpos adecuados a los anatomistas, por lo que dejaron sin empleo a los *burkers* y a los resucitadores y mantuvieron a los pobres a raya, todo ello con una ley muy práctica: quien muriera en la miseria, en un asilo o un hospital de pobres sería entregado a los diseccionadores.

De este modo, los médicos aprendieron lo que era un cuerpo humano normal estudiando los cuerpos y tejidos de los pobres. Pero estos cuerpos se hallan alterados por las circunstancias estresantes de la pobreza. En la autopsia de la población de seis meses «normal», los bebés habían muerto generalmente de diarrea crónica, desnutrición o tuberculosis. Enfermedades largas y estresantes, que habían atrofiado la glándula del timo.

Volvamos a nuestros patólogos que comparaban los cuerpos de bebés con SMIS con los de bebés muertos «normalmente». Por definición, si se afirmaba que un niño había muerto de SMIS, se admitía que no había nada más que no hubiera funcionado. No había agentes estresantes anteriores ni atrofia del timo. Nuestro investigador comienza su estudio y descubre algo sorprendente: los niños con SMIS tenían el timo mucho mayor que los niños que habían muerto de forma normal. Aquí fue donde se equivocaron. Como no sabían que el estrés atrofia la glándula del timo, supusieron que el timo de la autopsia de la población «anormal» era normal, y concluyeron que algunos niños tenían la glándula *anormalmente* grande y que el SMIS era provocado por ese gran timo que ejercía presión sobre la tráquea y, una noche, ahogaba al niño. Este trastorno imaginario pronto recibió un curioso nombre: «estatus timicolinfático»*.

Esta supuesta explicación biológica del SMIS proporcionó un sustituto humano a la habitual explicación de la época, que daba por supuesto que o bien los padres eran criminales o incompetentes, y algunos de los médicos más progresistas del momento endorsaban la historia del «timo hiperdesarrollado» (entre ellos Rudolph Virchow, un héroe del capítulo 17). El problema fue que los médicos decidieron hacer algunas recomendaciones para *evitar* el SMIS, basadas en este absurdo. Entonces parecía perfectamente lógico. Deshacerse de ese gran timo. Pronto surgió el tratamiento alternativo: encoger el timo por medio de irradiación. Se calcula que en las décadas siguientes causó decenas de miles de casos de cánceres en la glándula tiroidea, que se halla cerca del timo.

¿Qué enseñanzas se pueden extraer de esta historia del estatus timicolinfático? Se me ocurren algunas muy importantes. Que mientras las personas no nazcamos iguales y vivamos del mismo modo, al menos deberían diseccionarnos de la misma forma. ¿Y qué le parece al lector otra mucho más grandiosa, como que habría que hacer algo para que a los niños se les deje de atrofiar el timo por desigualdades económicas?

De acuerdo, voy a tratar de extraer una que sea más manejable desde el punto de vista científico. Por ejemplo, que mientras dedicamos mucho esfuerzo a hacer cosas extraordinarias en la investigación médica —hallar la secuencia del genoma humano, trasplantar neuronas, crear órganos artificiales—, seguimos necesitando a gente inteligente que estudie los problemas más estúpidamente simples, como ¿qué tamaño tiene un timo normal? Porque resulta que no suelen ser tan sencillos. Puede que otra lección sea que los elementos de confusión surgen en los lugares más inesperados: grupos de investigadores de la sanidad pública muy inteligentes y sutiles se ganan la vida luchando con esta idea. Quizá, la mejor moraleja sea que, al hacer ciencia (o puede que cualquier otra cosa en una sociedad tan doctrinal como la nuestra), hay que tener mucho cuidado y estar muy seguro antes de afirmar que algo constituye la norma, porque, en ese mismo momento, se vuelve extremadamente difícil poder examinar de forma objetiva una excepción a la supuesta norma.

CAPÍTULO 9

ESTRÉS Y DOLOR

En *Catch-22*, la novela ya clásica de Joseph Heller sobre la Segunda Guerra Mundial, Yossarian, el antihéroe, está en la cama con una mujer con la que sostiene una discusión inverosímil sobre la naturaleza de Dios; inverosímil porque ambos son ateos, lo que supuestamente los llevaría a estar de acuerdo con el tema. Pero resulta que, en tanto que él se limita a no creer en la existencia de Dios e incluso le irrita el propio concepto, el Dios en el que ella no cree es bueno, afectuoso y cariñoso, por lo que se ofende ante la violencia de los ataques de él.

«¿Cómo se puede reverenciar a un Ser Supremo que necesita incluir fenómenos como las flemas y las caries en Su sistema de creación divino? ¿Qué demonios tenía en Su perversa, malvada y escatológica mente cuando privó a la gente de la capacidad de controlar el movimiento de sus intestinos? ¿Por qué creó el dolor?».

«¿El dolor?» La mujer del teniente Schisskopf se lanzó sobre la palabra de forma victoriosa. «El dolor es un síntoma útil. El dolor nos avisa de peligros corporales».

«¿Y quién ha creado esos peligros?», preguntó Yosarian. Se rió con sarcasmo. «¡Oh! En realidad le movía la compasión hacia nosotros cuando nos dio el dolor. ¿Por qué no usó en su lugar un timbre para avisarnos o uno de sus coros celestiales? ¿O un sistema de tubos de neón azules y rojos en mitad de la frente de cada persona? Cualquier fabricante de máquinas de discos con un mínimo de habilidad podría haberlo hecho. ¿Por qué Él no?».

«La gente tendría un aspecto verdaderamente estúpido si andara por ahí con tubos de neón rojos y azules en la frente».

«Sin duda ahora tienen un aspecto maravilloso mientras se retuercen de agonía o están atontados por la morfina, ¿verdad?»*.

Por desgracia, carecemos de luces de neón en la frente, y en ausencia de tales signos inocuos, probablemente nos resulte necesaria la percepción del dolor. El dolor nos hace mucho daño, pero nos informa de que estamos sentados demasiado cerca del fuego o de que no debemos volver a comer un alimento venenoso. Nos hace desistir de caminar cuando tenemos un miembro herido que es mejor dejar inmovilizado hasta que se cure. Y, en nuestro sistema de vida occidental, suele ser un buen indicador de que debemos ir al médico antes de que sea demasiado tarde. Quienes tienen el defecto congénito de no sentir dolor (conocido como «asimbolia del dolor»)** están en un buen lío: se les pueden ulcerar los pies, desintegrar las articulaciones de la rodilla y romper los huesos largos por no saber con cuánta fuerza bajan; se queman sin darse cuenta y, en algunos casos, pierden un dedo sin enterarse.

El dolor es útil en la medida en que nos impulsa a modificar nuestra conducta para reducir la causa que lo produce, ya que ésta siempre daña los tejidos. Pero el dolor resulta inútil y debilitador cuando nos indica que hay algo que no funciona en absoluto y que no podemos hacer nada por evitarlo. Debemos dar gracias a la evolución, o a Dios, por habernos proporcionado un sistema fisiológico que nos avisa de que tenemos el estómago vacío. Sin embargo, hay que echarles en cara que nos hayan dotado de un sistema fisiológico que destruye, con dolores implacables, a un enfermo de cáncer terminal, imposible de ser tratado.

Hasta que no llevemos luces en la frente, el dolor seguirá siendo una parte imprescindible, aunque muy problemática, de nuestra fisiología natural. Lo que resulta sorprendente es lo maleables que son las señales de dolor, la facilidad con que varían en función de las sensaciones, los sentimientos y los pensamientos que con ellas coinciden. Un ejemplo de esta modulación, el embotamiento de la percepción del dolor en algunas circunstancias de estrés, es el tema de este capítulo.

Nociones básicas de la percepción del dolor

La sensación de dolor se origina en receptores situados en todo el cuerpo. Algunos se hallan en su interior y nos indican que nos duelen los músculos, que tenemos un tirón en un tendón o las articulaciones inflamadas y llenas de líquido. Otros se hallan en la piel y nos advierten de que nos hemos cortado, quemado, arañado o golpeado[51]. Estos receptores de la piel suelen responder a la señal local de un tejido dañado. Si nos cortamos con un cuchillo, abrimos varias células de tamaño microscópico que dejan salir sus entrañas; y, generalmente, en esta sopa celular que fluye de la zona herida hay diversos mensajeros químicos que activan los receptores del dolor.

Algunos receptores transmiten información únicamente sobre el dolor (por ejemplo, los que responden a los cortes); otros transmiten información sobre el dolor y las sensaciones cotidianas. ¿Cómo se distinguen? Por la intensidad. Por ejemplo, gracias a una serie de receptores táctiles de la espalda, me encanta que mi mujer me la

---

51. Grandes factoides: los receptores de dolor que responden al calor contienen capsaicina*. ¿Qué es la capsaicina? Un compuesto que se halla en los chiles rojos. Ésa es la razón de que la comida picante produzca sensación de calor. ¿Y qué otra clase de receptores se hallan en esas mismas neuronas? Uno que responde al componente clave del rábano picante, el wasabi y la mostaza.

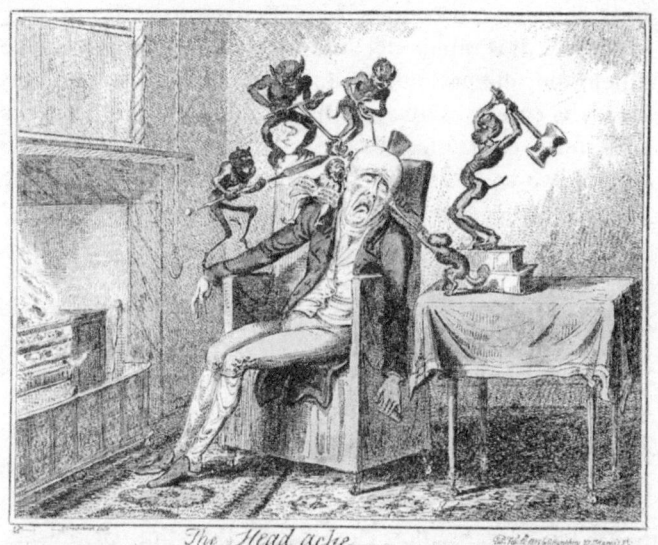

The Head ache

Ilustración 22. George Cruikshank, 1819: *El dolor de cabeza*, agua-fuerte coloreado a mano. Museo de Arte de Filadelfia

rasque y me la frote. No obstante, como prueba de que todo lo bueno es limitado, no me gustaría que me rascara vigorosamente con lija en vez de hacerlo de forma suave con los dedos. Del mismo modo, nos gusta que nuestros receptores térmicos se activen con la cálida luz del sol, pero no que se quemen con agua hirviendo. A veces el dolor consiste en un simple aumento de las sensaciones cotidianas.

Con independencia del tipo concreto de dolor y del receptor activado, todos ellos envían proyecciones nerviosas a la médula espinal. Desde allí dirigen la información a otras neuronas del dolor especializadas, que, a su vez, mandan la información a distintas zonas del cerebro. Una parte de la corteza cerebral recibe información de que se ha producido un hecho doloroso; otra parte descubre qué zona del cuerpo ha sido herida. Mientras se lo comunican, una parte más rápida del sistema pone en marcha el acto reflejo, por ejemplo, de retirar el dedo de la llama. Otras áreas del cerebro activan el sistema nervioso autónomo y aceleran el corazón, y otra más indica al hipotálamo que comience a segregar CRH, que desencadena la secreción de glucocorticoides en las glándulas suprarrenales.

Modulación de la percepción del dolor

Un aspecto llamativo del dolor es la facilidad con que otros factores lo modulan. La intensidad de la señal dolorosa, por ejemplo, depende del resto de información sensorial que se esté transmitiendo a la médula espinal en el mismo momento. Por eso es estupendo recibir un masaje cuando te duelen los músculos: ciertos tipos de estimulación sensorial breve y aguda inhiben el dolor crónico y punzante.

La fisiología que subyace a este proceso es una de las conexiones más elegantes del sistema nervioso que conozco, un circuito que descubrieron hace unas décadas los fisiólogos del dolor Patrick Wall y Ronald Melzack. Resulta que las proyecciones nerviosas —las fibras que transmiten la información del dolor desde la periferia hasta la médula espinal— no son de una sola clase, sino de varias. Probablemente, la dicotomía más relevante sea la que constituyen las fibras que transmiten información del dolor repentino, definido y agudo y las que lo hacen sobre el dolor lento, difuso y punzante. Ambas se proyectan a las neuronas de la médula espinal y las activan, aunque de forma distinta (véase la parte A de la figura de la página siguiente).

La información dolorosa afecta a dos clases de neuronas de la médula espinal (véase la parte B de la figura de la página siguiente). La primera («X») es el mismo tipo de neurona que la representada anteriormente, que transmite la información dolorosa al cerebro. La segunda («Y») es un

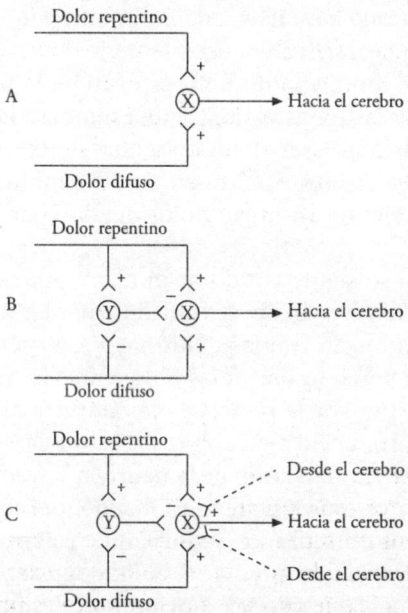

Ilustración 23. Diagrama esquemático de cómo se transmite la información dolorosa al cerebro y de cómo éste la modula. (A) Una neurona (X) de la médula espinal, tras ser estimulada por una fibra del dolor, envía la señal al cerebro de que algo doloroso ha sucedido. Las fibras del dolor transmiten información tanto sobre el dolor repentino como sobre el lento y difuso. (B) Versión más realista del modo de funcionamiento del sistema, que demuestra por qué se diferencia la información del dolor repentino de la del dolor lento. En el caso del repentino, la fibra del dolor repentino estimula la neurona X, lo que origina que se transmita una señal de dolor al cerebro. Esta fibra también estimula una interneurona (Y) que, al cabo de un breve lapso, inhibe la neurona X. Por tanto, la neurona X envía la señal de dolor al cerebro sólo durante un corto tiempo. La fibra del dolor lento, por el contrario, estimula la neurona X e inhibe la interneurona Y. En consecuencia, Y no inhibe X, y X continúa enviando la señal dolorosa al cerebro, lo que produce un dolor lento y difuso. (C) Tanto las fibras estimulantes como las inhibidoras proceden del cerebro y transmiten información a la neurona X, modulando su sensibilidad a la información de dolor que llega. El cerebro puede, por tanto, sensibilizar la neurona X a una señal dolorosa o embotar su sensibilidad

tipo de neurona local llamada «interneurona». Al activarse «Y» inhibe la actividad de «X».

Al sentir un estímulo doloroso agudo, la información se envía por las fibras rápidas, que estimulan las neuronas X e Y. X envía una señal dolorosa por la médula espinal y, un instante después, Y entra en acción e inhibe X. Por eso el cerebro siente un breve dolor agudo cuando pisamos un clavo.

Cuando se siente un dolor difuso y punzante, por el contrario, la información se transmite por las fibras lentas, que se comunican con las neuronas X e Y, pero de forma diferente a como lo hacen las fibras rápidas. De nuevo se vuelve a estimular la neurona X y advierte al cerebro de que se ha producido algo doloroso. Pero esta vez las fibras lentas *inhiben* la activación de la neurona Y, que permanece en silencio mientras X sigue funcionando, y el cerebro siente un dolor lento y punzante, como el que se experimenta horas o días después de quemarse. El fisiólogo del dolor David Yeomans ha concebido las funciones de las fibras rápidas y lentas de una forma que se ajusta perfectamente a este libro: lo que hacen las fibras rápidas es provocar que nos movamos lo más rápido posible (nos alejan de la fuente de un dolor agudo). Lo que hacen las lentas es provocar que nos quedemos quietos, inmóviles, para poder curarnos.

Las dos clases de fibras pueden interactuar, y a menudo las obligamos a hacerlo de forma intencionada*. Supongamos que sentimos un dolor punzante y continuo: agujetas, la picadura de un insecto, una ampolla dolorosa. ¿Cómo detener las punzadas? Estimulando brevemente las fibras rápidas, lo cual aumenta por un momento el dolor, pero, al estimular la interneurona Y, el sistema se inhibe durante cierto tiempo. Eso es justamente lo que solemos hacer en tales circunstancias. Recibir un masaje vigoroso inhibe, durante un tiempo, el dolor punzante y difuso de los músculos doloridos; la picadura de un insecto punza y pica de forma insoportable, por lo que solemos rascarnos con fuerza alrededor de ella para atenuar el dolor; o nos pellizcamos. En todos estos casos, la vía del dolor lento y crónico se desactiva durante cierto tiempo.

Este modelo ha tenido importantes implicaciones clínicas. En primer lugar, ha permitido a los científicos establecer tratamientos para personas con síndromes de dolor crónico agudo (por ejemplo, para pacientes con aplastamiento de una raíz nerviosa de la espalda. Mediante la implantación de un pequeño electrodo en la vía rápida del dolor unido a un estimulador en la cadera del paciente; éste puede comunicarse con esa vía de vez en cuando y desactivar el dolor. Este sistema obra milagros en muchos casos).

Dolor que dura más de lo normal

Si alguien nos golpea repetidas veces, seguiremos sintiendo dolor cada vez. Del mismo modo, si nos hacemos una herida que provoca una inflamación de varios días, es probable que también el dolor dure varios días. Pero en ocasiones algo no funciona en las vías nerviosas que comunican esos receptores de dolor y nuestra columna vertebral, y sentimos dolor mucho después de que el estímulo nocivo haya cesado o la herida se haya curado, o sentimos dolor en respuesta a un estímulo que no debería ser doloroso. Ahora tenemos problemas: «alodinia», sentir dolor en respuesta a un estímulo normal.

Algunas versiones de la alodinia pueden darse al nivel de los propios receptores de dolor. Recordemos que cuando se produce una herida en un tejido, las células inflamatorias se infiltran en la zona y liberan sustancias químicas que excitan a los receptores de dolor locales. Ahora bien, esas células inflamatorias vierten dichas sustancias químicas de forma indiscriminada, y algunas de ellas pueden lixiviar en la dirección de los receptores que hay fuera de la zona de la herida, por tanto, volviéndolas más excitables. Y de pronto el tejido perfectamente sano que hay alrededor de la zona herida también empieza a doler.

Asimismo, la alodinia puede producirse cuando las neuronas de la vía que transmite el dolor están dañadas. Si las terminaciones nerviosas están cortadas cerca de los receptores de dolor, esas células inflamatorias liberan factores de crecimiento que impulsan la regeneración de los nervios. A veces la regeneración se lleva a cabo de forma chapucera y las terminaciones nerviosas se reorganizan en una maraña llamada neuroma, que tiende a ser hiperexcitable, y envía señales de dolor desde tejido absolutamente sano. Y si las proyecciones nerviosas que transmiten la información de dolor están cortadas cerca de la columna vertebral, esto puede conducir a una cascada de acontecimientos inflamatorios que provoca una médula espinal hiperexcitable. Un simple contacto físico ahora resulta insoportable*.

El modelo de transmisión de Wall y Melzack explica otro ejemplo de alodinia, como los que se ven en casos graves de ambos tipos de diabetes. Como vimos en el capítulo 4, unos elevados niveles de glucosa en el torrente sanguíneo pueden incrementar el riesgo de placas ateroscleróticas, obstruyendo los vasos sanguíneos. En consecuencia, a través de esos vasos no pasa suficiente energía, lo que potencialmente daña los nervios que dependen de ella. En general son las fibras rápidas, que para funcionar requieren más energía que las lentas, las perjudicadas. Así, la persona pierde la capacidad de cerrar la interneurona Y en ese camino, y lo que sería un dolor transitorio para otro cualquiera se convierte en uno punzante y constante para un diabético.

Sin cerebro no hay dolor

Comenzamos con receptores de dolor diseminados por todo el cuerpo, y hemos llegado a la médula espinal recibiendo proyecciones de ellos. A partir de ahí, muchas de esas neuronas espinales que son activadas por el dolor envían proyecciones al cerebro. Ahora es cuando las cosas se vuelven realmente interesantes.

Consideremos tres situaciones que impliquen dolor. Primera, un soldado está en medio de alguna terrible batalla, sus compañeros están siendo masacrados alrededor de él. Es herido, no mortalmente, pero de forma lo bastante grave como para necesitar evacuación. Segunda, consideremos alguien con un cáncer de hígado avanzado, al que le han administrado un fármaco experimental. Al cabo de pocos días, su intestino duele de forma espantosa, una señal de que el fármaco está matando las células tumorales. O tercera, alguien se está despellejando la rabadilla con entusiasmo mientras realiza el acto sexual sobre una alfombra de pelo duro. ¿Qué tienen todas en común? El dolor les parecerá menos doloroso: la guerra se ha acabado para mí; el fármaco está actuando; ¿qué alfombra? La interpretación del dolor que hace el cerebro puede ser extremadamente subjetiva.

Un estudio efectuado en la década de 1980 nos ofrece un ejemplo particularmente asombroso de esta subjetividad. El científico que lo llevó a cabo examinó los historiales médicos de una década de un hospital de las afueras de una ciudad para comprobar la cantidad de analgésicos solicitados por pacientes que acababan de sufrir una operación de vesícula. Descubrió que los pacientes que veían árboles desde sus habitaciones pedían un número significativamente menor de fármacos contra el dolor que los que veían muros desnudos. Otros estudios de pacientes con dolor crónico demuestran que la manipulación de variables psicológicas como la sensación de controlar los hechos modifica enormemente la cantidad de analgésicos que solicitan (este importante hallazgo será desarrollado en el último capítulo del libro)*.

Esto es así porque el cerebro no es un irreflexivo dolorómetro que se limita a medir unidades de dolor. Desde luego algunas partes del cerebro nos permiten hacer algunas evaluaciones objetivas («Eh, el agua está demasiado caliente para el baño del niño»). Y existen factores que pueden modular hasta qué punto esas zonas medidoras de dolor registran dolor; por ejemplo, la oxitocina, esa hormona que se libera en relación con el nacimiento y la conducta materna de los mamíferos, bloqueará la sensibilidad al dolor en estas vías nerviosas. Pero la mayor parte de las respuestas al dolor que produce el cerebro lo que hacen es generar respuestas emocionales y dar interpretaciones contextuales sobre dicho dolor. Por esa razón, el hecho de recibir un disparo en el muslo, que nos hace jadear de dolor, también nos puede hacer jadear de eufórico triunfo: he sobrevivido a esta guerra, vuelvo a casa.

Tres cosas importantes sobre las maneras emocionales en las que el cerebro interpreta el dolor y responde a él: primera, el nivel emocional/interpretativo puede disociarse de la objetiva cantidad de dolor que transmite la señal que llega al cerebro desde la columna vertebral. En otras palabras, cuánto dolor sentimos y cuán desagradable sea pueden ser dos cosas distintas. Eso está implícito en la guerra, el cáncer, y otras situaciones difíciles. Un elegante estudio lo muestra de forma más explícita. En él, unos voluntarios sumergían sus manos en agua caliente antes y después de ser sometidos a sugestión hipnótica para no sentir dolor. Durante ambas inmersiones de las manos, se llevó a cabo una visualización cerebral para ver qué partes del cerebro se volvían activas. La parte del córtex que procesa las sensaciones (una especie de dolorómetro en este caso) se activó a un grado idéntico en ambos casos, reflejando el número similar de receptores de dolor sensibles al calor que se activaban de forma más o menos equivalente. Pero las partes más emocionales del cerebro se activaron sólo en el caso de la prehipnosis. El dolor era el mismo en ambos casos; la sensibilidad a él no lo era.

En segundo lugar, esas partes del cerebro más emotivas no sólo pueden alterar nuestra forma de responder a la información de dolor que llega a la médula espinal, asimismo pueden alterar la forma en que ésta responde a dicha información.

Y el tercer punto: éste es el momento en que entra en escena el estrés.

Analgesia inducida por estrés

En el capítulo 1 hemos referido casos anecdóticos de personas que, en medio de una batalla, no sentían una herida grave por hallarse en un estado de gran agitación. Uno de los primeros en observar este fenómeno de analgesia inducida por estrés fue Henry Beecher, un anestesista de Harvard que, como médico en la Segunda Guerra Mundial, examinó a soldados heridos, comparándolos con la población civil. Halló que, ante heridas de idéntica gravedad, aproximadamente el 80 por 100 de los civiles solicitaba morfina, en tanto que sólo lo hacía la tercera parte de los soldados*.

Pocos de nosotros experimentamos analgesia inducida por estrés en medio de una batalla. Es más probable que lo hagamos durante un acontecimiento deportivo, donde, si estamos lo bastante excitados y comprometidos en lo que estamos haciendo, es fácil que no nos demos cuenta de que nos hemos lesionado. En un plano más cotidiano, experimenta analgesia inducida por estrés la multitud de personas que hacen ejercicio. Invariablemente, al principio nos sentimos morir, mientras buscamos cualquier excusa para detenernos antes de sufrir el infarto que tememos. Después, de repente, tras media hora de semejante autoflagelación, el dolor se evapora e incluso comenzamos a sentirnos extrañamente eufóricos. El asunto nos parece la más agradable forma imaginable de mejorar nuestra forma física y decidimos entrenar todos los días hasta cumplir los cien años. (Como es natural, al día siguiente nos olvidamos de todos estos buenos propósitos, cuando volvemos a iniciar el doloroso proceso)[52].

Tradicionalmente, al enfrentarse a algo como la analgesia inducida por estrés, muchos científicos de laboratorio precavidos lo relegarían al terreno de lo «psicosomático», desechándolo como un aspecto poco claro de la «influencia de la mente sobre la materia». Sin embargo, la analgesia es un auténtico fenómeno biológico.

Prueba de ello es que la analgesia inducida por estrés también se da en los animales, no sólo en los humanos emocionalmente alterados por el éxito del ejército de su nación o por el del equipo de béisbol de su oficina*. La analgesia se demuestra en los animales con la «prueba de la placa caliente». Se pone la rata sobre la placa y se enchufa. Se cronometra cuidadosamente el tiempo que tarda el animal en demostrar la primera señal de incomodidad, cuando levanta una pata por primera vez (momento en que se la quita de la placa). Después se hace lo mismo con una rata estresada, a la que se ha obligado a nadar en un depósito de agua, o se la ha puesto en una jaula con otra rata agresiva, etc. Este animal tardará más en percibir el calor de la placa: analgesia inducida por estrés.

Lo que mejor demuestra que este tipo de analgesia es un fenómeno real es el descubrimiento de la neuroquímica subyacente. La historia comienza en la década de 1970,

---

52. Un reciente estudio que me parece fascinante: si a un grupo de atletas, de ambos sexos, se les hace competir en su deporte, descubriremos que desarrollan analgesia inducida por estrés (según lo mide, por ejemplo, su capacidad para mantener la mano dentro de un cubo de agua helada durante un periodo de tiempo más largo después de realizar las pruebas de atletismo). Para las mujeres, la variable clave es el ejercicio, ya que la analgesia también se produce por el tiempo pasado sobre una bicicleta estática. En cambio, en el caso de los hombres, la variable clave es la competición, pues la analgesia también puede inducirla un videojuego competitivo**.

con un tema en el que todo neuroquímico ambicioso de la época se hallaba interesado: las sustancias opiáceas que se usaban, de forma masiva, como diversión, es decir, la heroína, la morfina y el opio. Todas ellas tienen una estructura química similar. A comienzos de los años setenta, tres grupos distintos de neuroquímicos descubrieron casi de forma simultánea que estas sustancias opiáceas se hallaban ligadas a receptores opiáceos específicos del cerebro, situados en su mayoría en las zonas que procesan la percepción del dolor. Este descubrimiento resolvió el problema del modo en que los opiáceos bloquean el dolor: activan las vías descendentes que embotan la sensibilidad de la neurona X que aparece en la ilustración 23.

¡Fantástico! Pero inmediatamente nos damos cuenta de que hay algo poco claro: ¿por qué iba el cerebro a crear receptores para unas sustancias que se sintetizan en la adormidera? La respuesta se nos ocurre con rapidez: tiene que haber un elemento químico —¿un neurotransmisor?, ¿una hormona?— en el organismo que sea de estructura similar a los opiáceos; tiene que producirse en el cerebro de forma natural algún tipo de morfina endógena.

Llegados a este punto, los neuroquímicos se volvieron locos buscando la morfina endógena. En abstracto, se trataba de un importante problema químico; y, además, el descubrimiento de analgésicos cerebrales naturales tendría aplicaciones prácticas fascinantes. En los años siguientes, distintos equipos de científicos hallaron exactamente lo que buscaban: tres clases de sustancias endógenas con una estructura química similar a la de los opiáceos: las encefalinas, las dinorfinas y, las más conocidas, las endorfinas (contracción de *endogenous morphines)*. Se descubrió que los receptores de opiáceos se hallaban ligados a tales sustancias opioides endógenas, tal como se había previsto. Además, los opioides se sintetizaban y segregaban en las zonas del cerebro que regulaban la percepción del dolor. («Opiáceo» se refiere a los analgésicos que no fabrica el cuerpo, como la heroína o la morfina, en tanto que «opioide» se refiere a los que crea el organismo. Debido a que este campo se inició con el estudio de los opiáceos —y puesto que aún no se habían descubierto los opioides—, los receptores se denominaron receptores de opiáceos, aunque, como es obvio, su labor consiste en recibir los opioides.)

En el capítulo 7 mencionábamos el hallazgo de que las endorfinas y las encefalinas regulan asimismo la liberación de las hormonas sexuales. Un intrigante descubrimiento adicional consiste en que el funcionamiento de la acupuntura se explica gracias a la liberación de estas sustancias. Hasta la década de 1970, muchos científicos occidentales habían oído hablar del fenómeno, pero lo habían descartado, arrojándolo al cubo de las curiosidades antropológicas: inescrutables médicos chinos que insertan agujas, brujos haitianos que matan con maldiciones vudú, madres judías que curan cualquier enfermedad con su receta secreta del caldo de gallina… Entonces, justo en la época del florecimiento de la investigación sobre los opiáceos, Nixon realizó su famoso viaje a China, y comenzaron a aparecer documentos sobre la realidad de la acupuntura. Además, los científicos se enteraron de que los veterinarios chinos empleaban la acupuntura para operar a animales, invalidando de este modo el argumento de que el poder analgésico de esta técnica era un enorme efecto placebo atribuible a un condicionamiento cultural (ninguna vaca del mundo soportaría una operación sin anestesia por el hecho de que tenga profundas raíces en los hábitos culturales de la sociedad en la que vive). Por último, como argumento irrefutable, un importante periodista occidental (James Reston, de *The New York Times*) sufrió una apendicitis en China, fue operado usando acupuntura como anestesia y sobrevivió.

La acupuntura estimula la liberación de grandes cantidades de opioides endógenos, por razones que nadie entiende. La mejor demostración de este hecho se halla en el denominado «experimento de sustracción». Se lleva a cabo empleando una droga sintética que bloquea los receptores de opiáceos y anula la actividad de los opioides endógenos que se segregan: cuando este bloqueador de los receptores (denominado naloxona) se halla activo, la acupuntura no sirve para eliminar la percepción del dolor*.

Los opioides endógenos son importantes para explicar también los placebos. El efecto placebo se produce cuando la salud de una persona mejora, o la evaluación que ésta hace de su propia salud, tan sólo porque cree que se le ha aplicado determinado tratamiento médico, al margen de que tal cosa sea cierta o no. En este caso, los pacientes de un estudio o bien toman el nuevo medicamento que está en fase experimental o, sin ellos saberlo, simplemente una píldora de azúcar. El efecto placebo sigue siendo controvertido. Un artículo del *New England Journal of Medicine* que tuvo mucha resonancia hace unos años examinaba la eficacia de los tratamientos con placebo en todos los ámbitos de la medicina. Los autores analizaron los resultados de 114 estudios diferentes y concluyeron que, en conjunto, recibir un tratamiento de placebo no tenía efectos significativos. El estudio me irritó sobremanera, porque los autores incluyeron toda clase de ámbitos en los que era una locura esperar que actuase el efecto placebo. Por ejemplo, afirmaba que creer que hemos recibido un eficaz tratamiento médico cuando no es así no tiene ningún efecto beneficioso para la epilepsia, los niveles elevados de colesterol, la infertilidad, una infección bacteriana, la enfermedad de Alzheimer, la anemia o la esquizofrenia.

Por consiguiente, el efecto placebo se fue a la basura y, tras el triunfante sacar pecho por numerosos ejemplares masculinos de raza blanca del sistema médico, lo que se perdió en ese artículo fue una clara indicación de que los efectos placebo son muy eficaces contra el dolor**.

Esto tiene mucho sentido, dado lo que ahora sabemos sobre el procesamiento del dolor en el cerebro. Como ejemplo de dicho efecto placebo, una infusión de analgésicos es más eficaz si el paciente ve cómo se le administra que si se hace a escondidas. Yo vi un buen ejemplo de esto hace unos años cuando mi hija de dos años sufrió una infección de oído. Le dolía horriblemente. Fuimos al pediatra y, entre muchos gemidos y protestas de dolor, dejó que le examinaran los oídos. Vaya, tiene una enorme infección en ambos oídos, dijo el doctor, mientras desaparecía para preparar una inyección de antibióticos. Volvimos a ver a nuestra hija con aspecto sereno. «Mis oídos están mucho mejor ahora que el doctor me los ha arreglado», anunció. Efecto placebo por una aguja clavada en sus oídos.

Como cabía esperar, resulta que actúan liberando opioides endógenos. Un ejemplo de dicha evidencia: si bloqueamos los receptores opiáceos con naloxona, los placebos dejan de funcionar.

Todo esto constituye un preludio al descubrimiento de que el estrés también libera opioides, dado a conocer por Roger Guillemin en 1977. Poco después de recibir el premio Nobel por los descubrimientos descritos en el capítulo 2, Guillemin demostró que el estrés desencadena la secreción de un tipo de endorfinas —las betaendorfinas— en la pituitaria*.

Lo demás es historia. Todos hemos oído hablar del famoso «colocón del corredor» que se produce aproximadamente media hora después de empezar a correr y que crea una euforia irracional y entusiasta a medida que nos acercamos al colapso tan sólo porque desaparece el dolor. Al hacer ejercicio, las betaendorfinas salen a raudales de la pituitaria y, más o menos a la media hora, alcanzan un nivel en la corriente sanguínea que produce analgesia. Asimismo entran en acción los otros opiáceos, sobre todo las encefalinas, fundamentalmente en el cerebro y la columna vertebral. Activan las vías descendentes del cerebro para inhibir la acción de las neuronas X de la médula espinal, y actúan directamente en ella para obtener el mismo resultado. Muchas clases de agentes estresantes producen los mismos efectos: una operación, una tasa baja de azúcar en la sangre, la exposición al frío, un examen, una punción lumbar, un parto… Ciertos agentes estresantes también causan analgesia por medio de vías «mediadas por no opioides». Nadie sabe muy bien cómo funcionan, ni si hay un patrón sistemático respecto a qué agentes estresantes son mediados por opioides.

Así pues, el estrés bloquea la percepción del dolor, permitiendo que la cebra corra a toda velocidad para huir del león a pesar de sus heridas, o que podamos soportar el dolor muscular de sonreír de forma obsequiosa e ininterrumpida durante la estresante reunión con el jefe. Esto explica todo. Salvo que sea la clase de situación estresante que *empeora* el dolor en vez de mejorarlo.

¿Por qué el hilo musical en la consulta del dentista es doloroso?

Toda esa analgesia inducida por estrés tal vez sea algo estupendo para la cebra acosada, pero ¿qué ocurre si somos esa clase de persona que al ver a la enfermera que quita la funda a la aguja hipodérmica para extraerle sangre no puede evitar que se le agarrote el brazo? Lo que ahora tenemos es *hiperalgesia* inducida por estrés.

El fenómeno está bien documentado, aunque no ha sido tan estudiado como la analgesia inducida por estrés. Lo que se sabe al respecto tiene total sentido, pues la hiperalgesia inducida por estrés en realidad no conlleva una mayor percepción del dolor, y no tiene nada que ver con los receptores del dolor o la médula espinal. Implica más reactividad emocional al dolor, es decir, la misma sensación se interpreta de forma más desagradable. Así que la hiperalgesia inducida por estrés sólo está en nuestra cabeza. Por otra parte, lo mismo ocurre con la analgesia inducida por estrés, sólo que en una parte distinta de nuestra cabeza. Las zonas medidoras de dolor de nuestro cerebro responden al dolor de forma normal en las personas con hiperalgesia inducida por estrés. Las partes más emocionales del cerebro son hiperreactivas, aquellas que constituyen el núcleo de nuestras ansiedades y temores.

Esto puede demostrarse con estudios de visualización cerebral, mostrando qué partes del circuito de dolor en el cerebro se vuelven excesivamente activas durante dicha hiperalgesia. Además, los ansiolíticos como el Valium y el Librium bloquean la hiperalgesia inducida por estrés*. Las personas que obtienen altos resultados en los tests de neurosis y ansiedad son más proclives a la hiperalgesia durante el estrés. Sorprendentemente, también lo son las ratas que han sido criadas para tener mucha ansiedad.

De modo que nos hallamos en una de esas encrucijadas que dan una pobre imagen de la ciencia. Algo como «El estrés puede aumentar el apetito, y también puede disminuirlo». «El estrés puede embotar la percepción de dolor, pero a veces hace lo contrario». ¿Cómo combinar estos efectos opuestos del estrés? Mi idea, a partir de la literatura médica existente, es que la analgesia se produce más cuando se sufren heridas físicas de carácter masivo. Si la mitad de nuestro cuerpo está quemado y nos hemos torcido el tobillo, mientras intentamos rescatar a un ser amado de algún incendio: entonces es cuando la analgesia inducida por estrés va a dominar. Descubrimos alguna cosa rara que ha crecido en nuestro hombro y nos duele un poco, y decidimos en un ataque de pánico que tenemos un fatal melanoma. Un antipático contestador automático nos informa de que nuestro médico se ha ido de puente y estará fuera tres días. Entonces es cuando la hiperalgesia inducida por estrés dominará, mientras permanecemos tumbados y despiertos durante tres noches, gracias al dolor que hemos decidido sentir en ese punto.

Esto plantea un tema que debe ser tratado con cuidado. En realidad, con tanto cuidado que, en la última edición del libro, valerosamente me creí en la obligación de no mencionar una palabra al respecto. Fibromialgia*. El misterioso síndrome de las personas que tienen una tolerancia al dolor notablemente reducida y múltiples puntos «sensibles» por todo el cuerpo, a menudo extensiones paralizadas por el dolor, sin que nadie pueda descubrir nada erróneo: ningún nervio punzado, nada de artritis, ninguna inflamación. La medicina oficial ha pasado décadas consignando la fibromialgia al ámbito de la medicina psicosomática (esto es: «Salga de mi consulta y vaya a ver a un psicoanalista»). No importa que la fibromialgia suela afectar a personas con personalidades ansiosas o neuróticas. No hay nada erróneo, es la típica conclusión médica. Pero quizá no sea este el caso. De entrada, los pacientes tienen unos niveles de actividad anormalmente altos en las partes del cerebro que median las evaluaciones emocional/contextual del dolor, las mismas zonas que se activan en la hiperalgesia inducida por estrés. Además, su fluido cerebroespinal contiene elevados niveles de un neurotransmisor que media en el dolor (llamado Sustancia P). Y, como se dijo en el capítulo 2, sorprendentemente los niveles de glucocorticoides están por debajo de lo normal en las personas con fibromialgia. Quizá sean personas muy estresadas con alguna clase de defecto en la secreción de glucocorticoides, y debido a esa deficiencia, en vez de tener analgesia inducida por estrés, presentan hiperalgesia. No lo sé. Y no creo que nadie lo sepa. Pero existe una evidencia creciente de que hay algo biológicamente real que actúa en estos casos.

Dolor y estrés crónico

Tiempo ahora para nuestra pregunta habitual. ¿Qué ocurre con la percepción del dolor cuando hay estrés crónico? Con la hiperalgesia inducida por estrés la respuesta parece ser que el dolor simplemente se mantiene, tal vez incluso empeore. Pero ¿y en el caso de la analgesia inducida por estrés? En la grave situación de la cebra perseguida por el león, es adaptativa. Para seguir la estructura trazada en capítulos anteriores, esto representa una buena noticia. ¿Cuál es, pues, la mala noticia? ¿Cómo un exceso de liberación de opioides nos enferma frente a agentes estresantes psicológicos crónicos en los que nos especializamos? ¿El estrés crónico nos convierte en adictos de los opioides endógenos? ¿Esto nos impide detectar el dolor útil? ¿Cuál es el lado negativo frente al estrés crónico?

La respuesta es sorprendente, porque difiere del resto de los sistemas fisiológicos examinados en este libro. Cuando Hans Selye comenzó a observar que el estrés crónico producía enfermedades, creyó que era debido a que el organismo se quedaba sin respuestas de estrés: se agotaban las hormonas y los neurotransmisores, y el organismo se veía vulnerable e indefenso ante los ataques de los agentes estresantes. Como hemos visto en capítulos anteriores, la opinión actual es que la respuesta de estrés no se agota, sino que, al final, se vuelve nociva y por eso enfermamos.

Resulta que los opioides son la excepción que confirma la regla. La analgesia inducida por estrés no se prolonga de manera indefinida, y lo que mejor lo demuestra es la disminución de la secreción de los opioides que bloquean la percepción del dolor. No estamos sin trabajo de forma permanente, pero los suministros tardan cierto tiempo en atender la demanda.

Que yo sepa, no hay ninguna enfermedad asociada al estrés que derive de un exceso de secreción de opioides ante un agente estresante prolongado. Desde el punto de vista de este libro y de la propensión que manifestamos a los agentes estresantes psicológicos crónicos, son buenas noticias; una enfermedad asociada al estrés menos de la que hay que preocuparse. En lo que se refiere a la percepción del dolor y al mundo de los agentes estresantes físicos reales, el agotamiento final de los opioides implica que el alivio que causa la analgesia inducida por estrés es a corto plazo. Y para la anciana que agoniza de un cáncer terminal, el soldado malherido en combate o la cebra con la carne desgarrada pero aún con vida, las consecuencias son evidentes: el dolor retorna con rapidez.

CAPÍTULO 10

ESTRÉS Y MEMORIA

Ahora soy viejo, muy viejo. He visto muchas cosas en mi vida y ya he olvidado muchas de ellas, pero le aseguro al lector que hubo un día que recordaré siempre como si fuese ayer. Tenía veinticuatro años, o tal vez veinticinco. Era una fría mañana de primavera. Fría y húmeda, gris. Cielo gris, nieve medio derretida gris, gente gris. Yo estaba buscando trabajo otra vez y no tenía mucha suerte, mi estómago se quejaba del horrible café de la pensión que había sido la cena de la noche anterior y el desayuno de esa mañana. Sentía mucha hambre, y sospecho que también debía de tener el aspecto de alguien muy hambriento, como un animal medio muerto de inanición que escarba en un cubo de basura, y eso no iba a dar muy buena impresión en una entrevista. Y tampoco la andrajosa chaqueta que llevaba, la última que me quedaba por empeñar.

Caminaba con dificultad, sumido en mis pensamientos, cuando de pronto un tipo dobla la esquina y viene corriendo, gritando de emoción, con las manos en alto. Antes incluso de que pudiera verlo bien, me estaba gritando a la cara. Farfullaba acerca de algo que era «clásico», algo llamado «clásico». No podía entender de qué hablaba. Luego se fue corriendo. Maldita sea, qué tipo loco, pensé.

Pero al dar la vuelta a la esquina, veo a más personas que corren y gritan. Dos de ellas, un hombre y una mujer, vienen corriendo hacia mí y, en ese momento, se lo aseguro al lector, supe que algo pasaba. Me agarraron de los brazos, gritando: «¡Hemos ganado! ¡Hemos ganado!

¡Por fin vuelve!». Estaban bastante agitados pero al menos lo que decían tenía más sentido que el galimatías del primer individuo, y al final comprendí de qué se trataba. No podía creérmelo. Traté de hablar, pero era incapaz de articular palabra, así que los abracé como si fueran mi hermano y mi hermana. Los tres corrimos por la calle, donde se estaba congregando una gran multitud: personas que salían de los edificios de oficinas, personas que detenían sus automóviles y salían de ellos. Todo el mundo chillaba y lloraba y reía, la gente gritaba: «¡Hemos ganado! ¡Hemos ganado!». Alguien me dijo que una embarazada se había puesto de parto, otro que un anciano había sufrido un desmayo. Vi a un grupo de marines, y uno de ellos se adelantó y besó a esta mujer, una total desconocida, mientras la inclinaba hacia atrás —alguien sacó una fotografía de ellos besándose, y más tarde supe que se había hecho famosa.

Lo extraño es cuánto tiempo hace de esto; la pareja que me habló primero probablemente murió hace mucho, pero aún puedo ver sus rostros, recordar cómo iban vestidos, el olor de la loción de afeitar del tipo, la sensación de la brisa que hacía volar los confeti que algunas personas lanzaban a la calle desde las ventanas. Todo tan vívido como entonces. La mente es algo curioso. Bueno, de todas formas, como iba diciendo, ése es un día que recordaré siempre: el día que volvieron a sacar la Coca-Cola original.

Todos hemos tenido experiencias similares. Nuestro primer beso. Nuestra ceremonia de boda. El momento en que se anunció el fin de la guerra. Y lo mismo con los malos momentos. Los quince segundos en los que aquellos dos tipos te atracaron. La vez que el automóvil derrapó fuera de nuestro control y por muy poco evitó el camión que venía de frente. Dónde estábamos cuando se produjo el terremoto, el día que asesinaron a Kennedy, el 11 de septiembre. Todos quedaron grabados para siempre en nuestra mente, y sin embargo no podemos recordar el más mínimo detalle sobre algún incidente ocurrido en las veinticuatro horas previas a ese acontecimiento decisivo. Los momentos intensos, emocionantes, trascendentales, entre ellos los estresantes, acuden a nosotros con facilidad. El estrés puede reforzar la memoria.

Al mismo tiempo, todos hemos tenido la experiencia contraria. Estamos en medio de un examen final, nerviosos y agotados, y sencillamente no podemos recordar un dato que vendría sin esfuerzo en cualquier otro momento. Nos hallamos en alguna circunstancia social intimidante y, por supuesto, en el instante crítico no podemos recordar el nombre de la persona a la que tenemos que presentar. La primera vez que me «llevaron a casa» para conocer a la familia de mi futura mujer, estaba horriblemente nervioso; después de la cena, durante un juego de adivinación de palabras frenéticamente competitivo, conseguí perder el liderazgo del equipo compuesto por mi futura suegra y yo debido a mi completa incapacidad para recordar la palabra *cacerola* en un momento crítico. Y algunos de estos ejemplos de memoria fallida giran alrededor de traumas infinitamente mayores —el veterano de guerra que vivió alguna experiencia inenarrable durante una batalla, el que ha sufrido algún abuso sexual en la infancia para quienes los detalles se pierden en una niebla amnésica. El estrés puede bloquear la memoria.

Esta dicotomía ya debería resultar bastante familiar. Si el estrés realza alguna función en unas circunstancias y la trastorna en otras, pensemos en el curso del tiempo, pensemos en carreras de velocidad de treinta segundos a través de la sabana frente a décadas de agobiante preocupación. Los agentes estresantes de corto plazo y de gravedad suave a moderada realzan la percepción, mientras que los importantes o prolongados son perjudiciales. Para apreciar de qué modo el estrés afecta a la memoria, tenemos que saber algo sobre cómo se forman (consolidan) los recuerdos, cómo se recuperan, cómo pueden fallar.

Un manual sobre el funcionamiento de la memoria*

Para empezar, la memoria no es monolítica, sino que posee diferentes capas. Una dicotomía particularmente importante distingue los recuerdos de corto plazo de los de largo plazo. En el caso de los primeros, consultamos un número de teléfono, cruzamos la habitación a toda prisa convencidos de que vamos a olvidarlo, marcamos el número. Y se ha ido para siempre. La memoria a corto plazo es el equivalente a hacer juegos malabares con unas pelotas en el aire durante treinta segundos. En cambio, la memoria a largo plazo se refiere a recordar lo que cenamos anoche, el nombre del presidente de Estados Unidos, cuántos nietos tenemos, a qué universidad fuimos. Los neuropsicólogos empiezan a reconocer que hay un subconjunto especializado de memoria a largo plazo. Los recuerdos remotos son los que se remontan a nuestra infancia: el nombre de nuestro pueblo, nuestra lengua materna, el olor del horno de nuestra abuela. Parecen estar almacenados en una especie de archivo de nuestro cerebro separado de los recuerdos de largo plazo más recientes. A menudo, en pacientes con una demencia que devasta la mayor parte de la memoria de largo plazo, las facetas más remotas pueden permanecer intactas.

Otra distinción importante en la memoria es la existente entre la memoria *explícita* (también llamada *declarativa*) y la *implícita* (que incluye un importante subtipo llamado memoria *procesal*). La memoria explícita se refiere a datos y acontecimientos, junto a nuestra conciencia de conocerlos: soy un mamífero, hoy es viernes, mi dentista tiene unas cejas espesas. Cosas como ésas. En cambio, los recuerdos implícitos procesales se refieren a técnicas y hábitos, a saber cómo hacer cosas, incluso sin tener que pensar en ellas de forma consciente: cambiar las velocidades en un automóvil, montar en bicicleta, bailar el *fox-trot*. Los recuerdos se pueden transferir entre formas de almacenamiento explícitas e implícitas. Por ejemplo, estamos aprendiendo un pasaje nuevo y difícil de una pieza de música para piano. Cada vez que llega esa parte, debemos recordar qué hacer de forma consciente y explícita: meter el codo hacia dentro, cruzar el dedo pulgar por debajo después de ese trino. Y un día, mientras tocamos, nos damos cuenta de que acabamos de pasar por esa sección perfectamente, sin tener que pensar en ello: lo hicimos con memoria implícita y no explícita. Por primera vez, es como si nuestras manos recordasen mejor que nuestro cerebro.

La memoria puede verse alterada de forma dramática si forzamos a que algo implícito pase a canales explícitos. He aquí un ejemplo que finalmente hará que la lectura de este libro merezca la pena: cómo hacer que la neurobiología actúe en beneficio nuestro en un deporte de competición. El lector está jugando al tenis contra alguien que le está dando una paliza. Esperemos a que nuestro adversario saque algún golpe de revés asombroso, entonces brindémosle una afectuosa sonrisa y digamos: «Eres un jugador de tenis fabuloso. Lo digo en serio, eres fantástico. Mira ese golpe que acabas de dar. ¿*Cómo* lo hiciste? Cuando das un revés como ése, ¿pones el pulgar de esta forma o de ésa? ¿Y qué haces con los otros dedos? ¿Y qué me dices de tu punto de apoyo, te echas del lado izquierdo y pones el peso en la punta de tu pie derecho o es al revés?». Si lo hacemos así, la próxima vez que tenga que recurrir a ese golpe, nuestro oponente/víctima cometerá el error de pensar en ello de forma explícita, y ya no será tan eficaz como antes. Como Yogi Berra dijo una vez: «No puedes pensar y golpear al mismo tiempo». Imagine el lector que baja por un tramo de escaleras de una manera explícita, algo que no haya hecho desde que tenía dos años —de acuerdo, doblo la rodilla izquierda y echo el peso de la punta de mis pies hacia delante mientras levanto un poco la parte derecha de la cadera— y allá vamos escaleras abajo.

Así como hay diferentes clases de memoria, existen diferentes zonas del cerebro que se ocupan del almacenamiento y recuperación de los recuerdos. Un lugar crítico es el córtex, la inmensa y enroscada superficie del cerebro. Otra es una región que se halla justo debajo de parte del córtex, llamada *hipocampo*. (Significa «caballo marino» en latín, al cual se parece vagamente el hipocampo si hemos estado demasiado tiempo encerrados estudiando neuroanatomía en lugar de ir a la playa. En realidad se parece más a un rollo de gelatina, ¿pero quién sabe cuál es el término latino de eso?) Estas dos regiones son vitales para la memoria: por ejemplo, en la enfermedad de Alzheimer son el hipocampo y el córtex los preferentemente dañados. Si queremos una metáfora informática totalmente simplista, pensemos que el córtex es nuestro disco duro, donde se guardan los recuerdos, y nuestro hipocampo es el teclado, el medio a través del cual introducimos los recuerdos en el córtex y accedemos a ellos.

Hay otras regiones del cerebro importantes para una clase diferente de memoria. Son estructuras que regulan los movimientos corporales. ¿Qué tienen que ver estos lugares, como el cerebelo, con la memoria? Parece que son importantes para la memoria implícita procesal, la que necesitamos para realizar acciones reflexivas motrices sin ni siquiera pensar en ellas de forma consciente, en las que, por así decirlo, nuestro cuerpo recuerda cómo hacer algo antes que nosotros.

La distinción entre la memoria explícita e implícita, y las bases neuroanatómicas de esa distinción, comenzó a ser realmente apreciada debido a una de esas trágicas y fascinantes figuras de la neurología, tal vez el paciente neurológico más famoso de todos los tiempos. A este hombre, conocido en la literatura especializada sólo por sus iniciales, le faltaba la mayor parte del hipocampo. Siendo un adolescente en la década de 1950, «H. M.» padeció una grave forma de epilepsia que se centró en su hipocampo y era resistente a los tratamientos con fármacos existentes en aquella época. En una acción desesperada, un famoso neurocirujano extirpó una gran parte del hipocampo de

H. M., junto con buena parte del tejido circundante. Los ataques epilépticos se redujeron bastante, y después H. M. quedó con una incapacidad casi total para transformar los recuerdos de corto plazo en unos de largo plazo: su mente está completamente congelada en el tiempo[53]. Desde entonces se han llevado a cabo innumerables estudios sobre H. M., y poco a poco se descubrió que, a pesar de su profunda amnesia, aún puede aprender a hacer algunas cosas*. Si un día tras otro se le da el mismo rompecabezas mecánico para que lo arme, lo completa siempre a la misma velocidad, mientras cada vez niega firmemente haberlo visto antes en toda su vida. El hipocampo y la memoria explícita están destrozados; el resto del cerebro está intacto, al igual que su capacidad para adquirir memoria procesal.

Esto nos introduce en la siguiente cuestión de cómo el cerebro se ocupa de los recuerdos y de qué modo el estrés influye en el proceso: ¿Qué sucede al nivel de los grupos de neuronas que hay dentro del córtex y el hipocampo? Una creencia durante mucho tiempo arraigada entre muchos estudiosos del córtex era que en realidad cada neurona cortical sólo tendría una tarea, un solo dato a su disposición. La idea partía de unos trabajos asombrosos e importantes efectuados en la década de 1960 por David Hubel y Torstein Wiesel, de Harvard, sobre lo que era, retrospectivamente, uno de los más sencillos puestos avanzados del córtex, una zona que procesaba información visual**. Hallaron una primera parte del córtex visual en la que cada neurona respondía a una cosa y sólo una cosa, a saber, un solo punto de luz en la retina. Las neuronas que respondían a una secuencia de puntos de luz adyacentes dirigirían sus proyecciones a otra neurona en la capa siguiente. Y así, ¿a qué estaba respondiendo esta neurona? A una línea recta. Una serie de estas

---

53. En una ocasión conocí a H. M. (por supuesto no se acordaba de mí) y fue impresionante. Podías pasar el día entero con él y se estaba presentando constantemente.

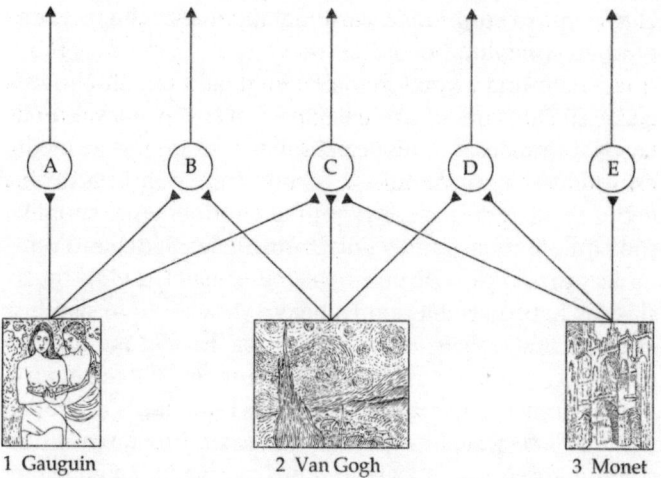

1 Gauguin   2 Van Gogh   3 Monet

Ilustración 24. Una red neuronal muy hipotética que implica a una neurona que «sabe» de pintura impresionista.

neuronas se proyectaban al siguiente nivel de tal forma que cada neurona en ese nivel cortical respondería a una determinada línea de luz en movimiento. Esto llevó a los investigadores a creer que habría un cuarto nivel, donde cada neurona respondería a un grupo concreto de líneas, y una quinta y sexta capas, todas hacia arriba hasta que, en la capa décima, habría una neurona que respondería a una cosa y sólo una, por ejemplo, el rostro de nuestra abuela visto desde un ángulo concreto (y junto a ella habría una neurona que reconocería su rostro desde un ángulo ligeramente distinto, y luego la siguiente...). Comenzó la búsqueda de las llamadas neuronas «de abuela»: neuronas hacia arriba en las capas del córtex que «sabían» una cosa y solo una, esto es, una parte complejamente integrada de estimulación sensorial. Con el tiempo, se hizo evidente que podría haber muy pocas de esas neuronas en el córtex, por la sencilla razón de que no tenemos suficiente cantidad de ellas para permitir que cada una sea tan estrecha de miras y superespecializada.

La memoria y la información en lugar de estar almacenadas en neuronas individuales lo están en patrones de excitación de inmensas series de neuronas —en la jerga de moda, en «redes» neuronales—*. ¿Cómo funciona una de éstas? Consideremos la red neuronal enormemente simplificada que se muestra en el diagrama de la página anterior.

La primera capa de neuronas (neuronas 1, 2 y 3) son las clásicas neuronas del tipo Hubel y Wiesel, lo que significa que cada una «sabe» un dato de por vida. La neurona 1 muestra cómo reconocer los cuadros de Gauguin; la 2 reconoce a Van Gogh, y la 3, a Monet. (Así, estas hipotéticas neuronas son más «de abuela» —especializadas en una tarea— que cualquier neurona real del cerebro, pero ayudan a ilustrar qué hacen las redes neuronales.) Estas tres neuronas proyectan —envían información a— la segunda capa de esta red, abarcando a las neuronas entre A y E. Adviértase la pauta de proyección: 1 habla con A, B y C; 2 habla con B, C y D; 3 habla con C, D y E.

¿Qué «conocimiento» tiene la neurona A? Obtiene información sólo de la neurona 1 sobre los cuadros de Gauguin. Otra neurona de abuela. Del mismo modo, E obtiene información sólo de la neurona 3 y sólo sabe de Monet. Pero ¿y la neurona C, de qué sabe? Sabe de impresionismo, las características que tienen en común estos tres pintores. Es la neurona que metafóricamente dice: «No puedo decirte qué pintor es, y desde luego tampoco qué cuadro, pero se trata de uno de esos impresionistas». Posee conocimiento que no proviene de un único *input* de información, sino que surge de la convergencia de información que llega hasta ella. Las neuronas B y D también son impresionistas, pero no son tan buenas como la neurona C, porque tienen menos ejemplos con los que trabajar. La mayoría de las neuronas de nuestra corteza cerebral procesan la memoria como neuronas B a través de D, no como A o E.

Nos beneficiamos de dichas redes convergentes cada vez que intentamos recuperar un recuerdo que se nos resiste por muy poco. Siguiendo con nuestro tema de historia del arte, supongamos que intentamos recordar el nombre de un pintor, ese tipo, cómo se llama. Era ese tipo bajo con barba (activamos nuestra red neuronal de «tipo bajo» y la de «tipo con barba»). Pintó a todas esas bailarinas parisinas; no era Degas (dos redes más activadas). A mi profesora de arte del instituto le encantaba ese tipo; si pudiera recordar su nombre, apuesto a que puedo recordar su... Ah, recuerdo aquella vez que fui al museo e intenté hablar con aquella persona tan elegante que estaba delante de uno de sus cuadros... Ay, ¿cuál era aquel estúpido juego de palabras sobre el nombre de ese pintor, sobre las vías del tren que estaban demasiado sueltas?[54] Cuando se ha activado el suficiente número de estas redes, finalmente tropezamos en el único dato que está en la intersección de todas ellas; Toulouse-Lautrec, el equivalente de una neurona C.

Ésta es una burda aproximación sobre el modo en que funciona una red neuronal, y los neurocientíficos han llegado a pensar que tanto el aprendizaje como el almacenamiento de los recuerdos implican el «reforzamiento» de unas ramas de la red en lugar de otras*. ¿Cómo se produce este reforzamiento? Para verlo, apliquemos la lente de máximo aumento, y aparecerán los diminutos vacíos que hay entre las filamentosas ramas de dos neuronas, llamados *sinapsis*. Cuando una neurona ha captado algún fabuloso cotilleo y quiere transmitirlo, cuando una onda de excitación eléctrica la recorre por encima, se activa la liberación de transmisores químicos —neurotransmisores— que flotan a través de la sinapsis y excitan a la siguiente neurona. Hay decenas, quizá cientos, de distintas clases de neurotransmisores, y

---

54. El intraducible juego de palabras se refiere al sonido similar de Toulouse-Lautrec y «too loose the tracks», que significa eso mismo, vías del tren demasiado sueltas. [*N. del T.*]

las sinapsis del hipocampo y el córtex hacen un uso despro-
porcionado de lo que tal vez sea el más excitante neurotransmisor, algo llamado *glutamato*.

Además de ser superexcitantes, las sinapsis «glutamatérgicas» poseen dos propiedades que son fundamentales
para la memoria. La primera es que estas sinapsis no son
lineales en su función. ¿Qué significa eso? En una sinapsis corriente, la primera neurona libera un poco de neurotransmisor y hace que la segunda se excite ligeramente;
si libera un poco más de neurotransmisor, hay una pizca
más de excitación, y así sucesivamente. En las sinapsis
glutamatérgicas, si se libera algo de glutamato no ocurre
nada. Si se libera una cantidad mayor, tampoco pasa nada.
Pero cuando se sobrepasa cierto umbral de concentración
de glutamato, de pronto un infierno se desata en la segunda neurona y se produce una masiva onda de excitación. En esto consiste el aprendizaje de algo. Un profesor
murmura incomprensiblemente durante una clase, un
dato entra por un oído y sale por el otro. Se repite, y de
nuevo sigue sin quedar retenido. Por último, a la enésima vez que se repite, se enciende una bombilla, «¡ajá!»,
y ya lo tenemos. A un nivel simplista, cuando al final lo
captamos, acaba de alcanzarse ese umbral no lineal de
excitación de glutamato.

La segunda característica es incluso más importante.
En las condiciones adecuadas, cuando una sinapsis acaba
de tener un número suficiente de «ajás» provocados por
el glutamato superexcitante, algo sucede. La sinapsis se
vuelve más excitable de forma persistente, de modo que la
siguiente vez necesita menos señales excitantes para conseguir el «ajá». La sinapsis aprendió algo; fue «potenciada»
o reforzada. Lo más asombroso es que este reforzamiento
de la sinapsis puede mantenerse durante mucho tiempo.
Un enorme número de neurocientíficos se esfuerzan por
lograr explicar cómo funciona este proceso de «potenciación a largo plazo».

Hay una evidencia cada vez mayor de que la formación de nuevos recuerdos a veces podría derivarse de la creación de nuevas conexiones entre las neuronas (además de la potenciación de las preexistentes) o, incluso de forma más radical, de la creación de neuronas nuevas*. Esta última y controvertida idea se discute más adelante. De momento, esto es todo lo que el lector necesita saber sobre la manera en que nuestro cerebro recuerda aniversarios y estadísticas deportivas, el color de los ojos de alguien o cómo bailar un vals. Ahora podemos ver de qué modo afecta el estrés al proceso.

Mejorar nuestra memoria durante el estrés

Por supuesto, el primer punto es que los agentes estresantes de suave a moderados y de corta duración realzan nuestra memoria. Esto tiene sentido, pues ésta es la clase de estrés óptimo que llamaríamos «estimulación»: un estado alerta y concentrado. Este efecto se ha comprobado en animales de laboratorio y en seres humanos. Un estudio particularmente elegante dentro de este ámbito lo llevaron a cabo Larry Cahill y James McGaugh, de la Universidad de California, en Irvine**. Leemos una historia más bien anodina a un grupo de sujetos de control: un joven y su madre caminan por una calle de su ciudad, pasan delante de esa tienda y esa otra, cruzan de acera y entran en el hospital donde trabaja el padre del chico, les enseñan la sala de rayos X, etc. Mientras tanto, a los sujetos del experimento se les lee una historia que difiere en que la parte central de ésta contiene cierta carga emocional: un muchacho y su madre caminan por una calle de su ciudad, pasan delante de esa tienda y esa otra, cruzan de acera y... ¡Al chico lo atropella un coche! Lo llevan al hospital a toda prisa y a la sala de rayos X... Al preguntarles semanas después, los sujetos del experimento recuerdan su historia mejor que los del control, pero sólo la parte emocionante de en medio. Esto encaja con la llamada «memoria de bombilla de magnesio», en la que las personas recuerdan de forma vívida alguna escena muy intensa, como un crimen del que fueron testigos. La memoria relativa a los elementos emocionales se ve reforzada (aunque no necesariamente con una gran precisión), pero no la memoria de los detalles neutros.

Este estudio también indicaba de qué modo incide este efecto en la memoria. Al oír la historia estresante se iniciaba una respuesta de estrés. Como bien sabemos ahora, esto implica la activación del sistema nervioso simpático, que vierte adrenalina y noradrenalina en el torrente sanguíneo. Al parecer, la estimulación simpática es decisiva, porque cuando Cahill y McGaugh administraron a los sujetos un fármaco para bloquear esa activación del simpático (el betabloqueador propanolol, el mismo que se emplea para bajar la presión sanguínea), el grupo experimental no recordaba la parte central de su historia mejor de lo que los sujetos de control recordaban la suya. Y he aquí un elemento importante: no es sólo que el propanolol altere la formación de recuerdos, sino que altera la formación de los recuerdos reforzados por el estrés (en otras palabras, los sujetos del experimento lo hicieron tan bien como los del control en las partes más aburridas de la historia, pero sencillamente no tenían el estímulo en la memoria para la parte central de carácter emocional).

El sistema nervioso simpático lleva a cabo esto de forma indirecta induciendo en el hipocampo un estado más alerta y activo, que facilita la consolidación de recuerdos. Esto implica a una zona del cerebro que va a ser fundamental para comprender la ansiedad cuando lleguemos al capítulo 15: la *amígdala*. El sistema nervioso simpático tiene una segunda vía para mejorar la cognición. Se requieren toneladas de energía para toda esa potenciación explosiva, no lineal, de largo plazo, ese encendido de bombillas en nuestro hipocampo propiciado por el glutamato. El sistema nervioso simpático ayuda a que todas esas necesidades energéticas se satisfagan movilizando glucosa en el riego sanguíneo y aumentando la fuerza con la que la sangre es bombeada al cerebro.

Estos cambios son bastante adaptativos. Cuando aparece un agente estresante es buen momento para tener en las mejores condiciones nuestra recuperación de recuerdos («¿Cómo salí de este lío la última vez?») y la formación de recuerdos («Si salgo de ésta, será mejor que recuerde qué hice mal para no verme otra vez en una situación semejante».) De modo que el estrés causa de forma aguda una liberación mayor de glucosa al cerebro, dando más energía a las neuronas y, por tanto, mejor memoria.

Así pues, la activación del simpático durante el estrés indirectamente alimenta el caro proceso de recordar los rostros de la multitud que canta con éxtasis las maravillas de la Coca-Cola clásica. Además, una suave elevación en los niveles de glucocorticoides (como el que se daría durante un agente estresante moderado de corta duración) también ayuda a la memoria. Esto ocurre en el hipocampo, donde esos niveles de glucocorticoides moderadamente elevados facilitan la potenciación a largo plazo. Por último, hay algunos oscuros mecanismos por los cuales un estrés moderado de corta duración hace que nuestros receptores sensoriales sean más sensibles. Nuestras papilas gustativas, nuestros receptores olfativos y las células cocleares de nuestros oídos requieren menos estimulación para excitarse ante un estrés moderado y pasar la información al cerebro. En esa circunstancia especial, podríamos captar el sonido de una lata de soda que acabara de abrirse a cientos de metros de distancia.

Ansiedad: un cierto presagio

Acabamos de ver cómo el estrés moderado y transitorio puede reforzar la clase de recuerdos explícitos que son competencia del hipocampo. Resulta que el estrés también puede reforzar otra clase de memoria, una que es importante para los recuerdos emocionales, un mundo muy distinto del hipocampo y su monótona preocupación por los factoides. Esta clase de memoria alternativa, y su facilitación por medio del estrés, gira en torno a esa zona del cerebro antes mencionada, la amígdala. La respuesta de la amígdala durante el estrés va a ser fundamental para comprender la ansiedad y el trastorno de estrés postraumático en el capítulo 15.

Y cuando el estrés dura demasiado tiempo

Una vez asumida la dicotomía entre la «carrera de velocidad a través de la sabana» o el «preocuparse por una hipoteca», ahora podemos examinar cómo la formación y recuperación de recuerdos sale mal cuando los agentes estresantes son demasiado grandes o prolongados. Los expertos del campo del aprendizaje y la memoria se refieren a esto como una relación de «U invertida». A medida que vamos de estrés cero a una cantidad moderada de estrés transitorio —el ámbito de la estimulación— la memoria mejora. Cuando luego pasamos al estrés grave, la memoria se debilita.

El debilitamiento se ha demostrado en numerosos estudios con ratas de laboratorio, y con una serie de agentes estresantes: reclusión, descarga inevitable, exposición al olor de un gato. Lo mismo se comprobó cuando a las ratas se les administraron altos niveles de glucocorticoides. Pero esto quizá no nos diga nada interesante. Grandes cantidades de estrés o de glucocorticoides tal vez sólo contribuyan a un cerebro genéricamente desordenado*. Tal vez las ratas ahora darían un resultado nefasto en los tests de coordinación muscular, o en la sensibilidad a la información sensorial. Pero cuidadosos estudios de control han demostrado que otros aspectos de la función cerebral, como la memoria implícita, están bien. Quizá no sea tanto que el aprendizaje y la memoria estén deteriorados, como que la rata está tan ocupada prestando atención al olor del gato, o tan agitada por él, que no se preocupa mucho de resolver ningún acertijo que se le ponga delante. Y dentro del ámbito de los problemas de la memoria explícita, la recuperación de recuerdos anteriores parece más vulnerable al estrés que la formación de nuevos recuerdos. Hallazgos similares se han documentado con primates no humanos.

¿Y qué ocurre con los humanos? En gran parte lo mismo. En un trastorno llamado síndrome de Cushing, las personas desarrollan un tipo de tumor que conduce a la secreción de grandes cantidades de glucocorticoides. Si el lector entiende lo que a continuación no va bien en un paciente «cushingoide» entiende la mitad de este libro —alta presión sanguínea, diabetes, supresión inmune, problemas reproductivos—. Y se sabe desde hace décadas que tienen problemas de memoria explícita, llamados *demencia cushingoide*. Como vimos en el capítulo 8, los glucocorticoides sintéticos se suelen administrar a las personas para controlar trastornos autoinmunes o inflamatorios. Con un tratamiento prolongado, también aparecen problemas de memoria explícita*. Pero quizás esto se deba a la enfermedad, más que a los glucocorticoides que se administraron para tratarla. Pamela Keenan, de la Universidad del Estado de Wayne, ha estudiado a individuos con estas enfermedades inflamatorias, comparando a los que son tratados con compuestos esteroides antiinflamatorios (esto es, glucocorticoides) y los que toman no esteroides; los problemas de memoria eran una consecuencia de la ingesta de glucocorticoides, no de la enfermedad.

La prueba más clara es que bastan unos días de dosis altas de glucocorticoides sintéticos para deteriorar la memoria explícita en voluntarios sanos. Un problema en la interpretación de estos estudios es que dichas hormonas sintéticas funcionan de forma algo diferente de lo normal, y las cantidades administradas producen unos niveles de glucocorticoides en circulación superiores a los que el cuerpo produce de forma habitual, incluso durante el estrés. Y no menos importante, el propio estrés, o la aparición de niveles de estrés del tipo glucocorticoide que se producen de forma natural en los humanos, también altera la memoria. Como en los estudios efectuados con animales, la memoria implícita es buena, y es la evocación, la recuperación de información anterior, lo que es más vulnerable que la consolidación de nuevos recuerdos.

Asimismo hay resultados (aunque en menor número) que muestran que el estrés altera una cosa llamada «función ejecutiva»*. Esto es un poco diferente de la memoria. No se refiere tanto al ámbito cognitivo del almacenamiento y la recuperación de los datos como a lo que hacemos con ellos —si los organizamos estratégicamente, de qué modo dirigen nuestro juicio y nuestra capacidad de decisión—. Esto sucede en una parte del cerebro llamada el córtex prefrontal. Volveremos a esto con mayor detalle en el capítulo 16, donde veremos de qué modo el estrés puede influir en la toma de decisiones y en el control de los impulsos.

Los efectos perjudiciales del estrés en el hipocampo

¿De qué forma el estrés prolongado altera la memoria que depende del hipocampo? Una jerarquía de efectos ha sido demostrada en animales de laboratorio:

Primero, las neuronas del hipocampo dejan de funcionar. El estrés puede alterar la potenciación a largo plazo en el hipocampo incluso en ausencia de glucocorticoides (como en la rata cuyas glándulas renales han sido extirpadas), y la extrema activación del sistema nervioso simpático parece ser responsable de esto**. No obstante, la mayor parte de la investigación en esta área se ha centrado en los glucocorticoides. Una vez que los niveles de glucocorticoides van desde el espectro observado con los agentes estresantes entre suaves y moderados al espectro típico del estrés más intenso, la hormona ya no refuerza la potenciación a largo plazo, ese proceso por el cual la conexión entre dos neuronas «recuerda» al volverse más excitable. En lugar de eso, los glucocorticoides ahora alteran el proceso. Además, los niveles de glucocorticoides similarmente altos refuerzan algo llamado *depresión de largo plazo,* que podría ser un mecanismo subyacente al proceso de olvido, la otra cara del «ajá» del hipocampo*.

¿Cómo es posible que aumentar un poco el nivel de glucocorticoides (durante agentes estresantes moderados) haga una cosa (potenciar la comunicación entre neuronas), y que incrementar mucho el nivel de glucocorticoides haga lo opuesto? A mediados de la década de 1980, Ron de Kloet, de la Universidad de Utrecht en los Países Bajos, dio con una respuesta muy elegante. Resulta que el hipocampo posee una gran cantidad de receptores de glucocorticoides de dos clases distintas. Y la hormona es unas diez veces mejor en unirse a uno de los receptores (por eso llamado receptor de «alta afinidad») que al otro. Eso significa que el nivel de glucocorticoides sólo sube un poco, la mayor parte del efecto de la hormona sobre el hipocampo estará mediada por ese receptor de alta afinidad. En cambio, hasta que no tratamos con un agente estresante importante la hormona no activa muchos de los receptores de «baja afinidad». Y, lógicamente, resulta que la activación del receptor de alta afinidad refuerza la potenciación de largo plazo, mientras que activar el de la baja afinidad produce lo contrario. En esto se basa la propiedad de «U invertida» antes mencionada.

En la sección anterior señalé que la región del cerebro llamada amígdala desempeña un papel central en la clase de recuerdos emocionales implicados en la ansiedad. Pero la amígdala también es importante aquí, se activa mucho durante los grandes agentes estresantes y envía una gran e influyente proyección neuronal al hipocampo. La activación de esta vía parece ser un requisito previo para que el estrés altere la función del hipocampo. Si destruimos la amígdala de una rata, o cortamos su conexión al hipocampo, el estrés ya no altera la clase de memoria que es mediada por el hipocampo, incluso dentro de los niveles habituales de glucocorticoides. Esto explica un hallazgo que se remonta al tema de las «firmas» de estrés, y también demuestra que algunas actividades pueden representar un reto para la alostasis física sin ser psicológicamente aversivas. Por ejemplo, el sexo eleva el nivel de glucocorticoides en una rata macho —sin activar la amígdala y sin alterar la función del hipocampo.

Segundo, las redes neuronales se desconectan. Si volvemos a mirar el diagrama sobre la «neurona impresionista», veremos que hay símbolos que indican de qué modo una neurona habla con otra, se «proyecta» a ella. Como se dijo unos párrafos después, esas proyecciones son bastante literales, largos cables de múltiples ramificaciones que salen de neuronas que forman sinapsis con los cables de múltiples ramificaciones de otras neuronas. Estos cables (llamados axones y dendritas) están obviamente en el centro de la comunicación neuronal y las redes neuronales. Bruce McEwen ha demostrado que, en una rata, tras apenas unas semanas de estrés o de exposición a excesivos glucocorticoides, dichos cables empiezan a encoger, a atrofiarse y retraerse un poco. Además, lo mismo puede ocurrir en el cerebro del primate. Cuando eso sucede, las conexiones sinápticas se separan y la complejidad de nuestras redes neuronales decae*. Afortunadamente, parece que al final del periodo de estrés, las neuronas pueden sacudirse el polvo y hacer crecer de nuevo esas conexiones.

Esta atrofia transitoria de los procesos neuronales tal vez explique un rasgo característico de los problemas de memoria durante el estrés crónico. Al destruirse inmensos acres de

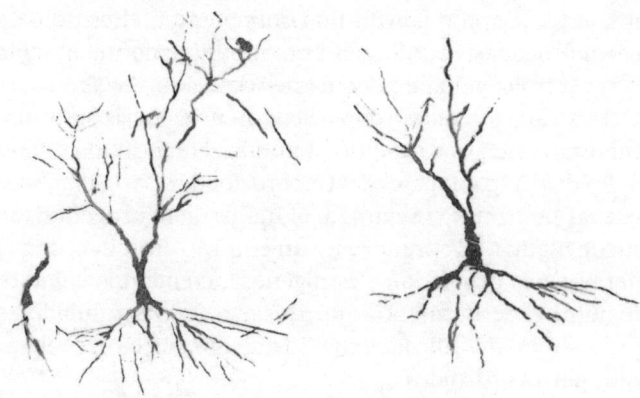

Ilustración 25. Neuronas del hipocampo de una rata. A la izquierda, neuronas sanas; a la derecha, neuronas con las ramificaciones atrofiadas por estrés permanente.

neuronas del hipocampo tras una apoplejía masiva o por un estado terminal de la enfermedad de Alzheimer, la memoria se ve profundamente deteriorada. Los recuerdos se pueden perder por completo, y esas personas nunca más volverán a recordar, por ejemplo, algo tan vital como los nombres de sus cónyuges. Si «debilitamos» una red neuronal durante un periodo de estrés crónico al retraer algunas de las complejas ramas de esos árboles neuronales, el recuerdo del nombre de Toulouse-Lautrec seguirá ahí. Pero tendremos que insistir en más y más claves asociativas para extraerlo, porque cualquier red que elijamos es menos eficaz en hacer su trabajo. Los recuerdos no están perdidos, simplemente es más difícil acceder a ellos.

Tercero, dejan de nacer neuronas nuevas. Si aprendimos nuestra neurobiología introductoria en algún momento de estos últimos mil años, un hecho en el que se ha insistido de forma reiterada es que el cerebro adulto no crea nuevas neuronas. En la última década ha quedado claro que esto es completamente falso[55]. En consecuencia, el estudio de la «neurogénesis adulta» es ahora, posiblemente, el tema más controvertido de la neurociencia.

Dos características sobre dicha neurogénesis son muy importantes en este capítulo. Primera, el hipocampo es uno de los dos únicos lugares del cerebro donde se originan estas nuevas neuronas[56]. Segunda, el índice de neurogénesis se puede regular. El aprendizaje, un entorno enriquecedor, el ejercicio o la exposición a estrógenos incrementan el índice de neurogénesis, mientras que los más fuertes inhibidores hasta ahora identificados son, lo adivinó el lector, el estrés y los glucocorticoides*.

Se plantean dos cuestiones clave. Primera, cuando el estrés cesa, ¿se recupera la neurogénesis y, en ese caso, a qué velocidad? Nadie lo sabe todavía. Segunda, ¿qué importa que el estrés inhiba la neurogénesis adulta? Intrínseca a esta pregunta está la otra más grande de para qué sirve la

---

55. En realidad, la primera vez que se informó de la evidencia de nuevas neuronas en el cerebro adulto fue en la década de 1960. A los responsables del descubrimiento se les consideró un hatajo de herejes anticientíficos y sufrieron el desprecio generalizado de sus colegas. El campo al final se ha puesto al día con ellos.

56. La otra zona aporta nuevas neuronas al sistema olfativo; por alguna extraña razón, las neuronas que procesan olores mueren constantemente y deben ser reemplazadas. Resulta que se produce un enorme estallido en la producción de estas nuevas neuronas olfativas al comienzo del embarazo. Están completamente desarrolladas en el momento del parto, y los científicos que descubrieron esto especularon que estas nuevas neuronas olfativas se encargarían de la tarea de dejar una indeleble marca en el olor de nuestra progenie (un acontecimiento crítico para las madres de la mayoría de los mamíferos). ¿Y qué ocurre a principios del embarazo, cuando esas nuevas neuronas olfativas comienzan a destacarse, pero todavía no tienen mucho sentido? Apuesto a que tiene algo que ver con la famosa náusea del embarazo, las aversiones a la comida y las sensibilizaciones olfativas.

neurogénesis adulta. Es una cuestión increíblemente controvertida, con adversarios que prácticamente luchan unos contra otros sobre el podio durante los congresos científicos.
En un extremo están los estudios que sugieren que bajo las
condiciones adecuadas, hay grandes cantidades de neurogénesis en el hipocampo del adulto, que estas nuevas neuronas forman conexiones con otras neuronas, y que estas
nuevas conexiones, en realidad, son necesarias para ciertas clases de aprendizaje. En el otro extremo, cada uno de
estos hallazgos es cuestionado. Así que el jurado aún debe
deliberar.

Cuarto, las neuronas del hipocampo son puestas en
peligro. Como se dijo, al cabo de unos segundos desde la
aparición del estrés, la liberación de glucosa en el cerebro
aumenta. ¿Y si el agente estresante continúa? A partir de
unos treinta minutos con un agente estresante continuo,
la emisión de glucosa ya no se refuerza, y ha regresado a
niveles normales. Si el agente estresante continúa más tiempo, la emisión de glucosa al cerebro incluso se inhibe, sobre
todo en el hipocampo*. La emisión se inhibe en torno a un
25 por 100, y el efecto es debido a los glucocorticoides[57].

_____

57. Una cuestión obvia: una y otra vez he recalcado lo importante
que es durante el estrés interrumpir el envío de energía a diversos
puntos del cuerpo que no son esenciales, y desviarla en su lugar al
ejercicio del músculo. En el apartado anterior añadimos el hipocampo a la lista de lugares que se llenan de energía cuando aparece un
agente estresante. Parece que es una zona inteligente para mante-
nerla alimentada, mientras dure el agente estresante. ¿Por qué al
final se corta allí el envío de glucosa? Probablemente porque, con el
paso del tiempo, se funciona de manera más automática, confiando
más en que los puestos avanzados de la memoria implícita del cerebro hagan cosas que requieren movimiento reflexivo: la exhibición
de artes marciales que realizamos para desarmar al terrorista o, al
menos, el balanceo coordinado del bate de béisbol en ese picnic
de empresa que nos ha tenido tan nerviosos. Y así enviar menos
glucosa a regiones cerebrales tan pomposas como el hipocampo
y la corteza cerebral tal vez sea una manera de desviar la energía
a esas zonas del cerebro más reflexivas.

Rebajar la ingesta de glucosa hasta este punto en una neurona sana y feliz no es un gran negocio. Sólo hace que la neurona se vuelva un poco mareada y delirante. ¿Pero y si la neurona no está sana y feliz, sino en medio de una crisis neurológica? Ahora tiene más probabilidad de morir de lo habitual.

Los glucocorticoides comprometerán la capacidad de las neuronas del hipocampo de sobrevivir a una serie de agresiones. Si cogemos una rata y le provocamos un profundo ataque epiléptico, cuanto más alto sea el nivel de glucocorticoides en el momento del ataque, más neuronas del hipocampo morirán. Lo mismo ocurre con el paro cardíaco, donde se interrumpe el flujo de oxígeno y glucosa al cerebro, o en el caso de una apoplejía, en la cual se obstruye un solo vaso sanguíneo del cerebro. Lo mismo ocurre en un trauma concusivo de la cabeza, o las drogas que generan radicales de oxígeno. De forma preocupante, lo mismo en lo referente a lo más cerca que está para la neurona de una rata el equivalente a ser dañada por la enfermedad de Alzheimer (exponer la neurona a fragmentos de una toxina relacionada con el Alzheimer llamada beta-amiloide). Igual ocurre en lo que respecta al hipocampo de una rata equivalente a tener una demencia relacionada con el sida (inducida por exponer la neurona a un componente perjudicial del virus del sida llamado *gp120*)[58] *.

Mi laboratorio y otros han demostrado que el problema energético, relativamente moderado, que causa esa inhibición de la reserva de glucosa debido a los glucocorticoides o

---

58. En el capítulo 3 se hablaba de cómo el estrés puede causar de forma indirecta una apoplejía o un paro cardíaco. Pero en lo relativo a los otros problemas neurológicos señalados —convulsión, trauma craneoencefálico, demencia ocasionada por el sida y, el más importante, enfermedad de Alzheimer— no hay ninguna evidencia de que el estrés o los glucocorticoides *provoquen* dichas dolencias. Si bien es posible que agraven los casos ya existentes.

al estrés hace que para una neurona sea más difícil contener el sinfín de cosas que no funcionan durante uno de estos traumas neurológicos. Todas estas enfermedades neurológicas en el fondo son crisis de energía para una neurona: si cortamos la glucosa que recibe una neurona (hipoglicemia), o además de la glucosa también el oxígeno (hipoxiaisquemia), o hacemos que una neurona trabaje como loca (un ataque), las reservas de energía se desbordarán precipitadamente. Nocivos maremotos de neurotransmisores e iones inundan los lugares equivocados, se generan radicales de oxígeno. Si a todo eso le añadimos los glucocorticoides, la neurona tendrá incluso más dificultades para dominar el caos. Gracias a esa apoplejía o ataque, hoy es el peor día de la vida de esa neurona, y entra en crisis con el 25 por 100 menos de energía en el banco de lo habitual.

Por último, ahora hay evidencia de que una exposición verdaderamente prolongada al estrés o los glucocorticoides puede destruir neuronas del hipocampo. Los primeros indicios de esto se detectaron a finales de la década de 1960. Dos investigadores demostraron que si los cerdos de Guinea son expuestos a niveles farmacológicos de glucocorticoides (esto es, superiores a los que el cuerpo genera por sí mismo), el cerebro queda dañado. Extrañamente, el daño se limitaba sobre todo al hipocampo. Esto fue más o menos cuando Bruce McEwen informó por primera vez de que el hipocampo está lleno de receptores de los glucocorticoides y, sin embargo, nadie apreció realmente hasta qué punto el hipocampo era el centro del cerebro en lo que respecta a la acción de los glucocorticoides.

Desde principios de la década de 1980, varios investigadores, entre ellos yo mismo, demostraron que esta «neurotoxicidad glucocorticoidea» no era sólo un efecto farmacológico, sino que era importante para el normal envejecimiento del cerebro de la rata*. En conjunto, los estudios pusieron de manifiesto que una exposición a grandes cantidades de glucocorticoides (en el espectro observado durante el estrés) o a muchas situaciones de estrés acelerarían la degeneración del hipocampo envejecido. Y a la inversa, la disminución de los niveles de glucocorticoides (al extirpar las glándulas renales de la rata) retrasaría el envejecimiento del hipocampo. Y como uno podría esperar ya, la extensión de la exposición a los glucocorticoides a lo largo de la vida de la rata no sólo determinaba cuánta degeneración del hipocampo habría en la vejez, sino también cuánta pérdida de memoria se produciría.

¿En qué momento los glucocorticoides y el estrés dejan de destruir a nuestras células cerebrales? Sin duda, las hormonas del estrés nos pueden enfermar de muchas maneras, ¿pero la neurotoxicidad no va un poco más allá de los límites del buen gusto? Tras doce años de estudio del fenómeno, todavía no estamos seguros.

¿Qué ocurre cuando se perjudica al hipocampo humano?

Sabemos por lo hasta ahora expuesto en este capítulo que un exceso de estrés y/o glucocorticoides puede trastornar el funcionamiento del hipocampo. ¿Existe alguna evidencia de que esto pueda incluir a ese manifiesto daño al hipocampo del que hemos estado hablando? Esto es, ¿puede desconectar las redes neuronales al atrofiar los procesos, inhibir el nacimiento de nuevas neuronas, empeorar la muerte neuronal causada por otras agresiones neurológicas, o matar neuronas abiertamente?

Hasta la fecha, seis series de hallazgos en los humanos deben plantear algunas preocupaciones:

1. Síndrome de Cushing. Como se dijo antes, dicho síndrome implica a un conjunto de tumores que producen un inmenso y perjudicial exceso de glucocorticoides, entre cuyas consecuencias se halla la lesión

de la memoria dependiente del hipocampo. Monica Starkman, de la Universidad de Michigan, ha utilizado técnicas de visualización cerebral en pacientes con Cushing para examinar el tamaño general del cerebro, y los tamaños de diversas subsecciones. Ella dice que se produce una selectiva disminución en el volumen del hipocampo de dichos individuos. Además, cuanto más grave es el exceso de glucocorticoides, mayores son la pérdida de volumen del hipocampo y los problemas de memoria*.

2. Trastorno de estrés postraumático (PTSD, por sus siglas en inglés). Como se verá en más detalle en el capítulo 15, este trastorno de ansiedad puede derivarse de varios tipos de agentes estresantes traumáticos. Los primeros trabajos de Douglas Bremner, de la Universidad Emory, replicados por otros, muestran que las personas con PTSD por un trauma repetido (en oposición a un solo trauma) —soldados expuestos a graves y repetidas matanzas en combate, individuos que sufrieron reiterados abusos siendo niños— poseen hipocampos más pequeños. De nuevo, la pérdida de volumen parece producirse sólo en el hipocampo, y, al menos en uno de esos estudios, cuanto más grave es la historia del trauma, más extrema la pérdida de volumen**.

3. Depresión profunda. Como se detallará en el capítulo 14, la depresión está completamente interconectada con el estrés prolongado, y esta conexión incluye elevados niveles de glucocorticoides en alrededor de la mitad de las personas con depresión profunda. Yvette Sheline, de la Universidad de Washington, y otros han demostrado que una depresión prolongada está asociada, una vez más, con un hipocampo de menor tamaño. Cuanto más prolongada es la historia de la depresión, mayor es la pérdida de volumen. Por otra parte, es en los pacientes con el subtipo de depresión

más asociada a niveles altos de glucocorticoides donde se observa el hipocampo más pequeño*.

4. *Jet lag* repetido. En el capítulo 11 veremos un único pero fascinante estudio que examina a los auxiliares de vuelo de líneas aéreas con largas travesías entre zonas de cambio horario en vuelos intercontinentales. Cuanto menor es la media de tiempo del que disponen para recuperarse de cada gran crisis de *jet lag* durante una travesía, más pequeño es el hipocampo y hay más problemas de memoria**.

5. Envejecimiento normativo. El trabajo de Sonia Lupien, de la Universidad McGill, replicado por otros, ha examinado a ancianos sanos. Analizó cuáles eran sus niveles de glucocorticoides en reposo, el tamaño de sus hipocampos y la calidad de su memoria dependiente del hipocampo. Al cabo de unos años volvió a examinarlos. Como se verá en el capítulo 12, sobre el envejecimiento, en los humanos con la edad se produce una ligera subida en los niveles de glucocorticoides en reposo, aunque hay mucha variabilidad en esto. Lo que se ha observado es que aquellos cuyos niveles de glucocorticoides han estado subiendo a lo largo de los años desde que empezara el estudio son los que han sufrido la más grave pérdida de volumen del hipocampo y el mayor debilitamiento de la memoria***.

6. Interacciones entre los glucocorticoides y los traumas neurológicos. Según varios estudios, en el caso de apoplejías de la misma gravedad, cuanto más alto es el nivel de glucocorticoides de una persona en el momento en que entra en una sala de emergencias, más definitiva es la lesión neurológica****.

De modo que estos estudios demuestran de forma colectiva que los glucocorticoides perjudican al hipocampo humano. Bien, detengámonos un segundo. Existen ciertos problemas y complicaciones.

Primero, algunos estudios sugieren que el PTSD conlleva niveles de glucocorticoides *más bajos* de lo normal. Por tanto, no puede ser que un exceso de estas hormonas perjudique al hipocampo. Sin embargo, parece como si en esos pacientes de PTSD con los niveles bajos hubiese una *sensibilidad* excesiva a los glucocorticoides. De modo que las hormonas todavía son posibles culpables.

La siguiente cuestión es que no está claro si la pérdida de volumen del hipocampo en el PTSD la causa el propio trauma, o el periodo postraumático; en medio de esa incertidumbre, ha habido al menos un excelente estudio que apoya ambas ideas. Sugería que tener un hipocampo pequeño viene *antes* del PTSD y, en realidad, aumenta la probabilidad de que desarrollemos el PTSD cuando somos expuestos a un trauma.

Por último, debe recordarse que los estudios de envejecimiento presentan una relación que sólo es correlativa. En otras palabras, sí, podría ser que los niveles de glucocorticoides con la edad llevasen a una atrofia del hipocampo. Pero existen al menos razones igual de buenas para pensar que es exactamente al revés, que una atrofia progresiva del hipocampo produce un aumento del nivel de glucocorticoides (como se explicará de forma más completa en el capítulo 12, esto es así porque el hipocampo también ayuda a inhibir la liberación de glucocorticoides, de tal modo que un hipocampo atrofiado no realiza muy bien esa tarea).

En otras palabras, todavía nadie sabe con seguridad lo que ocurre. Uno de los mayores problemas es que no hay estudios sobre cerebros como estos *después* de que las personas han fallecido. Se podría llevar a cabo una investigación fenomenalmente obsesiva que nos dijera si el hipocampo es más pequeño porque hay menos cantidad de los millones de neuronas que lo componen o porque las neuronas tienen menos y más cortos cables que los conecten a otras neuronas. O ambas cosas. Si resultase que hay menos neuronas, incluso podríamos decir si es porque ha muerto un mayor número de lo habitual, o porque han nacido menos. O ambas cosas, una vez más.

Realmente, incluso sin los estudios *post mortem*, existen pocos indicios sobre los orígenes de la pérdida de volumen. Lo que es curioso, cuando el tumor que dio origen al síndrome de Cushing es extirpado y los niveles de glucocorticoides vuelven a lo normal, el hipocampo poco a poco recupera su tamaño. Como se dijo antes, cuando los glucocorticoides hacen que los cables que conectan a las neuronas se encojan, no es un proceso permanente —si frenamos el exceso de glucocorticoides, los procesos pueden volver a desarrollarse lentamente—. Así, la mejor conjetura es que la pérdida de volumen en el síndrome de Cushing se basa en la retracción de procesos. En cambio, las pérdidas de volumen en el PTSD y la depresión parecen ser algo casi permanente, pues en el primer caso la pérdida persiste décadas después del trauma y, en el último, de años a décadas después de que la depresión haya sido puesta bajo control con medicación. De modo que en esos casos, la pérdida de volumen del hipocampo probablemente no pueda deberse a procesos de encogimiento de las neuronas, dado que el encogimiento es reversible.

Más allá de eso, nadie sabe en este punto por qué el hipocampo acaba siendo más pequeño en dichos trastornos y situaciones. Un mecanismo reflejo de todos los científicos consiste en decir que «hace falta más investigación», pero en este caso realmente es así. De momento, creo que es justo afirmar que hay bastante aunque no definitiva evidencia de que el estrés y/o una prolongada exposición a los glucocorticoides pueden provocar cambios estructurales o funcionales en el hipocampo, que se trata de cambios que seguramente uno no querría que se produjesen en su hipocampo, y que esos cambios pueden ser duraderos.

¿Cuáles son algunas de las preocupantes implicaciones de estos hallazgos? La primera se refiere a los neurólogos que hacen uso de versiones sintéticas de glucocorticoides (como la hidrocortisona, la dexametasona o la prednisona) cuando alguien ha sufrido una apoplejía. Como sabemos por nuestra introducción a las glándulas y las hormonas en el capítulo 2, los glucocorticoides son unos clásicos compuestos antiinflamatorios y se emplean para reducir el edema, la perjudicial inflamación cerebral que suele producirse después de una apoplejía*. Los glucocorticoides obran prodigios para bloquear el edema que se produce después de algo como un tumor cerebral, pero resulta que no hacen mucho en lo que respecta al edema posterior a la apoplejía. Peor aún, hay una creciente evidencia de que esos famosos componentes antiinflamatorios realmente pueden ser proinflamatorios, lo que empeoraría la inflamación del cerebro lesionado. Sin embargo, legiones de neurólogos siguen prescribiéndolos, pese a las advertencias de décadas de los mejores especialistas en el campo y los hallazgos de que los glucocorticoides tienden a empeorar el resultado neurológico. De modo que estos recientes hallazgos se suman a esa voz de alarma: el uso clínico de los glucocorticoides no parece recomendable para las enfermedades neurológicas que implican un hipocampo precario. (Como precaución, sin embargo, resulta que unas inmensas dosis de glucocorticoides pueden ayudar de forma ocasional a reducir el daño tras una lesión de la médula espinal, por razones que no tienen nada que ver con el estrés o con gran parte de este libro.)

Relacionado con esto está la preocupación de que los médicos puedan utilizar glucocorticoides sintéticos para tratar problemas ajenos al sistema nervioso y, en el proceso, pondrían en peligro al hipocampo. Un escenario que me preocupa en especial se refiere a la capacidad de estas hormonas para agravar el daño de la *gp120* sobre las neuronas y su relevancia en la demencia relacionada con el sida. (¿Recuerda el lector? La proteína *gp120* se halla en el virus del sida y parece que desempeña un papel central en el deterioro de las neuronas y en causar la demencia.) Si, tras muchos experimentos, resulta que los glucocorticoides pueden empeorar las consecuencias cognitivas de la infección de VIH, esto será preocupante. No es así sólo porque las personas con sida estén bajo estrés, sino también porque a menudo se las trata con dosis demasiado altas de glucocorticoides sintéticos para combatir otros aspectos de la enfermedad*.

Esta misma lógica se extiende al uso de los glucocorticoides en otros ámbitos de la medicina clínica. Alrededor de dieciséis millones de recetas de glucocorticoides se prescriben todos los años en Estados Unidos. Gran parte del uso es benigno, un poco de crema de hidrocortisona para alguna hiedra venenosa, una inyección de hidrocortisona para una rodilla hinchada, tal vez incluso el uso de esteroides inhalados para el asma (lo que probablemente no sea una preocupante vía para que los glucocorticoides entren en el cerebro). Pero aún hay cientos de miles de personas que toman altas dosis de glucocorticoides para suprimir las inadecuadas respuestas inmunes en enfermedades autoinmunes (como el lupus, la esclerosis múltiple o la artritis reumatoide). Como se dijo antes, una prolongada exposición a los glucocorticoides en estos individuos se asocia a problemas con la memoria dependiente del hipocampo. ¿De modo que en el caso de una enfermedad autoinmune habría que abstenerse de tomar glucocorticoides para evitar la posibilidad de un envejecimiento acelerado del hipocampo en el futuro? Casi con toda seguridad no: se trata de enfermedades a menudo devastadoras y los glucocorticoides suelen ser tratamientos muy eficaces. En potencia, los problemas de memoria son un efecto colateral particularmente desagradable e inevitable.

Una implicación incluso más perturbadora de estos hallazgos es que si resulta que los glucocorticoides ponen en peligro el hipocampo humano (haciendo más difícil que las neuronas sobrevivan a un trauma), seguimos teniendo problemas, aunque nuestro neurólogo no nos administre glucocorticoides sintéticos. Esto es porque nuestro cuerpo segrega enormes cantidades de ellos durante muchas crisis neurológicas, los humanos que sufren un trauma neurológico poseen niveles de glucocorticoides inmensamente altos en sus torrentes sanguíneos. Y lo que sabemos por las ratas es que un vertido masivo de glucocorticoides en ese momento agrava el daño, si extirpamos las glándulas renales de una rata tras una apoplejía o un ataque, o usamos una droga que detenga de forma transitoria la secreción renal de glucocorticoides, el resultado será un menor daño del hipocampo. En otras palabras, lo que nos parecen cantidades normales de daño cerebral tras una apoplejía o un ataque es un daño agravado por la locura de nuestros cuerpos que tienen respuestas de estrés en ese momento*.

Consideremos lo extraño y erróneo que es esto desde el punto de vista adaptativo. El león nos persigue; segregamos glucocorticoides para enviar energía a los músculos de nuestros muslos, gran jugada. Pasemos a una cita a ciegas, segregamos glucocorticoides para enviar energía a los músculos de nuestros muslos, probablemente irrelevante. Tenemos un ataque de epilepsia convulsiva, segregamos glucocorticoides para enviar energía a los músculos de nuestros muslos y hacemos que el daño cerebral empeore. Ésta es la más clara demostración de que no siempre queremos que nuestro cuerpo tenga una respuesta de estrés.

¿Cómo evolucionaron dichas respuestas adaptativas erróneas? La explicación más probable es que el cuerpo simplemente no ha desarrollado la tendencia a *no* segregar glucocorticoides durante una crisis neurológica. La secreción de glucocorticoides inducida por estrés funciona más o menos igual en todos los mamíferos, aves y peces…, y sólo ha sido en torno al último medio siglo cuando las versiones occidentales de una sola de esas especies empezaron a tener oportunidad de sobrevivir a algo como una apoplejía. Simplemente aún no ha habido una gran presión evolutiva para hacer que la respuesta del cuerpo a una lesión neurológica masiva sea más lógica.

Ahora llevamos cincuenta o sesenta años pensando que las úlceras, la presión sanguínea y diversos aspectos de nuestra vida sexual son sensibles al estrés. La mayoría de nosotros reconocemos los diversos modos en que el estrés puede alterar también nuestra forma de aprender y recordar. Este capítulo plantea la posibilidad de que los efectos del estrés sobre el sistema nervioso puedan extenderse incluso a la lesión de neuronas, y el próximo capítulo continúa este tema, al considerar cómo el estrés podría acelerar el envejecimiento de nuestros cerebros. El famoso neurocientífico Woody Allen dijo una vez: «Mi cerebro es mi segundo órgano favorito»*. Supongo que la mayoría de nosotros pondría sus cerebros aún más arriba en una lista.

CAPÍTULO 11

ESTRÉS Y SUEÑO REPARADOR

Entonces llegó el día en que mi hijo iba a cumplir dos semanas de vida. Era nuestro primogénito, y habíamos estado bastante nerviosos sobre las exigencias que iba a suponer la paternidad. Había sido un gran día: había dormido bien durante la noche, despertándose varias veces para mamar, y por el día se echó unas largas siestas que nos permitieron hacer lo mismo. Nos habíamos fijado un programa. Mi esposa daba de mamar, y yo le traía los vasos de zumo de arándanos con los que se había obsesionado desde el parto. Nuestro hijo llenaba sus pañales según lo esperado, y cada uno de sus gestos confirmaba lo maravilloso que era. Las cosas estaban en calma.

Por la tarde, como él dormía y nosotros volvimos a nuestras viejas rutinas, como fregar los platos (la primera vez en varios días), yo me puse a disertar sobre la condición humana. «Sabes, este asunto del recién nacido realmente es bastante manejable si nos limitamos a seguir un esquema ordenado. Tenemos que trabajar como un equipo, organizarnos, esquivar los golpes». Seguí de forma fatua así durante un rato.

Esa noche, nuestro hijo se despertó para mamar justo cuando acabábamos de quedarnos dormidos. Estaba agitado, para que volviera a dormirse tenía que darle palmaditas de forma repetida, protestaba despertándose cada vez que yo intentaba parar. Así continuó durante una demencial hora y después volvieron a entrarle ganas de mamar. Entonces, tras darle unas palmaditas más, respondió manchando los pañales, y ensuciándome a mí también. Luego chilló como un condenado cuando lo lavé. Por último, se quedó dormido y contento sin palmaditas, durante unos veinte minutos, antes de necesitar mamar de nuevo, y otra descarga que puso perdido su fresco pañal, tras lo cual descubrimos que ya no nos quedaban más pañales limpios, al haber olvidado poner una lavadora.

En vez de hacer algo útil, yo peroraba en un estado medio psicótico, «No podemos hacer esto, nos vamos a morir, lo digo en serio, la gente MUERE por falta de sueño, no es posible hacer esto, está psicológicamente demostrado, todos vamos a MORIR». Hice un brusco movimiento con los brazos, tirando y rompiendo con gran estrépito un vaso de zumo de arándanos. Esto despertó a nuestro, para entonces, felizmente hijo durmiente, haciendo que los tres rompiéramos a llorar. Al final se calmó y durmió como un bebé durante el resto de la noche, mientras yo daba vueltas lleno de ansiedad, esperando a que se despertara de nuevo.

En esta historia están las dos características principales de este capítulo. No dormir lo suficiente es un agente estresante; estar estresado hace que sea más difícil dormir. Fantástico, ya tenemos entre manos un espantoso círculo vicioso.

La base del sueño

Considerado en conjunto, dormir es una actividad bastante horripilante. Durante un tercio de nuestra vida, simplemente no estamos ahí, flotamos en ese estado de suspensión, con todas las cosas amortiguadas. Salvo en algunos momentos, nuestro cerebro está más activo que cuando estamos despiertos, haciendo que nuestros párpados se crispen, mientras se dedica a integrar los recuerdos del día y a resolver problemas. Excepto cuando sueña, cuando no tiene sentido. Y entonces a veces caminamos o hablamos en sueños.

O babeamos. Y luego están esas misteriosas erecciones del pene o del clítoris que se producen de forma intermitente durante la noche[59]*.

Extraño. ¿Qué está pasando aquí? Para empezar, el sueño no es un proceso monolítico, un fenómeno uniforme. Hay tres clases diferentes de sueño: sueño ligero (también conocido como fases 1 y 2), donde nos despertamos con facilidad. Sueño profundo (también conocido como fases 3 y 4, o «sueño de onda lenta»). Sueño de Rápido Movimiento Ocular (REM, por sus siglas en inglés), en el que las patas del cachorro se agitan y nuestros ojos se mueven de un lado a otro y se producen los sueños. No sólo están estas diferentes fases, sino que cada una de ellas obedece a una estructura. Empezamos en el sueño ligero, de forma gradual dormimos cada vez más profundamente hasta llegar al sueño de onda lenta, seguido del REM, luego de nuevo arriba, y después se repite el ciclo entero alrededor de unos noventa minutos (y como veremos en el capítulo 14, algo no funciona en la arquitectura del sueño durante una depresión).

Como era de esperar, el cerebro funciona de modo distinto en diferentes fases del sueño. Esto se puede estudiar poniendo a la gente a dormir en un escáner cerebral, mientras medimos los niveles de actividad de diferentes regiones del cerebro. Cojamos a varios voluntarios, impidámosles dormir durante un desagradable espacio de tiempo, introduzcámosles en una de esas máquinas de visualizar imágenes, mantengámoslos despiertos un poco más mientras medimos

---

59. Y esto sin entrar siquiera en el tema de las especies que sólo duermen con la mitad de su cerebro, para mantener un ojo y medio cerebro alertas con el objeto de detectar a los depredadores. Los patos silvestres, por ejemplo, que se quedan pegados al borde de su grupo durante la noche, suelen mantener despiertos el ojo que da al exterior y la mitad del cerebro correspondiente. Otra rareza es que los delfines pueden nadar dormidos y algunas aves pueden volar.

su actividad cerebral en estado de vigilia, y luego dejemos que se duerman con el escáner en marcha.

El cuadro durante el sueño de onda lenta tiene mucho sentido. Las partes del cerebro asociadas con la actividad del despertar se aminoran. Igual ocurre en las regiones del cerebro que se ocupan de controlar el movimiento muscular. Curiosamente, las zonas implicadas en la consolidación y recuperación de recuerdos no experimentan un gran descenso en el metabolismo. Sin embargo, las vías que traen y llevan información a dichas zonas se cierran radicalmente, aislándolas. Las partes del cerebro que responden primero a la información sensorial tienen una especie de cierre metabólico, pero los cambios más drásticos están en las zonas cerebrales inferiores que integran, asocian esos *bytes* de información sensorial, y les dan significado. Lo que tenemos es un cerebro metabólicamente inactivo, durmiente. Esto tiene sentido, pues es en el sueño profundo de onda lenta cuando se produce la restitución de energía. Esto lo muestra el hecho de que la extensión de la privación del sueño no es un gran pronosticador de la cantidad total que al final dormiremos, pero sí lo es de la cantidad de sueño de onda lenta que habrá —un cerebro muy activo o privado de sueño tiende a consumir gran cantidad de una forma de energía particular; el producto resultante de esa reducida forma de energía es la señal que conduce hacia el sueño de onda lenta*.

El sueño REM presenta un cuadro muy diferente. En conjunto hay un aumento de actividad. Algunas regiones del cerebro se vuelven incluso más activas desde el punto de vista metabólico que cuando estamos despiertos. Las partes del cerebro que regulan el movimiento muscular, las zonas del tronco encefálico que controlan la respiración y el ritmo cardíaco aumentan su ritmo metabólico. En una parte del cerebro llamada el sistema límbico, responsable de la emoción, también se produce un aumento. Lo mismo ocurre en las zonas implicadas en el proceso de la memoria y sensorial, sobre todo las que se ocupan de la visión y el oído.

Algo particularmente sutil sucede en las regiones de procesado visual. La parte del córtex que procesa los primeros *bits* de información visual no muestra un gran aumento del metabolismo, en tanto que hay un gran salto en las regiones inferiores que integran la información visual simple. ¿Cómo puede ser esto, cuando, además, nuestros ojos están cerrados? Esto es soñar.

Eso nos dice algo sobre cómo surgen las imágenes del sueño. Pero en el cerebro sucede otra cosa que nos dice algo sobre el *contenido* de los sueños. Hay una parte del cerebro, brevemente mencionada en el último capítulo, llamada el córtex frontal. Es la parte del cerebro humano que ha evolucionado hace menos tiempo, es desproporcionadamente enorme en los primates, y es la última parte de nuestro cerebro que madura por completo. El córtex frontal es lo más próximo que tenemos a un superego. Empezando por el aprendizaje del aseo personal, nos ayuda a hacer lo más difícil en lugar de lo más fácil; por ejemplo, a pensar de una forma lógica, secuencial, en vez de dar saltos de un lado a otro en sentido cognitivo. Evita que matemos a alguien sólo porque tengamos ganas, nos impide que le digamos a una persona exactamente lo que pensamos de su horrorosa indumentaria y en vez de eso encuentra algún cumplido. El córtex frontal nos somete a toda esta disciplina al inhibir al emocional y vaporoso sistema límbico. (Asombrosamente, el córtex frontal es la última parte del cerebro que alcanza la plena madurez, y no llega a estar del todo preparado hasta que no hemos pasado los veinte años. ¿No explica eso muchas de las imprudencias que cometimos entonces?) Si se daña el córtex frontal, uno se vuelve «abiertamente desinhibido», haciendo y diciendo las cosas que tal vez pensemos pero que nunca haríamos. Durante el sueño REM, el metabolismo del córtex frontal disminuye, desinhibiendo al sistema límbico para que proponga las ideas más extravagantes.

Por eso los sueños son oníricos: ilógicos, inconexos, hipere-
mocionales. Respiramos bajo el agua, volamos en el aire, nos
comunicamos telepáticamente; declaramos nuestro amor a
extraños, inventamos lenguas, gobernamos reinos, somos
estrellas en musicales de Broadway.

De modo que ésos son los hechos fundamentales del sueño. ¿Pero para qué sirve el sueño? Sin él moriríamos. Incluso
las moscas de la fruta duermen. La respuesta más obvia es
que necesitamos un periodo de tiempo en el que nuestro
cerebro vaya a medio gas, para reponer sus reservas energéticas*. Nuestro cerebro consume extraordinarias cantidades
de energía para realizar todas esas operaciones de cálculo y
componer esas sinfonías, el cerebro constituye algo así como
un 3 por 1 de nuestro peso corporal, pero necesita casi una
cuarta parte de la energía. De modo que las reservas tienden a decaer durante el día y hace falta un sueño continuo
de onda lenta para reabastecer esas reservas (en su mayor
parte de una molécula llamada glicógeno, que también es
un almacén de energía en el hígado y los músculos)[60].

Otros especulan que la función del sueño es disminuir
la temperatura del cerebro, permitiendo que se enfríe tras
toda esa tormenta cerebral del día, o para desintoxicarlo.
Curiosamente, otra razón importante para dormir es soñar. Si nos saltamos una noche de sueño, cuando al final
nos dormimos a la noche siguiente, tenemos más sueño
REM de lo normal, lo que sugiere que teníamos un verdadero déficit de sueños. Según algunos estudios extremadamente difíciles (en los que se privaba a personas o animales
de la fase de sueño REM, algo que me produce horror),
los sujetos analizados se venían abajo mucho antes de lo

---

60. Pese a esto, a nuestro cerebro en realidad se le da bastante mal
almacenar energía, dada la magnitud de sus demandas energéticas.
Esto vuelve a obsesionar sobremanera a nuestras neuronas durante
diversos desastres neurológicos que implican una escasez de energía.

que lo hacían por la cantidad equivalente de privación de otras clases de sueño.

Así pues, esto plantea la cuestión de para qué sirve el sueño. ¿Para resolver cuestiones pendientes sobre tu madre? ¿Para proporcionar un sustento a los surrealistas y los dadaístas? ¿Para poder tener un sueño sexual sobre alguna persona improbable en tu vida de vigilia y luego actuar de forma extraña con esa persona a la mañana siguiente junto a la máquina de café en el trabajo? Bien, podría ser. El acentuado aumento de la actividad metabólica durante el sueño REM, y en algunas de las zonas más inhibidas del cerebro durante el despertar, han sugerido a algunos una especie de escenario de «si no lo usas se atrofia» en el cual soñar proporciona cierto ejercicio aeróbico a vías del cerebro que de lo contrario estarían infrautilizadas.

Lo que está claro es que el sueño desempeña un papel en la cognición. Por ejemplo, puede facilitar la solución de problemas. Es ese «consultarlo con la almohada», y de pronto descubrir la solución a la mañana siguiente mientras nos estamos quitando las legañas de los ojos. El neurobiólogo Robert Stickgold, de Harvard, ha subrayado que esta forma de resolver problemas es de esa clase en la que uno atraviesa un embrollo de datos inútiles para llegar a los sentimientos. Como él dice, no se trata de haber olvidado un número de teléfono y luego «consultarlo con la almohada» para recordarlo. Lo hacemos por algún problema complejo y ambiguo.

Pero la onda lenta y el sueño REM también parecen desempeñar papeles en la formación de nuevos recuerdos, la consolidación de la información del día anterior, incluso la que se volvió menos accesible a nosotros mientras estábamos despiertos a lo largo del día. Prueba de ello es que si enseñamos a un animal cierta tarea y esa noche alteramos su sueño, la nueva información no se consolida. Aunque esto se ha demostrado de muchas maneras, la interpretación sigue siendo controvertida*. Ya vimos en el último capítulo que el estrés puede alterar la consolidación de la memoria. Como veremos dentro de poco en gran detalle, la falta de sueño es estresante. Tal vez la privación de sueño dificulte la consolidación de la memoria simplemente debido al estrés, lo cual tampoco demostraría que el sueño ayude a la consolidación de la memoria. Pero la pauta de la alteración de la memoria causada por la privación del sueño es diferente de la que provoca el estrés.

Hay otro tipo de prueba que es correlativa. Estar expuesto a mucha información nueva durante el día se asocia con más actividad REM esa noche. Además, la cantidad de ciertas fases de sueño experimentadas durante la noche predice hasta qué punto se recordará la nueva información al día siguiente. Por ejemplo, una gran actividad de sueño REM durante la noche predice una mejor consolidación de la información emocional del día anterior, mientras que gran cantidad de la fase 2 del sueño predice una mejor consolidación de una tarea motriz, y una combinación de mucha actividad REM y de sueño de onda lenta predice una mejor retención de la información perceptiva. Otros han llevado esto más lejos, afirmando que no es sólo la cantidad de cierta clase de sueño lo que predice determinado tipo de aprendizaje, sino si éste ocurre al principio o al final de la noche.

Otra clase de evidencia de que «el sueño nos ayuda a consolidar los recuerdos» la descubrió Bruce McNaughton, de la Universidad de Arizona. Como vimos en el capítulo 10, el hipocampo desempeña un papel central en el aprendizaje explícito. McNaughton registró la actividad de ciertas neuronas aisladas del hipocampo de una rata, e identificó a unas que se volvieron particularmente activas mientras la rata aprendía alguna información explícita nueva. Esa noche, durante el sueño de onda lenta, serían esas mismas neuronas las que estarían particularmente ocupadas. Llevando eso un paso más allá, demostró que las pautas de activación de las neuronas del hipocampo que se producen durante un aprendizaje se repiten cuando el animal está durmiendo. Los estudios de visualización cerebral con humanos han mostrado algo similar*. Hay incluso evidencia de que, cuando la consolidación se efectúa durante la fase REM, se activan unos genes que ayudan a crear nuevas conexiones entre neuronas. Durante el sueño de onda lenta, el metabolismo permanece asombrosamente alto en zonas como el hipocampo. Es como si el sueño fuese el momento en que el cerebro practicase esos nuevos patrones de memoria una y otra vez, asentándolos en su sitio.

Curiosamente, dentro de este cuadro general de la cognición alterada por la privación de sueño, existe al menos un tipo de aprendizaje que se ve facilitado, según demuestra un trabajo reciente de una exalumna mía, Ilana Hairston. Supongamos que se nos propone la tarea improbable de aprender a recitar los meses del año desde el último hacia el primero lo más rápido posible. ¿Por qué sería esto difícil? Porque de forma reiterada sentiríamos el impulso de recitar los meses de la manera que lo hemos hecho toda la vida, que es desde el primero hacia el último; la anterior versión aprendida de la tarea interfiere con esta nueva tarea inversa. ¿Quién realizaría de forma excelente esta tarea? Alguien que nunca hubiese aprendido a decir enero, febrero, marzo, etc., automáticamente en ese sentido. Si privamos de sueño a algunas ratas y les damos el equivalente en rata a una tarea invertida, la hacen mejor que los animales de control. ¿Por qué? Porque no pueden recordar la anterior versión aprendida de la tarea lo bastante bien como para que les interfiera**.

Así que ahora tenemos las bases del sueño y para qué puede servir. Que pase el estrés.

La privación de sueño como agente estresante

A medida que nos deslizamos hacia el sueño de onda lenta, les ocurren algunas cosas obvias a varios aspectos del sistema de respuesta de estrés. De entrada, el sistema nervioso simpático se cierra, a favor de ese calmo y vegetativo sistema nervioso parasimpático. Además, los niveles de glucocorticoides descienden. Como ya se dijo en el capítulo 2, el CRH es la hormona del hipotálamo que hace que la pituitaria libere ACTH para activar la liberación de glucocorticoides desde la glándula renal. Parte del control hipotalámico de la liberación de la hormona pituitaria consiste en un acelerador y un freno: un factor liberador y otro inhibidor. Durante años ha habido indicios en torno a un «factor *inhibidor* de corticotropina» (CIF, por sus siglas en inglés) hipotalámico que inhibiría la liberación de ACTH, contrarrestando los efectos del CRH. Nadie está seguro de lo que es el CIF, o si realmente existe, pero hay cierta evidencia razonable de que el CIF es una sustancia química cerebral que ayuda a inducir el sueño de onda lenta (llamado «factor inductor del sueño delta»). Así, dormimos profundamente, y desactivamos nuestra secreción de glucocorticoides*.

En cambio, durante la fase REM, al estar movilizando mucha energía para generar esas extravagantes imágenes oníricas y mover nuestros ojos rápidamente, la secreción de glucocorticoides y el sistema nervioso simpático se aceleran otra vez. Pero dado que la mayor parte de lo que se considera un sueño reparador se compone de sueño de onda lenta, el sueño es básicamente un tiempo en que la respuesta de estrés se apaga. Esto se ha observado en especies tanto nocturnas como diurnas (esto es, que duermen durante las horas oscuras, como nosotros). Alrededor de una hora antes de despertarnos, los niveles de CRH, ACTH y glucocorticoides comienzan a subir. Esto es así no sólo porque el simple hecho de salir del sueño sea un pequeño agente estresante, que requiere la movilización de cierta energía, sino porque esos crecientes niveles hormonales de estrés contribuyen a poner fin al sueño.

De modo que si nos privamos de sueño, no sólo no se produce una disminución en los niveles de hormonas de estrés, sino que además se elevan. Los niveles de glucocorticoides aumentan y el sistema nervioso simpático se activa; en proporción con todo lo que ha sido examinado en capítulos anteriores, descienden los niveles de hormonas del crecimiento y de varias hormonas sexuales. La privación del sueño claramente estimula la secreción de glucocorticoides, aunque no de una forma masiva en la mayoría de los estudios (a no ser que dicha falta de sueño sea muy prolongada; no obstante, «se postula que estos aumentos [en respuesta a una grave privación del sueño] se deben más al estrés de una muerte inminente que a la pérdida de sueño», señalaba secamente un artículo de revista)*.

Los altos niveles de glucocorticoides durante la privación del sueño desempeñan un papel en el debilitamiento de algunas formas de energía almacenadas en el cerebro. Esto, junto a muchos de los efectos que tienen los glucocorticoides sobre la memoria, podría ayudar a explicar por qué el aprendizaje y la memoria se ven tan mermados cuando estamos faltos de sueño. Eso es algo que todos aprendimos aquella vez que trasnochamos y a la mañana siguiente descubrimos durante el examen final que apenas podíamos recordar en qué mes estábamos, menos aún ninguno de los datos que habíamos empollado en nuestra cabeza la noche anterior. Un bello y reciente estudio demostraba una forma en la cual el cerebro se ve dañado cuando uno intenta pensar mucho en no dormir. Cojamos a un sujeto normalmente descansado, introduzcámoslo en un visualizador cerebral, y pidámosle que resuelva algunos problemas de «memoria funcional» (concentrarse en algunos datos y manipularlos, como sumar series de números de tres dígitos). En consecuencia, su córtex frontal se enciende metabólicamente. Ahora, cojamos a alguien a quien se ha privado de sueño y que es un desastre en la tarea de la memoria funcional. ¿Y qué sucede en su cerebro? Tal vez habríamos supuesto que el metabolismo frontal estaría inhibido, demasiado débil para activarse en respuesta a la tarea. En lugar de eso, ocurre lo opuesto: el córtex frontal está activado, pero también grandes partes del resto del córtex. Es como si la privación del sueño hubiese reducido este brillante ordenador que es el córtex frontal a un montón de farfullantes neuronas sin afeitar que contasen con la punta de sus pies, y que tuviesen que preguntar al resto de sus amigos corticales para que les ayudasen a resolver este difícil problema de matemáticas*.

Así que, ¿por qué preocuparse de que la privación del sueño sea un agente estresante? Es evidente. Estamos acostumbrados a toda clase de comodidades en nuestras vidas modernas: entregas a domicilio durante toda la noche, enfermeras a las que se puede llamar y pedir consejo a las dos de la mañana, material técnico de apoyo durante las veinticuatro horas. Por consiguiente, a algunas personas se les exige que trabajen en condiciones de privación de sueño. No somos una especie nocturna y si una persona trabaja por la noche o con cambios de turno, al margen del total de horas de sueño que tenga, está yendo contra su naturaleza biológica. La gente que trabaja esa clase de horas tiende a activar en exceso la respuesta de estrés, a lo cual es muy difícil habituarse. Dado que una respuesta de estrés hiperactiva hace que cada página de este libro sea relevante, no es de extrañar que el trabajo nocturno o por turnos aumente el riesgo de sufrir enfermedades cardiovasculares, trastornos gastrointestinales, supresión inmune y problemas de fertilidad.

Un estudio ampliamente difundido hace unos años volvió a llamar la atención sobre esto. Recordemos cómo el estrés prolongado y los glucocorticoides pueden dañar al hipotálamo y deteriorar la memoria explícita que depende de él. Kei Cho, de la Universidad de Bristol, estudió a auxiliares de vuelo que trabajaban para diferentes líneas aéreas. En una de ellas, después de trabajar en un vuelo transcontinental con un importante *jet lag*, disponían de un descanso de quince días hasta su incorporación al siguiente vuelo transcontinental. En cambio, en la otra línea aérea, presumiblemente con un sindicato más débil, contaban con una pausa de cinco días antes del siguiente vuelo transcontinental[61]. Cho controló el tiempo total de vuelo y el número total de cambios horarios que se produjeron a lo largo de este. Así, la tripulación de la compañía 2 no experimentó un mayor *jet lag* total, sólo menos tiempo para recuperarse. Por último, Cho sólo consideró a empleados que llevaban haciendo esto durante más de cinco años. Descubrió que los auxiliares de vuelo de la compañía 2 tenían, como media, una memoria explícita deteriorada, niveles más altos de glucocorticoides, y un lóbulo temporal (la parte del cerebro que contiene el hipocampo) más pequeño. (A este estudio se aludió brevemente en el capítulo 10.) Sin duda, éstas no son las mejores condiciones para un trabajador. Y esto podría hacer menos probable que el auxiliar de vuelo recuerde que el cliente del asiento 17C pidió una mezcla de *ginger ale* y leche desnatada con hielo. Pero esto hace que uno se pregunte si el piloto que vuelve al tajo tras cinco días de descanso tendrá problemas para recordar si ese pequeño interruptor enciende el motor o lo apaga.

Estas preocupaciones sobre la privación de sueño son importantes incluso para aquellos cuyo empleo de 9 a 5 es de 9 a 5 durante las horas de luz del día. Hoy hay un número sin precedentes de formas en las que podemos acabar con falta de sueño, comenzando por algo tan simple como la iluminación de interior. En 1910, el norteamericano medio dormía nueve horas cada noche, interrumpidas sólo por el ocasional petardeo del Model T. Nuestra media actual es de 7,5 y sigue bajando*. Cuando se da el aliciente de una diversión de 24 horas, actividades, y entretenimiento o, para el adicto al trabajo, saber que en algún lugar, en alguna zona horaria, alguien más está trabajando mientras nosotros nos entregamos al sueño, ese impulso de «sólo

---

61. Ya fuese por educación o por temor a una demanda judicial, Cho no dio el nombre de la línea aérea.

unos minutos más», de tirar de uno mismo, se vuelve irresistible. Y perjudicial[62].

Y el estrés como perturbador del sueño*

¿Qué debe ocurrirle al sueño durante el estrés? Ésta es una respuesta fácil, desde un punto de vista «cebra-céntrico» del mundo: el león viene, no te eches la siesta (o, como dice el viejo chiste: «El león y el cordero yacerán juntos. Pero el cordero no dormirá mucho»)[63]. La hormona CRH parece ser la más responsable de este efecto. Como recordará el lector, la hormona no sólo activa la cascada de glucocorticoides al estimular la liberación de ACTH desde la pituitaria, sino que también es el neurotransmisor el que activa toda clase de temores, ansiedad y vías de agitación en el cerebro. Si inoculamos CRH en el cerebro de una rata dormida, suprimiremos su sueño, es como arrojar agua helada sobre esas neuronas felizmente dormidas. Esto en parte se debe a los efectos directos del CRH sobre el cerebro, pero parte tal vez se deba a que el CRH activa el sistema nervioso simpático. Si subimos a una elevada altitud sin aclimatarnos, nuestro corazón se acelerará, aunque no hagamos ejercicio. Esto no ocurre porque estemos estresados o ansiosos, sino sencillamente porque nuestro corazón tiene que latir con más frecuencia

---

62. Para ser franco, aquí estoy siendo un verdadero hipócrita y es vergonzoso que tenga la caradura de disertar sobre este tema. En general carezco de vicios: no fumo, jamás en mi vida he bebido alcohol o consumido drogas, no como carne ni bebo té o café. Pero no consigo dormir lo suficiente; echo en falta una siesta desde la presidencia de Carter. Tengo un colega, William Dement, considerado el decano de la investigación sobre el sueño, que hace absoluto proselitismo sobre los riesgos que entraña para la salud un déficit de sueño, y los días en los que estoy realmente agotado por haber dormido poco, vivo con el temor de tropezarme con él. De modo que en este asunto, que el lector haga lo que digo, no lo que hago.

63. Alusión al versículo de Isaías 11, 6. *[N. del T.]*

para bombear suficiente oxígeno. De pronto descubrimos que es terriblemente difícil quedarse dormido mientras nuestros glóbulos oculares palpitan de forma rítmica 110 veces por minuto. De modo que las consecuencias corporales de la activación del simpático hacen difícil el sueño.

No es de extrañar que en torno a un 75 por 100 de los casos de insomnio sean activados por algún importante agente estresante. Además, muchos estudios (pero no todos) muestran que los durmientes deficientes tienden a tener niveles más altos de activación del simpático o de glucocorticoides en su torrente sanguíneo.

Así que, grandes cantidades de estrés y, potencialmente, escaso sueño. Pero el estrés no sólo puede disminuir la cantidad total de sueño, sino que puede comprometer la calidad de éste. Por ejemplo, cuando la infusión de CRH disminuye la cantidad total de sueño, básicamente se debe a una disminución del sueño de onda lenta, exactamente la clase de sueño que necesitamos para la restitución de energía. En su lugar, nuestro sueño está dominado por más fases de sueño ligero, lo que significa que nos despertamos con más facilidad: sueño fragmentado. Además, cuando conseguimos algo de sueño de onda lenta, ni siquiera obtenemos de él los beneficios normales. Cuando el sueño de onda lenta es ideal, realmente restaura esas reservas de energía, hay un patrón característico en lo que se llama la gama de potencia delta que puede detectarse en un registro de EEG (electroencefalograma). Cuando las personas están estresadas antes de dormir, o se les inoculan glucocorticoides mientras duermen, se obtiene una menor pauta de sueño reparador durante el sueño de onda lenta.

Los glucocorticoides comprometen algo más que ocurre durante un sueño de buena calidad. Jan Born, de la Universidad de Lubeck, en Alemania, ha demostrado que si inoculamos glucocorticoides en alguien mientras está dormido, deterioramos la consolidación de la memoria que se produciría normalmente durante el sueño de onda lenta.

A causa B causa A causa B causa...

Aquí tenemos el potencial para algunos problemas reales, en la medida en que la falta de sueño o la pobre calidad de éste activa la respuesta de estrés, lo cual representa menos sueño o de peor calidad. Cada uno alimenta al otro. ¿Significa eso que si experimentamos incluso un poco de estrés, o una noche nos quedamos levantados hasta tarde para ver en la televisión una entrevista con Britney Spears sobre las pruebas existentes a favor o en contra del calentamiento global, caeremos en una espiral creciente de estrés y privación de sueño?

Obviamente no. Por una razón, como se dijo, la privación de sueño no provoca toda esa masiva respuesta de estrés. Además, la necesidad de dormir al final vencerá al más poderoso de los agentes estresantes.

Sin embargo, un fascinante estudio sugiere cómo las dos mitades podrían interactuar, de acuerdo con que la expectativa de que vamos a dormir poco nos estrese lo bastante como para obtener un sueño de baja calidad*. En el estudio, a un grupo de voluntarios se les permitió dormir tanto como quisieran, lo cual resultó ser hasta más o menos las nueve de la mañana. Como era de esperar, sus niveles de hormona del estrés empezaron a subir en torno a las ocho. ¿Cómo podríamos interpretar eso? Estas personas habían disfrutado de suficiente sueño, felizmente reparador, y en torno a las ocho de la mañana su cerebro lo sabía. Empieza a segregar esas hormonas de estrés para prepararse para el fin del sueño.

Pero al segundo grupo de voluntarios, que fue a dormir al mismo tiempo, se les dijo que se les despertaría a las seis de la mañana. ¿Y qué pasó con ellos? A las cinco de la mañana, sus niveles de hormona de estrés empezaron a subir.

Esto es importante. ¿Sus niveles de hormona de estrés se elevaron tres horas antes que el otro grupo porque necesitaban tres horas menos de sueño? Obviamente no. La subida no tenía nada que ver con que se sintieran rejuvenecidos, sino con la estresante anticipación de que les iban a despertar antes de lo deseable. Sus cerebros sentían ese estrés anticipatorio mientras dormían, lo que demuestra que un cerebro dormido sigue siendo un cerebro que trabaja.

¿Qué ocurriría, entonces, si nos vamos a dormir pensando que no sólo nos despertarán antes de lo que nos gustaría, sino a una hora *impredecible*? ¿Cuando cada minuto podría ser el último de sueño de esa noche? Es muy posible que los niveles de hormonas de estrés sean elevados durante la noche, en una nerviosa anticipación de esa llamada despertadora. Como hemos visto, una elevada respuesta de estrés durante el sueño hace que la calidad de éste se vea comprometida.

Por tanto, existe una jerarquía respecto a lo que se considera un sueño deficiente. Un sueño continuo, ininterrumpido, pero demasiado corto —hora límite amenazadora, ir a dormir tarde, levantarse pronto, no es bueno—. Incluso peor es un sueño escaso y fragmentado. Como ejemplo, una vez hice un experimento en el que cada tres horas durante varios días tenía que tomar muestras de sangre de unos animales. Aunque durante esas noches y días yo casi no hacía otra cosa que dormir, de hecho disfruté de más sueño total por día de lo habitual en mí, estaba destrozado. Pero lo peor de todo es un sueño demasiado breve e imprevisiblemente fragmentado. Al final uno vuelve a conciliar el sueño, pero con el corrosivo conocimiento de que, cinco horas o cinco minutos después, otro paciente entrará en la sala de urgencias o las alarmas se dispararán y de vuelta al coche de bomberos o el pañal de alguien se llenará lenta pero inexorablemente.

Esto nos enseña mucho sobre lo que se considera un buen sueño y de qué modo el estrés puede impedirlo. Pero como veremos en un par de capítulos, esto no se limita al problema del sueño. Respecto a lo que produce el estrés psicológico, la falta de previsión y control son lo primero de la lista de cosas que uno quiere evitar.

CAPÍTULO 12

ENVEJECIMIENTO Y MUERTE

Como es de esperar, sucede en el momento más imprevisto. Estoy dando una clase, me siento aburrido contando la misma historia sobre las neuronas que el año pasado; sueño despierto, miro la marea de estudiantes irritantemente jóvenes y, de pronto, caigo en la cuenta, casi con asombro: «¿Cómo podéis estar ahí sentados tan tranquilos? ¿Soy acaso el único que se da cuenta de que todos moriremos algún día?». O puede que adopte un matiz más personal: estoy en un congreso científico, esta vez a duras penas entiendo lo que otro dice, y en la sala llena de eruditos me sobreviene una ola de amargura: «Médicos expertos y pretenciosos, ninguno de vosotros puede hacerme vivir eternamente».

La primera vez que nos damos cuenta de forma emocional es en la pubertad. Woody Allen, en otro tiempo nuestro sumo sacerdote de la muerte y el amor, refleja perfectamente en *Annie Hall* su tortuosa toma de conciencia. Está tan deprimido que su madre, preocupada, lo lleva a rastras al médico: «Escuche lo que dice. ¿Qué le pasa? ¿Tiene la gripe?». El muchacho, con los ojos vidriosos por la desesperación y el pánico, afirma de forma monótona: «El universo se expande». Todo está ahí —el universo se expande, mirad lo infinito que es y lo finitos que somos nosotros—, ha descubierto el gran secreto de nuestra especie: vamos a morir y lo sabemos. Junto a ese rito de paso, ha encontrado el filón de la energía psíquica que alimenta nuestros momentos más irracionales y violentos, los más egoístas y altruistas, nuestra neurótica dialéctica de sufrir y negarlo al mismo tiempo, nuestras dietas y ejercicios, nuestros mitos del paraíso y la resurrección. Es como si nos halláramos atrapados en una mina, gritando para que nos oigan los que vienen a rescatarnos: salvadnos, estamos vivos, pero nos estamos haciendo viejos y todos vamos a morir.

Y, por supuesto, antes de morir, la mayoría de nosotros nos haremos viejos, un proceso adecuadamente descrito como no apto para blandengues: el dolor que destruye, la demencia tan acusada que nos hace incapaces de reconocer a nuestros hijos, la comida para gatos, la jubilación forzosa, las bolsas de colostomía, músculos que dejan de responder a nuestras órdenes, órganos que nos traicionan, hijos que no nos prestan atención. Sobre todo, esa dolorosa sensación de que cuando por fin hemos madurado de forma definitiva y aprendido a gustarnos, a amar y a jugar, las sombras se alargan: queda tan poco tiempo…

Bueno, no tiene por qué ser tan malo. Como ya he mencionado, llevo quince años pasando los veranos en África oriental para investigar el estrés en los babuinos salvajes. La gente de allí, como muchos pueblos del mundo no occidental, tiene, como es evidente, una opinión distinta de la nuestra sobre estos temas. A nadie le deprime la idea de envejecer. ¿Cómo iba a hacerlo, si se pasan la vida esperando convertirse en poderosos ancianos? Mis vecinos más cercanos son de la tribu masai, pastores nómadas. Suelo curarles heridas y enfermedades menores. Un día, uno de los hombres más viejos del pueblo (de unos sesenta años) llegó tambaleándose al campamento. Anciano, absolutamente lleno de arrugas, le faltaba la punta de varios dedos, los lóbulos de sus orejas estaban descolgados y mostraba cicatrices de batallas olvidadas hacía mucho tiempo. Sólo hablaba masai, no suahili, la lengua franca de África oriental, por lo que iba acompañado de una vecina de mediana edad que le servía de intérprete. Tenía una herida infectada en la pierna, que lavé y traté con una pomada antibiótica. Tenía asimismo problemas de visión —deduje a ojo que eran cataratas— y le expliqué que superaban mis escasos poderes curativos. Parecía resignado, pero no especialmente decepcionado, y mientras se hallaba sentado con las piernas cruzadas, desnudo con la excepción de una manta que lo envolvía, dejándose acariciar por el sol, la mujer, situada detrás de él, movió la cabeza. Con una voz como si describiera el tiempo del año anterior, dijo: «Cuando era joven, era hermoso y fuerte. Pronto morirá». Esa noche, en la tienda, insomne y envidioso de los masai, pensaba: «Me quedo con vuestra malaria y vuestros parásitos, con vuestra terrible tasa infantil de mortalidad, acepto el riesgo de que un búfalo o un león me ataquen... si me enseñáis a no tener miedo como vosotros».

Puede que tengamos suerte y acabemos siendo respetados ancianos de un pueblo. Quizá envejezcamos con gracia y sabiduría. Quizá nos respeten y nos hallemos rodeados de niños fuertes y felices, cuya salud y fecundidad nos parecerá inmortal. Los geriatras que estudian el proceso de envejecimiento han hallado cada vez más pruebas de que la mayor parte de nosotros envejecerá con bastante dignidad y éxito. Hay mucha menos institucionalización y discapacidad de lo que uno habría imaginado. Aunque el tamaño de las redes sociales se reduce con la edad, la calidad de las relaciones mejora. Hay algunas técnicas cognitivas que mejoran en la vejez (están relacionadas con la inteligencia social y con hacer un buen uso estratégico de los datos, en vez de simplemente recordarlos con facilidad). El anciano medio piensa que su salud está por encima de la media, y disfruta de ello. Y lo más importante, el nivel medio de felicidad aumenta en la vejez; se producen menos emociones negativas y, cuando lo hacen, duran menos tiempo. Conectado con esto, los estudios sobre visualización cerebral muestran que las imágenes negativas tienen menos impacto, y las positivas mayor impacto sobre el metabolismo cerebral de las personas mayores, en comparación con las jóvenes*.

Así que tal vez envejecer no sea tan malo. El último capítulo de este libro examina algunas pautas observadas en personas ancianas que han tenido particular éxito en ese proceso. El objetivo de este capítulo es examinar la relación entre el estrés y el proceso de envejecimiento y si acabaremos llegando al honorable modelo de vejez del anciano de aldea o la variante de la comida para gatos.

Organismos envejecidos y estrés

¿Cómo se enfrentan los organismos viejos al estrés? No muy bien. El envejecimiento se define, en muchos sentidos, como la pérdida progresiva de la capacidad de enfrentarse al estrés, lo que concuerda con la percepción que tenemos de las personas ancianas como seres frágiles y vulnerables. Esto se puede enunciar de forma más rigurosa diciendo que muchos aspectos del cuerpo y la mente de un organismo viejo funcionan bien, como lo hacen en uno joven, siempre que no se les fuerce. Si un organismo anciano se ve sometido a un reto deportivo, una herida o enfermedad, una presión temporal, una novedad —cualquier agente estresante de tipo físico, cognitivo o psicológico— es muy posible que no responda igual de bien.

«No responder igual de bien» en el departamento de la respuesta de estrés puede adoptar al menos dos formas que ya deberían sernos conocidas. La primera es no activar una suficiente respuesta de estrés cuando es necesaria. Esto ocurre a muchos niveles durante el envejecimiento. Por ejemplo, las células individuales poseen varias defensas que pueden movilizar en respuesta a un reto que puede considerarse como una respuesta de estrés celular. Si calentamos una célula a un grado insano, se sintetizarán «proteínas de choque de calor» para ayudar a estabilizar la función celular durante una crisis. Si se daña el ADN, se activarán las enzimas reparadoras de ADN. Si generamos radicales de oxígeno, en respuesta se crearán enzimas antioxidantes. Y todas estas respuestas de estrés celular se vuelven menos sensibles al reto durante el envejecimiento*.

Un tema similar es de qué modo sistemas orgánicos enteros responden al estrés. Por ejemplo, después de eliminar de nuestro estudio a los ancianos que tienen enfermedad cardíaca y examinar sólo a sujetos sanos de diferentes edades (para estudiar el envejecimiento, en vez de estudiar la enfermedad), se ve que muchos aspectos de la función cardíaca no cambian con la edad. Pero si desafiamos al sistema con ejercicio, por ejemplo, los corazones viejos no responderán de forma tan adecuada como los jóvenes, puesto que la máxima capacidad de trabajo y el máximo ritmo cardíaco que se pueden alcanzar en ningún momento son tan grandes como en un joven[64]. Del mismo modo, en ausencia de estrés, los cerebros de ratas viejas y jóvenes contienen aproximadamente la misma cantidad de energía. Pero cuando estresamos el sistema interrumpiendo el flujo de oxígeno y nutrientes, los niveles de energía decaen antes en los cerebros viejos. O, como ejemplo clásico, la temperatura corporal normal, 36,5 grados centígrados, no cambia con la edad. Sin embargo, los cuerpos envejecidos tienen deteriorada la subida de respuesta de estrés termorreguladora, y por eso los cuerpos de los ancianos tardan más tiempo en recuperar una temperatura normal después de experimentar un calor o frío excesivos**.

Lo mismo es aplicable a las medidas de la cognición. ¿Qué sucede con las puntuaciones en una prueba de CI al envejecer? (Observe el lector que no he dicho «inteligencia», sino «actuación en una prueba de CI». Que ésta nos

---

64. El problema aquí no es que los ancianos no segreguen suficiente adrenalina o noradrenalina durante el ejercicio. Segregan una cantidad abundante, más que los individuos jóvenes, en realidad. Pero el corazón y diversos vasos sanguíneos de un organismo anciano no responden de forma tan vigorosa a la adrenalina y la noradrenalina.

diga algo sobre aquélla es un hecho controvertido en el que no quiero entrar.) Al principio, el dogma en este campo era que el CI disminuía con la edad; después, que no lo hacía. Depende de cómo se mida. Si se pasa una prueba a jóvenes y ancianos y se les deja mucho tiempo para responder, hay pocas diferencias. Si se somete el sistema a estrés —en este caso, estableciendo un tiempo límite para contestar—, las puntuaciones disminuyen en todas las edades, pero mucho más en las personas ancianas*.

Un problema aún más importante es que los organismos ancianos suelen tener *demasiada* respuesta de estrés. Por ejemplo, desactivan peor la secreción de adrenalina y noradrenalina cuando el agente estresante ha cesado y sus niveles tardan más en volver a la normalidad. Lo mismo se observa con la secreción de glucocorticoides**.

Los organismos ancianos no sólo tienen problemas a la hora de desactivar la respuesta de estrés al final de éste, sino que segregan más hormonas asociadas al estrés incluso en estado normal, no estresado. Un ejemplo lo constituyen los niveles elevados de adrenalina y noradrenalina, en estado de reposo, que se observan en ratas y humanos ancianos. Lo mismo se observa en el caso de los glucocorticoides: los niveles, en estado de reposo, aumentan con la edad tanto en las ratas como en los humanos. Se había llegado al consenso en este campo de que esto no sucedía en los humanos, ya que en numerosos estudios se habían hallado los mismos niveles de glucocorticoides, en estado de reposo, tanto en jóvenes como en ancianos. Pero tales estudios se basaban en un concepto anticuado de lo que es ser «viejo» en los humanos, pues examinaban a gente de sesenta o setenta y pocos años de edad. Los geriatras modernos consideran que se es viejo a partir de los ochenta años, y los estudios más recientes demuestran la existencia de un gran salto en los niveles de glucocorticoides, en estado de reposo, en ese grupo de edad***.

Los individuos ancianos de cualquier clase tienden a activar la respuesta de estrés cuando nada estresante sucede.

¿Tiene un coste esta hiperactividad hormonal «normal»? Parece que sí. Un ejemplo de ello, del que se habló en el capítulo sobre la memoria, es que el estrés y los glucocorticoides inhiben el nacimiento de nuevas neuronas en el hipocampo adulto y también el crecimiento de nuevos procesos en las neuronas existentes. ¿Ocurre esto mismo en las ratas viejas? Sí, y si los niveles de glucocorticoides descienden, la neurogénesis y los procesos de crecimiento aumentan a los niveles observados en animales jóvenes*.

Ya sabemos que las hormonas del estrés, en un plano ideal, deberían permanecer tranquilas cuando nada estresante sucede, además de ser segregadas en pequeñísimas cantidades. Cuando se produce una emergencia estresante, el cuerpo necesita una respuesta de estrés rápida y enorme. Cuando termina el agente estresante, se debería desactivar todo de forma inmediata. Y estas características son precisamente las que no poseen los individuos ancianos[65].

¿Por qué se ven tan pocas veces salmones muy viejos?

Nos centramos ahora en la otra mitad de la relación envejecimiento-estrés: no si los organismos ancianos son capaces de manejarse bien con el estrés, sino si éste puede acelerar algunos aspectos del envejecimiento. Existe cierta evidencia razonable de que un exceso de estrés es posible que aumente el riesgo de padecer algunas enfermedades

---

65. El envejecimiento también conlleva un marcado descenso en los niveles de la hormona llamada DHEA, lo cual ha suscitado una enorme atención. Hay cierta evidencia de que la DHEA sirve como hormona «antiestrés», bloqueando la acción de los glucocorticoides, y que puede tener algunos efectos benéficos en la población de más edad. No obstante, he enterrado la DHEA en esta nota a pie de página porque el tema es bastante controvertido y aún hacen falta estudios más convincentes, en mi opinión.

asociadas a la vejez. En más de una docena de especies, el exceso de glucocorticoides es la causa de muerte durante el proceso de envejecimiento.

Estampas de heroicos animales salvajes, a la manera de Marlin Perkins: pingüinos que se pasan de pie todo el invierno en el frío Antártico, manteniendo calientes los huevos a sus pies; leopardos que arrastran con los dientes enormes presas y las suben a un árbol para comérselas sin que les acosen los leones; camellos deshidratados que andan kilómetros; y, sobre todo, salmones que saltan presas y cascadas para volver al arroyo de agua dulce en que nacieron, donde desovan millones de huevos, para morir después, al cabo de unas semanas.

¿Por qué muere el salmón al poco tiempo del desove? Nadie lo sabe con certeza, pero los biólogos evolutivos tienen multitud de teorías acerca de la lógica evolutiva de este y los demás casos —raros— de «muerte programada» del reino animal. Lo que se conoce, no obstante, es el mecanismo proximal que subyace a la muerte repentina (no «por qué mueren en términos de patrones evolutivos a lo largo de milenios», sino por qué mueren: ¿qué elementos del funcionamiento del cuerpo se vuelven locos de repente?). Se trata de la secreción de glucocorticoides.

Si se captura a un salmón justo después de soltar sus huevos, cuando las agallas presentan un color verdusco, se observa que tiene enormes glándulas suprarrenales, úlceras pépticas y lesiones renales; su sistema inmunitario se ha desmoronado y está lleno de parásitos e infecciones. ¡Ajá! Se parece a las ratas de Selye[66]. Además, el salmón presenta increíbles concentraciones de glucocorticoides en la sangre. Cuando el salmón desova, la regulación de la secreción de

---

66. Un dato muy extraño y desconcertante: estos salmones incluso tienen depósitos en sus cerebros de la proteína beta-amiloide que se encuentra en el cerebro de las personas con enfermedad de Alzheimer. Nadie sabe muy bien qué pensar al respecto.

glucocorticoides deja de funcionar. En esencia, el cerebro pierde la capacidad de medir la cantidad de hormonas en circulación y sigue enviando la señal a las glándulas suprarrenales para que segreguen más. Un exceso de glucocorticoides produce, sin lugar a dudas, todos esos trastornos que padece el salmón. ¿Es también responsable de su muerte? Si se coge un salmón después de desovar y se le extirpan las glándulas suprarrenales, vivirá un año.

Lo extraño es que esta secuencia de acontecimientos no sólo tiene lugar en cinco especies de salmón, sino en una docena de especies de ratones marsupiales australianos. Todos los machos mueren al poco tiempo del acoplamiento estacional; si se les extirpan las glándulas suprarrenales, también siguen viviendo. El salmón del Pacífico y los ratones australianos no son parientes cercanos. Al menos dos veces en la historia, y de forma totalmente independiente, dos grupos de especies muy distintas han descubierto el mismo truco; si se quiere degenerar muy deprisa, hay que segregar grandes cantidades de glucocorticoides*.

Estrés crónico y proceso de envejecimiento general

Todo esto está muy bien para los salmones que buscan la fuente de la juventud, pero nosotros, y el resto de los mamíferos, envejecemos gradualmente, no de manera catastrófica en el curso de unos días. ¿Influye el estrés en la tasa de envejecimiento gradual de los mamíferos?

De forma intuitiva, parece lógica la idea de que el estrés acelera el envejecimiento. Reconocemos la existencia de una conexión entre cómo vivimos y cómo morimos. En los albores del siglo xx, Max Rubner, un fisiólogo alemán terriblemente inspirado, intentó definir de forma científica tal conexión. Examinó toda clase de especies domésticas y calculó cosas como el número de latidos del corazón y la tasa metabólica de toda una vida (no es un tipo de estudio que muchos científicos hayan tratado de replicar), concluyendo que el cuerpo puede seguir sólo durante cierto tiempo: cada kilo de carne puede llevar a cabo tantas inspiraciones, tantos latidos y tanto metabolismo antes de que los mecanismos vitales se agoten. Una rata, con aproximadamente 400 latidos cardíacos al minuto, consume su cuota de latidos más deprisa (al cabo de unos dos años) que un elefante (con aproximadamente 35 latidos por minuto y una duración de la vida de sesenta años). Lo que subyacía a tales cálculos eran las ideas sobre los motivos por los que unas especies vivían mucho más que otras, y pronto se aplicó el mismo tipo de pensamiento a la duración de la vida de diversos individuos de la misma especie: si, a los dieciséis años, se desperdician los latidos del corazón, respirando agitadamente porque se está nervioso ante las citas a ciegas, se tendrá mucha menos reserva metabólica a los ochenta.

En general, las ideas de Rubner sobre la longitud de la vida en diferentes especies no se han mantenido en su versión más estricta, y la hipótesis de la «tasa de vida» en los individuos de una misma especie ha resistido aún peor. No obstante, llevaron a muchos investigadores de este campo a sugerir que un exceso de perturbaciones del entorno podía agotar el sistema de forma prematura. Este pensamiento de «desgaste» encajaba de forma natural con el concepto de estrés. Como hemos visto, el estrés excesivo aumenta el riesgo de sufrir diabetes adulta, hipertensión, enfermedad cardiovascular, osteoporosis, descenso reproductivo y supresión inmune. Todas estas condiciones se vuelven más comunes a medida que envejecemos. Además, en el capítulo 4 se mostraba que si tenemos muchos índices de carga alostática, se incrementa el riesgo de síndrome metabólico; el mismo estudio mostraba que también aumentaba nuestro riesgo de mortandad*.

Volvamos a la tendencia de las ratas, los humanos y los mamíferos ancianos a presentar, en estado de reposo, niveles elevados de glucocorticoides en el torrente sanguíneo. Al envejecer se altera algún elemento de la regulación de la secreción normal de glucocorticoides. Para comprender por qué sucede tenemos que explicarlo de forma muy técnica y referirnos a un tema esencial: ¿por qué no rebosa el agua de la cisterna del retrete al llenarse? Hay una fuente de agua: una tubería que normalmente penetra por la parte superior de la cisterna; el sistema que sube cuando lo hace el agua; y hay una relación entre la cantidad de agua de la cisterna y la introducción de más agua: el mecanismo de flotación va unido a una válvula en la parte superior de la tubería que, al subir, la cierra. Los ingenieros que estudian este tipo de procesos lo denominan «inhibición por retroalimentación negativa» o «inhibición por el producto final»: a mayor cantidad de agua acumulada en la cisterna, menor probabilidad de que siga llegando.

La mayor parte de los sistemas hormonales, entre ellos el de los glucocorticoides, funciona mediante este proceso. El cerebro segrega CRH, que desencadena la liberación por la pituitaria de ACTH y, por último, los glucocorticoides salen de la corteza suprarrenal. El cerebro tiene que saber si debe seguir segregando más CRH y, a tal efecto, comprueba el nivel de glucocorticoides en la sangre (tomando una muestra de las hormonas del riego sanguíneo que lo atraviesa) para ver si se halla por encima, por debajo o en el punto establecido. Si el nivel es bajo, el cerebro sigue segregando CRH, igual que cuando el nivel de agua en la cisterna es bajo. Cuando los glucocorticoides alcanzan o exceden el punto establecido, hay una señal de retroalimentación negativa y el cerebro deja de segregar CRH. Una complicación fascinante consiste en que el punto establecido puede variar. En ausencia de estrés, el cerebro necesita niveles distintos de glucocorticoides en la sangre de los que requiere cuando sucede algo estresante (lo que implica que la cantidad necesaria de estas hormonas en el torrente circulatorio para que el cerebro desactive la secreción de CRH varía en situaciones distintas).

Ésta es la forma de funcionar del sistema en condiciones normales, como se demuestra al inyectar a una persona dosis masivas de un glucocorticoide sintético (dexametasona). El cerebro percibe el súbito incremento y dice: «¡Dios mío! No sé qué estarán haciendo esas imbéciles de las suprarrenales, pero acaban de segregar demasiados glucocorticoides». La dexametasona produce una señal de retroalimentación negativa y, en seguida, la persona deja de segregar CRH, ACTH y sus propios glucocorticoides. Esta persona sería caracterizada como «sensible a la dexametasona». Si la regulación de la retroalimentación negativa no funciona muy bien, la persona es «resistente a la dexametasona». Sigue segregando sus hormonas, a pesar de la insistente señal de glucocorticoides en el torrente sanguíneo. Y esto es precisamente lo que sucede en los humanos, las ratas y los primates ancianos: la regulación de la retroalimentación de los glucocorticoides deja de funcionar como es debido*.

Esto podría explicar por qué los organismos ancianos segregan glucocorticoides de modo excesivo (en ausencia de estrés y/o durante el periodo de recuperación después de un agente estresante). ¿Por qué falla la regulación de la retroalimentación? Existen bastantes pruebas de que se debe a la degeneración de una zona del cerebro causada por el envejecimiento. El cerebro en su totalidad deja de funcionar como «sensor de los glucocorticoides», papel que pasan a desempeñar sólo unas áreas con un nivel muy elevado de receptores de glucocorticoides y los medios para indicarle al hipotálamo si debe o no segregar CRH. En el capítulo 10 describí cómo el hipocampo es famoso por su papel en el aprendizaje y la memoria. También es uno de los lugares importantes de retroalimentación negativa del cerebro para controlar la secreción de glucocorticoides. Asimismo, resulta que, durante el envejecimiento, las neuronas del hipocampo pueden volverse disfuncionales. Cuando esto sucede, algunas de las deletéreas consecuencias incluyen una tendencia a segregar una cantidad excesiva de glucocorticoides —ésta podría ser la causa de que las personas ancianas tal vez posean elevados niveles restantes de la hormona, tal vez tengan problemas en desactivar la secreción tras la finalización del estrés o tal vez sean resistentes a la dexametasona—. Es como si uno de los frenos del sistema hubiese sido dañado y la secreción hormonal se elevase un poco fuera de control*.

El elevado nivel de glucocorticoides propio de la vejez deriva, por tanto, de un problema de la regulación de la retroalimentación que, a su vez, se relaciona con la pérdida neuronal del hipocampo. ¿Por qué pierde tantas neuronas al envejecer? Es por haber estado expuesto a los glucocorticoides, como vimos en el capítulo 10.

El lector habrá observado algo realmente insidioso en estos estudios. Los glucocorticoides parecen capaces de dañar el hipocampo de las ratas. Cuando esto sucede, las ratas segregan más glucocorticoides que, a su vez, producen mayores daños en el hipocampo, lo que provoca mayor secreción de glucocorticoides... Cada paso empeora el siguiente, causando la cascada degenerativa que se manifiesta en muchas ratas viejas.

¿Se produce esta cascada degenerativa también en los humanos? Como se dijo, el nivel de glucocorticoides se eleva con la vejez extrema, y el capítulo 10 resume la primera evidencia de que estas hormonas tal vez tengan algunos efectos nocivos sobre el hipocampo humano. Los hipocampos del primate y el ser humano parecen ser reguladores de retroalimentación negativa de la liberación de glucocorticoides, de tal modo que el daño del hipocampo se asocia con un exceso de glucocorticoides, al igual que en los roedores. De manera que los elementos de la cascada parecen estar ahí en el ser humano, elevando la posibilidad de que el estrés grave o un uso excesivo de glucocorticoides sintéticos para tratar alguna enfermedad podrían acelerar ciertos aspectos de esta cascada**.

¿Significa eso que todo está perdido, que esta clase de disfunción es una parte obligatoria del envejecimiento? Desde luego que no. No por casualidad dos párrafos más arriba describí esta cascada como algo que sucede en «muchas» ratas viejas, no en «todas». Algunas ratas envejecen con éxito de una forma que les salva de esta cascada, como ocurre con muchos humanos —estas agradables historias forman parte del último capítulo de este libro.

No está aún claro, por tanto, que la «neurotoxicidad de los glucocorticoides» sea aplicable a la forma de envejecer del cerebro humano, y mucho menos al modo en que éste se deteriora con los trastornos neurológicos. Por desgracia, pasarán muchos años antes de que hallemos las respuestas, ya que se trata de un tema muy difícil de estudiar en humanos. No obstante, de lo que sabemos sobre el proceso en ratas y monos se deduce que la toxicidad de los glucocorticoides constituye un ejemplo sorprendente de cómo el estrés puede acelerar el envejecimiento. Y si resultara que también se puede aplicar a nosotros, se trataría de un aspecto del envejecimiento que supondría una amenaza especial. Si nos quedamos inválidos por un accidente, si perdemos la vista o el oído o si una afección cardíaca nos debilita tanto que tenemos que guardar cama, dejamos de disfrutar de muchas cosas por las que merece la pena vivir. Pero si lo que se lesiona es el cerebro, si lo que se destruye es nuestra capacidad de recordar o de crear nuevos recuerdos, dejamos de existir como individuos únicos y sensibles, que es el aspecto de la vejez que más nos aterra*.

Incluso el más estoico de los lectores ya debe de estar bastante agotado, dada la abundancia de detalles de los doce capítulos hasta ahora vistos sobre el enorme número de cosas que pueden funcionar mal a causa del estrés. Es hora de pasar a la segunda parte del libro, que examina el control del estrés, el modo de afrontarlo y las diferencias individuales en la respuesta de estrés. Es hora de empezar a dar algunas buenas noticias.

CAPÍTULO 13

¿POR QUÉ ES ESTRESANTE EL ESTRÉS PSICOLÓGICO?

Algunas personas nacen destinadas a la biología. Ya desde la infancia se las detecta en seguida; son los niños que se llevan a todas partes el microscopio de juguete, los que diseccionan algún animalillo muerto sobre la mesa del comedor, los que son condenados al ostracismo en la escuela por su obsesión con las salamanquesas[67]. Pero hay muchas personas que llegan a la biología procedentes de otros campos: químicos, psicólogos, físicos, matemáticos...

Décadas después del inicio de la fisiología del estrés, esta disciplina se vio inundada de gente que había estudiado ingeniería. Al igual que los fisiólogos, los bioingenieros creían que el funcionamiento del cuerpo se regía por una lógica feroz, pero, en este caso, el organismo era como el diagrama de circuitos de un receptor de radio: entrada de información-salida de información, impedancia, circuitos de retroalimentación, servomecanismos. Me produce

---

67. Yo solía recoger de la mesa los huesos de pollo que sobraban de la cena del viernes, los mondaba con una navaja y exhibía con orgullo un esqueleto articulado al final del postre. Al recordarlo ahora, creo que lo hacía más por fastidiar a mi hermana que por interés anatómico. Leyendo una biografía de Teddy Roosevelt recientemente, me he dado cuenta de que el mundo perdió a un gran zoólogo en potencia cuando se dedicó a la política. A los dieciocho años ya había publicado en el campo de la ornitología; a los nueve años, al enterarse de que su madre le había tirado su colección de ratones de campo, que guardaba en la nevera, reaccionó deambulando abatido por la casa mientras exclamaba: «¡Qué pérdida para la ciencia! ¡Qué pérdida para la ciencia!»*.

escalofríos el mero hecho de escribir semejantes términos, pues apenas los comprendo. No obstante, los bioingenieros obraron maravillas en este campo, y le dieron un enorme empuje.

Supongamos que nos preguntamos cómo sabe el cerebro cuándo tiene que detener la secreción de glucocorticoides, cuándo es suficiente. De forma más o menos vaga, todo el mundo sabía que el cerebro tenía que ser capaz de medir de algún modo la cantidad de glucocorticoides en la circulación sanguínea, compararla con un nivel deseable y decidir si seguía segregando CRH o cerraba el grifo. Llegaron los bioingenieros y demostraron que el proceso era mucho más interesante y complicado de lo que se creía. Hay «múltiples dominios de retroalimentación»; a veces, el cerebro mide la *cantidad* de glucocorticoides del torrente circulatorio; otras, la *velocidad* de cambio del nivel. Los bioingenieros resolvieron otro problema crucial: ¿es lineal la respuesta de estrés o es una respuesta de todo o nada? Durante el estrés se segregan adrenalina, glucocorticoides, prolactina y otras sustancias; pero ¿se segrega la misma cantidad al margen de la intensidad del agente estresante (sensibilidad a todo o nada)? Al contrario, el sistema es tremendamente sensible a la intensidad del agente, lo que demuestra la existencia de una relación lineal entre el grado de disminución de la presión sanguínea y el grado de secreción de adrenalina, entre el nivel de hipoglucemia (disminución del azúcar en la sangre) y la secreción de glucagón. El cuerpo no sólo percibe algo estresante, sino que es increíblemente preciso en la medición del grado de desequilibrio homeostático que el agente estresante causa y de la velocidad a la que lo hace.

Un tema precioso e importante. Hans Selye adoraba a los bioingenieros, lo cual es completamente lógico, ya que en su época a muchos fisiólogos el campo del estrés les debía de seguir pareciendo una solemne estupidez. Sabían que el cuerpo lleva a cabo una serie de cosas cuando tiene demasiado frío, y otras, diametralmente opuestas, cuando tiene calor. Pero ahí estaban Selye y compañía insistiendo en que había mecanismos fisiológicos que..., ¿respondían del mismo modo al frío y al calor? ¿Y a las heridas y a la hipoglucemia y a la hipotensión? Los expertos en estrés, acosados, dieron la bienvenida a los bioingenieros con los brazos abiertos. Ya ven, es verdad. Se pueden hacer operaciones matemáticas con el estrés, construir diagramas, circuitos de retroalimentación, fórmulas... Días dorados para el negocio. El sistema estaba empezando a resultar más complicado de lo previsto, pero complicado de un modo preciso, lógico y mecánico. Pronto sería posible hacer un modelo del cuerpo como una inmensa relación de entrada y salida de información; si conocemos el grado exacto en que el agente estresante afecta al organismo (el nivel de alteración de la alostasis del azúcar en la sangre, del volumen de fluidos, de la temperatura óptima, etc.), sabremos exactamente la cantidad de respuesta de estrés que se producirá.

Este enfoque, que es correcto en lo que respecta a la mayor parte de lo que hasta ahora hemos hablado, tal vez nos permitirá calcular con bastante precisión lo que hace el páncreas de la cebra que huye del león. Pero no nos indica quién de nosotros desarrollará una úlcera estomacal cuando la fábrica cierre definitivamente. Un nuevo tipo de experimentos sobre la fisiología del estrés, que se iniciaron a finales de la década de 1950, provocó el estallido de esta lúcida y mecánica burbuja de la bioingeniería. Un solo ejemplo bastará. Se somete un organismo a un estímulo doloroso para saber el grado de respuesta de estrés que desencadenará. Los bioingenieros lo habían hecho muchas veces, registrando en gráficos la relación entre la intensidad y la duración del estímulo y de la respuesta. Pero en este caso, cuando se produce el estímulo doloroso, el organismo estudiado puede acceder a su madre y llorar en sus brazos. Y en tales circunstancias manifiesta una respuesta de estrés menor.

No había nada en el mundo limpio y mecánico de los bioingenieros que pudiera explicar este fenómeno. La entrada de información era la misma; idéntico el número de receptores del dolor activados mientras el niño sufría un proceso doloroso; y, sin embargo, el resultado era completamente distinto. Una idea decisiva se abrió paso con fuerza en la comunidad científica: los factores psicológicos modulaban la respuesta de estrés fisiológica. Dos agentes estresantes idénticos que alteran del mismo modo y en la misma extensión la alostasis se *perciben* de forma distinta. Desde este momento, toda la perspectiva cambió.

De repente, la respuesta de estrés podía aumentar o disminuir en función de factores psicológicos; es decir, las variables psicológicas *modulaban* la respuesta de estrés. Inevitablemente, el siguiente paso venía dado: en ausencia de cambios en la realidad fisiológica —una alteración real de la alostasis—, las variables psicológicas por sí solas *desencadenaban* la respuesta de estrés. Lleno de emoción, John Mason, fisiólogo de la Universidad de Yale y uno de los defensores de este enfoque, llegó a afirmar que todas las respuestas de estrés eran psicológicas.

La vieja guardia no estaba de muy buen humor. Justo cuando el concepto de estrés comenzaba a ser sistematizado de forma rigurosa y creíble, se presentaba esa chusma de psicólogos para aguarles la fiesta. En una serie de conversaciones publicadas, Selye y Mason trataron de hacer trizas el trabajo del otro, a pesar de que, al principio, elogiaron los logros mutuos y los de sus antecesores. Mason, muy pagado de sí mismo, señalaba la creciente literatura sobre la iniciación y la modulación psicológicas de la respuesta de estrés. Selye, enfrentándose a la derrota, insistía en que *todas* las respuestas de estrés no podían ser psicológicas y perceptivas: un organismo anestesiado sigue emitiendo la respuesta de estrés cuando se le efectúa una incisión quirúrgica*.

Los psicólogos lograron ocupar un puesto en la mesa, y como han aprendido buenos modales y tienen canas, se les ha dejado de tratar como a bárbaros. Ahora vamos a examinar las variables psicológicas que son decisivas. ¿Por qué es estresante el estrés psicológico?

Factores estresantes psicológicos

Salidas a la frustración

Aunque cabría esperar que las variables psicológicas clave fueran conceptos confusos que hubiera que desentrañar, lo cierto es que, en una serie de elegantes experimentos, Jay Weiss, fisiólogo de la Universidad Rockefeller, demostró con exactitud las que intervenían. El sujeto de uno de sus experimentos es una rata que recibe descargas eléctricas leves (aproximadamente equivalentes a las descargas estáticas que tienen lugar al frotarse los pies en una alfombra). Tras una serie de ellas, la rata desarrolla una respuesta de estrés prolongada: por ejemplo, se elevan su ritmo cardíaco y su tasa de secreción de glucocorticoides. Por comodidad, vamos a expresar las consecuencias a largo plazo por la probabilidad que tiene la rata de desarrollar una úlcera; en esta situación, dicha probabilidad aumenta. En la habitación contigua, otra rata recibe la misma serie de descargas, siguiendo la misma pauta y con la misma intensidad, por lo que su equilibrio alostático se pone en peligro en la misma medida. Pero esta vez, siempre que la rata recibe una descarga puede subir corriendo a una barra de madera y roerla. Este animal tiene muchas menos probabilidades de desarrollar una úlcera, porque se le ha proporcionado una *salida a la frustración*. Hay más tipos de salidas que son efectivas: si la rata come algo, bebe agua o corre en una rueda giratoria, es menos probable que desarrolle una úlcera.

Los humanos también nos enfrentamos mejor a los agentes estresantes si disponemos de salidas para la frustración: dar un puñetazo en la pared, echar una carrera, hallar alivio en una afición… Somos incluso lo bastante cerebrales como para *imaginar* salidas y obtener de ello cierto consuelo: pensemos en el prisionero de guerra que se pasa horas imaginando un partido de golf con todo lujo de detalles. Tengo un amigo que pasó una enfermedad muy larga y estresante en la cama, provisto de un lápiz mecánico y un bloc de notas, dibujando mapas topográficos de cordilleras imaginarias y realizando excursiones mentales a través de ellas.

Un rasgo importante para que una salida sea eficaz es que distraiga del agente estresante. Pero, obviamente, más importante es que también sea algo positivo para uno, un recordatorio de que en la vida hay más cosas aparte del estrés que en ese momento nos esté volviendo locos. El efecto reductor de frustración que tiene el ejercicio proporciona un beneficio adicional, uno que nos remonta a esa dicotomía, que he repetido hasta la náusea, entre la cebra que huye para salvar su vida y el humano psicológicamente estresado. La respuesta de estrés prepara a nuestro cuerpo para una súbita explosión de consumo de energía *ahora mismo;* el estrés psicológico provoca los mismos efectos en nuestro cuerpo sin que para ello haya ninguna razón física. El ejercicio al final le proporciona a nuestro cuerpo la salida para la que se estaba preparando.

Una variante del experimento de Weiss revela una característica especial de la reacción de salida a la frustración. Esta vez, cuando la rata recibe una serie idéntica de descargas y se halla alterada, puede cruzar corriendo la jaula, sentarse junto a otra rata y… liarse a mordiscos con ella. Se trata de un desplazamiento de la agresión inducido por estrés, que hace maravillas a la hora de minimizar los efectos estresantes de un agente. Es también una especialidad de los primates. Un babuino macho pierde una pelea. Lleno de frustración, se da la vuelta y ataca a un macho subordinado que está a lo suyo. Éste, a su vez, se lanza sobre una hembra adulta, que muerde a una hembra joven, que tira de un árbol a una cría. Un porcentaje elevadísimo de la agresión en los primates es una manifestación de frustración desplazada hacia espectadores inocentes. A los humanos se nos da muy bien, y tenemos una forma técnica para describir este fenómeno en el contexto de la enfermedad asociada al estrés: «Es de esos tipos que no tiene úlcera: la provoca». Pagarlo con otra persona es muy eficaz a la hora de minimizar el impacto de un agente estresante*.

Apoyo social

Hay otro modo de interactuar con otro organismo para minimizar el impacto de un agente estresante mucho más positivo para el futuro de nuestro planeta que el desplazamiento de la agresión. Las ratas apenas lo emplean, pero los primates somos unos expertos. Si se somete a una cría de primate a una situación desagradable, emite una respuesta de estrés. Si la sometemos al mismo agente estresante en una habitación llena de primates... depende. Si los primates son extraños, la respuesta de estrés empeora. Pero si son amigos, disminuye. Estamos hablando de *redes de apoyo social:* ayuda disponer de un hombro sobre el que llorar, una mano a la que agarrarse, unos oídos que te escuchen, alguien que te acune y te diga que todo va a salir bien.

Parte de mi trabajo ha revelado la importancia de estas redes sociales de apoyo. Aunque a lo que me dedico fundamentalmente es a investigar en el laboratorio los efectos del estrés y de los glucocorticoides sobre el cerebro, paso los veranos en Kenia estudiando los patrones fisiológicos y de enfermedad asociados al estrés en los babuinos de un parque nacional. La vida social del babuino macho puede ser muy estresante: le pegan como víctima de la agresión desplazada; busca un tubérculo para comer, lo encuentra y lo limpia, y viene otro animal de rango superior y se lo quita, etc. Los babuinos de rango inferior presentan niveles de glucocorticoides elevados, lo cual también sucede en todo el grupo si la jerarquía es inestable o si un nuevo macho agresivo se une a él. Pero si el babuino tiene muchos amigos —por ejemplo, si juega con las crías o si tiene frecuentes relaciones no sexuales con las hembras para espulgarlas—, su nivel de glucocorticoides es menor que el de un macho de idéntico rango que carezca de tales salidas. ¿Y qué se puede comparar a los amigos? Uno juega con niños, tiene que arreglarse para frecuentes encuentros no sexuales con hembras (y el espulgarse colectivo en los primates no humanos hace que descienda la presión sanguínea).

El apoyo social sin duda también es protector para los humanos. En algunos estudios sutiles, los sujetos fueron expuestos a un agente estresante como tener que hablar en público o realizar una operación mental aritmética, o tener que discutir con dos extraños, con o sin la ayuda de un amigo presente. En cada caso, el apoyo social se traducía en una menor respuesta de estrés cardiovascular. Profundas y persistentes diferencias en grados de apoyo social también pueden influir en la psicología humana: dentro de la misma familia se producen niveles significativamente más altos de glucocorticoides entre los hijos adoptados que entre los biológicos. O, por poner otro ejemplo, entre las mujeres con cáncer de mama metastático, cuanto mayor es el apoyo social, más bajo es el nivel de cortisol en estado de reposo[68].

---

68. Hace poco descubrí los efectos protectores del apoyo social de una forma inesperada. Una televisión local estaba haciendo un reportaje sobre el estrés que causa el tráfico en la hora punta, y yo acabé por darle consejo: convertir este capítulo en un *flash* informativo de 15 segundos. Más adelante se nos ocurrió la gran idea de conseguir un auténtico individuo Tipo-A (finalmente localizamos uno a través de una clínica de cardiología local Tipo-A) que utilizase un medio de transporte para ir al trabajo cada día, y medir sus niveles de hormona de estrés antes y durante el trayecto. El equipo de rodaje tomaría unas muestras de saliva a partir de las cuales se medirían los niveles de glucocorticoides. Excelente. Llegar a la casa del sujeto justo antes de que saliera a la calle,

Como ya hemos señalado en el capítulo sobre la inmunidad, las personas con cónyuge y/o amigos íntimos tienen mayor esperanza de vida. Cuando muere el cónyuge, el riesgo de morir se dispara. Recuérdese también de ese mismo capítulo el estudio de los padres de los soldados israelíes muertos en la guerra del Yom Kippur: como consecuencia de este agente estresante, no se produjo un aumento notable del riesgo de enfermedades o mortalidad, salvo en los que estaban divorciados o eran viudos. Algunos ejemplos adicionales se refieren al sistema cardiovascular. Las personas que están socialmente aisladas tienen unos sistemas nerviosos simpáticos excesivamente activos, y mayor probabilidad de desarrollar una enfermedad cardíaca. En un estudio de pacientes con enfermedades coronarias graves, Redford Williams, de la Universidad Duke, y sus colaboradores hallaron que la mitad de quienes carecían de apoyo social murieron en los cinco años siguientes, porcentaje tres

---

recoger un poco de saliva en un tubo de ensayo. Luego a meterse en el tráfico: con el equipo de rodaje cada vez más estresado con la preocupación de que no hubiera ningún embotellamiento. Pero en seguida comenzaron los atascos, parachoques con parachoques. Entonces se tomaba la segunda muestra de saliva. Análisis de laboratorio, ansiosos productores de televisión esperando los resultados. Muestra de referencia en su casa: nivel alto de glucocorticoides. Nivel en la hora punta: *más bajo.* ¿Cómo? Estoy convencido de que la explicación del resultado de ese experimento no científico fue el apoyo social. Para este individuo, cuya manera de vivir la hora punta diaria respondía al perfil del Tipo-A, esto era fabuloso. Una oportunidad de salir en televisión, un grupo de personas junto a él para documentar lo muy estresante que era su traslado al trabajo, llegando a sentir que él es el representante de todos los Tipos-A, el elegido. Al parecer se pasó todo el viaje comentando alegremente lo horrible que era, lo mucho peor que había sido en otras ocasiones («¿Creéis que esto es malo? Esto no es malo. Deberíais haber estado en Troya en el 47»). Se lo pasó estupendamente. ¿La frase graciosa? Todos deberíamos ir escoltados por un amable equipo de televisión cuando nos quedamos atrapados en un atasco.

veces más elevado que el que se observó en los pacientes que estaban casados o tenían un amigo íntimo*.

Por último, el apoyo puede darse al nivel de una extensa comunidad. Si uno es miembro de una minoría étnica, cuantos menos miembros de ella haya en nuestro vecindario, mayor será el riesgo de enfermedad mental, hospitalización psiquiátrica y suicidio.

Capacidad de predecir

Los estudios con ratas realizados por Weiss también revelan otra variable que modula la respuesta de estrés. La rata recibe la misma serie de descargas eléctricas que las anteriores, pero esta vez, antes de cada una, oye una campana de aviso. Resultado: menos úlceras. La *capacidad de predecir* hace que los agentes estresantes lo sean menos. La rata a la que se le avisa recibe dos tipos de información. Sabe cuándo está a punto de ocurrir algo terrible y, el resto del tiempo, sabe que «no» va a ocurrir y se puede relajar. La rata que no recibe la señal de aviso siempre cree que está a punto de recibir la descarga. En efecto, la información que aumenta la capacidad de predecir nos da malas noticias, pero al mismo tiempo nos consuela saber que la cosa no va a empeorar: vamos a recibir pronto una descarga, pero nunca sin previo aviso.

Todos conocemos un equivalente humano de este principio: nos hallamos en el sillón del dentista, sin novocaína. El dentista usa el torno: diez segundos de dolor, nos enjuagamos la boca, cinco segundos de torno, una pausa mientras el dentista hurga en la muela, quince segundos de torno, etc. En una de las pausas, agotados y tratando de no gemir, decimos con voz entrecortada: «¿Ya está?». «Es difícil de saber», mascula el dentista, volviendo a perforar de forma intermitente. Piense el lector en lo agradecidos que le estamos al dentista que contesta: «Dos más y hemos terminado». En el momento en que la segunda perforación finaliza, la presión sanguínea disminuye. Al recibir información sobre el agente estresante que se aproxima, también, de forma implícita, nos sentimos aliviados al saber cuáles no se aproximan*.

Otra variante de la ayuda que supone la capacidad de predecir consiste en que los organismos, a la larga, se habitúan al agente estresante si se aplica una y otra vez; puede que destruya el equilibrio alostático de igual manera, pero es un agente familiar y predecible, por lo que desencadena una respuesta de estrés menor. Una demostración clásica implicó a soldados del ejército noruego que realizaban prácticas de paracaidismo —como el proceso fue desde un hecho novedoso que ponía los pelos de punta a algo que podían hacer con los ojos cerrados, su respuesta de estrés anticipatorio fue de enorme a inexistente.

La importancia de la pérdida de la capacidad de predecir como agente estresante psicológico se demuestra en un estudio elegante y sutil. Una rata se halla tranquilamente en su jaula; a intervalos medidos, el experimentador le suministra un trozo de comida por un conducto que termina en la jaula; la rata se lo come alegremente. Esto se denomina «programa de refuerzo intermitente». Se cambia el patrón de suministro de comida en el transcurso de una hora, pero al azar. La rata recibe la misma cantidad de recompensa, pero es menos predecible…, y se eleva su nivel de glucocorticoides. No se produce ni un solo elemento estresante físico en el mundo del animal. No está hambrienta, no tiene dolores, no corre para salvar la vida…, nada se halla fuera de su equilibrio alostático. Sin embargo, a pesar de la ausencia de agentes estresantes, la pérdida de capacidad de predecir desencadena la respuesta de estrés.

Hay incluso circunstancias en las que aumenta la probabilidad de que se produzca una enfermedad asociada al estrés en una persona que está expuesta a menores agentes estresantes. El trabajo del zoólogo John Wingfield, de la Universidad de Washington, ha mostrado un ejemplo de esto con aves salvajes. Consideremos algunas especies que migran entre el Ártico y los trópicos. El Ave 1 está en el Ártico, donde la temperatura media es de 15 grados bajo cero y donde hay, de hecho, 15 grados bajo cero en el exterior ese día. En cambio, el Ave 2 está en los trópicos, donde la temperatura media es de 27 grados centígrados, pero hoy ha bajado hasta 16. ¿Quién tiene la mayor respuesta de estrés? Asombrosamente, el Ave 2. El punto no es que la temperatura de los trópicos sea 45 grados más caliente que en el Ártico (¿qué clase de agente estresante sería éste?). Es que la temperatura de los trópicos es 11 grados más fría de lo esperado*.

Una versión humana de la misma idea ha sido documentada. Al comienzo de los bombardeos nazis en Gran Bretaña, en Londres caían bombas todas las noches con la precisión de un reloj (mucho refuerzo negativo estresante). En las afueras, los bombardeos eran mucho más esporádicos, quizás una vez a la semana. El refuerzo negativo estresante era mucho menor, pero también menos predecible. En esa época se produjo un incremento significativo de la incidencia de úlceras. ¿Quién tuvo más? La población de las afueras**. (Otro índice de la importancia de la incapacidad de predecir: al tercer mes de bombardeos, las tasas de úlcera de todos los hospitales habían vuelto a ser normales.)

A pesar de la similitud entre las respuestas de los humanos y de otros animales a una incapacidad de predicción, sospecho que no son idénticas, y en un sentido importante. El aviso de descargas inminentes a una rata tiene escaso efecto en el tamaño de la respuesta de estrés cuando éstas se producen; permitir que la rata se sienta más confiada cuando no tiene que preocuparse reduce la respuesta de estrés anticipatorio del animal durante el resto del tiempo. De la misma forma, cuando el dentista dice: «Sólo dos más y hemos terminado», eso nos permite relajarnos al final de la segunda perforación. Pero yo sugiero, aunque no puedo demostrarlo, que, a diferencia del caso de la rata, una información oportuna también hará descender nuestra respuesta de estrés durante el dolor. Si se nos dijera «sólo dos más» frente a «sólo diez veces más», ¿no utilizaríamos diferentes estrategias mentales para tratar de afrontarlo? En cualquiera de las situaciones, recurriríamos al consolador pensamiento de «uno más y es el último» en diferentes momentos; reservaríamos nuestra más entretenida fantasía para un momento distinto; trataríamos de contar hasta cero desde diferentes números. La información predictiva nos permite saber qué estrategia interior tiene más probabilidad de funcionar mejor durante un agente estresante.

A menudo deseamos tener información sobre el curso de algún problema médico porque nos ayuda en esa estrategia personal. Un ejemplo sencillo: nos someten a una intervención quirúrgica de escasa envergadura, y nos dan información predictiva: el primer día del postoperatorio habrá mucho dolor, bastante constante, mientras que el segundo día sólo nos sentiremos un poco molestos. Armados con esa información, es más probable que planeemos ver las ocho películas en DVD para distraernos el primer día y dedicar el segundo día a escribir delicados haikus que al revés. Entre otras razones, deseamos optimizar nuestras estrategias adaptativas cuando solicitamos la información médica más devastadora que pueda afrontar cualquiera de nosotros alguna vez: «¿Cuánto tiempo me queda?».

Control

Los estudios con ratas demuestran asimismo otro aspecto del estrés psicológico relacionado con el anterior. Se le suministra a la rata la misma serie de descargas eléctricas, pero, esta vez, se ha enseñado al animal a apretar una palanca para evitarlas. Si se le quita la palanca y se produce la descarga, la respuesta de estrés es enorme. Es como si la rata pensara: «No me lo puedo creer. Sé lo que tengo que hacer con las descargas. Dadme una maldita palanca y sabré arreglármelas. No es justo». Resultado: multitud de úlceras. Si se le da a la rata una palanca, aunque no se halle conectada al mecanismo de las descargas, la respuesta de estrés disminuye. Siempre que la rata haya sido sometida a una tasa elevada de descargas previas creerá que la tasa menor del momento se debe a que controla la situación. Se trata de una variable extraordinariamente poderosa en la modulación de la respuesta de estrés.

El mismo tipo de experimento con humanos produce idénticos resultados. Se coloca a dos personas por separado en habitaciones contiguas y se las somete a ruidos altos y nocivos de forma intermitente; la que tiene un botón y cree que al apretarlo disminuye la probabilidad de que aparezca el ruido está menos hipertensa. En otra variante del mismo experimento, en los sujetos que disponían del botón pero que no se molestaron en pulsarlo se obtuvieron los mismos resultados positivos que en quienes sí lo hicieron: *ejercitar* el control no es decisivo, sino *creer* que se posee. Un ejemplo cotidiano: el avión es más seguro que el coche y, sin embargo, mucha gente tiene fobia a volar. ¿Por qué? Porque, a pesar de correr mayores riesgos en el coche, en nuestro fuero interno estamos convencidos de que somos superiores a la media conduciendo, es decir, que tenemos mayor control. En un avión carecemos del más mínimo control. Ni a mi mujer ni a mí nos gusta viajar en avión, y nos tomamos el pelo durante los vuelos, intercambiándonos el control: «Vale. Descansa un rato. Ahora soy yo quien se va a concentrar en que el piloto no sufra una apoplejía».

La cuestión del control recorre la literatura sobre la psicología del estrés. Como se verá en el último capítulo, el ejercicio puede ser un gran reductor de estrés, pero sólo en la medida en que sea algo deseable. Asombrosamente, lo mismo se ha observado en una rata: si la dejamos correr de forma voluntaria dentro de una rueda giratoria, se siente estupendamente. Si la *obligamos* a hacer la misma cantidad de ejercicio, se produce en ella una masiva respuesta de estrés*.

Sin duda, hay algunos oficios en los que el estrés se presenta bajo la forma de un exceso de control y responsabilidad, esa rara ocupación en la que, durante una jornada normal de trabajo, tal vez te veas teniendo que dirigir el orden de aterrizaje de una serie de aviones *jumbo* que vuelan en círculo sobre el aeropuerto local, extirpar de forma personal el aneurisma cerebral de alguien, y tomar la decisión final respecto a si habrá tafetán en la pasarela de la moda de otoño en Milán. Para la mayoría, sin embargo, el estrés ocupacional depende más de la falta de control, una vida laboral consistente en ser como la pieza de una máquina. Interminables estudios han demostrado que el nexo entre estrés ocupacional y un mayor riesgo de enfermedades cardiovasculares y metabólicas se basa en la criminal combinación de alta exigencia y bajo control: tienes que trabajar duro, se espera mucho de ti, pero tienes un control mínimo del proceso. El epítome de esto es la cadena de montaje, esa combinación de agentes estresantes que contribuye a la alienación de los trabajadores denunciada por Marx.

No obstante, el estrés de la falta de control en el trabajo es aplicable sólo a ciertos ámbitos. Por ejemplo, está la cuestión de qué producto se fabrica, y la falta de control en este campo no suele ser tan estresante, pocas personas tienen úlcera debido a su profunda convicción de que todos sus compañeros de trabajo, muy capaces y motivados, deberían estar en otra fábrica montando enormes cantidades de muñecos Snoopy en vez de cojinetes de bolas. En lugar de eso, el estrés se deriva de la falta de control durante el proceso, qué ritmo de trabajo se espera y cuánta flexibilidad, cuántas formalidades hay que cumplir y qué grado de control tiene uno sobre ellas, hasta qué punto son autoritarios los encargados de dar órdenes.

Estos temas son aplicables, asimismo, a lugares de trabajo más inesperados, algunos de gran prestigio y deseables. Por ejemplo, los músicos profesionales de las orquestas en general tienen una satisfacción menor y más estrés que los que pertenecen a pequeños conjuntos de cámara (como un cuarteto de cuerda). ¿Por qué? Un par de investigadores sugieren que se debe a la falta de autonomía de los miembros de una orquesta, donde siglos de tradición mantienen que deben subordinarse a los caprichos dictatoriales del maestro que los dirige. Por ejemplo, hace sólo unos años que los sindicatos de las orquestas obtuvieron el derecho a unas pausas periódicamente programadas para ir al baño durante los ensayos, en vez de tener que esperar a que el director se tomase la molestia de advertir cuánto se retorcían los músicos de viento[69] *.

La variable del control es importantísima; controlar las recompensas que se pueden lograr quizá sea más deseable que obtenerlas gratis. Un ejemplo extraordinario de esto lo constituye el hecho de que las palomas y las ratas prefieren apretar una palanca para obtener comida (siempre que la tarea no sea muy difícil) a recibirla sin hacer nada, tema recurrente en las actividades y afirmaciones de muchos descendientes de grandes fortunas, que lamentan la naturaleza libre de contingencias de sus vidas, carentes de propósito o esfuerzo.

Algunos investigadores hacen hincapié en que los efectos estresantes de la pérdida de control y de la pérdida de la capacidad de predecir tienen un elemento en común: someter al organismo a la novedad. Creíamos saber cómo enfrentarnos a las cosas y lo que sucedería después, y resulta que en la nueva situación nos equivocamos. Otros investigadores subrayan que este tipo de agentes estresantes

---

69. Curiosamente, el artículo fue escrito por Seymour Levine, uno de los gigantes en este campo, y su hijo, Robert, un músico de orquesta profesional.

provoca un estado de alerta y de excitación, al tener que hallar nuevas reglas de control y predicción. Ambas concepciones son caras distintas de la misma moneda.

Una percepción del empeoramiento de las cosas

No obstante, se ha descubierto otra variable psicológica fundamental. Un ejemplo hipotético: dos ratas son sometidas a una serie de descargas eléctricas. El primer día, una recibe diez por hora, y la otra, cincuenta. Al día siguiente, ambas reciben veinticinco por hora. ¿Cuál se vuelve hipertensa? Obviamente, la que pasa de diez a veinticinco. La otra piensa: «¿Veinticinco? Un pedazo de queso. No hay problema, me las puedo arreglar». Ante el mismo grado de alteración de la alostasis, ayuda muchísimo la percepción de que la situación mejora.

Este principio a menudo se da en el ámbito de la enfermedad humana. Recordemos en el capítulo 9 la situación en la que el dolor es menos estresante, incluso puede ser bien recibido, cuando significa, por ejemplo, que los fármacos están haciendo efecto, el tumor empieza a reducirse. Un estudio clásico demostró eso al examinar a padres de niños que tenían un 25 por 100 de probabilidades de morir de cáncer. Sorprendentemente, estos padres sólo mostraban una moderada subida en el nivel de glucocorticoides en el torrente sanguíneo. ¿Cómo era posible? Porque los niños estaban en fase de remisión tras un periodo en el que la probabilidad de muerte había sido mucho más alta. Un 25 por 100 debió de parecerles como un milagro. Veinticinco descargas a la hora, un cierto grado de inestabilidad social, y una probabilidad de una entre cuatro de que muera nuestro hijo, cada una de estas cosas puede suponer una buena o una mala noticia, y sólo esto último parece estimular una respuesta de estrés. No es sólo la realidad externa, sino el significado que uno le da*.

Una versión de esto se puede observar en los babuinos que estudio en Kenia. En general, cuando la jerarquía de dominio es inestable, se elevan los niveles de glucocorticoides en estado de reposo, lo cual es comprensible, pues dicha inestabilidad implica un periodo de estrés. El examen de los babuinos de forma individual, no obstante, muestra un patrón más sutil: ante el mismo grado de inestabilidad, los machos cuyo rango *desciende* presentan niveles elevados de glucocorticoides, en tanto que aquellos cuyo rango *asciende* en el tumulto no manifiestan este rasgo endocrino*.

No tan rápido

Hay, por tanto, poderosos factores psicológicos que activan la respuesta de estrés por sí solos o que consiguen que otro agente estresante lo parezca en mayor medida: la pérdida del control o de la capacidad de predecir, la ausencia de salidas para la frustración o la pérdida de las fuentes de apoyo y la percepción de que las cosas empeoran. Hay algunas imbricaciones en el significado de estos diferentes factores. Como vimos, el control y la capacidad de predecir están estrechamente alineados; si los combinamos con una percepción de que las cosas empeoran, tenemos la situación de que suceden malas cosas, fuera de nuestro control y totalmente impredecibles. La primatóloga Joan Silk, de UCLA, ha subrayado cómo, entre los primates, la principal forma en que el macho alfa mantiene su dominio es repartir agresiones de una manera aleatoria y brutal. Ésta es nuestra esencia primate del terrorismo.

Algunas veces estas diversas variables entran en conflicto y la cuestión entonces es cuál de ellas es más potente. Esto a menudo implica una dicotomía entre control y capacidad de predecir y la percepción de si las cosas mejoran o empeoran. Por ejemplo, alguien de forma inesperada gana el premio gordo de la lotería. ¿Esto es un agente estresante?

Depende de qué sea más potente, la beneficiosa «percepción de que las cosas mejoran» o la estresante «falta de capacidad de predicción». Como es de esperar, si el premio de lotería es lo bastante grande, la psique de la mayoría de las personas puede manejar cierta imprevisibilidad. Sin embargo, algunos estudios sobre primates no humanos en los que el rango fue manipulado por los experimentadores muestran que puede actuar en sentido contrario, que si el cambio es lo bastante inesperado, puede ser estresante, aunque sea para bien (y la psicoterapia con frecuencia debe profundizar en las razones por las cuales la gente a veces encuentra que los cambios a mejor son menos deseables que continuar con una desgracia conocida). En sentido inverso, si una situación es lo bastante desagradable, el hecho de que haya sido predecible ofrece escaso consuelo*.

Estos factores desempeñan un papel fundamental a la hora de explicar por qué, a pesar de que todos tenemos una vida repleta de agentes estresantes, diferimos tanto en la vulnerabilidad frente a ellos. En el último capítulo se examinan las bases de estas diferencias individuales en profundidad, examen que sirve de punto de partida para analizar el modo de aprender a explotar estas variables psicológicas, el modo, en realidad, de enfrentarnos mejor al estrés. Como veremos, muchas ideas sobre este tema giran en torno a aspectos de control y de capacidad de predecir. La respuesta, sin embargo, no va a ser simplemente: «aumentar al máximo el control; aumentar al máximo la capacidad de predecir; aumentar al máximo las vías de salida a la frustración». Es mucho más complicada. Cierta falta de control y de capacidad de predecir puede ser una gran cosa, una emocionante vuelta en la montaña rusa, una película espléndidamente terrorífica, una novela de intriga con una gran sorpresa final, ganar un premio de lotería, ser objeto de un fortuito gesto de amabilidad. Y, a veces, una sobreabundancia de capacidad de predecir es un desastre, aburrimiento en el trabajo. Las cantidades adecuadas de pérdida de control y capacidad de predecir constituyen lo que llamamos estimulación. En el capítulo 16 veremos las razones biológicas de por qué la estimulación nos alegra en vez de estresarnos. El objetivo no es generar vidas en las que nunca haya retos a la alostasis. Y el resto de este capítulo considera la situación en que aumentar una sensación de control y capacidad de predecir reduce el estrés.

Algunos detalles de la capacidad de predecir

Ya hemos visto cómo la capacidad de predecir disminuye las consecuencias del estrés: una rata que recibe una serie de descargas eléctricas tiene mayor riesgo de desarrollar una úlcera que otra que recibe un aviso antes de cada una de ellas. La capacidad de predecir no siempre sirve de ayuda. La literatura experimental sobre este tema es muy densa; algunos ejemplos sobre humanos la hacen más accesible. (Recuérdese que el agente estresante es inevitable; el aviso no puede modificarlo, sólo cambia su percepción.)

¿Hasta qué punto es predecible el agente estresante en ausencia de un aviso? ¿Qué sucede si, una mañana, una voz omnipotente dice: «Es irremediable: hoy chocará un meteorito contra tu coche mientras estés trabajando (pero es la única vez que va a ocurrir este año)». No es nada tranquilizador. El lado positivo es que no va a volver a suceder al día siguiente, pero eso no nos sirve de consuelo. Se trata de un hecho por el que no solemos preocuparnos ni angustiarnos. En el extremo opuesto, qué sucede si, una mañana, una voz omnipotente nos susurra: «Hoy va a ser un día estresante en el metro a la hora punta: va a haber mucha gente, mucho ruido, todo muy impersonal. Mañana, también. En realidad, todos los días de este año, excepto el 9 de noviembre, en que el metro estará limpio y sin ruido, los pasajeros serán amables y el guardafrenos insistirá en que compartas su

bollo del café». ¿Quién necesita información predictiva sobre el hecho evidente de que el metro va a ser estresante? Por tanto, los avisos son menos eficaces ante agentes estresantes muy poco frecuentes (no solemos preocuparnos por los meteoritos) y ante agentes muy habituales (son predecibles sin necesidad de aviso).

¿Con qué antelación con respecto al agente estresante se produce el aviso? Todos los días nos dirigimos a una cita misteriosa: nos conducen a una habitación con los ojos cerrados y nos sientan en una silla mullida y cómoda. Seguidamente, con la misma probabilidad pero sin aviso, una hermosa voz familiar nos lee nuestros cuentos infantiles favoritos hasta que nos quedamos dormidos o nos tiran un cubo de agua helada por la cabeza. Apuesto a que no es una perspectiva agradable. ¿Sería esta situación menos inquietante si supiéramos qué tratamiento vamos a recibir cinco segundos antes de que ocurriera? Probablemente no, ya que no hay tiempo suficiente para extraer los beneficios psicológicos de esta información. En el extremo opuesto, ¿querríamos que una voz omnipotente nos dijera: «Dentro de once años y veintisiete días, el baño de agua helada durará diez minutos». La información justo antes o mucho antes de la aparición del agente estresante apenas contribuye a aliviar la anticipación psicológica*.

Cierto tipo de información predictiva aumenta la anticipación acumulada del agente estresante; por ejemplo, si éste es realmente terrible. ¿Nos sentiríamos aliviados ante un mensaje omnipotente como «Mañana, un accidente inevitable te destrozará la pierna izquierda, aunque la derecha seguirá perfectamente»?

Del mismo modo, la información predictiva puede empeorar las cosas si es vaga. Mientras escribo estas líneas, aún estamos estresados por la exasperante vaguedad de la información predictiva en nuestro mundo posterior al 11 de septiembre, cuando se nos dan advertencias que se leen como horóscopos del infierno: «Alerta naranja: No sabemos cuál es la amenaza, pero mantengan una vigilancia extra acerca de todo durante los próximos días»[70].

En general, estas situaciones nos indican que la capacidad de predecir no siempre sirve para protegernos del estrés. Los estudios —mucho más sistemáticos— con animales indican que sólo sirve para un rango medio de frecuencias e intensidades del agente estresante, y en ciertos periodos de tiempo y niveles de información precisa.

Sutilezas del control*

Para comprender las sutilezas del control tenemos que volver al paradigma de la rata que recibe descargas eléctricas. Se le ha enseñado previamente a apretar una palanca para evitarlas, y ahora la aporrea sin parar como una loca. La palanca no sirve para nada, ya que la rata sigue recibiendo las descargas, aunque tiene menos probabilidades de desarrollar una úlcera porque cree que controla la situación. La introducción de una sensación de control en el experimento disminuye la respuesta de estrés, pues la rata piensa: «Diez descargas por hora. No está mal. No quiero ni pensar lo que sucedería si no estuviera yo aquí con la palanca». Pero puede que las cosas no sean así, que añadir la sensación de control haga pensar a la rata: «Diez descargas por hora. ¿Qué me pasa? Tengo una palanca, debiera poder

---

70. El periódico satírico *The Onion* [*La cebolla*] se burló de la imprecisión de esta información con un jocoso artículo en el cual Tom Ridge, secretario de la Seguridad Nacional, supuestamente anuncia nuevos niveles de alerta. «Los niveles recién incorporados son Alerta Naranja-Roja, Alerta Roja-Naranja, Alerta Marrón, Alerta Siena Tostada y Alerta Ocre», dijo Ridge. «Indican, en orden ascendente de temor: preocupación, grave aprensión, profundo pavor, miedo casi paralizante y terror de cagarse en los calzoncillos. Por favor tomen nota de esto» (*The Onion* 39, núm. 7, 26 de febrero de 2003).

evitar las descargas: es culpa mía». Creer que se tiene cierto grado de control sobre un agente estresante inevitable puede conducir a la creencia de que se es culpable de que suceda lo inevitable.

Un sentido inadecuado del control frente a hechos espantosos nos hace sentir fatal. Al compadecer a alguien que ha sufrido una tragedia, nuestras palabras tratan de minimizar la sensación de control que cree poseer: «No es culpa tuya. Nadie pudo impedirlo. Salió disparada de entre los coches». «No podías haber hecho nada, lo intentaste todo, la economía está muy mal ahora». «Cariño, ni el mejor médico del mundo podría haberlo curado». Y la sociedad, en sus intentos más brutales de culpar a alguien, le atribuye más control personal del que tiene durante un agente estresante: «Lo estaba pidiendo» (las víctimas de una violación tienen el poder de evitarla). «Tiene usted la culpa de que su hijo sea esquizofrénico» (la esquizofrenia es el resultado de ser una mala madre, creencia destructiva que dominó la psiquiatría durante décadas hasta que se descubrió que era una enfermedad neuroquímica). «Si se hubieran esforzado en integrarse, no tendrían estos problemas» (las minorías tienen la capacidad de evitar ser perseguidas).

Los efectos de la sensación de control sobre el estrés dependen enormemente del contexto. En general, si el agente estresante es de tal clase que permite imaginar que podía haber sido mucho peor, es útil introducir un sentido artificial de control. «Fue horrible, pero imagínate cómo habría sido si no hubiera hecho X». Pero cuando el agente es realmente espantoso, una sensación artificial de control es perjudicial: es difícil imaginar una situación aún peor que la que se ha podido evitar, pero es fácil sentirse destrozado por un desastre que no se ha evitado. Uno no quiere sentirse como si hubiera podido controlar lo incontrolable cuando el resultado es desagradable. Las personas con una fuerte sensación interna de control (en otras palabras, que están convencidas de que son los amos de su propio barco, que lo que sucede a su alrededor refleja sus acciones) tienen muchas más respuestas de estrés que aquellas otras que asumen sus limitaciones cuando se enfrentan a algo incontrolable. Éste es un riesgo particular para los ancianos (sobre todo los hombres), pues la vida cada vez genera más cosas que escapan a su control. Como veremos en el último capítulo, existe incluso un tipo de personalidad cuya tendencia a internalizar el control frente a hechos negativos e incontrolables aumenta considerablemente el riesgo de una enfermedad concreta.

Estas sutilezas del control y de la capacidad de predecir sirven para explicar un rasgo confuso de la literatura sobre el estrés. En general, a menor control y/o capacidad de predecir, mayor riesgo de enfermedad inducida por estrés. Sin embargo, un experimento con monos que Joseph Brady realizó en 1958 estableció que un grado mayor de control y de capacidad de predecir provoca úlcera. La mitad de los animales del experimento podía presionar una barra para retrasar las descargas (monos «ejecutivos»); la otra mitad se hallaba atada a uno de los «ejecutivos», de modo que recibían una descarga cuando lo hacía el primero. En este estudio, ampliamente citado, los monos ejecutivos tenían mayores probabilidades de desarrollar una úlcera. De este y otros estudios similares proviene el concepto popular del «síndrome de estrés del ejecutivo» y las imágenes con él relacionadas de ejecutivos humanos abatidos por el peso del control, el liderazgo y la responsabilidad. Ben Natelson, del V. A. Medical Center de East Orange (Nueva Jersey), en colaboración con Jay Weiss, ha observado algunos problemas en el estudio citado. En primer lugar, se llevó a cabo con parámetros en los que el control y la capacidad de predecir eran negativos; en segundo lugar, los monos «ejecutivos» y «no ejecutivos» no se eligieron al azar, sino que fueron seleccionados como ejecutivos los animales que en un estudio piloto tendieron a presionar la barra. Se demostró que éstos eran animales más reactivos en el plano emocional, por lo que Brady, sin darse cuenta, emparejó el aspecto ejecutivo con los monos más reactivos y con mayor propensión a la úlcera. En general, los ejecutivos de todas las especies tienen mayores probabilidades de producir úlceras en los demás que de desarrollarlas, como veremos en el capítulo 17*.

En resumen, la respuesta de estrés puede ser modulada, e incluso provocada, por factores psicológicos, entre los que se incluyen la falta de salidas para la frustración, la pérdida del apoyo social, la percepción de que las cosas empeoran y, en ciertas circunstancias, la pérdida del control o de la capacidad de predecir. Estas ideas amplían notablemente la capacidad de responder a la pregunta: ¿por qué sólo algunos de nosotros contraemos enfermedades asociadas al estrés? Es evidente que somos distintos en cuanto al número de agentes estresantes que nos afectan. Y tras todos los capítulos dedicados a la fisiología, el lector puede deducir que diferimos en la velocidad con que nuestras glándulas suprarrenales producen glucocorticoides, en el número de receptores de insulina de las células adiposas, en el grosor de las paredes del estómago, etc. Pero además de tales diferencias fisiológicas, podemos añadir otra dimensión: diferimos en los filtros psicológicos a través de los cuales percibimos los factores estresantes de nuestro mundo. Dos personas que toman parte en un mismo acontecimiento —una larga espera en la caja de un supermercado, tener que hablar en público, saltar en paracaídas de un avión— pueden diferir radicalmente en la percepción psicológica de los hechos. «¡Oh! Voy a leer una revista mientras espero» (salida a la frustración); «Estoy nerviosísimo, pero al pronunciar este discurso después de la cena, voy directo al ascenso» (las cosas mejoran). «Esto es estupendo. Siempre he querido probar a saltar en paracaídas» (es algo que controlo).

En los dos siguientes capítulos vamos a examinar trastornos psiquiátricos como la depresión y la ansiedad, y trastornos de la personalidad, en los cuales hay una falta de correspondencia entre cuán estresante es el mundo real y cuán estresante lo percibe la persona. Como veremos, el desequilibrio entre ambos puede adoptar diversas formas, pero el rasgo común es el hecho de que el sufriente paga un precio potencialmente considerable. A continuación, en el capítulo 16, analizaremos qué relación tiene el estrés psicológico con el proceso de adicción. Después hay un capítulo que examina de qué modo nuestro lugar en la sociedad, y la clase de sociedad en cuestión, puede tener profundos efectos sobre la fisiología del estrés y los patrones de enfermedad. En el último capítulo examinaremos el modo en que las técnicas de control del estrés nos pueden ayudar, al enseñarnos a explotar tales defensas psicológicas.

CAPÍTULO 14

ESTRÉS Y DEPRESIÓN

Experimentamos una morbosa fascinación por las enfermedades exóticas. Aparecen por doquier en las series de televisión, los periódicos y las lecturas escolares de los adolescentes que aspiran a ingresar en la facultad de medicina en el futuro. La enfermedad del hombre elefante en la época victoriana, asesinos con trastornos de personalidad múltiple, niños de diez años con progeria, idiotas sabios autistas, caníbales con kuru… ¿Quién es capaz de resistirse? Pero cuando se trata de la desgracia humana vulgar, nada como una depresión profunda. Puede poner en peligro la vida, destrozar una carrera durante años, destruir a la familia de quien la padece… Y es tan tremendamente habitual, que el psicólogo Martin Seligman la denomina el resfriado común de la sicopatología. Los cálculos más optimistas indican que entre un 5 y un 20 por 100 de nosotros sufrirá una depresión grave e incapacitadora en algún momento de la vida, lo que nos obligará a ser hospitalizados o medicados o a no comportarnos con normalidad durante un largo periodo. Su incidencia ha aumentado de forma constante durante décadas, se calcula que en el año 2020 la depresión será la segunda causa de incapacidad médica de todo el planeta*.

Este capítulo es algo distinto de los anteriores, en los que el concepto de estrés se hallaba en primer plano, en tanto que, en éste, al centrarnos en la depresión, parece que no va a ser así. Sin embargo, estrés y depresión se hallan inextricablemente unidos, por lo que el concepto de estrés va a aparecer en todas las páginas de este capítulo.

Es imposible comprender la biología y la psicología de la depresión profunda sin reconocer el papel fundamental que desempeña en ella el estrés.

Para comenzar a comprender esta conexión, es necesario tener una idea de las características del trastorno. En principio nos enfrentamos a un problema semántico. «Depresión» es un término que todos empleamos en sentido cotidiano; nos sucede algo que nos trastorna ligeramente y nos ponemos melancólicos durante cierto tiempo, para a continuación recuperarnos. Esto no es lo que los psicólogos y psiquiatras entienden por depresión profunda. Uno de los aspectos es la cronicidad, para que se produzca una depresión profunda es necesario que los síntomas se mantengan al menos durante dos semanas. El otro es la gravedad, se trata de un trastorno enormemente incapacitador que conduce al intento de suicidio; sus víctimas pueden perder el empleo, la familia y todos los contactos sociales, ya que no se fuerzan a sí mismos a levantarse de la cama o se niegan a ir al psiquiatra porque creen que no merecen ponerse mejor. Es una terrible enfermedad, y es de esta grave y devastadora forma de depresión de la que voy a hablar en este capítulo, no de la melancolía o tristeza transitorias a las que, despreocupadamente, hacemos alusión al decir que «estamos deprimidos».

Los síntomas*

El rasgo definitorio de una depresión profunda es la pérdida del placer. Si tuviera que definir la depresión con una sola frase, diría que es «un trastorno genético/neuroquímico que requiere un poderoso elemento desencadenante del entorno y cuya manifestación característica es la incapacidad de disfrutar de una puesta de Sol». La depresión puede llegar a ser tan trágica como un cáncer o una lesión de la médula espinal. Piense el lector en qué consiste la vida.

Ninguno de nosotros va a vivir eternamente, y de vez en cuando nos damos cuenta de que así es; nuestros días se hallan repletos de decepciones, fracasos, amores no correspondidos... Y a pesar de todo, aunque resulte casi inconcebible, no sólo salimos adelante, sino que disfrutamos de muchos placeres. Por ejemplo, yo soy muy mediocre jugando al fútbol, pero nada puede impedirme que eche mi partido con otros miembros de la facultad un par de veces a la semana. De forma invariable llega un momento en que consigo aventajar a otro más hábil que yo; me encuentro jadeante, sin respiración, pero contento de que aún quede mucho tiempo para seguir jugando y de que haya brisa. Y, de repente, me invade un sentimiento de gratitud por mi existencia animal. ¿Qué podría resultar más trágico que una enfermedad que, como síntoma definitorio, nos priva de esta facultad de disfrutar?

Esta característica se denomina «anhedonia». El hedonismo es la búsqueda del placer; la anhedonia es la incapacidad de sentirlo. Se manifiesta de forma sistemática en todos los depresivos. Una mujer acaba de conseguir un ascenso largo tiempo deseado; un hombre acaba de comprometerse en matrimonio con la mujer de sus sueños y, en medio de su depresión, te dicen que no sienten nada, que no importa, que no se lo merecen. Amistad, éxito, sexo, comida, humor: nada reporta placer.

Éste es el cuadro clásico de la depresión, y algunas de las investigaciones recientes, gran parte de ellas basadas en el trabajo del psicólogo Alex Zautra, de la Universidad de Arizona, demuestran que la historia es más compleja. Concretamente, las emociones positivas y negativas no son meros opuestos. Si cogemos a varios sujetos y, en momentos aleatorios a lo largo del día, les hacemos que registren cómo se sienten en ese momento, las frecuencias de sentirse bien y sentirse mal no son inversamente correlativas. Normalmente no hay mucha conexión entre cuán llena está nuestra vida de emociones muy positivas y cuánto lo está de emociones muy negativas. La depresión representa un estado en el que esos dos ejes independientes tienden a colapsar en una relación invertida, demasiado pocas emociones positivas y demasiadas negativas. Naturalmente, la correlación invertida no es perfecta, y buena parte de la investigación actual se centra en cuestiones como ¿las diferentes subclases de depresión se caracterizan más por la ausencia de emociones positivas o la sobreabundancia de negativas?

La depresión va acompañada de una enorme tristeza y un enorme sentimiento de culpa. En las tristezas diarias a las que nos referimos con el nombre de «depresión» solemos sentir aflicción y sentimiento de culpa. Pero en una depresión profunda alcanzan tal grado que paralizan al enfermo. Puede haber complejos estratos de estos sentimientos: no sólo culpa obsesiva, por ejemplo, sobre algo que ha contribuido a la depresión, sino culpa obsesiva sobre la propia depresión, lo que ha hecho a la familia del paciente, la culpa de no ser capaz de superar la depresión, una vida que sólo se vive una vez echada a perder por esta causa. No es de extrañar que, en todo el mundo, la depresión sea la causa de 800.000 suicidios al año[71] *.

En un grupo de pacientes, tales pensamientos pueden adoptar la forma de alucinaciones. No me refiero a las alucinaciones del pensamiento típicas de la esquizofrenia, sino a que el pensamiento de los depresivos distorsiona los hechos, interpretándolos por exceso o por defecto para concluir que las cosas son terribles y están empeorando, que no hay salida.

Un ejemplo: un hombre de mediana edad sufre, de repente, un ataque al corazón que lo deja incapacitado.

---

71. Algunos datos estadísticos sobre el suicidio: las mujeres, cuando se deprimen, tienen una mayor probabilidad de intentar suicidarse que los hombres; éstos, sin embargo, tienen mayor probabilidad de lograrlo. El grupo de mayor riesgo son los varones blancos solos de más de sesenta y cinco años que, naturalmente, tienen acceso a armas de fuego**.

Abrumado por la implícita posibilidad de morir y la transformación de su vida, cae en una profunda depresión. A pesar de todo, se está recuperando bastante bien del ataque y tiene muchas probabilidades de reanudar su vida normal. Pero cada día que pasa está seguro de estar peor.

El hospital en el que se encuentra es de construcción circular, con un pasillo que forma un bucle. Un día, las enfermeras lo llevan a recorrer el pasillo; al día siguiente lo recorre dos veces; está recobrando las fuerzas. Esa tarde, cuando lo visitan los familiares, les dice que está peor. «¿Qué dices? Las enfermeras nos han dicho que hoy has recorrido el pasillo dos veces; ayer sólo pudiste hacerlo una vez». No, no, no lo entendéis, dice, negando con la cabeza tristemente. Les explica que están haciendo obras en el hospital y que la noche anterior han cerrado el pasillo antiguo y han abierto otro, más corto. Y, ¿no os dais cuenta?, la distancia del nuevo pasillo es menos de la mitad de la del antiguo, así que recorrerlo dos veces es menos de lo que hice ayer.

Este incidente se produjo con el padre de un amigo, un ingeniero que hablaba con toda lucidez de radios y circunferencias esperando que su familia creyera que en el hospital se había abierto, en un día, un pasillo nuevo a través del edificio. En esto consiste el pensamiento alucinatorio: la energía emocional que subyace al análisis y a la evaluación está distorsionada, de modo que el mundo cotidiano se interpreta de forma que lleva a conclusiones deprimentes: es horrible, empeora, y es lo que me merezco.

Los terapeutas cognitivos como Aaron Beck, de la Universidad de Pensilvania, consideran que la depresión es fundamentalmente un trastorno del pensamiento, no de la emoción, ya que el paciente tiende a ver el mundo de forma distorsionada y negativa. Beck y sus colaboradores han realizado sorprendentes estudios en busca de pruebas que lo corroboren*. Por ejemplo, a un individuo le enseñan dos fotografías. En la primera hay un grupo de personas reunidas alegremente alrededor de una mesa para celebrar algo con una cena; en la segunda, las mismas personas se hallan en torno a un féretro. Si se muestran ambas fotografías muy deprisa o de forma simultánea, ¿cuál se recuerda? Los depresivos ven la escena del funeral en una proporción mayor de lo que ocurriría al azar. No sólo se hallan deprimidos por algo, sino que ven lo que ocurre a su alrededor de una forma distorsionada que siempre refuerza ese sentimiento. Para ellos, el vaso siempre está medio vacío.

Otro rasgo de la depresión profunda es el retraso psicomotor. La persona habla y se mueve lentamente. Cualquier cosa le supone un esfuerzo y una concentración tremendos. El mero hecho de pedir hora para el médico le resulta agotador. Pronto ya le supone demasiado esfuerzo levantarse de la cama y vestirse. (Hay que observar que no todos los depresivos manifiestan retraso psicomotor; algunos presentan el patrón opuesto: la agitación psicomotriz.) El retraso psicomotor explica uno de los importantes rasgos clínicos de esta enfermedad: las personas afectadas por una grave y profunda depresión raramente intentan suicidarse. No hasta que empiezan a sentirse un poco mejor. Si el aspecto psicomotor hace que para estas personas salir de la cama sea un esfuerzo excesivo, desde luego que no van a encontrar la considerable energía necesaria para quitarse la vida.

Una cuestión clave: mucha gente tiende a creer que a los depresivos les pasan las mismas cosas desagradables que a cualquier otra persona, pero que son incapaces de controlarlas. También tenemos la sensación —que proclamamos en voz baja, sin que nos oigan— de que son incapaces de enfrentarse a las vicisitudes normales de la vida, que están muy consentidos (¿por qué no recuperan el control?). Sin embargo, una depresión profunda es una enfermedad tan real como la diabetes. Hay otro grupo de síntomas que corroboran esta concepción. En esencia, hay muchos aspectos corporales de los depresivos que funcionan de forma peculiar, y suelen denominarse «síntomas vegetativos»*. Si el lector, o yo mismo, sufrimos una depresión cotidiana, ¿qué hacemos? Generalmente, dormir más de lo habitual y, tal vez, comer más de lo habitual, convencidos de que tales consuelos nos harán sentir mejor. Estas características son exactamente opuestas a los síntomas vegetativos que se observan en la mayor parte de quienes sufren una depresión profunda. Disminuye la actividad de comer, al igual que la de dormir, de forma distintiva. En tanto que los depresivos tienen los problemas para conciliar el sueño que cabría esperar, también tienen el de «despertarse por la mañana temprano», y se pasan meses seguidos sin dormir y exhaustos desde las tres y media de la mañana aproximadamente. No sólo disminuye el sueño, sino que su «arquitectura» también se modifica; se alteran el patrón normal de alternancia entre sueño profundo y ligero y el ritmo de iniciación de los estados en que se sueña.

Otro síntoma vegetativo de las personas profundamente deprimidas es su elevado nivel de glucocorticoides. Es un síntoma decisivo. Al ver a una de ellas sentada en el borde de la cama, casi incapaz de moverse, es fácil creer que carece de energía, que se halla muy débil. Una visión más exacta sería que la persona es como una bobina de alambre fuertemente enrollada, tensa, tirante, activa, pero hacia dentro. Como vamos a ver, la concepción psicodinámica de la depresión sostiene que la persona está librando una tremenda y agresiva batalla mental. Desde este punto de vista, la persona deprimida se asemeja a un animal que huye a toda velocidad por la sabana, por lo que no es de extrañar que sea elevado su nivel de hormonas del estrés.

El capítulo 10 analizaba de qué modo los glucocorticoides pueden deteriorar ciertos aspectos de la memoria que dependen del hipocampo, y los a menudo elevados niveles de glucocorticoides en la depresión podrían ayudar a explicar otro rasgo de la enfermedad, que son los problemas con la memoria dependiente del hipocampo*. Dichos problemas de memoria podrían reflejar, en parte, una falta de motivación por parte de la persona deprimida (¿por qué esforzarse en hacer el test de memoria del psiquiatra cuando todo, absolutamente todo, es inútil y carente de sentido?), o una incapacidad anhedónica para responder a las recompensas de recordar algo en una tarea. Sin embargo, junto a esos factores adicionales, el mero proceso de almacenar y recuperar recuerdos a través del hipocampo suele verse alterado. Como veremos en breve, esto encaja extraordinariamente bien con recientes hallazgos que demuestran que el hipocampo es más pequeño de lo normal en muchos depresivos.

Hay otro rasgo de la depresión que también confirma que se trata de una enfermedad real, no simplemente de una situación en que alguien es incapaz de enfrentarse a las vicisitudes de la vida diaria. Hay numerosos tipos de depresión y pueden parecer muy distintos. En una variante —depresión unipolar—, el paciente fluctúa entre sentirse extremadamente deprimido y sentirse razonablemente normal. En otro tipo, el paciente fluctúa entre la depresión profunda y una hiperactividad frenética y desorganizada; se denomina depresión bipolar o, de forma más conocida, depresión maníaca (para complicar las cosas aún más, hay subtipos de depresión maníaca). Aquí nos topamos con otra complicación, ya que, de igual modo que empleamos el término «depresión» con un sentido cotidiano que es distinto del sentido médico, «manía» también tiene connotaciones cotidianas. Podemos emplear el término de manera distorsionada para referirnos a la locura, como en el caso de los «maníacos homicidas» de las películas de televisión. O podemos afirmar que alguien actúa como un maníaco cuando recibe una buena noticia inesperada: habla muy deprisa, se ríe, gesticula… Pero la manía de la depresión maníaca es de una categoría completamente distinta. Voy a poner un ejemplo de este trastorno: una mujer llega a urgencias. Sufre una depresión bipolar, actúa como una maníaca, no ha tomado su medicación. Vive de la asistencia pública, no tiene ni un duro a su nombre y la semana anterior se ha comprado tres cadillacs con dinero obtenido de usureros. Y, además —preste atención el lector—, ni siquiera sabe conducir. Las personas que sufren un estado maníaco aguantan varios días seguidos durmiendo tres horas y sintiéndose descansadas, hablan sin parar durante horas, se distraen con una facilidad pasmosa, son incapaces de concentrarse debido a los pensamientos que les cruzan la mente a mil por hora. Generalmente, en ataques de grandiosidad irracional, se comportan de forma estúpida o peligrosa para sí mismas y para los demás; se envenenan para demostrar que son inmortales, queman su casa, regalan los ahorros de toda una vida a desconocidos... Es una enfermedad profundamente destructiva.

Los sorprendentemente diversos subgrupos de la depresión y su variabilidad indican que no se trata de una única enfermedad, sino de un conjunto heterogéneo. Otro rasgo de este trastorno indica asimismo la existencia de una anomalía biológica. Un enfermo va a ver a un médico en el trópico. Tiene fiebre muy alta que remite, vuelve a aparecer un día o dos después, remite, vuelve de nuevo, y así sucesivamente..., cada cuarenta y ocho o setenta y dos horas. El doctor se da cuenta en seguida de que se trata de un caso de malaria, debido al carácter cíclico del trastorno, que se relaciona con el ciclo vital del parásito de la malaria, según se desplaza de los glóbulos rojos al hígado o al bazo. Este carácter cíclico es característicamente biológico. Del mismo modo, ciertos subtipos de depresión son cíclicos*. Un maníaco depresivo puede estar cinco días en la fase maníaca, sumido en una profunda depresión durante la semana siguiente, después media semana levemente deprimido y, por último, varias semanas sin síntomas. Luego se repite el ciclo, lo que puede venir sucediendo desde diez años antes. Pasan cosas buenas y malas, pero el ciclo continúa invariable, lo que indica el mismo determinismo biológico que en el ciclo vital del parásito de la malaria. En otro subtipo de la depresión, cuyas características se han establecido recientemente, el ciclo es anual; quienes la padecen se deprimen en invierno. Se denominan «trastornos afectivos estacionales» (TAES; «afectivo» es el término psiquiátrico para la respuesta emocional) y se cree que están relacionados con las pautas de exposición a la luz. De nuevo en este caso, el carácter cíclico es independiente de los acontecimientos externos de la vida; hay un reloj biológico relacionado con el estado anímico, y algo muy grave en su tic-tac no funciona.

La biología de la depresión

Neuroquímica y depresión*

Hay muchas pruebas de que algo anda mal en la química cerebral de los depresivos. Para poder darse cuenta de ello, hay que saber algo del modo en que las células cerebrales se comunican entre sí. La ilustración de la página siguiente representa una versión esquemática de dos neuronas, las células cerebrales principales. Si una se excita por un pensamiento o un recuerdo (metafóricamente hablando) —la estimulación es eléctrica—, una onda eléctrica barre las dendritas del cuerpo celular y baja por el axón hasta su extremidad. Al llegar al final, libera mensajeros químicos que atraviesan flotando la sinapsis. Estos mensajeros —neurotransmisores— se hallan ligados a receptores especializados en la dendrita adyacente, lo que hace que la segunda neurona también se excite eléctricamente.

Pero ¿qué pasa con la molécula del neurotransmisor después de que ha realizado su labor y sale flotando del receptor? En algunos casos se recicla, vuelve a subir por la terminación del axón y se reserva para usarla en el futuro; en otros se descompone en la sinapsis, y los restos van a parar al mar (al fluido cerebroespinal, después a la sangre

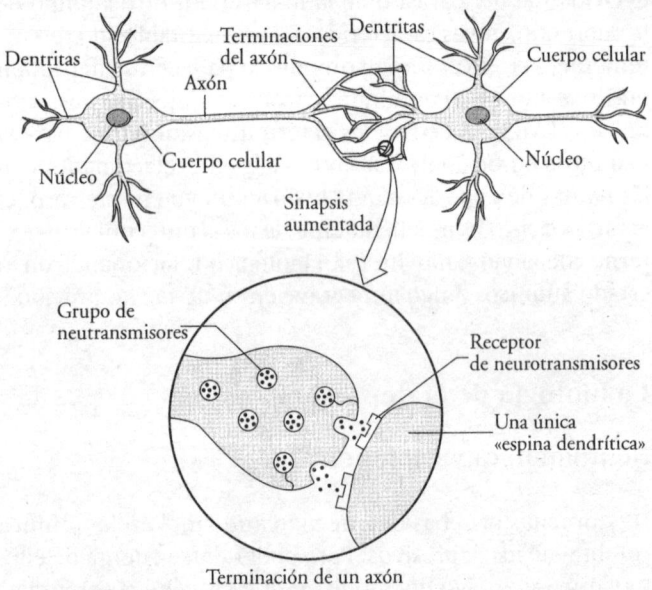

Dentritas

Terminaciones del axón

Dentritas

Cuerpo celular

Axón

Núcleo

Cuerpo celular

Núcleo

Sinapsis aumentada

Grupo de neutransmisores

Receptor de neurotransmisores

Una única «espina dendrítica»

Terminación de un axón

Ilustración 26. Una neurona estimulada transmite información a otras neuronas mediante señales químicas en las sinapsis, que son los puntos de contacto entre las neuronas. Cuando el impulso llega a la terminación del axón de la neurona emisora, provoca la liberación de moléculas de neurotransmisores. Los transmisores se propagan a través de una estrecha hendidura y se unen a los receptores de la espina dendrítica de la neurona adyacente.

y, por último, a la orina). Si falla este proceso de depuración de los neurotransmisores (si fracasa la reabsorción o la descomposición, o ambos), se produce un exceso de neurotransmisores en la sinapsis, que transmite una señal más intensa de lo normal a la segunda neurona. Por tanto, deshacerse de forma adecuada de estos poderosos mensajeros es esencial para la comunicación neuronal normal.

Hay trillones de sinapsis en el cerebro. ¿Necesitamos trillones de neurotransmisores químicamente únicos? Por supuesto que no. Se pueden generar un número aparentemente infinito de mensajes con un número finito de mensajeros. Pensemos en la cantidad de palabras que se pueden formar con sólo las letras del alfabeto. Lo único necesario son reglas que permitan que el mismo mensajero transmita distintos significados en diferentes contextos. En una sinapsis, el neurotransmisor A envía un mensaje relevante para la regulación del páncreas, en tanto que en otra, la misma sustancia neurotransmisora se relaciona con los amores adolescentes. Hay muchos neurotransmisores, probablemente del orden de varios centenares, pero, desde luego, no trillones.

Esto es un compendio sobre cómo las neuronas hablan entre ellas por medio de neurotransmisores.

Los datos neuroquímicos indican que en la depresión se hallan implicadas pequeñas cantidades de los neurotransmisores noradrenalina, serotonina y dopamina. Sin duda, el lector se estará preguntando si no habíamos hablado ya, en capítulos anteriores, de la noradrenalina y el sistema nervioso simpático. Claro que sí, y eso demuestra la variedad de funciones que desempeña un neurotransmisor. En una parte del cuerpo (el corazón, por ejemplo), la noradrenalina es un mensajero relacionado con la excitación y las cuatro efes [*flight, fight, fear and fuck*], mientras que en otra parte del sistema nervioso parece tener algo que ver con los síntomas de la depresión.

La prueba que en mayor medida corrobora la «hipótesis de la noradrenalina» es que la mayor parte de los fármacos que disminuyen la depresión aumentan la señal de noradrenalina en el sistema nervioso. Una clase de antidepresivos, los tricíclicos (denominación que hace referencia a su estructura bioquímica), detiene el reciclado o la reabsorción de la noradrenalina por las terminaciones de los axones, con el resultado de que este neurotransmisor permanece más tiempo en la sinapsis y aumentan las probabilidades de que actúe sobre el receptor una segunda y una tercera vez.

Otra clase de fármacos, los inhibidores MAO, bloquean la descomposición de la noradrenalina en la sinapsis (al inhibir la acción de una enzima crucial: la monoamina oxidasa [MAO]), con el resultado, de nuevo, de que el mensajero permanece más tiempo en la sinapsis para estimular la dendrita de la neurona receptora. Dichos hallazgos generan una conclusión bastante directa: si empleamos un fármaco que aumenta la cantidad de noradrenalina, serotonina y dopamina en las sinapsis del cerebro, la consecuencia es que se produce una mejora en la depresión del paciente, así pues antes debía de haber una escasez de estos neurotransmisores. Caso cerrado.

Naturalmente, no tan rápido. Como primer elemento de confusión, ¿el problema es con la serotonina, la dopamina o la noradrenalina? Los tricíclicos y los inhibidores MAO actúan en los tres sistemas de neurotransmisores, haciendo imposible decir cuál es decisivo para la enfermedad. Antes solía pensarse que la noradrenalina era la responsable, cuando se creía que los clásicos fármacos antidepresivos sólo actuaban sobre la sinapsis de la noradrenalina. Actualmente, la mayor parte de la excitación se centra en la serotonina, sobre todo debido a la eficacia de los inhibidores de recaptación que sólo actúan sobre las sinapsis de serotonina (inhibidores selectivos de la recaptación de serotonina, o ISRS, de los cuales el Prozac es el más famoso). Sin embargo, aún hay razones para pensar que los otros dos neurotransmisores forman parte de la historia, pues algunos de los antidepresivos más recientes parecen actuar más sobre ellos que sobre la serotonina[72].

---

72. La hierba hoy en día de moda, el mosto de San Juan, ha ido ganando cierta credibilidad en los círculos científicos tradicionales. Inhibe la ingesta de serotonina, dopamina y noradrenalina, y parece ser un antidepresivo más o menos tan eficaz como el Prozac. Además, en las personas que no están tomando ninguna otra medicación, parece tener unos efectos secundarios algo menores que los SSRI. Sin embargo, hay una evidencia cada vez

El principal escollo se refiere al tiempo. Si se expone el cerebro a un antidepresivo tricíclico, las señales de noradrenalina en las sinapsis se alteran en cuestión de horas. Sin embargo, si se administra el mismo fármaco a una persona deprimida, tarda semanas en sentirse mejor. Hay algo que no encaja. En los últimos años han surgido dos teorías —ambas extremadamente complicadas— que quizá puedan resolver este problema.

La teoría revisionista 1 es la hipótesis de «no es la escasez de noradrenalina, sino un *exceso* de ésta». En primer lugar, algunos datos. Si alguien nos chilla constantemente, llega un momento en que dejamos de escuchar. Del mismo modo, si se inunda una célula con cantidades enormes de un neurotransmisor, la célula deja de «escuchar» con la misma atención, «regula hacia abajo» (disminuye) el número de receptores de dicho transmisor para que decrezca la sensibilidad al mismo. Si, por ejemplo, se duplica la cantidad de noradrenalina que llega a las dendritas de la célula y ésta disminuye el número de receptores del neurotransmisor en un 50 por 100, los cambios se anulan mutuamente. Si la célula disminuye los receptores en menos de un 50 por 100, el resultado es que hay más señal de noradrenalina en la sinapsis; si lo hace en más de un 50 por 100, el resultado es un menor número de señales de noradrenalina en la sinapsis. Es decir, la intensidad de la señal en la sinapsis depende de lo alto que chille la primera neurona (la cantidad de neurotransmisor liberada) y de lo atentamente que escuche la segunda neurona (el número de receptores de que dispone para el neurotransmisor).

Muy bien, ya estamos listos. Esta teoría revisionista sostiene que el problema consiste en un exceso de adrenalina en zonas del cerebro de los depresivos. ¿Qué sucede cuando se recetan antidepresivos que aumentan las señales de

_____

mayor de que puede alterar gravemente la eficacia de muchos otros medicamentos*.

noradrenalina aún más? En primer lugar deberían empeorar los síntomas de la depresión (hay psiquiatras que afirman que esto es lo que ocurre). En el transcurso de unas semanas, sin embargo, las dendritas dicen: «Toda esta noradrenalina es intolerable; vamos a disminuir un montón el número de nuestros receptores». Si esto sucede y —fundamental para esta teoría— se compensa en demasía el aumento de la señal de la noradrenalina, el problema de su exceso desaparece, el paciente se siente mejor. Obsérvese que, en esta teoría, hay que dar cuenta, en principio, de por qué un exceso de noradrenalina explica los síntomas de la depresión.

La teoría revisionista 2 sostiene que, «en realidad, es un defecto de noradrenalina». Esta teoría es aún más complicada que la anterior y también necesita cierta orientación. Las dendritas no son las únicas que contienen receptores de los neurotransmisores; las terminaciones del axón de la neurona «emisora» también poseen receptores para los neurotransmisores que ésta segrega. ¿Qué fin tienen estos denominados «autorreceptores»? Se liberan los neurotransmisores, llegan flotando a la sinapsis y se unen a los receptores correspondientes de la segunda neurona. Pero algunas moléculas neurotransmisoras flotan de vuelta y acaban uniéndose a los autorreceptores. Sirven como una especie de señal de retroalimentación; si, por ejemplo, el 5 por 100 del neurotransmisor liberado alcanza los autorreceptores, la primera neurona puede contar sus dedos metafóricos, multiplicarlos por veinte y calcular qué cantidad de neurotransmisor ha liberado. Luego toma una serie de decisiones; ¿libero más neurotransmisor o me detengo ahora?, ¿empiezo a sintetizar más?… Si este proceso permite a la primera neurona llevar las cuentas del gasto de neurotransmisores, ¿qué sucede si la neurona disminuye mucho los autorreceptores? Al infravalorar la cantidad de neurotransmisor que ha liberado, sin darse cuenta comenzará a aumentar la cantidad que sintetiza y descarga.

Teniendo todo esto en cuenta, he aquí el razonamiento que subyace a la segunda teoría (que hay escasez de noradrenalina en una parte del cerebro de las personas deprimidas). Se administran los antidepresivos que aumentan las señales de noradrenalina. Debido a dicho incremento, a lo largo de las semanas siguientes se produce una disminución de los receptores de noradrenalina. Es fundamental en esta teoría la idea de que los autorreceptores de la primera neurona disminuyen en mucha mayor medida que los de la segunda. Si esto es así, la segunda no escuchará con tanta atención, pero la primera liberará la suficiente cantidad de noradrenalina extra para suplir la diferencia. El resultado es un incremento de las señales de noradrenalina y la remisión de los síntomas depresivos. (Este mecanismo podría explicar la eficacia de la terapia electroconvulsiva [TEC o «terapia de *shock*»]*. Durante décadas, los psiquiatras la han empleado para aliviar las depresiones profundas, sin que nadie supiera por qué funcionaba. Resulta que, entre sus muchos efectos, la TEC disminuye el número de autorreceptores de noradrenalina, al menos en los modelos experimentales con animales.)

Si el lector ya está confuso, se encuentra en buena compañía, todavía no hay consenso entre los investigadores de este campo. ¿Noradrenalina, serotonina o dopamina? ¿Demasiadas señales o demasiado pocas? Si se trata, por ejemplo, de demasiado pocas señales de serotonina, ¿es porque las sinapsis liberan escasa serotonina o porque hay algún defecto que embota la sensibilidad de los receptores de serotonina? (Para dar una idea de hasta qué punto es grande esta lata de gusanos, actualmente están reconocidos más de una docena de tipos distintos de receptores de serotonina, con diferentes funciones, eficacias y distribuciones en el cerebro.) Tal vez haya una diversidad de vías neuroquímicas para caer en una depresión, y diferentes caminos están relacionados con distintas subclases de depresión (unipolar frente a depresión maníaca, o una que es activada por acontecimientos externos frente a otra que sigue su propio mecanismo interno, o una dominada por un retraso psicomotor frente a otra dominada por la inclinación al suicidio). Ésta es una idea muy razonable, pero las pruebas en este sentido aún son escasas.

Entre todas estas preguntas, otra que no está mal: ¿por qué tener demasiada cantidad o demasiado poca de estos neurotransmisores origina una depresión? Existen muchas conexiones entre estos neurotransmisores y su función. Por ejemplo, se cree que la serotonina tiene que ver con la ideación incesante durante la depresión, el incontrolable revolcarse en pensamientos oscuros. Conectado con esto, los ISRS suelen ser eficaces en personas con trastornos obsesivo-compulsivos. Aquí hay un denominador común: en el caso depresivo, es la sensación obsesiva de fracaso, de condena, de desesperación, mientras que en el otro caso pueden ser preocupaciones obsesivas de que uno se ha dejado abierto el gas en casa antes de salir, que tiene las manos sucias y debe lavárselas, etc. Atrapado en una mente que simplemente da vueltas y vueltas en torno a los mismos pensamientos y/o sentimientos.

Se cree que la noradrenalina desempeña un papel diferente en los síntomas de la depresión. El principal camino que utiliza la noradrenalina es una serie de proyecciones desde una región del cerebro llamada el *locus ceruleus*. Esa proyección se extiende de forma difusa a través del cerebro y parece que su papel consiste en alertar a otras regiones cerebrales, aumentando su nivel básico de activación, bajando su umbral de respuesta a señales del exterior. De modo que una escasez de noradrenalina en este sentido podría empezar a explicar el retraso psicomotor.

La dopamina, por otra parte, tiene relación con el placer, una conexión que examinaremos en profundidad en el capítulo 16. Hace unas décadas, varios neurocientíficos realizaron un descubrimiento fundamental. Habían implantado electrodos en el cerebro de ratas y estimulado zonas al azar, observando lo que sucedía. Al hacerlo, descubrieron un área cerebral extraordinaria que, al ser estimulada, hacía a la rata *increíblemente feliz*. ¿Cómo se sabe que una rata es increíblemente feliz? Se le pide que nos lo diga, para lo cual hay que elaborar un gráfico con las veces que aprieta una palanca para que se la recompense estimulando dicha zona del cerebro. Resulta que las ratas mueren exhaustas de apretar la palanca para que se las estimule. Prefieren dicha estimulación a la comida cuando están hambrientas, al sexo o a recibir fármacos cuando son adictas y sufren del síndrome de abstinencia. La zona del cerebro descubierta en estos estudios pronto recibió el nombre de «vía del placer» y, desde entonces, se ha hecho famosa*.

Poco después se descubrió que los humanos también poseen una vía del placer, cuando se estimuló una zona similar del cerebro humano durante una operación de neurocirugía[73] con resultados bastante asombrosos, en la línea de: «¡Ooooh! ¡Qué agradable! Es como si te rascaran la espalda, pero también, al mismo tiempo, es como hacer el amor o como jugar, de niño, en el patio con las hojas secas y luego mamá te llamaba para que entraras a tomarte un chocolate caliente y después te ponías el pijama...». ¿Dónde hay que apuntarse?

Esta vía del placer parece hacer un gran uso de la dopamina como neurotransmisor (y en el capítulo 16 veremos

---

73. Como el cerebro no es sensible al dolor, muchas de estas operaciones se realizan con los pacientes despiertos (con anestesia local, claro está), lo cual resulta muy útil porque, antes del desarrollo de las modernas técnicas de la imagen, el paciente tenía que estar despierto para guiar al cirujano en lo que hacía. Éste colocaba un electrodo en el cerebro, lo estimulaba y el paciente dejaba caer un brazo. Introducía algo más el electrodo, estimulaba el cerebro y el paciente dejaba caer una pierna. Rápidamente consultaba el mapa de carreteras del cerebro para saber dónde estaba, avanzaba un par de centímetros más, giraba a la izquierda después de la tercera neurona y allí estaba el tumor. Más o menos era así.

de qué modo la dopamina señala la anticipación de la recompensa más que señalar la recompensa misma). La evidencia más sólida de esto es la capacidad de las drogas que imitan a la dopamina, como la cocaína, para actuar como euforizantes. De pronto, parece plausible elaborar la hipótesis de que la depresión, que se caracteriza sobre todo por la disforia, quizá implique demasiado poca dopamina y, por tanto, disfunción de esas vías de placer.

Así pues, éstos son los tres grandes neurotransmisores implicados en la depresión, con una atención estos días probablemente mayor hacia la serotonina y menor a la dopamina. Los principales fármacos antidepresivos —los ISRS, y tipos más antiguos como los tricíclicos o los inhibidores MAO— actúan alterando los niveles de uno o más de estos tres neurotransmisores. En este momento, desde el punto de vista científico no se puede aventurar qué clase de persona responderá mejor a qué clase de antidepresivos.

Por supuesto, hay un torrente de otros neurotransmisores que podrían estar implicados. Uno particularmente interesante se llama Sustancia P. Décadas de trabajo han demostrado que la Sustancia P desempeña un papel en la percepción del dolor, sobre todo en la activación de las vías de la médula espinal de las que se habló en el capítulo 9, Notablemente, algunos estudios recientes indican que los fármacos que bloquean la acción de la Sustancia P pueden actuar como antidepresivos en algunos individuos. ¿A qué se refiere esto? Tal vez la idea de la depresión como una enfermedad de «dolor psíquico» sea algo más que una simple metáfora*.

Neuroanatomía y depresión

Para poder examinar una segunda vía de anormalidad en la función cerebral de los depresivos, aparte de la neuroquímica que acabamos de estudiar, presento una ilustración de

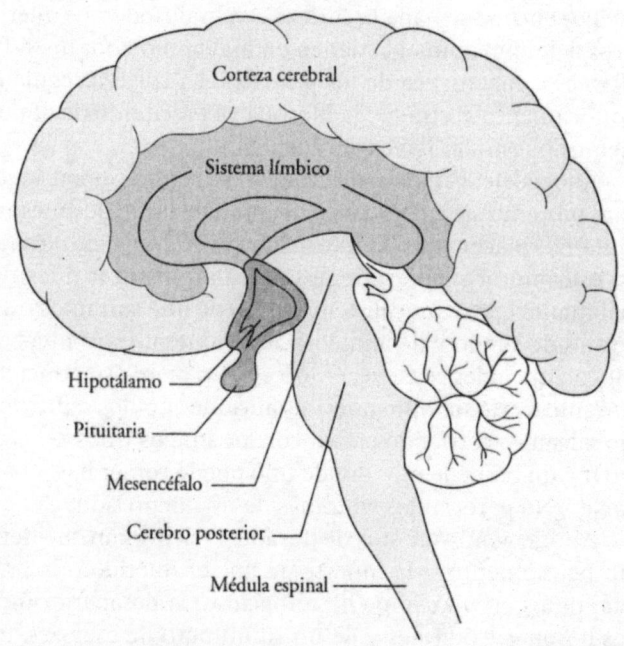

Ilustración 27. El cerebro trino.

cómo es el cerebro. Hay un área cerebral que regula procesos como la respiración y el ritmo cardíaco, en la que se halla el hipotálamo, que se ocupa de liberar hormonas y dar órdenes al sistema nervioso autónomo. Si la presión sanguínea sufre una caída drástica, que provoca una respuesta de estrés compensatoria, el hipotálamo, el mesencéfalo y el cerebro posterior entran en acción. Todos los vertebrados tienen más o menos las mismas conexiones en este caso.

Encima de ésta se halla otra área denominada sistema límbico, cuyo funcionamiento se relaciona con la emoción. Por ser mamíferos, nuestro sistema límbico es grande; el de los lagartos es muy pequeño, no son conocidos por la complejidad de su vida emocional. Emitir una respuesta de estrés al oler un rival amenazador se debe al sistema límbico.

Por encima se halla la corteza cerebral. Todos los miembros del reino animal la tienen en mayor o menor medida, pero es característica de los primates. La corteza regula el conocimiento abstracto, la filosofía y el recuerdo de dónde hemos puesto las llaves del coche.

Ahora detengámonos un momento a pensar. Supongamos que nos embiste un elefante. Es probable que después no sintamos placer, más bien tristeza. Sufriremos cierto retraso psicomotor y no estaremos deseando realizar nuestros habituales ejercicios calisténicos. Puede que suframos trastornos de sueño y de alimentación y que nuestro nivel de glucocorticoides se eleve. Quizá el sexo pierda su atractivo durante cierto tiempo, nuestras aficiones no nos seduzcan, no salgamos corriendo para ir con los amigos y nos dé igual no ir a un bufet de ésos donde uno puede comer hasta hartarse. ¿No parecen los síntomas de una depresión?

Ahora bien, ¿qué sucede durante la depresión? Se tiene un pensamiento —la muerte de un ser querido o la propia; niños en un campo de refugiados; la desaparición de los bosques tropicales y de un sinnúmero de especies; los últimos cuartetos de cuerda de Beethoven— y, de repente, se experimentan los mismos síntomas que tras haber sido embestido por un elefante. En un plano extremadamente simplista, se puede concebir la depresión como lo que ocurre cuando la corteza cerebral tiene un pensamiento negativo abstracto y consigue convencer al resto del cerebro de que es un agente estresante físico real. Según esta concepción, los enfermos de depresión crónica son aquellos cuya corteza cerebral suele susurrar cosas tristes al resto del cerebro. De ahí se deriva una predicción tremendamente brutal; si se «cortan» las conexiones entre la corteza y el resto del cerebro, a aquélla le resultará imposible deprimir a éste.

Aunque parezca mentira, a veces funciona. Los neurocirujanos llevan a cabo este procedimiento en personas con depresiones muy incapacitantes y resistentes a los fármacos, a otras terapias y a la TEC. El flujo de información de la corteza al resto del cerebro disminuye notablemente (al cortar las vías de proyección entre ambos se cortan axones) y los síntomas depresivos parecen remitir[74].

Evidentemente se trata de un cuadro simplificado, nadie desconecta realmente todo el córtex cerebral del resto del cerebro. El procedimiento quirúrgico, llamado cingulotomía, o corte del haz del cíngulo, realmente desconecta sólo una zona hacia la parte delantera del córtex, llamada el córtex cingulado anterior (CCA)*. El CCA posee todas las características de una zona cerebral de la que uno querría desconectarse durante una depresión profunda. Es una parte del cerebro muy implicada en las emociones. Mostremos a un grupo de personas una serie de fotografías: en un caso, les pedimos que presten atención a las emociones que expresan las personas que hay en ellas; en otro caso, les pedimos que presten atención a ciertos detalles, como al hecho de si se trata de fotografías de interior o exterior. Sólo en el primer caso se produce la activación del CCA.

Y las emociones en las que participa el CCA parecen ser negativas. Si inducimos en alguien un estado positivo mostrándole algo divertido, desciende el metabolismo del CCA. En cambio, si estimulamos eléctricamente el CCA en las personas, experimentan una sensación difusa de presagio y temor. Además, las neuronas del CCA, también las humanas, responden a todo tipo de dolores. Pero la respuesta del CCA en realidad no es sobre el dolor; tiene que ver más con los sentimientos que éste genera. Como se vio en el capítulo 9, proporcionemos a alguien la sugestión hipnótica de que no

_____

74. ¿Qué otra cosa se modifica tras esta intervención? Si la corteza ya no puede enviar pensamientos abstractos al resto del cerebro, se pierde no sólo la facultad de la desgracia abstracta, sino también la del placer abstracto. Pero terapias quirúrgicas como ésta sólo se emplean en pacientes totalmente incapacitados por la enfermedad, que se pasan años en la sala trasera de un hospital estatal balanceándose abrazados a sí mismos e intentando suicidarse cada cierto tiempo.

sentirá dolor cuando sumerja su mano en agua helada. Las principales partes del cerebro que reciben las proyecciones de dolor procedentes de la médula espinal se vuelven tan activas como si no hubiera sugestión hipnótica, pero esta vez el CCA no se activa.

Además, el CCA y las regiones cerebrales adyacentes se activan cuando mostramos a viudos/as fotografías de sus seres queridos desaparecidos (frente a fotografías de desconocidos). Otro ejemplo de esto sería el siguiente: ponemos a un voluntario en una máquina de visualización cerebral y, desde dentro, le pedimos que juegue a algo con otras dos personas, a través de una consola de ordenador. Amañamos el curso del juego para que, con el paso del tiempo, los otros dos (realmente, un programa informático) de forma gradual empiecen a jugar sólo entre ellos, excluyendo al sujeto del test. La actividad neuronal del CCA se enciende, y cuanto más excluida se siente la persona, más intensamente se activa el CCA. ¿Cómo sabemos que esto tiene alguna relación con esa horrible sensación juvenil del instituto de ser elegido el último para formar un equipo? Debido a un inteligente elemento de control del estudio: ponemos a la persona a jugar con los otros dos supuestos jugadores. Una vez más acaba resultando que los otros dos sólo juegan entre ellos. Sin embargo, la diferencia esta vez es que desde el principio se le comunica al sujeto que ha habido una avería técnica y que la consola no funciona. Al ser excluido debido a un fallo de la tecnología, no se produce activación del CCA.

Dadas estas funciones del CCA, no es de extrañar que su nivel de actividad en estado de reposo tienda a ser elevado en las personas con depresión. Curiosamente, otra parte del cerebro, llamada la amígdala, también parece ser hiperactiva en los depresivos. En el próximo capítulo se verá el importante papel que desempeña en emociones como la ansiedad y el temor, aunque en los depresivos dicho papel es algo distinto. Si mostramos a una persona deprimida un rostro humano espantoso, su amígdala no se activa en exceso (en contraste con la respuesta que veríamos en la amígdala de un sujeto de control). Pero si le mostramos un rostro triste, la amígdala presenta un nivel de activación muy alto.

Justo enfrente del CCA está el córtex frontal que, como vimos en el capítulo 11, es una de las partes del cerebro más distintivamente humanas. Los trabajos de Richard Davidson, de la Universidad de Wisconsin, han demostrado que una subregión llamada el córtex prefrontal (CPF) parece muy responsable del estado de ánimo, y de una forma lateralizada. Específicamente, la activación del CPF izquierdo se asocia con sentimientos positivos, y la activación del CPF derecho, con negativos. Por ejemplo, si inducimos un estado positivo en alguien (pidiéndole que describa el día más feliz de su vida), se encenderá el CPF izquierdo, en proporción a la evaluación subjetiva de placer de la persona. Si le pedimos que recuerde un acontecimiento triste, domina el CPF derecho. Del mismo modo, si separamos a una cría de mono de su madre, la actividad metabólica del CPF derecho aumenta, mientras que la del CPF izquierdo disminuye. Así, no es de extrañar que en los depresivos haya una actividad menor en el CPF izquierdo y una mayor en el CPF derecho*.

Existen otros cambios anatómicos en el cerebro durante la depresión, pero para comprenderlos tenemos que considerar qué relación tienen las hormonas con la enfermedad.

Genética y depresión**

Hoy en día es muy difícil examinar la biología sin que los genes aparezcan en la imagen, y la depresión no es una excepción, pues tiene un componente genético. Como primera observación, la depresión ocurre en las familias. Durante mucho tiempo, para algunos eso habría sido suficiente prueba de una conexión genética, pero esta conclusión se deshace por el hecho evidente de que no sólo los genes influyen en las familias, sino también el entorno. Criarse en una familia pobre, en una abusiva o en una perseguida, todo esto puede incrementar el riesgo de depresión en esa familia sin que los genes tengan ninguna relación con ello.

De modo que buscamos una relación más estrecha. Cuanto más directamente emparentados están dos individuos, más genes comparten y, en consecuencia, tienen más probabilidad de compartir un rasgo depresivo. Uno de los ejemplos más elocuentes de esto, cojamos a dos hermanos cualesquiera (que no sean mellizos). Comparten más o menos un 50 por 100 de sus genes. Si uno de ellos tiene un historial de depresión, el otro tiene en torno a un 25 por 100 de probabilidad, considerablemente mayor de lo normal. Ahora, comparemos a dos mellizos, que comparten todos sus genes. Y si uno de ellos es depresivo, el otro tiene una probabilidad del 50 por 100. Esto es bastante impresionante: cuantos más genes en común, mayor probabilidad de compartir la enfermedad. Pero aún hay un elemento poco claro: cuantos más genes comparten los miembros de una familia, más entorno comparten también (empezando por el hecho de que los mellizos crecen con un trato más parecido que los que no lo son).

Estrechemos la relación aún más. Examinemos a niños que fueron adoptados a una edad temprana. Consideremos a aquellos cuya madre biológica tuvo un historial de depresión, pero no su madre adoptiva. Poseen un riesgo mayor de depresión, lo que sugiere una herencia genética compartida con su madre biológica. Pero ahí el elemento de confusión, como vimos en el capítulo 6, es que el «entorno» no comienza en el nacimiento, sino mucho antes, con el entorno circundante compartido en el útero con la madre biológica de uno.

Como sabe cualquier documentado biólogo molecular del siglo XXI, si queremos demostrar que los genes están relacionados con la depresión, tenemos que identificar los genes específicos, las extensiones concretas de ADN que codifican las proteínas específicas que aumentan el riesgo de depresión. Como veremos en breve, precisamente eso es lo que ha ocurrido en años recientes.

Inmunología y depresión*

Este subapartado no existía en ediciones anteriores de este libro. La inmunidad tiene que ver con combatir a los patógenos, la depresión tiene que ver con sentirse triste: cuestiones no relacionadas. Bueno, pueden estarlo, aunque de una forma tonta, como que estar enfermo puede ser deprimente. Pero es más complicado que eso. La enfermedad crónica que implica una hiperactivación del sistema inmune (por ejemplo, las infecciones crónicas, o una enfermedad autoinmune en la que el sistema inmunitario se ha activado de forma accidental y está atacando a alguna parte de nuestro cuerpo) es más probable que cause una depresión que otras enfermedades igualmente graves y prolongadas que no afectan al sistema inmune. Algunos otros hilos de interconexión implican a las citoquinas que actúan como transmisores entre las células inmunitarias. Como recordará el lector del capítulo 8, las citoquinas también pueden acceder al cerebro, donde pueden estimular la liberación de CRH. Más recientemente se ha visto que también interactúan con la noradrenalina, la dopamina y los sistemas de serotonina. En un punto crítico, las citoquinas pueden causar depresión. Esto se aprecia en modelos de depresión de animales. Además, ciertas clases de cáncer a veces se tratan con citoquinas (para fortalecer la función inmune), y el resultado suele ser depresión. De modo que esto representa una nueva rama de estudio para la psiquiatría biológica: las interacciones entre la función inmune y el estado anímico.

Endocrinología y depresión

A menudo niveles anormales de diversas hormonas van de la mano con la depresión. Para empezar, las personas que segregan demasiado poca hormona tiroidea pueden desarrollar depresiones profundas y, cuando están deprimidas, ser atípicamente resistentes a la acción de los fármacos antidepresivos. Esto es particularmente importante porque muchas personas, al parecer con depresiones de una naturaleza puramente psiquiátrica, resultan tener enfermedad tiroidea*.

Hay otro aspecto de la depresión en el que es posible que las hormonas desempeñen un papel. Las tasas de incidencia de la depresión difieren enormemente, y las mujeres son las que más la padecen**. ¿Por qué? Una teoría, que deriva de la escuela de la terapia cognitiva, se centra en el distinto modo de pensar de hombres y mujeres. Cuando algo preocupante sucede, las mujeres tienden a meditar más sobre ello (a pensar en ello o a querer comentarlo con otra persona). Y los hombres, teniendo en cuenta lo pésimos comunicadores que suelen ser, tienden a pensar en cualquier cosa que no sea el problema o, incluso mejor, «hacen» algo: deporte, utilizan herramientas mecánicas o eléctricas, se emborrachan o inician una guerra***. En opinión de los psicólogos cognitivos, una tendencia a la introspección aumenta la probabilidad de deprimirse en mayor medida.

Otra teoría sobre las diferencias sexuales es de naturaleza psicosocial. Como vamos a ver, gran parte de las teorías sobre la psicología de la depresión indica que se trata de un trastorno de falta de control. Algunos científicos sostienen que el riesgo de sufrir una depresión es más elevado en las mujeres porque, en muchas sociedades, tradicionalmente han tenido menos control sobre las circunstancias de sus vidas que los hombres. Ambas teorías están muy bien, salvo por el hecho de que no explican por qué hombres y mujeres presentan la misma tasa de depresión bipolar; sólo las depresiones unipolares son más comunes en las mujeres.

El punto más débil de dichas teorías es que no explican un rasgo fundamental de la depresión femenina, a saber, que las mujeres corren mayor riesgo de deprimirse en determinados momentos del ciclo reproductor: en la menstruación, la menopausia y, sobre todo, en las semanas posteriores al parto. Varios investigadores creen que este aumento del riesgo se debe a las grandes oscilaciones de dos hormonas, los estrógenos y la progesterona, que tienen lugar durante la menstruación, la menopausia y el parto. Como prueba, citan el hecho de que la mujer se puede deprimir cuando cambian de forma artificial sus niveles de estrógenos y/o progesterona (por ejemplo, al tomar la píldora anticonceptiva). Es fundamental el hecho de que ambas hormonas regulen hechos neuroquímicos del cerebro, como el metabolismo de los neurotransmisores, de los que la noradrenalina y la serotonina son un ejemplo. A causa de los cambios masivos que se producen en los niveles hormonales (la progesterona, por ejemplo, se multiplica por mil en el momento de dar a luz), las teorías actuales se centran en la posibilidad de que la proporción entre estrógenos y progesterona sufra un cambio tan radical que desencadene una depresión profunda. Se trata de un nuevo campo de investigación en el que se ha llegado a hallazgos contradictorios, pero los científicos cada vez están más seguros de la contribución hormonal a la preponderancia de la depresión femenina*.

Obviamente, el siguiente tema en un apartado sobre hormonas y depresión tendrá que estar dedicado a los glucocorticoides.

¿Cómo interactúa el estrés con la biología de la depresión?

El estrés, los glucocorticoides y el comienzo de la depresión

El primer nexo entre estrés y depresión es obvio: ambos tienden a ir unidos. Esto puede actuar en dos sentidos. Primero, los estudios sobre lo que se llama «generación del estrés» entre los depresivos examinan el hecho de que las personas propensas a la depresión tienden a experimentar los agentes estresantes a un índice más alto de lo esperado. Esto se ve incluso cuando se los compara con individuos con otros trastornos psiquiátricos o problemas de salud. Gran parte de esto parece deberse a agentes estresantes provocados por falta de apoyo social. Esto eleva el potencial de que se produzca un círculo vicioso. Esto es así porque si uno interpreta las ambiguas interacciones sociales en torno a uno como señales de rechazo, y responde como si hubiera sido rechazado, puede aumentar las probabilidades de acabar socialmente aislado, confirmando así nuestra sensación de haber sido rechazado...

Pero la principal forma en que las personas piensan en una relación causal entre estrés y depresión, y la que aquí nos ocupa, va en el otro sentido. En concreto, las personas que experimentan muchos agentes estresantes en su vida tienen más probabilidad que la media de sucumbir a una depresión profunda, y las personas hundidas en su primera gran depresión tienen más probabilidad que la media de haber sufrido un estrés reciente y significativo. Evidentemente, no todos los que sufren grandes agentes estresantes se hunden en la depresión.

Como se dijo, algunas personas tienen la seria desgracia de padecer reiterados episodios depresivos, que pueden asumir una pauta cíclica a lo largo de los años. Al considerar los casos de esas personas, los agentes estresantes aparecen como activadores sólo de las primeras depresiones. En otras palabras, si se sufren dos o tres grandes crisis de depresión, estadísticamente no tenemos más riesgo de padecer una grave depresión posterior que cualquier otra persona. Pero en torno a la cuarta depresión más o menos, un mecanismo descontrolado se impone, y las olas depresivas se abaten sobre nosotros, al margen de que el mundo nos abrume o no con agentes estresantes*. A continuación veremos en qué consiste esa transición.

Los estudios de laboratorio también vinculan el estrés y los síntomas de la depresión. Si estresamos a una rata de laboratorio, se vuelve anhedónica. Concretamente, hace falta una corriente eléctrica más fuerte de lo normal en las vías de placer de la rata para activar la sensación placentera. El umbral de percepción del placer se ha elevado, igual que en un depresivo.

De manera crítica, los glucocorticoides pueden hacer lo mismo. Un tema clave del capítulo 10 era de qué modo los glucocorticoides y el estrés podían mermar la memoria. Parte de la evidencia en ese sentido provino de las personas con síndrome de Cushing (que, como se recordará, es una condición en la que varios tipos diferentes de tumores pueden acabar provocando un exceso de glucocorticoides en el torrente sanguíneo), así como de personas a las que se habían prescrito enormes dosis de glucocorticoides para tratar varias enfermedades. También se ha sabido durante décadas que un importante subconjunto de pacientes cushingoides y pacientes a los que se les administraron glucocorticoides sintéticos sufrieron una depresión clínica, al margen de los problemas de memoria. Esto ha sido algo difícil de demostrar. Primero, cuando a alguien se le trata inicialmente con glucocorticoides sintéticos, la tendencia es volverse, quizás, eufórico e incluso maníaco, tal vez durante una semana antes de que la depresión se manifieste. De inmediato podemos adivinar que estamos tratando con una de nuestras dicotomías entre la fisiología del estrés de corto y largo plazo; el capítulo 16 explorará de forma aún más detallada de dónde proviene esa euforia transitoria. Como segunda complicación, ¿alguien con síndrome de Cushing o que esté tomando grandes dosis de glucocorticoides sintéticos se deprime porque los glucocorticoides causan ese estado, o porque reconoce que tiene una enfermedad depresiva? Se comprueba que los glucocorticoides son los culpables al mostrar índices de depresión más elevados en esta población que entre las personas con, por ejemplo, la misma enfermedad y la misma gravedad pero que no reciben glucocorticoides. En esta fase, este fenómeno tiene poco de ciencia predictiva. Por ejemplo, ningún médico puede saber de antemano con seguridad qué paciente se va a deprimir cuando se le pongan altas dosis de glucocorticoides, menos aún qué dosis. No obstante, si entran grandes cantidades de glucocorticoides en el riego sanguíneo, el riesgo de depresión aumenta.

El estrés y los glucocorticoides se enredan con la biología al predisponer a una persona hacia la depresión de una forma adicional, crítica. Volvemos al tema de que existe un componente genético en la depresión*. ¿Significa esto que si tenemos «el gen» (o genes) de la depresión, ya está, no tenemos escapatoria, se producirá de forma inevitable? Obviamente no, y la mejor evidencia es ese dato sobre los mellizos. Uno tiene depresión y el otro, que comparte los mismos genes, posee en torno a un 50 por 100 de probabilidad de desarrollar también la enfermedad, un índice muy superior a la media general. Ésta es una evidencia bastante sólida de la participación de los genes. Pero veámoslo de la forma opuesta. Aunque compartamos cada gen con alguien que es depresivo, todavía nos queda un 50 por 100 de probabilidades de no contraer la enfermedad.

Los genes raramente tienen que ver con la inevitabilidad, sobre todo en lo que se refiere a los humanos, el cerebro o la conducta. Está relacionado con la vulnerabilidad, las propensiones, las tendencias. En este caso, los genes incrementan el riesgo de depresión sólo en ciertos ambientes: lo ha adivinado el lector, únicamente en ambientes estresantes. Esto puede verse de muchas maneras, pero la más dramática en un reciente estudio efectuado por Avshalom Caspi, del King's College, en Londres. Los científicos identificaron cierto gen en los humanos que incrementa el riesgo de depresión. Se trata de un gen que se presenta en diferentes «versiones alélicas», un escaso número de ellas que difieren ligeramente en su función; si tenemos una de estas versiones, nuestro riesgo es mayor. La cuestión clave es que tener una versión X de este gen Z no garantiza que caigamos en una depresión, tan sólo aumenta el riesgo. Y en realidad, saber de alguien únicamente cuál versión tiene del gen Z no incrementa nuestra probabilidad de predecir si va a deprimirse. La versión X incrementa el riesgo de depresión sólo cuando va acompañada de un historial de agentes estresantes reiterados. Asombrosamente, lo mismo se ha demostrado en estudios con algunas especies de primates no humanos, que portan un estrecho equivalente de ese gen Z. No es el gen lo que lo causa. Es que el gen interactúa con determinado entorno. De forma más específica, un gen que nos hace vulnerables en un entorno estresante.

Perfiles de los glucocorticoides una vez que la depresión se ha establecido

Los niveles de glucocorticoides suelen ser anormales en las personas que están clínicamente deprimidas. Una subclase de depresión poco frecuente, llamada «depresión atípica», está dominada por los rasgos psicomotrices de la enfermedad: incapacitación física y agotamiento psicológico. Al igual que en el caso del síndrome del cansancio crónico, la depresión atípica se caracteriza por unos niveles de glucocorticoides inferiores a lo normal*. Sin embargo, el rasgo más común de la depresión es el de la respuesta de estrés hiperactiva —en cierto modo, un sistema nervioso simpático demasiado activo y grandes niveles de glucocorticoides—. Esto añade a la imagen de las personas deprimidas, sentadas en el borde de la cama sin energía para levantarse, que en realidad están vigilantes y despiertas, con un perfil hormonal en correspondencia —pero la procesión va por dentro.

La investigación de los últimos cuarenta años ha explorado por qué, en un nivel básico, el nivel de glucocorticoides suele ser elevado en la depresión. Parece deberse a una excesiva señal de estrés procedente del cerebro (recuerde el lector lo dicho en el capítulo 2, que las glándulas suprarrenales segregan glucocorticoides sólo cuando se lo ordena el cerebro, a través de la pituitaria), y no a que las suprarrenales estén tomando algunos glucocorticoides depresivos por su cuenta propia. Además, la secreción excesiva de glucocorticoides se debe a lo que se llama resistencia de retroalimentación; en otras palabras, el cerebro es menos eficaz de lo que debería en cortar la secreción de glucocorticoides. Normalmente, los niveles de esta hormona están fuertemente regulados: el cerebro percibe los niveles de glucocorticoides en circulación, y si suben más de lo deseable (el nivel «deseable» varía en función de que los acontecimientos sean tranquilos o estresantes), el cerebro deja de segregar CRH. Al igual que la regulación del agua en la cisterna de un aseo. En los depresivos, esta regulación de retroalimentación falla —las concentraciones de glucocorticoides en circulación que deberían cerrar el sistema no lo hacen, pues el cerebro no percibe la señal de realimentación[75] *.

---

75. Recuerdo al lector que en la página 349 se hablaba del uso del test de supresión de dexametasona para demostrar que muchos organismos envejecidos tienen dificultades para desactivar la secreción de glucocorticoides. Aquí se emplea el mismo test. Y también le recuerdo que durante el envejecimiento el problema para cortar la secreción de glucocorticoides —la «resistencia a la dexametasona»— tal vez se derive de una lesión de una parte del cerebro que contribuye a poner fin a la respuesta de estrés glucocorticoidea. ¿Se produce un perjuicio similar en la depresión? Como veremos, esto podría ocurrir en algunos depresivos de largo plazo. No obstante, los niveles elevados de glucocorticoides se dan en pacientes depresivos sin evidencia de lesión. Lo más probable es que el estrés sostenido disminuya el número de receptores de glucocorticoides en esa parte del cerebro, haciendo que las neuronas sean menos eficaces en la detección de la hormona en el torrente sanguíneo.

¿Cuáles son las consecuencias de un nivel alto de glucocorticoides antes y durante una depresión?

La pregunta más crítica que hay que responder es, ¿de qué modo un exceso de glucocorticoides incrementa el riesgo de depresión? En un apartado anterior se detalló, en profundidad, la considerable confusión existente sobre si la depresión tiene que ver con la serotonina o la noradrenalina o la dopamina. En la medida en que éste sea el caso, el ángulo de los glucocorticoides encaja bien, puesto que las hormonas pueden alterar algunos rasgos de los tres sistemas neurotransmisores —la cantidad de neurotransmisor sintetizado, la velocidad a la que se descompone, cuántos receptores hay para cada neurotransmisor, con qué grado de eficacia actúan los receptores, etc.—. Asimismo, se ha demostrado que el estrés también es la causa de muchos de los mismos cambios. El estrés sostenido reducirá la dopamina de esas vías de «placer», y la noradrenalina de esa alerta parte del cerebro llamada *locus ceruleus*. Además, el estrés altera toda clase de aspectos relacionados con la síntesis, liberación, eficacia y descomposición de la serotonina. No está claro cuál de esos efectos del estrés es el más importante, sencillamente porque no está claro qué neurotransmisor o neurotransmisores es más importante. Sin embargo, quizá pueda afirmarse con seguridad que, cualesquiera que sean las anormalidades neuroquímicas que resulten ser el fundamento de la depresión, existe el precedente de que el estrés y los glucocorticoides causan esas mismas anormalidades*.

Esos elevados niveles de glucocorticoides parecen tener también otras consecuencias. Tal vez desempeñen un papel, por ejemplo, en el hecho de que los pacientes depresivos a menudo están ligeramente inmunosuprimidos, y son más proclives a la osteoporosis. Además, una depresión severa prolongada hace que el riesgo de enfermedad cardíaca sea de tres a cuatro veces mayor, incluso después de reducir el consumo de tabaco y alcohol, y es probable que el exceso de glucocorticoides también contribuya a esto*.

Y quizá haya más consecuencias. Recordemos el capítulo 10, donde se hablaba de las numerosas formas en que los glucocorticoides pueden dañar al hipocampo. Como esos artículos aparecieron en la década de 1980, de inmediato se sugirió que tal vez habría problemas con el hipocampo de las personas con depresión profunda. Esta especulación se vio reforzada por el hecho de que el tipo de memoria que suele estar más dañada durante la depresión —la memoria declarativa— es mediada por el hipocampo. Como se dijo en el capítulo 10, existe una atrofia del hipocampo en la depresión de largo plazo. Dicha atrofia se produce como consecuencia de la depresión, y cuanto más largo es el historial depresivo, mayores son la atrofia y los problemas de memoria. Aunque nadie ha demostrado de forma explícita aún que la atrofia se produzca sólo en esos depresivos con niveles elevados de glucocorticoides, la atrofia es más común en los subtipos de depresión en los cuales el exceso de glucocorticoides es más habitual. La depresión crónica asimismo ha estado asociada en algunos estudios con un volumen menor del córtex frontal. En principio esto fue enigmático para aquellos de nosotros que vemos el mundo a través de unas gafas teñidas de glucocorticoides, pero hace poco ha sido resuelto. En la rata, el hipocampo es de manera abrumadora el objetivo en el cerebro para la acción de los glucocorticoides, tal como se mide por la densidad de los receptores de la hormona; sin embargo, en el cerebro del primate, el hipocampo y el córtex frontal parecen ser igual y marcadamente sensibles a los glucocorticoides.

De modo que alguna prueba circunstancial bastante razonable sugiere que el exceso de glucocorticoides de la depresión tal vez tenga relación con el volumen disminuido del hipocampo y el córtex frontal**. El capítulo 10 señalaba una serie de cosas nocivas que podían hacer los glucocorticoides a las neuronas. Algunos estudios obsesivamente meticulosos han demostrado pérdidas de células en el córtex frontal acompañando la pérdida de volumen en la depresión —como punto de confusión, son esas células gliales de apoyo más que las neuronas lo que se pierde—. Pero en el hipocampo, nadie tiene aún una pista; podría ser la eliminación o atrofia de neuronas, la inhibición de la creación de nuevas neuronas, o todo lo anterior[76]. Cualquiera que sea la explicación al nivel celular, parece ser permanente; entre años y décadas después de que estas depresiones profundas hayan sido controladas (normalmente con medicación), aún hay pérdida de volumen.

Antiglucocorticoides como antidepresivos

La conexión entre glucocorticoides y depresión tiene algunas implicaciones importantes. La primera vez que toqué ese tema al comienzo del capítulo, pretendía dar alguna

---

76. El capítulo 10 detallaba el revolucionario hallazgo de que el cerebro adulto, en concreto el hipocampo, puede fabricar nuevas neuronas. Asimismo se demostró que el estrés y los glucocorticoides son los más fuertes inhibidores de dicha neurogénesis. El hallazgo también señalaba que todavía no está claro para qué sirven estas nuevas neuronas, aunque no sería demasiado absurdo pensar que las nuevas neuronas del hipocampo podrían tener que ver con la memoria. Así, tampoco parece una locura especular que una inhibición de la neurogénesis del hipocampo antes y durante la depresión podría contribuir a los problemas de memoria que han sido examinados. Esto me parece plausible. Pero además está la idea adicional que circula en este campo de que la inhibición de la neurogénesis también provoca los síntomas emocionales (esto es, la anhedonia y la tristeza que definen a una depresión), y los antidepresivos actúan activando la neurogénesis del hipocampo. Esta teoría ha suscitado mucha atención, y ha habido algunos estudios muy difundidos en apoyo de esto. Sin embargo, ni dichos estudios ni la idea en la que se basan me parecen demasiado convincentes —puedo elaborar una vía que conecte las funciones del hipocampo con los rasgos emocionales de una depresión, pero me parece un camino demasiado retorcido para ser el núcleo de lo que causa esa enfermedad*.

idea de lo que significa una depresión —una persona parece una esponja marina carente de vigor, sentada e inmóvil al borde de la cama, pero en realidad está hirviendo, en medio de una batalla interna—. Tácita en esa descripción estaba la idea de que sufrir una depresión en realidad es inmensamente estresante, y, por tanto, entre otras cosas, estimula la secreción de glucocorticoides. Los datos recién examinados sugieren la situación opuesta: el estrés y el exceso de glucocorticoides pueden ser una causa de depresión en lugar de una mera consecuencia.

Si ése es realmente el caso, entonces una intervención clínica novedosa debería funcionar: escojamos a una de esas personas depresivas con altos niveles de glucocorticoides, hallemos algún fármaco que actúe sobre las glándulas suprarrenales para reducir la secreción de glucocorticoides, y la depresión debería remitir. Lo emocionante del asunto es que esto ha sido demostrado. El enfoque, sin embargo, está lleno de problemas. No queremos disminuir demasiado los niveles de glucocorticoides porque, por lo ya visto en muchísimas páginas de este libro, debería estar claro que esas hormonas son bastante importantes. Además, los «inhibidores de la esteroidogénesis suprarrenal», como se llaman esos fármacos, pueden tener efectos desagradables. Sin embargo, algunos informes fiables han demostrado que tienen efectos antidepresivos en personas con depresiones altas en glucocorticoides*.

Otra versión del mismo enfoque es utilizar un fármaco que bloquee los receptores de glucocorticoides del cerebro. Existen y son relativamente seguros, y ahora hay una razonable evidencia de que también funcionan[77]. Se ha descubier-

---

77. Curiosamente, el mejor receptor de glucocorticoides es un fármaco ya famoso —de lamentable fama para algunos— llamado RU486, la «píldora abortiva». No sólo bloquea en el útero los receptores de la progesterona, otra hormona esteroide, sino que bloquea los receptores de glucocorticoides de forma eficaz.

to que una hormona relativamente desconocida llamada DHEA, que tiene cierta capacidad para bloquear el acceso de glucocorticoides a su receptor, posee asimismo algunas cualidades antidepresivas. Así, estos recientes estudios no sólo nos enseñan algo sobre las bases de la depresión, sino que podrían abrir el camino para toda una nueva generación de medicamentos destinados a combatir la enfermedad.

Algunos investigadores se han basado en estas observaciones para una sugerencia bastante radical. Según esos psiquiatras biológicos interesados en los aspectos hormonales de la depresión, lo que se esboza arriba es la tradicional secreción de glucocorticoides. En ella, las depresiones son estresantes y elevan el nivel de glucocorticoides; cuando alguien es tratado con antidepresivos, la neuroquímica anormal (relacionada con la serotonina, la noradrenalina, etc.) se normaliza, atenuando la depresión y, por cierto, haciendo que la vida se experimente con menos estrés con los niveles de glucocorticoides regresando a lo normal en consecuencia. El nuevo escenario es la extensión lógica de la causalidad invertida de la que también acabamos de hablar. En esta versión, por diversas razones, los niveles de glucocorticoides se elevan en alguien (porque la persona soporta mucho estrés o porque algo relacionado con el control regulador de los glucocorticoides no funciona en ella), causando cambios en la química de la serotonina (o noradrenalina, etc.) y una depresión. En este escenario, los antidepresivos actúan normalizando los niveles de glucocorticoides, por tanto, normalizando la química cerebral y aliviando la depresión.

Para apoyar esta idea, hay que demostrar que el principal mecanismo de acción de las diferentes clases de antidepresivos es actuar sobre el sistema glucocorticoideo, y que los cambios en los niveles de glucocorticoides preceden a los que ocurren en la química del cerebro o a los síntomas depresivos. Algunos investigadores han presentado pruebas de que los antidepresivos actúan alterando rápidamente un gran número de receptores de glucocorticoides del cerebro, modificando el control regulador del sistema y bajando el nivel de glucocorticoides, y que estos cambios preceden a los que se ven en los síntomas tradicionales de la depresión; otros investigadores no han observado esto. Como es habitual, hace falta más investigación. Pero incluso si resulta que, en algunos pacientes, la depresión es impulsada por unos niveles elevados de glucocorticoides (y la recuperación de la depresión por medio de la reducción de esos niveles), ése no puede ser el mecanismo general de la enfermedad en todos los casos: sólo en torno a la mitad de los depresivos realmente tienen un nivel alto de glucocorticoides. En la otra mitad, el sistema glucocorticoideo parece funcionar de manera perfectamente normal. Tal vez esta particular conexión entre estrés y depresión sólo sea importante durante las primeras crisis depresivas de una persona (antes de que el ritmo endógeno se active), o sólo en un subgrupo de individuos.

Ya hemos visto varias formas en las que el estrés y los glucocorticoides se entrelazan con la biología de la depresión. Ese entrelazamiento se hace incluso más estrecho cuando se considera el cuadro psicológico de la enfermedad*.

El estrés y la psicodinámica de la depresión

Tengo que empezar con Freud. Ya sé que está de moda criticar a Freud, y supongo que en parte se lo merece, pero todavía tiene mucho que ofrecer. Pocos científicos me vienen a la memoria que, ochenta años después de haber realizado sus principales contribuciones teóricas, sigan siendo considerados lo suficientemente acertados e importantes como para que cualquiera se tome la molestia de señalar sus errores en vez de relegarlos a los archivos de las bibliotecas.

A Freud le fascinaba la depresión y se centró en el tema con el que hemos empezado: ¿por qué la mayoría de nosotros tiene de vez en cuando experiencias terribles, se deprime y se recupera, y sólo unos cuantos se hunden en una profunda depresión («melancolía»)? En su ensayo clásico *Tristeza y melancolía* (1917), Freud comienza por lo que ambas tienen en común. En su opinión, en ambos casos se produce la pérdida del objeto amado. (En términos freudianos, dicho «objeto» suele ser una persona, pero puede ser también una meta o un ideal.) Según Freud, en toda relación amorosa hay ambivalencia, sentimientos encontrados, elementos de odio y de amor. En el caso de una leve depresión reactiva —la tristeza— se es capaz de enfrentarse a estos sentimientos contradictorios de forma sana: se pierde algo, uno se pone triste y lo supera. En el caso de una depresión melancólica profunda, uno se obsesiona con la ambivalencia, la simultaneidad, la naturaleza irreconciliable de un amor intenso junto a un odio del mismo calibre. Freud postula que la melancolía —la depresión profunda— es el conflicto interno que tal ambivalencia genera*.

Esto comienza a explicar la intensidad de la tristeza que se experimenta en una depresión profunda. Si se está obsesionado por intensos sentimientos contradictorios, se está doblemente triste tras la pérdida: por la pérdida de la persona amada y de toda posibilidad de resolver las dificultades. «Si le hubiera dicho lo que tenía que decirle podríamos haber solucionado las cosas»; se ha perdido para siempre la posibilidad de expiar la ambivalencia. Durante el resto de la vida se estará intentando alcanzar una puerta que dé paso a un amor puro y sin mácula sin conseguir llegar a ella.

Asimismo explica la intensidad del sentimiento de culpa que se suele experimentar en una depresión profunda. Si realmente se siente una ira intensa hacia una persona, al mismo tiempo que se la ama, tras la pérdida una parte de nosotros estará celebrándolo, en tanto que otra se sentirá triste: «Se ha marchado, es terrible, pero…, gracias a Dios, por fin puedo vivir, madurar, se acabó esto o aquello».

De forma inevitable, un instante metafórico después, debe manifestarse la creencia paralizante de que nos hemos convertido en un monstruo horroroso que es capaz de sentir alivio o placer en tales momentos. Culpa incapacitadora.

Esta teoría explica asimismo la extraña tendencia de las personas profundamente deprimidas a adoptar rasgos del objeto amoroso, amado/odiado, que han perdido; y no cualquier rasgo, sino siempre los que le resultaban más irritantes. Desde el punto de vista psicodinámico, es totalmente lógico. Al adoptar un rasgo del oponente amado y perdido, se le es fiel. Al elegir un rasgo irritante, se sigue tratando de convencer al mundo de que se tenía razón al irritarse; ya veis cómo os disgusta cuando lo hago. ¿Os imagináis lo que fue tener que soportarlo durante años? Y al elegir un rasgo que, por encima de todo, a uno le resulta irritante, no sólo trata de ganar puntos en la disputa con el que se ha ido, sino de castigarse por haber discutido.

De la escuela freudiana de pensamiento procede una de las más acertadas descripciones de la depresión: «agresión vuelta hacia dentro». De repente, cobran sentido la pérdida de placer, el retraso psicomotor, los impulsos suicidas, el nivel elevado de las hormonas del estrés y el aumento de la tasa metabólica, características que no son aplicables a quien carece de energía para actuar, sino al estado de un enfermo de depresión, exhausto a causa del conflicto emocional más agotador de su vida, conflicto que se produce exclusivamente en su interior.

Como otros elementos positivos de Freud, estas ideas son empáticas y se ajustan a multitud de rasgos; se sabe que son «correctas» de forma intuitiva. Pero son difíciles de asimilar por la ciencia moderna, sobre todo por la psiquiatría de orientación biológica. Por ejemplo, no hay forma de estudiar la correlación entre la densidad de receptores de noradrenalina y la internalización de la agresión, ni la influencia de la proporción de estrógenos y progesterona en la proporción de amor/odio. La rama de la teoría psicológica de la depresión que encaja más fácilmente en la rama biológica es la que procede de la psicología experimental, cuyo trabajo ha generado un modelo de la depresión extraordinariamente informativo.

Estrés, indefensión aprendida y depresión

Para comprender los estudios experimentales que subyacen a dicho modelo, recordemos que en el capítulo anterior veíamos los rasgos que dominaban en el estrés psicológico: la pérdida de control y la capacidad de predecir en determinados contextos, la ausencia de salidas para la frustración, la pérdida de las fuentes de apoyo y la percepción de que la vida empeora. En una línea de estos experimentos, en la que Martin Seligman y Steven Maier fueron pioneros, se expone a varios animales a cantidades patológicas de agentes estresantes psicológicos*. El resultado es una condición asombrosamente similar a la de la depresión humana.

Aunque los agentes estresantes difieran, el enfoque general de estos estudios siempre hace hincapié en su presentación de forma repetida, con una falta de control total por parte del animal; por ejemplo, se somete a una rata a una larga serie de frecuentes, incontrolables e impredecibles descargas o ruidos, sin que tenga escapatoria.

Al cabo de cierto tiempo, le sucede algo extraordinario, que se pone de manifiesto con una sencilla prueba. Cojamos una rata normal, no estresada, y démosle algo fácil de aprender. La ponemos en una habitación, por ejemplo, con el suelo dividido en dos mitades. De vez en cuando aplicamos electricidad, que produce una ligera descarga, en una de las mitades, y justo antes de que se produzca enviamos una señal que indica que esa parte del suelo va a ser electrificada. Nuestra rata aprende con facilidad esta «tarea de evitación activa», y, en poco tiempo, se traslada con calma al otro lado de la habitación al oír la señal. Muy simple. Excepto en el caso de una rata que haya sido sometida a agentes estresantes repetidos e incontrolables. *Esa rata no aprende la tarea*, no aprende a enfrentarse a ella. Lo que ha aprendido, por el contrario, es a sentirse enferma.

Este fenómeno, denominado «indefensión aprendida» se generaliza, y el animal tiene problemas para enfrentarse a diversas tareas tras ser sometido a agentes estresantes incontrolables. Esta indefensión se extiende a tareas relacionadas con su vida cotidiana, como competir con otro animal por comida o evitar la agresión social. Cabría preguntarse si la indefensión se debe al estrés físico de recibir las descargas o al estrés psicológico de carecer de control o de capacidad de predecirlas; se debe al segundo. La forma más evidente de demostrarlo es poner ratas por parejas; una recibe la descarga en las condiciones marcadas por la capacidad de predecir y por un cierto grado de control; la otra recibe el mismo patrón de descargas, pero sin capacidad de predecirlas ni de controlarlas. Sólo la segunda se vuelve indefensa.

Seligman argumenta, de forma persuasiva, que los animales que padecen indefensión aprendida comparten muchos rasgos psicológicos con los humanos deprimidos. Estos animales tienen un problema de motivación; una de las razones por las que se sienten indefensos es que ni siquiera tratan de enfrentarse a una nueva situación, lo cual es muy similar a lo que hace la persona deprimida, que ni siquiera intenta llevar a cabo la más sencilla de las tareas que podría mejorar su vida. «Estoy demasiado cansado, me supera hacer algo así, de todos modos no va a servir para nada…».

Los animales con indefensión aprendida tienen asimismo un problema cognitivo, hay algo que no funciona en su forma de percibir el mundo y de concebirlo. En las contadas ocasiones en que tratan de enfrentarse a la situación, no saben si ha servido para algo o no. Por ejemplo, si se estrecha la relación entre una respuesta de afrontamiento de la situación y una recompensa, la tasa de respuesta de una rata normal aumenta (es decir, si la respuesta de afrontamiento de la situación funciona, la rata persiste en ella). Por el contrario, asociar una recompensa de forma más estrecha a las escasas respuestas de afrontamiento de la situación de una rata indefensa influye poco en su tasa de respuesta. Seligman cree que no es consecuencia de que el animal indefenso desconozca las reglas de la tarea, sino de que ha aprendido a no molestarse en prestar atención. Lógicamente, la rata tendría que haber aprendido: «Cuando recibo la descarga no hay nada en absoluto que pueda hacer, lo cual es horrible, pero no es el fin del mundo». Pero en lugar de eso, lo que ha aprendido es: «No hay nada que hacer. Nunca». Incluso cuando el control y el dominio están a su disposición, la rata no los percibe. Ésta es una situación muy similar a la del humano deprimido que siempre ve el vaso medio vacío. Como Beck y otros terapeutas cognitivos señalan, buena parte de lo que constituye la depresión se centra en la generalización excesiva de la respuesta a un elemento terrible, lo cual distorsiona desde el punto de vista cognitivo el funcionamiento del mundo.

El paradigma de la indefensión aprendida genera animales con otros rasgos sorprendentemente similares a los de los humanos que sufren una profunda depresión. Hay el equivalente de la anhedonia en la rata; el animal deja de espulgarse y pierde el interés por el sexo y la comida. Su falta de motivación para enfrentarse a la situación indica que experimenta el equivalente animal al retraso psicomotor[78]. En algunos modelos de indefensión aprendida,

---

78. Cabría preguntarse si el fenómeno de la indefensión aprendida es únicamente cuestión de un retraso psicomotor. Quizá la rata se halle tan agotada tras las descargas incontrolables que simplemente carezca de energía para llevar a cabo tareas de evitación activa. Esto cambiaría la consideración de la indefensión aprendida, que pasaría de ser un estado cognitivo («no hay nada

los animales se automutilan mordiéndose. También manifiestan muchos de los síntomas vegetativos: pérdida del sueño y desorganización de su estructura y niveles elevados de glucocorticoides. Más decisivo aún es que ciertas partes del cerebro de estos animales carecen de noradrenalina, en tanto que los fármacos antidepresivos y la terapia electroconvulsiva aceleran su recuperación del estado de indefensión aprendida*.

La indefensión aprendida se ha inducido en roedores, gatos, perros, pájaros, peces, insectos y primates, humanos incluidos. Se necesita increíblemente poco en términos de molestias incontrolables para que los humanos se den por vencidos y se vuelvan indefensos de forma generalizada. En un estudio de Donald Hiroto se sometió a estudiantes voluntarios a ruidos altos que se podían evitar o no (como en todos estos estudios, se emparejaron ambos grupos, de modo que los dos recibían la misma cantidad de ruido). Seguidamente se les dio una tarea de aprendizaje en la que la respuesta correcta desconectaba el ruido alto; el grupo que no podía evitar el ruido fue significativamente menos

---

que hacer») o un estado de anhedonia emocional («nada me produce placer») a un estado de inhibición psicomotora («todo me parece tan agotador que me voy a quedar aquí sentado»). Seligman y Maier ponen serias objeciones a esta interpretación y presentan datos que demuestran que las ratas con indefensión aprendida no sólo son tan activas como las ratas de un grupo de control, sino, lo que es más importante, ejecutan peor «tareas de evitación pasiva», situaciones de aprendizaje en las que la respuesta de afrontamiento de ellas consiste en quedarse quietas en vez de hacer algo (es decir, situaciones en las que un ligero retraso psicomotor es útil). Otra figura fundamental en este campo, Jay Weiss, que es el defensor de la concepción del retraso psicomotor, presenta la misma cantidad de datos que demuestran que las ratas «indefensas» llevan a cabo con normalidad tareas de evitación pasiva, lo que indicaría que la indefensión es un fenómeno motriz, no cognitivo ni emocional. Este debate dura ya varias décadas y, personalmente, no sé cómo conciliar las posturas enfrentadas.

capaz de aprender la tarea. La indefensión se puede generalizar incluso a situaciones de aprendizaje no aversivo. Hiroto y Seligman realizaron un estudio de seguimiento en el que, de nuevo, había ruido controlable e incontrolable. Después, el segundo grupo fue menos capaz de resolver rompecabezas de palabras sencillas. El hecho de darse por vencido también puede ser inducido por agentes estresantes más sutiles que ruidos altos e incontrolables. En otro estudio, Hiroto y Seligman pusieron a voluntarios la tarea de elegir una carta de determinado color siguiendo unas reglas que tenían que adivinar mientras lo hacían. En uno de los grupos, las reglas se podían aprender; en el otro, no (el color de la carta se debía al azar). A continuación, el segundo grupo fue menos capaz de enfrentarse a una tarea sencilla y de fácil solución. Seligman y sus colaboradores han demostrado asimismo que las tareas irresolubles provocan indefensión posterior a la hora de enfrentarse a situaciones sociales.

Por tanto, se pueden provocar en los humanos estados transitorios de indefensión aprendida con sorprendente facilidad. Naturalmente, hay una tremenda variación individual en la rapidez con la que ocurre; unas personas son más vulnerables que otras. En el experimento con ruido inevitable, Hiroto pasó previamente a los estudiantes una prueba de personalidad. Basándose en ella, distinguió a los estudiantes que llegaban al experimento con un «*locus* de control internalizado» —la creencia de que eran dueños de su destino y controlaban en gran medida sus vidas— de los voluntarios con un «*locus* de control externalizado», que tendían a atribuir los resultados a la suerte y el azar*. Ante un agente estresante incontrolable, estos estudiantes eran mucho más vulnerables a la indefensión aprendida. Transfiriendo esto al mundo real, con los mismos agentes estresantes externos, cuanto más *locus* de control internalizado tiene alguien, menor es su probabilidad de caer en una depresión.

En conjunto, estos estudios me parecen extremadamente importantes para establecer vínculos entre el estrés, la personalidad y la depresión. Nuestra vida se halla repleta de incidencias ante las que nos sentimos irracionalmente indefensos. Algunas son estúpidas e intrascendentes. Una vez, en el campamento africano que compartía con Laurence Frank, el zoólogo de las hienas del capítulo 7, preparamos macarrones con queso en el fuego y aquello resultó un desastre. Al observar el plato, admitimos con pesar que hubiera sido muy útil molestarse en leer las instrucciones del paquete. Pero ninguno de los dos lo había hecho; en realidad, intentar descifrarlas nos producía un miedo indefinido. Frank resumió la situación afirmando: «Tenemos que aceptarlo. Padecemos indefensión culinaria aprendida».

Pero la vida se halla llena de ejemplos más significativos. Si un profesor en un momento crítico de nuestra educación, o una persona amada en un momento decisivo de nuestro desarrollo emocional, nos somete con frecuencia a los agentes estresantes incontrolables que le son propios, es probable que crezcamos con la distorsionada creencia de que somos incapaces de aprender o de que no tenemos posibilidades de ser amados. En una espeluznante demostración de esto, varios psicólogos estudiaron a niños en edad escolar con graves problemas de lectura. ¿Eran incapaces, desde el punto de vista intelectual, de leer? Aparentemente, no. Los psicólogos lograron vencer su resistencia a aprender a leer enseñándoles los caracteres chinos. En cuestión de horas fueron capaces de leer frases simbólicas más complejas que las que leían en inglés. A estos niños se les había enseñado muy bien que la lectura en inglés se hallaba más allá de su capacidad*.

Una depresión profunda, según indican estos hallazgos, puede ser el resultado de lecciones muy duras sobre la imposibilidad de controlar las cosas en aquellas personas que son vulnerables, lo cual podría explicar una serie de hallazgos consignados en la literatura médica sobre la depresión; la muerte de un progenitor al comienzo de la vida, el divorcio de los padres o ser víctima de unos progenitores abusivos predispone a la depresión años después*. ¿Qué lección más dura puede haber que darse cuenta de que suceden cosas terribles que se hallan más allá de nuestro control, a una edad en que se están formando las primeras impresiones sobre la naturaleza del mundo? En refuerzo de esta idea, Paul Plotsky y Charles Nemeroff, de la Universidad de Emory, han demostrado que las ratas o los monos expuestos a agentes estresantes a temprana edad tienen un nivel mayor de CRH en el cerebro durante el resto de sus vidas.

«Según nuestro modelo», escribe Seligman, «la depresión no es pesimismo generalizado, sino pesimismo específico con respecto a los efectos de las propias acciones expertas». Sometidos a un grado de estrés suficientemente incontrolable, aprendemos a sentirnos indefensos, carecemos de la motivación de intentar vivir porque asumimos lo peor; nos falta claridad cognitiva para percibir cuándo las cosas van realmente bien y experimentamos una dolorosa carencia de placer en todo[79].

---

79. Antes de abandonar el tema de la indefensión aprendida, debo reconocer que estos experimentos con animales son brutales. ¿No hay alternativa? Por desgracia, creo que no. Se puede estudiar el cáncer en una placa de Petri: cultivar un tumor y ver si algún fármaco hace que crezca de forma más lenta y si varía su grado de toxicidad; asimismo se puede experimentar con la formación de placas de ateroma: cultivar células de los vasos sanguíneos y comprobar si un fármaco elimina el colesterol y en qué dosis. Pero no se puede imitar la depresión en una placa de Petri o en un ordenador. Millones de personas sucumben a esta pesadilla, los tratamientos no son buenos y el modelo animal sigue siendo el mejor método para intentar mejorarlos. Si se pertenece a la escuela que defiende que la investigación con animales, a pesar de ser triste, es aceptable, el objetivo es hacer buena ciencia con el menor número posible de animales y con el mínimo sufrimiento.

La búsqueda de una integración

Los enfoques psicológicos de la depresión nos proporcionan algunas ideas sobre la naturaleza de esta enfermedad. Según una de las escuelas, se trata de un estado provocado por una sobreexposición patológica a estrés psicológico, sobre todo a la pérdida de control y de salidas para la frustración. Según otra concepción psicológica, la freudiana, se trata de una batalla internalizada de ambivalencias, de una agresión vuelta hacia dentro. Estas concepciones contrastan con las biológicas, para las que la depresión es un trastorno producido por un nivel anormal de neurotransmisores, una comunicación anómala entre diversas partes del cerebro y una proporción hormonal anormal. Son formas muy distintas de ver el mundo, lo que hace que los investigadores y médicos de orientaciones distintas no suelan tener nada que decirse acerca de su interés mutuo por la depresión. A veces parece como si hablaran lenguas radicalmente distintas: ambivalencia psicodinámica frente a autorreceptores de neurotransmisores o exceso de generalización cognitiva frente a variantes alélicas de genes.

El punto principal de este capítulo es que el estrés es el tema unificador que reúne estos hilos dispares de la biología y la psicología. Ya hemos visto algunos importantes vínculos entre el estrés y la depresión: el estrés psicológico extremo puede causar en un animal de laboratorio algo bastante próximo a la depresión. Además, el estrés es un factor que predispone a la depresión también en los humanos, y provoca algunos de los típicos cambios endocrinos de la enfermedad. Aún más, los genes que predisponen a la depresión sólo lo hacen en un ambiente estresante. Estrechando más el vínculo, los glucocorticoides, como hormona central de la respuesta de estrés, pueden provocar estados de carácter depresivo en un animal, y causar depresión en humanos. Y, por último, tanto el estrés como los glucocorticoides pueden provocar cambios neuroquímicos que han estado implicados en la depresión.

Con estos datos a la vista, las piezas empiezan a encajar. El estrés, sobre todo en situaciones extremas de falta de control y salidas, ocasiona una serie de deletéreos cambios en una persona. Desde el punto de vista cognitivo, esto implica la deformante creencia de que no hay control o salidas bajo ninguna circunstancia en la indefensión aprendida. A nivel afectivo, hay anhedonia; en el aspecto de la conducta, un retraso psicomotor. A nivel neuroquímico, tal vez se den alteraciones en las señales de serotonina, noradrenalina y dopamina —como se verá en el capítulo 16, el estrés prolongado puede agotar la dopamina en las vías de placer.

Psicológicamente, entre otras cosas, hay alteraciones en el apetito, las pautas de sueño y la sensibilidad del sistema glucocorticoide a la regulación de la realimentación. A esta serie de cambios la llamamos, de forma colectiva, una depresión profunda.

Esto es fantástico. Creo que tenemos entre manos una enfermedad relacionada con el estrés. Pero algunas preguntas críticas siguen sin ser contestadas. Una se refiere a por qué después de tres o más ataques de depresión profunda la conexión entre estrés y depresión desaparece. Éste es el problema de episodios depresivos que asumen un ritmo interno propio, independiente de si el mundo exterior realmente nos presiona con agentes estresantes. ¿Por qué se produce semejante transición? En la actualidad, hay muchas teorías pero muy poco en forma de datos reales.

Así pues, la pregunta fundamental permanece: ¿por qué sólo unos pocos de nosotros nos deprimimos? Una respuesta obvia es porque algunos estamos expuestos a muchos más agentes estresantes que los demás. Pero además de eso está el factor de los antecedentes biográficos: si se nos expone a temprana edad a ciertos agentes estresantes desagradables, siempre seremos más vulnerables a cualquier agente estresante posterior de nuestra vida. Ésta es la esencia de la carga alostática, de desgaste, donde la exposición a un estrés severo produce rentas de vulnerabilidad.

Así que el diverso grado de incidencia de la depresión se puede explicar por las diferencias existentes en la cantidad de estrés, y/o en los historiales de estrés. Pero incluso con los mismos agentes estresantes y el mismo historial de estrés, unos somos más vulnerables que otros. ¿Por qué algunos sucumben más fácilmente?

Para empezar a hallarle a esto un sentido, tenemos que invertir la pregunta y plantearla de una forma más pesimista frente al hecho de vivir. ¿Cómo es posible que consigamos *no caer* en una depresión? Considerando las cosas en su conjunto, éste puede ser un mundo desagradable, y a veces debe de parecer milagroso que alguno de nosotros resista a la desesperación.

La respuesta es que nos hemos creado en nuestro interior un sistema de recuperación de los efectos del estrés que provoca depresión. Como hemos visto, el estrés y los glucocorticoides pueden generar muchas de las alteraciones en los sistemas neurotransmisores que han estado implicados en la depresión. Uno de los nexos mejor documentados es que el estrés reduce la noradrenalina. Nadie sabe con certeza por qué se produce esta disminución, aunque es posible que tenga relación con el hecho de que la noradrenalina se consuma más rápidamente de lo habitual.

No sólo el estrés reduce la noradrenalina, sino que de forma simultánea inicia la síntesis gradual de *más* noradrenalina. Al mismo tiempo que el contenido de noradrenalina cae en picado poco después de la aparición del estrés, el cerebro empieza a fabricar más cantidad de la enzima clave tirosina hidroxilasa, que sintetiza noradrenalina. Tanto los glucocorticoides como, indirectamente, el sistema nervioso autónomo desempeñan un papel en inducir la nueva tirosina hidroxilasa*. El punto principal es que, en la mayoría de nosotros, el estrés puede causar una reducción de la noradrenalina, pero sólo de forma transitoria.

Estamos a punto de ver que hay mecanismos semejantes relacionados con la serotonina. Así, mientras que los agentes estresantes cotidianos provocan algunos de los cambios neuroquímicos vinculados a la depresión junto a algunos de los síntomas —nos sentimos melancólicos— al mismo tiempo, ya estamos sentando las bases de los mecanismos de la recuperación. Lo superamos, dejamos las cosas atrás, vemos las cosas en perspectiva, seguimos con nuestras vidas... nos curamos y nos recuperamos.

De modo que, dados los mismos agentes estresantes y las mismas historias de estrés, ¿por qué sólo algunos de nosotros nos deprimimos? Hay una creciente evidencia de una respuesta razonable, según la cual la biología de la vulnerabilidad a la depresión es que no nos recuperamos muy bien de los agentes estresantes. Volvemos a ese hallazgo de las diferentes versiones del «gen Z», donde una versión aumenta nuestro riesgo de depresión, pero sólo cuando la acompaña un historial de agentes estresantes importantes. El gen resulta ser un código de una proteína llamada transportadora de serotonina (también conocida como 5-HTT, ya que la abreviatura química de la serotonina es «5-HT»). En otras palabras, la bomba que causa la recaptación de serotonina desde la sinapsis, cuyas acciones son inhibidas por drogas como el Prozac, que son ISRS —inhibidores selectivos de la recaptación de serotonina—. Ajá. Un montón de piezas están aquí a punto de encajar. Las diferentes versiones alélicas del gen 5-HTT difieren en su distinta capacidad para eliminar serotonina de la sinapsis. ¿Y aquí dónde encaja el estrés? Los glucocorticoides ayudan a regular la cantidad de 5-HTT que se crea desde el gen, pero no todos tienen la misma capacidad para hacer bien eso, dependiendo de qué versión alélica del gen 5-HTT tengamos. Esto nos permite elaborar un modelo de trabajo del riesgo de depresión. Es uno simplista, y una versión más realista debería incorporar la probabilidad de un mayor número de ejemplos de interacciones entre genes y agentes estresantes que simplemente esta historia de estrés/glucocorticoides/5-HTT[80]. Sin embargo, tal vez lo que ocurre es algo así: aparece un importante agente estresante y produce algunos de los cambios neuroquímicos de la depresión. Cuanto más importante sea nuestro historial de estrés, sobre todo al comienzo de la vida, menos tarda un agente estresante en producir esos cambios neuroquímicos. Pero la misma señal de estrés, es decir los glucocorticoides, altera la síntesis de noradrenalina, el tráfico de serotonina, y así sucesivamente, poniéndonos en camino de la recuperación. A no ser que debido a nuestra constitución genética esos pasos de recuperación no funcionen muy bien*.

Ésta es la esencia de la interacción entre la biología y la experiencia. Según sugieren los estudios, si experimentamos un agente estresante lo bastante grave, prácticamente todos nosotros caeremos en la desesperación. Ningún mecanismo de recuperación neuroquímica puede mantener nuestro equilibrio frente a algunas de las pesadillas que la vida puede producir. Y a la inversa, si tenemos una vida lo bastante libre de estrés, e incluso con una predisposición genética, tal vez estemos a salvo —un coche cuyos frenos están averiados no ofrece peligro si nunca lo conducen—. Pero entre estos dos extremos, está la interacción entre las experiencias ambiguas que la vida nos presenta y la biología de nuestras vulnerabilidades y resistencias que determina cuál de nosotros será presa de esta desagradable enfermedad.

---

80. Por ejemplo, probablemente haya una historia equivalente respecto del estrés, los glucocorticoides, y la genética de la tirosina hidroxilasa.

CAPÍTULO 15

LA PERSONALIDAD, EL TEMPERAMENTO Y EL ESTRÉS

El tema principal del capítulo 13 era que los factores psicológicos pueden modular las respuestas de estrés. Si en una situación dada uno percibe que tiene salidas expresivas, control e información predictiva, por ejemplo, es menos probable que experimente una respuesta de estrés. Lo que este capítulo explora es el hecho de que las personas suelen diferir en el modo en que modulan sus respuestas de estrés con las variables psicológicas. Nuestro carácter, temperamento y personalidad tienen mucho que ver con el hecho de que percibamos de forma habitual oportunidades para el control o señales de seguridad cuando aparecen, si de modo sistemático interpretamos las circunstancias ambiguas como buenas o malas noticias, si solemos buscar apoyo social y nos beneficiamos de él. A algunas personas se les da bien modular el estrés de estas maneras y otras son desastrosas. Estas últimas entran en la categoría más amplia de lo que Richard Davidson ha llamado «estilo afectivo». Y esto resulta ser un factor muy importante para entender por qué algunas personas son más proclives que otras a las enfermedades relacionadas con el estrés.

Comenzamos con un estudio comparativo. Consideremos a Gary. Está en la flor de la vida y es, en opinión de la mayoría, un triunfador. Ha logrado hacerse con una buena posición material, y nunca ha sabido lo que es pasar hambre. Asimismo ha tenido más compañeras sexuales de las que le corresponderían. Y se ha manejado extremadamente bien en el mundo jerárquico que domina la mayor parte de sus horas de vigilia. Es bueno en lo que hace, y lo que hace es competir: ya es Número 2 y le pisa los talones al Número 1, quien se ha dormido un poco en los laureles. Las cosas van bien y con perspectiva de mejorar.

Pero no se puede decir que Gary esté satisfecho. En realidad, no lo ha estado nunca. Para él todo es una lucha. La mera aparición de un rival dispara en él un tenso estado de agitación, y considera cada interacción con un competidor potencial como una descarada provocación personal. Ve prácticamente cada interacción con una vigilancia recelosa. Como es lógico, Gary no tiene amigos con los que hablar. Sus subordinados lo evitan, temerosos debido a su tendencia a desahogar en ellos cualquier frustración. Se comporta igual con Kathleen, y apenas conoce a su hija Caitland —ésta es la clase de individuo que se queda totalmente indiferente ante el más mono de los niños—. Y cuando ve todo lo que ha alcanzado, sólo puede pensar que todavía no es el Número 1.

El perfil de Gary tiene sus correlativos fisiológicos. Elevados niveles basales de glucocorticoides: una constante respuesta de estrés de grado bajo porque para él la vida es un gran agente estresante. Un sistema inmune que no le desearias ni a tu peor enemigo. Elevada presión sanguínea en reposo, una insana proporción entre colesterol «bueno» y «malo», y ya las primeras fases de una aterosclerosis grave. Y si miramos un poco al futuro, una muerte prematura a finales de la mediana edad.

Comparemos eso con Kenneth. Él también está en la flor de la vida y es el Número 2 dentro de su mundo, pero llegó ahí por un camino distinto, uno que refleja la diferente actitud vital que ha tenido desde que era un niño. Alguien cáustico o perverso podría despreciarle como si fuese un simple político, pero básicamente es un buen tipo —trabaja bien con otros, acude en su ayuda, y ellos a su vez en la suya—. Creador de consensos, jugador en equipo, y si alguna vez está frustrado por algo, y no se siente tan seguro como suele estarlo, desde luego no lo paga con los que tiene a su alrededor.

Hace unos años, Kenneth estaba preparado para pasar al puesto Número 1, pero hizo algo extraordinario: dejó atrás todo eso. Los tiempos eran lo bastante buenos como para no ir a morirse de hambre, y había llegado a la comprensión de que en la vida hay cosas más importantes que luchar para trepar en la jerarquía. Así que ahora pasa el tiempo con sus hijos, Sam y Allan, asegurándose de que crezcan seguros y sanos. En la madre de los niños, Barbara, tiene a su mejor amiga, y nunca dedica un pensamiento a aquello a lo que ha vuelto la espalda.

Como no es de extrañar, Kenneth posee un perfil fisiológico bastante diferente del de Gary, básicamente el opuesto en cualquier medida relacionada con el estrés, y disfruta de una robusta buena salud. Está destinado a vivir hasta una avanzada edad, rodeado de sus hijos, sus nietos y Barbara.

Normalmente, con esta clase de perfiles, procuramos proteger la privacidad de los individuos implicados, pero voy a violar esa norma incluyendo retratos de Gary y Kenneth en la siguiente página. Echémosles un vistazo.

¿No es extraordinario? Algunos babuinos son ambiciosos tiburones, evitan las úlceras provocándolas en otros, ven el mundo como si estuviera lleno de charcas medio vacías. Y otros babuinos son lo opuesto en todos los sentidos. Hablemos con cualquiera que sea dueño de una mascota y nos dará ardorosos testimonios de la indeleble personalidad de su periquito, tortuga o conejito. Y normalmente ellos al menos tendrían algo de razón —se han publicado artículos sobre la personalidad animal—. Varios de ellos se referían a ratas de laboratorio. Algunas ratas tienen un agresivo estilo proactivo para enfrentarse a los agentes estresantes —si introducimos un nuevo objeto en la jaula, lo entierran en su lecho—. Estos animales tienen una escasa respuesta de estrés glucocorticoidea. En cambio, hay animales reactivos que responden a una amenaza evitándola. Poseen una

Ilustración 28a. Gary

Ilustración 28b. Kenneth, con cría

respuesta de estrés glucocorticoidea más acentuada. Y luego están los estudios sobre las diferencias de personalidad relacionadas con el estrés en los gansos. Se ha publicado incluso un gran estudio sobre las personalidades de los peces luna (algunos de ellos son tímidos y otros son unos verdaderos relaciones públicas)*. Los animales son enormemente individualistas, y en lo que se refiere a los primates, hay asombrosas diferencias en sus personalidades, temperamentos y formas de conducta. Estas diferencias conllevan diversas consecuencias fisiológicas y riesgos de enfermedad relacionadas con el estrés. Éste no es un estudio sobre qué agentes estresantes externos tienen relación con la salud, sino del efecto que ejerce sobre ella la forma en que un individuo percibe esos agentes estresantes externos y los afronta. La lección que aprendamos de algunos de estos animales puede ser notablemente importante para los humanos.

El estrés y el primate afortunado

Si queremos saber cómo enfrentarnos con éxito a los agentes estresantes cotidianos, resulta extremadamente útil estudiar a una manada de babuinos del Serengueti*. Son animales grandes, inteligentes, muy sociales, que viven muchos años en grupos de cincuenta a ciento cincuenta ejemplares. El Serengueti es un sitio estupendo para vivir, porque los depredadores plantean muy pocos problemas, la tasa de mortalidad de las crías es baja y es fácil acceder a los alimentos. Los babuinos trabajan unas cuatro horas diarias, buscando en el campo y en los árboles frutos, tubérculos y hierbas comestibles. Esto tiene decisivas implicaciones que los convierten en perfectos sujetos de estudio, razón por la cual todos los veranos desde hace dos décadas me escapo de mi laboratorio y me traslado al Serengueti. Si los babuinos sólo dedican cuatro horas al día a llenar sus estómagos, eso les deja otras ocho horas de luz del sol para comportarse mal unos con otros: competir socialmente, formar coaliciones para atacar a otros animales, pegar a los más pequeños si se es un macho grande y se está de mal humor, hacer gestos de burla a espaldas de alguien..., igual que nosotros.

No pretendo ser gracioso. Piense el lector en algunos de los temas del primer capítulo: muy pocos de nosotros tenemos úlcera porque debamos caminar quince kilómetros diarios para conseguir algo que llevarnos a la boca, ni nos sube la tensión porque estemos a punto de liarnos a puñetazos con alguien por el último trago de agua de la charca. Desde el punto de vista ecológico, estamos lo suficientemente protegidos y somos lo bastante privilegiados como para sentirnos estresados sobre todo por problemas sociales y psicológicos. Debido a las condiciones ideales en las que viven en el Serengueti, los babuinos también se pueden permitir el lujo de enfermarse unos a otros con agentes estresantes sociales y psicológicos. Por supuesto, al igual que el nuestro, el suyo es un mundo repleto de alianzas, amistades y parientes que se apoyan entre sí; pero también es una sociedad furiosamente competitiva. Si un babuino del Serengueti es desgraciado, casi siempre se debe a que otro se ha dedicado con energía y durante mucho tiempo a que así sea.

Las diversas maneras en que cada individuo afronta el estrés social parecen ser decisivas. Por tanto, una de las cosas que decidí examinar era si dichas maneras predecían diferencias en la fisiología y las enfermedades relacionadas con el estrés. Observaba a los babuinos, recopilaba detallados datos de su conducta y luego anestesiaba a los animales, en condiciones controladas, con una cerbatana. Cuando estaban inconscientes, podía medir su nivel de glucocorticoides, su capacidad de crear anticuerpos, su perfil de colesterol, etc., en estado basal y en condiciones de estrés[81].

Los casos de Gary y Kenneth ya nos dan una idea de lo diferentes que pueden ser los babuinos. Dos machos de rango semejante pueden diferir de forma radical en la rapidez con que forman alianzas con otros machos, el grado en que cortejan a las hembras, en si juegan o no con las

---

81. El grado de control que hay que llevar a cabo es capaz de desanimar a cualquiera. Hay que encontrar un anestésico que no distorsione el nivel de hormonas que se va a medir. Hay que lanzar el dardo a cada animal a la misma hora del día para controlar las fluctuaciones diarias de los niveles hormonales. Si se quiere obtener una primera muestra de sangre en la que los niveles hormonales reflejen el estado basal, sin estrés, no se puede anestesiar a un animal enfermo o herido, o que se haya peleado o apareado ese día. En algunos de los estudios del colesterol no podía anestesiar a ningún animal que hubiese comido en las doce horas anteriores. Si se trata de medir el nivel hormonal en estado de reposo, no se puede pasar uno toda la mañana poniendo al animal nervioso con intentos repetidos de lanzarle el dardo; sólo se puede disparar una vez y sin que se dé cuenta. Por último, cuando se le ha lanzado el dardo, hay que obtener la primera muestra de sangre lo antes posible, antes de que el nivel hormonal se altere en respuesta al dardo. Como se ve, todo muy relacionado con nuestra educación universitaria.

crías, si están de mal humor después de perder una pelea o se van a pegar a otro más pequeño. Dos de mis estudiantes, Justina Ray y Charles Virgin, y yo analizamos años de datos conductuales para tratar de formalizar los diversos elementos de estilo y personalidad de estos animales. Hallamos algunas correlaciones fascinantes entre los tipos de personalidad y la fisiología.

En los machos dominantes observamos un conjunto de rasgos de conducta asociados con niveles bajos de glucocorticoides en estado de reposo, con independencia del rango. Algunos de estos rasgos se relacionaban con la forma en que los machos competían entre sí. El primero de ellos era si el macho distinguía entre una interacción amenazante y otra neutral con un rival. ¿Cómo se puede descubrir esto en un babuino? Se observa a un macho concreto en dos escenarios diferentes. Primer escenario: aparece su peor rival, se sienta a su lado y le hace un gesto amenazador. ¿Qué hace entonces nuestro babuino? Otra posibilidad: nuestro amigo se halla sentado, aparece su peor rival y..., pasa de largo y se va a dormir al campo siguiente. ¿Qué hace nuestro amigo en esa situación?

Algunos machos pueden distinguir entre ambas situaciones. Si se les amenaza a corta distancia, se inquietan, se ponen en estado de alerta, dispuestos a atacar; si su rival se va a dormir la siesta, siguen con lo que hacían. Saben que la primera situación es negativa y que la otra carece de significado. Pero algunos machos se inquietan cuando su rival está durmiendo al otro lado del campo, situación que se produce cinco veces al día como mínimo. Si un babuino macho no sabe distinguir entre las dos situaciones, su nivel de glucocorticoides en estado de reposo es el doble de elevado que el del macho que sí sabe la diferencia, después de corregir la variable del rango. El macho que se inquieta al ver a un rival que se echa la siesta en medio del campo está en un constante estado de estrés, por lo que no es de extrañar que su nivel de glucocorticoides sea elevado. Estos babuinos estresados son semejantes a los monos macacos hiperreactivos que ha estudiado Jay Kaplan. Como recordará el lector del capítulo 3, se trata de individuos que responden a cada provocación social con una activación excesiva de su respuesta de estrés (el sistema nervioso simpático) y tienen un mayor riesgo cardiovascular.

Siguiente variable: si la situación es realmente inquietante (el rival está a un paso de distancia y hace gestos amenazantes), ¿qué hace nuestro macho: sentarse en actitud pasiva y esperar que se produzca la pelea o tomar las riendas de la situación y golpear primero? Los machos que se quedan sentados de forma pasiva y renuncian a controlar la situación poseen unos niveles de glucocorticoides mucho más altos que los que embisten primero, después de eliminar el rango como factor de análisis. Vemos que el mismo patrón se da tanto en los ejemplares de rango bajo como en los machos de rango superior.

Una tercera variable: tras una pelea, ¿sabe el babuino si ha ganado o perdido? Algunos lo saben muy bien; ganan una pelea y se van a espulgar a su mejor amiga; la pierden y se van a golpear a otro más pequeño. Otros babuinos reaccionan de la misma forma al margen del resultado; no saben si su vida mejora o empeora. El babuino que no distingue entre ganar y perder una pelea tiene un nivel de glucocorticoides mucho más alto que el que sí sabe la diferencia, al margen del rango.

Última variable: si un macho pierde una pelea, ¿qué hace a continuación? ¿Se pone de mal humor él solo, espulga a otro babuino o le da una paliza? Por desgracia, los que pegan a otros —exhibiendo así una agresión desplazada— poseen niveles inferiores de glucocorticoides, asimismo después de eliminar el rango como variable. Esto es cierto tanto para los babuinos subordinados como para los de rango superior.

De este modo, tras eliminar el factor del rango, se hallan unos niveles basales de glucocorticoides inferiores en los machos que saben distinguir entre las interacciones amenazantes y las neutrales; que toman la iniciativa si la situación es claramente amenazadora; que saben si han ganado o perdido; y, en este último caso, que buscan un chivo expiatorio. Esto se asemeja a algunos temas del capítulo sobre el estrés psicológico. Los machos que lo afrontaban mejor (al menos según esta medida endocrina) poseían un alto grado de control social (iniciaban las peleas); capacidad de previsión (percibían claramente si una situación era amenazante, si un resultado era positivo), y salidas para la frustración (una tendencia a provocar úlceras en vez de tenerlas). Notablemente, este estilo se mantiene estable a lo largo de las vidas de estos individuos y conlleva una gran recompensa —los machos con este conjunto de rasgos bajos en glucocorticoides se mantienen en un rango bastante superior a la media.

Nuestros estudios posteriores han demostrado la existencia de otro conjunto de rasgos que también predicen niveles bajos de glucocorticoides, pero que no guardan relación alguna con la forma de competir de los machos, sino con patrones de afiliación social. Los machos que dedican más tiempo a espulgar a las hembras sin estar en celo (sin un inmediato interés sexual, sólo como buenos amigos platónicos), que son espulgados por ellas con más frecuencia y que pasan la mayor parte del tiempo jugando con las crías son los que presentan niveles de glucocorticoides más bajos. En términos más sencillos (aunque no antropomórficos), son los babuinos macho más capaces de entablar amistad con otros. Este hallazgo es notablemente similar a los comentados en capítulos anteriores respecto a los efectos protectores de la socialización contra las enfermedades asociadas al estrés en los humanos. Y como se verá en el último capítulo de este libro, este conjunto de rasgos de personalidad también es estable a lo largo del tiempo y asimismo conlleva una distintiva recompensa —el equivalente en un babuino macho de una vejez exitosa.

Así, entre algunos babuinos macho, al menos hay dos vías para acabar con unos elevados niveles basales de glucocorticoides, al margen del rango jerárquico: una incapacidad para mantener la competencia en perspectiva y el aislamiento social. Stephen Suomi, del National Institutes of Health, ha estudiado a los monos rhesus e identificado otro estilo de personalidad que debería parecer familiar, que conlleva algunos correlatos psicológicos. En torno a un 20 por 100 de los rhesus son lo que él llama «alto-reactores». Al igual que los babuinos para quienes un rival que duerme la siesta es una amenaza, estos monos ven desafíos por todas partes. Pero en su caso la respuesta a la amenaza percibida es una timidez exacerbada. Si los llevamos a un entorno desconocido, que para otros monos rhesus sería un lugar estimulante para explorar, reaccionan con temor, liberando glucocorticoides. Los colocamos con nuevos compañeros y se quedan petrificados de ansiedad —tímidos y retraídos, y de nuevo liberando enormes cantidades de glucocorticoides—. Si los separamos de un ser querido, lo más probable es que caigan en una depresión, con su correspondiente exceso de glucocorticoides, hiperactivación del sistema nervioso simpático e inmunosupresión. Éstas parecen ser maneras de enfrentarse al mundo de por vida, que se manifiestan en los primeros años de la infancia.

¿De dónde provienen estas diversas personalidades primates? En lo que se refiere a los babuinos, nunca lo sabré. Los babuinos macho cambian de manada en la pubertad, a menudo llegan a recorrer decenas de kilómetros hasta encontrar un grupo de adultos al que unirse. Es prácticamente imposible seguirles la pista a los mismos individuos desde el nacimiento hasta la edad adulta, así que no tengo ni idea de cómo son sus infancias, si sus madres eran permisivas o rígidas, si se les obligó a tomar lecciones de piano, etc. Pero Suomi ha hecho un magnífico trabajo que indica la presencia de componentes genéticos y ambientales en estas diferencias de personalidad. Por ejemplo, ha demostrado que una cría de mono tiene una oportunidad significativa de compartir un rasgo de personalidad con su padre, pese a la formación de grupos sociales en los cuales el padre no está presente —un indicio seguro de un componente genético, heredable—. En cambio, la personalidad de alta-reactividad de estos monos se puede evitar por completo criando a dichos animales a temprana edad con madres atípicas en el aspecto educativo —un poderoso voto a favor de los factores medioambientales basados en el estilo de maternidad.

En general, estos diversos estudios sugieren dos formas en que la personalidad de un primate podría conducir a una enfermedad asociada al estrés. En la primera hay un desajuste entre la magnitud de los agentes estresantes a los que se enfrentan y la magnitud de su respuesta de estrés —la más neutral de las circunstancias se percibe como una amenaza, exigiendo o bien una respuesta hostil confrontadora (como con algunos de mis babuinos y macacos de Kaplan) o una ansiosa retirada (como en el caso de algunos monos de Suomi)—. En el caso más extremo incluso reaccionan a una situación que sin ninguna duda no constituye un agente estresante (por ejemplo, ganar una pelea) de la misma forma que si fuera una desgracia estresante (perder una). En su segundo estilo de disfunción, el animal no se beneficia de las respuestas de afrontamiento que podrían hacer que un agente estresante fuese más manejable —no mantienen el mínimo control posible en una situación difícil, no hacen uso de salidas eficaces cuando las cosas se ponen feas y les falta apoyo social.

Parecería relativamente sencillo enumerar algunos buenos consejos psicoterapéuticos para estos infelices animales. Pero, en realidad, es inútil. Los babuinos y los macacos se distraen durante las sesiones de terapia, habitualmente tirando los libros de las estanterías, por ejemplo; desconocen los días de la semana y por eso faltan a sus citas de forma constante; se comen las plantas de la sala de espera, etc.

Así pues, sería más provechoso aplicar estas mismas ideas a comprender a ciertos humanos que son proclives a una respuesta de estrés hiperactiva y a un mayor riesgo de enfermedad asociada al estrés.

El reino humano: una señal de aviso

Ya hay unos estudios bastante impresionantes y convincentes que relacionan ciertos tipos de personalidad humana con enfermedades asociadas al estrés. Aun así, quizá lo mejor sea tomarse con un poco de precaución algunos de estos vínculos que, en mi opinión, deberían creerse a medias.

Ya he señalado cierto escepticismo sobre las primeras teorías psicoanalíticas que relacionaban a determinados tipos de personalidad con la colitis (véase capítulo 5). Otro ejemplo se refiere a los abortos. El capítulo 7 examinaba los mecanismos por los cuales el estrés puede causar la interrupción de un embarazo, y no es necesario tener experiencia personal de eso para hacerse una idea del trauma que implica. Por tanto, podemos imaginar la particular agonía que representa para las mujeres que sufren abortos repetidos, y el especial estado de desgracia para aquellas que nunca obtienen una explicación médica del problema —ningún experto tiene un claro indicio de lo que está mal—. Sobre ese asunto han insistido algunos investigadores que intentaron descubrir rasgos de personalidad comunes a mujeres etiquetadas como «abortadoras psicogénicas»*.

Varios investigadores han identificado a un subgrupo de mujeres con reiterados abortos «psicogénicos» (que representan en torno a la mitad de los casos) como «retardadas en su desarrollo psicológico». Se las caracteriza como mujeres emocionalmente inmaduras, muy dependientes de sus maridos, quienes a cierto nivel subconsciente ven la inminente llegada del niño como una amenaza a su propia relación infantil con su esposo. Otro tipo de personalidad, en el extremo opuesto, son las mujeres caracterizadas por ser asertivas e independientes, que realmente no quieren tener un hijo. Así, un tema común en los dos perfiles supuestos es un deseo inconsciente de no tener el hijo —ya sea debido a la competencia por la atención del cónyuge o al deseo de no perder sus estilos de vida independientes.

No obstante, muchos expertos son escépticos sobre los estudios que apoyan dichas caracterizaciones. La primera razón se remonta a una advertencia que mencioné al principio del libro: un diagnóstico de algo «psicogénico» (impotencia, amenorrea, aborto, etc.) normalmente es un diagnóstico por exclusión. En otras palabras, el médico no puede hallar ninguna enfermedad o causa orgánica y, hasta que se descubre una, el trastorno es arrojado al cubo psicogénico. Esto podría significar que, de forma legítima, en gran medida se explique por medio de variables psicológicas, o podría simplemente significar que la hormona, neurotransmisor o anormalidad genética relevante todavía no se ha descubierto. Una vez que se ha descubierto, la enfermedad psicogénica se transforma como por arte de magia en un problema orgánico —«Ah, no era tu personalidad después de todo»—. En el campo del aborto repetido parecen abundar las indagaciones biológicas más recientes —en otras palabras, si tantas abortadoras psicogénicas de la última década ahora tienen una explicación orgánica de su enfermedad, es probable que esa tendencia continúe—. Así que seamos escépticos ante cualquier etiqueta actual «psicogénica».

Otra dificultad es que todos esos estudios son retrospectivos: los investigadores examinan las personalidades de mujeres que ya han tenido abortos repetidos. Un estudio podría así citar el caso de una mujer que ha sufrido tres abortos seguidos, señalando que es emocionalmente introvertida y dependiente de su esposo. Pero debido a la naturaleza del diseño de la investigación, uno no puede decir si estos rasgos son una causa de los abortos o una respuesta a ellos —tres abortos sucesivos bien podrían acarrear un alto precio emocional, tal vez haciendo que la mujer se vuelva introvertida y más dependiente de su esposo—. Para estudiar el fenómeno adecuadamente necesitaríamos analizar los perfiles de personalidad de las mujeres antes de quedarse embarazadas, para ver si estos rasgos predicen quién va a sufrir abortos repetidos. Por lo que yo sé, esta clase de estudio todavía no se ha efectuado.

Finalmente, ninguno de estos estudios proporciona una especulación razonable de cómo determinado tipo de personalidad podría conducir a una tendencia a no llevar los fetos a término. ¿Cuáles son los mecanismos psicológicos mediadores? ¿Qué hormonas y qué funciones orgánicas se alteran? La ausencia de respuestas científicas en ese ámbito me hace sospechar bastante de las declaraciones. Los agentes estresantes psicológicos pueden aumentar el riesgo de una interrupción del embarazo, pero aunque hay precedente en la literatura médica para pensar que cierto tipo de personalidad está asociado a un mayor riesgo de abortos, los científicos todavía están lejos de ponerse de acuerdo sobre qué personalidad está asociada, menos aún si la personalidad es causa o consecuencia de los abortos.

Desórdenes psiquiátricos y respuestas de estrés anormales

Un grupo de trastornos psiquiátricos implica a las personalidades, papeles sociales y temperamentos relacionados con determinadas respuestas de estrés. Hemos visto un ejemplo de esto en el capítulo anterior sobre la depresión —en torno a la mitad de los depresivos poseen niveles de glucocorticoides en reposo que son dramáticamente superiores a los de otras personas, a menudo lo bastante elevados como para causar problemas con el metabolismo o la inmunidad—. O, en algunos casos, los depresivos son incapaces de desactivar la secreción de glucocorticoides, al ser sus cerebros menos sensibles a una señal de cierre.

En el apartado anterior, relativo a algunos primates no humanos con problemas, vimos que existe una discrepancia entre la clase de agentes estresantes a los que están expuestos y sus respuestas de afrontamiento. La indefensión aprendida, que vimos era un apuntalamiento de la depresión, parece ser otro ejemplo de dicha discrepancia. Se produce un desafío, ¿y cuál es la respuesta de un individuo depresivo? «No puedo, es demasiado, para qué molestarse en hacer nada, no va a funcionar de ninguna manera, nada de lo que hago funciona jamás...». El desajuste aquí es que ante los retos estresantes, los depresivos ni siquiera intentan una respuesta de afrontamiento. Otro tipo de discrepancia se ve con personas proclives a la ansiedad.

Trastornos de ansiedad

¿Qué es la ansiedad? Una sensación de inquietud, de malestar, de arenas que se mueven de forma constante y amenazadora bajo nuestros pies —donde la alerta constante es la única esperanza de protegernos de forma eficaz.

Existen trastornos de ansiedad de varios tipos. Por nombrar sólo unos pocos: el trastorno de ansiedad generalizada es justo eso —generalizada—, mientras que las fobias se centran en cosas específicas. En las personas con ataques de pánico, la ansiedad se desborda con una paralizante e hiperventiladora sensación de crisis que provoca una activación masiva del sistema nervioso simpático. En el trastorno obsesivo-compulsivo, la propia ansiedad se oculta ocupándose de interminables rituales tranquilizadores, distractivos. En el trastorno de estrés postraumático, la ansiedad se puede remontar a un trauma determinado.

En ninguno de estos casos la ansiedad tiene que ver con el miedo. El miedo es el estado de alerta y la necesidad de escapar de algo real. La ansiedad tiene que ver con la amenaza y el presagio y el poder de arrastre de nuestra imaginación. De forma muy similar a la depresión, la ansiedad se basa en una distorsión cognitiva. En este caso, las personas proclives a la ansiedad sobreestiman los riesgos y la probabilidad de un resultado negativo*.

A diferencia de los depresivos, la persona proclive a la ansiedad todavía trata de movilizar respuestas de afrontamiento. Pero en su caso con la distorsionada creencia de que los agentes estresantes están por todas partes y son perpetuos, y que la única esperanza de seguridad es una movilización constante de dichas respuestas. La vida no es más que este concreto y agitado presente en el que resolver un problema que algún otro quizá ni siquiera consideraría existente[82].

Desagradable. Y enormemente estresante. No es de extrañar que los trastornos de ansiedad estén asociados con respuestas de estrés crónicamente hiperactivas, y con un mayor riesgo de muchas de las enfermedades que llenan las páginas de este libro (las ratas proclives a la ansiedad, por ejemplo, tienen una esperanza de vida más corta). Sin embargo, el exceso de glucocorticoides no es la respuesta habitual. Es una excesiva activación del simpático, una sobreabundancia de catecolaminas (adrenalina y noradrenalina) en circulación**.

Ya hemos visto algunas diferencias interesantes entre los glucocorticoides y las catecolaminas (adrenalina y noradrenalina). El capítulo 2 subrayaba cómo los primeros nos defienden de los agentes estresantes sacando las armas de fuego de nuestro arsenal en apenas unos segundos, en contraste con los glucocorticoides, que nos defienden fabricando nuevas armas en un espacio de tiempo que puede

---

82. Poniendo énfasis en la naturaleza concreta de la ansiedad, la psicoanalista Anna Aragno ha escrito que «la ansiedad anula el espacio en el que nace el símbolo».

ir de minutos a horas. O puede haber una complicación en este curso temporal, en la cual las catecolaminas medien la respuesta a un agente estresante normal mientras los glucocorticoides median la preparación para el siguiente agente estresante. Cuando esto llega a trastornos psiquiátricos, parece que los aumentos en catecolaminas tienen relación con tratar aún de enfrentarse y el esfuerzo que esto implica, donde la sobreabundancia de glucocorticoides parece más una señal de haberse rendido al intentar enfrentarse. Podemos ver esto en una rata de laboratorio. A las ratas, por ser criaturas nocturnas, no les gustan las luces potentes, les generan ansiedad. Introduzcamos una rata en una jaula cuyos bordes sean oscuros, justo el lugar donde a la rata le gusta agazaparse. Pero la rata está muy hambrienta y hay una suculenta comida en medio de la jaula, bajo una luz brillante. Ansiedad masiva: la rata se dirige hacia la comida, retrocede, una y otra vez, trata frenéticamente de imaginar diversas formas de llegar al alimento que eviten la luz. Esto es ansiedad, un intento desorganizado de afrontar la situación, y esta fase está dominada por las catecolaminas. Si esto continúa durante demasiado tiempo, el animal abandona, simplemente se queda ahí, en el perímetro de sombra. Y eso es la depresión, y está dominada por los glucocorticoides*.

La biología de la ansiedad

El principal sentido de este capítulo es explorar cómo diferentes trastornos psiquiátricos y estilos de personalidad implican un deficiente manejo del estrés, y acabamos de ver cómo la ansiedad satisface los requisitos. Pero merece la pena echar un vistazo a la biología de la enfermedad.

Hay algunas cosas que ponen ansiosos a los mamíferos que son innatas. Las luces brillantes para una rata. Ser lanzado por el aire si eres una criatura terrestre. Tener la respiración obstruida para la mayoría de los animales. Pero la mayoría de las cosas que nos ponen ansiosos son aprendidas. Tal vez porque están asociadas a algún trauma, o porque las hemos generalizado basándonos en su semejanza con algo asociado a un trauma. Los organismos tienen predisposición a aprender algunas de esas asociaciones más fácilmente que otras —los humanos y las arañas, por ejemplo, o los monos y las serpientes—. Pero podemos aprender a estar ansiosos sobre cosas totalmente novedosas —tal como nos apresuramos a cruzar rápidamente un puente colgante, preguntándonos si el tipo de ese camión es de Al-Qaeda.

Ésta es una clase distinta de aprendizaje de la que vimos en el capítulo 10, que se refería al hipocampo y el aprendizaje declarativo. Esto es aprendizaje implícito, donde determinada respuesta autónoma de nuestro cuerpo ha sido condicionada. Así, consideremos a una mujer que ha sufrido un ataque traumático, en el que su cerebro ha quedado condicionado a acelerar su corazón cada vez que ve a un hombre de aspecto similar. El aprendizaje pavloviano: haces sonar la campanilla asociada a la comida, y el cerebro ha aprendido a activar las glándulas salivares; ves determinado tipo de rostro, y el cerebro ha aprendido a activar el sistema nervioso simpático. La memoria condicionada puede ser provocada sin que uno sea consciente de ello. Esa mujer se halla en una fiesta muy concurrida, divirtiéndose, cuando de pronto aparece la ansiedad, empieza a jadear, su corazón se acelera y no tiene idea de por qué. Tarda unos segundos en darse cuenta de que el hombre que está hablando justo detrás de ella tiene un acento exactamente igual al de aquel hombre. El cuerpo responde antes de que haya conciencia de la semejanza*.

Según vimos en el capítulo 10, mientras que el suave estrés transitorio refuerza el aprendizaje declarativo, el estrés prolongado o severo lo altera. Pero en el caso de este aprendizaje preconsciente, implícito, autónomo, cualquier clase de estrés lo refuerza. Por ejemplo, hagamos un fuerte sonido y una rata de laboratorio tendrá una respuesta de sobresalto: en unas milésimas de segundo tensa sus músculos. Si estresamos a la rata de antemano con cualquier clase de agente estresante, la respuesta de sobresalto es exagerada y tiene más probabilidad de convertirse en una respuesta habitual, condicionada. Lo mismo sucede con nosotros.

Como se dijo, esto ocurre fuera del dominio del hipocampo, ese conducto de memoria declarativa, maravillosamente racional, que nos ayuda a recordar el cumpleaños de alguien. En su lugar, la ansiedad y el temor condicionado son la región de una estructura relacionada, la amígdala[83]. Para empezar a entender su función, tenemos que examinar zonas del cerebro que se proyectan a la amígdala, y a las que a su vez ésta se proyecta. Una forma de llegar a la amígdala es a partir de las vías de dolor, lo cual nos retrotrae al capítulo 9 y cómo ahí se produce dolor y luego una interpretación subjetiva de éste. La amígdala tiene que ver con lo último. La estructura también recibe información sensorial. Curiosamente, la amígdala obtiene esa información antes de que ésta llegue a la corteza cerebral y causa la conciencia de la sensación —el corazón de la mujer se acelera antes de que sea incluso consciente del acento del hombre—*. La amígdala obtiene información del sistema nervioso autónomo. ¿Qué significa esto? Supongamos que se está filtrando cierta información ambigua, y nuestra amígdala está «decidiendo» si éste es momento para ponerse ansioso. Si nuestro corazón está desbocado y tenemos un nudo en el estómago, esa entrada de información impulsará a la amígdala a votar por la ansiedad[84]. Y, para

---

83. La amígdala también tiene que ver con la agresividad. Es difícil de entender por qué un organismo se comporta de forma agresiva si no es en el contexto de un estado de ansiedad o miedo.
84. Una emocionante implicación clínica de esto se puede hallar en el reciente trabajo de Larry Cahill y Roger Pitman, de Harvard. Según ellos, si bloqueamos el sistema nervioso simpático en alguien que

completar el cuadro, la amígdala es inmensamente sensible a las señales de glucocorticoides.

Las salidas de información desde la amígdala tienen perfecto sentido, en su mayor parte proyecciones hacia el hipotálamo y otros puestos avanzados relacionados, los cuales inician la cascada de glucocorticoides y activan el sistema nervioso simpático[85]. ¿Y cómo se comunica la amígdala? Utilizando CRH como neurotransmisor.

Algunos de los trabajos más convincentes sobre la ansiedad relacionada con la amígdala provienen de los estudios de visualización cerebral. Pongamos a varias personas en un escáner, proyectemos diversas fotografías, veamos qué partes del cerebro se activan en respuesta a cada una. Si les mostramos un rostro terrorífico, su amígdala se encenderá. Si hacemos que las fotos sean subliminales —las proyectamos durante milésimas de segundo, demasiado poco tiempo para verlas de forma consciente (y demasiado poco para activar el córtex visual)—, la amígdala se encenderá[86].

¿De qué modo se relaciona el funcionamiento de la amígdala con la ansiedad? Las personas con trastornos de ansiedad tienen exageradas respuestas de sobresalto, ven

_____

acabe de sufrir un trauma importante (con un fármaco mencionado en el capítulo 3 llamado betabloqueador), hacemos que disminuya la probabilidad de que la persona desarrolle un trastorno de estrés postraumático. ¿Cuál es la razón? Si disminuimos la señal del simpático que llega a la amígdala, ésta tiene menos probabilidad de decidir que se trata de un acontecimiento que debería provocar una violenta agitación durante el resto de nuestra vida.
85. Por tanto, una amígdala despierta activa el sistema nervioso simpático y, como hemos visto en el párrafo anterior, un sistema nervioso simpático activado aumenta la probabilidad de que se active la amígdala. La ansiedad puede alimentarse a sí misma.
86. Según algunos estudios recientes, que me parecen realmente inquietantes, si nos enseñan la imagen del rostro de una persona de otra raza, nuestra amígdala tiende a iluminarse. Es necesario realizar innumerables estudios viendo qué clase de rostro se muestra y qué clase de persona lo observa. Pero mientras tanto, simplemente pensemos en las implicaciones de ese hallazgo*.

amenazas donde otros no. Demos a las personas una tarea de lectura, donde se proyecten una serie de palabras absurdas y tengan que detectar rápidamente las verdaderas. Todo el mundo tarda un poco más ante una palabra amenazadora, pero las personas con trastornos de ansiedad son algo más lentas*. En coherencia con estos hallazgos, la amígdala de dicha persona muestra la misma hiperreactividad. Una fotografía que sea ligeramente espantosa, que no llegue a activar la amígdala de un sujeto de control, lo hace en una persona ansiosa. Una fotografía espantosa que es proyectada durante un espacio de tiempo demasiado breve para ser siquiera apreciada de forma subliminal por un sujeto de control hace efecto sobre la amígdala de alguien que está ansioso. No es de extrañar que el sistema nervioso simpático se acelere entonces —siempre se están activando alarmas en la amígdala.

¿Por qué la amígdala reacciona de forma diferente en alguien ansioso? Las asombrosas investigaciones efectuadas en los últimos años muestran de qué modo podría funcionar esto. Como vimos en el capítulo 10, los grandes agentes estresantes y los glucocorticoides alteran la función del hipocampo, las sinapsis no son capaces de hacer ese trabajo de potenciación a largo plazo y los procesos dendríticos de las neuronas disminuyen. Curiosamente, el estrés y los glucocorticoides hacen justo lo opuesto en la amígdala —las sinapsis se vuelven más excitables, las neuronas desarrollan más cables de los que conectan a las células entre sí—. Y si por medios artificiales hacemos que la amígdala de una rata se vuelva más excitable, el animal muestra después un trastorno similar a la ansiedad.

Joseph LeDoux, de la Universidad de Nueva York, quien en buena medida puso la amígdala en el primer plano de la actualidad en relación con la ansiedad, ha construido un notable modelo a partir de estos hallazgos**. Supongamos que se produce un gran agente estresante traumático, de suficiente magnitud como para alterar la función del hipocampo mientras que refuerza la función amigdaloide. En algún momento posterior, en una situación semejante, experimentamos un estado de ansiedad, autónomo, de agitación y temor, y no sabemos por qué: esto es porque nunca consolidamos recuerdos del acontecimiento a través de nuestro hipocampo mientras que nuestros caminos autónomos mediados por la amígdala tienen una memoria de elefante. Ésta es una versión de la ansiedad generalizada.

El Tipo A y el papel de la tapicería en la fisiología cardiovascular*

Se han propuesto diversas conexiones entre la personalidad y la enfermedad cardiovascular. Entre éstas, hay una que se ha hecho tan conocida que ha recibido el espaldarazo definitivo; es decir, que mucha gente se ha hecho una idea deformada de ella (normalmente para acabar siendo adscrita al más irritante rasgo de conducta del que uno querría quejarse de otra persona, o de forma indirecta alardear uno mismo). Estoy hablando de ser el «Tipo A».

Dos cardiólogos, Meyer Friedman y Ray Rosenman, a comienzos de la década de 1960 acuñaron el término *Tipo A* para describir un conjunto de rasgos que hallaron en algunos individuos. No describieron estos rasgos en términos relacionados con el estrés (por ejemplo, definiendo a la gente del Tipo A como aquellos que responden a las situaciones neutrales o ambiguas como si fueran estresantes), aunque intentaré hacer esa reformulación más adelante. En su lugar, caracterizaban a las personas del Tipo A como enormemente competitivas, autoexigentes, presionadas por el tiempo, impacientes y hostiles. Los individuos con ese perfil, según ellos, tenían un mayor riesgo de enfermedad cardiovascular.

Esto se recibió con enorme escepticismo dentro del campo científico. Si eres un cardiólogo de la década de 1950, piensas en las válvulas del corazón y los lípidos en circulación, no en el modo en que alguien soporta una cola muy lenta en el supermercado. Así pues, había una tendencia inicial entre muchos especialistas del campo a ver el nexo entre la conducta y la enfermedad como el reverso de lo que Friedman y Rosenman proponían —contraer una enfermedad cardíaca podría hacer que algunas personas actuasen de una forma más parecida a la del Tipo A—. Pero Friedman y Rosenman efectuaron estudios prospectivos que demostraron que la condición de Tipo A precedía a la enfermedad cardíaca. Este hallazgo causó sensación y, en la década de 1980, algunos de los mayores peces gordos de la cardiología se reunieron, examinaron las pruebas y concluyeron que ser del Tipo A conlleva al menos tanto riesgo cardíaco como fumar o tener altos niveles de colesterol.

Todo el mundo estaba encantado, y el «Tipo A» entró en el habla común. El problema fue que poco después ninguno de los meticulosos estudios que se llevaron a cabo logró replicar los resultados básicos de Friedman y Rosenman. De pronto, el Tipo A no parecía bueno después de todo. Entonces, para colmo de males, dos estudios demostraron que si se tenía una enfermedad cardíaca coronaria, ser del Tipo A estaba asociado a mejores tasas de supervivencia (en las notas al final del libro comento algunas formas sutiles de explicar este hallazgo).

A finales de la década de 1980, el concepto de Tipo A sufrió varias modificaciones importantes. Una era el reconocimiento de que los factores de personalidad son más pronosticadores de enfermedad cardíaca cuando se considera a las personas que sufren su primer infarto a una edad temprana —en años posteriores, la incidencia de un primer ataque cardíaco tiene más que ver con las grasas y el tabaco—. Además, el trabajo de Redford Williams, de la Universidad Duke, convenció a la mayoría de los expertos de este campo de que el factor clave en la lista de síntomas de Tipo A es la agresividad. Por ejemplo, cuando los científicos volvieron a analizar algunos de los primeros estudios acerca del Tipo A y dividieron el conjunto de rasgos en características individuales, la agresividad destacó como único pronosticador importante de enfermedad cardíaca. El mismo resultado se halló en estudios de médicos de mediana edad que habían realizado tests de personalidad veinticinco años antes como ejercicio en la escuela médica. Y lo mismo se encontró cuando se examinó a abogados norteamericanos, gemelos finlandeses, empleados de la Western Electric: una diversa gama de grupos sociales. Otro ejemplo de esto es que existe una correlación entre cuán agresivas son las personas en diez ciudades estadounidenses y las tasas de mortalidad debidas a enfermedad cardíaca[87]. Estos diversos estudios han sugerido que un alto grado de agresividad predice enfermedad cardíaca coronaria, aterosclerosis, apoplejía hemorrágica y tasas más altas de mortalidad con estas enfermedades. Muchos de estos estudios, además, controlaban importantes variables como la edad, el peso, la presión sanguínea, los niveles de colesterol y el tabaquismo. Así, es improbable que la conexión hostilidad-enfermedad cardíaca pudiera deberse a algún otro factor (por ejemplo, que las personas agresivas es más probable que fumen, y la enfermedad cardíaca se deriva del tabaquismo, no la agresividad). Estudios más recientes han demostrado que la hostilidad está asociada con un significativo incremento general en la mortalidad en todas las enfermedades, no sólo las del corazón[88] *.

---

87. Los grados de hostilidad fueron autoevaluados en una encuesta Gallup. ¿Cuál fue la clasificación de las ciudades en términos de hostilidad? De la más alta a la más baja: Filadelfia, Nueva York, Cleveland, Des Moines, Chicago, Detroit, Denver, Minneapolis, Seattle, Honolulú. En general, esto tiene sentido para mí, pero ¿qué ocurre con Des Moines?

88. Tal vez retocando un maravilloso aforismo como «No dejaré que ninguna persona degrade mi alma *o mi salud* haciéndome que la odie».

Friedman y sus colegas se adhirieron a una visión alternativa. Sugirieron que en el núcleo de la hostilidad hay un sentido de «presión del tiempo» —«¿Te puedes creer lo de ese cajero? ¡Qué lento trabaja! Me voy a pasar aquí todo el día. No puedo desperdiciar mi vida en la cola de un banco. ¿Cómo sabía ese chico que yo tenía prisa? Podría matarlo»— y que el núcleo de sentirse presionado por el tiempo es una inseguridad desenfrenada. No hay tiempo para saborear nada de lo que has logrado, menos aún para disfrutar de nada de lo que haya hecho algún otro, porque debes apresurarte para demostrarte a ti mismo una vez más, y tratar de ocultarle al mundo un día más, qué gran impostor eres. Su trabajo sugería que una persistente sensación de inseguridad es, en realidad, un mejor pronosticador de perfiles cardiovasculares que la hostilidad, aunque la suya parece ser una opinión minoritaria dentro de este campo científico.

En la medida en que una actitud hostil tiene relación con nuestro corazón (ya sea como factor primario o como variable subordinada), sigue sin estar claro qué aspectos de la hostilidad son los más negativos. Por ejemplo, el estudio de los abogados sugería que una abierta agresividad y una desconfianza cínica eran decisivas; en otras palabras, una frecuente expresión abierta de la ira que uno siente predice enfermedad cardíaca. En apoyo de esto, estudios experimentales demuestran que la expresión de cólera desatada es un potente estimulante del sistema cardiovascular. En cambio, al volver a analizar los datos originales del Tipo A se vio que un pronosticador particularmente potente de enfermedad cardíaca no eran sólo unos altos grados de hostilidad, sino también la tendencia a no expresarla cuando el sujeto se enfadaba. Esta última idea la apoya un trabajo fascinante realizado por James Gross en la Universidad de Stanford*. Proyectemos a unos voluntarios unas imágenes filmadas que provoquen alguna fuerte emoción. Repugnancia, por ejemplo (la horrible visión de cómo le amputan la pierna a una persona). Se agitarán en sus butacas llenos de malestar y aversión y, como era previsible, mostrarán los indicadores psicológicos de haber activado su sistema nervioso simpático. Ahora, proyectamos las mismas imágenes a otros voluntarios pero, antes, les instruimos para que traten de no expresar sus emociones («de modo que si alguien les observara no tuviese idea de lo que estaban sintiendo»). Hagámosles ver la sangre y las vísceras y, aunque ellos se agarren a los brazos de sus sillas y traten de permanecer estoicos, la activación del simpático se volverá aún mayor. Reprimir la expresión de fuertes emociones parece exagerar la intensidad de la respuesta fisiológica que las acompaña.

¿Por qué una gran hostilidad (de la variante que sea) es mala para nuestro corazón?* Es probable que en parte se deba a factores de riesgo indirectos, pues los individuos hostiles es más probable que fumen, coman mal, beban con exceso. Además, están las variables psicosociales, ya que las personas agresivas carecen de apoyo social porque tienden a ahuyentar a las personas. Pero también hay unas directas consecuencias biológicas de la hostilidad. De forma subjetiva podemos describir a las personas hostiles como aquellas que se excitan y se enfadan por incidentes que el resto de nosotros sólo hallaríamos levemente provocativos, en el peor de los casos. Del mismo modo, sus respuestas de estrés se activan a un gran nivel en circunstancias que no perturbarían a nadie más. Si sometemos a un agente estresante no social a personas hostiles y no hostiles (como resolver unos problemas de matemáticas), no sucede gran cosa; todo el mundo tiene aproximadamente el mismo grado de suave activación cardiovascular. Pero si creamos una situación con una provocación social, las personas hostiles bombean más adrenalina, noradrenalina y glucocorticoides en sus torrentes sanguíneos y acaban con presiones sanguíneas más elevadas y otros muchos rasgos indeseables de sus sistemas cardiovasculares. Se han usado toda clase

Ilustración 29. El Tipo A en acción. La fotografía de la izquierda muestra el patrón de aparcamiento a primera hora de la mañana de un paciente grupo de apoyo para individuos del Tipo A con enfermedad cardíaca —todos posicionados para una rápida huida sin perder un segundo—. A la derecha, el mismo lugar más tarde ese mismo día.

de provocaciones sociales en los estudios: a los sujetos se les pedía que realizaran un test, durante el cual se les interrumpía de manera reiterada; o participaban en un videojuego no sólo amañado para hacer ganar al oponente, sino que además éste se comportaba como un despectivo sabelotodo. En estos y otros casos, las respuestas de estrés cardiovasculares de los no hostiles son relativamente suaves. Pero la presión sanguínea se dispara en las personas hostiles. (¿No es asombroso lo parecidas que son estas personas a los monos hiperreactivos de Jay Kaplan, con sus exageradas respuestas simpáticas a los agentes estresantes y su mayor riesgo de enfermedad cardíaca? ¿O a mis babuinos, los únicos que no pueden diferenciar entre acontecimientos amenazantes y no amenazantes dentro de su mundo? Hay individuos con el carné del Tipo A ahí fuera, con colas.) He aquí de nuevo esta diferencia. Para las personas ansiosas, la vida está llena de amenazantes agentes estresantes que exigen continuas respuestas de afrontamiento. Para el Tipo A, esta clase de respuestas son de una naturaleza particularmente hostil. Esto es probablemente representativo del resto de sus vidas. Si cada día está lleno de provocaciones cardiovasculares a las que cualquier otro responde sin gran problema, la vida lentamente irá minando los corazones de los hostiles. No es de extrañar que se produzca un incrementado riesgo de enfermedad cardíaca.

Una cosa agradable es que ser del Tipo A no es para siempre. Si logramos reducir el componente de hostilidad en las personas del Tipo A por medio de terapia (utilizando algunos de los enfoques que serán esbozados en el capítulo final), reducimos el riesgo de mayor enfermedad cardíaca*. Esto es una gran noticia. He advertido que la mayoría de los profesionales de la salud que tratan a personas del Tipo A intentan reformarlas. Básicamente, muchas personas del Tipo A son molestos granos en el culo para bastantes personas de su entorno. Cuando hablas con alguno de los expertos en el Tipo A, dan a entender que el Tipo A (del cual muchos de ellos reconocen ser perfectos ejemplos) es una suerte de fracaso ético, y que el término es una aceptada forma médica de describir a las personas que simplemente no son agradables con otras. Junto a esto está la tendencia que he detectado en muchos expertos en el Tipo A a ser predicadores laicos, o descendientes del clero. Esa conexión religiosa incluso se colará por la puerta trasera. Una vez hablé con dos autoridades en el campo, uno ateo y el otro agnóstico, y cuando intentaron explicarme cómo tratan de hacer que los sujetos del Tipo A tomen conciencia de su mala conducta, hicieron uso de un sermón religioso[89]. Finalmente le hice a estos dos doctores en medicina

_____

89. Escuché una cinta de este sermón, llamado «De vuelta a la caja», del reverendo John Ortberg. Se refiere a un incidente de su juventud. Su abuela, una mujer piadosa, amable, espléndida cocinera, casualmente también era una experta jugadora de Monopoly enormemente competitiva, y sus visitas veraniegas a la casa de ella estaban sembradas de sus derrotas en este juego. Un año decidió practicar como un loco, afiló su instinto maquiavélico, desarrolló un despiadado estilo asesino, y al final logró darle una tremenda paliza. Tras lo cual, su abuela se levantó y tranquilamente retiró el tablero y las piezas.

una pregunta obvia: ¿se ocupaban de los vasos sanguíneos o de las almas? ¿El trabajo al que se dedicaban tenía que ver con las enfermedades cardíacas o con la ética? Y sin un pestañeo ambos eligieron la ética. Las enfermedades cardíacas eran sólo una cuña para llegar a las cuestiones mayores. Pensé que era maravilloso. Si es necesario convertir nuestros vasos coronarios en el libro de cuentas de nuestros pecados y reducir los lípidos en circulación como un acto de redención para que las personas sean más decentes unas con otras, más poder para ellos.

La decoración de interiores como método científico

Una última pregunta sobre este campo: ¿cómo se descubrió el comportamiento del Tipo A?* Todos sabemos de qué modo los científicos hacen sus descubrimientos. Están los descubrimientos en la bañera (Arquímedes y su teorema sobre el desplazamiento del agua), descubrimientos durante el sueño (Kekulé y su sueño de las partículas de carbono danzando a modo de anillo para formar el benceno), descubrimientos durante una sinfonía (nuestro científico, agotado por el exceso de trabajo, va a un concierto con su esposa; durante una tranquila sección de viento, se produce la súbita caída en cuenta, la ecuación garabateada sobre las notas de programa, el apresurado «Cariño, debo marcharme ahora mismo al laboratorio», y el resto siendo historia). Pero continuamente sucede que otra persona hace el descubrimiento y viene y se lo comunica a los científicos. ¿Y quién es esa persona? Muy a menudo alguien cuyo papel en el proceso podría resumirse por un proverbio imaginario que probablemente nunca acabará bordado en el salvamanteles de nadie: «Si quieres saber si el elefante del zoo tiene dolor de estómago, no le preguntes al veterinario, pregunta al que limpia la jaula». Las personas que limpian la porquería reconocen las circunstancias que modifican la cantidad de porquería existente. De nuevo en la década de 1950 ese hecho hizo que un tipo estuviera a punto de cambiar el curso de la historia médica.

Tuve el privilegio de conocer la historia de primera mano, por el doctor Meyer Friedman*. Fue a mediados de la década de 1950, Friedman y Rosenman desarrollaban su exitosa práctica cardiológica, y se habían encontrado con un problema inesperado. Estaban gastando una fortuna para tener que retapizar las sillas de sus salas de espera. Ésta no es la clase de cuestión que requiera la atención de un cardiólogo. Sin embargo, parecía no acabarse el número de sillas que tenían que ser arregladas. Un día, un nuevo tapicero vino a ver el problema, les echó un vistazo a las sillas y descubrió la relación Tipo A: enfermedad cardíaca. «¿Qué demonios les ocurre a sus pacientes? La gente no desgasta las sillas de esta forma». Se trataba sólo de unos pocos centímetros de la parte delantera del cojín del asiento y de los reposabrazos acolchados que estaban hechos jirones, como si una especie de castores diminutos se pasaran cada noche en la oficina estirando sus cuellos para destrozar la parte delantera de las sillas. Los pacientes en las salas de espera se sentaban habitualmente en los bordes de sus asientos, moviéndose nerviosos, clavando las uñas en los reposabrazos.

El resto debería haber sido historia: acompañamiento de música mientras agarran al tapicero de los brazos y lo sostienen con una penetrante mirada: «Cielo santo, hombre, ¿se da cuenta de lo que acaba de decir?». Apresuradas reuniones entre el tapicero y otros cardiólogos. Frenéticas noches en vela mientras equipos de idealistas y jóvenes tapiceros se diseminan por el país, trayendo el resultado de sus averiguaciones de vuelta al cuartel general de Tapicería/Cardiología: «¡No!, uno no ve ese patrón de desgaste en las sillas de las salas de espera de los urólogos, o los neurólogos, o los oncólogos, o los podólogos, sólo de los cardiólogos. Hay algo distinto en las personas que acaban con enfermedad cardíaca» —y en ese instante se inaugura el campo de la terapia del Tipo A.

Sin embargo, nada de eso ocurrió. El doctor Friedman suspira. Una confesión: «No le presté ninguna atención a ese hombre. Estaba demasiado ocupado; aquello me entró por un oído y me salió por el otro». No fue hasta cuatro o cinco años después cuando una investigación formal del doctor Friedman con sus pacientes empezó a rendir algunos frutos, en cuyo momento resonó el trueno de la memoria: «¡Oh, Dios mío, el tapicero! ¿Recuerdas a ese tipo que insistía en el patrón de desgaste?». Y a día de hoy, nadie recuerda su nombre[90].

Ha habido otro montón de estudios sobre la personalidad, el temperamento y la fisiología relacionada con el estrés.

---

90. Desde la última edición, ha sido necesario poner las formas verbales de esta sección en tiempo pretérito. Friedman, que para mí fue una especie de figura paterna, falleció hace poco a los noventa y un años. Era un hombre a quien, estadísticamente, no le quedaba mucho tiempo, y, sin embargo, de algún modo había vencido a ese tóxico tictac del reloj y tenía todo el tiempo del mundo. Pero no se había convertido en un viejo amargado (hasta el último día siguió viendo a sus pacientes, y dirigiendo un instituto en el UCSF Medical Center). Estaba profundamente comprometido con la idea de que el mundo sería un lugar más decente si se hiciese algo con esos individuos del Tipo A —Friedman era una de las dos personas de las que hablé unos párrafos más arriba (junto con su director médico, Bart Sparagon) que dijeron que su trabajo era la ética—. Era un hombre amable y elegante que había sido un ambicioso y arrollador cabronazo antes de sufrir un infarto a los cincuenta y tantos años. Se ponía de pie frente a un grupo de sus pacientes, despiadados tiburones Tipo A que habían sufrido sus primeros infartos a los cuarenta y dos años, y decía: «Miradme; no me miréis, yo solía ser tan Tipo A que desarrollé un mal corazón, pero miradme, yo solía ser tan Tipo A que era una mala persona», y luego lo demostraba —relatos de personas con las que había sido brusco, cuyos esfuerzos nunca advirtió, cuyos logros envidiaba—. Y aquí estaba a los noventa años, metafóricamente el predicador exalcohólico que cuenta su experiencia. La cardiología como redención. Sería difícil elegir entre hacer del mundo un lugar más sano o más agradable. Aquí había un hombre que hacía ambas cosas. Lo echo de menos.

Los científicos han informado de diferencias en la función inmune relacionada con el estrés entre los optimistas y los pesimistas. Otros han mostrado niveles de glucocorticoides superiores en individuos más tímidos en ambientes sociales*. Otros han considerado la neurosis como un factor. Pero consideremos un tema más, uno particularmente interesante porque afecta a las últimas personas de la tierra que uno pensaría que están estresadas.

Cuando la vida se reduce a mantener el control

En este capítulo hemos hablado acerca de tipos de personalidad asociados a respuestas de estrés hiperactivas, y he argumentado que un tema común entre ellos es una diferencia entre la clase de agentes estresantes que la vida les presenta a estas personas y la clase de respuestas de afrontamiento que ellas elaboran. Esta última sección trata de una versión recién reconocida de una respuesta de estrés hiperactiva. Y es enigmática.

No son personas que se enfrenten a sus agentes estresantes de forma demasiado pasiva, demasiado persistente, demasiado vigilante o con demasiada hostilidad. No parecen tener todos esos agentes estresantes. Afirman que no están deprimidas o ansiosas, y los tests psicológicos que les han efectuado muestran que tienen razón. En realidad, se describen a sí mismas como bastante felices, exitosas y realizadas (y, según los tests de personalidad, realmente lo son). Sin embargo, dichas personas (que representan aproximadamente el 5 por 100 de la población) tienen unas respuestas de estrés activadas de forma crónica. ¿Cuál es su problema?

En mi opinión, se trata de un problema que arroja luz sobre una inesperada vulnerabilidad de la psique humana. Se dice que las personas en cuestión tienen personalidades «reprimidas», y todos nos hemos encontrado con alguien así. En realidad, normalmente miramos a esta gente con una pizca de envidia: «Ojalá yo tuviese su disciplina; a ellos parece que todo les sale sin dificultad. ¿Cómo lo hacen?».

Éstas son las personas arquetípicas que ponen todos los puntos sobre las íes. Se describen a sí mismas como planificadoras a las que no les gustan las sorpresas, que llevan unas vidas ordenadas, regidas por normas —hacen el mismo recorrido cada día para ir al trabajo, y siempre llevan el mismo tipo de ropa—, la clase de personas que pueden decirte qué van a almorzar dentro de dos semanas a partir del miércoles. No es de extrañar, no les gusta la ambigüedad y se esfuerzan por situar su mundo en blanco y negro, lleno de gente buena o mala, conductas permitidas o estrictamente prohibidas. Mantienen sus emociones guardadas bajo siete cerrojos. Estoicos, regimentados, muy trabajadores, productivos, gente sólida que nunca destaca en una multitud (a no ser que empecemos a preguntarnos por la naturaleza anticonvencional de su extremo convencionalismo).

Algunos tests de personalidad, iniciados por Richard Davidson, identifican a los individuos represivos. De entrada, como se dijo, los tests de personalidad muestran que estas personas no están deprimidas o ansiosas, sino que dichos tests revelan su necesidad de conformidad social, su miedo a la desaprobación y su incomodidad con lo ambiguo, como se ve en sus índices extremadamente altos en los cuales coinciden con declaraciones enmarcadas como verdades absolutas, declaraciones llenas de «nunca» y «siempre». Aquí no hay tonos grises.

Entremezclada con estas características hay una peculiar falta de expresión emocional. Los tests revelan cómo las personas represivas «inhiben el afecto negativo» —no expresar esas emociones confusas y complicadas para ellos, y un escaso reconocimiento de esas complicaciones en otros—. Por ejemplo, se le pide a los represores y no represores que recuerden una experiencia asociada con una fuerte emoción específica. Ambos grupos informan sobre esa particular emoción con igual intensidad. Sin embargo, cuando se les pregunta qué más sentían, los no represores suelen hablar de una serie de sentimientos adicionales no dominantes: «Bueno, básicamente me enfureció, pero también me puso un poco triste, y un poco disgustado también...». Los represores comunican de forma invariable que no experimentaron ninguna emoción secundaria. Sentimientos en blanco y negro, con escasa tolerancia por las mezclas sutiles.

¿Son auténticas estas personas? Tal vez no. Tal vez debajo de sus exteriores apacibles, realmente están tan confusas y ansiosas que no pueden admitir su fragilidad. Un concienzudo estudio indica que algunos represores de hecho están muy ocupados en mantener las apariencias. (Un indicio de esto es que tienden a dar menos respuestas «reprimidas» sobre cuestionarios de personalidad cuando pueden mantenerse en el anonimato.) Y así sus síntomas psicológicos de estrés son fáciles de explicar. Podemos tachar a estos tipos de la lista.

¿Y qué sucede con el resto de los represores? ¿Podrían estar engañándose a sí mismos, irritados y ansiosos pero sin ser conscientes de eso? Ni siquiera unos cuidadosos cuestionarios pueden detectar esa clase de autoengaño; para conseguir descubrirlo, los psicólogos tradicionalmente se apoyan en tests menos estructurados, más de final abierto (del tipo «¿Qué ves en esta imagen?»). Dichos tests indican que, en efecto, algunos represores son mucho más ansiosos de lo que ellos creen; su estrés fisiológico también se explica fácilmente.

Sin embargo, incluso después de borrar de la lista a los ansiosos que se autoengañan, aún queda un grupo de personas con personalidades bien formadas y estrictas que están realmente bien: mentalmente sanos, felices, productivos, socialmente interactivos. Pero tienen respuestas de estrés hiperactivas. Los niveles de glucocorticoides en su torrente sanguíneo son tan elevados como los de las personas muy deprimidas, y también el tono de su sistema nervioso simpático. Cuando se les expone a un reto cognitivo, los represores muestran unos aumentos del ritmo cardíaco, la presión sanguínea, la sudoración y la tensión muscular inusualmente grandes. Y estas exageradas respuestas de estrés conllevan un precio. Por ejemplo, los individuos reprimidos tienen una función inmune relativamente mala. Además, los pacientes con enfermedad coronaria que poseen personalidades represivas son más vulnerables a las complicaciones cardíacas que los no represores.

Respuestas de estrés hiperactivas, peligrosas, sin embargo, las personas que las tienen no están estresadas, deprimidas o ansiosas. Volvemos a nuestro pensamiento envidioso: «Ojalá yo tuviera su disciplina. ¿Cómo lo hacen?». La forma en que lo hacen, sospecho, es trabajando como maníacos para generar su mundo estructurado y reprimido, sin ambigüedad ni sorpresas. Y esto pasa una factura psicológica.

Davidson y Andrew Tomarken, de la Universidad Vanderbilt, han utilizado técnicas electroencefalográficas (EEG) para mostrar una actividad inusualmente reforzada en una parte del córtex frontal de las personas reprimidas. Como se verá en profundidad en el próximo capítulo, ésta es una región del cerebro implicada en la inhibición de los impulsos emocionales y la cognición (por ejemplo, se sabe que la actividad metabólica de esta zona es menor en los sociópatas violentos). Es el equivalente anatómico más próximo que tenemos de un superego; te hace decir que te encanta una cena horrorosa, dar cumplidos a un nuevo peinado, mantener tu imagen a punto. Mantiene esas emociones bajo un estricto control y, como ha demostrado el estudio de Gross sobre la represión emocional, hace falta mucho trabajo para lograr un control especialmente fuerte de esos esfínteres emocionales.

El de ahí fuera puede ser un mundo espantoso, y el cuerpo bien podría reflejar el esfuerzo de abrirnos camino a través de esos oscuros y amenazadores bosques. Cuánto mejor sería ser capaz de sentarse, relajado, en el porche de una casa de campo bañada por el sol, lejos de todo, lejos de los aullidos de las fieras. Sin embargo, lo que parece relajación bien podría ser agotamiento —agotamiento por la labor de haber levantado un muro en torno a esa casa, el esfuerzo de mantener fuera ese inquietante y desafiante mundo febril—. Una lección de los tipos de personalidad represiva y sus cargas invisibles es que, a veces, puede ser enormemente estresante construir un mundo sin agentes estresantes*.

CAPÍTULO 16

DROGADICTOS, ADICTOS A LA ADRENALINA Y PLACER

De acuerdo, está muy bien que queramos saber de qué modo funciona el estrés y cómo llevar una vida más saludable y hacer del mundo un lugar mejor y todo eso, pero es hora de que dediquemos un poco de espacio a una cuestión realmente importante: ¿por qué no nos podemos hacer cosquillas a nosotros mismos?

Antes de abordar esta profunda cuestión, primero debemos considerar por qué no todas las personas pueden hacerle a uno cosquillas. Probablemente es necesario que sea una persona que nos inspire sentimientos positivos. Así, tienes cinco años y no hay nadie que pueda evocar sentimientos cosquilleantes en ti como el chiflado de tu tío que te persigue por la habitación. O tienes doce años y es esa persona del instituto que te hace sentir como si tu estómago estuviera lleno de mariposas y que otras partes de tu cuerpo se comporten de un modo misterioso y extraño. Ésa es la razón por la que a la mayoría de nosotros probablemente no nos entraría la risa floja si nos hiciera cosquillas, por ejemplo, Slobodan Milosevic.

La mayoría de nosotros tenemos una actitud bastante positiva hacia nosotros mismos. ¿Por qué no nos podemos hacer cosquillas? Los filósofos han reflexionado sobre esta cuestión a través de los siglos, y han elaborado algunas especulaciones. Pero teorías sobre el autocosquilleo las hay de todos los colores. Finalmente, un científico ha decidido abordar este misterio realizando un experimento.

Sarah-Jayne Blackmore, de la University College de Londres, primero teorizó que no podemos hacernos cosquillas porque *sabemos* exactamente cuándo y dónde nos van a hacer cosquillas. No hay factor sorpresa. De modo que se dispuso a probar esto inventando una máquina de cosquilleo. Consiste en una palanca conectada a una almohadilla de gomaespuma donde, gracias a varias poleas y fulcros controlados por un ordenador, cuando mueves la palanca con una mano, la almohadilla de gomaespuma casi de forma instantánea golpea la palma de la otra mano, moviéndose en la misma dirección que el movimiento de la palanca.

Como científica rigurosa que es, Blackmore cuantificó el experimento, llegando a establecer un Índice de Cosquilleo. Luego vino la reinvención de la rueda: si alguien más acciona la palanca, te hace cosquillas; si lo haces tú, nada. Ningún factor sorpresa. No puedes hacerte cosquillas a ti mismo, ni siquiera con una máquina de cosquilleo.

Entonces Blackmore puso a prueba su teoría eliminando la posibilidad de previsión del proceso de autocosquilleo. Primero, no saber *cuándo* se producirá: la persona mueve la palanca e, inesperadamente, hay un lapso de tiempo hasta que se mueve la almohadilla de gomaespuma. Cualquier retraso de más de tres décimas de segundo quedará registrado en el Índice de Cosquilleo como si lo hubiese hecho otra persona. Ahora, eliminemos la posibilidad de previsión sobre *dónde* ocurrirá; la persona acciona la palanca, digamos, adelante y atrás, y, de forma inesperada, la almohadilla de gomaespuma se mueve en una dirección diferente. Cualquier diferencia de más de 90 grados de derivación respecto de donde uno esperaba que se moviera la almohadilla, hace que se sientan tantas cosquillas como si fuese la mano de otra persona[91].

---

91. Un experimento de esta elegancia, ingenio y excentricidad me hace sentir orgulloso de ser científico.

Ahora hemos llegado a algún sitio. Las cosquillas no funcionan si no hay un elemento de sorpresa. De imprevisión. De falta de control. Y, de pronto, nuestro hermoso mundo de la ciencia del cosquilleo se derrumba a nuestro alrededor. Unas páginas más atrás empleamos mucho tiempo en ver cómo las piedras angulares del estrés psicológico se basan en una falta de control e imprevisión. Eso eran cosas *negativas;* sin embargo, a la mayoría de nosotros nos *gusta* que nos haga cosquillas la persona indicada[92].

Eh, un momento —otras partes de nuestro grandioso edificio empiezan a desmoronarse—, hacemos largas colas para ver películas que nos sorprendan y nos hagan sentir

---

92. Una breve digresión sobre el cosquilleo políticamente correcto. Una vez leí un estudio largo, extraño y aburrido donde se decía que en realidad a nadie le gusta que le hagan cosquillas, que todo tiene que ver con el poder y el control por parte del que hace las cosquillas, sobre todo cuando se trata de niños, y que las risas en realidad no son placenteras, sino reflejas, y la solicitud de que les hagan cosquillas es una señal de su sometimiento y de su amor a las cadenas, y en seguida aparecían términos como «falocéntrico» y «macho blanco puro» y falsas citas del jefe indio Seattle. Como biólogo, una de las primeras cosas que haces cuando te enfrentas a un enigma como éste es ir al Precedente Filogenético para profundizar en el fenómeno humano: ¿esto lo hacen otras especies? Porque si otras especies estrechamente emparentadas hacen lo mismo, eso debilitaría los argumentos según los cuales se trata de un fenómeno característico de la cultura humana. Puedo asegurar que a los chimpancés les encanta que les hagan cosquillas. Todos esos chimpancés a los que entrenan en el Lenguaje Americano de los Signos: una de las primeras palabras que aprenden es «cosquillas» y una de las primeras oraciones es «hazme cosquillas». En la facultad trabajé con uno de esos chimpancés. Él realizaba la secuencia del «hazme cosquillas» correctamente, y yo le hacía cosquillas como un loco: los chimpancés se hacen un ovillo, se protegen los costados y sueltan esa acelerada y sorda risita cuando les hacen cosquillas. Me paro, se incorpora, se queda sin respiración, hace muecas indicando que ya no puede más. Luego aparece un destello en sus ojos y vuelve al «hazme cosquillas» una y otra vez.

terror, hacemos *puenting* y nos subimos a montañas rusas que nos privan por completo de la posibilidad de control y previsión. A veces pagamos buenas cantidades de dinero para estresarnos. Y, de paso, como ya hemos visto, activamos el sistema nervioso simpático y segregamos grandes cantidades de glucocorticoides durante el acto sexual, ¿qué significa eso?* El capítulo 9 nos dio una idea del papel de la analgesia inducida por estrés en hacernos sentir menos mal durante el estrés. Pero, al igual que el punto de partida de este capítulo, si recibimos la cantidad adecuada de estrés, no sólo nos sentimos menos mal, sino que podemos sentirnos *estupendamente*.

Así que, ¿cómo funciona eso? ¿Y por qué algunas personas se sienten tan bien con el estrés y las situaciones de riesgo que se vuelven adictas a ellas? ¿Y cómo interactúa el estrés con los placeres y las cualidades adictivas de diversas drogas?

La neuroquímica del placer

Como vimos en el capítulo 14, el cerebro contiene una vía de placer que hace gran uso de la neurotransmisora dopamina. También vimos en ese capítulo que si esa vía se queda desabastecida de dopamina, el resultado puede ser anhedonia o disforia. Esta proyección «dopaminérgica» comienza en una región profunda del cerebro llamada el *tegmentum* ventral. Después se proyecta hacia algo llamado el *nucleus accumbens* y luego, a su vez, continúa a toda clase de lugares distintos**. Entre ellos se encuentra el córtex frontal, que como vimos en los capítulos 10 y 12 desempeña un papel clave en la función ejecutiva, la toma de decisiones y el control de los impulsos. También hay proyecciones hacia el córtex cingulado anterior, el cual, como vimos en el capítulo 14, parece ser responsable de que tengamos una sensación de tristeza (lo que lleva a la idea de que la proyección dopaminérgica normalmente inhibe al cingulado). Asimismo hay una gran proyección hacia la amígdala que, como vimos en el capítulo anterior desempeña un papel crucial en la ansiedad y el miedo.

La relación entre dopamina y placer es sutil y decisiva. De entrada, uno podría pensar que el neurotransmisor está relacionado con el placer, con la recompensa. Por ejemplo, cogemos un mono que haya sido entrenado para una tarea: suena una campana, lo que significa que el mono empujará la palanca diez veces; esto lleva, diez segundos más tarde, a un suculento premio alimenticio. Inicialmente podríamos suponer que la activación de la vía de la dopamina hace que las neuronas del córtex frontal se vuelvan activas al máximo en respuesta al premio. Unos brillantes estudios efectuados por Wolfram Schultz, de la Universidad de Friburgo, en Suiza, demostraron algo más interesante*. Sí, las neuronas frontales se excitan en respuesta a la recompensa. Pero la respuesta más grande llega antes, en torno al momento en que suena la campana y comienza la tarea. Ésta no es una señal de «Qué sensación estupenda». Tiene que ver con el dominio y la expectación y la confianza. Es «Sé lo que significa esa luz. Conozco las reglas: SI presiono la palanca, ENTONCES obtendré algo de comida. Esto lo controlo. Va a ser fantástico». El placer está en la *anticipación* de una recompensa; desde el punto de vista de la dopamina, la recompensa es casi una ocurrencia tardía.

Los psicólogos se refieren al periodo de anticipación, de expectación, en el que se trabaja para obtener una recompensa, como la fase «apetitiva», o llena de apetito, y a la fase que comienza con la recompensa la llaman fase «consumatoria». Lo que demuestran los hallazgos de Schultz es que si uno sabe que su apetito va a ser saciado, el placer tiene que ver más con el apetito que con la saciedad[93].

---

93. Un amigo de la universidad, que tuvo una serie de relaciones desastrosas aparentemente interminables, resumió este concep-

La siguiente cuestión clave es que la dopamina y esa anticipación placentera asociada a ella alimentan el trabajo necesario para obtener dicha recompensa. Paul Phillips, de la Universidad de Carolina del Norte, ha utilizado algunas técnicas enormemente sofisticadas para medir milisegundos de explosión de dopamina en ratas y ha demostrado con la mejor resolución temporal hasta la fecha que el estallido se produce justo antes de la conducta*. Luego, en el argumento decisivo, él estimulaba de forma artificial la liberación de dopamina y, de pronto, la rata empezaba a empujar la palanca. La dopamina efectivamente alimenta la conducta.

El siguiente punto crítico es que la fuerza de estas vías puede cambiar, al igual que en cualquier otra parte del cerebro. Está el estallido de placer dopaminérgico en cuanto se enciende la luz, y todo lo que hace falta es entrenar durante intervalos cada vez más largos entre la luz y la recompensa, para que esos anticipatorios estallidos de dopamina alimenten un número cada vez mayor de presiones de la palanca. Así es como funciona la demora de la gratificación, el núcleo del comportamiento dirigido a un objetivo es la expectación. Pronto estamos dispuestos a renunciar al placer inmediato para obtener unas buenas notas para entrar en una buena facultad para obtener un buen trabajo para entrar en la clínica de nuestra elección.

El reciente trabajo de Schultz le da a esto otra vuelta de tuerca**. Supongamos que en una situación el sujeto recibe una señal, realiza una tarea y luego obtiene una recompensa. En la segunda situación está la señal, la tarea y luego, en vez de una certidumbre de recompensa, tan sólo hay una alta probabilidad de ella. En otras palabras, dentro

---

to con una frase cínica que habría enorgullecido al mismísimo George Bernard Shaw: «Una relación es el precio que pagas por la anticipación del encuentro». (Fue Shaw quien dijo una vez: «El amor es la grosera exageración de las diferencias entre una persona y todas las demás».)

de un contexto generalmente propicio (esto es, aún es probable que el resultado sea bueno), existe un elemento de sorpresa. Bajo estas condiciones, hay incluso una liberación mayor de dopamina. Justo después de que la tarea se haya completado, la liberación de dopamina comienza a elevarse mucho más de lo habitual, alcanzando el máximo en torno al momento en que la recompensa, si va a producirse, debería llegar. Si introducimos un «Esto va a ser fantástico... tal vez... probablemente...», nuestras neuronas liberarán abundante dopamina de forma anticipada. Ésta es la esencia de por qué, como aprendimos en Introducción a la Psicología, el reforzamiento intermitente es tan eficaz. Lo que estos hallazgos muestran es que si pensamos que hay una oportunidad razonablemente buena de que nuestro apetito sea saciado, pero no somos positivos, el placer tiene que ver *más* con el apetito que con la saciedad.

De modo que la dopamina desempeña un importante papel en la anticipación del placer y en darnos energía para responder a los incentivos. Sin embargo, ahí no se acaba la historia del placer, la recompensa y la anticipación. Por ejemplo, las ratas aún pueden responder a la recompensa hasta cierto punto incluso cuando están artificialmente desprovistas de dopamina en esas vías. Los opioides probablemente desempeñen un papel en las otras vías implicadas. Además, la vía de la dopamina podría ser de la mayor importancia para versiones erizadas e intensas de la anticipación. Esto lo demuestra un reciente y fascinante estudio. Se escogía a varios estudiantes de universidad (de ambos sexos) que tuvieran lo que ellos creen que es una relación de «amor verdadero»*. Se les ponía en un escáner y les proyectaban varios rostros conocidos pero neutrales. En determinado momento, les proyectaban una fotografía de la amada del estudiante. En el caso de las parejas que estaban en los primeros meses de la relación, las vías de dopamina se encendían. En el de las otras cuya relación ya duraba unos años, no ocurría eso. En su lugar se producía una activación del cingulado anterior, esa parte del cerebro de la que hablamos en el capítulo sobre la depresión. El sistema de dopamina *tegmentum/accumbens* parece que tiene que ver con una pasión aguda, que enloquece con la anticipación. Dos años más tarde es el cingulado el que lleva el peso, mediando algo semejante, tal vez, a la comodidad y la calidez…, o tal vez incluso una versión del amor no hiperventiladora.

Estrés y recompensa

Así que lo realmente bueno de que a uno le hagan cosquillas es la anticipación. El elemento de sorpresa y la falta de control. En otras palabras, estamos de nuevo donde empezamos. ¿Cuándo una falta de control y previsión alimenta la liberación de dopamina y una sensación de placer anticipatorio, y cuándo es la causa de que el estrés psicológico sea estresante?*

La clave parece radicar en si la incertidumbre se da en un contexto benigno o malévolo. Si es la persona adecuada la que nos hace cosquillas en esa fase adolescente de estar en la cúspide de la sexualidad, tal vez, sólo tal vez, ese cosquilleo irá seguido de algo *realmente* bueno, como cogerse de la mano. En cambio, si es Slobodan Milosevic quien nos hace cosquillas, tal vez, sólo tal vez, será seguido de su intento por limpiarnos étnicamente. Si es un contexto en el que corremos el riesgo de ser conmocionados, la falta de previsión se suma al estrés. Si se trata de un contexto en el que existe la probabilidad de que ese alguien especial finalmente diga sí, que se anime o se quede fría es todo lo que hace falta para que empieces un idilio de cincuenta años. Parte de lo que hace que el mundo del juego de Las Vegas sea tan adictivo son las brillantes formas en que se manipula a las personas para que piensen que el entorno es benigno en vez de malévolo, la creencia de que el resultado es probable que sea bueno, especialmente para alguien tan afortunado y especial como *tú*…, siempre y cuando sigas echando monedas y accionando esa palanca.

¿Qué constituye la clase de entorno benigno en el cual la incertidumbre es placentera, en vez de estresante? Un elemento clave es el tiempo que dure la experiencia. La falta de control placentera tiene que ver con la transitoriedad, no es casual que las vueltas en la montaña rusa sean de tres minutos en vez de tres semanas de duración. Otra cosa que contribuye a que la incertidumbre sea placentera es si está inserta en un marco mayor de control y previsión. No importa lo realista y escalofriante que pueda ser la película de terror, sabes muy bien que es Anthony Perkins quien está acechando a Janet Leigh, no tú. No importa lo arriesgado y terrorífico e impredecible y estimulante que sea el *puenting*, seguimos teniendo el tranquilizador contexto de saber que esa gente cuenta con el permiso de la autoridad municipal correspondiente. Ésta es la esencia del juego. Uno entrega cierto grado de control —pensemos en cómo un perro empieza a jugar con otro perro agachándose, como si se hiciera más pequeño, más vulnerable y con menos control—. Pero tiene que ser dentro de un contexto mayor de seguridad. Uno no echa a rodar y expone su garganta para jugar con alguien a quien antes no haya olfateado cuidadosamente.

Es hora de introducir una neuroquímica realmente inesperada que une todo esto. Los glucocorticoides, esas hormonas que fueron descubiertas en la escena del crimen prácticamente en toda la patología relacionada con el estrés de la que hemos estado hablando, esos malísimos glucocorticoides activarán la liberación de dopamina desde las vías de placer. No se trata de un efecto genérico sobre todas las vías de dopamina del cerebro. Tan sólo la vía del placer. De forma admirable, Pier Vincenzo Piazza y Michel Le Moal, de la Universidad de Burdeos, en Francia, han demostrado que las ratas de laboratorio trabajarán incluso para que se les administren glucocorticoides, apretarán la palanca la cantidad de veces exacta necesaria para maximizar la cantidad de dopamina que libera la hormona.

¿Y cuál es la pauta de la exposición a los glucocorticoides que maximiza la liberación de dopamina? Probablemente el lector ya lo habrá adivinado. Una subida moderada que no dura demasiado tiempo. Como hemos visto, al experimentar un estrés grave y prolongado, el aprendizaje, la plasticidad sináptica y las defensas inmunes son dañados. Según vimos, un estrés moderado y transitorio refuerza la memoria, la plasticidad sináptica y las defensas inmunes. Lo mismo ocurre aquí. Si experimentamos una exposición grave y prolongada a los glucocorticoides, regresamos al capítulo 14: reducción de dopamina, disforia y depresión. Pero con una elevación de glucocorticoides moderada y transitoria liberamos dopamina. Y una activación transitoria de la amígdala también libera dopamina*. Si a la subida de glucocorticoides le asociamos la activación concomitante del sistema nervioso simpático, también estaremos reforzando la liberación de glucosa y oxígeno al cerebro. Nos sentimos concentrados, alerta, vivos, motivados, anticipatorios. Nos sentimos estupendamente. Tenemos un nombre para semejante estrés transitorio. Lo llamamos «estimulación»[94].

Adictos a la adrenalina

¿Qué nos dice esto de ese grupo de personas a las que les encantan el estrés y la asunción de riesgos, que están más activas bajo circunstancias que provocarían una úlcera en

---

94. Esto explica una pauta, señalada en el capítulo 14, que se ve a menudo cuando a las personas se les administran glucocorticoides sintéticos para controlar una enfermedad autoinmune o inflamatoria. Con el tiempo, las personas suelen sentirse deprimidas. Pero los primeros días es lo opuesto: vigorizadas y eufóricas.

cualquier otra?[95] Éstos son los tipos que rebasan los límites. Se gastan hasta el último dólar en el Monopoly, tienen sexo furtivo en lugares públicos, intentan una nueva y complicada receta de cocina en una cena con invitados importantes, responden al anuncio que han visto en la revista *Mercenarios*. ¿Qué pasa con ellos?

Podemos hacer algunas conjeturas con bastante fundamento. Tal vez posean unos niveles de dopamina anormalmente bajos. O, en otra variante del mismo problema, quizá tengan versiones de receptores de la dopamina que de forma anormal no son sensibles a una señal de dopamina*. En esa situación es difícil «simplemente decir no» a alguna excitante posibilidad cuando en la propia vida no existe un conjunto de síes placenteros (un tema sobre el que volveremos cuando tratemos el consumo de drogas). En apoyo de esta idea hay algunos informes de versiones atípicas de receptores de la dopamina en las personas con personalidades adictivas[96].

Otra explicación sería que tal vez la línea de base de la señal de dopamina esté bien, pero esos elementos transitorios de estimulación ocasionen enormes aumentos de dopamina, señales anticipadoras de placer más grandes que en la mayoría de las demás personas. Eso desde luego animaría a que uno repitiera.

Sin embargo, existe otra posibilidad. Si experimentamos algo emocionante con la justa intensidad y duración, la dopamina es liberada en la vía del placer. Al final de la experiencia, los niveles de dopamina vuelven a bajar a la línea

---

95. Lo que debería ser evidente es que en vez del término «adictos a la adrenalina» o incluso «adictos a la epinefrina», sería más apropiado «adictos a niveles transitorios y moderados de glucocorticoides».
96. Muchos expertos en el campo de la investigación sobre las adicciones creen que hay personalidades adictivas en una amplia gama de ámbitos, con las drogas, con el alcohol, con el juego, con el hecho de ser económica o sexualmente temerario. Sin embargo, es un tema abierto a la polémica.

basal. ¿Qué pasa si resulta que al cerebro de alguien no se le da bien mantener altas las reservas de dopamina en la vía del placer? En consecuencia, al final del aumento de la estimulación en la liberación de dopamina, los niveles de ésta no sólo regresan a la línea basal, sino que *bajan un poco más*. En otras palabras, a un nivel un poco más bajo que cuando empezamos. ¿Cuál es entonces la única solución para contrarrestar esta suave disforia, esta leve incapacidad de anticipar placer? Encontrar otra cosa que sea excitante y, por fuerza, un poco más peligrosa, para alcanzar el mismo nivel de dopamina de la vez anterior. Después, nuestra línea basal cae un poco más. Necesitando otro, y otro estimulante, por lo que cada uno tiene que ser mayor que el anterior, en la búsqueda de las vertiginosas alturas de dopamina que alcanzamos la última vez.

Ésta es la esencia de la espiral descendente de la adicción. Una vez, hace mucho tiempo, un joven de dieciséis años llamado Evel Knievel, al volante con su recién estrenado permiso de conducir, pisó el acelerador para saltarse un semáforo en rojo, y extrajo de esto una agradable sensación. Luego descubrió, la siguiente vez que lo hizo, que ya no era tan emocionante.

Adicción

Existe un asombroso número de sustancias elaboradas por diferentes culturas que pueden volvernos terriblemente adictos, tomar la sustancia de forma compulsiva pese a sus consecuencias negativas. El campo de la investigación de las adicciones hace tiempo que ha tenido que analizar toda la diversidad de estos compuestos, para tratar de comprender sus efectos sobre la química cerebral. El alcohol es muy diferente del tabaco o la cocaína. Por no hablar de tratar de averiguar de qué modo cosas como el juego o el ir de compras acaban convirtiéndose adictivas.

En medio de esta diversidad, sin embargo, existe un lugar común crítico, y es que todos estos compuestos provocan la liberación de dopamina en la vía del *tegmentum* ventral-*nucleus accumbens**. No todos en la misma medida. La cocaína, que de forma directa hace que esas neuronas liberen dopamina, es extremadamente eficaz en ese sentido. Otras drogas que hacen lo mismo a través de pasos intermedios son mucho menos potentes; por ejemplo, el alcohol. Pero todas ellas lo hacen al menos en alguna medida, y según los estudios de visualización cerebral realizados sobre humanos que toman drogas adictivas, cuanto más subjetivamente placentera haya sido para una persona determinada exposición a una droga, mayor es la activación de esa vía. Esto desde luego tiene sentido y define lo que es una sustancia adictiva: uno anticipa lo placentera que será y, por tanto, vuelve a por más**.

Pero las sustancias adictivas no sólo son adictivas, sino que también se caracterizan porque tienen la propiedad de causar tolerancia o habituación. En otras palabras, uno las necesita cada vez en mayores cantidades para obtener el mismo disfrute anticipatorio de antes. La explicación reside, en parte, en la magnitud de dopamina que liberan estos componentes. Consideremos algunas de las fuentes de placer que tenemos a nuestro alcance: la promoción en el trabajo, una hermosa puesta de sol, una maravillosa experiencia sexual, conseguir un aparcamiento libre cuando todavía hay tiempo en el parquímetro. Todas ellas liberan dopamina para la mayoría de las personas. Lo mismo ocurre con una rata. Alimento para una rata hambrienta, sexo para un animal con cuernos, y los niveles de dopamina se elevan de un 50 a un 100 por 100 en esta vía. Pero si le damos cocaína a la rata, se produce un aumento mil veces superior en la liberación de dopamina.

¿Cuál es la consecuencia neuroquímica de esta marea de dopamina? Hemos considerado una versión relacionada en el capítulo 14. Si alguien nos grita siempre, dejamos de escuchar. Si inundamos una sinapsis con un trillón de veces más de un neurotransmisor de lo que suele ser habitual, la neurona receptora tiene que compensar volviéndose menos sensible. Nadie sabe con certeza cuál es el mecanismo que explica lo que se ha llamado «proceso oponente» que contrarresta la explosión de dopamina*. Tal vez menos receptores de dopamina, o tal vez que dichos receptores tengan menos posibilidad de conectarse. Pero al margen del mecanismo, la próxima vez será necesario liberar aún más dopamina para provocar el mismo efecto en esa neurona. Éste es el ciclo adictivo creciente en el consumo de la droga.

En torno a este tema, existe una transición en el proceso de adicción. Al principio, la adicción se limita a «querer» la droga, anticipando sus efectos, y a lo altos que estén esos niveles de dopamina cuando salen a raudales en un estado inducido por las drogas (además, la liberación de opiáceos endógenos en torno a ese momento alimenta esa sensación de «querer»)**. Tiene que ver con la motivación de obtener la recompensa de una droga. Con el tiempo hay una transición a «necesitar» la droga, que tiene que ver con lo bajos que están los niveles de dopamina en ausencia de ella. La adicción llega a su máximo grado de dominio cuando la cuestión ya no es lo agradable que es la droga, sino lo desagradable que es la falta de ella. Tiene que ver con la motivación para evitar el castigo de no tener la droga. George Koob, del Scripps Research Institute, ha demostrado que cuando a las ratas se las priva de una droga a la que son adictas, se produce un aumento diez veces mayor en los niveles de CRH de sus cerebros, particularmente en las vías mediadoras del miedo y la ansiedad, como en la amígdala. No es de extrañar que uno se sienta tan mal. Los estudios de visualización cerebral de drogadictos en esa fase muestran que ver una película de actores que simulan consumir drogas activa las vías de dopamina del cerebro en mayor medida que ver películas porno.

Este proceso aparece en el contexto de la incertidumbre y el reforzamiento intermitente de los que hablamos antes. Estamos bastante seguros de haber reunido suficiente dinero, estamos bastante seguros de que podemos encontrar un camello, estamos bastante seguros de que no nos cogerán, estamos bastante seguros de que será material del bueno; pero, sin embargo, hay un elemento de incertidumbre dentro de la anticipación, y eso aguijonea a la adicción de forma increíble.

Así pues, esto nos cuenta algo sobre la adquisición de la adicción, la espiral descendente de tolerancia a la droga y los contextos psicológicos en los que pueden ocurrir estos procesos. Existe un último rasgo básico de la adicción que debe ser discutido. Consideremos al excepcional individuo que ha vencido su adicción, ha dejado sus demonios atrás y ha iniciado una nueva vida. Han transcurrido meses, años, incluso décadas desde que dejó las drogas. Pero circunstancias que escapan a su control vuelven a colocarle donde solía consumir la droga —otra vez esa misma esquina de la calle, en ese mismo estudio de música, de nuevo en el mismo sillón de formas voluminosas cerca del bar en club de campo— y el anhelo ruge de nuevo en su interior como ayer. La capacidad para inducir ese anhelo no necesariamente decae con el tiempo; como dirían muchos drogadictos en esa situación, es como si nunca hubieran dejado de consumirla.

Éste es el fenómeno de la recaída contexto-dependiente*: la comezón es más fuerte en algunos lugares que en otros, específicamente en aquellos que asociamos con un anterior consumo de drogas. Podemos observar un fenómeno idéntico en una rata de laboratorio. Hagámosla adicta a alguna sustancia, de modo que esté dispuesta a apretar la palanca como loca para que se le administre la sustancia. Si la introducimos en una jaula nueva con una palanca, tal vez logremos que la rata haga cierta presión sobre ella. Pero si volvemos a ponerla, en la jaula que tiene asociada con la

481

exposición a la droga, activará la palanca de forma frenética. Y, al igual que en los humanos, la posibilidad de recaída no necesariamente disminuye con el paso del tiempo.

Este proceso de asociar el consumo de la droga con un lugar determinado es una especie de aprendizaje, y buena parte de la investigación actual sobre la adicción explora la neurobiología de dicho aprendizaje. Este trabajo se centra no tanto en las neuronas de dopamina como en las neuronas que se proyectan hasta ellas. Muchas provienen de las regiones corticales y del hipocampo que transmiten información sobre el lugar donde uno se encuentra. Si consumimos de forma reiterada una droga en el mismo lugar, esas proyecciones hacia las neuronas de dopamina se activan de forma repetida y finalmente se ven potenciadas, reforzadas, de la misma manera que las sinapsis del hipocampo de las que hablamos en el capítulo 10. Cuando esas proyecciones adquieren la suficiente fuerza, si uno vuelve a ese sitio, la anticipación de dopamina de la droga se activa simplemente por el contexto. En el caso de una rata de laboratorio que se halle en esta situación, ni siquiera necesitamos volver a colocar al animal en el mismo lugar. Basta con estimular de forma eléctrica esas vías que se proyectan en las neuronas de dopamina, y reinstauraremos en ella el anhelo de la droga*. Como dice uno de los tópicos sobre la adicción, en realidad no existe eso que llaman un exadicto: es simplemente un adicto que no está en el contexto que utilizan los activadores.

Estrés y consumo de drogas

Finalmente estamos en posición de considerar las interacciones entre el estrés y el consumo de drogas. Empezamos por considerar de qué modo afecta a la respuesta de estrés el tomar cualquiera de las diversas drogas psicoestimulantes. Y todo el mundo sabe la respuesta a eso: «No siento el menor dolor». Las drogas hacen que uno se sienta menos estresado.

En general, existe una considerable evidencia en este sentido, dadas algunas condiciones. Las personas suelen decir que se sienten menos estresadas, menos ansiosas, si se produce un agente estresante después de que hayan entrado en acción algunos efectos de drogas psicoactivas. El alcohol es muy conocido por esto, y formalmente se le denomina un *ansiolítico*, una droga que «disuelve» o desintegra la ansiedad. Podemos observar esto en una rata de laboratorio. Como vimos en el capítulo anterior, las ratas se refugian en los rincones oscuros cuando se las introduce en una jaula fuertemente iluminada. Si ponemos a una rata hambrienta en una jaula con un poco de comida en el centro bajo una potente luz, ¿cuánto tiempo tardará en superar su ansioso conflicto y dirigirse a la comida? El alcohol reduce el tiempo para hacer esto, como muchos otros compuestos adictivos.

¿Cómo funciona esto? Muchas drogas, entre ellas el alcohol, elevan los niveles de glucocorticoides cuando se toman por primera vez. Pero con un consumo más sostenido, diversas drogas pueden embotar el mecanismo básico de la respuesta de estrés. El alcohol, por ejemplo, se sabe que en algunos casos reduce el grado de activación del sistema nervioso simpático y disminuye la ansiedad mediada por el CRH*. Además, las drogas podrían cambiar la evaluación cognitiva del agente estresante. ¿Qué significa esta jerga? Básicamente, que si uno está tan confuso en ese estado alterado que apenas puede recordar a qué especie pertenece, tal vez no repare en el sutil hecho de que ha ocurrido algo estresante.

Intrínseca a esta explicación es la cara negativa de las consecuencias reductoras de ansiedad de acabar consumido. A medida que caen los niveles en sangre de la droga, según se pasan los efectos, la cognición y la realidad vuelven a entrar furtivamente y las drogas se convierten justo en lo opuesto, en generadoras de ansiedad. La dinámica de muchas de estas drogas en el cuerpo es tal que la cantidad de tiempo que están subiendo los niveles en sangre, con sus efectos reductores de estrés, es más breve que la cantidad de tiempo en que están cayendo. Así pues, ¿cuál es la solución? Beber, ingerir, inhalar, inyectarse, esnifar otra vez.

De modo que diversos psicoestimulantes pueden disminuir las respuestas de estrés, después de embotar de la maquinaria de dichas respuestas, además de hacer que uno se sienta tan desorientado que ni siquiera se dé cuenta de que ha habido un agente estresante. ¿Qué pasa con la otra cara de esta relación? ¿Qué tiene que ver el estrés con la probabilidad de tomar drogas (o engancharse a ellas)? La cuestión es que el estrés nos empuja hacia un mayor consumo de drogas y una mayor probabilidad de recaída, aunque no está del todo claro cómo lo hace.

La primera cuestión es el efecto del estrés en los que inicialmente se están volviendo adictos. Pongamos a una rata en una situación en la que si presiona una palanca X número de veces, se le administre alguna droga potencialmente adictiva —alcohol, anfetaminas, cocaína—. Curiosamente, sólo algunas ratas entran en este paradigma de la «autoadministración» hasta el punto de volverse adictas (y veremos en breve qué ratas tienen más probabilidad). Si estresamos a una rata justo antes de empezar esta sesión de exposición a una droga, será más probable que se la autoadministre hasta caer en la adicción. Y, tal como esperábamos por el capítulo 13, el estrés impredecible conduce a una rata hacia la adicción de forma más eficaz que el estrés predecible. Del mismo modo, si ponemos a una rata o un mono en una posición socialmente subordinada, se produce el mismo riesgo incrementado. Y, como cabía esperar, el estrés claramente aumenta el consumo de alcohol también en los humanos*.

Un detalle importante es que el estrés aumenta el potencial adictivo de una droga sólo si el agente estresante se produce justo antes de la exposición a ésta. En otras palabras, estrés de corto plazo. Del tipo que impulsa los niveles de dopamina de forma transitoria. ¿Por qué el estrés tiene este efecto? Imaginemos que consumimos una droga nueva potencialmente adictiva, y resulta que somos el tipo de rata o humano a quien la droga no le hace gran efecto —no liberamos mucha dopamina ni los otros neurotransmisores implicados, ni tenemos después esa sensación anticipadora de querer hacerlo de nuevo—. Pero si a ese mismo aumento monótono de dopamina le sumamos un incremento debido al estrés, ¡vaya!, erróneamente decidimos que algo cósmico acaba de ocurrir: ¿dónde podemos conseguir más? Así, el estrés agudo incrementa el reforzamiento potencial de una droga.

Todo esto tiene sentido. Pero, naturalmente, las cosas se ponen más complicadas. El estrés aumenta la probabilidad de autoadministrar una droga a un grado adictivo, pero esta vez estamos hablando de estrés durante la infancia. O incluso cuando aún se es un feto. Si estresamos a una rata preñada, sus crías serán más propensas a la autoadministración de drogas cuando sean adultas. Si a una rata le complicamos el parto de forma experimental inducida privándola brevemente de oxígeno, obtendremos idéntico resultado. Lo mismo si estresamos a una cría de rata. Igual sucede con los primates no humanos: si separamos a un mono de su madre durante la fase de desarrollo, ese animal tendrá más probabilidad de autoadministrarse drogas de adulto. Lo mismo se ha comprobado en los humanos*.

En estos ejemplos, el agente estresante que se produce durante el desarrollo no puede actuar simplemente causando un aumento transitorio en la liberación de dopamina. Algo a largo plazo tiene que estar ocurriendo. Volvemos al capítulo 6 y las experiencias perinatales que causan una «programación» del cerebro y el cuerpo de por vida. No está claro cómo funciona esto en términos de sustancias adictivas, aparte de que obviamente tiene que haber un cambio permanente en la sensibilidad de las vías de gratificación.

¿Qué ocurre una vez que la adicción se ha producido? ¿De qué modo influye el estrés continuado con el grado de consumo? Como es lógico, lo aumenta. ¿Cómo funciona esto? Tal vez porque los agentes estresantes transitorios elevan brevemente los niveles de dopamina y le dan a la droga un mayor atractivo. Pero ya, el principal interés para el adicto tal vez no consista en desear un subidón como en la necesidad de evitar el bajón que supone la retirada de la droga. Como se señaló, durante este tiempo, los niveles de CRH mediadores de ansiedad suben en la amígdala. Además, la secreción de glucocorticoides se eleva de forma sistemática durante la retirada, en el ámbito en que reduce la dopamina. ¿Y qué pasa si a esto le añadimos un estrés adicional? Todo lo que los glucocorticoides adicionales pueden llevar a cabo en este escenario es hacer que la reducción de dopamina sea aún peor. Incrementando así el anhelo de ese estímulo de dopamina inducido por la droga*.

¿Qué sucede con ese excepcional individuo que deja de consumir la droga a la que es adicto y logra llevar a cabo su decisión de no beber? El estrés aumenta las probabilidades de que recaiga en el consumo de la droga. Como es habitual, lo mismo ocurre con las ratas. Cojamos una rata que se haya autoadministrado una droga presionando una palanca hasta el punto de la adicción. Ahora, hagamos que la rata se administre una solución salina en lugar de la droga. Pronto la presión de la palanca «se extingue»: la rata lo deja, no se preocupará más de la palanca. Algún tiempo después, si devolvemos la rata a esa jaula con la palanca asociada a la droga, hay una mayor probabilidad de que intente presionar la palanca para conseguir la droga de nuevo. Si administramos a la rata un poco de la droga justo antes de devolverla a ese lugar conocido, será mayor la probabilidad de que empiece a autoadministrársela de nuevo: le hemos vuelto a despertar el gusto por esa sustancia. O si la estresamos justo antes de devolverla a la jaula, también es más probable que retome el consumo de la droga. Como siempre, los agentes estresantes impredecibles e incontrolables son los únicos que en realidad reactivan el consumo de la sustancia. Los estudios humanos básicamente muestran lo mismo.

¿Cómo hace esto el estrés? No está del todo claro. Los efectos de los glucocorticoides sobre la liberación de dopamina podrían ser importantes, pero no he visto un modelo claro basado en su interacción. Tal vez sea el aumento inducido por estrés en la activación del simpático, mediado por el CRH en la amígdala. También hay alguna evidencia según la cual el estrés aumentaría la fuerza de esas proyecciones asociativas en la vía del placer. Puede que el estrés dañe la función del córtex frontal, que normalmente se encarga de ese sensible y restrictivo papel de la demora de la gratificación y de la toma de decisiones —si desconectamos nuestro córtex frontal, de pronto tendremos lo que parece ser una idea irresistiblemente inteligente: «¿Y por qué no vuelvo a tomar esa droga que casi destruyó mi vida?».

De modo que el estrés puede incrementar la probabilidad de consumir una droga hasta el punto de la adicción en primer lugar, lograr que la retirada sea más difícil y hacer la recaída más probable. ¿Por qué todo esto les sucede más fácilmente a unas personas que a otras? El trabajo inmensamente interesante de Piazza y Le Moal ha empezado a responder a esta pregunta.

¿Recuerda el lector esas manzanas y peras del capítulo 5? ¿Quiénes son los individuos más proclives a acumular grasa alrededor de su tripa, convirtiéndose en manzanas, la versión menos saludable de la deposición de grasa? Vimos que lo probable es que sean personas con bastante tendencia a segregar glucocorticoides en respuesta a los agentes estresantes, y a tener una recuperación más lenta de dicha respuesta de estrés. Lo mismo ocurre aquí. ¿Qué ratas tienen más probabilidad de autoadministrarse cuando se les da la ocasión y, una vez que se autoadministran, lo hacen hasta el punto de volverse adictas? Las que son «altas reactoras», quienes experimentan más trastornos en su conducta cuando se las coloca en un entorno nuevo, las que son más reactivas al estrés*. Ellas segregan glucocorticoides durante más tiempo que las otras ratas en respuesta a un agente estresante, lo que les hace verter más dopamina la primera vez que son expuestas a la droga. Así que si uno es esa clase de rata a la que el estrés le saca particularmente de quicio, es probable que pruebe algo que temporalmente le prometa un bienestar.

El reino del placer sintético

El capítulo 13 planteaba el importante tema de que el afecto positivo y negativo no son meros opuestos uno del otro, y que pueden influir en nuestro riesgo de depresión de forma independiente. La adicción encaja bien en este punto, pues en términos generales puede servir a dos funciones disociables. Una implica el afecto positivo —las drogas pueden generar placer (aunque con un coste definitivo que anula la recompensa transitoria)—. La otra función se refiere al afecto negativo —las drogas se pueden utilizar para automedicarse contra el dolor, la depresión, el miedo, la ansiedad y el estrés—. Este doble objetivo nos introduce al siguiente capítulo con su tema de que la sociedad no distribuye de forma uniforme oportunidades saludables para el placer, o fuentes de temor y ansiedad. Es difícil «simplemente decir no» cuando la vida exige una constante vigilancia y cuando hay pocas cosas a las que decir «sí».

La premisa de este libro es que nosotros, los humanos, especialmente los occidentales, hemos creado algunas fuentes de emociones negativas bastante raras, estar preocupados y entristecidos por acontecimientos puramente psicológicos que se desplazan más allá del tiempo y el espacio. Pero también los humanos occidentales hemos creado algunas extrañas fuentes de emociones positivas.

Una vez, durante un concierto de órgano en una catedral, mientras yo estaba sentado en medio de esa estruendosa catarata de sonido que me ponía la carne de gallina, me sobresaltó un pensamiento: retroceder a cuando, para un campesino medieval, éste debía de ser el sonido de origen humano más potente que jamás habría oído, algo capaz de inspirar un sobrecogimiento que ya no podemos imaginar. No es de extrañar que profesaran la religión representada por esa música. Y ahora se nos aporrea constantemente con sonidos que dejan pequeños a los elegantes órganos de catedral. Antaño, los cazadores-recolectores podían tropezarse con una mina de oro —la miel de un panal de abejas salvajes— y satisfacer así en un breve instante uno de nuestros cuatro anhelos de alimento más esenciales. Ahora tenemos cientos de alimentos comerciales cuidadosamente elaborados, diseñados y comercializados, llenos de azúcares procesados y rápidamente absorbidos que causan un estallido de sensaciones con los que no puede compararse una humilde comida natural. Hace tiempo teníamos unas vidas que, entre considerables privaciones y elementos negativos, también ofrecían una enorme serie de placeres sutiles y a menudo difíciles de obtener. Y ahora disponemos de drogas que causan espasmos de placer y dopamina mil veces más alta que cualquier estimulante en nuestro mundo exento de drogas.

Peter Sterling, conocido por sus trabajos sobre la alostasis, ha escrito de forma brillante sobre cómo nuestras fuentes de placer se han vuelto tan estrechas y artificialmente potentes*. Su pensamiento se centra en el hecho de que nuestra vía de placer anticipatorio la estimulan muchas cosas distintas. Para que esto funcione, la vía debe habituarse rápidamente, debe desensibilizarse a cualquier fuente dada que la haya estimulado, para estar preparada para responder al siguiente estimulante. Pero las explosiones de sensación y placer sintéticos de una potencia no natural evocan grados de habituación de una potencia no natural. Esto tiene dos consecuencias. La primera es que ya apenas advertimos los fugaces susurros de placer que causan las hojas en otoño, o la mirada fija de la persona apropiada, o la promesa de recompensa que nos aguarda tras una larga, difícil y noble tarea. La otra consecuencia es que, después de un tiempo, incluso nos habituamos a esos diluvios artificiales, intensos e instantáneos. Si sólo fuéramos unas máquinas de regulación homeostática local, al consumir más, desearíamos menos. Pero en lugar de eso, nuestra tragedia es que simplemente nos entra más hambre. Más y más rápido y más fuerte. El «ahora» no es tan bueno como solía ser y no será suficiente mañana.

CAPÍTULO 17

LA VISTA DESDE EL FONDO

Hacia el final del primer capítulo hice una advertencia: decir que el estrés puede hacernos enfermar no es más que una expresión para hablar de cómo puede aumentar la probabilidad de contraer enfermedades. Básicamente se trataba de un primer paso hacia la conciliación de dos campos muy diferentes que buscan soluciones a los problemas de salud. En un extremo tenemos a la gran multitud de médicos de la corriente principal que se ocupan de la biología reduccionista. Para ellos, los problemas de salud son una cuestión relacionada con bacterias, virus, mutaciones genéticas, etc. En el otro extremo están los especialistas anclados en concepciones del tipo mente-cuerpo, para quienes una salud deficiente tiene que ver con el estrés psicológico, la falta de control o eficacia, etc. Uno de los objetivos de este libro ha sido intentar desarrollar más conexiones entre esos dos puntos de vista. Una forma de hacerlo ha sido mostrar lo sensible que puede ser la biología reduccionista a algunos de esos factores psicológicos, y explorar los mecanismos que lo explican. Y otra es criticar las posturas extremas de ambos campos: por un lado, procurando dejar claro lo limitador que es creer que un ser humano puede reducirse a una secuencia de ADN y, por otro, tratando de indicar la perniciosa estupidez que supone negar las realidades de la fisiología humana y la enfermedad. Como se dijo en el capítulo 8, la solución ideal es la sabia observación de Herbert Weiner, que ninguna enfermedad, incluso la más reductora, se puede llegar a comprender sin considerar a la persona que está enferma.

Fantástico: al final estamos llegando a algún sitio. Pero dicho análisis, y hasta ahora la mayor parte de este libro, han dejado fuera la tercera pata de esta banqueta: la idea de que una salud deficiente también tiene algo que ver con malos empleos en una economía recesiva, o con una dieta basada en vales de comida a menudo compuestas de Coca-Cola y ganchitos, o con el hecho de vivir en un abarrotado piso de mala muerte cerca de un tóxico vertedero de basura o sin suficiente calefacción en invierno. Por no hablar de vivir en la calle o en un campo de refugiados o en una zona de guerra. Si no podemos considerar la enfermedad al margen de la persona que está enferma, tampoco podemos considerarla fuera del contexto de la sociedad en la cual esa persona ha enfermado, y el lugar que dicha persona ocupa en esa sociedad.

Hace poco hallé apoyo para esta idea en un sitio inesperado. La neuroanatomía es la ciencia que estudia las conexiones entre diversas zonas del sistema nervioso, y a veces puede parecer una de esas formas de entumecer la mente como el coleccionar sellos: cierta parte del cerebro, con un nombre de muchas sílabas, envía sus axones a través de una proyección, con otro nombre polisílabo, a dieciocho lugares también polisílabos, mientras que en la siguiente región superior del cerebro… Durante una época de mi errante juventud obtenía un placer particular en conocer la mayor neuroanatomía posible, cuanto más oscura, mejor. Uno de mis nombres favoritos era el que le habían puesto a un espacio minúsculo que hay entre dos capas de meninges, la dura envoltura fibrosa que se había descubierto alrededor del cerebro. Se llamaba el «espacio de Virchow-Robin», y mi capacidad para proferir ese nombre me hizo ganar la estima de mis estúpidos compañeros de neuroanatomía. Nunca supe quién era Robin, pero Virchow era Rudolf Virchow, un patólogo y anatomista alemán del siglo xix*. Hombre, que te honren poniéndole tu nombre a un espacio microscópico entre dos capas tan finas como el papel de fumar —este tipo debió de ser el rey de la ciencia reductora para merecer eso—. Apostaría a que incluso llevaba monóculo, que se quitaría antes de asomarse a un microscopio.

Y entonces averigüé algo sobre Rudolf Virchow. Siendo un joven médico, alcanzó la mayoría de edad profesional merced a dos destructivos acontecimientos: una masiva epidemia de tifus en 1847, que él intentó combatir directamente, y las fracasadas revoluciones europeas de 1848. El primero fue el ejemplo perfecto para enseñar que la enfermedad puede tener tanto que ver con unas pésimas condiciones de vida como con los microorganismos. El segundo enseñó precisamente lo eficaz que puede ser la máquina del poder para sojuzgar a los que viven en condiciones espantosas. Después de aquello, se reveló no sólo como alguien que además de científico era médico, un pionero de la sanidad pública y un político progresista (lo cual de por sí ya es bastante extraordinario), sino que, gracias a una síntesis creativa, veía todos esos papeles como manifestaciones de una sola totalidad. «La medicina es una ciencia social, y la política no es más que medicina a gran escala», escribió. Y también: «los médicos son los abogados naturales de los pobres». Ésta es una visión extraordinariamente grande para un hombre que ha dado nombre a espacios microscópicos. Y a no ser que uno sea un médico muy atípico en estos días, dicha visión también debe de parecer extraordinariamente singular, tan tristemente singular como cuando Picasso pensó que podía aplicar un poco de pintura sobre un lienzo, llamarlo *Guernica*, y hacer algo para detener al fascismo.

La historia del «estado timicolinfático», la enfermedad imaginaria de una glándula del timo de los niños, supuestamente agrandada, de la que se habló en detalle al final del capítulo 8, nos enseñó que nuestro lugar en la sociedad puede dejar su huella sobre el cadáver en que finalmente uno se convierte. El objetivo de este capítulo es demostrar cómo nuestro lugar en la sociedad, y la clase de sociedad que sea, puede dejar una huella sobre las pautas de enfermedad mientras estamos vivos, y que para entender dicha huella es importante el concepto de estrés. Esto ayudará a comprender una idea fundamental que será comentada en el último capítulo: que ciertas técnicas para reducir el estrés actúan de forma diferente dependiendo de la posición que uno ocupe en la jerarquía social.

Una estrategia que he empleado en varios capítulos es observar determinado fenómeno dentro de un contexto animal, a menudo de primates sociales. El objetivo era mostrar algún principio en una versión simplificada antes de volver a la complejidad de los humanos. En este capítulo hago lo mismo, comenzando con una discusión sobre qué relación hay entre el rango social, la salud y las enfermedades asociadas al estrés en los animales. Pero esta vez hay una paradójica diferencia que, al final de este capítulo, debería hundirnos en la miseria moral: esta vez somos los humanos quienes ofrecemos una versión brutalmente simple, y nuestros primos los primates no humanos quienes ponen el matiz y la sutileza.

La ley del más fuerte entre animales con cola

Aunque la ley del más fuerte —las jerarquías de dominio— quizá se detectase primero entre las gallinas, se da en toda clase de especies. Los recursos, no importa lo abundantes que sean, raramente se reparten de manera equitativa. En lugar de disputarse cada artículo en una sangrienta lucha con uñas y dientes, surgen las jerarquías de dominio. Como sistemas formalizados de desigualdad, son excelentes sustitutos de la agresión continua entre animales lo bastante inteligentes como para saber cuál es su lugar.

Los primates han llevado la competencia jerárquica a grandes alturas de complejidad animal. Consideremos los babuinos*, una clase de primates que recorre las sabanas en numerosos grupos sociales de cien o más ejemplares. En algunos casos, la jerarquía puede ser fluida, con rangos que cambian todo el tiempo; en otros casos, el rango es hereditario y vitalicio. En ocasiones, el rango puede depender de la situación: A es superior a B cuando disputa un artículo alimenticio, pero el orden se invierte si se compite por alguien del sexo opuesto. Puede haber circularidades en las jerarquías: A derrota a B, que derrota a C, que derrota a A. El rango puede implicar un apoyo de coalición: B recibe una paliza de A, a no ser que reciba alguna ayuda oportuna de C, en cuyo caso A tiene que hacer las maletas. En la confrontación real entre dos animales puede ocurrir de todo, desde una reyerta casi mortal a un individuo muy dominante que no hace otra cosa que desplazarse de forma amenazadora y poner los pelos de punta a sus subordinados.

Al margen de los pormenores, si tuviéramos que ser un babuino de sabana, probablemente no querríamos ser uno de rango bajo. Te sientas ahí durante un par de minutos mientras excavas alguna raíz del suelo para comer, la limpias y... alguien de rango superior te la puede arrebatar. Te pasas horas hablándole dulcemente a alguien para que te acicale y te ayude a deshacerte de esas molestas espinas, ortigas y parásitos que hay en tu pelo, y la sesión de acicalado puede interrumpirla alguien dominante sólo por el mero placer de atormentarte. O podrías estar sentado ahí, ocupado de tus propios asuntos, contemplando a los pájaros, y un tipo de rango alto que tiene un mal día decide hacértelo pagar clavándote sus caninos. (Semejante «desplazamiento de la agresión» a terceros explica un enorme porcentaje de la violencia de los babuinos. Un macho de rango medio recibe una paliza en una pelea, se gira y persigue a un macho adulto joven, que arremete contra una hembra adulta, quien muerde a un ejemplar joven, quien abofetea a una cría.) Para un animal subordinado, la vida está llena de una desproporcionada parte no sólo de agentes estresantes físicos, sino también de agentes estresantes psicológicos —falta de control, de capacidad de previsión, de salidas a la frustración.

No es de extrañar, pues, que entre los babuinos macho subordinados, los niveles de glucocorticoides en estado de reposo sean significativamente más altos que entre los individuos dominantes —para un subordinado, todas las circunstancias básicas de cada día son estresantes—. Y ése es justo el comienzo de los problemas de los subordinados con los glucocorticoides. Cuando aparece un verdadero agente estresante, su respuesta glucocorticoidea es más pequeña y más lenta que en los individuos dominantes. Y cuando todo ha pasado, su recuperación parece demorarse. Todos éstos son rasgos que equivalen a una respuesta de estrés ineficaz[97].

Más problemas para los individuos subordinados: elevada presión sanguínea en reposo; lenta respuesta cardiovascular a agentes estresantes reales; una recuperación despaciosa; supresión de los niveles de colesterol bueno HDL; entre los machos subordinados, niveles de testosterona que se suprimen más fácilmente por causa del estrés que en los machos dominantes; menor circulación de glóbulos blancos en la sangre; y niveles más bajos de circulación de algo llamado

---

97. He pasado en torno a una docena de veranos con los babuinos averiguando los mecanismos neuroendocrinos que dan origen al ineficaz sistema glucocorticoideo en los animales subordinados. «Mecanismos neuroendocrinos» se refiere a los pasos que conectan al cerebro, la pituitaria y las glándulas renales para regular la liberación de glucocorticoides. La pregunta que se plantea es cuál de los pasos —cerebro, pituitaria, glándulas renales— es el origen del problema. Resulta que hay diversos lugares donde las cosas funcionan de modo diferente en los subordinados y en los babuinos dominantes. Curiosamente, los mecanismos que dan origen al patrón en los babuinos subordinados son prácticamente idénticos a los que ocasionan los altos niveles de glucocorticoides que se producen en muchos seres humanos con depresión profunda.

Ilustración 30. Espulgarse, un método estupendo de cohesión social y de disminución del estrés en una sociedad en la que no todas las espaldas se rascan por igual.

factor I de crecimiento tipo insulina, que ayuda a curar las heridas. Como debería quedar claro tras muchísimas páginas de este libro, todos éstos son indicios de cuerpos que están crónicamente estresados.

Una respuesta de estrés activada de forma crónica (elevados niveles de glucocorticoides, o una presión sanguínea en reposo demasiado alta, o un mayor riesgo de aterosclerosis) parece ser también un indicador de baja categoría social en muchas otras especies animales. Esto ocurre en primates que van desde monos tipo estándar como los rhesus a animales llamados prosimios (como los ratones lémures)*. Lo mismo ocurre con las ratas, los ratones, los hámsters, los conejillos de Indias, los lobos, los conejos, los cerdos. Incluso los peces. Incluso la zarigüeya australiana, sea lo que sea.

Una pregunta crucial: estoy escribiendo como si ser de baja categoría y estar sujeto a todos esos agentes estresantes físicos y psicológicos activase de forma crónica la respuesta de estrés. ¿Podría suceder al revés? ¿Puede ocurrir que tener una respuesta de estrés de segundo grado no sea compatible con pertenecer a un rango bajo?

Es posible responder a esta pregunta con estudios efectuados con animales cautivos, donde podemos formar un grupo social artificialmente. Si controlamos los niveles de glucocorticoides, la presión sanguínea, etc., cuando el grupo acaba de formarse, y de nuevo una vez que se han establecido los rangos, la comparación nos dirá en qué dirección funciona la causalidad: ¿Las diferencias fisiológicas predicen con qué rango acabará cada uno, o es justo lo contrario? La respuesta, de forma abrumadora, es que el rango aparece primero, y determina el perfil de estrés de cada individuo.

De modo que tenemos un cuadro bastante claro. La subordinación social equivaldría a sentirse estresado de manera crónica, lo cual equivaldría a una respuesta de estrés hiperactiva, que a su vez equivaldría a más enfermedades asociadas al estrés. Ahora es momento de ver por qué ésta es una visión simplista y equivocada.

El primer indicio no es precisamente sutil. Cuando uno se levanta en una reunión científica y habla sobre los problemas de salud de sus babuinos subordinados o de las musarañas de árbol o las zarigüeyas australianas, invariablemente algún otro endocrinólogo que estudia el tema en otra especie se levanta y dice: «Bien, *mis* animales subordinados no tienen una alta presión sanguínea o niveles elevados de glucocorticoides». Hay muchas especies en las cuales la subordinación social no está asociada a una respuesta de estrés hiperactiva.

¿Por qué es así? ¿Por qué ser un animal subordinado en esas especies no es tan malo? La respuesta es que, en esas especies, ser un subordinado no es tan malo, o que en realidad tal vez sea una carga ser dominante*.

Un ejemplo de lo primero se ve en una especie de mono sudamericano llamado marmoseto. Ser subordinado entre ellos no implica sufrir agentes estresantes físicos

Ilustración 31. A un babuino macho de rango intermedio, que se ha pasado toda la mañana cazando a un impala, le arrebata la presa un macho de rango superior

y psicológicos; no es un caso de sometimiento impuesto a la fuerza por parte de unos animales grandes, desagradables y dominantes. Es una paciente estrategia de espera: los marmosetos viven en pequeños grupos sociales de «alimentadores cooperantes» emparentados, donde estar subordinado normalmente significa ayudar a los dominantes hermanos o primos más viejos y esperar su turno para graduarse en ese papel. En concordancia con este cuadro, David Abbott, del Wisconsin Regional Primate Research Center, ha demostrado que los marmosetos subordinados no tienen respuestas de estrés hiperactivas*.

Los perros salvajes y las mangostas enanas proporcionan ejemplos de esta segunda situación en la que la subordinación no es tan mala. En esas especies ser dominante no significa llevar una vida de lujo, consiguiendo los mejores bocados sin esfuerzo y ocasionalmente haciendo una donación a un museo de arte. No gozan de ese *statu quo*. Para ellos ser dominante exige la constante reafirmación del rango superior por medio de la agresión abierta: uno es puesto a prueba una y otra vez. Como han demostrado Scott y Nancy Creel, de la Universidad del Estado de Montana, no son los animales subordinados de esas especies los que tienen un elevado nivel de glucocorticoides en estado basal, sino los dominantes.

Recientemente, Abbott y yo nos inspiramos en los esfuerzos conjuntos de un gran número de colegas que han estudiado la fisiología del rango y el estrés en los primates no humanos**. Formalizamos qué características de una sociedad primate predicen si son los animales dominantes o los subordinados los que tienen las respuestas de estrés elevadas. A los expertos en cada especie primate, les hicimos las mismas preguntas: en la especie que estudias, ¿cuáles son las recompensas por ser dominante? ¿Qué papel desempeña la agresividad en el mantenimiento del dominio? ¿Cuánto sufrimiento tiene que asumir un individuo subordinado? ¿Qué fuentes de afrontamiento y apoyo (entre ellas la presencia de parientes) tienen a su disposición los subordinados de esa especie? ¿Qué posibles alternativas a la competencia existen? ¿Si los subordinados no respetan las reglas, qué probabilidad hay de que se les descubra y cuán severo es el castigo? ¿Con qué frecuencia cambia la estructura jerárquica? Entre diecisiete preguntas concernientes a la docena de especies sobre las cuales hay bastantes datos disponibles, los mejores pronosticadores de niveles elevados de glucocorticoides entre los animales subordinados son si los individuos dominantes les agreden con frecuencia y si carecen de oportunidades de apoyo social.

De modo que el rango no significa lo mismo en cada especie. Y también puede significar diversas cosas según el grupo social de la misma especie. En la actualidad los primatólogos hablan sobre la «cultura» primate*, y no es un término antropomórfico. Por ejemplo, los chimpancés de una parte de la selva húmeda pueden tener una cultura muy diferente de los ejemplares existentes cuatro valles más arriba: diferentes patrones de conducta social, un uso de vocalizaciones similares pero con significados distintos (en otras palabras, algo aproximado al concepto de «dialecto»), diversas clases de uso de herramientas. Y las diferencias intergrupales influyen en la relación entre rango y estrés.

Un ejemplo lo hallamos en las monas rhesus, donde las que poseen un rango subordinado normalmente sufren mucho y presentan altos niveles de glucocorticoides en estado basal —salvo en uno de los grupos sociales estudiados, que, por alguna razón, mostraba un alto índice de conductas reconciliadoras entre los animales después de las peleas—. Lo mismo se observó en un grupo de babuinos que resultó ser un lugar relativamente benigno para un individuo de baja categoría social. Otro ejemplo se refiere a los babuinos macho, donde, como se dijo, los subordinados suelen poseer altos niveles de glucocorticoides —excepto durante una grave sequía, cuando los machos dominantes estaban tan ocupados en buscar alimento que no tenían tiempo o energía para pelearse entre sí (lo que implica, irónicamente, que para un animal subordinado, un agente estresante medioambiental puede ser una bendición, en la medida en que le evita un agente estresante social más grave)**.

Una diferencia decisiva dentro del grupo en la respuesta de estrés se refiere a la estabilidad de la jerarquía de dominio*. Consideremos un animal que es, digamos, el número 10 de la jerarquía. En un sistema estable, ese individuo recibe una paliza en el 95 por 100 de las ocasiones por parte del número 9, pero éste, a su vez, derrota al número 11 el 95 por 100 de las veces. En cambio, si el número 10 sólo venciera en el 51 por 100 de las interacciones con el número 11, eso sugeriría que los dos podrían estar cerca de posiciones de cambio. En una jerarquía estable, el 95 por 100 de las interacciones con el rango superior e inferior respectivo refuerzan el *statu quo*. En estas condiciones, los individuos dominantes están sólidamente atrincherados y tienen todas las gratificaciones psicológicas de su posición: control, capacidad de previsión, etc. Y bajo estas condiciones, en las especies de primates de las que hemos hablado, son los individuos dominantes quienes tienen las respuestas de estrés más saludables.

En cambio, hay periodos excepcionales en los que la estructura jerárquica se torna inestable —algún individuo importante ha muerto o alguno influyente ha entrado en el grupo, se ha formado una alianza fundamental o se ha roto— y se produce una revolución, con los animales cambiando de rango a diestra y siniestra. En estas condiciones, normalmente son los individuos dominantes los que están en el ojo del huracán de la inestabilidad, los que deben someterse a los desafíos más duros, y a quienes más afecta la oscilación de las coaliciones políticas[98]. Durante esos periodos inestables, los individuos dominantes de esas mismas especies primates ya no tienen las respuestas de estrés más saludables.

Así pues, aunque el rango es un pronosticador importante de diferencias individuales en la respuesta de estrés,

---

98. Después de todo, ¿cree el lector que habría sido un papel descansado ser el zar de Rusia en 1917?

el sentido de ese rango, el bagaje psicológico que lo acompaña en una sociedad determinada, al menos es igual de importante. Otra variable crítica es la experiencia personal de un animal tanto de su rango como de su sociedad. Por ejemplo, consideremos un periodo en que un macho enormemente agresivo se ha unido a una manada de babuinos y se dedica a sembrar el pánico, atacando a los animales de forma indiscriminada, sin mediar provocación alguna. Uno podría predecir respuestas de estrés por parte de todo el grupo gracias a este bruto desestabilizador. Sin embargo, la pauta refleja la experiencia individual de los animales —respecto a los bastante afortunados como para no ser nunca víctimas de este personaje, no se producían cambios en la función inmune—. Pero, entre los que eran atacados, cuanto mayor era la frecuencia con la que un babuino concreto sufría las mordeduras de este tipo, más suprimido estaba su sistema inmune*. Así, planteamos la pregunta «¿cuáles son los efectos de un individuo agresivo y estresante sobre la función inmune en un grupo social?». La respuesta es: «Depende; lo que suprime el sistema inmune no es el hecho abstracto de vivir en una sociedad estresante, sino el hecho concreto de con qué frecuencia nos estén restregando en las narices esa misma inestabilidad»[99].

Como última variable, no sólo el rango determina en buena medida la respuesta de estrés, ni la sociedad en la que se establece dicho rango, o cómo experimenta ambos un miembro de la sociedad; también influye la personalidad**; el tema del capítulo 15. Como vimos, algunos primates ven los vasos medio vacíos y la vida llena de provocaciones, y no pueden beneficiarse de salidas o apoyo social: ésos son

---

99. Que una mala época para el conjunto de un grupo no necesariamente se traduce en algo malo para todos los individuos que lo componen, se ve cuando consideramos a todas las personas que han hecho fortunas con la venta de penicilina en el mercado negro o acaparando víveres esenciales durante una guerra.

los individuos con respuestas de estrés hiperactivas. En su caso, el rango, la sociedad a la que pertenecen y sus experiencias personales podrían ser maravillosamente saludables, pero si su personalidad les impide percibir esas ventajas, su nivel hormonal, sus arterias y sus sistemas inmunes van a pagar un precio.

Teniendo todo eso en cuenta, se presenta un cuadro bastante sutil de la relación que hay entre el rango social y las enfermedades asociadas al estrés entre los primates. Sería razonable pensar que el cuadro será mucho más complejo y sutil cuando consideremos el caso de los humanos. Nos vamos a llevar una sorpresa.

¿Los humanos tienen rangos?

A mí siempre me elegían el último para el equipo de béisbol cuando era un chico, al ser de baja estatura, falto de coordinación y normalmente estar absorto en algún libro que llevaba conmigo. Por tanto, como perpetuo relegado al último puesto por esa ley del más fuerte, soy escéptico respecto al concepto de sistemas de rango entre los humanos.

Parte del problema es definitorio, pues algunos supuestos estudios sobre el «dominio» humano lo que en realidad examinan son los rasgos de Tipo A: las personas definidas como «dominantes» son aquellas que, en las entrevistas, expresan contenidos hostiles y competitivos en sus respuestas, o que hablan rápidamente e interrumpen al entrevistador. Éste no es un concepto de dominio en un sentido que cualquier zoólogo aceptaría.

Otros estudios han examinado las correlaciones fisiológicas de las diferencias individuales entre los humanos que compiten entre sí directamente de una forma que parece dominio. Algunos han examinado, por ejemplo, las respuestas hormonales de los luchadores universitarios en función de si ganaban o perdían el combate. Otros han examinado las correlaciones endocrinas de la competición de rango en el ejército. Una de las áreas más fructíferas ha sido examinar los rangos en el mundo empresarial. El capítulo 13 mostraba cómo el «síndrome de estrés ejecutivo» en su mayor parte es un mito: las personas que están arriba provocan las úlceras, más que padecerlas. La mayoría de los estudios han demostrado que es el directivo medio el que sucumbe a las enfermedades asociadas al estrés. Se cree que esto es un reflejo de la combinación mortífera que suele agobiar a estos individuos, a saber, altas exigencias de trabajo, pero escasa autonomía: responsabilidad sin control.

En conjunto, dichos estudios han establecido algunas correlaciones experimentalmente comprobables. Yo sólo tengo algunas dudas respecto a lo que significan. Para empezar, no estoy seguro de que un par de minutos de lucha competitiva entre dos jóvenes de veintitantos años, muy condicionados, nos vayan a enseñar nada sobre cuál de ellos tendrá las arterias obstruidas a los sesenta y tantos. En el extremo opuesto, me pregunto si tiene más sentido estudiar los rangos entre los ejecutivos comerciales —mientras que las jerarquías de los primates pueden indicar en el fondo cuánto tiene que trabajar uno para obtener su ración diaria de calorías, las jerarquías empresariales en el fondo se refieren a lo mucho que tiene que trabajar uno para conseguir, por ejemplo, un televisor de plasma—. Otra razón de mi escepticismo es que por lo que respecta al 99 por 100 de la historia humana, lo más probable es que las sociedades fueran asombrosamente no jerárquicas. Esto se basa en el hecho de que los actuales grupos de cazadores-recolectores poseen una estructura notablemente igualitaria*.

Pero mi escepticismo se basa ante todo en dos razones que tienen que ver con la complejidad de la psique humana. Primero, los humanos pueden pertenecer a diferentes sistemas jerárquicos de forma simultánea, e idealmente sobresalir al menos en uno de ellos (y, por tanto, podría estarle dando el mayor peso psicológico a ese mismo). Así pues, el modesto subordinado que trabaja en el departamento de correos de la gran corporación, unas horas más tarde podría gozar de un extraordinario prestigio y autoestima por ser el diácono de su iglesia, o el capitán de su equipo de béisbol de los fines de semana, o podría ser el primero de la clase en la escuela especial para adultos. Lo que para una persona puede ser muy habilitador en la jerarquía de dominio, para la que ocupa el cubículo siguiente podría ser algo irrelevante, y esto desvirtúa los resultados enormemente.

Y lo más importante, la gente tiene la cabeza llena de ideas confusas acerca de los rangos. Imaginemos a un científico marciano que observase un maratón con objeto de estudiar la fisiología y el *rango* en los seres humanos. Lo lógico sería seguir el orden en el que los participantes acaban la carrera. El corredor 1 domina al 5, quien claramente domina al 5.000. Pero qué pasa si el corredor 5.000 es un saco de patatas que se puso a entrenar sólo hace unos meses, alguien que casi esperaba desplomarse por una trombosis coronaria en el kilómetro veinte y en lugar de eso acabó la carrera —sin duda, horas después de la gran masa de corredores—, pero acabó, exhausto y enrojecido. Y qué pasa si el corredor 5 había pasado la semana anterior leyendo en la sección de deportes que alguien de su calidad internacional debería acabar entre los tres primeros, quizá incluso arrasar a sus competidores. Ningún marciano sobre la tierra podría saber con exactitud de antemano quién de ellos iba a sentir después una exultante sensación de triunfo.

Es probable que las personas corran tanto contra sí mismas, para batir su mejor marca anterior, como contra algún referente externo. Esto también se puede ver en el mundo empresarial. Un ejemplo disparatado: el chico del departamento de correos desempeña su trabajo de manera espléndida y es recompensado, de forma inverosímil, con un sueldo anual de 50.000 dólares. Un vicepresidente senior echa a perder un gran negocio y es castigado, incluso de forma más inverosímil, con un sueldo anual de 50.001 dólares. Desde la perspectiva de ese marciano, o incluso para un ñu con mentalidad jerárquica, es evidente que el vicepresidente está en mejor situación de adquirir las nueces y las bayas necesarias para sobrevivir. Pero podemos adivinar quién va a trabajar de buen humor y quién va a estar haciendo airadas llamadas de teléfono a un consejero de administración desde el teléfono celular de su BMW. Los humanos pueden elaborar juegos internos racionalizadores con el rango basados en su conocimiento de lo que determinaba su ubicación. Consideremos el siguiente ejemplo fascinante: los individuos que ganan en alguna especie de reto competitivo suelen mostrar al menos un ligero aumento en sus niveles de testosterona en sangre; salvo que piensen que haber ganado fue fruto total de la suerte*.

Cuando ponemos todos estos calificadores juntos, pienso que el resultado neto es una base bastante inestable en lo que respecta a considerar el rango humano y su importancia para la respuesta de estrés. Excepto en un ámbito. Si queremos averiguar cuál es el equivalente humano de ser un animal social de rango bajo, uno que conlleva un índice anormalmente alto de agentes estresantes físicos y psicológicos, el cual es significativo desde el punto de vista ecológico, pues no se trata sólo de cuántas horas tenemos que trabajar para comprarnos un iPod, y que quizá sobrepase la mayor parte de las racionalizaciones y jerarquías alternativas que uno pueda imaginar: examinemos a un ser humano pobre.

Nivel socieconómico, estrés y enfermedad

Si queremos ver un ejemplo de estrés crónico, estudiemos la pobreza. Ser pobre implica gran cantidad de agentes estresantes físicos**. Trabajo manual y un mayor riesgo de accidentes laborales. Quizá incluso dos o tres empleos extenuantes, junto a una carencia de sueño crónica. Tal vez caminar al trabajo, caminar hasta la lavandería automática, volver caminando del mercado con la pesada bolsa de embutidos, en vez de conducir un automóvil con aire acondicionado. Quizá sin el suficiente dinero para pagarse un colchón nuevo que podría aliviar los dolores de espalda, o algo más de agua caliente en la ducha para esas punzadas de la artritis; y, por supuesto, tal vez también algo de hambre... La lista sigue y sigue.

Naturalmente, ser pobre supone, asimismo, una desproporcionada cantidad de agentes estresantes psicológicos. Falta de control, falta de capacidad de previsión, un trabajo alienante en una cadena de montaje, una vida laboral consistente en recibir órdenes o ir de un trabajo temporal al siguiente. El primero al que ponen en la calle cuando la situación económica es mala, y los estudios demuestran que los efectos deletéreos del desempleo sobre la salud comienzan no en el momento en que la persona es despedida, sino desde el primer momento en que se produce la mera amenaza. Preguntarse si el dinero llegará a fin de mes. Preguntarse si nuestro desvencijado coche nos llevará mañana a tiempo a la entrevista de trabajo. De qué modo esto implica una falta de control: un estudio sobre los trabajadores pobres demostraba que tenían menos probabilidad de cumplir las órdenes de sus médicos de tomar diuréticos antihipertensivos (fármacos que bajan la presión sanguínea haciendo que uno orine) porque en el trabajo no se les permitía ir al servicio con la frecuencia que necesitaban mientras se estaban medicando*.

Ser pobre significa también que uno a menudo no pueda hacer frente a los agentes estresantes de forma muy eficaz**. Como no tenemos recursos en reserva, nunca podemos hacer planes sobre el futuro, y sólo cabe responder al problema que tenemos delante. Y cuando uno lo hace, las soluciones del presente después acarrean un enorme precio, metafóricamente, o tal vez no tan metafóricamente, uno siempre está pagando el alquiler con el dinero de un usurero. Todo tiene que ser reactivo, en el momento. Lo cual aumenta la probabilidad de que uno esté incluso en peor situación para enfrentarse al siguiente agente estresante, hacerse fuerte ante la adversidad es en su mayor parte un lujo que sólo se permiten los que están mejor de dinero.

Además de todo ese estrés y esos reducidos medios para hacerle frente, la pobreza supone una clara falta de salidas. ¿Sentirse algo estresado por la vida y plantearse unas vacaciones relajantes, comprar una bicicleta estática o recibir clases de guitarra clásica para conseguir un poco de paz mental? Probablemente no. ¿O qué tal dejar ese estresante empleo y tomarse un poco de tiempo en casa para averiguar qué está haciendo uno con su vida? No cuando tienes una familia numerosa que cuenta con tu nómina y nada de dinero en el banco. ¿Tener ganas al menos de hacer algo de ejercicio, por ejemplo *footing*, para liberar algunas tensiones? Desde el punto de vista estadístico, una persona pobre tiene una probabilidad muy grande de vivir en un vecindario con mucha delincuencia, y el *footing* puede acabar siendo un agente estresante que ponga los pelos de punta.

Por último, aparte de muchas horas de trabajo y niños de los que cuidar, hay una grave falta de apoyo social —si todos los que conoces trabajan en dos o tres empleos, ni tú ni tus seres queridos, a pesar de las mejores intenciones, vais a tener mucho tiempo para sentaros juntos y manifestaros apoyo—. Así pues, la pobreza generalmente equivale a más agentes estresantes, y aunque los estudios están divididos en si los pobres sufren o no más agentes estresantes catastróficos, desde luego tienen muchos más agentes estresantes crónicos diarios.

Todas estas dificultades sugieren que un bajo nivel socioeconómico (NSE), que normalmente se mide por una combinación de ingresos, trabajo, condiciones de vivienda y educación, debería estar asociado a la activación crónica de la respuesta de estrés. Los escasos estudios que se han efectuado al respecto apoyan esta idea. Uno trataba sobre escolares de Montreal, una ciudad con comunidades bastante estables y baja delincuencia. En los niños de entre seis y ocho años ya había una tendencia a que aquellos con un NSE más bajo tuvieran niveles altos de glucocorticoides. A los diez años había un gradiente progresivo, con los chicos de NSE bajo con una media de casi el doble de glucocorticoides en circulación que los chicos de NSE más alto. Otro ejemplo se refiere a ciudadanos de Lituania. En 1978, los hombres de Lituania, entonces parte de la URSS, tenían los mismos índices de mortalidad por enfermedad coronaria que los hombres de la vecina Suecia. En 1994, tras la desintegración de la Unión Soviética, los lituanos tenían un índice cuatro veces superior al de los suecos. En la Suecia de 1994, el NSE no guardaba relación con el nivel de glucocorticoides, mientras que en la Lituania de 1994 estaba fuertemente relacionado*.

Resultados como éstos sugieren que ser pobre está asociado a más enfermedades relacionadas con el estrés. De momento, nos limitaremos a preguntar si un NSE bajo está asociado con más enfermedades. Y si siempre es así.

El riesgo para la salud derivado de la pobreza resulta ser enorme, ahí el mayor factor de riesgo está en toda la medicina conductual, en otras palabras, si tenemos un grupo de personas del mismo género, edad y etnia, y queremos predecir el tiempo que vivirá cada una, el dato más útil es conocer el NSE de cada persona. Si queremos aumentar nuestra probabilidad de vivir una vida larga y saludable, no seamos pobres. La pobreza está asociada a mayores riesgos de padecer una enfermedad cardiovascular, y de varios tipos de cáncer, por mencionar algunos[100]. Está asociada a

---

100. A modo de ejemplo, entre los países de Europa, el nivel socioeconómico explica el 68 por 100 de la variación respecto a quiénes sufren una apoplejía. Sin embargo, no todas las enfermedades son más predominantes entre los pobres, y, lo que es

un mayor índice de personas que aseguran tener una mala salud, de mortalidad infantil, y de mortalidad en general. Además, un NSE más bajo augura un menor peso en el parto, en relación con el tamaño del cuerpo —y sabemos por el capítulo 6 los efectos de por vida de un bajo peso de nacimiento—*. En otras palabras, si nacemos pobres, aunque nos toque la lotería a las tres semanas de vida, y pasemos el resto de vuestra vida codeándonos con Donald Trump, aún seguiremos teniendo un aumento estadístico en algunos ámbitos de riesgo de enfermedad para el resto de nuestra vida.

¿La relación entre el NSE y la salud es tan sólo un pequeño desajuste en los datos estadísticos? No, puede tener un efecto enorme. En el caso de algunas de esas enfermedades sensibles al NSE, si ocupamos los peldaños más bajos de la escalera socioeconómica, puede suponer una incidencia diez veces mayor en comparación con los que están encaramados en la cima[101] **. O dicho

---

fascinante, algunas son incluso más comunes entre los ricos. El melanoma es un ejemplo, lo que sugiere que la exposición al sol en una tumbona podría conllevar unos riesgos de enfermedad diferentes a que se nos ponga roja la piel del cuello por realizar un trabajo físico que obliga a estar encorvado (o que un enorme porcentaje de las personas pobres que trabajan al sol tienen una considerable cantidad de melanina en su piel, si el lector sabe a qué me refiero). O esclerosis múltiple, y otras varias enfermedades autoinmunes y, en su día, polio. O el «hospitalismo», una enfermedad pediátrica de la década de 1930 que hacía que los niños se consumiesen en los hospitales. Ahora se sabe que aquello en buena parte se debía a la falta de contacto y sociabilidad —y los niños que iban a los hospitales más pobres no tenían ese problema, ya que allí no se podían permitir tener incubadoras de tecnología punta, por lo que el personal del hospital tenía que cogerlos en brazos.

101. Varios investigadores de este campo han señalado (incluso antes de la famosa película de DiCaprio) que hubo un estricto gradiente de NSE en los que sobrevivieron al hundimiento del *Titanic*.

de otro modo, en algunos países esto se traduce en una diferencia de entre cinco a diez años en la esperanza de vida al comparar a los más pobres con los más ricos, y una diferencia de décadas al comparar subgrupos de los más pobres y los más ricos.

Hallazgos como éstos se remontan a siglos*. Por ejemplo, un estudio sobre hombres en Inglaterra y Gales demostró un pronunciado gradiente del NSE en la tasa de mortalidad de cada década del siglo xx. Esto tiene una implicación decisiva que ha sido señalada por Robert Evans, de la Universidad de British Columbia: las enfermedades de las que morían las personas con más frecuencia hace un siglo son radicalmente diferentes de las más comunes de la actualidad. Diversas causas de muerte, pero el mismo gradiente de NSE, la misma relación entre el NSE y la salud. Lo cual nos dice que el gradiente no se deriva tanto de la enfermedad como de la clase social. Por tanto, escribe Evans, las «raíces [del gradiente de salud del NSE] están más allá del alcance de la terapia médica».

De modo que el NSE y la salud están estrechamente unidos. ¿Cuál es la relación de causalidad? Tal vez el hecho de ser pobre origine una mala salud. Pero quizá sea lo contrario, y estar enfermo le hunda a uno en la pobreza. Esto último desde luego ocurre, pero la mayor parte de la relación se debe a lo primero. Esto se demuestra al ver que nuestro NSE en determinado momento de la vida predice importantes rasgos de nuestra salud posterior. Por ejemplo, la pobreza al comienzo de la vida posee efectos adversos sobre la salud posterior, según veíamos en el capítulo 6 sobre los orígenes fetales de la enfermedad en la edad adulta. Un notable estudio se refería a un grupo de monjas ancianas. Tomaron sus votos siendo jóvenes adultas, y el resto de sus vidas compartieron la misma dieta, la misma asistencia médica, la misma vivienda, etc. A pesar de controlar todas estas variables, en la vejez sus pautas de enfermedad, de demencia y de longevidad todavía las determinaba el NSE que tenían cuando se convirtieron en monjas hacía más de un siglo.

Así pues, el NSE influye en la salud, y cuanto mayor sea el porcentaje acumulativo de nuestra vida que hayamos pasado siendo pobres, mayor será su efecto adverso sobre ésta[102]. ¿Por qué el NSE influye en la salud? Hace un siglo en Estados Unidos, o en un país desarrollado de la actualidad, la respuesta habría sido obvia. Se referiría a las personas pobres que tienen más enfermedades infecciosas, menos alimento y una tasa de mortalidad infantil astronómicamente más alta. Pero con el cambio que se ha producido hacia el actual predominio de las enfermedades lentas y degenerativas, las respuestas también han cambiado*.

El enigma del acceso a la seguridad social

Comencemos con la explicación más plausible. En Estados Unidos, los pobres (con o sin seguro médico) no tienen el mismo acceso a la asistencia médica que los ricos. Esto significa menos chequeos médicos preventivos, un mayor tiempo de espera para hacer pruebas cuando se percibe alguna molestia, y una asistencia menos adecuada cuando se ha descubierto un problema, sobre todo si la asistencia médica requiere una técnica cara y sofisticada. A modo de ejemplo, un estudio de 1967 demostraba que cuanto más pobre lo consideran a uno (en función del barrio en el que uno vive, su casa, su aspecto), menor es su probabilidad de que los enfermeros lo resuciten de camino al hospital**. En estudios más recientes, dada una apoplejía de la misma gravedad, el NSE influía en nuestra probabilidad de recibir terapia física, ocupacional o discursiva, y en el tiempo que

---

102. Eso significa que no estamos hundidos de forma irreversible por haber nacido pobres; la movilidad social ayuda hasta cierto punto.

teníamos que esperar hasta pasar por quirófano para reparar el vaso sanguíneo dañado que nos causó la apoplejía.

Parece que esto debería explicar el gradiente del NSE. Hagamos que la asistencia médica sea equitativa, socialicemos la medicina, y ese gradiente desaparecerá. Pero sólo con respecto a las diferencias de acceso a la asistencia médica, o en su mayor parte sobre eso.

Para empezar, consideremos varios países en los que la pobreza está fuertemente asociada a una mayor incidencia de enfermedades: Australia, Bélgica, Dinamarca, Finlandia, Francia, Italia, Japón, los Países Bajos, Nueva Zelanda, la antigua Unión Soviética, España, Suecia, el Reino Unido y, por supuesto, Estados Unidos de América. Socialicemos el sistema asistencial médico, socialicemos todo el país, convirtámoslo en un paraíso para los trabajadores, y todavía aparecerá dicho gradiente. En un lugar como Inglaterra, el gradiente del NSE empeoró durante el siglo XX, a pesar de que la implantación de la asistencia médica universal ha permitido a todos un acceso igual al sistema sanitario*.

Podríamos de forma cínica, y no sin razón, señalar que los sistemas de asistencia médica maravillosamente igualitarios quizá sólo lo sean en teoría; incluso es probable que el sistema sanitario sueco sea al menos un poquito más atento con el rico industrial, el doctor enfermo o el atleta famoso, que con alguno de esos pobres insignificantes que atestan los ambulatorios. Algunas personas siempre se llevan una parte mayor de la igualdad que otras. Pero al menos en un estudio sobre personas integradas en un plan de salud pagado con antelación, donde las instalaciones médicas estaban disponibles para todos los participantes, las más pobres tenían más enfermedades cardiovasculares, a pesar de hacer más uso de los recursos médicos**.

Un segundo argumento contra la importancia de la diferencia de acceso a la asistencia médica es que la relación constituye el término que he estado usando, es decir, un *gradiente*. No se trata sólo de que los pobres tengan peor salud que los demás, sino de que por cada escalón más bajo en la escala del NSE, hay peor salud (y cuanto más desciende uno en la jerarquía del NSE, más acusado es el empeoramiento de la salud). Éste era un punto absolutamente claro de la investigación más famosa efectuada en este campo, los estudios Whitehall de Michael Marmot, de la University College de Londres*. Marmot consideraba un sistema en el que las gradaciones del NSE están tan claras que el rango ocupacional prácticamente viene sellado en la frente de las personas —el sistema de seguridad social británico, que abarca desde obreros sin cualificar a ejecutivos con mucho poder—. Si comparamos los escalones más altos y los más bajos veremos que hay una diferencia de cuatro veces en los índices de mortalidad por enfermedad cardíaca. Recuerde el lector, esto en un sistema en el que todos tienen aproximadamente idéntico acceso a la asistencia médica, han pagado un impuesto por vivir y, lo que es muy importante en el contexto de los efectos imprevisibles, es muy posible que sigan siendo capaces de ganar ese impuesto vital.

Un último voto contra el argumento del acceso al sistema sanitario: el gradiente se da en las enfermedades que no tienen nada que ver con dicho acceso. Cojamos a una persona joven y, cada día, escrupulosamente, sometámosla a una profunda revisión médica, examinemos sus órganos vitales, analicemos atentamente su sangre, hagámosla correr en una cinta transportadora, démosle una severa conferencia sobre hábitos saludables, y luego, por añadidura, centrifuguémosla un poco, y aun así seguirá teniendo el mismo riesgo de contraer algunas enfermedades como si no hubiese recibido toda esa atención. Theodore Pincus, de la Universidad Vanderbilt, ha documentado cuidadosamente la existencia de un gradiente del NSE para dos de esas enfermedades, la diabetes juvenil y la artritis reumatoide**.

Así pues, las principales figuras de este campo parecen descartar que el acceso al cuidado sanitario sea una parte

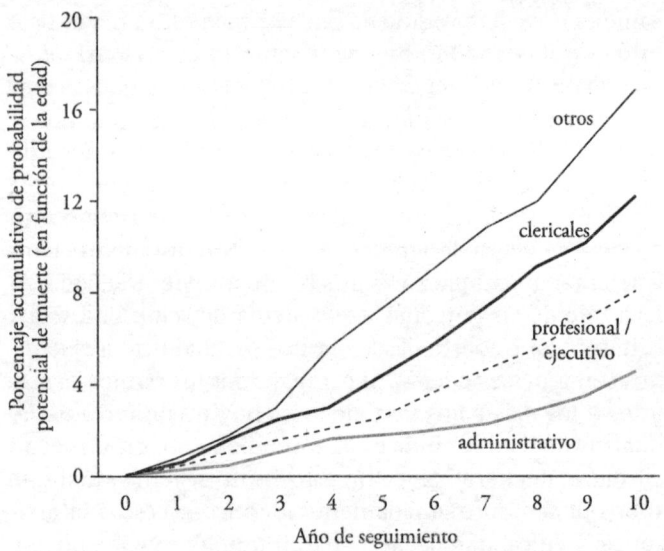

Ilustración 32. El estudio Whitehall, mortalidad por nivel profesional de seguimiento

importante de la historia. Esto no significa que haya que descartarlo por completo (menos aún que no debamos molestarnos en tratar de establecer una asistencia médica universal). Una evidencia de esto es que la sudorosa América capitalista tiene el peor gradiente, mientras que los socializados países escandinavos tienen el mejor. Aunque aún poseen gradientes altos a pesar de su socialismo. La principal causa tiene que estar en algún otro sitio. Por tanto, pasemos a la siguiente explicación más plausible.

Factores de riesgo y factores protectores

Las personas más pobres en las sociedades occidentales tienen más probabilidad de beber y fumar en exceso (a tal punto que se ha señalado que el tabaquismo pronto será una actividad casi exclusivamente de NSE bajo). Estos excesos nos llevan de nuevo al último capítulo y a tener el problema de «simplemente decir no» cuando hay pocos síes. Además, los pobres tienen más probabilidad de tener una dieta insana —en el mundo en vías de desarrollo, ser pobre significa tener problemas para comprar alimentos, mientras que en el mundo occidental significa tener problemas para comprar alimentos *sanos*—. Gracias a la industrialización, en nuestra sociedad hay menos empleos que requieran ejercicio físico y, cuando se combinan con los costes de la pertenencia a algún gimnasio de moda, los pobres hacen menos ejercicio. Tienen más probabilidad de ser obesos, y con forma de manzana. Es menos probable que utilicen el cinturón de seguridad, lleven un casco de moto o posean un automóvil con *airbags*. Tienen más probabilidad de vivir cerca de un vertedero tóxico, de ser asaltados, de tener una calefacción insuficiente en invierno, de vivir en condiciones de hacinamiento (y, por tanto, más expuestos a enfermedades infecciosas). La lista parece interminable, y todo tiene un efecto adverso sobre la salud.

Desde el punto de vista estadístico, es probable que ser pobre vaya aparejado a otro factor de riesgo: recibir una formación deficiente. Así pues, tal vez los pobres no comprendan o desconozcan los factores de riesgo a los que están expuestos o cuáles son los factores que favorecen la salud y que ellos descuidan —aunque esté en su mano hacer algo, carecen de información—. Un ejemplo que me asombra es que una gran cantidad de personas al parecer no son conscientes de que los cigarrillos son perjudiciales, y los estudios demuestran que no se trata de personas tan ocupadas en sus disertaciones doctorales como para no reparar en algunas trivialidades de la sanidad pública. Otros estudios indican que, por ejemplo, las mujeres pobres tienen menos probabilidad de saber que deben hacerse un frotis de pezones, lo que incrementa su riesgo de padecer cáncer cervical[103] *. El entrelazado de pobreza y formación insuficiente tal vez explique el alto índice de personas pobres que, pese a su pobreza, aún podrían comer algo más sano, ponerse el cinturón de seguridad o el casco, etc., pero no lo hacen. Y quizás ayude a explicar por qué los pobres tienen menos probabilidad de obedecer un tratamiento de régimen prescrito para ellos que realmente pueden pagar —es más probable que no hayan entendido las instrucciones o que piensen que seguirlas no es importante—. Además, un alto grado de formación en general mejora las técnicas de resolución de problemas. Estadísticamente, tener un mayor nivel cultural predice que nuestra comunidad de amigos y parientes también lo tiene, con esas ventajas concomitantes.

Sin embargo, el gradiente del NSE no se refiere tanto a los factores de riesgo y los factores protectores. Demostrar esto requiere algunas eficaces técnicas estadísticas gracias a las cuales vemos si un efecto se sigue dando después de controlar uno o más de estos factores. Por ejemplo, cuanto más bajo es nuestro NSE, mayor es el riesgo de sufrir cáncer de pulmón. Pues cuanto más bajo es nuestro NSE, mayor es la probabilidad de fumar. ¿De modo que aunque controlemos el tabaquismo —comparando sólo a personas que fuman— la incidencia de cáncer de pulmón aún es mayor con el descenso del NSE? Vayamos un paso más allá: dada la misma *cantidad* de tabaquismo, ¿la incidencia de cáncer de pulmón aún aumenta? Dada la misma cantidad de tabaquismo y consumo de alcohol…, y así sucesivamente. Esta clase de análisis demuestran que dichos factores de riesgo importan, como ha escrito Robert Evans: «Beber aguas residuales probablemente es estúpido incluso hasta para Bill

---

103. En una sutil pero asombrosa complicación de esta historia, el nivel cultural en realidad agudiza la desigualdad sanitaria. Como la investigación médica genera nuevos avances en la asistencia médica y la medicina preventiva, son los mejor instruidos quienes primero tienen noticia de ellos, los aprecian, los adoptan, y así se benefician de ellos en mayor medida, ampliando aún más el gradiente de salud.

Gates». Simplemente no importan tanto. Por ejemplo, en los estudios Whitehall*, el tabaco, los niveles de colesterol, la presión sanguínea y el nivel de ejercicio explican sólo en torno a un tercio del gradiente del NSE. Respecto a los mismos factores de riesgo y la misma carencia de factores protectores, si uno cae en la pobreza tendrá más probabilidad de enfermar.

De modo que una diferente exposición a factores de riesgo o a factores protectores no explica mucho. Este punto se resuelve de otra forma. Comparemos países que difieren en riqueza. Uno puede suponer que estar en un país más rico nos da más oportunidades de comprar factores protectores y evitar los factores de riesgo. Por ejemplo, hallamos el menor grado de contaminación en países muy pobres y muy ricos; en el primer caso porque no están industrializados y en el último porque lo hacen limpiamente o se la mandan a algún otro. No obstante, si consideramos a la cuarta parte más rica de los países de la tierra, vemos que no hay relación entre la riqueza de una nación y la salud de sus ciudadanos[104]. Éste es un punto en el que pone gran énfasis Stephen Bezruchka, de la Universidad de Washington, al considerar a Estados Unidos: pese a tener el sistema sanitario más caro y sofisticado del mundo, hay un desmesurado número de naciones menos ricas cuyos ciudadanos viven unas vidas más sanas y largas que las nuestras[105] **.

---

104. Esto podría parecer un aparte, pero es uno de los temas fundamentales de este libro. Si dejamos fuera al 25 por 100 de los países más pobres de la Tierra, no hay relación entre la riqueza de un país y el porcentaje de sus ciudadanos que dicen ser felices. (¿Cuántos países estaban en la lista cuyos ciudadanos son al menos tan felices, si no más, que los norteamericanos, pese a ser países menos ricos? Diez, la mayoría con sistemas de bienestar social. ¿E infelicidad? Los diez más infelices son todos ex Estados de la Unión Soviética o de Europa Oriental.)

105. En 1960, Estados Unidos ocupaba el puesto 13 en esperanza de vida, algo bastante vergonzoso de por sí. En 1997 estaba en el 25. Como ejemplo, los griegos, que tienen aproximadamente

Así que el acceso a la asistencia médica y los factores de riesgo desempeñan ambos un importante papel. Aquí es donde las cosas se ponen tensas en los congresos científicos. Gran parte de este libro ha tratado sobre el modo en que una determinada corriente de medicina «oficial», demasiado centrada en ver la enfermedad exclusivamente como un problema de virus, bacterias y mutaciones, ha tenido que admitir a regañadientes la importancia de los factores psicológicos, entre ellos el estrés. De manera similar, entre los «epidemiólogos sociales» que piensan en los gradientes NSE/salud, la opinión generalizada se ha centrado desde hace tiempo en el acceso a la asistencia médica y los factores de riesgo. Y, por tanto, también ellos tienen que admitir los factores psicológicos. Entre ellos el estrés.

El estrés y el gradiente del NSE

En la última edición de este libro, argumentaba a favor del importante papel del estrés basándome en tres puntos. Primero, los pobres sufren todos los días esos agentes estresantes crónicos. Segundo, cuando examinamos el gradiente del NSE respecto de las enfermedades individuales, los gradientes más fuertes se producen con las más sensibles al estrés, como las dolencias cardíacas, la diabetes, el síndrome metabólico y los trastornos psiquiátricos. Por último, una vez que hemos reunido a los habituales sospechosos —el acceso a la asistencia médica y los factores de riesgo— y hemos descartado que sean de principal importancia, ¿a qué más podemos ponerle la etiqueta de gradiente del NSE? ¿A las manchas solares?

Algo insustancial. Con esa clase de evidencia, los epidemiólogos sociales estaban dispuestos a dejar entrar a algunos

---

la mitad de la renta per cápita de los estadounidenses, tienen una esperanza de vida mayor.

de esos psicólogos y fisiólogos del estrés, pero por la puerta trasera, y permitiéndoles comer sólo en la *cocina*.

De modo que ése era el argumento del estrés hace media década. Pero desde entonces nuevos y sorprendentes hallazgos han dado gran solidez al argumento del estrés.

Ser pobre frente a sentirse pobre

Un concepto esencial de este libro es que el estrés posee una fuerte raíz psicológica cuando tratamos con organismos que no son perseguidos por depredadores, y que tienen un refugio adecuado y suficientes calorías para conservar una buena salud. Una vez que esas necesidades básicas están cubiertas, es un hecho inevitable que si todos son pobres, y quiero decir todos, entonces nadie lo es. Para comprender por qué el estrés y los factores psicológicos tienen tanto que ver con el gradiente NSE/salud, debemos empezar por el hecho obvio de que nunca se da el caso de que todos sean pobres y, por tanto, nadie lo sea. Esto nos lleva a un punto crítico dentro de este campo: el gradiente NSE/salud en realidad no se refiere a una distribución que en el nivel más bajo signifique ser pobre. No se refiere a ser pobre, sino a *sentirse* pobre; es decir, a sentirse *más pobre* que los que nos rodean.

Nancy Adler, de la Universidad de California, en San Francisco, ha llevado a cabo un interesante trabajo sobre esta cuestión*. En lugar de examinar sólo la relación entre el NSE y la salud, Adler analiza qué tiene que ver la salud con lo que alguien *piensa y siente* que es su NSE: su «NSE subjetivo». Mostremos a alguien una escalera con diez peldaños y preguntémosle «En la sociedad, ¿en qué parte de esta escalera te situarías en función de lo bien que te va?». Sencillo.

Si las personas fueran puramente racionales y precisas, las respuestas a nivel de grupo deberían situarse como media hacia la mitad de los peldaños de la escalera. Pero aquí intervienen las distorsiones culturales: los expansivos y autocomplacientes europeos-norteamericanos se sitúan por término medio por encima del peldaño central (lo que Adler llama su Efecto Lake Wobegon, donde todos los niños están por encima de la media); en cambio, los chinos-norteamericanos, procedentes de una cultura menos individualista y autosuficiente, se sitúan por término medio por debajo del peldaño central. Así que tenemos que contrapesar esos prejuicios. Además, dado que estamos preguntando cómo se siente la gente respecto a algo, debemos tener un control de las personas que sufren una enfermedad de carácter emocional, es decir, depresión.

Una vez que hemos hecho eso, veamos qué relación existe entre las medidas de salud y el NSE subjetivo de uno. Sorprendentemente es un pronosticador de esas medidas sanitarias al menos tan bueno como el verdadero NSE de uno, y, en algunos casos, *es incluso mejor*. Las medidas cardiovasculares, las del metabolismo, el nivel de glucocorticoides, la obesidad infantil. *Sentirse* pobre en nuestro mundo socioeconómico predice mala salud.

Esto en realidad no es tan sorprendente. Podemos ser enormemente competitivos, ambiciosos, miembros de una especie envidiosa, y no particularmente racionales en la forma en que establecemos esas comparaciones. He aquí un ejemplo de un ámbito no relacionado con este tema: si mostramos a un grupo de voluntarias una serie de fotografías de unas atractivas modelos, después se sentirán de peor ánimo, con la autoestima más baja, que antes de ver las fotografías (e incluso de forma más deprimente, si mostramos esas mismas fotos a unos hombres, después lo que disminuye es la satisfacción que dicen sentir respecto de sus esposas)*.

Así que no tiene que ver con ser pobre, sino con sentirse pobre. ¿Cuál es la diferencia? Adler demuestra que el NSE subjetivo se basa en la formación, los ingresos y la situación profesional (en otras palabras, ésos son sus pilares), más satisfacción con el nivel de vida y sensación de seguridad económica de cara al futuro. Esas últimas dos medidas son decisivas. Los ingresos pueden decirnos algo (pero desde luego no todo) sobre el NSE; la satisfacción con el nivel de vida es el mundo de las personas que son pobres y felices y de los archimillonarios que todavía ansían más. Todo ese enrevesado asunto que domina este libro. Y ¿de qué trata la «sensación de seguridad económica»? De ansiedad. De modo que la realidad del NSE, más nuestro grado de satisfacción con ese NSE, más nuestra confianza sobre lo predecible que es nuestro NSE son en conjunto mejores pronosticadores de salud que sólo el NSE.

Esto no es una regla inflexible, y el trabajo más reciente de Adler demuestra que el NSE subjetivo no necesariamente es un gran pronosticador en ciertos grupos étnicos*. Pero por encima de todo, hay algo que me impresiona enormemente: cuando hemos superado la fase de tener que preocuparnos por conseguir un techo y suficiente alimento, sentirnos pobres es peor para nosotros que serlo de verdad.

Pobreza frente a pobreza en medio de la abundancia

En muchos sentidos, una idea aún más precisa con respecto a este fenómeno en conjunto es: se trata de que a uno le *hacen* sentir pobre. Este tema resulta más claro cuando se considera al segundo equipo de investigación de esta área, defendido por Richard Wilkinson, de la Universidad de Nottingham, en Inglaterra. Wilkinson adoptó un enfoque de estructura vertical, examinando la escala del «¿cómo te va?» desde el nivel social.

Veamos cómo se pueden distribuir las respuestas a «¿cómo te va?» a lo largo de la escala. Supongamos que hay una empresa con diez empleados. Cada uno gana 5,50 dólares a la hora. Por tanto, la compañía está pagando un salario total de 55 dólares a la hora, y el ingreso medio es de 5,50 dólares la hora. Con esa distribución, el empleado más rico está ganando 5,50 dólares a la hora, o el 10 por 100 del ingreso total (5,50 dólares/55 dólares/55).

Mientras tanto, en una segunda empresa también hay diez empleados. Uno gana 1 dólar a la hora; el siguiente, 2 dólares a la hora; el siguiente, 3 dólares; etc. De nuevo, la empresa paga un sueldo total de 55 dólares a la hora, y el sueldo medio vuelve a ser de 5,50 dólares a la hora. Pero ahora el empleado más rico, que gana 10 dólares a la hora, se lleva a casa el 18 por 100 del ingreso total (10 dólares/55 dólares).

Ahora bien, en la tercera empresa, nueve de los empleados ganan 1 dólar a la hora, y el décimo gana 46 dólares a la hora. De nuevo, la compañía paga un total de 55 dólares a la hora, y el salario medio es de 5,50 dólares a la hora. Y aquí el empleado más rico se lleva a casa el 84 por 100 del ingreso total (46 dólares/55 dólares).

Lo que aquí tenemos son empresas con ingresos cada vez más desiguales. Lo que Wilkinson y otros han demostrado es que la pobreza no es sólo un pronosticador de mala salud, sino que, al margen del ingreso bruto, también lo es la pobreza en medio de la abundancia: cuanto mayor es la desigualdad de la renta en una sociedad, peores son la salud y las tasas de mortalidad.

Esto se ha demostrado de forma reiterada y en múltiples niveles. Por ejemplo, la desigualdad de la renta predice unas tasas de mortalidad infantil más altas en varios países europeos. La desigualdad de la renta predice tasas de mortalidad en todas las edades (salvo los ancianos) en Estados Unidos, tanto a nivel de estados como de ciudades. En un mundo de ciencia a menudo lleno de datos poco convincentes, el efecto es extremadamente fiable —la desigualdad de la renta en los estados norteamericanos es realmente un claro pronosticador de tasas de mortalidad entre los trabajadores—. Cuando comparamos el estado más igualitario, New Hampshire, con el menos igualitario, Luisiana, este último tiene en torno a un 60 por 100 superior de tasa de mortalidad[106]. Por último, Canadá es una sociedad sin duda más igualitaria y saludable que Estados Unidos: pese a ser un país «más pobre»*.

Ante hallazgos extraordinarios como éste, la relación entre la desigualdad de la renta y la mala salud no parece ser universal**. Advirtamos lo plana que es la curva de Canadá; además, eso no lo hallamos al considerar a las personas adultas de toda Europa occidental, sobre todo en países con sistemas de bienestar social muy desarrollados, como Dinamarca. En otras palabras, probablemente no podamos extraer este resultado al comparar distintos municipios de Copenhague debido a que en una ciudad como ésa la pauta global es muy igualitaria. Pero es una relación razonablemente sólida en el Reino Unido, mientras que el buque insignia de la relación desigual entre la salud y la renta es Estados Unidos, donde el 1 por 100 que está arriba de la escalera del NSE controla casi el 40 por 100 de la riqueza, y tiene un efecto inmenso (y persiste incluso después de tomar en cuenta el factor étnico).

Estos estudios sobre naciones, estados y ciudades plantean la cuestión de con quién se compara uno al pensar dónde se situaría en una escalera de «¿cómo te va?». Adler trata de averiguarlo haciendo dos veces su pregunta. Primero se le pide a uno que se sitúe en la escalera con respecto a «la sociedad en su conjunto» y después con respecto a «nuestra comunidad inmediata». La estructura vertical de Wilkinson se organiza al comparar el poder pronosticador de los datos a niveles nacional, estatal y de ciudad. Ninguno de los estudios ha arrojado una clara respuesta aún, pero ambos parecen indicar que lo más importante es nuestra comunidad

---

106. Los estados más igualitarios tienden a estar en Nueva Inglaterra, estados de grandes praderas como los Dakotas o Iowa, y Utah; los menos igualitarios están en el Sur Profundo, además de Nevada.

inmediata. Como Tip O'Neil, el consumado político, solía decir: «Toda política es local».

Evidentemente, éste es el caso en lugares tradicionales donde todo el mundo conoce a los miembros de la comunidad inmediata de su pueblo —mira cuántas gallinas tiene *ése*, y yo no tengo nada—. Pero gracias a la urbanización, la movilidad y los medios de comunicación de nuestra aldea global, ahora puede ocurrir algo absolutamente sin precedentes: pueden hacernos sentir pobres, o que tengamos un pobre concepto de nosotros mismos, personas a las que *ni siquiera conocemos*. Puede hacer que nos sintamos más pobres la ropa de alguien que pase a nuestro lado entre la muchedumbre de una ciudad de provincias, el invisible conductor de un flamante automóvil en la autopista, Bill Gates en las noticias de la tarde, o incluso un personaje de ficción de una película. Tal vez la percepción de nuestro NSE se derive en su mayor parte de nuestra comunidad local, pero hoy nuestro mundo moderno hace posible que nos comparemos con una comunidad local que se extiende alrededor del globo.

La desigualdad de la renta parece realmente importante para darle sentido al gradiente NSE/salud. Pero tal vez no lo sea tanto. Quizás el asunto de la desigualdad sea sólo una cortina de humo construida en torno al hecho de que los lugares con grandes desigualdades tienden a ser asimismo lugares pobres (en otras palabras, de nuevo el asunto clave sería la «pobreza», en vez de la «pobreza en medio de la abundancia»). Pero aunque tengamos en cuenta el ingreso absoluto, los datos de desigualdad aún subsisten.

Existe un segundo problema potencial. Ascender en la escala del NSE está asociado a una mejor salud (cualquiera que sea la medida que empleemos), pero, como se dijo, cada paso incremental se hace más pequeño. Una forma matemática de expresar esto es que la relación NSE/salud constituye una asíntota*, ir desde la extrema pobreza a la clase media baja implica un pronunciado aumento en salud que luego tiende a aplanarse cuando uno entra en el rango superior del NSE.

De modo que si analizamos las naciones ricas, estamos examinando países en los que las medias de NSE alcanzan un promedio en algún lugar de la parte plana de la curva. Por tanto, comparamos dos naciones igualmente ricas (esto es, que tienen la misma media de NSE en la parte plana de la curva) que difieren en la desigualdad de la renta. Por definición, la nación con mayor desigualdad tendrá más puntos de datos procedentes de la parte de la curva marcadamente descendente, y, por tanto, deberá tener un promedio inferior de nivel de salud. En este escenario, el fenómeno de la desigualdad de la renta no refleja en realidad ningún rasgo del conjunto de la sociedad, sino que simplemente aparece, como inevitabilidad matemática, a partir de los datos individuales. Sin embargo, algunos estudios efectuados con modelos matemáticos bastante sofisticados demuestran que este sistema no puede explicar toda la relación de desigualdad entre la salud y la renta en Estados Unidos.

Pero, por desgracia, podría haber un tercer problema. Supongamos que en una sociedad la mala salud de los pobres fuese más sensible a los factores socioeconómicos que la buena salud de los ricos. Imaginemos ahora que hacemos que la distribución de la renta en esa sociedad sea más igualitaria al transferir parte de la riqueza de los ricos a los pobres[107]. Tal vez al hacer eso consigamos que la riqueza de los ricos sea un poco menor y la salud de los pobres mucho mejor. Si empeoran un poco los escasos ricos y mejoran mucho los numerosos pobres, en conjunto tendremos una sociedad más sana. Eso no sería muy interesante en el contexto del estrés y los factores psicológicos, pero Wilkinson hace una observación extraordinaria: en las sociedades con mayor igualdad distributiva, tanto los pobres *como los ricos* están más sanos que sus equivalentes

---

107. La proporción de la riqueza de la sociedad que debe transferirse para contribuir a crear una renta completamente igual se denomina el índice Robin Hood*.

en una sociedad menos igual con la misma renta per cápita. Aquí está pasando algo más profundo.

¿De qué modo la desigualdad de la renta y el sentirse pobre se traduce en una mala salud?

La desigualdad de la renta y el sentirse pobre podrían dar origen a una mala salud a través de varios caminos. Uno de ellos, descubierto por Ichiro Kawachi, de la Universidad de Harvard, se centra en cómo una renta desigual contribuye a crear una lacra psicológica, una vida más estresante para todos. Se basa en gran medida en un concepto de la sociología llamado «capital social»*. Mientras que el «capital financiero» dice algo sobre la profundidad y la extensión de los recursos económicos a los que uno puede recurrir en tiempos turbulentos, el capital social se refiere a lo mismo en el ámbito social. Por definición, el capital social se produce al nivel de una comunidad, más que al nivel de los individuos o de redes sociales individuales.

¿Qué constituye el capital social? Una comunidad en la que hay mucho voluntarismo y numerosas organizaciones a las que las personas pueden unirse, gracias a lo cual sienten que forman parte de algo más grande que ellas mismas. Donde las personas no cierran sus puertas con cerrojo. Donde cualquier miembro de la comunidad impediría que unos jóvenes gamberros destrozasen un coche aparcado aunque no sepa de quién es. Donde ningún joven tratase de destruir coches. Lo que Kawachi demuestra es que cuanto mayor es la desigualdad de la renta en una sociedad, menor es el capital social, y cuanto más bajo es el capital social, peor es la salud.

Obviamente, el «capital social» se puede medir de muchas maneras y todavía está en evolución como medida rigurosa, pero en general incorpora elementos relativos a la confianza, la reciprocidad, la ausencia de hostilidad, una fuerte participación en organizaciones en pro del bien común (que van desde el mero entretenimiento —una liga de bolos— a cosas más serias: asociaciones de rentistas o un sindicato) y a los logros de esas organizaciones. La mayoría de los estudios averiguan esto con dos medidas: de qué modo responden las personas a una pregunta como «¿Crees que la mayoría de la gente trataría de aprovecharse de ti si tuviera oportunidad, o que trataría de ser justa?», y a cuántas organizaciones pertenecen. Medidas como ésas nos dicen que a nivel de estados, provincias, ciudades y barrios, un bajo capital social tiende a significar mala salud y altas tasas de mortalidad[108].

Descubrimientos como éstos tienen perfecto sentido para Wilkinson. En su escrito subraya que la confianza requiere reciprocidad, y la reciprocidad, igualdad. En cambio, la jerarquía tiene que ver con el dominio, no con la simetría y la igualdad. Por definición, no podemos tener una sociedad con una dramática desigualdad de renta y con una gran cantidad de capital social. Estos hallazgos también tendrían sentido para el fallecido Aaron Antonovsky, que fue uno de los primeros en estudiar el gradiente NSE/salud. Él recalcó lo perjudicial que es para la salud y la psique ser un miembro invisible de la sociedad*. Para reconocer hasta qué punto los pobres existen sin que se les tenga en cuenta basta con considerar las diversas formas en que la mayoría de nosotros nos hemos acostumbrado a ver a través de los sin techo cuando nos cruzamos con ellos en la calle.

De modo que la desigualdad de la renta, la confianza mínima y la falta de cohesión social van unidas. ¿Cuál es la causa de cuál y cuál es más pronosticadora de mala salud? Para averiguarlo necesitamos algunas sofisticadas

---

108. Incluso al nivel de los campus de las facultades: cuanto más capital social tiene un campus, según estas medidas, menor número de borracheras.

técnicas estadísticas llamadas «análisis de camino». Un ejemplo con el que ya nos sentimos cómodos por capítulos anteriores: el estrés crónico genera más enfermedad cardíaca. El estrés puede hacer esto al aumentar directamente nuestra presión sanguínea, pero también hace que mucha gente coma de forma menos sana. ¿En qué medida el camino desde el estrés a la enfermedad cardíaca pasa directamente por la presión sanguínea y en qué medida pasa por la vía indirecta del cambio de dieta? Ésta es la clase de información que puede darnos un «análisis de camino». Y el trabajo de Kawachi demuestra que el camino más sólido desde la desigualdad de la renta (tras tener en cuenta el ingreso bruto) a la mala salud es a través de las medidas de capital social.

¿De qué modo una gran cantidad de capital social revierte en una mejor salud dentro de una comunidad? Menor aislamiento social. Más rápida difusión de la información sanitaria. Desde el punto de vista potencial, constricciones sociales respecto a conductas públicamente insanas. Menos estrés psicológico. Grupos mejor organizados que exigen mejores servicios públicos (y, relacionada con ello, otra gran medida de capital social es cuántos miembros de una comunidad se molestan en votar).

De modo que una solución para los malestares de la vida, entre ellos algunos relacionados con el estrés, parece ser integrarse en una comunidad con abundante capital social. Sin embargo, como se verá en el siguiente capítulo, esto no siempre es algo estupendo. A veces, las comunidades obtienen grandes cantidades de capital social llevando a todos sus miembros a paso militar con los mismos pensamientos, creencias y conductas, y no son muy comprensivos con el que es diferente.

La investigación efectuada por Kawachi y otros evidencia otro rasgo de la desigualdad de la renta que se traduce en más estrés físico y psicológico: cuanto más desigual es una sociedad desde el punto de vista económico, mayor número de delitos (asaltos, robos y, sobre todo, homicidios) y más posesión de armas de fuego. Críticamente, la desigualdad de la renta es por sistema un mejor pronosticador de delito que la pobreza en sí misma*. Esto se ha comprobado a nivel de estados, provincias, ciudades, barrios, incluso bloques de viviendas de una ciudad. Y tal como vimos en el capítulo 13 cuando examinábamos el predominio de la agresión desplazada, la pobreza en medio de la abundancia predice más delitos: pero no contra los ricos. Los desposeídos se vuelven contra los desposeídos.

Mientras tanto, Robert Evans (Universidad de la Columbia Británica), John Lynch y George Kaplan (los dos últimos de la Universidad de Michigan) proponen otra vía que conecta la desigualdad de la renta con la mala salud, de nuevo a través del estrés. Éste es un camino que, cuando se comprende en toda su dimensión, es tan desmoralizante que de inmediato quieres ir a las barricadas y cantar canciones revolucionarias de *Los Miserables*. Es así.

Si queremos mejorar la salud y la calidad de vida, y disminuir el estrés, del individuo medio de una sociedad, lo hacemos gastando dinero en bienes públicos: mejor transporte público, calles más seguras, agua más limpia, mejores escuelas públicas, asistencia médica universal. Cuanto mayor es la desigualdad de la renta en una sociedad, mayor es la distancia económica entre los ricos y la población media. Y cuanto mayor sea la distancia entre los ricos y el ciudadano medio, menos se beneficiarán los ricos del gasto en servicios públicos. En su lugar sacarán mucho más provecho gastando el mismo dinero (impuestos) en sus bienes privados: un mejor chófer, una urbanización con guardias de seguridad, agua embotellada, escuelas privadas, seguros médicos privados. Como dice Evans: «Cuanto más desiguales son los ingresos en una sociedad, más pronunciadas serán las desventajas del gasto público para los miembros más ricos, y más recursos tendrán esos miembros [a su disposición] para desarrollar una oposición política eficaz». Él señala cómo esta «secesión de los ricos» presiona hacia «la opulencia privada y la miseria pública»*. Y más miseria pública significa más agentes estresantes diarios y carga alostática que deterioran la salud de todos. Para los ricos, esto es debido a los costes de separarse con un muro del resto de la sociedad, y para el resto de la sociedad, esto es porque tienen que vivir en ella.

De modo que ésta es una vía por la cual una sociedad desigual contribuye a crear una realidad más estresante, y que desde luego también genera más estrés psicológico —si la asimetría en la sociedad influye en los cada vez más ricos para que quieran evitar los gastos públicos que mejorarían la calidad de vida del ciudadano común…, bueno, eso podría tener algún efecto negativo sobre la confianza, la hostilidad, la delincuencia, etc.

Así pues, tenemos la desigualdad de la renta, una cohesión social y un capital social bajos, tensiones de clase y abundancia de delitos formando un todo insano. Veamos un triste ejemplo de cómo se juntan estas piezas. A finales de la década de 1980, la esperanza de vida en los países del bloque soviético era menor que en los países de Europa occidental. Según el análisis de Evans, en estas sociedades había una considerable equidad en la distribución de la renta, pero una distribución muy desigual de la libertad de movimientos, de expresión, de práctica religiosa, etc. ¿Y qué ha sucedido con Rusia desde la disolución de la Unión Soviética? Un masivo aumento de la desigualdad de la renta y la delincuencia, un descenso de la salud en términos absolutos y una caída generalizada de la esperanza de vida que no tiene precedentes en una sociedad industrializada**.

Otro terrible ejemplo de cómo funciona esto. Estados Unidos: enorme riqueza, enorme desigualdad de la renta, alto nivel de delincuencia, la nación más fuertemente armada de toda la Tierra. Y niveles de capital social marcadamente bajos —es casi un derecho constitucional de todo norteamericano ser móvil y anónimo. Mostrar tu independencia. Moverse por todo el país en busca de una oportunidad de trabajo—. (¿Que vive al otro lado de la calle donde viven sus padres? ¿No está ya mayorcito para eso?) Adquirir un nuevo acento, una nueva cultura, un nuevo nombre, que no figure en la guía nuestro número de teléfono, rehacer nuestra vida. Todo lo cual es la antítesis del desarrollo del capital social. Esto ayuda a explicar algo sutil sobre la desigual relación entre salud y renta. Comparemos Estados Unidos y Canadá. Como dijimos, el primero tiene más desigualdad de la renta y peores niveles de salud. Pero aunque restrinjamos nuestro análisis a un subconjunto de sistemas americanos atípicos, elegidos para equipararlos a la baja desigualdad de Canadá, *aun así* esas ciudades de Estados Unidos tienen peor salud y un gradiente de NSE/salud más pronunciado. Algunos análisis detallados demuestran qué significa esto: no es sólo que la sociedad norteamericana posee una renta enormemente desigual, es que incluso con el mismo grado de empeoramiento de la desigualdad de la renta, el capital social es aún más bajo en Estados Unidos.

El credo del ciudadano americano es que está dispuesto a tolerar una sociedad con niveles de capital social miserablemente bajos, y una masiva desigualdad distributiva…, con la esperanza de sentarse algún día en la cúspide de esta empinada pirámide. A lo largo del último cuarto de siglo, la pobreza y la desigualdad de la renta han crecido de forma sostenida, y todas las medidas del capital social relativas a la confianza, la participación en la comunidad y la participación de los votantes han decaído[109] *. ¿Y qué ocurre con la salud del país? Existe una disparidad entre

---

109. El politólogo Robert Putnam, de Harvard, acuñó una famosa metáfora para esta anomia americana cada vez más extendida: «jugar solo a los bolos». En las últimas décadas, ha aumentado el número de norteamericanos que practican ese juego, pero cada vez son menos los que participan de ese fenómeno social típicamente americano: las ligas de bolos.

la riqueza de nuestra nación y la salud de nuestros ciudadanos que tampoco tiene precedentes. Y está empeorando.

Éste es un tema bastante deprimente, dadas sus implicaciones. Cuando la seguridad social universal se convirtió por primera vez en tema de portada de los periódicos (como la cuestión de si el peinado de Hillary Clinton contribuía o no a su defensa), Adler escribió que dicha cobertura universal «tendría un impacto menor sobre las desigualdades relacionadas con el NSE en la salud»*. Su conclusión es cualquier cosa menos reaccionaria. Afirma que si queremos cambiar el gradiente del NSE, va a hacer falta algo de mucha más envergadura que improvisar un seguro para que todos puedan hacerle una visita al médico de un simpático pueblo sacado de una ilustración de Norman Rockwell. La pobreza y la mala salud de los pobres tienen que ver con mucho más que el mero hecho de no tener suficiente dinero[110]. Tiene que ver con los agentes estresantes causados por una sociedad que tolera dejar a tantos de sus miembros abandonados a su suerte.

Esto es importante para un pensamiento incluso más deprimente. En un principio examiné si el rango social tiene relación con la salud en los primates no humanos. ¿Los monos de rango bajo sufren enfermedades en mayor medida, más enfermedades asociadas al estrés? Y la respuesta fue: «Bueno, en realidad no es tan simple». Depende de la clase de sociedad en la que viva el animal, su propia experiencia en esa sociedad, sus técnicas de afrontamiento, su personalidad, la capacidad de apoyo social. Basta con modificar alguna de estas variables y el gradiente de rango/salud puede cambiar en la dirección exactamente contraria. Ésta es la clase de hallazgo con la que se deleitan los primatólogos: mirad qué complicados y sutiles son mis animales.

---

110. Robert Evans señala: «Muchos estudiantes universitarios han vivido la experiencia de tener muy poco dinero, pero no de pobreza. Son cosas muy diferentes».

La segunda parte de este capítulo examinaba a los humanos. ¿Los humanos pobres sufren enfermedades en mucha mayor medida? La respuesta fue: «Sí, sí, una y otra vez». Al margen del género, la edad o la raza. En las sociedades con asistencia médica universal y en las que no. En sociedades que son étnicamente homogéneas y en las que sufren de tensiones étnicas. En sociedades en las cuales el analfabetismo está muy extendido y en las que prácticamente ha sido eliminado. En aquellas en las que la mortalidad infantil ha ido cayendo en picado y en algunas sociedades ricas e industrializadas en las que las tasas han ido ascendiendo de forma inexcusable. Y en sociedades en las que la mitología fundamental es el credo capitalista, «Vivir bien es la mejor venganza», y en aquellas en las que se sigue el lema socialista, «De cada cual según su capacidad, a cada cual según su necesidad».

¿Qué significa esta dicotomía entre nuestros primos animales y nosotros? La relación entre los primates está matizada y llena de atenuantes; la relación entre los humanos es una especie de mortero que elimina cualquier diferencia social. ¿Somos los humanos en realidad menos complejos y sofisticados que los primates no humanos? Ni siquiera los primatólogos más orgullosos de sus animales se inclinarían por esa conclusión. Creo que sugiere otra cosa. La agricultura es una invención humana bastante reciente, y en muchos sentidos fue uno de los pasos más grandes y estúpidos de todos los tiempos. Los cazadores-recolectores disponen de miles de fuentes naturales de alimento con las que subsistir. La agricultura cambió todo eso, generando una confianza abrumadora en una escasa docena de alimentos cultivados, lo que nos hizo extremadamente vulnerables a la siguiente hambruna, la siguiente plaga de langostas, la siguiente plaga de la patata. La agricultura permitió almacenar los recursos sobrantes y así, de forma inevitable, su acumulación desigual: la estratificación de la sociedad y la invención de las clases. Por tanto, permitió el invento de la pobreza. Opino que la clave de la diferencia entre los humanos y los otros primates es que cuando los humanos inventaron la pobreza, crearon una forma de sojuzgar a los de rango bajo que jamás se había visto antes en el mundo de los primates.

CAPÍTULO 18

CÓMO CONTROLAR EL ESTRÉS

Llegados a este punto, si el lector no se siente deprimido por todas las malas noticias del capítulo anterior, será porque lo ha leído de forma superficial. El estrés produce estragos en el metabolismo, eleva la presión sanguínea, destruye los glóbulos blancos, produce flato, arruina la vida sexual y, por si fuera poco, probablemente dañe el cerebro[111]. ¿Por qué no arrojamos la toalla ahora mismo?

Hay esperanza. Aunque aparezca en escena de forma silenciosa y sutil, al darnos cuenta de que está allí, es posible que modifiquemos nuestro punto de vista sobre el estrés. Esto me suele suceder en congresos de geriatría. Estoy allí sentado, escuchando la enésima conferencia con el mismo tono general: un experto en el tema renal que habla de la desintegración de los riñones con la edad, o un experto en inmunología que habla de la disminución de la inmunidad, etc. Siempre hay un diagrama de barras en el que el 100 por 100 se basa en sujetos jóvenes, con una barra que muestra que los ancianos sólo tienen un 75 por 100 de la tasa de filtración renal de éstos, el 63 por 100 de su fuerza muscular, etc.

---

111. He aquí otra patología para los fanáticos de los detalles relacionados con las enfermedades asociadas al estrés: la «alopecia areata»*. Éste es el término técnico que define el extraordinario estado en que un exceso de estrés o de terror hace que el pelo se vuelva blanco o gris de la noche a la mañana. Ocurre realmente.

La investigación suele realizarse más con poblaciones que con sujetos individuales de uno en uno. Las características de sujetos distintos nunca tienen exactamente los mismos valores, sino que las barras del diagrama representan la media de cada grupo de edad (véase la ilustración de la página siguiente). Supongamos que un grupo de tres sujetos obtiene unas puntuaciones de 19, 20 y 21, con una media de 20; otro grupo obtiene 10, 20 y 30, por lo que la media también es 20, pero la varianza de tales puntuaciones es mucho mayor. Por una convención científica, las barras también indican la variación dentro de cada grupo de edad: el tamaño de la «T» encima de la barra señala el porcentaje de sujetos del grupo cuyas puntuaciones caen dentro de un número X de pasos con respecto a la media.

Un aspecto totalmente fiable es que la amplitud de la varianza aumenta enormemente con la edad: las condiciones de los ancianos son siempre mucho más variables que las de los jóvenes*. ¡Qué lata!, piensa el investigador, porque con esa varianza, sus estadísticas no son tan claras y debe incluir más sujetos en la población anciana para obtener una media fiable. Pero *pensemos* en ello un minuto. Si observamos el tamaño de las barras de los sujetos jóvenes y ancianos y el tamaño de los símbolos de varianza en forma de T, y hacemos un cálculo rápido, nos damos cuenta de algo extraordinario: en una población de, digamos, cincuenta sujetos, para seis de ellos las cosas *mejoran* con la edad. La tasa de filtración renal se incrementa, la presión sanguínea disminuye y realizan mejor las pruebas de memoria. De pronto desaparece el ligero aburrimiento en el que nos había sumido el congreso. Sentados en el borde de la silla, nos preguntamos: ¿quiénes son esos seis? ¿Qué es lo que están haciendo bien? Y abandonando todo distanciamiento científico, ¿cómo podemos hacerlo también nosotros?

Este patrón fue, en su momento, un elemento estadístico irritante para los geriatras. Hoy es el tema más de moda en

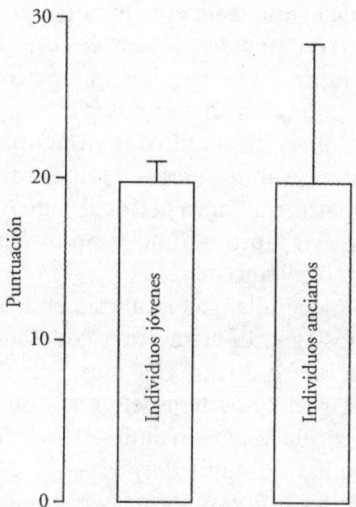

Ilustración 33. Presentación esquemática del hecho de que un grupo de personas jóvenes y viejas puede obtener la misma puntuación en una prueba; sin embargo, la variabilidad de las puntuaciones suele ser mayor en los ancianos.

ese campo: «envejecer bien»*. No todo el mundo se desmorona con la edad, no todos los órganos del sistema se deterioran, no todo son malas noticias.

El mismo patrón se manifiesta en otros campos en los que la vida nos pone a prueba. Diez hombres son liberados después de pasar diez años prisioneros como rehenes políticos. Nueve de ellos salen con problemas, aislados de sus amigos y de sus familias, con pesadillas y dificultades de readaptación a la vida normal. Uno o dos sucumben a un trastorno incapacitador de estrés postraumático y nunca vuelven a funcionar bien. Pero, invariablemente, uno sale diciendo: «Sí, las palizas eran horribles, las veces que me pusieron una pistola en la cabeza y amartillaron el gatillo fueron las peores de mi vida; por supuesto que no volvería a repetir la experiencia, pero hasta no hallarme preso no me di cuenta de lo que realmente importa, por lo que decidí dedicar el resto de mi vida a X. Casi les estoy agradecido». ¿Cómo lo ha hecho? Los estudios fisiológicos de personas que llevan a cabo tareas peligrosas y estresantes —tirarse en paracaídas, aprender a aterrizar en un mar picado, realizar demoliciones submarinas— demuestran la existencia de un mismo patrón: algunas personas tienen respuestas de estrés masivas, en tanto que otras no se alteran desde el punto de vista fisiológico.

Un fenómeno similar se manifiesta en los aspectos más prosaicos de los agentes estresantes cotidianos. La cola de la caja del supermercado que elegimos es justamente la que avanza más despacio; nos desesperamos y nuestra irritación aumenta al ver que la persona que está detrás parece muy feliz de estar allí, que sueña despierta.

A pesar de las infinitas formas en que el estrés altera nuestro bienestar, no todos nos vemos afectados por enfermedades asociadas al estrés o trastornos psiquiátricos. Desde luego que no todos nos hallamos sometidos a los mismos agentes estresantes. Pero ante los mismos, incluso ante idénticos agentes estresantes graves, la forma en que nuestros cuerpos y mentes se enfrentan a ellos varía de forma considerable. En este último capítulo nos planteamos una pregunta nacida de la esperanza: ¿quiénes componen ese subgrupo que sabe enfrentarse al estrés? ¿Cómo lo hacen? ¿Cómo podemos hacerlo nosotros? El capítulo 15 sugería que ciertos tipos de personalidad y de temperamento no están muy capacitados para afrontar el estrés, y es fácil imaginar el caso opuesto de los que sí lo están. Eso es cierto, pero este capítulo demuestra que tener la personalidad «adecuada» no es la única clave para enfrentarse con éxito: aún hay esperanza para el resto de nosotros.

Comenzamos analizando de forma más sistemática algunos casos de individuos a los que casualmente controlar el estrés se les da de maravilla.

Diferencias individuales en la respuesta de estrés: algunos agradables ejemplos

Envejecer bien

Probablemente el mejor punto de partida sea la forma de envejecer bien, un tema que se trató en profundidad en el capítulo 12. Entre las muchas buenas noticias de ese capítulo, había una serie de hallazgos desalentadores relacionados con los glucocorticoides. Recordemos que las ratas viejas segregan demasiadas hormonas de este tipo, presentando niveles elevados en situaciones basales, no estresantes, y dificultades a la hora de detener la secreción al final del estrés. Me he referido a los datos que indican que se podría deber a lesiones del hipocampo, la zona del cerebro que, además de desempeñar una función en el aprendizaje y la memoria, inhibe la secreción de glucocorticoides. Para completar esta triste historia, mencionábamos que estas hormonas podrían acelerar la muerte de las neuronas del hipocampo. Además, la tendencia de los glucocorticoides a producir daños en el hipocampo empeora su excesiva secreción, lo que, a su vez, provoca mayores lesiones en el hipocampo, más glucocorticoides, y el círculo vicioso continúa.

Hace unos veinte años que propuse este modelo de «círculo vicioso en cascada», que describía una característica básica e inevitable de las ratas en la vejez, una característica que parecía importante, al menos desde mi punto de vista provinciano, tras haber pasado ochenta horas semanales estudiándolo en la escuela universitaria. Me sentía bastante orgulloso de mí mismo. Hace unos años, un viejo amigo, Michael Meaney, de la Universidad McGill, llevó a cabo un experimento que me bajó los humos.

Meaney y sus colaboradores estudiaron este círculo vicioso en ratas viejas. Pero previamente hicieron algo muy inteligente. Antes de comenzar los estudios, comprobaron la capacidad memorística de los animales. Como es habitual, tenían problemas en general, comparadas con un grupo de control de ratas jóvenes. Pero, también como es habitual, había un subgrupo que estaba bien y que no presentaba ningún tipo de alteración de la memoria. Meaney y su equipo dividieron el grupo de ratas en dos: las que presentaban alteraciones y las que no. Este subgrupo no dio muestras de la existencia de la cascada degenerativa, sus niveles de glucocorticoides fueron normales en estado basal y después del estrés y su hipocampo no había perdido neuronas o receptores a causa de los glucocorticoides. Todas estas terribles características degenerativas no eran parte inevitable del proceso de envejecimiento. Lo único que tenían que hacer esas ratas era envejecer bien.

¿Qué es lo que estaba haciendo bien ese subgrupo de ratas? Por extraño que parezca, podía estar relacionado con sus primeros años. Si en las primeras semanas de vida se coge y se toca a una rata, segrega menos glucocorticoides de adulta. Esto genera un silogismo: si el contacto físico neonatal disminuye la cantidad de glucocorticoides segregada en estado adulto, y dicha secreción en un adulto influye en la tasa de degeneración del hipocampo en la vejez, tocar a una rata en sus primeras semanas de vida altera su forma de envejecer en el futuro*. Para comprobarlo, unimos el laboratorio de Meaney y el mío, y eso fue precisamente lo que hallamos. Con sólo coger una rata y tocarla quince minutos al día durante las primeras semanas de vida y devolverla a la jaula con sus compañeras del grupo de control, dos años después se halla libre de la cascada de lesiones en el hipocampo, de la pérdida de memoria y de un nivel elevado de glucocorticoides.

Las ratas reales del mundo real no reciben las caricias de ningún estudiante graduado. ¿Existe un equivalente en el mundo natural del «contacto neonatal» que se produce en el laboratorio? Meaney demostró que las ratas que pasaban más tiempo lamiendo y acicalando a sus crías en esas críticas primeras semanas inducen en éstas los mismos

542

efectos que provoca el contacto*. Sería estupendo que esta desagradable cascada de degeneración en la vejez asociada al estrés pudiera desviarse con algo tan sutil en los primeros años de vida. No hay duda de que otros factores genéticos y de la experiencia influyen en el buen o mal envejecimiento de una rata, un tema que Meaney sigue estudiando. No obstante, lo fundamental es el simple hecho de que la degeneración no es inevitable.

Si las ratas criadas en laboratorio presentan estas variaciones, es muy probable que la diversidad en los humanos sea aún mayor. ¿Qué humanos envejecen bien? Para revisar parte del material del capítulo 12, el envejecimiento en sí mismo tiene más éxito de lo que muchos imaginarían. Los niveles de autosatisfacción no decaen con la edad. Aunque las redes sociales disminuyen de tamaño, no decaen en calidad. En Estados Unidos, las personas con una media de ochenta y cinco años pasan poco tiempo en una institución médica (un año y medio en el caso de las mujeres; medio año en el de los hombres). La persona media de esa edad, pese a tomar de tres a ocho medicaciones al día, suele definirse a sí misma como sana. Y otra cosa muy buena: pese a la inherente imposibilidad matemática, por término medio las ancianas se consideran a sí mismas más sanas y afortunadas que los ancianos.

Entre esas buenas noticias, ¿quiénes son las personas que envejecen particularmente bien? Como vimos en el capítulo anterior, un factor es haber tenido la suerte de no ser hijo de unos padres pobres. Pero también hay otros factores. El psiquiatra George Vaillant ha examinado esto durante años, a partir de su famoso estudio de Harvard sobre el envejecimiento**. En 1941, un decano de Harvard eligió a unos doscientos alumnos (todos entonces de sexo masculino, naturalmente), que serían estudiados durante el resto de sus vidas. De entrada, a la edad de sesenta y cinco años, estos hombres tenían la mitad de la tasa de mortalidad que el resto de sus compañeros de Harvard, estaban envejeciendo bien. ¿Quiénes habían sido los estudiantes escogidos por ese decano? Estudiantes a los que él consideraba «sanos». Entonces se preguntará el lector: ¿De modo que la prescripción para envejecer bien es actuar de tal manera que un gurú universitario del Boston de la década de 1940, con una pipa y una chaqueta de *tweed*, pudiese considerarnos unos veinteañeros sanos?

Afortunadamente, la investigación de Vaillant nos da algo más que eso. Entre esta población, ¿qué subgrupo ha tenido la mejor salud, el mayor grado de satisfacción y longevidad en la vejez? Un subgrupo con una serie de rasgos, evidentes antes de los cincuenta años: ausencia de tabaquismo, mínimo consumo de alcohol, mucho ejercicio, un peso corporal normal, ausencia de depresión, un matrimonio afectuoso y estable, y un maduro y flexible estilo de afrontar el estrés (que parece basarse en la extroversión, las relaciones sociales y un bajo nivel de neurosis). Por supuesto, nada de esto nos dice cómo se adquiere un estilo maduro y flexible de afrontar el estrés, o los medios sociales para disfrutar de un matrimonio estable. Ni contempla la posibilidad de que hombres que, por ejemplo, han bebido en exceso, lo hayan hecho porque tuvieron que soportar más miserables agentes estresantes de lo normal. Pese a estos interrogantes, otros estudios han arrojado resultados similares, y con poblaciones más representativas que los graduados de Harvard.

Otras investigaciones demuestran los enormes beneficios gerontológicos que se derivan del hecho de ser respetados y necesitados en la vejez. Esto se ha comprobado en entornos muy diferentes, pero donde mejor se aprecia es en el equivalente en nuestra sociedad de la figura del anciano de aldea: el envejecimiento, venerable y activo, de los jueces del Tribunal Supremo y los directores de orquesta. Desde luego encaja con todo lo que hemos visto en el capítulo 13 —tenemos ochenta y cinco años, y logramos influir en las leyes que regirán a nuestra nación durante el siglo venidero, o pasamos el tiempo haciendo ejercicios aeróbicos mientras agitamos nuestra batuta y determinamos si toda una orquesta de personas adultas se toma un breve descanso antes o después de otra interpretación del Ciclo del Anillo de Wagner[112].

El campo de estudio sobre el «envejecimiento ideal» se halla en pañales, y hay en curso algunos gigantescos estudios longitudinales que producirán un verdadero tesoro de datos, no sólo acerca de los rasgos que auguran un buen envejecimiento, sino de dónde proceden esos rasgos. Mientras tanto, el tema de este capítulo es ver que ahí fuera hay mucha gente que atraviesa con éxito uno de los pasajes más estresantes de nuestra vida.

Enfrentarse a enfermedades catastróficas

A comienzos de la década de 1960, cuando los científicos comenzaban a investigar si el estrés psicológico desencadenaba los mismos cambios hormonales que el físico, un grupo de psiquiatras llevó a cabo un estudio, ya clásico, con padres de niños enfermos terminales de cáncer sobre los elevados niveles de glucocorticoides que los progenitores segregaban. Como era de esperar, había una gran variabilidad en esta medida: algunos padres segregaban cantidades inmensas; otros lo hacían de forma normal. Por medio de entrevistas psiquiátricas en las que exploraban en profundidad qué padres resistían mejor este horrible agente estresante, los investigadores identificaron varios estilos de

---

112. El tema del respeto podría ayudar a explicar el muy divulgado hallazgo de que ganar un Óscar en algún momento de nuestra vida prolonga nuestra esperanza de vida en torno a unos cuatro años, en relación con los actores que fueron nominados pero no lo ganaron*.

enfrentarse a él relacionados con una respuesta de estrés reducida en cuanto al nivel de glucocorticoides*.

Una variable importante era la capacidad de los padres para desplazar una preocupación muy intensa y convertirla en algo menos amenazante. Un padre llevaba velando a su hijo enfermo durante semanas. Era evidente que tenía que alejarse de allí unos días para obtener algo de perspectiva, ya que se hallaba a punto de derrumbarse. Se hicieron planes para que pudiera marcharse unos días, pero, en el último momento, los canceló por estar demasiado angustiado para marcharse. ¿Por qué? En uno de los extremos se halla el padre que afirma: «He visto la rapidez con la que se desarrolla una crisis en esta fase. ¿Y si empeora de repente y se muere mientras estoy fuera?». En el otro extremo se halla el padre que es capaz de desplazar la ansiedad hacia algo más controlable: «Estaría bien que me marchara ahora, pero me preocupa que se sienta solo si yo no estoy». Los investigadores hallaron que el segundo estilo se asociaba con niveles menos elevados de glucocorticoides.

Una segunda variable se relacionaba con la negación. Cuando la enfermedad de un niño remitía, lo cual sucedía con frecuencia, ¿qué hacían los padres? ¿Ver a su hijo y decir al médico: «Se ha terminado, no hay nada de lo que preocuparse, ni siquiera queremos oír la palabra remisión. Se va a poner bien?». ¿O miraban ansiosamente a su hijo, preguntándose si cada vez que tosía, cada dolor que sentía, cada instante de fatiga eran señales de que la enfermedad había vuelto? En los periodos de remisión, los padres que negaban la posibilidad de una recaída y de la muerte y que se centraban en ese periodo de salud tenían un nivel menor de glucocorticoides.

Una última variable era que el progenitor tuviera o no una estructura de racionalización religiosa para explicar la enfermedad. En uno de los extremos se hallaba una madre que, no obstante su evidente y profundo pesar por el cáncer de su hijo, era muy religiosa y percibía la enfermedad como una prueba que Dios enviaba a la familia. Afirmaba incluso que había aumentado su autoestima: «Dios no elige a cualquiera para una prueba como ésta. Nos ha elegido porque sabe que somos especiales y que podemos enfrentarnos a ella». En el otro extremo se hallaba otra madre que afirmaba: «No me diga que los caminos de Dios son inescrutables. No quiero volver a oír hablar de Dios». Los investigadores hallaron que ser capaz de atribuir la muerte por cáncer de un hijo al hecho de que Dios nos ha elegido para una tarea especial aumenta las probabilidades de emitir una respuesta de estrés menor.

Diferencias de vulnerabilidad a la indefensión aprendida

En el capítulo 14 he descrito el modelo de la indefensión aprendida y su importancia en la depresión, haciendo hincapié en lo generalizado que parece ser: muchas especies de animales presentan alguna forma de renuncia a la vida ante un elemento aversivo que se halla fuera de su control. Sin embargo, un examen de los artículos de investigación sobre el modelo de la indefensión aprendida demuestra que son como los de cualquier otro campo relacionado con el estrés: decenas de diagramas de barras con barras de varianza en forma de T que indican grandes diferencias de respuesta. Por ejemplo, de los perros de laboratorio sometidos a un paradigma de indefensión aprendida, un tercio aproximadamente es resistente al fenómeno. Ésta es la misma idea que la de los diez rehenes, uno de los cuales sale del cautiverio con mayor salud mental de la que entró. Algunas personas y algunos animales son mucho más resistentes que la media a la indefensión aprendida*. ¿Quiénes son los afortunados?

¿Por qué algunos perros son relativamente resistentes a la indefensión aprendida? Una pista importante: los perros nacidos y criados en laboratorio con el único propósito de investigar con ellos tienen mayores probabilidades de sucumbir a la indefensión aprendida que los que llegan al laboratorio de una perrera. Martin Seligman, uno de los investigadores pioneros en este campo, ofrece esta explicación: si un perro conoce el mundo real, ha experimentado lo que es la vida y se ha tenido que valer por sí mismo (como suele ser el caso de los perros que acaban en una perrera), ha aprendido que en la vida hay muchas cosas que se pueden controlar. Cuando tiene la experiencia de un agente estresante incontrolable, es muy probable que concluya: «Esto es espantoso, pero no es el fin del mundo». Se resiste a globalizar el agente estresante en la indefensión aprendida. De forma similar, los humanos con un *locus* de control internalizado (la percepción de que se es el dueño del propio destino) son más resistentes en los modelos experimentales de indefensión aprendida.

Los babuinos y el manejo del estrés*

Los capítulos 15 y 17 introdujeron a los primates sociales, y algunas variables críticas que en su caso determinaban el éxito social: el rango dominante, la sociedad en la que se establece el rango, la experiencia personal de ambos y, tal vez lo más importante, el papel que desempeña la personalidad. En su mundo maquiavélico, vimos que un macho no consigue el éxito social y la salud sólo con un montón de músculos o unos caninos grandes y afilados. Igual de importante son las habilidades sociales y políticas, la capacidad de crear alianzas, y de alejarse de las provocaciones. Los rasgos de personalidad asociados a niveles bajos de glucocorticoides desde luego tienen sentido en el contexto de un manejo eficaz de los agentes estresantes psicológicos: la capacidad de diferenciar las amenazas de las interacciones neutrales con los rivales, de ejercer algún control sobre los conflictos sociales, de distinguir las situaciones positivas de las negativas, de desplazar la frustración. Y, por encima de todo lo demás, la capacidad de establecer conexiones sociales: espulgar, ser espulgado, jugar con las crías. De modo que, ¿cómo actúan dichas variables con el paso del tiempo, según envejecen estos animales?

Los babuinos son animales longevos, que se desplazan por toda la sabana desde los quince a los veinticinco años. Lo que significa que no es muy fácil hacer un seguimiento de un ejemplar desde los inicios de su pubertad hasta la vejez. Después de llevar veinticinco años en este proyecto, ahora empiezo a comprender las historias vitales de algunos de estos animales, y del desarrollo de sus diferencias individuales.

Como primer descubrimiento, los machos con personalidades «bajas en glucocorticoides» tenían más probabilidad de permanecer en la cohorte de rango superior durante bastante más tiempo que los machos de categoría equivalente con un perfil alto en glucocorticoides. Unas tres veces más. Entre otras cosas, eso tal vez signifique que los individuos de glucocorticoides bajos se reproducen en mayor medida que el otro grupo. Desde el punto de vista de la evolución —transmitir copias de nuestros genes— se trata de una gran diferencia. Cabría pensar que si nos marcháramos durante un par de trillones de milenios, para dejar que actúe esa selección diferencial, y luego regresáramos para acabar nuestra disertación doctoral, nuestro babuino medio sería un descendiente de estos individuos con un nivel bajo en glucocorticoides, y en el mundo social babuino habría mucho control de los impulsos y demora de la gratificación. Tal vez incluso aprendizaje del aseo.

¿Y qué ocurre con los babuinos ancianos que viven en la actualidad? La diferencia más dramática que he descubierto se refiere a la variable de las relaciones sociales. Nuestro babuino macho medio tiene una vejez bastante lamentable, una vez que ha echado barriga, se le han deteriorado algunos caninos y ha caído al nivel más bajo de la jerarquía.

Veamos la típica pauta de interacciones de dominio entre los machos. Normalmente, el número 3 de la jerarquía realiza la mayoría de sus interacciones con el número 2 y el 4, mientras que el número 15 suele tratar sobre todo con el 14 y el 16 (excepto, por supuesto, cuando el 3 tiene un mal día y necesita desahogar la agresividad sobre alguien inferior). La mayoría de las interacciones normalmente se producen entonces entre animales de rangos contiguos. Sin embargo, dentro de esa pauta, advertiremos que la más o menos media docena de animales que ocupan el rango superior emplean mucho tiempo en someter al pobre número 17 a humillantes demostraciones de dominio, apartándole de lo que esté comiendo, obligándole a levantarse cada vez que se instala en un agradable sitio umbrío, en general haciéndole pasar un mal rato. ¿Por qué ocurre esto? Resulta que el número 17 era de un rango muy alto cuando los actuales animales dominantes eran unos adolescentes aterrorizados. Ellos se acuerdan, y no pueden creerse que puedan humillar a este decrépito rey destronado en cualquier momento que les apetezca.

De modo que, al envejecer, nuestro babuino macho medio es atormentado por la actual generación de gamberros, y esto supone una forma particularmente dolorosa de pasar nuestros años dorados —el trato es tan malo que el macho se levanta y se traslada a una manada diferente—. Ése es un viaje estresante y peligroso, con un índice de mortalidad extremadamente alto incluso para un animal joven —moverse a través de terreno desconocido, exponiéndose a sus depredadores naturales—. Todo eso para acabar en una nueva manada, sometido a una versión extrema de ese truismo sobre la vejez del primate que se cumple con demasiada frecuencia: que envejecer es una época de la vida que se pasa entre extraños. Evidentemente, para un babuino que se halle en esa situación, ser de rango bajo, anciano e ignorado entre unos extraños es mejor que ser de rango bajo, anciano y recordado por una generación vengativa.

Pero ¿qué sucede con los machos que, en su juventud, tenían una personalidad con niveles bajos de glucocorticoides y empleaban mucho tiempo en relacionarse con las hembras, espulgándose, sentados en contacto, jugando con las crías? Simplemente siguen haciendo lo mismo. Son agredidos por los jefes actuales, pero eso no parece contar tanto como la conexión social de estos babuinos. No cambian de manada y prosiguen la misma pauta de espulgue y socialización durante el resto de sus vidas. Eso para cualquier primate parece una definición bastante buena de un «buen envejecimiento».

Enfrentarse al estrés: casos con éxito

Padres que consiguen llevar la carga de la enfermedad mortal de un hijo, un babuino de rango inferior que tiene muchos amigos, un perro que resiste la indefensión aprendida... son ejemplos sorprendentes de individuos que, en situaciones que distan mucho de ser ideales, saben enfrentarse a ellas de forma excepcional, lo cual es estupendo. Pero ¿qué sucede si no se es ese tipo de individuo? En el caso de las ratas, la suerte no acompaña a las que no envejecen bien ni protegen su hipocampo. Parece que las primeras semanas de vida de estos animales son decisivas para determinar su forma de envejecer. Pero nadie, ni las ratas ni nosotros, puede volver atrás y cambiar su infancia (y mucho menos, sus genes, que a veces desempeñan una función significativa en la cantidad de una hormona determinada que se produce y segrega, en el tiempo en que permanece en el torrente sanguíneo, en el número de receptores que le corresponden en tejidos clave, etc.). Puede que los otros casos de enfrentarse con éxito al estrés tampoco nos resulten más estimulantes. ¿Y si no somos la clase de babuino que ve el lado bueno de las cosas, ni la persona que se aferra a la esperanza cuando los demás la han perdido, ni el progenitor de un niño con cáncer que consigue enfrentarse a lo que no es posible enfrentarse? Son todos casos de individuos extraordinariamente dotados para enfrentarse a situaciones penosas. ¿Hay formas, para los no dotados, de cambiar el mundo que les rodea y su percepción de él para que el estrés psicológico se vuelva un poco menos estresante?

Lo primero que hay que resaltar es que podemos modificar el modo de enfrentarnos a las cosas, tanto desde el punto de vista fisiológico como psicológico. Uno de los ejemplos más obvios es que la buena forma física conseguida mediante el ejercicio disminuye la presión sanguínea y el ritmo cardíaco en estado de reposo y aumenta la capacidad pulmonar, por sólo citar algunos de sus efectos. Se ha demostrado que, en las personas del Tipo A, la psicoterapia modifica no sólo la conducta, sino también el perfil de colesterol, el riesgo de un ataque cardíaco y el riesgo de morir, con independencia de los cambios en la dieta o en otros reguladores fisiológicos del colesterol*. Otro ejemplo es que el dolor y el estrés del parto se pueden modular con técnicas de relajación como las de Lamaze[113]. La mera repetición de ciertas actividades modifica la relación entre la conducta y la activación de la respuesta de estrés. En un estudio clásico del que ya hablamos se examinó, durante el periodo de entrenamiento, a unos soldados noruegos que estaban aprendiendo a saltar en paracaídas. Cuando saltaban por primera vez estaban aterrorizados y su cuerpo lo reflejaba: cuatro horas antes y después del salto, sus niveles de glucocorticoides y noradrenalina eran elevados, y el de testosterona, inexistente. A medida que repitieron

---

113. Bueno, no estoy tan seguro respecto a eso. Ya he visto a mi esposa pasar por dos partos, y la técnica de Lamaze obraba maravillas durante, digamos, tres minutos, tras los cuales dejaba de surtir efecto, mientras yo me ocupaba de revisar inútilmente los apuntes de clase de Lamaze.

la experiencia y la dominaron, la mayoría aprendió a no asustarse y se modificaron sus patrones de secreción hormonal. Al final del entrenamiento habían dejado de activar la respuesta de estrés horas antes y después de saltar, sólo lo hacían en el momento del salto. Limitaban la respuesta de estrés al momento adecuado, ante la presencia de un agente estresante físico, y todo el componente psicológico de la respuesta había desaparecido por habituación*.

Estos ejemplos demuestran que el funcionamiento de la respuesta de estrés se modifica con el tiempo. Crecemos, aprendemos, nos adaptamos, nos aburrimos, desarrollamos interés por algo, maduramos, nos endurecemos, olvidamos... Somos animales maleables. ¿Qué mandos podemos usar para manipular el sistema de modo que nos beneficie?

Son fundamentales, como es evidente, los temas planteados en el capítulo de la psicología del estrés: el control, la capacidad de predecir, el apoyo social y las salidas para la frustración. Seligman y sus colaboradores, por ejemplo, informan del éxito obtenido en el laboratorio en la disminución de la indefensión aprendida, al enfrentar a los sujetos a una tarea irresoluble, si se les dan primero ejercicios de «habilitación» (diversas tareas que puedan dominar y controlar con facilidad). Pero se trata de un marco muy artificial. En algunos estudios clásicos se han manipulado variables psicológicas similares del mundo real —de sus aspectos más desagradables—, con resultados sorprendentes.

Automedicación y síndromes de dolor crónico

Siempre que me sucede algo doloroso, en medio de mi aflicción me sorprendo al recordar lo doloroso que es el dolor. Ese pensamiento va siempre seguido de otro: «¿Qué sucedería si siempre sufriera así?». Los síndromes de dolor crónicos son tremendamente debilitadores. Las neuropatías diabéticas, el aplastamiento de las raíces de los nervios medulares, las quemaduras graves o la recuperación tras una operación pueden ser extraordinariamente dolorosos, lo cual plantea un problema médico, ya que suele ser difícil administrar suficientes fármacos para controlar el dolor sin crear adicción o correr el riesgo de una sobredosis. Como puede certificar cualquier enfermera, también se plantea un problema de organización, pues el enfermo crónico se pasa la mitad del día llamando al timbre para saber cuándo le van a administrar el siguiente calmante y la enfermera explicándole que todavía no es la hora. Hay un recuerdo que siempre me produce escalofríos: hace unos años, mi padre fue hospitalizado. En la habitación de al lado había un anciano que, cada treinta segundos, y aparentemente las veinticuatro horas del día, gritaba, quejándose con cerrado acento yiddish: «¡Enfermera, enfermera! ¡Me duele, me duele! ¡Enfermera!». El primer día fue horroroso; el segundo, irritante; el tercero, producía el mismo impacto que el rítmico chirrido de los grillos.

Hace algún tiempo, a un grupo de investigadores se les ocurrió una idea totalmente absurda, propia de lunáticos: ¿por qué no suministrar calmantes a los pacientes y dejarles decidir cuándo necesitaban medicarse? El lector se imaginará que a la clase médica casi le da un síncope. los pacientes tomarían sobredosis, se harían adictos, no se podía permitir que los pacientes hicieran eso... Se puso a prueba con enfermos de cáncer y pacientes en postoperatorio, y resultó que les fue muy bien automedicándose, de hecho *disminuyó* la cantidad total de calmantes consumidos*.

¿Por qué se redujo el consumo? Porque cuando se está en la cama, con dolores, sin saber qué tiempo ha transcurrido, sin saber si la enfermera ha oído la llamada o tendrá tiempo de responder, sin saber nada de nada, se piden calmantes no sólo para calmar el dolor, sino también la incertidumbre. Si al paciente se le restituye el control y sabe que los medicamentos se hallan a su disposición para cuando el dolor aumente, éste suele volverse mucho más manejable.

Aumentar el control en residencias de ancianos

Soy incapaz de imaginar un marco que revele mejor la naturaleza del estrés psicológico que una residencia de ancianos. En el mejor de los casos, los ancianos tienen un estilo menos activo y asertivo que los jóvenes a la hora de enfrentarse a situaciones desagradables. Ante un agente estresante, éstos tratan de enfrentarse a él y de resolver el problema, en tanto que aquéllos tienden a distanciarse o a ajustar su actitud a él*. El marco de una residencia de ancianos acrecienta esta tendencia a la introversión y la pasividad: es un mundo en que se suele estar aislado de la red de apoyo social de toda la vida y en el que se tiene poco control sobre las actividades diarias, la situación económica personal e incluso el propio cuerpo. Un mundo con pocas salidas para la frustración, en el que se suele tratar a los ancianos como si fueran niños, «infantilizándolos». Lo que se predice con mayor facilidad en semejantes circunstancias es que la vida va a empeorar.

Varios psicólogos se han aventurado en este mundo para intentar aplicar las ideas sobre control y autonomía que hemos esbozado en el capítulo 13. En un estudio, por ejemplo, se dio mayores responsabilidades a los ancianos en la toma de decisiones cotidianas: tenían que elegir la comida del día siguiente, inscribirse con antelación en actividades sociales, elegir y cuidar una planta en su habitación, en vez de que les colocaran una en ella que cuidaba la enfermera («Deja, querido, ya la riego yo. ¿Por qué no vuelves a la cama?»). Los ancianos aumentaron su actividad —iniciaron más interacciones sociales— y en los cuestionarios que se les pasaron afirmaban ser más felices. Su salud mejoró, como demostraron las evaluaciones realizadas por médicos que desconocían si se hallaban en el grupo de más responsabilidad o en el de control. Lo más notable de todo fue que la tasa de mortalidad del primer grupo se redujo a la mitad con respecto a la del segundo.

En otros estudios se han manipulado otras variables de control. En ellos se demuestra, de forma prácticamente unánime, que un aumento moderado del control tiene los efectos saludables anteriormente descritos. En algunos de estos estudios se tomaron medidas fisiológicas que demostraban cambios como la reducción del nivel de glucocorticoides o el aumento de la actividad inmunitaria. Las formas que adoptaba el aumento del control eran muy diversas. En un estudio, el grupo experimental se organizó en un consejo de residentes que tomaba decisiones sobre la vida del lugar. La salud de los miembros de este grupo mejoró y éstos se mostraron más dispuestos a participar en actividades sociales. En otro estudio de un grupo de ancianos que tuvieron que mudarse, contra su voluntad, a otra residencia porque la primera había quebrado, el grupo de control se mudó de forma normal, en tanto que al grupo experimental se le dieron amplias charlas sobre la nueva residencia y pudo controlar varios temas relacionados con la mudanza (el día en que se efectuaría, la decoración de la habitación en la que iban a vivir, etc.). Cuando se realizó la mudanza, este grupo presentó muchas menos complicaciones médicas. Los efectos infantilizadores de la pérdida de control se demostraron de forma explícita en otro estudio en que a los ancianos se les proporcionaron varias tareas para realizar. Cuando el personal de la residencia los *animaba*, su actuación mejoraba; cuando los *ayudaba*, la actuación empeoraba.

En otro estudio sobre el aumento del autocontrol en la población de ancianos en residencias se obtuvieron los resultados esperados (por entonces) y uno inesperado, que constituía una afirmación aún más tajante de los principios que hemos esbozado. El estudio se realizó con estudiantes universitarios que visitaron a ancianos en residencias. Un grupo de éstos, el grupo de control, no recibió la visita de estudiantes. En un segundo grupo, las visitas llegaban a charlar a horas impredecibles. Varios aspectos del funcionamiento y la salud de este grupo mejoraron, lo que demuestra los efectos positivos de un mayor contacto social. En un tercer y cuarto grupo se introdujeron el control y la capacidad de predecir; en el tercer grupo, los residentes podían decidir cuándo querían ser visitados, en el cuarto no podían hacerlo, pero al menos se les decía cuándo tendrían lugar las visitas. El funcionamiento y la salud de ambos grupos mejoraron aún más que en el segundo. El control y la capacidad de predecir son útiles*.

Control del estrés:
léase la etiqueta atentamente

Estos estudios generan respuestas para enfrentarse con éxito al estrés que son sencillas, pero que distan mucho de serlo al llevarlas a la práctica en la vida cotidiana. Hacen hincapié en la importancia de manipular los sentimientos de control, la capacidad de predecir, las salidas para la frustración, las relaciones sociales, la percepción de que las cosas mejoran o empeoran. En efecto, los estudios sobre residencias de ancianos y sobre el dolor son animosos despachos del frente de la guerra del control del estrés. Su sencillo, poderoso y liberador mensaje es: si manipular dichas variables psicológicas en circunstancias tan penosas funciona, tiene que hacerlo con mayor motivo con los agentes estresantes psicológicos mucho más triviales de la vida diaria.

Éste es el mensaje que se transmite en los seminarios sobre el estrés, en las sesiones de terapia y en los incontables libros sobre el tema. De forma unánime subrayan la importancia de hallar formas de lograr al menos cierto grado de control en situaciones difíciles, de considerar las situaciones desagradables como hechos aislados en vez de permanentes e invasores y de hallar salidas adecuadas para la frustración y formas de apoyo social y de consuelo en los momentos difíciles. Pero los realmente buenos también enseñan que la historia no es tan sencilla. Es fundamental no llegar a la conclusión de que, para enfrentarse a la acción de los agentes estresantes psicológicos y minimizarla, la solución siempre consiste en más control, más capacidad de predecir, más salidas para la frustración y más relaciones sociales. Estos principios de manejo del estrés sólo funcionan en ciertas circunstancias. Y sólo para determinados tipos de personas con cierta clase de problemas.

A mí me recordaron esto en cierta ocasión. Gracias a que este libro ha hecho que dejara de ser un supuesto experto en las neuronas de las ratas para convertirme en un supuesto experto en el estrés humano, me encontraba hablando sobre el tema con una redactora de una revista. Ella escribía para una revista femenina, la clase de artículos sobre cómo mantener esa vida sexual totalmente satisfactoria mientras se es el jefe ejecutivo de una de las quinientas principales empresas del país. Hablábamos sobre el estrés y la forma de manejarlo, mientras yo resumía algunas de las ideas del capítulo acerca del estrés psicológico. Todo iba bien y hacia el final la redactora me hizo una pregunta personal para incluirla en el artículo: cuáles eran mis salidas para sobrellevar el estrés. Cometí el error de responder sinceramente: me encanta mi trabajo, trato de hacer ejercicio todos los días y tengo un matrimonio maravilloso. De pronto, aquella concienzuda redactora de Nueva York se enfureció conmigo: «¡No puedo escribir sobre su maravilloso matrimonio! ¡No me hable de su maravilloso matrimonio! ¿Sabe quiénes son mis lectoras? ¡Son profesionales de cuarenta y cinco años que probablemente jamás se han casado y no quieren que se les diga lo fabuloso que es!». Me dio la impresión de que tal vez ella también entraba en esa categoría. También pensé, mientras volvía a mis ratas y tubos de ensayo, que había sido un idiota. Uno no aconseja a los refugiados de guerra que vigilen su dieta para no tener demasiado colesterol o grasas saturadas. Uno no le habla a una abrumada madre soltera, que vive en algún cuchitril de la ciudad, sobre los efectos antiestrés de cultivar una afición diaria. Y desde luego no les dices a las lectoras de una revista como ésa lo fenomenal que es tener una amiga del alma para toda la vida. «Más control, más capacidad de previsión, más salidas, más apoyo social» no es una especie de mantra que uno pueda recitar de manera indiscriminada, con una sonrisa de oreja a oreja.

Esta lección la enseñan de forma concluyente dos estudios de los que ya hemos oído hablar, que superficialmente parecen historias de éxito en el manejo del estrés pero que resultaron no serlo. Volvemos a los padres con hijos afectados de cáncer que estaban en fase de remisión. Al final, todos los niños salieron de la remisión y murieron. Cuando eso ocurrió, ¿de qué modo lo vivieron los padres? Hubo aquellos que todo el tiempo habían aceptado la posibilidad, incluso la probabilidad, de una recaída, y estaban los que se empeñaban en negar esa posibilidad. Como se dijo, durante el periodo de remisión estos últimos padres tendían a ser los secretores de bajos niveles de glucocorticoides. Pero cuando sus ilusiones se desvanecieron y la enfermedad volvió, tuvieron los mayores aumentos de concentraciones de glucocorticoides*.

Una versión igualmente conmovedora de este desgraciado final proviene de un estudio efectuado en una residencia. Recordemos aquel en el que los residentes recibían la visita de los estudiantes una vez a la semana; ya fuese sin previo aviso, en un momento elegido por el estudiante o en un momento de elección del residente. Como se dijo, la sociabilidad tuvo un efecto positivo sobre todos, pero sobre las personas de los dos últimos grupos, que tenían más capacidad de previsión y de control, fue incluso mejor. Maravilloso, final del estudio, celebración, todo el mundo encantado con los resultados claros y positivos, los informes para publicar, las conferencias para dar. Los estudiantes que participaron en la investigación visitan a los ancianos de la residencia por última vez y les dicen: «¿Sabe que el estudio ya se acabó? Quiero decir que, bueno, no volveré, pero ha sido fantástico conocerle». ¿Qué sucede entonces?

¿Volvieron a los niveles previos al experimento quienes habían notado una mejora en su funcionamiento, salud y estado de ánimo? No, sus niveles disminuyeron aún más y acabaron peor que antes del estudio*.

Es completamente lógico. Pensemos en lo que supone recibir veinticinco descargas por hora cuando el día anterior sólo se habían recibido diez, comparado con recibir veinticinco a la hora cuando ayer se habían recibido cincuenta. Pensemos en lo que se siente al finalizar el periodo de remisión de la enfermedad de un hijo cuando uno se ha pasado el año entero negando esa posibilidad. En ambos casos se percibe que la situación ha empeorado. Una cosa es estar solo en una residencia, aislado, recibiendo visitas mensuales de hijos aburridos. Y otra, aún peor, es hallarse en semejante situación, tener la posibilidad de que te visite gente joven y animosa que parece interesarse por ti y descubrir que no van a volver más. Todos nosotros, salvo los más fuertes, bajaríamos otro peldaño frente a esta pérdida. Es cierto que la esperanza, por irracional que sea, nos sostiene en los momentos más duros. Pero nada puede hacer que nos desmoronemos con mayor eficacia que darnos esperanza y luego arrebatárnosla caprichosamente.

¿Cuándo funcionan estos principios basados en infundir una sensación de control, de capacidad de previsión, de dar salidas a la frustración, de sociabilidad, y cuándo son desastrosos al aplicarlos? Existen varias reglas. Veamos algunos enfoques específicos sobre el manejo del estrés y cuándo funcionan, con estas reglas en mente.

Ejercicio**

Comienzo con el ejercicio porque ésta es la manera de reducir el estrés en la que me baso a menudo, y tengo la profunda esperanza de que ponerla en primer lugar querrá decir que viviré una prolongada y saludable ancianidad.

El ejercicio es fantástico para contrarrestar el estrés por diversas razones. Primera, disminuye nuestro riesgo de padecer varias enfermedades metabólicas y cardiovasculares, y por tanto disminuye la posibilidad de que el estrés agrave esas enfermedades.

Segunda, el ejercicio generalmente nos hace sentir bien. Existe una idea equivocada al respecto, que la mayoría de las personas que hacen mucho ejercicio, sobre todo los atletas de competición, poseen de entrada unas personalidades no neuróticas, extrovertidas y optimistas (salvo los corredores de maratón). Sin embargo, si se hiciera un estudio debidamente controlado, incluso con introvertidos neuróticos, veríamos que el ejercicio físico mejora el estado de ánimo. Probablemente esto tenga relación con el hecho de que el ejercicio provoca la secreción de betaendorfinas. Además, está la sensación de logro y superación, esa reconfortante experiencia que uno intenta recordar cuando los músculos de sus muslos lo están matando en medio de la clase de aeróbic. Y por encima de todo, la respuesta de estrés pretende preparar nuestro cuerpo para una súbita explosión de actividad muscular. Reducimos la tensión si activamos la respuesta de estrés con ese propósito, en vez de limitarnos a estar preocupados en medio de una reunión en la que se pierde el tiempo.

Por último, existe cierta evidencia de que el ejercicio contribuye a crear una respuesta de estrés menor frente a varios agentes estresantes psicológicos.

Eso es fantástico. Veamos ahora algunos elementos a tener en cuenta:

- El ejercicio refuerza el ánimo y bloquea la respuesta de estrés sólo durante unas horas al día después de una sesión de ejercicio.
- El ejercicio sólo reduce el estrés si es algo que realmente queremos hacer. Si dejamos que unas ratas corran voluntariamente en una rueda giratoria, su

salud mejorará en todos los sentidos. Si las *obligamos* a ello, aunque hagamos sonar una espléndida música de baile, su salud empeorará.

- Los estudios son bastante claros en que para la salud el ejercicio aeróbico es mejor que el anaeróbico (el aeróbico es un tipo de ejercicio sostenido que, mientras se realiza, no nos deja tan sin aliento como para no poder hablar).

- El ejercicio debe efectuarse de forma periódica y durante un tiempo determinado. Aunque la carrera de un deportista sea un continuo intento de adivinar con exactitud qué esquema de ejercicio aeróbico funciona mejor (con qué frecuencia, durante cuánto tiempo), está bastante claro que debemos hacer ejercicio un mínimo de veinte o treinta minutos cada vez, varias veces a la semana, para notar realmente los beneficios en la salud.

- No hay que hacerlo en exceso. Recordemos las lecciones del capítulo 7: demasiado puede ser tan malo como demasiado poco.

Meditación*

Cuando se hace de forma habitual y sostenida (esto es, casi todos los días, durante quince o treinta minutos cada vez), la meditación parece ser bastante buena para nuestra salud, al disminuir los niveles de glucocorticoides y el tono del sistema nervioso simpático. Ahora las advertencias:

Primero, los estudios son concluyentes respecto a los beneficios psicológicos que reporta la meditación *mientras* ésta se realiza. No está tan claro que esos buenos efectos (por ejemplo, la disminución de la presión sanguínea) persistan durante mucho tiempo después.

Segundo, cuando los buenos efectos de la meditación persisten, podría deberse a una tendencia del sujeto.

Supongamos que queremos estudiar los efectos de la meditación sobre la presión sanguínea. ¿Qué hacemos? Asignamos algunas personas *al azar* al grupo de control, asegurándonos de que nunca mediten, y otras al grupo que ahora medita una hora al día. Pero en la mayoría de los estudios, las asignaciones no son fortuitas. En otras palabras, estudiamos la presión sanguínea en personas que ya han elegido meditar de manera habitual, y las comparamos con las que no meditan. No es el azar el que elige meditar: tal vez los rasgos psicológicos estaban ahí antes de que empezaran a meditar. Quizá esos rasgos incluso tuvieran algo que ver con el hecho de que eligieran meditar. Algunos estudios han eludido este elemento de confusión, pero la mayoría no.

Por último, hay muchas clases de meditación. Que el lector no confíe en quien le diga que su técnica en particular cuenta con el aval científico de que es más beneficiosa para nuestra salud que las otras variedades. Vigile su cartera.

Tener más control, más capacidad de previsión en nuestra vida..., tal vez

Disponer de antemano de más información sobre agentes estresantes inminentes puede reducir el estrés en buena medida. Pero no siempre. Como observábamos en el capítulo 13, no sirve de mucho obtener información predictiva sobre acontecimientos comunes (porque son básicamente inevitables) o muy raros (porque no producen ansiedad). Tampoco sirve de gran cosa obtener información predictiva segundos antes de que algo malo suceda (porque no hay tiempo para extraer las ventajas psicológicas de poder relajarse un poco) o mucho antes del suceso (porque, ¿quién se preocupa por eso?).

En algunas situaciones, la información predictiva puede incluso empeorar las cosas, por ejemplo, cuando es escasa. Esto nos retrotrae a nuestro mundo post-11 de septiembre y al «ocúpense de sus asuntos cotidianos pero manténganse alerta». La alertas naranjas.

Un exceso de información puede asimismo ser estresante. Uno de los lugares que más temía en la escuela universitaria era la «mesa de revistas nuevas» de la biblioteca, donde se hallaban todas las publicaciones científicas recibidas la semana anterior, miles de páginas. Todo el mundo daba vueltas a su alrededor, al borde de un ataque de ansiedad. Toda esa información parecía mofarse de nosotros por nuestra falta de control, que nos hacía sentir estúpidos, que no estábamos al día ni al tanto de las novedades en nuestro campo, abrumados.

Manipular la sensación de control es probablemente la mayor variable de doble filo del estrés psicológico. Un exceso de sensación de control puede ser paralizante, tanto si la sensación es acertada como si no. He aquí dos ejemplos dispares.

A un amigo mío, cuando era estudiante de Medicina, le llegó el turno de presenciar operaciones. El primer día, nervioso y sin saber lo que le esperaba, fue al quirófano que le habían asignado y se quedó detrás de la multitud de enfermeras y médicos que realizaba un trasplante de riñón. Horas después, el cirujano jefe se volvió de repente hacia él: «¡Ah! Usted es el nuevo estudiante. Bien. Venga aquí, sujete este retractor, manténgalo aquí, no se mueva, eso es». La operación continuó. Nadie prestaba atención a mi amigo, que se mantenía en la precaria postura que el cirujano le había pedido, inclinado hacia delante, con un brazo elevado por encima de la multitud sosteniendo el instrumento y sin poder ver lo que sucedía. Pasaron más horas. Comenzó a sentirse mareado y débil por la tensión de mantenerse inmóvil. Las piernas empezaban a flaquearle y los ojos a cerrársele cuando el cirujano apareció ante él: «No se le ocurra mover ni un solo músculo, porque lo echará todo a perder». Paralizado por el terror, medio enfermo, se mantuvo en pie… Y descubrió que se trataba de una broma estúpida que todo nuevo estudiante debía sufrir. Todo el tiempo había estado sosteniendo un instrumento sobre una parte irrelevante del cuerpo, se le había engañado haciéndole sentir absolutamente responsable de la vida del paciente, cuando, en realidad, sus acciones carecían de consecuencias. (Eligió otra especialidad médica.)

Otro ejemplo, recordemos lo dicho en el capítulo 8 sobre el tenue vínculo que existe entre el estrés y el cáncer. Es claramente un engaño hacer que los pacientes de cáncer o sus familias crean, malinterpretando el poder de los escasos estudios positivos efectuados en este campo, que hay más posibilidad de controlar las causas y el curso de los cánceres del que en realidad existe. Hacer eso es sencillamente decirles a las víctimas del cáncer y sus familias que la enfermedad es culpa suya, lo que, aparte de ser falso, tampoco ayuda a reducir el estrés en una situación ya de por sí estresante.

De modo que el control no siempre es positivo desde el punto de vista psicológico. Tampoco es un buen principio de control efectivo del estrés el que se limita a aumentar la cantidad de control que uno percibe en su propia vida. Depende de lo que implique tal percepción, como veíamos en el capítulo 13. ¿Sirve la sensación de control para reducir el estrés cuando ocurre algo malo? Si pensamos: «¡Uf!, ha sido terrible, pero imagínate cómo habría sido si yo no me hubiera hecho cargo», es evidente que la sensación de control sirve de protección para no sentirse más estresado. Sin embargo, si pensamos: «¡Qué desastre y es culpa mía! Debería haberlo evitado», la sensación de control va en contra de uno. Esta dicotomía se puede traducir de forma aproximada a la regla siguiente ante una situación estresante: cuanto más desastroso es un agente estresante, peor es creer que se puede controlar el resultado en alguna medida, porque de forma inevitable eso nos induce a pensar en lo bien que habría salido todo si hubiéramos hecho algo más. La sensación de control funciona mejor con los agentes estresantes leves. (Recuerde el lector que este consejo se refiere a la sensación de control que uno percibe, no al grado de control que efectivamente se tiene.)

Tener una ilusoria sensación de control en un contexto equivocado puede ser tan patógeno que una versión de esto tiene un nombre especial en la literatura psicológica. Podría haberla incluido en el capítulo 15, pero la reservé para ahora. Según la describió Sherman James, de la Universidad Duke, se llama «john henrismo». El nombre se refiere al popular héroe americano que, martillando con una taladradora de acero de dos metros de largo, intentó vencer en una carrera a una taladradora de vapor en la perforación de una montaña. John Henry superó a la máquina, pero cayó muerto a consecuencia del esfuerzo sobrehumano. Según James lo define, el «john henrismo» implica la creencia de que cualquier reto se puede superar, siempre y cuando uno se esfuerce lo suficiente. En los cuestionarios, los individuos del tipo John Henry están muy de acuerdo con afirmaciones como «Cuando las cosas no salen como yo quiero, eso sólo me hace esforzarme aún más» o «Una vez que me mentalizo para hacer algo, no paro hasta que el trabajo está completamente hecho». Éste es el epítome de los individuos con un *locus* de control internalizado: ellos creen que, con suficiente esfuerzo y determinación, pueden regular todos los resultados.

¿Qué es lo que está mal al respecto? Nada, si tenemos la suerte de vivir en el privilegiado mundo meritocrático en el que nuestros esfuerzos realmente tienen algo que ver con las recompensas que se obtienen, y en un cómodo mundo burgués un *locus* de control internalizado hace maravillas. Por ejemplo, atribuir siempre los acontecimientos de la vida a nuestros propios esfuerzos (un *locus* de control internalizado) es muy pronosticador de salud de por vida entre esa población de individuos que son el epítome del estrato privilegiado de la sociedad: la cohorte de graduados de Harvard de Vaillant. Sin embargo, en un mundo de personas nacidas en la pobreza, con una educación y unas oportunidades de empleo limitadas, de prejuicio y racismo, ser un John Henry puede ser un desastre, decidir que todos esos insuperables obstáculos podrían superarse si nos esforzásemos *aún* más: el «john henrismo» está asociado a un acentuado riesgo de hipertensión y enfermedad cardiovascular. Sorprendentemente, la obra pionera de James ha demostrado que los peligros del «john henrismo» ocurren de forma predominante entre aquellas personas que se parecen más al propio John Henry, los afroamericanos de clase obrera: un tipo de personalidad que te lleva a creer que puedes controlar lo incontrolable*.

Existe una antigua parábola sobre la diferencia entre el cielo y el infierno. El cielo, se nos dice, consiste en pasar toda la eternidad dedicado al estudio de los libros sagrados. En cambio, el infierno consiste en pasar toda la eternidad dedicado al estudio de los libros sagrados. Hasta cierto punto, nuestras percepciones e interpretaciones de los acontecimientos pueden determinar si las mismas circunstancias externas constituyen un cielo o un infierno, y la segunda parte de este libro ha explorado los medios para convertir esto último en lo primero. Pero la clave es: «hasta cierto punto». El ámbito del manejo del estrés en su mayor parte trata de técnicas para ayudarnos a afrontar desafíos que no son ni mucho menos desastrosos. En esa esfera es bastante eficaz. Pero desde luego no servirá para generar un culto a la subjetividad en el cual dichas técnicas se ofrezcan alegremente como una solución al infierno que vive una persona sin techo, un refugiado, alguien a quien la sociedad considere un intocable o un paciente de cáncer terminal. Ocasionalmente, hay personas en esas situaciones que poseen las facultades para hacerles frente y que nos dejan boquiabiertos de asombro, ellas son las que, de hecho, se benefician de estas técnicas. Podemos admirarlas, pero eso no es razón suficiente para dirigirse a la persona que está pasando por lo mismo y proponerle eso como incentivo optimista sólo para cumplir el programa. Mala ciencia, mala práctica clínica y, en última instancia, mala ética. Si cualquier infierno realmente se pudiese transformar en un cielo, entonces podríamos hacer del mundo un lugar mejor con tan sólo levantarnos de nuestra tumbona para informar a la víctima de algún horror de quién tiene la culpa de que sea infeliz.

Apoyo social

A estas alturas del libro, esto no debería plantear ninguna dificultad de comprensión: el apoyo social hace que los agentes estresantes lo sean menos, así que busquemos apoyo. Por desgracia, no es tan sencillo.

Las relaciones sociales no constituyen de forma invariable una solución para la agitación psicológica. Es fácil pensar en personas con las que lo último que desearíamos sería relacionarnos cuando tenemos problemas. También es fácil pensar en circunstancias difíciles en las que *cualquiera* nos haría sentir peor. Los estudios psicológicos así lo demuestran. Si a un roedor o un primate que ha estado solo se le introduce en un grupo social, el resultado habitual es una respuesta de estrés masiva. En el caso de los monos, la respuesta puede prolongarse durante semanas o meses mientras se dedican de forma nerviosa a averiguar quién domina a quién en la jerarquía social del grupo[114].

---

114. Hace unos años, el Gobierno de Estados Unidos propuso nuevas directrices para mejorar el bienestar psicológico de los primates que se emplean en la investigación. Un rasgo bien intencionado pero no general fue que los monos alojados por separado durante un estudio deberían, al menos una vez a la semana, pasar cierto tiempo con otros monos. Precisamente dicha situación social se ha estudiado durante años como modelo de estrés social crónico, por lo que era evidente que las nuevas normas iban a servir para cualquier cosa menos para aumentar el bienestar psicológico de

En otra demostración de este principio se separó a crías de monos de sus madres. Como era de esperar, su respuesta de estrés fue bastante elevada y aumentó su nivel de glucocorticoides. Dicho aumento se evitaba si se colocaba a la cría en un grupo social de monos, pero sólo si ya los conocía. Los extraños proporcionan muy poco consuelo.

Incluso cuando los animales dejan de ser unos desconocidos, la mitad de ellos, de cualquier grupo social, suele ser socialmente dominante, y hallarse rodeado de animales dominantes no tiene por qué servir de consuelo en momentos difíciles. Ni siquiera las relaciones sociales íntimas son siempre una ayuda. Veíamos en el capítulo 8, sobre la inmunidad psicológica, que estar casado se relaciona con toda clase de aspectos positivos para la salud. Parte de esto se debe al viejo truco de la causalidad inversa: las personas insanas tienen menos probabilidad de contraer matrimonio. Parte se debe al hecho de que el matrimonio suele aumentar el bienestar material de las personas y nos proporciona a alguien que nos recuerda y nos engatusa para que disminuyamos algunos factores de riesgo del estilo de vida. Tras controlar estos factores, el matrimonio, por término medio, se asocia con una mejor salud. Pero ese capítulo también señalaba una obvia pero importante excepción a la regla: en lo que respecta a las mujeres, un *mal* matrimonio se asocia con la supresión de la inmunidad. De modo que una relación íntima con la persona equivocada puede ser cualquier cosa menos reductora de estrés*.

Ampliar el círculo de relaciones, también es saludable tener una fuerte red de amigos y, como vimos en el último capítulo, pertenecer a una comunidad rica en capital social. ¿Cuál es el lado negativo potencial de esto? Algo a lo que he aludido. Dentro de ese agradable asunto del utópico capital social acecha el hecho inconveniente de

---

los animales. Por suerte, se modificaron tras el testimonio de varios expertos.

que una comunidad colaboradora, muy cohesionada, con valores comunes, podría conducir a la homogeneidad, el conformismo y la xenofobia. Tal vez incluso a las camisas pardas y las botas militares. De modo que el capital social no siempre es afectuoso y entrañable.

A lo largo de esta sección he estado subrayando el *recibir* apoyo social de la persona adecuada, de la adecuada red de amigos, de la comunidad adecuada. A menudo, una de las cualidades del apoyo social más reductoras de estrés es el acto de *dar* apoyo social, el hecho de ser necesitado. El filósofo del siglo XII Maimónides estableció una jerarquía de las mejores formas de realizar actos de caridad, y por encima de todas situaba a la persona caritativa que da de forma anónima a un receptor anónimo. Ése es un gran objetivo abstracto, pero con frecuencia hay un asombroso poder en ver el rostro del que has ayudado. En un mundo de estresante falta de control, una asombrosa fuente de control que todos tenemos es la capacidad de hacer del mundo un lugar mejor, un acto cada vez.

Religión y espiritualidad

La idea de que la religiosidad o la espiritualidad protegen contra las enfermedades, sobre todo contra las asociadas al estrés, es enormemente controvertida. Me he encontrado con algunos de los principales investigadores en este campo, y he advertido que su lectura de la literatura sobre el tema a menudo coincide con sus personales ideas religiosas. Por esa razón, creo que sería útil poner mis cartas sobre la mesa antes de abordar este tema. Yo recibí una educación religiosa muy ortodoxa y fui un creyente devoto. Aunque ahora soy ateo, en mi vida no hay lugar para ningún tipo de espiritualidad, y creo que la religión es extraordinariamente perjudicial. Aunque desearía poder ser religioso. Aunque para mí no tiene ningún sentido y me desconciertan las personas que creen. Aunque también me emocionan. De modo que estoy confuso. Sigamos con la ciencia.

Muchísimos estudios afirman que la creencia y la práctica religiosa, la espiritualidad y que recen por uno pueden contribuir a una buena salud: es decir, disminuyen la incidencia de enfermedades, disminuyen las tasas de mortalidad por enfermedad (unamos esos dos efectos y tendremos una duración de la vida prolongada) y aceleran la recuperación de los enfermos. Así pues, ¿dónde está la polémica?

Primero, algunas cuestiones definitorias. ¿En qué se diferencian la religiosidad y la espiritualidad? La primera se refiere a un sistema institucionalizado con antecedentes históricos y muchos adeptos; la última es de carácter más personal. Como señaló Ken Pargament, de la Universidad Bowling Green, la primera también ha llegado a significar algo formal, orientado al exterior, de carácter doctrinal, autoritario e inhibidor de la expresión, mientras que la última suele implicar algo subjetivo, emocional, orientado a lo interior y libremente expresivo. Cuando se compara a las personas religiosas con las que se definen a sí mismas como espirituales pero sin adscripción religiosa, las primeras tienden a ser de más edad, con menos formación y de posición socioeconómica inferior, con un porcentaje más alto de hombres. De modo que la religiosidad y la espiritualidad pueden ser cosas muy diferentes. Aun así, la literatura médica dice cosas más o menos similares sobre ambas, de modo que voy a emplearlas aquí de forma intercambiable.

¿Cuál es la controversia? Pese a tantos estudios que demuestran sus beneficios para la salud, la duda es si realmente *hay* algún beneficio. ¿Por qué tanta incertidumbre? Para empezar, porque muchos de los estudios son disparatados o implican errores que deberían haber sido superados en las escuelas de ciencia médica. Pero incluso entre los estudios serios, es muy difícil desarrollar la investigación en este campo con enfoques que son una especie de regla de oro en el mundo de la ciencia. De entrada, la mayoría de los estudios son retrospectivos. Además, las personas normalmente evalúan su propio nivel de religiosidad (inclusive medidas objetivas como con qué frecuencia asisten a los servicios religiosos), y la gente es lamentablemente imprecisa en esta clase de recuerdos.

Hay otro problema que debería evitarse con facilidad pero raramente lo es. Es un sutil asunto relacionado con las estadísticas, y es algo así: medimos un trillón de cosas relativas a la religiosidad (la mayor parte de ellas superpuestas), y medimos un trillón de cosas relativas a la salud (ídem), y luego vemos si alguna cosa de la primera categoría predice algo de la segunda. Incluso cuando no hay la menor relación entre religiosidad y salud, con las suficientes correlaciones, algo adquiere un valor significativo por pura casualidad y, *voilà*, acabamos de demostrar que la religión nos hace más sanos. Por último, y es lo más importante en este campo de la ciencia, no podemos asignar personas al azar a diferentes grupos de estudio («Vosotros os convertís en ateos, y vosotros empezáis a creer profundamente en Dios, y nos volvemos a reunir aquí dentro de diez años para examinar la presión sanguínea de cada uno»).

De modo que la religiosidad es un tema espinoso para hacer con él auténtica ciencia, algo que los mejores expertos se apresuran a señalar. Consideremos a dos destacados pensadores de este campo, Richard Sloan, de la Universidad de Columbia, y Carl Thoresen, de la Universidad de Stanford. Los citaré a menudo porque ambos son unos científicos enormemente rigurosos, y uno de ellos es un fuerte defensor de los beneficios para la salud de la religiosidad, mientras que el otro es un crítico declarado. Si leemos sus informes sobre el tema, ambos dedican la mitad del espacio a arremeter contra el grueso de la literatura al respecto, señalando que la inmensa mayoría de los estudios realizados son sencillamente deplorables y deberían ser pasados por alto.

Una vez que hemos separado el grano de la abundante paja, ¿qué nos queda? Curiosamente, Sloan y Thoresen están de acuerdo en el siguiente punto. Esto es, si considereramos las medidas médicas objetivas, como el número de días de hospitalización que requiere una enfermedad, no existe la más mínima evidencia de que rezar por alguien mejore su salud (al margen de que sepa que otras personas invocan en su nombre a las potestades superiores). A esta conclusión ya llegó el científico del siglo XIX Francis Galton, quien señaló que a pesar de que cada domingo las iglesias desbordasen de leales campesinos que rezaban por su salud, los reyes europeos no vivieron más tiempo de lo normal.

Otra cosa en la que coinciden Sloan y Thoresen es que cuando se detecta un claro vínculo entre la religiosidad y una buena salud, no sabemos qué fue primero. Ser religiosos podría hacernos sanos, y ser sanos podría hacernos religiosos. También están de acuerdo en que cuando vemos una conexión, incluso una en la que la religiosidad da origen a buena salud, seguimos sin saber si tiene algo que ver con la religiosidad. Esto es porque ser religioso suele conllevar la pertenencia a una comunidad de fieles, y por tanto significa contar con apoyo social, papeles sociales importantes, buenos modelos de conducta, capital social, todas esas cosas positivas. Y porque en un gran porcentaje de las religiones, la religiosidad normalmente significa beber y fumar en menor cantidad y menores factores de riesgo. De modo que hay que contemplar todos esos factores.

Y una vez que hemos hecho eso, curiosamente, Thoresen y Sloan aún coinciden en su mayor parte en que la religiosidad predice una buena salud hasta cierto punto en algunas áreas de la medicina.

Thoresen ha efectuado un detallado análisis al respecto, en algunas publicaciones rigurosas especializadas en este campo. Según él, la asistencia habitual a servicios religiosos pronostica de manera razonable una menor tasa de mortalidad y un menor riesgo de enfermedad cardiovascular y depresión*. Sin embargo, también considera que la religiosidad no predice gran cosa sobre la progresión del cáncer, las tasas de mortalidad debidas a éste, la incapacidad médica y la velocidad de recuperación de una enfermedad. Además, las personas profundamente religiosas (según su propia evaluación) no gozan de más beneficios en su salud que las personas que no lo son tanto. Su conclusión es que hay una sugerente aunque no definitiva evidencia de que la religiosidad, en sí misma, mejora la salud, pero los efectos son limitados, y tienen más que ver con personas sanas que siguen estándolo que con personas enfermas que siguen vivas y se recuperan antes.

Aquí es donde Sloan se convierte en un fuerte crítico*. Él llega más o menos a la misma conclusión, pero lo que le impresiona es lo pequeños que son estos efectos y cree que todo el tema no se merece ni de lejos la atención que ha suscitado. En cambio, los defensores responden diciendo: «Estos efectos no son mucho menores que los de otras áreas de la medicina que pertenecen a la corriente principal, y son factores determinantes en algunos subgrupos de personas». Y así todo el mundo argumenta en un sentido o en otro hasta que se acaba la sesión del congreso y es hora de que todos los científicos se vayan a comer.

En la medida en que la religiosidad es buena para la salud, una vez que controlamos el apoyo social y la disminución de los factores de riesgo, ¿por qué es saludable? Por numerosas razones que tienen mucho que ver con el estrés y con la clase de divinidad(es) en las que uno cree.

De entrada, podemos tener una divinidad cuyas reglas sean misteriosas. Éste es el Yahvé bíblico judeocristiano, un tema enfatizado por Thomas Cahill en su libro *The Gift of the Jews*. Antes del monoteísta Yahvé, los dioses tenían sentido, pues sus apetitos eran reconocibles, aunque sobrehumanos: no sólo querían una pierna de cordero, querían la mejor pierna de cordero, querían seducir a *todas* las ninfas del bosque, etc. Pero los primeros judíos inventaron un dios que no tenía ninguno de esos deseos, que era tan completamente insondable e incognoscible como para ser espantoso hasta hacerte mojar los calzoncillos[115]. De modo que aunque Sus acciones sean misteriosas, cuando Él interviene al menos uno obtiene las ventajas reductoras de estrés que se derivan de la atribución: tal vez no esté claro de qué se ocupa la divinidad, pero al menos sabemos quién es responsable de la plaga de langostas o del billete ganador de la lotería. Hay un Sentido oculto, como un antídoto para el vacío existencial.

Siguiente, si es una divinidad que interviene con reglas discernibles, dicha divinidad proporciona el consuelo de la atribución y de la información predictiva: llevemos a cabo el ritual X o Y va a ocurrir. Y así, cuando las cosas van mal, hay una explicación[116]. Si sucede que las cosas realmente nos han ido mal, existe la oportunidad de reformular el suceso a la extraordinaria manera de algunos padres de niños con cáncer: Dios te ha confiado un peso que no puede confiarle a nadie más.

Si es una divinidad que hace todo lo que hemos dicho antes, y responde a nuestras concretas y personales súplicas (sobre todo si la divinidad responde preferentemente a personas que miran/hablan/visten/rezan como uno), hay un estrato añadido de control. Y si, encima de todo eso, la divinidad es vista como benigna, las ventajas reductoras

---

115. En relación con esta idea, el periódico satírico *The Onion* (25 de octubre de 2001) una vez empezó un artículo del siguiente modo: «New Haven, CT: Según un diagnóstico que ayuda a explicar los aspectos confusos y contradictorios del cosmos que han desconcertado a filósofos, teólogos y otros estudiosos de la condición humana durante milenios, Dios, creador del universo y largo tiempo divinidad de miles de millones de fieles, fue hallado el lunes sufriendo un trastorno bipolar».

116. Cuando era joven, me enseñaron que el Holocausto fue una respuesta lógica por parte de Dios a la ofensa de los judíos alemanes que inventaron el movimiento de la Reforma. En ese momento, aquello me proporcionó un considerable consuelo y, cuando todo ese edificio se derrumbó, me provocó una rabia inconmensurable.

de estrés deben de ser extraordinarias. Si podemos ver el cáncer y la enfermedad de Alzheimer, el Holocausto y la limpieza étnica, como asimismo el inevitable cese de los latidos de los corazones de nuestros seres queridos, en el contexto de un plan amoroso, eso debe de constituir la mayor fuente de apoyo imaginable*.

Dos puntos más de coincidencia: tanto a Sloan como a Thoresen les inquieta la idea de que los hallazgos que se produzcan en este campo lleven a los médicos a aconsejar a sus pacientes que se hagan religiosos. Ambos señalan que junto a esas relativas buenas noticias, la religiosidad puede hacer que la salud, mental o de otra clase, sea mucho peor. Como señaló Sharon Packer, de la New School for Social Research, la religión puede ser de gran ayuda para reducir los agentes estresantes, pero muchas veces ella misma es la creadora de esos agentes estresantes**.

Escoger la estrategia adecuada en el momento adecuado: flexibilidad cognitiva

Frente a algún agente estresante, el «afrontamiento» puede asumir formas diversas. Podemos resolver el problema, abordando la tarea cognitiva de averiguar si tiene más sentido tratar de modificar el agente estresante o nuestra percepción de él. O podemos centrarnos en las emociones: puede reducir nuestro estrés el simple hecho de admitir que ese agente estresante nos causa un dolor emocional. Podemos centrarnos en las relaciones y el apoyo social como medio para sentirnos menos estresados.

Las personas obviamente varían en el estilo que desarrollan. Por ejemplo, una interminable fuente de tensión en las relaciones heterosexuales es que las mujeres, por término medio, tienden a estilos de afrontamiento emocionales o de relación, en tanto que los hombres tienden a actitudes de resolución de problemas. Pero al margen de cuál sea la manera más natural de cada uno, una cuestión clave es que los diversos estilos tienden a funcionar mejor según la circunstancia. A modo de ejemplo tonto, supongamos que en poco tiempo debemos realizar un examen importante. Una manera de afrontarlo es estudiar, otra es reformular el significado de una mala nota («Hay vida fuera de esta clase, sigo siendo una buena persona a quien se le dan bien otras cosas...»). Obviamente, antes del examen, sería mejor aplicar la estrategia de reducir el estrés por medio del estudio, y dejar la actitud de reducir el estrés por medio de la reformulación para después del examen. Pongamos un ejemplo más significativo: una grave enfermedad de un familiar, con un montón de decisiones inminentes, enormemente difíciles, frente a la muerte de dicho familiar. Normalmente, los enfoques de resolución de problemas funcionan mejor en el caso de la enfermedad; el afrontamiento basado en la emoción y las relaciones es más efectivo en el caso de una muerte.

Otra versión de esta necesidad de estrategias cambiantes aparece en la obra de Martin Seligman. Pese a la buena prensa que tiene un «*locus* de control internalizado», ya vimos por el ejemplo del «john henrismo» lo contraproducente que puede ser. La obra de Seligman ha demostrado lo útil y saludable que es ser capaz de cambiar el *locus* de control*. Cuando sucede algo bueno, queremos creer que este resultado es consecuencia de nuestros esfuerzos, y que tendrá una repercusión amplia y duradera en nuestra vida. Cuando el resultado es malo, queremos creer que fue debido a algo ajeno a nuestro control, y que sólo es un suceso transitorio con implicaciones muy locales, limitadas.

Saber elegir la estrategia óptima para cada circunstancia concreta implica tener la flexibilidad cognitiva como para cambiar de estrategia. Esto era algo en lo que hacía hincapié Antonovsky, uno de los pioneros de la investigación sobre el NSE y la salud. Para él, ¿qué pronosticaba buena salud en una persona? Respuestas de afrontamiento basadas en reglas fijas y estrategias flexibles*. Esto requiere que combatamos un reflejo común entre la mayoría de nosotros. Si ocurre algo malo y nuestros intentos de afrontarlo no funcionan, una de nuestras respuestas más comunes es, bueno, simplemente volver a la situación e intentar afrontarlo por segunda vez con mayor esfuerzo de la misma manera. Aunque eso a veces funcione, no es lo habitual. Durante los momentos de estrés, hallar los recursos para intentar algo nuevo es realmente difícil y a menudo es lo que hace falta.

¿Qué pretendía él con eso?

Aquí hay una idea nueva sobre la que convendría reflexionar un poco. Uno de los temas de este libro es saber responder a objetivos opuestos. Ante un agente estresante físico, queremos activar una respuesta de estrés; ante un agente estresante psicológico, no queremos. En condiciones basales, la menor secreción posible de glucocorticoides; ante un verdadero agente estresante, la mayor posible. Al inicio del estrés, rápida activación; al final del estrés, rápida recuperación.

Consideremos una versión esquemática de esto, basada en esos soldados noruegos que aprendían a saltar en paracaídas: la primera vez que saltaban, su presión sanguínea subía rápidamente en el momento del salto (Parte B). Pero además ya estaba alta unas horas antes con terror anticipatorio (Parte A), y durante horas después, todavía con flojera en las rodillas (Parte C).

A la enésima vez que saltaban, ¿cómo era el perfil? La misma respuesta de estrés masivo durante el salto (Parte B), pero dos segundos antes y después, nada: los paracaidistas ya sólo piensan en qué habrá hoy de comida.

De esto trata el «condicionamiento». Agudizar el contraste entre activación y desactivación, entre primer plano y fondo. Aumentar la proporción entre señal y ruido. En el contexto de este libro, cuando alguien ha adquirido la experiencia de cientos de saltos, sólo activa la respuesta de estrés durante el agente estresante real. Como ya se vio, lo que esa experiencia ha dejado fuera son las partes A y C: la respuesta de estrés psicológica.

Esto es fantástico. Pero lo que me deja boquiabierto es una idea sobre un objetivo más sutil. Este pensamiento le debe mucho a conversaciones con Manjula Waldron, de la Universidad del Estado de Ohio, una profesora de ingeniería que casualmente también es capellán de hospital. Esto suena embarazosamente zen para que lo diga yo, siendo un tipo bajo, hipomaníaco, con acento de Brooklyn, pero ahí va:

Quizás el objetivo no sea maximizar el contraste entre una línea basal baja y un alto nivel de activación. Tal vez la idea es tener ambas *simultáneamente*. ¿Cómo? Quizás el objetivo sería que nuestra línea basal fuese algo más que una ausencia de activación, sino más bien una calma enérgica, una elección proactiva. Y que el techo consistiera en una suerte de equilibrio lúcido y ecuánime en medio de la enloquecida agitación. Varias veces he sentido esto mientras jugaba al fútbol, pese a lo inepto que soy, cuando se produce un momento en que, al margen del resultado, todos los sistemas fisiológicos parecen volverse locos, y mi cuerpo hace algo que mi mente ni siquiera habría soñado, y los dos segundos en que eso ocurrió parecían durar mucho más de lo normal. Pero este asunto sobre la calma dentro de la agitación no es sólo otra forma de hablar de un «estrés positivo» (un reto estimulante, en oposición a una amenaza). Incluso cuando el agente estresante es malo y nuestro corazón se acelera en una crisis, el objetivo debería ser conseguir de algún modo que la fracción de segundo entre cada pulsación del corazón fuese un instante que se expande en el tiempo y nos permite reunir fuerzas.

Bueno, no sé lo que estoy diciendo, pero creo que ahí podría haber algo importante oculto. Basta con eso.

Simplemente hazlo:
la cualidad 80/20 del manejo del estrés

Existe una idea que se utiliza en varias disciplinas llamada la regla 80/20. En el negocio de la venta al por menor, adopta la forma: «El 20 por 100 de los clientes son responsables del 80 por 100 de las reclamaciones». En criminología se formula como «El 20 por 100 de los delincuentes son responsables del 80 por 100 de los delitos». O «el 20 por 100 del equipo de investigación y diseño es responsable del 80 por 100 de las nuevas ideas». Las cifras no pretenden ser literales; es sólo una manera de afirmar que la causalidad no se reparte por igual en una población de agentes causales.

Yo aplicaría la regla del 80/20 al manejo del estrés: el 80 por 100 de la reducción de estrés se logra con el primer 20 por 100 de esfuerzo. ¿Qué quiero decir con esto? Suponga el lector que es uno de esos horribles Tipos A, ese hostil y brutal individuo que le hace la vida imposible a los que están en su entorno. Por muchas veces que sus amigos y seres queridos le hagan sentarse, le miren cariñosamente a los ojos y luego le griten para decirle que es un grano en el culo, no se producirá en él el más mínimo cambio. Por numerosas que sean las visitas al médico en las que sus medidas de presión sanguínea sean elevadas, nada de eso va a significar una diferencia. No va a suceder hasta que uno decida cambiar, y lo decida *de verdad,* no que simplemente decida tratar de hacer que todos dejen de agobiarle con un problema inexistente.

Ésta es una verdad fundamental para la salud mental de los profesionales: toda la familia que está en terapia está intentando desesperadamente que un individuo haga algunos cambios, y nada va a ocurrir si éste se limita a mirar de forma fija y ceñuda al busto de Sigmund Freud que hay en la estantería del psiquiatra. Pero una vez que sinceramente queremos cambiar, el mero acto de hacer un esfuerzo puede obrar maravillas. Por ejemplo, las personas que sufren una depresión clínica se sienten notablemente mejor al concertar una primera cita para ver a un terapeuta: significa que han reconocido que hay un problema, significa que se han abierto paso a través de sus psicológicas arenas movedizas para hacer realmente algo, significa que están saliendo del apuro.

Esto tiene una importancia obvia para el manejo del estrés. Esta sección ha examinado algunas de las maneras más eficaces de afrontar el estrés. Pero no perdamos la cabeza, dejando de hacer algo hasta dar con la actitud que consideremos perfecta para nosotros. A un determinado nivel, no importa la técnica que utilicemos (siempre y cuando no lo paguemos con los que nos rodean). Si nuestro truco especial para reducir el estrés es plantarnos en la esquina de una calle concurrida, envueltos en una toga, y recitar monólogos de los *teletubbies,* eso será beneficioso para nosotros, sencillamente porque hemos decidido que hacer un cambio es una prioridad tan absoluta que estamos dispuestos a decir no a todas las cosas a las que no se puede decir no, para realizar ese soliloquio disparatado. No dejemos nuestro manejo del estrés para el fin de semana, o para cuando nos hagan esperar al teléfono durante treinta segundos. Saquemos tiempo para hacerlo casi a diario. Y si conseguimos eso, el cambio se habrá vuelto lo bastante importante para nosotros que ya habremos recorrido buena parte del camino: tal vez no realmente el 80 por 100, pero al menos será un gran comienzo*.

Conclusiones

Así pues, ¿qué hemos aprendido?

- Frente a hechos terribles que están fuera de nuestro control, que no se pueden evitar y cuyas consecuencias no se pueden solucionar, quienes son capaces de hallar la forma de negarlos tienden a enfrentarse mejor a ellos. Dicha negación no sólo es permisible, sino que quizá sea el único modo sano de afrontarlos*; la verdad y la salud mental suelen ir de la mano, aunque no necesariamente en situaciones como ésas. Ante problemas de gravedad menor hay que tener esperanza, pero de forma racional y precavida. Hay que tratar de considerar que las situaciones más estresantes contienen la promesa de una mejora, sin negar la posibilidad de que no sea así, y tratar de hallar el equilibrio entre ambas tendencias. Hay que esperar lo mejor y dejar que esta esperanza domine la mayor parte de nuestras emociones, pero, al mismo tiempo, una pequeña parte de nosotros tiene que estar preparada para lo peor.

- Quienes se enfrentan al estrés con éxito tienden a ejercer control ante agentes estresantes, pero no tratan de controlar, en el presente, cosas que ya han pasado, ni hechos futuros que son incontrolables, ni intentan reparar lo que no se ha roto o lo que se ha roto y no tiene reparación posible. Ante el gran muro de un agente estresante no hay que suponer que existe una solución especial que logrará derribar el muro, lo que hay que asumir es que a menudo mediante el control de una serie de puntos de apoyo, pequeños pero capaces de sostenernos, podemos escalarlo.

- Suele ser útil buscar información precisa y predictiva. No obstante, la información no nos sirve si se produce demasiado pronto o demasiado tarde, si es innecesaria, si hay tal cantidad que se vuelve estresante en sí misma o si se refiere a hechos más negativos que los que se quieren saber.

- Hallemos una salida a nuestras frustraciones y hagámoslo regularmente. Hagamos que la salida sea benigna para los que nos rodean: uno no debería provocar úlceras para evitar contraerlas. Leamos la letra pequeña y la lista de ingredientes de cada nueva fórmula que promete salvarnos del estrés, seamos escépticos ante las maniobras de la publicidad, averigüemos qué funciona en nuestro caso.

- Es importante buscar fuentes de apoyo y asociación. Incluso en esta sociedad, obsesivamente individualista, la mayor parte de nosotros ansía formar parte de algo mayor que nosotros mismos. Pero no hay que confundir el apoyo y la unión verdaderos con las meras relaciones sociales. Uno se puede sentir muy solo en medio de una multitud o con un supuesto amigo íntimo que ha demostrado ser un extraño. Hay que tener paciencia, ya que la mayoría nos pasamos la vida aprendiendo a ser buenos amigos y cónyuges.

Algunas de estas ideas se expresan en la famosa oración de Reinhold Niebuhr, adoptada por Alcohólicos Anónimos:

Dios mío, concédeme la serenidad para aceptar las cosas que no puedo cambiar, el valor de cambiar las que pueda y la sabiduría para establecer la diferencia.

Seamos sabios al elegir nuestras batallas. Y una vez llegado el momento, la flexibilidad y la diversidad de estrategias que deben emplearse en esas batallas se resumen en algo que una vez escuché en una reunión de cuáqueros:

Ante un viento impetuoso, hazme una brizna de hierba,
Ante un fuerte muro, hazme una galerna.

El estrés no se halla en todas partes. El más mínimo síntoma de disfunción del organismo no tiene por qué ser una manifestación de una enfermedad asociada al estrés. Es cierto que el mundo real se halla repleto de cosas malas que podemos esquivar modificando la perspectiva y el carácter psicológico, pero también está lleno de cosas espantosas que no se pueden eliminar con un cambio de actitud, por muy heroica, ferviente, compleja y ritualmente que lo deseemos. Cuando estamos realmente enfermos de esas enfermedades que nos imaginamos a las dos de la madrugada y que nos mantienen despiertos y angustiados, lo que nos puede salvar tiene poco que ver con el contenido de este libro. Cuando se tiene un paro cardíaco, cuando un tumor sufre metástasis, cuando el cerebro se ve privado de oxígeno durante demasiado tiempo, la perspectiva psicológica no sirve de mucho, pues se ha entrado en un terreno en el que otra persona —un médico experto— debe intervenir adecuadamente con la más alta tecnología.

Hay que hacer hincapié en estas advertencias una y otra vez al enseñar los modos de curación que hay que buscar y las atribuciones que hay que realizar ante muchas enfermedades. Pero en medio de estas precauciones, hay un mundo de salud y enfermedad que es sensible a la cualidad de nuestra mente, de nuestros pensamientos, emociones y conductas. Y, a veces, el hecho de contraer una de esas enfermedades que nos aterran a las dos de la madrugada refleja este mundo mental. Ahí es donde debemos apartarnos de los médicos y de su capacidad para solucionar los problemas *a posteriori* y reconocer que tenemos la facultad de *evitar* algunos problemas antes, en los pequeños pasos que componen nuestra vida cotidiana.

Puede que me esté empezando a parecer a una abuelita que nos aconseja ser felices y no preocuparnos tanto. Puede que este consejo parezca tópico, trivial o las dos cosas. Pero basta con modificar el modo que tiene una rata de percibir el mundo para alterar de forma espectacular la probabilidad de que enferme. Estas ideas no son meras tautologías, sino poderosas fuerzas potencialmente liberadoras que hay que canalizar. Como fisiólogo que lleva muchos años estudiando el estrés, veo claramente que la fisiología del sistema no suele ser más decisiva que la psicología. Volviendo a la lista del primer capítulo de las cosas que a todos nos resultan estresantes —los atascos de tráfico, los problemas económicos, el exceso de trabajo, las relaciones sociales y la ansiedad que generan—, muy pocas son «reales» en el sentido en que lo entenderían una cebra o un león. En nuestra vida privilegiada, hemos sido los únicos con la suficiente inteligencia como para inventarnos tales agentes psicológicos estresantes, y los únicos lo bastante estúpidos como para permitir, con demasiada frecuencia, que dominen nuestras vidas. No hay duda de que poseemos la sabiduría potencial para desterrar su estresante tiranía.

NOTAS

Capítulo 1
¿Por qué las cebras no tienen úlcera?

Página 16: Durante años, en mis conferencias, he comparado de forma retórica los patrones de las enfermedades humanas con los de las cebras, y al sentarme a escribir este libro de repente se me pusieron los pelos de punta al pensar que no estaba seguro de lo de las cebras y la úlcera. Y entonces, ¿hacia dónde me encaminaba? ¿De qué sirve un libro titulado, más o menos, *¿Por qué las cebras tienen úlcera con menor frecuencia que nosotros y por razones bastante distintas, aunque el asunto es complicado?* No obstante, según *Zoo and Wild Animal Medicine* (Fowler, M., Filadelfia, Saunders, 1986, 2.ª ed.) y las llamadas telefónicas a veterinarios de cebras del Zoo Nacional y los zoos de Brookfield, Bronx, Filadelfia y San Diego, la úlcera es muy poco común en las cebras. Aparecen en animales que soportan un estrés intenso y no natural (por ejemplo, cuando los llevas al zoo), pero es casi la única circunstancia. Como se afirma en el título del libro, cuando a las cebras se las deja a su aire (tanto en estado salvaje como en un recinto zoológico lo suficientemente amplio) no tienen úlcera.

Muchas de las ideas de este capítulo tienen una larga historia en la fisiología del estrés. Walter Cannon fue quien estableció el aspecto principal hace medio siglo: «Se ha producido un cambio muy importante en la incidencia de la enfermedad en este país... las infecciones graves, antes muy amplias y desastrosas, han disminuido notablemente o casi desaparecido..., en tanto que las condiciones que implican tensión para el sistema nervioso han aumentado de forma notable» («The role of emotion in disease», «*Annals of Internal Medicine*», vol. 9, núm. 2, mayo 1936).

Página 17: Contemplada a través del eclipse de la Segunda Guerra Mundial, tendemos a recordar la Primera con un extraño afecto: las canciones de Irving Berlin, los uniformes de colores, los coches desvencijados y los jefes de Estado con títulos estúpidos y grandes bigotes. Ocho millones y medio de personas murieron en el baño de sangre sin sentido que conocemos como la Primera Guerra Mundial (Fromkin, D., *A Peace to End All Peace*, Nueva York, Avon Books, 1989, 379). La gripe que arrasó el planeta al mismo tiempo mató a veinte millones (McNeill, V., *Plagues and Peoples*, Nueva York, Doubleday Books, 1976, 255). «El total de marineros y soldados americanos que murió de gripe y neumonía en 1918 supera los 43.000, aproximadamente un 80 por 100 de los americanos caídos en combate en la guerra» (Crosby, A., *Epidemic and Peace*, Londres, Greenwood Press, 1918, 1976, 36).

Página 21: La historia de Von Karajan se puede encontrar en A. Damasio, *Descartes's Error: Emotion, Reason, and the Human Brain*, Nueva York, Quill, 1994 [ed. cast.: *El error de Descartes: la emoción, la razón y el cerebro humano*, Barcelona, Editorial Crítica, 1996].

Página 22: El fisiólogo Leary DuBeck y una de sus estudiantes, Charlotte Leedy, llevaron a cabo un estudio definitivo sobre los jugadores de ajedrez. Para medir su ritmo respiratorio, presión sanguínea, contracciones musculares, etc., los conectaron a una máquina y los controlaron antes, después y durante los principales torneos. Hallaron que se triplicaban los ritmos respiratorios y las contracciones musculares, y que la presión sanguínea sistólica se elevaba a más de 200, exactamente lo mismo que se observa en los atletas en una competición. Véase el informe original, la tesis de Leedy: «The effects of tournament chess playing on selected physiological responses in players of varying aspirations and abilities» (Temple University, 1975) o su breve informe (Leedy, C., y Dubeck, L., «Physiological changes during tournament chess», *Chess Life and Review* [1971], 708). En una conversación telefónica, DuBeck cuenta la historia de una partida internacional, a principios de la década de 1970, entre los grandes maestros Bent Larson y Bobby Fischer, en la que el primero tuvo que recibir medicación contra la hipertensión cuando iba perdiendo; posteriormente tuvo la tensión alta durante varios días. El informe de Kasparov frente a Karpov es de *The New York Times*, del 20 de diciembre de 1990. Y a los aficionados al ajedrez que siempre quieren saber más del tema les sugiero como perfecto regalo un ejemplar de Glezerov, V., y Sobol, E., «Hygenic evaluation of the changes in work capacity of young chess players during training», *Gigiena i Sanitariia*, 24 (1987), en el original ruso.

Página 23: El cerebro ha evolucionado para buscar la homeostasis: McMillan, F. D., «Stress, distress, and emotion: distinctions and implications for animal well-being», en McMillan, F. D., ed., *Mental Health and Well-being in Animals,* Ames, Iowa, Blackwell Publishing Professional, 2005, 93-111.

Página 26: Selye publicó numerosos libros y artículos autobiográficos, muchos de los cuales contienen la historia del extracto ovárico y de su descubrimiento de la respuesta de estrés no específica. Un buen ejemplo lo constituye *The Stress of my Life,* Nueva York, Van Nostrand, 1979. En este libro también se incluye la afirmación sentido biomédico en vez de aplicado a la ingeniería. En realidad, Walter Cannon se le adelantó varias décadas («The interrelations of emotions as suggested by recent physiological researches», *American Journal of Psychology,* 25 [1914], 256). Este aspecto se planteó en un animado debate entre Selye y John Mason, un psiquiatra a cuyo trabajo pionero sobre la respuesta psicológica de estrés nos referiremos más adelante (Mason, J., «A historical view of the stress field», *Journal of Human Stress* 1, 6 [1975], parte II, 1, 22. Selye, H., «Confusion and controversy in the stress field», *Journal of Human Stress,* 1 [1975], 37).

Página 27: Para una introducción al mundo de la alostasis, véase Sterling, P., y Eyer, J., «Allostasis: a new paradigm to explain arousal pathology», en Fisher, S., y Reason, J., eds., *Handbook of Life Stress, Cognition, and Health,* Nueva York, Wiley, 1988. Véase también Sterling, P., «Principles of allostasis: optimal design, predictive regulation, pathophysiology and rational therapeutics», en Schulkin, J., ed., *Allostasis, Homeostasis, and the Costs of Adaptation,* Cambridge, MIT Press, 2003. Véase también: McEwen, B., *The End of Stress,* Nueva York, Joseph Henry Press, 2002; Schulkin, J., «Allostasis: a neural behavioral perspective», *Hormones and Behavior,* 43 (2003), 21. Para una vision opuesta del concepto de la alostasis, véase Dallman, M., «Stress by any other name…?», *Hormones and Behavior,* 43 (2003), 18.

Página 37: Se encuentran descripciones de la enfermedad de Addison en todos los manuales de endocrinología, pues se trata de uno de los trastornos endocrinos mejor estudiados. El síndrome de Shy-Drager es más raro y reciente; se describió por primera vez en 1960. Para una descripción de primera mano, véase Shy, G., y Drager, G., «A neurological syndrome associated with orthostatic hypotension», *A.A.M. Archives of Neurology,* 2 (1960), 41/511. Véase también Low, P., *Seminars in Neurology,* vol. 7, núm. 1 (marzo 1987),

53; y Bannister, R., y Mathios, C., *Autonomic Failure,* Nueva York, Oxford University Press, 1992.

Página 38: Para un análisis de los síndromes en los que hay una respuesta de estrés insuficiente, véase: Raison, C., y Millar, A., «When not enough is too much: the role of insufficient glucocorticoid signaling in the pathophysiology of stress-related disorders», *American Journal of Psychiatry,* 160 (2003), 1554.

Capítulo 2
Glándulas, carne de gallina y hormonas

Página 42: La cita de D. H. Lawrence es de *Lady Chatterley's Lover,* Cutchogue, Nueva York, Buccaneer Books, Inc., 1983. La idea de este ejemplo proviene de uno de mis colegas, el inmunólogo británico Nick Hall. Suele dar conferencias a científicos que se distraen y no dejan de hacer «clic» con sus bolígrafos de tres colores, por lo que, para atraer su atencion, comienza con un pasaje muy subido de tono de Lawrence, que recita con su impresionante acento inglés.

Página 49: La manía de las inyecciones testiculares comenzó en 1889, cuando el tremendo Charles-Edouard Brown-Sequard publicó un artículo titulado: «On the physiological and therapeutic role of a juice extracted from the testicles of animals according to a number of facts observed in man» (*Archives de physiologic normal et pathologique,* 5.ª serie, [1889], 1, 739).

Muchos de los hechos que Brown-Sequard recogió habían sido observados en un único hombre: él mismo. Brown-Sequard era el psicólogo más eminente del mundo en aquella época, tenía setenta y dos años y sus energías comenzaban a declinar. Había establecido la teoría de que algunas características de la senectud humana se debían a la disminución de la función de las gónadas (las afirmaciones más generales de que dicho declive era la causa del envejecimiento provienen de sus seguidores). Creía que los testículos segregaban algún tipo de sustancia activa y comenzó a inyectarse de forma subcutánea extractos de testículos de perros y de cobayas. Tenía toda la razón en cuanto a que los testículos segregaban una sustancia —la testosterona (que aún no se había descubierto; el término «hormona» ni siquiera existía)—, pero su experimento no podía funcionar, puesto que realizaba los extractos en agua, y la testosterona, debido a su composición química, no es soluble en agua.

A pesar de todo, afirmó que los resultados eran maravillosos (aumento de la vitalidad física y aumento de la longitud del chorro de orina, esto último, sin duda, es lo que todos esperamos conservar en nuestros años dorados). Todo era un efecto placebo. El fisiólogo de la reproducción Roger Gosden, de la Universidad de Leeds en el Reino Unido, sospecha que Brown-Sequard se hallaba deprimido cuando llevó a cabo sus experimentos, por lo que era especialmente vulnerable al efecto placebo (véase Gosden, R., *Cheating Time: Science, Sex and Ageing*, Londres, Macmillan, 1996, 148). No obstante, los médicos quedaron encantados con el informe y, en el plazo de dos años, la organoterapia, como se la denominó, se había extendido por todo el mundo. Brown-Sequard se sintió muy ofendido porque hubo charlatanes que se hicieron de oro empleando su descubrimiento (totalmente incorrecto e ineficaz), sobre todo los agentes de publicidad americanos, que pronto vendieron el «elixir de la vida del Dr. Brown-Sequard». Asimismo, amplió algo más su teoría, al observar que la pérdida de semen se traducía en una pérdida de fuerza (veinte años antes había especulado sobre los efectos rejuvenecedores de las inyecciones intravenosas de esperma en el hombre, idea que afortunadamente no trató de llevar a la práctica), y mencionando la famosa debilidad física y mental de los hombres que se masturbaban con frecuencia o tenían relaciones sexuales de forma habitual. (Para las citas originales y una revisión completa del tema, véase Borell, M., «Brown-Sequard's organotherapy and its appearance in America at the end of the nineteenth century», *Bulletin of the History of Medicine*, 50 [1976], 309).

Página 52: La historia de las hormonas hipotalámicas (la teoría de Harris de que el cerebro era un órgano endocrino y el trabajo de Guillemin y Schally) se halla muy bien documentada, sobre todo tras la repercusión que tuvo la concesión del Nobel a estos últimos, repercusión debida a la ferocidad y el interés del enfrentamiento entre Guillemin y Schally y a que el enorme laboratorio «colectivo» que cada uno de ellos creó durante el proceso pareció en aquel momento la vía para la ciencia futura. Para una descripción de fácil lectura, véase Wade, N., *The Nobel Duet: Two Scientist's 21-Year Race to Win the World's Most Coveted Research Prize*, Garden City, Nueva York, Anchor Press, 1981. La cita de Schally sobre su enfrentamiento con Guillemin se halla en la página 7 del libro de Wade. Para una intimidatoria descripción académica de la sociología del laboratorio de Guillemin (aunque no se le identifica por su nombre), véase Laour, B., y Woolgar, S.,

Laboratory Life: The Social Construction of Scientific Facts, Beverly Hills, California, Sage Publications, 1979.

Grupos de científicos siguen aislando nuevos factores liberadores e inhibidores, con frecuencia todavía en un *sprint* hacia la línea de llegada, en frenética competición. Una excepción a esta norma se produjo en 1981, al aislarse la que probablemente era la hormona cerebral más buscada. Esta hormona, de la que se hablará a lo largo de todo el libro, constituye el medio principal de control cerebral de una de las ramas principales de la respuesta de estrés. El CRH, como se denomina, fue la primera hormona cerebral cuya existencia se dedujo (en 1955), pero una de las últimas en ser aisladas por ser una de las más complejas desde el punto de vista químico. Rizando el rizo de la antigua dicotomía entre Guillemin y Schally, su aislamiento lo llevó a cabo un grupo dirigido por Wylie Vale, el que fuera mano derecha de Guillemin. Vale y su banda de renegados, en un laboratorio propio, tuvieron la audacia, al asignar composiciones químicas muy improbables al CRF, de buscarlo en lugares donde ningún otro investigador lo había intentado en veinticinco años de investigación. Una de ellas resultó correcta, y sacaron kilómetros de ventaja a los demás. Véase Vale, W., Speiss, J., Rivier, C., y Rivier, J., «Characterization of a 41-residue ovine hypothalamic peptide that stimulates the secretions of corticotropin and beta-endorphin», *Science,* 213 (1983), 1394.

Página 59: Para el concepto de «cuidar y ofrecer amistad», véase, Taylor, S., Klein, L., Lewis, B., Gruenewald, T., Gurung, R., y Updegraff, J., «Biobehavioral responses to stress in females: tend-and-befriend, not fight-or-flight», *Psychological Review,* 107 (2000), 411. Para una crítica de esto, véase Geary, D., y Flinn, M., «Sex differences in behavioral and hormonal response to social treta: commentary on Taylor *et al.*», *Psychological Reviews,* 109 (2002), 745.

Página 61: Para una consideración de cómo los glucocorticoides nos preparan para una posterior respuesta de estrés, véase Sapolsky, R., Romero, M., y Munck, A., «How do glucocorticoids influence the stress-response?: integrating permissive, suppressive, stimulatory, and preparative actions», *Endocrine Reviews,* 21 (2000), 55.

Página 62: Las «firmas» hormonales en diferentes agentes estresantes: Henry, J. P., *Stress, Health and the Social Environment,* Nueva York, Springer-Verlag, 1977; Frankenhaeuser, M., «The sympathetic-adrenal and pituitary-adrenal response to challenge», en Dembroski, T., Schmidt, T., y Blumchen, G., eds., *Biobehavioral Basis of Coronary Heart Disease,* Basel, Karger, 1983, 91. Para más recientes estudios respecto a las firmas de estrés, véanse Schommer, N.,

Hellhammer, D., y Kirschbaum, C., «Dissociation between reactivity of the hypothalamus-pituitary-adrenal axis and the sympathetic-adrenal-medullary system to repeated psychosocial stress», *Psychosomatic Medicine*, 65 (2003), 450; Dayas, C., Buller, K., Crane, J., y Day, T., «Stressor categorization: acute physical and psychological stressors elicit distinctive recruitment patterns in the amygdale and in medullary noradrenergic cell groups», *European Journal of Neuroscience*, 14 (2001), 1143; y Pacak, K., y Palkovits, M., «Stressor specificity of central neuroendocrine responses: implications for stress-related disorders», *Endocrine Reviews*, 22 (2001), 502. Para un ejemplo particularmente extraño de las firmas de estrés (ratas de laboratorio con diversos patrones de respuestas de estrés en función de qué humano las maneja), véase Dobrakovova, M., Kvetnansky, R., Oprsalova, Z., y Jezova, D., «Specificity of the effect of repeated handling on sympathetic-adrenomedullary and pituitary-adrenocortical activity in rats», *Psychoneuroendocrinology*, 18 (1993), 163. Para una revisión de la firma de estrés del hipotálamo respecto a diversos tipos de estrés psicológico, véase Romero, L., y Sapolsky, R., «Patterns of ACTH secretagog secretion in response to psychological stimuli», *Journal of Neuroendocrinology*, 8 (1996), 243.

Página 63: Señales de estrés como consecuencia de cambios en la sensibilidad del tejido a las hormonas de estrés: Avitsur, R., Stark, J., y Sheridan, J., «Social stress induces glucocorticoid resistance in subordinate animals», *Hormones and Behavior*, 39 (2001), 247.

Capítulo 3
Apoplejía, ataque cardíaco y muerte por vudú

Página 64: Un buen esbozo general de lo que sucede en el sistema cardiovascular durante el estrés se halla en la mayor parte de los manuales de fisiología, aunque la información rara vez está organizada bajo el encabezamiento de «estrés». Generalmente se encuentra en un capítulo sobre el corazón o sobre la respuesta fisiológica al ejercicio. Esas publicaciones normalmente se centran en el papel del sistema nervioso simpático en la regulación del sistema cardiovascular. El papel de los glucocorticoides (que hacen que el tejido cardiovascular se haga más sensible al sistema nervioso simpático) es analizado en Whitworth, J., Brown, M., Kelly, J., y Williamson, P., «Mechanisms of cortisol-induced hipertensión in humans», *Steroids,* 60 (1995), 76. Véase también Sapolsky, R., y Share, L., «Rank-related differences in cardiovascular function among wild baboons: role os sensitivity to glucocorticoids», *American Journal of Primatology,* 32 (1994), 261.

Página 65: * Los glucocorticoides activan neuronas en el cerebro: Rong, W., Wang, W., Yuan, W., y Chen, Y., «Rapid effects of corticosterone on cardiovascular neurons in the rostral ventrolateral medulla of rats», *Brain Research,* 815 (1999), 51. Los glucocorticoides refuerzan el efecto de la adrenalina: Sapolsky, R., y Share, L., «Rank-related differences in cardiovascular function among wild baboons: role of sensitivity to glucocorticoides», *American Journal of Primatology,* 32 (1994), 261. Para un mecanismo respecto a cómo los glucocorticoides pueden causar hipertensión: Wallerath, T., Witte, K., Schafeer, S., Schwarz, P., Prellwitz, W., Wohlfart, P., Kleinert, H., Lehr, H., Lemmer, B., y Forstermann, U., «Down-regulation ofthe expresión of eNOS es likely to contribuye to glucocorticoides-mediated hipertensión», *Proceedings of the Nacional Academy of Sciences,* USA 96 (1999), 13357.

Página 65: ** El estudio de 1833 que demuestra que el estrés emocional detenía el riego sanguíneo del estómago del canadiense herido de bala: Beaumont, W., *Experiments and Observations on the Gastric Juice and the Physiology of Digestion,* Plattsburg, Nueva York, F. P. Allen, 1833.

Página 65: *** Para una exposición de la función de los riñones en la elevación de la presión sanguínea durante el estrés, véase Guyton, A., «Blood pressure control-special role of the kidneys and body fluids», *Science,* 252 (1991), 1813.

Página 67: * Anand, S., y Berkowitz, C., «Enuresis», en Fink, G., ed., *Encyclopedia of Stress,* vol. 3, San Diego, Academic Press, 2000, 49.

Página 67: ** La historia de Patton: Ambrose, S., *Citizen Soldiers,* Nueva York, Simon and Schuster, 1997. La historia de la Guerra de Corea: Weintraub, S., *MacArthur's War,* Nueva York, Prentice Hall, 2000.

Página 68: Las diferencias de respuesta cardiovascular a agentes estresantes explícitos y al estado de alerta: Fisher, I.., «Stress and cardiovascular physiology in animals», en Brown, M., Koob, G., y Rivier, C., *Stress: Neurobiology and Neuroendocrinology,* Nueva York, Marcel Dekker, Inc., 1991. Dos horas y diez minutos, blanco y negro. Con Claude Rains, Lily Pons y un joven Robert Mitchum como la aorta descendente.

Página 69: Para una descripción detallada del modo en que interactúan las lesiones en la pared de los vasos sanguíneos, diversas hormonas y los niveles elevados de grasa en el torrente circulatorio para producir aterosclerosis, véase, Lusis, A., «Aterosclerosis», *Nature*, 407 (2000), 233. El agrupamiento de plaquetas durante el estrés se discute en Allen, M., y Patterson, S., «Hemoconcentration and stress: a review of physiological mechanisms and relevance for cardiovascular disease risk», *Biological Psychology*, 41 (1995), 1. Véase, asimismo, Rozanski, A., Krantz, D., Klein, J., y Gottdiener, J., «Mental stress and the induction of myocardial ischemia». En Brown, M. R., y otros, *Stress: Neurobiology and Neuroendocrinology*, Nueva York, Marcel Dekker, Inc., 1991. Véase también Fuster, V., Badimon, L., Badimon, J., y Chesebro, J., «The pathogenesis of coronary artery disease and the acute coronary syndromes», *New England Journal of Medicine*, 326 (1992), 242.

Página 71: * El espesamiento de los músculos en torno a los vasos sanguíneos inducido por estrés: Folkow, B., «Physiological aspects of primary hipertension», *Physiological Reviews*, 62 (1982), 374.

Página 71: ** Hipertrofia ventricular izquierda: Baker, G., Suchday, S., y Krantz, D., «Heart disease/attack», en Fink, G., ed., *Encyclopedia of Stress*, vol. 2, San Diego, Academia Press, 2000, vol. 2, 326.

Página 72: * Aumento inducido por estrés de la viscosidad de la sangre: Von Panel, R., Mills, P., Fainman, C., y Dimsdale, J., «Effects of psychological stress and psychiatric disorders on blood coagulation and fibrinolysis: a biobehavioral pathway to coronary artery disease?», *Psychosomatic Medicine*, 63 (2001), 531. Agregación de plaquetas: Wentworth, P., Nieva, J., Takeuchi, C., y Galve, R., «Evidence for ozone formation in human atherosclerosis arteries», *Science*, 302 (2003), 1053.

Página 72: ** Ataques al corazón con niveles normales de colesterol: Gorman, C., y Park, A., «The fires within», *Time* (23 de febrero de 2004). La importancia de la inflamación y de la proteína reactiva C: Taubes, G., «Does inflammation cut to the heart of the matter?», *Science*, 296 (2002), 242.

Página 74: El trabajo sobre estrés social y enfermedades cardíacas en roedores se halla en Henry, J. P., *Stress, Health and the Social Environment*, Nueva York, Springer-Verlag, 1977. Véase también la subordinación social en los roedores aumentando el riesgo de arritmia cardíaca: Sgoifo, A., Colas, J., De Boer, S., Musso, E., Stilli, D., Buwalda, B., y Leerlo, P., «Social stress, autonomic neural activation, and cardiac activity in rats», *Neuroscience and Biobehavioral*

Reviews, 23 (1999), 915. El trabajo sobre el estrés social y la formación de placas en primates se examina en Manuck, S., Marsland, A., Kaplan, J., y Williams, J., «The pathogenicity of behavior and its neuroendocrine mediation: an example from coronary artery disease», *Psychosomatic Medicine,* 57 (1995), 275. El trabajo sobre la interacción de las hormonas de la respuesta de estrés metabólica como causa de la aterosclerosis se encuentra en Brindley, D., «Role of glucocorticoides and fatty acids in the impairment of lipid metabolism observed in the metabolic syndrome», *International Journal of Obesity and Related Metabolic Disorders,* 19 (1995).

Página 76: * Estrés y apoplejía: May, M., McCarron, P., Stansfeld, S., Ben-Shlomo, Y., Gallacher, J., Yarnell, J., Smith, G., Elwood, P., y Ebrahim, S., «Does psychological distress predict the risk of ische-mic stroke and transient ischemic attack?», *Stroke,* 33 (2002), 7; Williams, J., Nieto, F., Stanford, C., Couper, D., y Tyroler, H., «The association between trait anger and incident stroke risk», *Stroke,* 33 (2002), 13; y Everson, S., Lynch, J., Kaplan, G., Lakka, T., Silvenius, J., y Salonen, J., «Stress-induced blood pressure reactivity and incident stroke in middle-aged men», *Stroke,* 32 (2001), 1263.

Página 76: ** Isquemia de miocardio, lesión del músculo cardíaco y su consiguiente vulnerabilidad al estrés: *Stress: Neurobiology and Neuroendocrinology* (op. cit.) contiene varios capítulos con información útil, entre ellos los capítulos 20 (Verrier, R., «Stress, sleep and vulnerability to ventricular fibrillation»), 21 (Fisher, L., «Stress and cardiovascular physiology in animals»), 22 (Brodsky, M., y Allen, B., «Effects of psychological stress on cardiac rate and rhythm») y 23 (Rozanski, A., Krantz, D., Klein, J., y Gottdiener, J., «Mental stress and the induction of myocardial ischemia»). Los capítulos 20 y 23 contienen un buen análisis de la electrocardiografía ambulante. En el primero se detallan los estudios de Verrier que demuestran que el estrés psicológico en humanos y perros puede producir isquemia aguda en tejidos cardíacos dañados. (Véase asimismo Rozanski, A., y Berman, D., «Silent myocardial ischemia. I. Pathophysiology, frequency of ocurrence and approaches toward detection», *American Heart journal,* 114 [1987], 615). Para una revisión de la paradójica vasoconstricción, en vez de vasodilatación, durante el estrés en arterias coronarias lesionadas, véase Fuster, V., Badimon, L., Badimon, J., y Chesebro J., «The pathogenesis of coronary artery disease and the acute coronary syndromes, Part II», *New England Journal of Medicine,* 326 (1992), 310. También véase Schwartz, C., Valente, A., y Hildebrandt, E., «Prevention of atherosclerosis and end-organ damage: a basis for antihypertensive interventional strategies», *Journal of Hipertension,* 12 (1994), S3. Los cardiólogos están empezando a comprender la causa de esta paradójica vasoconstricción. En tejido sano, cuando el corazón empieza a trabajar a pleno rendimiento, se segregan unas hormonas llamadas EDRF (factores relajantes derivados del endotelio) y prostaciclina, que provocan la vasodilatación. Cuando el tejido cardíaco se vuelve isquémico, por alguna razón pierde la capacidad de liberar EDRF y prostaciclina. Además, al parecer se liberan unas hormonas llamadas endotelina y serotonina, que provocan la vasoconstricción. En consecuencia, la adrenalina y la noradrenalina ahora causan la constricción en vez de la dilatación. Curiosamente, esta vasoconstricción paradójica se observa asimismo en los monos socialmente estresados, que desarrollan aterosclerosis. Una forma de dilatar las arterias coronarias durante la angina de pecho es tomar una versión sintética de EDRF-nitroglicerina. Para una evidencia epidemiológica de que el estrés es más probable que agrave la enfermedad cardíaca ya existente véase Greenwood, D., Muir, K., Packham, C., y Madeley, R., «Coronary heart disease: a review of the role of psychological stress and social support», *Journal of Public Health Medicine,* 18 (1996). Para más ejemplos de isquemia en enfermos cardíacos producida por agentes estresantes psicológicos sutiles (en este caso, hablar en público), véase Taggert, P., Carruthers, M., y Somerville, W., «Electrocardiogram, plasma, catecholamines and their modification by oxyprenolol when speaking before an audience», *The Lancet,* 2 (1973), 341. En otro experimento se demostró que los pacientes presentaban tanta isquemia de miocardio al contar un problema personal a un desconocido como al hacer ejercicio: Rozanski, A., «Mental stress and the induction of silent myocardial ischemia in patients with coronary artery disease», *New England journal of Medicine,* 318 (1988), 1005. Para revisiones de algunos de los rasgos especiales que conectan al estrés y la enfermedad cardíaca en las mujeres, véanse Brezinka, V., y Kittel, F., «Psychosocial factors of coronary heart disease in women; a review», *Social Science and Medicine,* 42 (1996), 1351, y Elliott, S., «Psychosocial stress, women and heart health; a critical review», *Social Science and Medicine,* 40 (1995), 105.

Página 79: Variabilidad en el intervalo entre latidos: Porges, S., «Cardiac vagal tone: a physiological index of stress», *Neuroscience and Biobehavioral Reviews,* 19 (1995), 225.

Página 80: * Ejemplos de muerte súbita en humanos durante el estrés: Engel, G., «Sudden and rapid death during psychological stress: Folklore or folk wisdom?», *Annals of Internal Medicine*, 74 (1971), 771. Según el consulado israelí de San Francisco, el resultado final de los ataques con misiles SCUD durante la guerra del Golfo fue un israelí muerto como consecuencia directa del ataque y tres de ataque cardíaco. Un informe reciente demuestra que la incidencia de infarto de miocardio se triplicó en la población de Tel Aviv durante los tres primeros días de los ataques, comparados con los tres mismos días de enero del año anterior: Meisel, S., Kutz, I., Dayan, K., Pauzner H., Chetboun, I., Arbel, Y., y David, D., «Effect of Iraqui missile war on incidence of acute myocardial infarction and sudden death in Israeli civilians», *The Lancet*, 338 (1991), 660. Los mecanismos que subyacen a la muerte súbita: Davis, A., y Natelson, B., «Brain-heart interactions: the neurocardiology of arrhythmia and sudden cardiac death», *Texas Heart Institute Journal*, 20 (1993), 158; también Meerson, F., «Stress-induced arrhythmic disease of the heart - part I», *Clinical Cardiology*, 17 (1994), 362; este documento también describe cómo el estrés hace que el corazón de las ratas sea más vulnerable a la fibrilación. La cólera como factor incrementador de riesgo de un infarto cardíaco: Mittleman, M., Maclure, M., Sherwood, J., Mulry, R., Tofler, R., Jacobs, S., Friedman, R., Benson, H., y Muller, J., «Triggering of acute myocardial infarction onset by episodes of anger», *Circulation*, 92 (1995), 1720.

Página 80: ** Ataques al corazón en Nueva York: Christenfeld, N., Glynn, L., Phillips, D., y Shrira, I., «Exposure to New York City as a risk factor for heart attack mortality», *Psychosomatic Medicine*, 61 (1999), 740.

Página 84: La enfermedad cardíaca como causa principal de muerte en las mujeres: *Time*, 28 de abril de 2003. Los índices de tabaquismo en lento descenso entre las mujeres: «Morbidity and Mortality Weekly Report», Informe del CDC, 51 (RR12), 1 (30 de agosto de 2002). Mujeres y tabaco: *A Report of the Surgeon General*. Mujeres que trabajan fuera del hogar y riesgo de enfermedad cardíaca: Haynes, S., y Feinleib, M., «Women, work and coronary disease: prospective findings from the Framingham Heart Study», *American Journal of Public Health*, 700 (1980), 133.

Página 85: Artículos que conducen al revisionismo de los beneficios cardiovasculares del estrógeno: Rossouw, J., Anderson, G., Prentice, R., y otros, «Risks and benefits of estrogen and progesterona in healthy post-menopausal women: principal results from the Women's Health Initiative randomized controlled trial», *Journal of the American Medical Association*, 288 (2002), 321. Manson, J. E.,

Hsia, J., Johnson, K. C., Rossouw, J. E., Assaf, A. R., Lasser, N. L., Trevisan, M., Black, H. R., Heckbert, S. R., Detrano, R., Strickland, O. L., Wong, N. D., Crouse, J. R., Stein, E., y Cushman, M., Women's Health Initiative Investigators, «Estrogen plusprogestin and the risk of coronary heart disease», *New England Journal of Medicine*, 349 (2003), 523; Hodis, H. N., Mack, W. J., Azen, S. P., Lobo, R. A., Shoupe, D., Mahrer, P. R., Faxon, D. P., Cashin-Hemphill, L., Sanmarco, M. E., French, W. J., Shook, T. L., Gaarder, T. D., Mehra, A. O., Rabbani, R., Sevanian, A., Shil, A. B., Torres, M., Vogelbach, K. H., y Selze, R. H., Women's Estrogen-Progestin Lipid-Lowering Hormone Atherosclerosis Regression Trial Research Group, «Hormone therapy and the progression of coironary artery atherosclerosis in postmenopausal women», *New England Journal of Medicine*, 349 (2003), 535.

Una reciente revision del trabajo de Kaplan con los primates, que sugiere que el estrógeno es protector: Kaplan, J., Manuck, S., Anthony, M., y Clarkson, T., «Premenopausal social status and hormone exposure predict postmenopausal atherosclerosis in female monkeys», *Obstetrics and Gynecology*, 99 (2002), 381-388.

Para un examen de la controversia, véase Couzin, J., «The great estrogen conundrum», *Science*, 302 (2003), 1136.

Página 87: Muerte psicofisiológica: Davis, W., y DeSilva, R., «Psychophysiological death: A cross-cultural and medical appraisal of voodoo death», *Anthropologia*, 69 (1988), 37-53. Walter Cannon se puso en contacto con varios misioneros, antropólogos y médicos que trabajaban en el Tercer Mundo y recogió sus descripciones de la muerte por vudú, a partir de las cuales decidió que había una actividad excesiva del sistema nervioso simpático («Voodoo death», *American Anthropologist*, 44 [1942], 169). Curt Ritcher, por el contrario, no recogió descripciones de primera mano, sino que observó la semejanza entre las descripciones del artículo de Cannon y los casos de muerte inducida por el sistema parasimpático en ratas que se enfrentaban a agentes estresantes muy intensos en su laboratorio (observó que el fenómeno se producía con mucha más rapidez en ratas salvajes capturadas y traídas a su laboratorio que en las criadas en él, y estableció comparaciones entre los «humanos primitivos no civilizados» y las ratas salvajes no domesticadas) («On the phenomenon of sudden death in animals and men», *Psychosomatic Medicine*, 19 [1957], 191). Véase también Morse, D., Martin, J., y Moshnov, J., «Psychosomatically induced death: relative to stress, hipnosis, mind control, and posible mechanisms», *Stress Medicine*, 7 (1991), 213.

Como describe en *The Serpent and the Rainbow* (Nueva York, Warner Books, 1985), Wade Davis creía haber aislado la sustancia decisiva —un veneno llamado tetrodoxina, obtenido del pez globo— que los brujos haitianos empleaban para convertir a alguien en zombi. Es el mismo veneno que se encontró en el pez fugu, empleado en la cocina japonesa. (Cuando el chef deja una pizca de la tetrodoxina del pez, el cliente sufre un ligero zumbido. Cuando el chef deja demasiada, el cliente entra en coma. Por cierto, a los chefs que cocinan este pescado se les concede el título con la máxima precaución.) Davis elaboró el fascinante argumento de que el proceso de conversión en zombi de Haití reflejaba el cruce de la biología de la acción de la tetrodoxina con la antropología de la religión tradicional haitiana: cuando un hombre de negocios japonés se envenena con la tetrodoxina y logra recuperarse, demanda al chef y cambia de restaurante. Cuando un haitiano se envenena con la misma tetrodoxina y se recupera, se da cuenta de que su pueblo ha contratado a un chamán para que lo envene por haber hecho algo terrible —se despierta como un zombi condenado al ostracismo y sin voluntad que suele ser utilizado como esclavo (aunque, en algunos casos, la pasividad del zombi se consigue drogando a la persona continuamente)—. Es una historia encantadora, a pesar de que el aislamiento de la tetrodoxina sigue siendo un tema controvertido. Davis y los zombis por tetrodoxina se hicieron tan populares en la década de 1980 que en *Doonesbury*, de Garry Trudeau, el tío Duke se convertía en zombi, y en *Corrupción en Miami* se recurría al tema de los zombis en un episodio sobre traficantes de droga en Haití.

Capítulo 4
Estrés, metabolismo y cómo liquidar nuestra cuenta bancaria

Página 92: Almacenamiento y movilización de energía: lo esencial de este amplio y complicado tema, que comprende los tejidos de almacenamiento de todo el organismo, diversos mensajeros hormonales y el hígado, que hace las veces de Gran Estación Terminal para los diferentes nutrientes que van y vienen, aparece en cualquier manual de fisiología. Una presentación muy lúcida del tema, en un plano de introducción universitaria, se halla en el capítulo 17 de «Regulation of organic metabolism, growth, and energy balance», en Vander, A., Sherman, J., y Luciano, D., *Human*

Physiology: The Mechanisms of Body Function, 6.ª ed., Nueva York, McGraw-Hill, 1990. Para una discusión sobre cómo el estrés provoca la movilización de energía, véase Mizock, B., «Alterations in carbohydrate metabolism during stress; a review of the literatura», *American Journal of Medicine*, 98 (1995), 75.

Página 94: Secreción de insulina en anticipación del acto de comer: Schwartz, M. W., Woods, S. C., Porte, D., Seely, R. J., y Bassin, D. G., «Central Nervous system control of food intake», *Nature*, 404 (2000), 661-672.

Página 96: Recientes hallazgos sobre el funcionamiento de la gluconeogénesis: Herzig, S., Hedrick, S., Morante, I., Koe, S., Galimi, F., y Montminy, M., «CREB controls hepatic lipid metabolism through nuclear hormona receptor PPAR-Gamma», *Nature*, 426 (2003), 190; Yoon, J., Puigserver, P., Chen, G., Donovan, J., Wu, Z., y otros, «Control of hepatic gluconeogenesis through the trans-cripctional coactivator PGC-1», *Nature*, 413 (2001), 131.

Página 97: Bajos niveles de glucocorticoides en el síndrome de cansancio crónico: Raison, C., y Millar, A., «When not enough is too much: the role of insufficient glucocorticoides signaling in the pathology of stress-related disorders», *American Journal of Psychiatry*, 160 (2003), 1554.

Página 98: * La ineficacia de la repetida activación de la respuesta de estrés metabólica: este tema es tremendamente complicado. La referencia introductoria anterior nos enseña el principio general de que es ineficaz almacenar energía de forma repetida para revertir el proceso y movilizarla. Sin embargo, para una comprensión más detallada y cuantitativa, hay que convertirse en una especie de contable y saber cuál es la divisa de energía del cuerpo y cuánto cuesta hacer todos esos ingresos y reintegros en los bancos metabólicos del organismo. Para ello, hay que consultar manuales de bioquímica (generalmente de un nivel de dificultad de los primeros cursos de una escuela universitaria); entre los mejores se halla el de Stryer, L., *Biochemistry*, 3.ª ed., Nueva York, W. H. Freeman, 1988.

Página 98: ** La exposición crónica a los glucocorticoides origina desgaste muscular: para una demostración clásica, véase Kaplan, S., y Nagareda Shimizu, C., «Effects of cortisol on amino acid in skeletal muscle and plasma», *Endocrynology*, 72 (1963), 267. (El cortisol es el glucocorticoide que se halla en los seres humanos y los primates.) Para algunos hallazgos recientes, véase Hong, D., y Forsberg, N., «Effects of dexamethasone on protein degradation and protease gene expresión in rat L8 myotube cultures», *Molecular and Cellular Endocrinology*, 108 (1995), 199.

Página 99: Stoney, C., y West, S., «Lipids, personality, and stress: mechanisms and modulators», en Hillbrand, M., y Spitz, R., eds., *Lipids and Human Behavior,* Washington, D.C., Apa Books, 1997.

Página 100: * Diabetes del adulto: a esta enfermedad —sus diferencias con la juvenil, sus posibles orígenes y cómo se manifiesta— le dedica capítulos enteros cualquier manual de endocrinología. Para una revisión de los rasgos autoinmunes de la diabetes insulino-dependiente, véase Andre, I., Gonzalez, A., Wang, B., Katz, J., Benoist, C., Mathis, D., «Checkpoints in the progresión of autoimmune disease: lessons from diabetes models», *Proceedings of the National Academy of Sciences,* USA 93 (1996), 2260. Para una demostración clásica de que la diabetes de tipo II (del adulto) implica una disminución de la sensibilidad a la insulina, en vez de una disminución de la secreción de ésta, véase Reaven, G., Bernstein, R., Davis, B., y Olefsky, J., «Nonketotic diabetes mellitus: Insulin deficiency or insulin resistance?», *American Journal of Medicine,* 60 (1976), 80. Para una demostración de que la resistencia a la insulina deriva de la pérdida de receptores de la misma, véase Gavin, J., Roth, J., Neville, D., DeMeyts, P., y Buell, D., «Insulin-dependent regulation of insulin receptor concentrations: A direct demostration in cell culture», *Proceedings National Academy of Sciences,* USA 71 (1974). Para una discusión de cómo la resistencia a la insulina también deriva del hecho de que los receptores de insulina que quedan no funcionan como es debido (lo que se denomina defectos «posreceptor»), véase Flier, J.,«Insulin receptors and insulin resistance», *Annual Review of Medicine,* 34 (1983), 145. Por último, a pesar del defecto primario de resistencia de los tejidos a la acción de la insulina, un grupo de pacientes tiene asimismo un defecto de secreción de insulina. Los mecanismos subyacentes se examinan en Unger, R., «Role of impaired glucose transport by B cells in the pathogenesis of diabetes», *Journal of NIH Research,* 3 (1991), 77.

Página 100: ** Se ha resuelto uno de los enigmas del modo en que la diabetes influye en la salud. Es bastante sencillo comprender cómo el exceso de glucosa en la sangre obstruye los vasos sanguíneos y produce daños. Pero es un misterio por qué los niveles altos de glucosa en la sangre dañan la vista (la diabetes es la causa principal de la ceguera en Estados Unidos). Resulta que la glucosa es capaz de adherirse a toda clase de proteínas, formando conglomerados; de hecho, debido a su estructura, la glucosa se adhiere a las proteínas sin la ayuda de enzimas que medien en el proceso. Este fenómeno recientemente descubierto se denomina «modificación no enzimática». Cuando la glucosa ha soldado las proteínas, hay que separarlas y sustituirlas. Sin embargo, en algunos tejidos —como el cristalino del ojo— las proteínas no se reciclan con demasiada frecuencia, y las células se adhieren al conglomerado. Para un examen de la química no enzimática de los azúcares y sus implicaciones en la diabetes del adulto y del anciano, realizado por los principales especialistas en este campo, véase Lee, A., y Cerami, A., «Modifications of proteins and nucleic acids by reducing sugars: Possible role in aging», en Schneider, E., y Rowe, J., eds., *Handbook of the Biology of Aging*, 3.ª ed., Nueva York, Academic Press, 1991.

La hiperglicemia puede provocar daño vascular incluso en los no diabéticos; esto es debido a la modificación no enzimática de la glucosa de la que acabamos de hablar. Véase Schmidt, A., Hori, O., Brett, J., Yan, S., Wautier, J., y Stern, D., «Cellular receptors for advanced glycation end products: implications for induction of oxidant stress and cellular dysfunction in the pathogenesis of vascular lesions», *Arteriosclerosis and Thrombosis*, 14 (1994), 1521. Para más mecanismos por los cuales la hiperglicemia puede ser perjudicial, véase Brownlee, M., «Biochemistry and molecular cell biology of diabetic complications», *Nature*, 414 (2001), 813.

Página 101: * Los glucocorticoides aumentan la resistencia a la insulina: Rizza, R., Mandarino, L., y Gerich, J., «Cortisol-induced insulin resistance in man: Impaired supression of glucose-production and stimulation of glucose utilization due to a postreceptor defect of insulin action», *Journal of Clinical Endocrinology and Metabolism*, 54 (1982), 131. El estrés favorece la resistencia a la insulina: Brandi, L., Santero, D., Natali, A., Altomonte, F., Balde, S., Frascerra, S., y Ferrannini, E., «Insulin resistance of stress: sites and mechanisms», *Clinical Science*, 85 (1993), 525.

Página 101: ** Las células adiposas liberan hormonas que influyen en el músculo y el hígado: Saltiel, A., y Kahn, C., «Insulin signaling and the regulation of glucosa and lipid metabolism», *Nature*, 414 (2001), 799; Steppan, C., Bailey, S., Bhat, S., Brown, E., Banerjee, R., Wright, C., Patel, H., Ahima, R., y Lazar, M., «The hormona resistin links obesity to diabetes», *Nature*, 409 (2001), 307; Abel, E., Peroni, O., Kim, J., Kim, Y., Boss, O., Hadro, E., Minnemann, T., Shulman, G., y Kahn, B., «Adipose-selective targeting of the Glut4 gene impairs insulin action in muscle and liver», *Nature*, 409 (2001), 729.

Página 101: *** El estrés altera el control metabólico en los diabéticos insulino-dependientes: Moberg, E., Kollind, M., Lins, P., y Adamson, U., «Acute mental stress impairs insulin sensitivity in IDDM patients», *Diabetología*, 37 (1994), 247. Esto representa un especial desafío, en términos de manejo del estrés, para los adolescentes con diabetes insulino-dependiente: Davidson, M., Boland, E., y Grey, M., «Teaching teens to cope: coping skills training for adolescents with insulin-dependent diabetes mellitas», *Journal of the Society of pediatric Nurses*, 2 (1997), 65. Diabéticos controlados frente a no controlados y estrés: Dutour, A., Boiteau,V., Dadoun, F., Feissel, A., Atlan, C., y Oliver, C., «Hormonal response to stress in brittle diabetes», *Psychoneuroendocrinology*, 21 (1996), 525.

Página 102: * Los niveles altos de glucosa en sangre en las personas con las reacciones emocionales más fuertes ante los agentes estresantes: Stabler, B., Morris, M., Litton, J., Feinglos, M., y Surwit, R., «Differential glycemic response to stress inType A and Type B individuals with IDDM», *Diabetes Care*, 9 (1986), 550.

Página 102: ** Los agentes estresantes que preceden a la aparición de la diabetes: Robinson, N., y Fuller, J., «Role of life events and dificultties in the onset of diabetes mellitas», *Journal of Psychosomatic Research*, 29 (1985), 583.

Página 103: * En las sociedades occidentales, los índices de intolerancia a la glucosa y de resistencia a la insulina aumentan con la edad: Andres, R., «Aging and diabetes», *Medical Clinics of North America*, 55 (1971), 835; y Davidson, M., «The effect of aging on carbohydrate metabolism: A review of the English literature and a practical approach to the diagnosis of diabetes mellitus in the elderly», *Metabolism*, 28 (1979), 687.

Pese a esta tendencia, la diabetes de tipo II no parece ser parte obligatoria del proceso de envejecimiento: las ratas y los humanos de nuestras sociedades no se vuelven más intolerantes a la glucosa con la edad, siempre que se mantengan activos y delgados: Reaven, G., y Reaven, E., «Age, glucose intolerance and non-insulin-dependent diabetes mellitus», *Journal of the American Geriatrics Society*, 33 (1985), 286. Véase asimismo Goldberg, A., y Coon, P., «Non-insulin-dependent diabetes mellitus in the elderly: Influence of obesity and physical inactivity», *Endocrinology and metabolism Clinics*, 16 (1987), 843.

Página 103: ** Las células adiposas se vuelven menos sensibles a la insulina: Hirosumi, J., Tuncman, G., Chang, L., Gorgun, C., Uysal, K., Maeda, K., Karin, M., y Hotamisligil, G., «A central role for JNK in obesity and insulin resistance», *Nature*, 420 (2002), 333; Santaniemi, M., «Adiponectin: a link between excess adipositiy and associated comorbidities?», *Journal of Molecular Medicine*, 80 (2002), 696; y Alper, J., «New insights into type 2 diabetes», *Science*, 289 (2000), 37.

La diabetes juvenil activada por la diabetes del adulto. Los mecanismos por los cuales esto podría ocurrir se pueden encontrar en Bell, G., y Polonsky, K., «Diabetes mellitus and genetically programmed defects in B-cell function», *Nature*, 414 (2001), 788; y Mathis, D., Vence, L., y Benoist, C., «B-cell death during progression to diabetes», *Nature*, 414 (2001), 792.

Página 104: * Los glucocorticoides y el estrés pueden exacerbar los síntomas de la diabetes tipo II: Surwit, R., Ross, S., y Feingloss, M., «Stress behavior, and glucose control in diabetes mellitus», en McCabe, P., Schenidermann, N., Field, T., y Skyler, J., eds., *Stress, Coping and Disease*, Hillsdale, N. J., L. Erlbaum Assoc., 1991, 97; y Surwit, R., y Williams, P., «Animal models provide insight into psychosomatic factors in diabetes», *Psychosomatic Medicine*, 58 (1996), 582. Para un estudio que no muestra asociación entre estrés y empeoramiento de los síntomas, véase Pipernik-Okanovic, M., Roglic, G., Pársec, M., y Metelko, Z., «War-induced prolonged stress and metabolic control in type 2 diabetic patients», *Psychological Medicine*, 23 (1993), 645.

Página 104: ** El estrés provoca resistencia a la insulina y desequilibrios metabólicos incluso en los no diabéticos: Raikkonen, K., Keltikangas-Jarvinen, L., Adlercreutz, H., y Hautanen, A., «Psychosocial stressand the insulin resistance syndrome», *Metabolism: Clinical and Experimental*, 45 (1996), 1533; y Nilsson, P., Moller, L., Solstad, K., «Adverse effects of psychosocial stress on gonadal function and insulin levels in middle-aged males», *Journal of Internal Medicine*, 237 (1995), 479.

El estrés empeora el control metabólico en los no diabéticos que tienen riesgo genético de diabetes: Esposito-Del Puente, A., Lillioja, S., Bogardus, C., McCubbin, J., Feinglos, M., Kuhn, C., y Surwit, R., «Glycemic response to stress is altered in euglycemic Pima Indians», *International Journal of Obesity and Related Metabolic Disorders*, 18 (1994), 766.

Página 104: *** La epidemia de diabetes adulta: Wickelgren, I., «Obesity: how big a problem?», *Science*, 280 (1998), 1364; Friedman, J., «A war on obesity, not the obese», *Science*, 299 (2003), 856; y *Time*, historia de portada (4 de septiembre de 2000).

Página 105: * Razones culturales para el inicio de la diabetes con una dieta occidental: Sterling, P., «Principles of allostasis: optimal design, predictive regulation, patophysiology and racional therapeutics», en Schulkin, J., ed., *Allostasis, Homeostasis, and the Costs of Adaptation*, Cambridge, Mass., MIT Press, 2003.

Página 105: ** Razones genéticas para la aparición de la diabetes con una dieta occidental. Para una demostración de la incidencia extremadamente baja de la diabetes de tipo II en poblaciones no occidentales (por ejemplo, los inuit y otros pueblos aborígenes americanos, los isleños de Nueva Guinea, los habitantes de las zonas rurales de la India y los nómadas norteafricanos), véase la tabla 5, en Eaton, S., Kanner, M., y Shostak, M., «Stone agers in the fast lane: Chronic degenerative diseases in evolutionary perspective», *American Journal of Medicine*, 84 (1988), 739.

Los bajos índices de la diabetes de tipo II en poblaciones no occidentales plantean un fascinante enigma. Si estas gentes comienzan a seguir una dieta occidental, los índices de diabetes de tipo II se elevan de forma sorprendente, lo cual es, en parte, obvio: cuando estos grupos acceden a nuestro mundo de alimentos envasados y azúcares refinados, tienden a comer de forma excesiva y a engordar (y, por tanto, a presentar tasas elevadas de diabetes de tipo II). Sin embargo, el enigma reside en que con la misma dieta e idéntico grado de obesidad, la mayor parte de las personas del Tercer Mundo corre un riesgo mucho mayor que los occidentales de padecer diabetes de tipo II. Las tasas de diabetes se dispararon entre los mexicanos y los japoneses cuando emigraron a Estados Unidos, en los indios asiáticos que emigraron a Gran Bretaña y en los judíos yemenitas que se trasladaron a Israel. Dos son los casos más llamativos: en torno a la mitad de los habitantes de la isla de Nauru, en el Pacífico, tienen diabetes (una tasa quince veces superior a la de Estados Unidos), y el de los pima de Arizona, con más de un 70 por 100 de diabetes en los mayores de 55 años. Cuando no se sigue una dieta occidental, prácticamente no hay diabetes: como asombroso correlativo de esto, los pima de Arizona pesan una media de 15 kilos más que los pima que viven en México, con una dieta más tradicional. Kopelman, P., «Obesity as a medical problem», *Nature*, 404 (2000), 635.

¿Por qué los habitantes del mundo en desarrollo corren tan alto riesgo de padecer diabetes cuando comienzan a llevar una dieta occidental? Una fascinante teoría sostiene que, en las sociedades no occidentales, el gen de la propensión a la diabetes es adaptativo. En general, los occidentales somos poco eficaces a la hora de aprovechar el azúcar de la dieta: no la absorbemos toda de la circulación y una parte se pierde con la orina. Se cree que los habitantes del mundo en vías de desarrollo son más eficaces al utilizar el azúcar: en cuanto les llega algo a la sangre, se produce una abundante secreción de insulina y almacenan hasta el último grano, en vez de perderla al orinar. Esto tiene su lógica, ya que se trata de entornos duros, con fuentes de comida intermitentes, donde hay que aprovechar absolutamente todo. Y es fácil imaginar que se haya convertido en un rasgo genético, por ejemplo, que ciertos genes hayan alterado la sensibilidad del páncreas a la concentración de glucosa en la sangre y a la secreción de insulina. Estos supuestos genes incluso tienen nombre: «genes medradores», y se ha descubierto que al menos uno de dichos candidatos en las células grasas tiene una mutación entre los indios pima. Analizado en Ezzell, C., «Fat times for obesity», *Journal of NIH Research*, 7, núm. 10 (1995), 39. Otro se ha relacionado con el transporte de colesterol en las poblaciones del norte de India (Holden, C., «Race and medicine», *Science*, 302 [2003], 594).

En la dieta tradicional del Tercer Mundo, esta secreción de insulina pronta a activarse impide que el cuerpo despilfarre el azúcar. Cuando estas personas comienzan a seguir una dieta occidental, rica en azúcares, se producen constantes estallidos de secreción de insulina, lo que aumenta las probabilidades de que los tejidos de almacenamiento se vuelvan resistentes a ésta y conduce a la diabetes de tipo II. Se postula que, por el contrario, los occidentales tienen respuestas más lentas al azúcar, lo que se traduce en un almacenamiento menos eficaz de ésta a partir de la sangre y, en consecuencia, en un riesgo menor de diabetes. ¿Y por qué, en teoría, los miembros de las sociedades occidentales son genéticamente menos eficaces en el aprovechamiento del azúcar en la sangre? Porque hace unos siglos, cuando comenzamos a seguir dietas típicamente occidentales, quienes tendían a segregar más insulina no sobrevivieron ni transmitieron su herencia. Es probable que pueblos como los nauru y los indios pima estén sufriendo ahora el mismo proceso. Dentro de unos siglos, la mayor parte de sus descendientes será el fruto de los escasos individuos que ahora corren un riesgo menor de diabetes. Esta predicción se ve apoyada por el hecho de que la tasa de incidencia de la diabetes ha aumentado en los nauru. Diamond, J., «The double puzzle of diabetes», *Nature*, 423 (2003), 599.

Pero en la actualidad, la existencia de genes medradores y su presencia distinta en poblaciones humanas diferentes es pura especulación. Para un examen no técnico de estas ideas, véase Diamond, J., «Sweet death», *Natural History* (febrero, 1992), 2. Para un examen técnico que realiza quien concibió la idea, véanse Neel, J., «Diabetes mellitus: a "thrifty" genotype rendered detrimental by "progress"?», *American Journal of Human Genetics*,

14 (1962), 353; y Neel, J., «The thrifty genotype revisited», en Kobberling, J., y Tattersall, R., eds., *The Genetics of Diabetes Mellitus*, Londres, Academic Press, Actas del simposio Serono, vol. 47, 283. Para una discusión técnica del cambio en la incidencia de la diabetes con la occidentalización, véanse Bennett, P., LeCompte, P., Miller, M., y Rushforth, N., «Epidemiological studies of diabetes in the Pima Indians», *Recent progress in Hormone Research*, 32 (1976), 333; O'Dea, K., Spargo, R., y Nestle, P. «Impact of westernization on carbohydrate and lipid metabolism in Australian Aborigines», *Diabetologia*, 22 (1976), 148; y Cohen, A., Chen, B., Eisenberg, S., Fidel, J., y Furst, A., «Diabetes, blood lipids, lipoproteins and change of environment. Restudy of the "new immigrant Yemenites" in Israel», *Metabolism*, 28 (1979), 716. Para informarse de la elevación de la tasa de diabetes en los nauru, véase Diamond, J., «Diabetes running wild», *Nature*, 357 (1992), 362. Para una discusión de otros casos de genes medradores, véase el capítulo, «The Dangers of Fallen Soufflés in the Developing World», en Sapolsky, R., *«The Trouble with Testosterone» and Other Essays on the Biology of the Human Predicament*, Nueva York, Scribner, 1997. Y para una prueba de la existencia de los genes medradores del metabolismo entre pueblos como los nauru, véase Robinson, S., y Johnston, D., «Advantage of diabetes?», *Nature*, 375 (1995), 640.

Página 106: * Para un examen más amplio del síndrome metabólico, véase Zimmel, P., Alberti, K., y Shaw, J., «Global and societal implications of the diabetes epidemia», *Nature*, 414 (2001), 782. Síndrome metabólico en babuinos: Banks, W., Altmann, J., Sapolsky, R., Phillips-Conroy, J., y Morley, J., «Serum leptin levels as a marker for a Síndrome-X like condition in wild baboons», *Journal of Clinical Endocrinology and Metabolism*, 88 (2003), 1234.

Página 106: ** Sterling, «Principles of allostasis», en *Allostasis*, *op. cit.*

Página 107: La interrelación de factores de riesgo en el síndrome metabólico: Vitaliano, P., Scanlan, J., Zhang, J., Savage, M., Hirsch, I., y Siegler, I., «A path model of chronic stress, the metabolic syndrome, and CHD», *Psychosomatic Medicine*, 64 (2002), 418-435.

Página 108: El estudio Seeman: Seeman, T., McEwen, B., Rowe, J., y Singer, B., «Allostatic load as a marker of cumulative biological risk: MacArthur studies of succesful aging», *Proceedings of the National Academy of Sciences*, USA 98 (2001), 4770.

Capítulo 5
Úlcera, colitis y helado con chocolate fundido

Página 110: Elevada respuesta de estrés en la anorexia: Jimerson, D., «Eating disorders and stress», en Fink, G., ed., *Encyclopedia of Stress,* San Diego, Academia Press, 2000, vol. 2, 4.

Página 111: Los efectos del CRH en el cerebro, entre ellos el efecto sobre el apetito y la alimentación: Turnbull, A., y Rivier, C., «CRF and endocrine responses to stress; CRF receptors, binding protein, ande related peptides», *Proceedings ofthe Society for Experimental Biology and Medicine,* 215 (1997), 1. Los efectos de los glucocorticoides sobre el apetito se discuten en McEwen, B., De Kloet, E., y Rostene, W., «Adrenal steroid receptors and actions inthe nervous system», *Physiological Reviews,* 66 (1986), 1121. No conozco ninguna publicación en la que los efectos contrarios del CRF y los glucocorticoides sobre el apetito se analicen de la manera que se hace en este capítulo. No obstante, algo similar (considerar que ciertas acciones de los glucocorticoides median cuando nos «recuperamos» de la respuesta de estrés, en vez de «mediar» en ella) se encuentra en un artículo de gran influencia: Munck, A., Guyre, P., y Holbrook, N., «Physiological functions of glucocorticoides during stress and their relation to pharmacological actions», *Endocrine Reviews,* 5 (1984), 25. Algunos ejemplos de que los glucocorticoides aumentan la transcripción del gen *ob* y la circulación de los niveles de leptina: Reul, B., Ongemba, L., Portier, A., Henquin, J., y Brichard, S., «Insulin and insulin-like growth factor I antagonize the stimulation of ob gene by dexamethasone in cultured rat adipose tissue», *Biochemical Journal,* 324 (1997), 605; y Considine, R., Nyce, M., Kolaczynski, J., Zhang, P., Ohannesian, J., Moore, J., Fox, J., y Caro, J., «Dexamethasone induces anda cute and sustained rise in circulating leptin levels in normal human subjects», *Hormone and Metabolic Research,* 28 (1996), 704. Los glucocorticoides bloquean la eficacia de la leptina: Zarkzewska, K., Cusin, I., Sainsbury, A., Rohner-Jeanrenaud, F., y Jeanrenaud, B., «Glucocorticoids as counter-regulatory hormones of leptin: toward an understanding of leptin resistance», *Diabetes,* 46 (1997), 717. Una exposición crónica a los glucocorticoides podría causar la resistencia a la leptina: Ur, E., Grossman, A., y Despres, J., «Obesity results as a consequence of glucocorticoid induced leptin resistance», *Hormones and Metabolic Research,* 28 (1997), 744.

Página 112: Glucocorticoides y apetito: Dallman, M., Pecoraro, N., Akana, S., Le Fleur, S., Gomez, F., Houshyar, H., Bell, M., Bhatnagar, S., Laugero, K., y Manalo, S., «Chronic stress and obesity: a new view of "confort food"», *Proceedings of the National Academy of Sciences,* USA 100 (2003), 11696.

Página 113: Las betaendorfinas aumentan el apetito: Smith, K., y Goodwin, G., «Food intake and stress, human», en Fink, G., ed., *Encyclopedia of Stress,* Nueva York, Academia Press, 2000, vol. 2, 158.

Página 116: * La obra de Epel: Epel, E., Lapidus, R., McEwen, B., y Brownell, K., «Stress may add bite to appetite in women: a laboratory study of stress-induced cortisol and eating behavior», *Psychoneuroendocrinology,* 26 (2000), 37.

Página 116: ** Comedores emocionales: Greeno, C., y Wing, R., «Stress-induced eating», *Psychological Bulletin,* 115 (1994), 444. Comedores restringidos y estrés: Bjorntrop, P., «Behavior and metabolic disease», *International Journal of Behavioral Medicine,* 3 (1997), 285.

Página 117: Los glucocorticoides favorecen la obesidad en forma de manzana: Rebuffe-Scrive, M., «Steroid hormones and distribution of adipose tissue», *Acta Medical Scandinavia,* 723 (1998), 143; inclusive en monos: Jayo, J., Shively, C., Kaplan, J., y Manuck, S., «Effects of exercise and stress on body fat distribution in male cynomologous monkeys», *International Journal of Obstetrics Related to Metabolic Disorders,* 17 (1993), 597. Pautas de receptor de glucocorticoides en células adiposas: Rebuffe-Scrive, M., Bronnegard, M., Nilsson, A., Eldh, J., Gustafsson, J., y Bjorntrop, P., «Steroid hormona receptors in human adipose tissues», *Journal of Clinical Endocrinology and Metabolism,* 71 (1990), 1215.

Página 119: * Las personas con forma de manzana preferencialmente con riesgo de enfermedad: Welin, L., Svardsudd, K., Wilhelmsen, L., Larsson, B., y Tibblin, G., «Family history and other risk factors for stroke: the study of men born in 1913», *New England Journal of Medicine,* 317 (1987), 521.

Página 119: ** Prolongada secreción de glucocorticoides en personas con forma de manzana: Epel, E., McEwen, B., Seeman, T., Matthews, K., Castellazzo, G., Brownell, K. Bell, J., y Ickovics, J., «Stress and body shape: stress-induced cortisol secretion is consistently greater among women with central fat», *Psychosomatic Medicine,* 62 (2000), 623. También podría haber un subgrupo de personas con forma de manzana y perfiles de glucocorticoides normales, pero células adiposas abdominales que, por alguna razón, generan excesiva cantidad de glucocorticoides localmente: Masuzaki, M., Paterson, J., Shinyama, H., Morton, N., Mullins, J., Seck, J., y Flier, J., «A transgenic modelo f visceral obesity and the metabolic síndrome», *Science*, 294 (2001), 2166. De modo que un mecanismo diferente pero la misma implicación de excesivos glucocorticoides. Y también podría haber personas con forma de manzana y niveles normales de glucocorticoides, pero con una variante genética del receptor de glucocorticoides que aumenta su sensibilidad a la hormona: Tremblay, A., Bouchard, L., Bouchard, C., Despres, J. P., Drapeau, V., y Perusse, L., «Long-term adiposity changes are related to a glucocorticoid receptor polymorphism in youn females», *Journal of Clinical Endocrinology and Metabolism*, 88 (2003), 3141.

Página 119: *** Dallman y otros, «Chronic stress and obesity», *Proceedings of the National Academy of Sciences*, *op. cit.*

Página 120: Algunas de estas nuevas y exóticas hormonas: Gura, T., «Uncoupling proteins divide new clue to obesity's causes», *Science*, 280 (1998), 1369; Comuzzie, A., y Allison, D., «The search for human obesity genes», *Science*, 280 (1998), 1374; Schwartz, M., Woods, S., Porte, D., Seeley, R., y Bassin, D., «Central nervous system control of food intake», *Nature*, 404 (2000), 661; Broglio, F., Gotero, C., Rabat, E., y Ghigo, E., «Endocrine and non-endocrine actions of ghrelin.1», *Hormone Research*, 59 (2003), 109; Fu, J., Gaetani, S., Oveisi, F., y otros, «Oleylethanolamide regulates feeding and body weight through activation of the nuclear receptor PPAR alpha», *Nature*, 425 (2003), 90.

Página 121: El coste de la digestión: Secor, S., y Diamond, J., *Journal of Experimental Biology*, 198 (1995), 1313. Esos autores también informan de que los animales que realmente hacen alguna digestión energética —como la serpiente pitón y la boa constrictor, que pueden tragarse a un antílope mucho más grande que ellas y pasarse una semana entera digiriéndolo— emplean un tercio de sus calorías en el proceso.

Página 122: * Los agentes estresantes tienden a inhibir la función gastrointestinal: Desiderato, O., MacKinnon, J., y Hissom, R., «Development of gastric ulcers following stress termination», *Journal of Comparative and Physiological Psychology*, 87 (1974), 208; Hess, W., *Diencephalon; Autonomic and Extrapyramidal Functions*, Nueva York, Grune and Stratton, 1957; Kiely, W., «From the symbolic stimulus to the pathophysiological response», en Lipowski, D., y Whybrow, P., eds., *Current Trends and Clinical Applications*, Nueva York, Oxford University Press, 1977; Murison, R., y Bakke, H., «The role of corticotropin-releasing factor in rat gastric ulcerogenesis», en Hernandez, D., y Glavin, G., eds., *Neurobiology of Stress Ulcers*, Anales de la Academia de Ciencias de Nueva York, vol. 597, 1990, 71; y Tache, Y., «Effects of stress on gastric ulcer formation», en Brown, M., Koob, G., y Rivier, C., eds., *Stress: Neurobiology and Neuroendocrinology*, Nueva York, Marcel Dekker, 1991, 549.

Página 122: ** El estrés disminuye las contracciones del intestino delgado: Thompson, D., Richelson, E., y Malagelada, J., «Perturbation of gastric emptying and duodenal motility through the central nervous system», *Gastroenterology*, 83 (1982), 1200; Thompson, D., Richelson, E., y Malagelada, J., «Perturbation of upper gastro-intestinal function by cold stress», *Gut*, 24 (1983), 277; O'Brien, J., Thompson, D., Holly, J., Burnham, W., y Walker, E., «Stress disturbs human gastrointestinal transit via a beta-1 adrenoreceptor mediated pathway», *Gastroenterology*, 88 (1985), 1520.

El estrés aumenta las contracciones del intestino grueso: Almy, T., «Experimental studies on irritable colon», *American Journal of Medicine*, 10 (1951), 60; Almy, T., y Tulin, M., «Alterations in colonic function in man under stress: Experimental production of changes simulating the irritable colon», *Gastroenterology*, 8 (1947), 616; y Narducci, F., Snapae, W., Battle, W., London, R., y Cohen, S., «Increased colonic motility during exposure to a stressful situation», *Digestive Disease Science*, 30 (1985), 40.

Página 123: Los mediadores químicos de la respuesta de estrés del simpático provocan cambios en las contracciones: Williams, C., Peterson, J., Villar, R., y Burks, T., «Corticotropin-releasing factor directly mediates colonic responses to stress», *American Journal of Physiology*, 253 (1987), 582. Asimismo, Burks, T., «Central nervous system regulation of gastrointestinal motility», en Hernandez, D., y Glavin, G., eds., *Neurobiology of Stress Ulcers*, Anales de la Academia de Ciencias de Nueva York, vol. 597, 1990, 36. Los glucocorticoides no median en las contracciones: Williams, C., Villar, R., Peterson, J., y Burks, T., «Stress-induced changes in intestinal transit in the rat: A model for irritable bowel syndrome», *Gastroenterology*, 94 (1988), 611.

Página 124: Mayer, E., «The neurobiology of stress and gas-trointestinal disease», *Gut*, 47 (2000), 861.

Página 125: Estrés e SII: Whitehead, W., Crowell, M., y Robinson, J., «Effects of stressful life events on bowel symptoms: subjects with irritable bowels syndrome compared with subjects without bowel dysfunction», *Gut*, 33 (1992), 825; Bennett, E.,

Tennant, C., y Piesse, C., «Level of chronic life stress predicts clinical outcome in irritable bowel syndrome», *Gut,* 43 (1998), 256; Gwee, K., «The role of psychological and biological factors in postinfective gut dysfunction», *Gut,* 44 (1999), 400; Stamm, R., Akkermans, L., y Wiegant, V., «Interactions between stressful experience and intestinal function», *Gut,* 40 (1997), 704.

Página 126: * Ninguna contracción intestinal en SII durante el sueño: Murison, R., «Gastrointestinal effects», en Fink, G., ed., *Encyclopedia of Stress,* San Diego, Academic Press, 2000, vol. 2, 191.

Página 126: ** SII y actividad del sistema nervioso simpático: Heitkemper, M., Jarrett, M., y Cain, K., «Increased urine catecholamines and cortisol in women with irritable bowel syndrome», *American Journal of Gastreoenterology,* 91 (1996), 906. Confusión sobre los niveles de glucocorticoides: ibíd.; y Munakata, J., Mayer, E., y Chang, L., «Autonomic and neuroendocrine responses to rectosigmoid stimulation», *Gastroenterology,* 114 (1998), 808.

Página 127: * El estrés traumático a temprana edad aumenta el riesgo de SII en la edad adulta: Drossman, D., Talley, N. y Leserman, J., «Sexual and physical abuse and gastrointestinal illness: review and recommendations», *Annals of Internal Medicine,* 123 (1995), 782; y Walkerm E., Katon, W., y Roy-Byrne, P., «Histories of sexual victimization in patients with irritable bowel syndrome or inflammatory boel disease», *American Journal of Psychiatry,* 150 (1993), 1502.

Página 127: ** Para la clásica visión psicoanalítica de estas enfermedades, véase Alexander, F., *Psychosomatic Medicine,* Nueva York, W. W. Norton, 1950. Véanse también Aronowitz, R., y Spiro, H., «The rise and fall of the psychosomatic hypothesis in ulcerative solitis», *Journal of Clinical Gastroenterology,* 10 (1988), 298; y Ramchandi, D., Schindler, B., y Katz, J., «Evolving concepts of psychopathology in inflammatory bowel disease», *Medical Clinics of North America,* 78 (1994), 1321.

Página 127: *** Algunos estudios que no han hallado conexión entre estrés y colitis (adviértase que los dos primeros estudios son del mismo grupo): Helzer, J., Stillings, W., y Chammas, S., «A controlled study of the association between ulcerative colitis and psychiatric diagnoses», *Digestive Disease Science,* 27 (1982), 513; North, C., Alpers, D., y Helzer, J., «Do life events or depression exacerbate inflammatory bowel disease? A prospective study», *Annals of Internal Medicine,* 114 (1991), 381; Tartar, R., Switala, J., y Carra, J., «Inflammatory bowel disease: psychiatric status of patients before and after disease onset», *International Journal of*

Psych Medicine, 17 (1987), 173; Drossman, D., McKee, D., y Sandler, R., «Psychosocial factors in the irritable bowelsyndrome: a multivariate study of patients and nonpatients with irritable bowel syndrome», *Gastroenterology* 95 (1988), 701; y Camilleri, M., y Neri, M., «Motility disorders and stress», *Digestive Disease Science* 34 (1989), 1777.

Página 128: Un estudio que utiliza análisis de series temporales para demostrar un vínculo entre el estrés y el síntoma: Greene, B., Blanchard, E., y Wan, C., «Long-term monitoring of psychosocial stress and symptomatology in inflammatory bowel disease», *Behavior Research and Therapy*, 32 (1994), 217. Una discusión de algunos de los problemas metodológicos en la investigación del estrés en este campo: Whitehead, W., «Assessing the effects of stress on physical symtoms», *Health Psychology*, 13 (1994), 99. Las personas no suelen ser precisas al informar sobre sucesos con más de tres meses de antigüedad: Jenkins, C., Hurst, W., y Rose, R., «Life changes: do people really remember?», *Archives of General Psychiatry*, 36 (1979), 379.

Página 129: Selye fue el primero en observar que el estrés podía causar úlceras pépticas («A syndrome produced by diverse nocuous agents», *Nature*, 138 [1936], 32). Los primeros investigadores que exploraron de forma sistemática el papel del estrés psicológico en la formación de úlceras fueron Brady, J., Porter, D., Conrad, D., y Mason, J., «Avoidance behavior and the development of gastro-duodenal ulcers», *Journal of Experimental Analysis of Behavior*, 1 (1958), 69; y Weiss, J., «Effects of coping responses on stress», *Journal of Comparative and Physiological Psychology*, 65 (1968), 251.

Las pruebas de que traumas graves de corta duración en humanos pueden producir úlceras por estrés de rápida aparición se hallan en Skillman, J., Bushnell, L., Goldman, H., y Silen, W., «Respiratory failure, hypotension, sepsis, and jaundice. A clinical syndrome associated with lethal hemorrage from acute stress ulceration of the stomach», *American Journal of Surgery*, 117 (1969), 523; Lucas, C., Sugawa, C., Riddle, J., Rector, F., Rosenberg, B., y Walt, A., «Natural history and surgical dilemma of "stress" gastric bleeding», *Archives of Surgery*, 102 (1971), 266; y Butterfield, W., «Experimental stress ulcers: A review», *Surgical Annual*, 7 (1975), 261. La prueba de que un estrés psicológico más sutil produce la aparición gradual de úlceras pépticas en humanos se halla en Feldman, M., Walker, P., Green, J., y Weingarden, K., «Life events, stress and psychosocial factors in men with peptic ulcer disease: A multidimensional case-controlled study», *Gastroenterology*, 91 (1986), 1370. Véase también Weiner, H., Perturbing the Organism: *The Biology of Stressful Experience*, Chicago, University of Chicago Press, 1992.

Página 130: La revolución bacteria-úlcera: Warren, J., y Marshall, B., «Unidentified curved bacilli on gastric epithelium in active chronic gastritis», *The Lancet*, 1 (1983), 1273. Asimismo, Wyatt, J., Rathbone, B., Dixon, M., y Heatley, R., «Campylobacter pylorides and acid induced gastric metaplasia in the pathogenesis of duodenitis», *Journal of Clinical Pathology*, 40 (1987), 841. *(Campylobacter pylorides* era el nombre anterior del *Helicobacter.)* Dooley, C., y Cohen, H., «The clinical significance of Campylobacter pylori», *Annals of Internal Medicine*, 108 (1988), 70. Para un apasionante relato del descubrimiento con Marshall (y ocasionalmente Warren) como los heroicos perdedores, véase Monmaney, T., «Marshall's hunch», *The New Yorker* (20 de septiembre de 1993), 64. La resistencia de la bacteria a la acidez: Doolittle, R., «A bug with escess gastric avidity», *Nature*, 388 (1997), 515; Tom, J., White, O., Kerlavage, A., y otros [¡hay un total de 42 autores!], «The complete genome sequence of the gastric pathogen Helicobacter pylori», *Nature*, 388 (1997), 539.

Página 132: La eficacia de los antibióticos con las úlceras de duodeno se examina en Konturek, P., «Physiological, Immuno-histochemical and molecular aspects of gastric adaptation to stress, aspiring and to H. pylori-derived gastrotoxins», *Journal os Physiology and Pharmacology*, 48 (1997), 3.

Página 133: * La decadencia de la investigación úlcera-estrés: Melmed, R., y Gelpin, Y., «Duodenal ulcer: the helicobacterization of a psychosomatic disease?», *Israeli Journal of Medical Science*, 32 (1996), 211. El correo de CDC: Levenstein, S., «Stress and peptic ulcer: life beyond Helicobacter», *British Medical Journal*, 316 (1998), 538. Úlceras, pero no bacterias: McColl, K., El-Nujami, A., y Chittajallu, R., «A study of the pathogenesis of Helicobacter pylori negative chronic duodenal ulceration», *Gut*, 34 (1993), 762. Bacterias pero no úlceras: Tompkins, L., y Falkow, S., «The new path to preventing ulcers», *Science*, 267 (1995), 1621.

Página 133: ** El estrés como factor adicional: Levenstein, S., «Stress and peptic ulcer», *British Medical Journal*, 316 (1998), 538, y Aoymama, N., Kinoshita, Y., Fujimoto, S., Himeno, S., Todo, A., Kasuga, M., y Chiba, T., «Peptide ulcers after the Hanshin-Awaji earthquake increased incidence of bleeding gastric ulcers», *American Journal of Gastroenterology*, 93 (1998), 311.

Página 134: Los estudios sobre roedores que no muestran bacterias, ni úlceras de estrés: Pare, W., Burken, M., Allen, E., y

Kluczynski, J., «Reduced incidence of stress ulcer in germ-free Sprague Dawley rats», *Life Sciences,* 53 (1993), 1099. Las interacciones del estrés, la carga bacterial, y otros factores de riesgo en casos de úlceras en humanos: Levenstein, S., Prantera, C., Varvo, V., Scribano, M., Berto, E., Spinella, S., y Lanari, G., «Patterns of biologic and psychologic risk factors in duodenal ulcer patients», *Journal of Clinical Gastroenterology,* 21 (1995), 110.

Página 135: Las úlceras tienden a formarse durante el periodo de recuperación posterior al estrés, no mientras está presente el agente estresante: Overmier, J., Murison, R., y Ursin, H., «The ulcerogenic effect of a rest period after exposure to water-restraint stress», *Behavioral and Neural Biology,* 46 (1986), 372; Vincent, G., y Pare, W., «Post stress development and healing of supine-restraint induced stomach lesions in the rat», *Physiology and Behavior,* 29 (1982), 721; Desiderato, O., MacKinnon, J., y Hissom, H. (1974), «Development of gasteric ulcers in rats following stress termination», *Journal of Comparative and Physiological Psychology,* 87 (1974), 208; y Glavin, G., «Restraint ulcer: History, current research and future implications», *Brain Research Bulletin,* 5, suplemento 1 (1980), 51. Pruebas de que esto se debe al rebote del sistema nervioso parasimpático se hallan en el artículo de Glavin que acabamos de citar; véase también Klein, H., Gheorghiu, T., y Hubner, G., «Morphological and functional gastric changes in stress ulcer», en Gheorghiu, T., ed., *Experimental Ulcer: Models, Methods and Clinical Validity,* Baden-Baden, Witzstrock, 1975.

Volvamos al tema de que el ácido clorhídrico digiera el propio estómago que lo segrega: si la capa de mucosa impide que el ácido la penetre, ¿cómo puede el ácido segregado por las paredes estomacales atravesarla para digerir la comida? Este enigma se soluciona en Bhaskar, K., Garik, P., Turner, B., Bradley, J., Bansil, R., Stanley, H., y Lamont, J. (1992), «Viscous fingering of hydrochloric acid through gastric mucin», *Nature,* 360 (1992), 458.

La secreción de bicabornato disminuye en los enfermos de úlcera: Isenberg, J., Selling, J., Hogan, D., y Koss, M., «Impaired proximal duodenal mucosal bicarbonate secretion in duodenal ulcer patients», *New England journal of Medicine,* 316 (1987), 374. La secreción de bicarbonato disminuye con el estrés prolongado en un modelo de úlcera animal: Takeuchi, K., Furukawa, O., y Okabe, S., «Induction of duodenal ulcer in rats under water-immersion stress conditions. Influence on gastric acid and duodenal alkaline secretion», *Gastroenterology,* 91 (1986), 554. La secreción de mucosa disminuye con el estrés y la administración de glucocorticoides: Schuster, M.,

«Irritable bowel syndrome», en Sleisenger, M., y Fordtron, J., *Gastrointestinal Disease: Pathophysiology, Diagnosis, Management*, 4.ª ed., Filadelfia, Saunders, 1989, 1402.

Aproximadamente en la mitad de los casos de este periodo de rebote, la cantidad de ácido gástrico que se segrega es normal, lo que implica que el problema consiste en que las paredes estomacales son más vulnerables, puesto que el ataque del ácido no es más fuerte de lo habitual: Dayal, Y., y DeLellis, R., «The gastrointestinal tract», en Robbins, S., Cotran, R., y Kumar, V., eds., *Pathologic Basis of Disease*, 4.ª ed., Filadelfia, Saunders, 1989, 827; véanse también Weiner, H., «From simplicity to complexity (1950-1990): the case of peptic ulceration-I. Human studies», *Psychosomatic Medicine*, 53 (1991), 467; Weiner, H., «From simplicity to complexity (1950-1990): the case of peptic ulceration-II. Animal studies», *Psychosomatic Medicine*, 53 (1991), 491; y Grossman, M., «Abnormalities of acid secretion in patients with duodenal ulcer», *Gastroenterology*, 75 (1978), 524; véase también Brodie D., Marshall, R., y Moreno, O., «The effect of restraint on gastric acidity in the rat», *American Journal of Physiology*, 202 (1962), 812.

Como ya hemos dicho, una interesante implicación del fenómeno de rebote es que, en quien corre el riesgo de contraer una úlcera de estómago, el estrés continuo puede prevenir su formación (aunque, como ya hemos dicho, no se trata de un buen remedio por numerosos motivos). Avala esta idea el hecho de que la administración prolongada de CRH previene la formación de úlceras: Murison, R., y Bakke, H., «The role of corticotropin-releasing factor in rat gastric ulcerogenesis», en Hernandez, D., y Glavin, G., eds., *Neurobiology of Stress Ulcers*, Anales de la Academia de Ciencia de Nueva York, vol. 597, 1990, 71.

Página 136: Las úlceras se forman a consecuencia de la disminución del riego sanguíneo en el estómago, lo que produce lesiones isquémicas debido tanto a la acumulación de ácido como a la formación de radicales de oxígeno. Estas ideas se examinan en Tsuda, A., y Tanaka, M., «Neurochemical characteristics of rats exposed to activity stress», en Hernandez, D., y Glavin, G., eds., *Neurobiology of Stress Ulcers*, Anales de la Academia de Ciencias de Nueva York, vol. 597, 1990, 146; asimismo en Yabana, T., y Yachi, A.: «Stress-induced vascular damage and ulcer», *Digestive, Disease Science*, 33 (1988), 751; también en Menguy, R., «The prophylaxis of stress ulceration», *New England journal of Medicine*, 302 (1980), 461; así como en Robert, A., y Kauffman, G., «Stress ulcers, erosions and gastric motility injury», en Sleisenger, M., y Fordtron, J.,

Gastrointestinal Disease. Pathophisiology, Diagnosis, Management, 4.ª ed., Filadelfia, Saunders, 1989, 1402. Los datos originales sobre la producción de lesiones oxidativas por hemorragia se hallan en Itoh, M., y Guth, P., «Role of oxygen-derived free radicals in hemorragic shock-induced gastric lesions in the rat», *Gastroenterology*, 88 (1985), 1162.

Página 137: * Aunque los glucocorticoides pueden provocar la formación de úlceras al eliminar el sistema inmunitario durante el estrés, no está clara su importancia cuando se trata de agentes estresantes leves. Ante agentes leves o poco frecuentes, los glucocorticoides que se segregan no predicen si se formarán o no úlceras: Murison, R., y Overmeir, J., «Adrenocortical activity and disease, with reference to gastric pathology in animals», en Hellhammer, D., Florin, I., y Weiner, H., eds., *Neurobiological Approaches to Human Disease*, Toronto, Hans Huber, 1988, 335. Además, la eliminación de glucocorticoides mediante la extirpación de las glándulas suprarrenales en una rata protege contra las úlceras: Brodie, D., «Experimental peptic ulcer», *Gastroenterology*, 55 (1968), 125.

Todo esto indica que es poco probable que los glucocorticoides sean la causa de la formación de úlceras durante el estrés. No obstante, con agentes estresantes más prolongados o repetidos, la cantidad de glucocorticoides segregada sí predice la gravedad de la ulceración: Weiss, J., «Somatic effects of predictable and unpredictable shock», *Psychosomatic Medicine*, 32 (1980), 397; Weiss, J., «Effects of coping behavior in different warning signal conditions on stress pathology in rats», *Journal of Comparative and Physiological Psychology*, 77 (1981), 1; y Murphy, H., Wideman, C., y Brown, T., «Plasma corticosterone levels and ulcer formation in rats with hippocampal lesions», *Neuroendocrinology*, 28 (1979), 123. Además, los niveles suprafisiológicos de glucocorticoides (niveles más elevados en el torrente circulatorio de los que el cuerpo genera normalmente, incluso durante el estrés, que son consecuencia de la administración de medicación glucocorticoide) producen úlcera: Robert, A., y Nezmis, J., «Histopathology of steroid-induced ulcers: An experimental study in the rat», *Archives of Pathology*, 77 (1964), 407.

Página 137: ** La función de las prostaglandinas en la ulcerogénesis: los efectos protectores de las prostaglandinas se examinan en Kauffman, G., Zhang, L., Xing, L., Seaton, J., Colony, P,. y Demers, L., «Central neurotension protects the mucosa by a prostaglandin-mediated mechanics and inhibits gastric acid secretion in the rat», en Hernandez, D., y Glavin, G., eds., *Neurobiology of Stress Ulcers*, Anales de la Academia de Ciencias de Nueva York, vol. 597, 1990, 175. Véase asimismo Shepp, W., Steffen, B., Ruoff, H., Schusdziarra, V., y Classen, M., «Modulation of rat gastric mucosa prostaglandin E2 release by dietary linoleic acid: Effects on gastric acid secretion and stress-induced mucosal damage», *Gastroenterology*, 95 (1988), 18.

La aspirina es ulcerogénica porque bloquea la síntesis de las prostaglandinas: Hernandez, D., Burke, J., Orlando, C., y Prang, A., «Differential effects of intracisternal neurotensin and bombesin on stress and ethanol-induced gastric ulcers», *Pharmacological Research Communications*, 187 (1986), 617; y Adcock, J., Hernandez, D., Nemeroff, C., y Prang, A., «Effect of prostaglandin synthesis inhibitors on neurotensin and sodium salycilate-induced gastric cytoprotection in rats», *Life Science*, 32 (1983), 2905. Los gluco-corticoides bloquean la síntesis de las prostaglandinas: Flowers, R., y Blackwell, G., «Anti-inflammatory steroids induce biosynthesis of a phospholipase A2 inhibitor which pre-vents prostaglandin generation», *Nature*, 278 (1979), 456.

Página 137: *** La función de las contracciones estomacales en la formación de úlceras se examina con detalle en Weiner, H., «From simplicity to complexity (1950-1990): The case of peptic ulceration-II. Animal studies», *Psychosomatic Medicine*, 53 (1991), 491.

Página 138: Levenstein, S., «The very model of a modern etiology: a biopsychosocial view of peptic ulcer», *Psychosomatic Medicine*, 62 (2000), 176. La cita de la nota a pie de página es de Levenstein, S., «Wellness, health, Antonovsky», *Advances*, 10 (1994), 26.

Capítulo 6
El enanismo y la importancia de las madres

Página 141: Los mecanismos del crecimiento y su regulación hormonal se hallan en cualquier manual de endocrinología o fisiología básicas. Una versión bastante accesible para no especialistas se encuentra en el capítulo 17, «Regulation of organic metabolism, growth and energy balance», en Vander, A., Sherman, J., y Luciano, D., *Human Physiology, The Mechanisms of Body Function*, 6.ª ed., Nueva York, McGraw-Hill, 1994.

Página 143: A modo de introducción a este tema de la impresión metabólica, véanse Hales, C., y Barrer, D., «Type 2 (non-insulin-dependent) diabetes mellitas: the thrifty phenotype hipótesis»,

Diabetologia, 35 (1992), 595; y Barrer, D., y Hales, C., «The thrifty phenotype hipótesis», *British Medical Bulletin*, 60 (2001), 5.

Página 144: * Subalimentación fetal seguida de abundante nutrición postnatal: Ozanne, S., y Hales, C., «Catch-up growth and obesity in male mice», *Nature*, 427 (2004), 411.

Página 144: ** Impresión fetal aplicada a estados nutricionales menos dramáticos: Gluckman, P., «Nutrition, glucocorticoids, births size, and adult disease», *Endocrinology*, 142 (2001), 1689; Reynolds, R. M., Walter, B. R., Syddhall, H. E., Andrew, R., Wood, P. J., Whorwood, C. B., y Phillips, D. I., «Altered control of cortisol secretion in adult men with low birth weght and cardiovascular risk factors», *Journal of Clinical Endocrinology and Metabolism*, 86 (2001), 245. Escaso peso natal como pronosticador de diabetes adulta y riesgo de hipertensión: Levitt, N. S., Lambert, E. V., Woods, D., Hales, C. N., Andrew, R., y Seckl, J. R., «Impaired glucosetoleranceand elevatedblood pressure in low birth weight, nonobese, young South African adults: early programming of cortisol axis», *Journal of Clinical Endocrinology and Metabolism*, 85 (2000), 4611.

Página 145: * La magnitud de estos efectos de impresión: Hales y Barker, «Type 2 (non-insulin-dependent) diabetes», *Diabetología, op. cit.*; y Leon, D., Lithell, H., Vagero, D., Loupilova, L., Mohsen, R., Berglund, L., Lithell, U., y McKeigue, P., «Reduced fetal growth rate and increased risk of death from ischaemic heart disease: cohort study of 15,000 Swedish men and women born 1915-29», *Bristish Medical Journal*, 317 (1998), 241.

Página 145: ** Programación fetal de los niveles de glucocorticoides en adultos: Lesage, J., Dufourmy, L., Laborie, C., Bernet, F., Blondeau, B., Avril, I., Breant, B., y Dupouy, J., «Perinatal malnutrition programs sympathoadrenal and HPA axis responsiveness to restraint stress in adult male rats», *Journal of Neuroendocrinology*, 14 (2002), 135; Huizink, A., Mulder, E., y Buitelaar, J., «Prenatal stress and risk for psychopathology: specific effects or induction of general susceptibility?», *Psychological Bulletin*, 130 (2002), 115; y Welberg, L., y Seck, J., «Prenatal stress, glucocorticoids, and the programming of the brain», *Journal of Neuroendocrinology*, 13 (2001), 113. Este efecto es mediado por la secreción maternal de glucocorticoides: Matthews, S., «Antenatal glucocorticoids and programming of the developing CNS», *Pediatric Research*, 47 (2000), 291; y Uno, H., Lohmiller, L., Thieme, C., Kemnitz, J., Engle, M., Roecker, E., y Farrell, P., «Brain damage induced by prenatal exposure to desamethasone in fetal rhesus macaques; I. Hippocampus», *Developmental Brain Research*, 53 (1990), 157.

Página 146: * Programación prenatal de los niveles de gluco-corticoides en adultos: Clark, P., «Programming of the HPA axis and the fetal origins of adult disease hypothesis», *European Journal of Pediatrics*, 157 (1998), S7. Esto empeora con el parto prematuro: Kajantie, E., Phillips, D., Andersson, S., Barker, D., Dunkel, L., Forsen, T., Osmond, C., Tuominen, J., Wood, P., y Eriksson, J., «Size at birth, gestational age and cortisol secretion in adult life: foetal programming of both hyper-and hyporcortisolism?», *Clinical Endocrinology*, 57 (2002), 635.

Página 146: ** Programación fetal del síndrome de riesgo metabólico: Dodic, M., Peers, A., Coghlan, J., y Wintour, M., «Can excess glucocorticoid, in utero, predispose to cardiovascular and metabolic disease in middle age?», *Trends in Endocrinology and Metabolism*, 10 (1999), 86; Dodic, M., Moritz, K., Koukoulas, I., y Wintour, E., «Programmed hypertension: kidney, brain or both?», *Trends in Endocrinology and Metabolism*, 13 (2002), 405; y Welberg y Seckl, «Prenatal stress, glucocorticoids, and the programming of the brain», *Journal of Neuroendocrinology, op. cit.*

Página 147: Programación fetal de la reproducción en adultos: Charmandari, E., Kino, T., Souvatzoglou, E., y Chrousos, G., «Pediatric stress: hormonal mediators and human development», *Hormone Research*, 59 (2003), 161; y Huizink y otros, «Prenatal stress and risk», *Psychological Bulletin, op. cit.*

Página 148: * Programación fetal de la ansiedad en adultos: Matthews, *op. cit.;* Welberg y Seckl, *op. cit.; y* Huizink y otros, *op. cit.* Más neurotransmisores que favorecen la ansiedad, menos receptores contra la ansiedad: Avishai-Eliner, S., Brunson, K., Sandman, C., y Baram, T., «Stress-out, or in (utero)», *Trends in Neuroscience*, 25 (2002), 518; y Teicher, M., Andersen, S., Polcari, A., Anderson, C., Navalta, C., y Kim, D., «The neurobiological consequences of early stress and childhood maltreatment», *Neuroscience and Biobehavioral Reviews*, 27 (2003), 33.

Página 148: ** Programación de la función cerebral: Vallee, M., Maccari, S., Dellu, F., Simon, H., Le Moal, M., y Mayo, W., «Long-term effects of prenatal stress and postnatal handling on age-related glucocorticoid secretion and cognitive performance: a longitudinal study in the rat», *European Journal of Neuroscience*, 11 (1999), 2906; Lou, H., Hansen, D., Nordentoft, M., Pryds, O., Jensen, F., Nim, J., y Hemmingsen, R., «Prenatal stressors of human life affect fetal brain development», *Developmental Medicine and Child Neurology*, 36 (1994), 826; Coe, C. L., Kramer, M., Czeh, B., Gould, E., Reeves, A. J., Kirschbaum, C., y Fuchs, E., «Prenatal stress diminishes neurogenesis in the dentate gyrus of juvenile rhesus monkeys», *Biological Psychiatry,* 54 (2003), 1025; y Mathew, S. J., Shungu, D. C., Mao, X., Smith, E. L., Perera, G. M., Kegeles, L. S., Perera, T., Lisanby, S. H., Rosenblum, L. A., Gorman, J. M., y Coplan, J. D., «A magnetic resonance spectrocospic imaging study of adult nonhuman primates exposed to early-life stressors», *Biological Psychiatry,* 4 (2003), 727.

Página 149: Efectos multigeneracionales de la programación: Lumey, L., «Decreased birth weights in infants after maternal in utero exposure to the Dutch famine of 1944-1945», *«Paeditra perinatal», Epidemology,* 6 (1992), 240; Van Assche, F., y Aerts, L., «Long-term effect of diabetes and pregnancy in the rat», *Diabetes,* 34 (1985), 116; Laychock, S., Vadlamundi, S., y Patel, M., «Neonatal rat dietary carbohydrate affectas pancreatic islet indulin secretion in adults and progeny», *American Journal of Physiology,* 269 (1995); y Marx, J., «Unraveling causes of diabetes», *Science,* 296 (2002), 686.

Página 151: Consecuencias de la separación de la madre: Hunt, R., Ladd, C., y Plotsky, P., «Maternal deprivation», en Fink, G., ed., *Encyclopedia of Stress,* San Diego, Academic Press, 2000, vol. 2, 699; Bennett, A., Lesch, K., Heils, A., Loing, J., Lorenz, J., Shoaf, S., Champoux, M., Suomi, S., Linnoila, M., y Higley, J., «Early experience and serotonin transporter gene variation interact to influence primate CNS function», *Molecular Psychiatry,* 7 (2002), 118; Liu, D., Diorio, J., Tannenbaum, B., Caldji, C., Francis, D., Feedman, A., Sharma, S., Pearson, D., Plotsky, P., y Meaney, J., «Maternal Care, Hippocampal glucocorticoid receptors, and HPA responses to stress», *Science,* 277 (1997), 1659. Para un estudio que demuestra que el aislamiento social en una cría de rata disminuye el nacimiento de nuevas neuronas, véase Lu, L., Bao, G., Chen, H., Xia, P., Fan, X., Zhang, J., Pei, G., y Ma, L., «Modification of hippocampal neurogenesis and neuroplasticity by social environments», *European Journal of Neuroscience,* 183 (2003), 600.

Página 152: * El trauma infantil aumenta el riesgo de síndrome de intestino irritable en los humanos: Murison, R., «Gastrointestinal effects», en Fink, G., ed., *Encyclopedia of Stress,* San Diego, Academic Press, 2000, vol. 2, 191. Niños de un orfanato rumano: Gunnar, M., Mirison, S., Chisholm, K., y Schuder, M., «Salivary cortisol levels in children adopted from Romanian orphanages», *Development and Psychopathology,* 13 (2001), 611. Abuso infantil: De Bellis, M., y Thomas, L., «Biologic findings of PTSD and child maltreatment»,

Current Psychiatry Reports, 5 (2003), 108; y Carrion, V., Weems, C., Ray, R., Glaser, B., Hessl, D., y Reiss, A., «Diurnal salivary cortisol in pediatric PTSD», *Biological Psychiatry*, 51 (2002), 575.

Página 152: ** En la mayor parte de los manuales de endocrinología o pediatría hay breves resúmenes del enanismo por estrés y del fallo no orgánico de crecimiento. Un resumen técnico se halla en Green, W., Campbell, M., y David, R., «Psichosocial dwarfism: A critical review of the evidence», *J. Am. Acad. Child Psychiatry*, 23 (1984), 1. Una descripción no técnica, algo antigua pero muy legible, se halla en Gardner, L., «Deprivation dwarfism», *Scientific American*, 227 (1972), 76. Un examen específico de las deficiencias intelectuales de estos niños se encuentra en Dowdney, L., Skuse, D., Heptinstall, E., Puckering, C., y Zur-Szpiro, S., «Growth, retardation and developmental delay amongst inner-city children», *J. Child Psychology and Psychiatry*, 28 (1987), 529. Una demostración de que sacar a los niños con enanismo por estrés de sus entornos estresantes normaliza a la hormona del crecimiento: Albanese, A., Hamill, G., Jones, J., Skuse, D., Matthews, D., y Stanhope, R., «Reversibility of physiological growth hormona secretion in children with psychosocial dwarfism», *Clinical Endocrinology*, 40 (1994), 687.

Página 155: Detención del crecimiento en enanismo por estrés: Boersma, B., y Wit, J., «Catch-up growth», *Endocrine Reviews*, 18 (1997), 646.

Página 156: Varios de los biógrafos del rey Federico dan versiones bastante coherentes de esta historia, entre ellos: Kingston, T., *History of Frederick the Second Emperor of the Romans*, Cambridge, Macmillan and Co., 1862; Allshorn, L., *Stupor Mundi: The Life and Times of Frederick II, Emperor of the Romans, King of Sicily and Jerusalem 1194-1250*, Londres, Martin Secker, 1912; y Kantorowicz, E., *Frederick the Second, 1194-1250*, Londres, Constable and Co., 1931. La cita de Salimbene está tomada de Montagu, A., *Touching: The Human Significance of the Skin*, Nueva York, Harper and Row, 1978.

Página 159: * La historia de dos orfanatos: Widdowson, E., «Mental contentment and physical growth», *The Lancet* (16 de junio de 1951), 1316. La información sobre las terribles cifras de supervivencia en orfanatos está tomada de Chapin, H., «A plea for accurate statistics in children's institutions», *Transactions of the American Pediatric Society*, 27 (1915), 180. La cita está tomada de Gardner, L., «Deprivation dwarfism», *Scientific American*, 227 (1972), 76.

Página 159: ** J. M. Barrie y el enanismo por estrés: la exposición sobre Barrie que tanto atrajo mi atención en mi época de estudiante se encuentra en Martin, J., y Reichlin, S., *Clinical Neuroendocrinology*, 1.ª ed., Filadelfia, Davis Company, 1977. Agradezco a Seymour Reichlin, un portento de la endocrinología y mi profesor en aquel momento, que me haya recordado esta fuente.

Al preparar este libro, decidí leer algo más sobre Barrie. Cuál no sería mi sorpresa al descubrir que había muchas biografías publicadas; este hombre, ahora oscuro, fue en su momento el novelista y dramaturgo más famoso de Gran Bretaña. Los detalles de su vida son fascinantes y grotescos al mismo tiempo. Durante toda su vida estuvo obsesionado con su madre, siempre empeñado en ganar su amor. En un notable pasaje que encierra tanto su deseo edípico como su identificación patológica con ella, predijo que en los años venideros, «cuando la edad me nuble la mente y el pasado vuelva arrastrándose como las sombras de la noche sobre el camino desnudo del presente, creo que no veré mi juventud, sino la de ella, no a un niño aferrándose a la falda de su madre y exclamando: "Espera a que sea mayor y te acostarás en plumas", sino a una niña con un vestido magenta y un delantal blanco». También estuvo obsesionado toda la vida con los niños pequeños; sus escritos privados contienen pasajes de sadomasoquismo y pedofilia.

Quizá lo más fascinante sea el hecho de que, en sus últimos años, Barrie pasara de ser un joven solitario, más bien patético y simpático, a un manipulador nada agradable, debido a que el éxito de su obra le dio el poder y la riqueza necesarios para interferir en las vidas de quienes le rodeaban. En la vejez, solo y sin hijos, embaucó a varios matrimonios jóvenes, aparentando ser un generoso benefactor y dominándoles cada vez más, sobre todo en lo concerniente al destino de sus hijos. Como biografía más interesante de Barrie (de la que he tomado la cita anterior), recomiendo la de Birkin, A., *J. M. Barrie and the Lost Boys*, Londres, Constable, 1979. Véase asimismo la obra elegíaca de Lurie, A., «The boy who couldn't grow up», *New York Review of Books* (6 de febrero de 1975), 11.

Página 160: Además de las referencias más arriba citadas sobre el perfil clínico de los niños con diversos síndromes de privación, se pueden consultar las siguientes para conocer detalles sobre la endocrinología de la interrupción del crecimiento: capítulo 20 (Rose, R., «Psychoendocrinology»), en Wilson, J., y Foster, D., *Williams Textbook of Endocrinology*, 7.ª ed., Filadelfia, Saunders, 1985; y Reichlin, S., «Prolactin and growth hormone secretion in stress», en Chrousos, G., Loriaux, D., y Gold, P., *Mechanisms of*

Physical and Emotional Stress, Nueva York, Plenum Press, 1988. Estos artículos examinan asimismo las diferencias entre la regulación de la hormona del crecimiento en el adulto y en el niño, y en los primates y los humanos frente a los roedores.

Página 161: Los datos del estudio del niño con enanismo por estrés cuya enfermera se fue de vacaciones están tomados de Saenger, P., Levine, L., Wiedemann, E., Schwartz, E., Korth-Schutz, S., Pareira, J., Heinig, B., y New, M., «Somatomedin and growth hormone in psychosocial dwarfism», *Padiatrie und Padologie*, Supp. 5 (1977), 1.

Página 162: * Para un examen de la regulación del nivel de QDC por factores psicológicos, véase Schanberg, S., Evoniuk, G., y Kuhn, C., «Tactile and nutritional aspects of maternal care: Specific regulators of neuroendocrine function and cellular development», *Proceedings of the Society for Experimental Biology and Medicine*, 175 (1984), 135. La información sobre la necesidad de contacto activo con la madre para que se normalice el nivel de hormona del crecimiento en las crías de rata se halla en Kuhn, C., Paul, J., y Schanberg, S., «Endocrine responses to mother-infant separation in developing rats», *Developmental Psychobiology*, 23 (1990), 395. Para un examen de la influencia de la separación maternal en el nivel de glucocorticoides, véase el artículo de Kuhn y otros ya citado, y el trabajo previo de Stanton, M., Gutierrez, Y., y Levins, S., «Maternal deprivation potentiates pituitary-adrenal stress responses in infant rats», *Behavioral Neuroscience*, 102 (1988), 692. Para una demostración clásica de la influencia del contacto físico neonatal en la tasa de crecimiento de las ratas, véase cualquiera de los tres informes siguientes de Denenberg, V., y Karas, G., «Effects of differential handling upon weight gain and mortality in the rat and mouse», *Science*, 130 (1959), 629; «Interactive effects of age and duration of infantile experience on adult learning», *Psychological Reports*, 7 (1960), 313; e «Interactive effects of infant and adult experience upon weight gain and mortality in the rat», *Journal of Comparative And Physiological Psychology*, 54 (1961), 658.

Página 162: ** La importancia del tacto en el desarrollo de las ratas: Hofer, M., «Relationships as regulators», *Psychosomatic Medicine*, 46 (1984), 183.

Página 163: El trabajo sobre el contacto físico con bebés prematuros se describe en Field, T., Schanberg, S., Scarfidi, F., Bauer, C., Vega-Lahr, N., Garcia, R., Nystrom, J., y Kuhn, C., «Tactile/kinesthetic stimulation effect on preterm neonates», *Pediatrics*, 77 (1986), 654. Asimismo en Scardifi, F., Field, T.,

Schanberg, S., Bauer, C., Vega-Lahr, N., Garcia, R., Poirier, J., Nystrom, J., y Kuhn, C., «Effects of tactile-kinesthetic stimulation on the clinical course and sleep-wake behavior of pre-term infants». *Infant Behavior and Development*, 9 (1986), 71. Un experimento similar se realizó años antes de forma mucho más esquemática, sólo con cinco bebés: Solokoff, N., Yaffe, S., Weintraub, D., y Blase, G., «Effects of handling on the subsequent development of premature infants», *Developmental Psychology*, 1 (1969), 765. Este trabajo se inspiró en la investigación de algunos pioneros en este campo: el biólogo evolutivo Rene Spitz y el famoso pediatra T. Berry Brazelton.

El cálculo de ahorro de mil millones de dólares se basa en el siguiente análisis (claramente superficial): un informe federal de 1987 («Neonatal intensive care for Low Birthweight Infants: Costs and Effectiveness», *Health Technology Case Study*, 38, Office of Technology Assessment, Wahington, D.C.) daba cifras de la existencia de 150.000 a 200.000 bebés anuales en las unidades neonatales de cuidados intensivos, de los que aproximadamente el 20 por 100 pesaba muy poco (menos de un kilo y medio). La estancia media de la mayor parte de los bebés era de 48 días, con un coste de 41.000 dólares; la estancia media del 80 por 100 restante era de 28 días, con un coste de 24.000 dólares. Las facturas de la hospitalización completa superaban, por tanto, los 5.000 millones de dólares, basándolo en una estancia media de 32 días (la media de ambos grupos). Una reducción media de una semana de estancia en la unidad de cuidados intensivos constituye una disminución aproximada del 200, lo que (suponiendo, probablemente de forma equivocada, que el índice de gastos es constante en el tiempo) implica un ahorro de más de mil millones de dólares, sin incluir el ahorro en el cuidado de los pacientes externos que dura meses o años después del alta (Blackman, J., «Neonatal intensive care: Is it worth it?», *Pediatric Clinics of North America*, vol. 38, núm. 6 [1991]).

Página 165: La capacidad de los glucocorticoides (y el estrés) para estimular la liberación de la hormona del crecimiento a corto plazo, y sin embargo inhibirla a largo plazo, se examina en Thakore, J., y Dinan, T., «Growth hormona secretion: the role of glucocorticoids», *Life Sciences*, 55 (1994), 1083.

Página 167: Estudios transculturales de las características estresantes de los rituales de desarrollo: Landauer, T., y Whiting, J., «Infantile stimulation and adult stature of human males», *American Anthropologist*, 66 (1964), 1007. Un tema similar aparece en sus estudios posteriores, que demuestran que el agente estresante físico de inmunización (y la breve enfermedad subsiguiente) de niños menores de dos años se traduce en adultos más altos. La población de los estudios fueron niños americanos de la década de 1930, cuando la inmunización distaba mucho de ser universal: Whiting, J., Landauer, T., y Jones, T., «Infantile immunization and adult stature», *Child Development,* 39 (1968), 59.

Página 168: Una sola descarga de glucocorticoides es benigna: «Antenatal Corticosteroids Revisited: Repeat Courses», *NIH Consensus Statement Online,* 17 (17-18 de agosto de 2000), 1-10.

Página 170: Small, M., *Our Babies, Ourselves,* Nueva York, Anchor Books, 1999.

Página 172: En casi todos los manuales de fisiología hay descripciones del crecimiento y la resorción óseos en el adulto y su regulación hormonal. Un examen especialmente claro se halla en Rhoades, R., y Pflanzer, R., *Human Physiology,* Filadelfia, Saunders College Publishing, 1989. Una buena revisión reciente del modo en que los glucocorticoides causan osteoporosis se halla en Canalis, E., «Mechanisms of glucocorticoid action in bone: implications to glucocorticoid-induced osteoporosis», *Journal of Clinical Endocrinology and Metabolism,* 81 (1996), 3441. El primer informe sobre fracturas óseas en pacientes con el síndrome de Cushing procede, desde luego, del propio doctor Harvey Cushing, «The basophil adenomas of the pituitary body and their clinical manifestations as basophilism», *Bulletin of the John Hopkins Hospital,* 1 (1932), 137. Un informe clásico sobre el modo en que el tratamiento con glucocorticoides para controlar una enfermedad (asma, en este caso) causa osteoporosis se halla en Adinoff, A., y Hollister, J., «Steroid-induced fractures and bone loss in patients with asthma», *New England Journal of Medicine,* 309 (1983), 265. Para una demostración de que el estrés social prolongado se asocia con la pérdida de masa ósea en las hembras de los primates, véanse Kaplan, J., y Manuck, S., «Behavioral and evolutionary considerations in predicting disease susceptibility in nonhuman primates», *American Journal of Physical Anthropology,* 78 (1989), 250; y Shively, C., Jayo, M., Weaver, D., y Kaplan, J., «Reduced vertebral bone mineral density in socially subordinate females cynomolgus macaques», *American Journal of Primatology,* 24 (1991), 135.

Página 173: JFK y los glucocorticoides: Robert Dallek, *Atlantic Monthly,* diciembre de 2002.

Página 174: El examen de la práctica de la crianza infantil en esa época se halla en Montagu, *Touching: The Human Significance of the Skin*, anteriormente citado. El entendido «experto» que prevenía contra hábitos no científicos como el de coger en brazos a los niños con demasiada frecuencia fue el doctor Luther Holt, catedrático de pediatría de la Universidad de Columbia y autor de *The Care and Feeling of Children* (East Norwalk, Conn., Appleton-Century), del que se publicaron quince ediciones de 1894 a 1915. Un análisis del efecto de esta forma de criar a los niños sobre la medicina pediátrica se halla en Sapolsky, R., «How the other half heals», *Discover* (abril de 1998), 46.

Página 176: La cita de Harry Harlow está tomada de «The nature of love», *American Psychologist*, 13 (1958), 673. Otros informes técnicos de su trabajo se hallan en Harlow, H., y Zimmerman, R., «Affectional responses in the infant monkey», *Science* 130 (1959), 421; y Harlow, H., Harlow, M., Dodsworth, R., y Arling, G., «Maternal behavior of rhesus monkeys deprived of mothering and peer association in infancy», *Proceedings of the American Philosophical Society*, 110 (1966), 58.

Capítulo 7
Sexo y reproducción

Página 179: La endocrinología básica de la reproducción masculina y los efectos de los diversos cambios hormonales durante el estrés que se han descrito se hallan en la mayor parte de los manuales más elementales. Estudios generales sobre la fisiología reproductiva masculina durante el estrés: Rivier, C., «Luteneizing-hormone-releasing, gonadotropins, and gonadal steroids in stress», *Annals of the New York Acadmey of Sciences*, 771 (1995), 187; y Negro-Vilar, A., «Stress and other environmental factors affecting fertility in men and women: overview», *Environmental Health Perspectives*, 101 (1993), S2, 59.

Página 180: * Algunos artículos originales que demuestran que los agentes estresantes físicos (operaciones, inmovilización, la sequía para una población de monos salvajes o la natación obligada) eliminan hormonas del sistema reproductor masculino: Bardin, C., y Peterson, R., «Studies of androgen production by the rat: Testosterone and andronestedione content of blood», *Endocrinology*, 60 (1967), 38; Free, M., y Tillson, S., «Secretion rate of testicular steroids in conscious and halothane-anesthetized rats», *Endocrinology*, 93 (1973), 874; Matsumoto, K., Takeyasu, K., Mizutani, S., Hamanaka, Y., y Uozumi, T., «Plasma testosterone levels following surgical stress in male patients», *Acta Endocrinology,* 65 (1970), 11; y Sapolsky, R., «Endocrine and behavioral correlates of drought in the wild baboon», *American Journal of Primatology,* 2 (1986), 217. Algunos artículos más recientes: Jain, S., Bruto, B., y Stevenson, J., «Cold swim stress leads to an enhanced splenocyte responsiveness to concanavalin A, decreased serum testosterona, and increased serum corticosterone, glucosa and protein», *Life Sciences,* 59 (1996), 209; y Ellison, P., y Panter-Brick, G., «Salivary testosterona levels among Tamang and Kami males of central Nepal», *Human Biology,* 68 (1996), 955.

Página 180: ** Los agentes estresantes psicológicos también eliminan estas hormonas. He aquí algunos ejemplos: descenso en la jerarquía social de un primate macho: Rose, R., Bernstein, I., y Gordon, T., «Consequences of social conflict on plasma testosterone levels in rhesus monkeys», *Psychosomatic Medicine,* 37 (1975), 50; y Mendoza, S., Coe, C., Lowe, E., y Levine, S., «The physiological response to group formation in adult male squirrel monkeys», *Psychoneuroendocrinology,* 3 (1979), 221. Una tarea de aprendizaje difícil para un primate: Mason, J., Kenion, C., y Collins, D., «Urinary testosterone response to 72-hour avoidance sessions in the monkey», *Psychosomatic Medicine,* 30 (1968), 721. El primer salto en paracaídas: Davidson, J., Smith, E., y Levine, S., «Testosterone», en Ursin, H., Baade, E., y Levine, S., eds., *Psychobiology of Stress,* Nueva York, Academic Press, 1978, 57. Inestabilidad social en primates: Sapolsky, R., «Endocrine aspects of social inestability in the olive baboon», *American Journal of Primatology,* 5 (1983), 365; y Curtin, F., y Steiner, I., «Lower sex hormones in men during anticipatory stress», *NeuroReport,* 7 (1996), 3, 101. Los efectos supresores de la Escuela de Oficiales en los niveles de testosterona: Kreuz, L., Rose, R., y Jennings, J., «Suppression of plasma testosterone levels in psychological stress», *Archives of General Psychiatry,* 26 (1972), 479.

En un artículo reciente se comenta un fascinante ejemplo de la supresión reproductiva causada por una combinación de agentes estresantes físicos y psíquicos en una población de animales salvajes. Unos cazadores furtivos dejaron huérfanos a un grupo de elefantes machos de un parque nacional de África, a consecuencia de lo cual crecieron sin modelos de conducta. Cuando, en su adolescencia, llegaron a la época de celo, se convirtieron en elefantes matones: con una agresividad y una sexualidad exacerbadas (si no recuerdo mal, intentaban acoplarse a la fuerza con cualquier cosa de tamaño apropiado, incluidos los rinocerontes). En el estudio se introdujeron machos adultos con objeto de hostigar y estresar a estos machos solitarios para sacarles del celo: Slotow, R., Van Dyk, G., Poole, J., Page, B., y Klocke, A., «Older bull elephants control young males», *Nature*, 408 (2000), 425.

Página 182: * Los opiáceos y las hormonas similares a ellos (por ejemplo, las betaendorfinas) bloquean la secreción de LHRH: Delitala, G., Devilla, L., y Arata, L., «Opiate receptors and anterior pituitary hormone secretion in man. Effect of naloxone infusion», *Acta Endocrinology* (Copenhague), 97 (1981), 140; Jacobs, M., y Lightman, S., «Studies in the opioid control of anterior pituitary hormones», *Journal of Physiology* (Londres), 300 (1980), 53; Rasmussen, D., Liu, J., Wolf, P., y Yen, S., «Endogenus opioid regulation of gonadotropin-releasing hormone release from the humus fetal hypothalamus in vitro», *Journal of Clinical Endocrinology and Metabolism*, 57 (1983), 881; y Hulse, G., y Coleman, G., «The role of endogenous opioids in the blockade of reproductive function in the rat following exposure to acute stress», *Pharmacology, Biochemistry and Behavior*, 19 (1983), 795.

Página 182: ** El ejercicio estimula la liberación de betaendorfinas: Colt, E., Wardlaw, S., y Frantz, A., «The effect of running on plasma beta-endorphin», *Life Science*, 28 (1981), 1637. Para una interesante demostración del potencial de esta liberación para alterar la reproducción, véase McArthur, J., Bellen, B., Beitins, T., Pagaon, M., Badger, T., y Klibanski, A., «Hypothalamic amenorrhea in runners of normal body composition», *Endocrine Research Communication*, 7 (1980), 12. En este estudio se examina a una corredora amenorreica con niveles bajos de LH; cuando se le administró una droga (naloxona) que bloquea la acción de las betaendorfinas, se elevó su nivel de LH. Véase también Samuels, M., Sanborn, C., Hofeldt, F., y Robbins, F., «The role of endogenous opiates in athletic amenorrhea», *Fertility and Sterility*, 55 (1991), 507.

Página 183: * Una cantidad moderada de ejercicio aumenta el nivel de testosterona: Elias, M., «Cortisol, testosterone and testosterone-binding globulin responses to competitive fighting in human males», *Aggressive Behavior*, 7 (1981), 215. Por el contrario, mucho ejercicio de forma prolongada suprime el sistema: Dessypris, A., Kuoppasalmi, K., y Adlercreutz, H., «Plasma cortisol, testosterone, androstenedione and leuteinizing hormone (LH) in a non-competitive marathon run», *Journal of Steroid Biochemistry*, 7 (1976), 33; MacConnie, S., Barkan, A., Lampman, R., Schorok, M., y Beitins, I., «Decreased hypothalamic gonadotropin-releasing hormone secretion in male marathon runners», *New England*

Journal of Medicine, 315 (1986), 411; Grandi, M., y Celani, M., «Effects of football on the pituitary-testicular axis: Differences between professional and non-professional soccer players», *Experimental and Clinical Endocrinology*, 96 (1990), 253; De Souza, M., Arce, J., Pescatello, L., Scherzer, H., y Luciano, A., «Gonadal hormones and semen quality in male runners: a volume threshold effect of endurance training», *International Journal of Sports Medicine*, 15 (1994), 383. Anormalidades en la función glucocorticoide en los hombres que hacen mucho ejercicio: Duclos, M., Corcuff, J., Pehourcq, F., y Tabarin, A., «Decreased pituitary sensitivity to glucocorticoids in endurance-trained men», *European Journal of Endocrinology*, 144 (2001), 363.

Igualmente, grandes cantidades de ejercicio eliminan la fisiología reproductora de la mujer. Como ejemplo, las bailarinas de ballet llegan más tarde a la pubertad: Warren, M., «The effects of exercise on pubertal progression and reproductive function in girls», *Journal of Clinical Endocrinology and Metabolism*, 51 (1980), 1150; Frisch, R., Wyshak, G., y Vincent, L., «Delayed menarche and amenorrhea in ballet dancers», *New England Journal of Medicine*, 303 (1980), 17; Bale, P., Doust, J., y Dawson, D., «Gymnasts, distance runners, anorexics: body composition and menstrual status», *Journal of Sports Medicine and Physical Fitness*, 36 (1996), 49. La amenorrea se presenta en mujeres que hacen mucho ejercicio: Kiningham, R., Apgar, B., y Schwenk, T., «Evaluation of amenorrea», *American Family Physician*, 53 (1996), 1185; y Dale, E., Gerlach, D., y Wilhite, A., «Menstrual dysfunction in distance runners», *Obstetrics and Gynecology*, 54 (1979), 47. En tales casos, el grado de disfunción se halla estrechamente vinculado al peso corporal o a la cantidad de grasa: Sanborn, C., Martin, B., y Wagner, W., «Is athletic amenorrhea specific to runners?», *American Journal of Obstetrics and Gynecology*, 143 (1982), 859; y Shangold, M., y Levine, H., «The effect of marathon training upon menstrual funcion», *American Journal of Obstetrics and Gynecology*, 143 (1982), 862. Más ejemplos del índice de aproximadamente el 50 por 100 de amenorrea: Buskirk, E., Mendez, J., y Durfee, S., «Effects of exercise on the body composition of women», *Seminars in Reproductive Endocrinology*, 3 (1985); y Shangold, M., «Exercise and amenorrea», *Seminars in Reproductive Endocrinology*, 3 (1985): 35.

Otros efectos del exceso de ejercicio. Un ejercicio moderado aumenta la densidad ósea, sobre todo en los huesos que más se emplean durante el ejercicio: Nilsson, B., y Westlin, N., «Bone density in athletes», *Clinical Orthopedics*, 77 (1971), 179;

Lanyon, L., «Bone loading, exercise, and the control of bone mass; the physiological basis for the prevention of osteoporosis», *Bone*, 6 (1989), 19. No obstante, un exceso de ejercicio puede invertir esta tendencia y provocar un adelgazamiento de los huesos, con mayor riesgo de osteoporosis, escoliosis y fracturas por estrés: Myburgh, K., Hutchings, J., Fataar, A., Hough, S., y Koakes, T., «Low bone density is an etiologic factor for stress fractures in athletes», *Annals of Internal Medicine»*, 113 (1990), 754; Lindberg, J., Fears, W., Hunt, M., Powell, M., Boll, D., y Wade, C., «Exercise-induced amenorrhea and bone density», *Annals of Internal Medicine*, 101 (1984), 647; Drinkwater, B., Nilson, K., y Chesnut, C., «Bone mineral content of amenorrheic and aumenorrheic athletes», *New England Journal of Medicine*, 311 (1984), 277; Marcus, R., Cann, C., Madvig, P., Minkoff, J., Goddard, M., Bayer, M., Martin, M., Gaudiani, L., Haskell, W., y Genant, H., «Menstrual function and bone mass in elite women distance runners: endocrine and metabolic factors», *Annals of Internal Medicine*, 102 (1985), 158; y Barrow, G., y Saha, S., «Menstrual irregularity and stress fractures in collegiate female distance runners», *American journal of Sports Medicine*, 16 (1988), 209. En atletas prepúberes, los riesgos incluyen el de escoliosis: Warren, M., Brooks-Gunn, J., Hamilton, J., Warren, L., y Hamilton, G., «Scoliosis and fractures in young ballet dancers: Relation to delayed menarche and secondary amenorrhea», *New England Journal of Medicine*, 314 (1986), 1348.

Estos efectos nocivos pueden deberse, en parte, al elevado nivel de glucocorticoides que se observa en las atletas: Luger, A., Deuster, P., Kyle, S., Galluci, W., Montgomery, L., Gold, P., Loriaux, L., y Chrousos, G., «Acute hypothalamic-pituitary-adrenal responses to the stress of treadmill exercise», *New England journal of Medicine*, 316 (1987), 1309; Willaneuva, A., Schlosser, C., Hopper, B., Liu, J., Hoffman, D., y Rebar, R., «Increased cortisol production in women runners», *Journal of Clinical Endocrinology and Metabolism*, 63 (1986), 133; y Loucks, A., Mortola, J., Girton, L., y Yen, S., «Alterations in the hypothalamic-pituitary-ovarian and the hypothalamic-pituitaryadrenal axes in athletic women», *Journal of Endocrinology and Metabolism*, 68 (1989), 402. Estos casos documentan aumentos sustanciales del nivel de estas hormonas.

Página 183: ** Los glucocorticoides actúan sobre la pituitaria y los testículos para bloquear la secreción de LH y de testosterona, respectivamente: Cummings, D., Quigley, M., y Yen, S., «Acute suppression of circulating testosterone levels by cortisol in men», *Journal of Clinical Endocrinology and Metabolism*, 57 (1983), 671;

Bambino, T., y Hseuh, A., «Direct inhibitory effect of glucocorticoids upon testicular luteinizing hormone receptors and steroidogenesis in vivo and in vitro», *Endocrinology*, 108 (1981), 2142; Johnson, B., Welsh, T., y Juniewicz, P., «Suppression of luteinizing hormone and testosterone secretion in bulls following adrenocorticotropin hormone treatment», *Biology of Reproduction*, 26 (1982), 305; Vierhapper, H., Waldhausl, W., y Nowotny, P., «Gonadotropinsecretion in adrenocortical insufficiency: Impact of glucocorticoid Substitution», *Acta Endocrinology* (Copenhague), 101 (1982), 580; y Sapolsky, F., «Stress-induced supression of testicular function in the wild baboon: Role of glucocorticoids», *Endocrinology*, 116 (1985), 2273.

No obstante, la supresión reproductiva inducida por estrés no tiene por qué implicar al CRH: Jeong, K., Jacobson, L., Widmaier, E., y Majzoub, J., «Normal supression of the reproductive axis following stress in CRH-deficient mice», *Endocrinology*, 140 (1999), 1702.

La prolactina inhibe muchos pasos del sistema reproductor masculino: Bartke, A., Smith, M., Michael, S., Peron, F., y Dalterio, S., «Effects of experimentally-induced chronic hyperprolactinemia on testosterone and gonadotropin levels in male rats and mice», *Endocrinology*, 100 (1977), 182; Bartke, A., Goldman, B., Bex, F., y Dalterio, S., «Effects of prolactin on pituitary and testicular function in mice with hereditary prolactin deficiency», *Endocrinology*, 101 (1977), 1760; y McNeilly, A., Sharpe, R., y Fraser, H., «Increased sensitivity to the negative feed-back effect of testosterone induced by hyperprolactinemia in the adult male rat», *Endocrinology*, 112 (1983), 22.

Página 184: Un buen resumen introductorio sobre el funcionamiento básico de la erección y la eyaculación se halla en Previte, J., *Human Physiology*, Nueva York, McGraw-Hill, 1983. Una versión más detallada se encuentra en Guyton, A., *Textbook of Medical Physiology*, 7.ª ed., Filadelfia, Saunders, 1986, 959. La acetilcolina, neurotransmisor del sistema parasimpático, provoca erecciones: Sáenz de Tejada, I., Blanco, R., Goldstein, I., Azadzoi, K., De Las Morenas, A., y Krane, R., «Cholinergic neurotransmission in human corpus cavernosum, I. Responses of isolated tissue», *American Journal of Physiology*, 254 (1988), H459. La noradrenalina, neurotransmisor del sistema simpático, inhibe la erección: Sáenz de Tejada, I., Kim, N., Lagan, I., Krane, R., y Goldstein, I., «Regulation of adrenergic activity in penile corpus cavernosum», *Journal of Urology*, 142 (1989), 1117. Para complicar la vida y el sexo, los investigadores empiezan a reconocer la existencia de mecanismos que provocan erección en los que no interviene el sistema nervioso parasimpático. Todavía no se comprenden bien, pero parece que estas terminaciones nerviosas provocan la dilatación de las arterias del pene (engrosándose de este modo con la sangre) a través del óxido nítrico, un neurotransmisor gaseoso recientemente identificado que se halla estrechamente relacionado con el óxido nitroso (el gas de la risa): Ignarro, L., «Nitric oxide as the physiological mediator of penile erection», *Journal of NIH Research*, 4 (1992), 59.

Nota a pie de página: La cita de Da Vinci es de Goldstein, I., «Male sexual circuitry», *Scientific American* (agosto de 2000), 70.

Página 185: Incidencia de la impotencia psicógena: sigue siendo controvertido hasta qué punto es habitual este trastorno. En los estudios más antiguos se afirma que entre el 90 y el 95 por 100 de los casos de impotencia era de origen psicógeno. Por ejemplo, véase Strauss, E., «Impotence from a psychiatric standpoint», *British Medical Journal*, I, 697 (1950); o Kaplan, H., *The New Sex Therapy: Active Treatment of Dysfunctions*, Nueva York, Brunner-Mazel, 1974. Estas cifras son, desde luego, demasiado elevadas, ya que proceden de un momento en que todavía no se comprendían muchas causas orgánicas sutiles de la impotencia. En estudios más recientes se dan índices extremadamente bajos (del 10 al 15 por 100) de impotencia psicógena. Por ejemplo, véase Spark, R., White, R., y Connolly, P., «Impotence is not always psychogenic», *Journal of the American Medical Association*, 243 (1980), 750. En general, los estudios más recientes muestran porcentajes de impotencia de origen psicógeno que van del 14 al 55 por 100 de los casos, y un 15 por 100 de origen desconocido. El resumen de estos estudios se halla en Leiblum, S., y Rosen, R., *Principles and Practices of Sex Therapy*, Nueva York, Guilford Press, 1989.

Página 186: La resistencia ocasional al estrés por parte del sistema reproductor se examina en Wingfield, J., y Sapolsky, R., «Reproduction and resistance to stress: when and how», *Journal of Neuroendocrinology*, 15 (2003), 711.

Página 187: Para una introducción a la ecología revisionista sobre esta especie (su actividad cazadora, en vez de carroñera), véase Kruuk, H., *The Spotted Hyena: A Study of Predation and Social Behavior*, Chicago, University of Chicago Press, 1972. Para los estudios de su anatomía, fisiología y conducta, véanse Frank, L., «Social organization of the spotted hyena: II: Dominance and reproduction». *Animal Behavior*, 35 (1986), 1510; Frank, L., Glickman, S., y Licht, P., «Fatal sibling aggression, presocial development and androgens in neonatal spotted hyenas», *Science*, 252 (1991), 702; y Frank, L., «The evolution of female masculinization in hyenas: why does a female hyena have such a large penis?», *Trends in Ecology and Evolution*, 12 (1997), 58.

El último artículo citado trata de la posible evolución de la anatomía y el sistema social únicos de la hiena. La mayor parte de los carnívoros de gran tamaño de África tiene muchas crías, aunque pocas sobreviven, como es el caso de los leones. La mayoría de las crías muere de hambre debido a que la leona y sus cachorros no se pueden alimentar de la presa capturada hasta que los machos no se han saciado (a pesar de que son las hembras las que llevan todo el peso de la caza: otro rasgo más para no admirar a los leones).

Las hienas, por el contrario, suelen tener menos descendencia que otros carnívoros, por lo que es imperativo que esas pocas crías sobrevivan. En algún momento del pasado, una hiena hembra sufrió una increíble mutación: sus ovarios comenzaron a segregar, además de los estrógenos normales, cantidades enormes de androstenediona, una hormona sexual masculina. En consecuencia, cuando se quedó preñada, los fetos femeninos se hallaron expuestos a dicha hormona, por lo que crecieron más musculosas y agresivas que las hembras normales de los mamíferos. Y se volvieron las tornas. Pocas generaciones después, los machos hambrientos e intimidados matan una presa y, cuando están a punto de darse un festín, las hembras los echan a patadas. Los hijos de las madres con un puesto más elevado en la jerarquía comen antes que los machos adultos, y sobreviven. De modo que la tendencia de las hembras a segregar grandes cantidades de androstenediona es muy adaptativa, por lo que tiene muchas posibilidades de ser transmitida a las generaciones sucesivas.

No obstante, se plantea un problema. Un mamífero hembra normal no tendría descendencia al ser expuesta a tales niveles de hormona sexual masculina durante su desarrollo fetal. La androstenediona «masculinizaría» su hipotálamo, lo que quiere decir que, en estado adulto, segregaría LHRH a un ritmo más o menos constante (como hacen los machos), no siguiendo el patrón cíclico que las hembras necesitan para ovular. En cualquier otra especie, la «androgenización perinatal» (masculinización en torno al momento del nacimiento) haría imposible la reproducción.

Se cree, por tanto, que las hienas hembra han experimentado una segunda mutación que protege la parte reproductora del hipotálamo de los efectos de masculinización de las hormonas.

(La parte «agresiva» del cerebro —término evidentemente simplista—, por el contrario, es muy sensible a la adrenostenediona: las hienas hembra son tremendamente agresivas.) En la actualidad se desconoce cuál podría ser esa segunda mutación.

Estudios generales sobre el estrés y la reproducción femenina: Rivier, C., «Luteneizing-hormone-releasing hormona, gonadotropins, and gonadal steroids in stress», *Annals of the New York Academy of Sciences*, 771 (1995), 187; y Negro-Vilar, A., «Stress and other environmental factors affecting fertility in men and women: overview», *Environmental Health Perspectives*, 101 (1993), S2, 59.

Página 193: * El tema de los efectos del hambre, la disminución de grasa y la proporción entre músculo y grasa en la reproducción femenina se examina en Frisch, R., *Female fertility and the Body Fat Connection*, Chicago, University of Chicago Press, 2000; y Williams, N., Helmreich, D., Parfitt, D., Caston-Balderrama, A., «Evidence for a casual role of low energy availability in the induction of menstrual cycle disturbances during strenous exercise training», *Journal of Clinical Endocrinology and Metabolism*, 86 (2001), 5184-5193. Esta revisión también ofrece una buena introducción a las anomalías de la reproducción que se observan en la anorexia nerviosa. La anorexia y la bulimia, trastorno de la alimentación relacionado con ella, son peculiares por algo más que la pérdida de peso. En concreto, la eliminación de la reproducción se produce antes de que haya una pérdida de peso sustancial; es decir, el sistema reproductor de las personas anoréxicas o bulimicas es más vulnerable a dicha eliminación que el de las mujeres y chicas sanas. Para un hallazgo reciente que conecta metabolismo y fertilidad femenina, véase Burks, D., De Mora, J., Schubert, M., Withers, D., Myers, M., Towery, H., Altamuro, S., Flint, C., y White, M., «IRS-2 pathways integrate female reproduction and energy homeostasis», *Nature*, 407 (2000), 377.

La recuperación de peso no siempre reinstaura los ciclos: Suri, R., y Altshuler, L., «Menstrual cycles and stress», en Fink, G., ed., *Encyclopedia of Stress*, San Diego, Academic Press, 2000, vol. 2, 736.

Página 193: ** Los opiáceos y opioides inhiben la secreción de LHRH en las hembras; Pfeiffer, A., y Herz, A., «Endocrine actions of opioids», *Hormone and Metabolic Research*, 16 (1984) 386; y Ching, M., «Morphine supresses the proestrus surge of GnRh in pituitary portal plasmas of rats», *Endocrinology*, 112 (1983), 2209. (GnRH, LHRH y LHRF se refieren a la misma hormona hipotalárnica, que produce la liberación de LH y PSH en la pituitaria.) Un ejemplo interesante de su importancia para las atletas se halla en McArthur, J.,

Bullen, B., Beitins, T., Tagaon, M., Badger, T., y Klibanski, S., «Hypothalamic amenorrhea in runners of normal body composition», *Endocrine Research Communications*, 7 (1980), 13. En este estudio se examina a una corredora amenorreica con un nivel bajo de LH; al administrársele una droga (naloxona) que bloquea la acción de las betaendorfinas, se elevó su nivel de LH. Véase más arriba, en la sección masculina, referencias adicionales sobre la alteración de la fisiología reproductora en mujeres atletas. Otro neurotransmisor parece estar implicado en la supresión de LHRH inducida por estrés: Akema, T., Chiba, A., Shinozaki, R., Oxida, M., Kimura, F., y Toyoda, J., «Acute stress suppresses the N-methyl-D-aspartate-induced LH release in the ovariectomized estrogenprimed rat», *Neuroendocrinology*, 62 (1995), 270.

Los glucocorticoides suprimen la sensibilidad de la pituitaria a la LHRH; Suter, D., y Schwartz, N., «Effects of glucocorticoids on secretion of luteinizing hormone and follicle-stimulating hormone by females rat pituitary cells in vitro», *Endocrinology*, 117 (1985), 849. Las referencias anteriores demuestran que el nivel de glucocorticoides es elevado en las atletas que se entrenan mucho.

La fase folicular del ciclo menstrual es más vulnerable a alteraciones que la fase luteal: esto se examina en muchos lugares. Para una versión más accesible, véase Hatcher, R., *Contraceptive Technology*, Nueva York, Irvington Publishers, 1984. Para una descripción más detallada, véase Speroff, L., Glass R., y Kase, N., *Clinical Gynecologic Endocrinology and Infertility*, Baltimore, Williams and Wilkins, 1989.

Página 194: La afirmación de que dar de mamar impide los embarazos con mayor eficacia que otros métodos anticonceptivos procede de Carl Djerassi, el químico que inventó la píldora y que ha dedicado gran parte de su extraordinaria carrera a estudiar las consecuencias sociales, económicas y políticas de la revolución que provocó, en *The Politics of Contraception*, San Francisco, W. H. Freeman, 1979.

Página 195: La lactancia, la prolactina y los bosquimanos del Kalahari: Konner, M., y Worthman, C., «Nursing frequency, gonadal function, and birth spacing among ¡Kung hunter-gatherers», *Science*, 207 (1980), 788. Este artículo examina lo que se conoce sobre la velocidad de elevación del nivel de prolactina a consecuencia de la lactancia y sobre el tiempo que permanece elevada tras una toma. Los ¡Kung del Kalahari han sido los favoritos de los antropólogos durante décadas, y se les suele considerar la sociedad cazadora-recolectora por excelencia. Su «opulenta» vida preagrícola se describe en Lee, R., ¡*Kung San: Men, Women and Work in a Foraging Society*, Nueva York, Cambridge University Press, 1979; Lee, R., y DeVore, I., *Kalahari Hunter-Gatherers*, Cambridge, Mass., Harvard University Press, 1976; Jenkins, T., y Nurse, G., *Health and the Hunter-Gatherers*, Basel, Larger, 1978; Marshall, L., *The !Kung of Nyae Nyae*, Cambridge, Mass., Harvard University Press, 1976; y Shostak, M., *Nisa: The Life and Words of a ¡Kung Woman*, Cambridge, Mass., Harvard University Press, 1981. Se ha puesto en duda que los ¡Kung sean realmente el prototipo de los cazadores-recolectores: Lewin, R., «New views emerge on hunters and gatherers», *Science*, 240 (1988), 1146. La relación entre un número elevado de ciclos menstruales y la tendencia a las enfermedades ginecológicas de las mujeres occidentales se examina en MacDonald, P., Dombroski, R., y Casey, M., «Recurrent secretion of progesterone in large amounts: an endocrine/metabolic disorder unique to young women?», *Endocrine Reviews*, 12 (1991), 372.

La mayor incidencia de ciertas enfermedades reproductivas en las mujeres occidentales, debido al menor número de embarazos y a edad más avanzada, está documentada en la mayoría de los libros de texto ginecológicos.

Nota al pie: El mayor índice en algunos animales de zoológico se encuentra en Vogel, G., «A fertile mind on wildlife conservation's front lines», *Science*, 294 (2001), 1271.

Página 196: Los efectos del estrés en la libido femenina se examinan en dos capítulos de Carter, S., «Neuroendocrinology of sexual behavior in the female» y «Hormonal influences on human sexual behavior», ambos en Becker, J., Breedlove, S., y Crews, D., eds., *Behavioral Endocrinology*, Cambridge, MIT Press, 1992. Véase asimismo Rose, R., «Psichoendocrinology», en Wilson, J., y Foster, D., eds., *Williams Textbook of Endocrinology*, 7.ª ed., Filadelfia, Saunders, 1985.

Página 199: El estrés de la infertilidad: Domar, A., Zuttermeister, P., y Friedman, R., «The psychological impact of infertility: a comparison with patients with other medical conditions», *Journal of Psychosomatic Obstetrics and Gynaecology*, 14 (1993), S45. Estos autores hallaron tasas de depresión iguales a las vistas en las mujeres con cáncer, aunque menores que las enfermas de sida. Véase también Van Balen, F., y Trimbos-Kemper, T., «Long-term infertile couples: a study of their well-being», *Journal of Psychosomatic Obstetrics and Gynaecology*, 14 (1993), S53.

El estrés de los procedimientos de fertilización *in vitro:* Boivin, J., y Takefman, J., «Impact of the invitro fertilization process on emotional, physical and relational variables», *Human Reproduction,* 11 (1996), 903; y Harlow, C., Fahy, U., Talbot, W., Wardle, P., y Hull, M., «Stress and stress-related hormones during in vitro fertilization treatment», *Human Reproduction,* 11 (1996), 274.

Las mujeres más estresadas o deprimidas tienen menor probabilidad de éxito con las técnicas de fertilización *in vitro:* Facchinetti, F., Matteo, M., Artini, G., Volpe, A., y Genazzani, A., «An increased vulnerability to stress is associated with a poor outcome of in vitro fertilization-embryo transfer treatment», *Fertility and Sterility,* 67 (1997), 309; Boivin, J., y Takefman, J., «Stress level across stages of in vitro fertilization in subsequently pregnant and nonpregnant women», *Fertility and Sterility,* 64 (1995), 802; Thiering, P., Beaurepaire, J., Jones, M., Saunders, D., y Tennant, C., «Mood state as a predictor of treatment outcome after in vitro fertilization/ embryo transfer technology», *Journal of Psychosomatich Research,* 37 (1993), 481; y Demyttenaere, K., Nijs, P., Evers-Kiebooms, G., y Koninckx, P., «Personality characteristics, psychoendocrinological stress and outcome of IVF depend upon the etiology of infertility», *Gynecological Endocrinology,* 8 (1994), 233. Este último estudio fue el que demostró que el nexo estrés-éxito dependía del tipo de infertilidad. Ninguna relación entre estrés y resultado de la IVF: Harlow, C., Fahy, U., Talbot, W., Wardle, P., y Hull, M., «Stress and stress-related hormones during in vitro fertilization treatment», *Human Reproduction,* 11 (1996), 274.

Página 203: El consejo de Hipócrates a las mujeres embarazadas aparece en Huisjes, H., *Spontaneous Abortion,* Edimburgo, Churchill Livingstone, 1984, 108. Lo referente a Ana Bolena se halla en Ives, E., *Anne Boleyn,* Oxford, Basil Blackwell, Ltd., 1986. *Middlemarch,* de George Eliot (Londres, Zodiac Press, edición de 1982), 557. Aborto y entorno laboral: Lobel, M., «Conceptualizations, measurements and effects of prenatal maternal stress on birth outcomes», *Journal of Behavioral Medicine,* 17(3) (1994), 225. Citado en Mendelsohn, M., y Albertini, R., eds., *Mutation and the Environment,* parte B, Nueva York, Wiley-Liss, Inc., 467. Buena parte de este artículo examina la relación entre diversos empleos y el riesgo elevado de aborto, aunque también ofrece datos epidemiológicos sobre la relación entre los estilos de vida estresantes y las tasas elevadas de aborto espontáneo. En la misma línea, véanse también Vartiainen, H., Suonio, S., Halonen, P., y Rimon, R., «Psychosocial factors, female fertility and pregnancy: a prospective study —Part II: Pregnancy», *Journal of Psychosomatic Obstetrics and Gynaecology,* 15 (1994), 77; O'Hare, T., y Creed, F., «Life events and miscarriage», British Journal of Psychiatry, 167 (1995), 799; y Lederman, R., «Relationship of anxiety, stress and psychosocial development to reproductive health», *Behavioral Medicine*, 21 (1995), 101.

Página 204: El infanticidio competitivo en los animales se examina en Hausfater, G., y Hrdy, S., *Infanticide: Comparative and Evolutionary Perspectives*, Hawthorne, Nueva York, Aldine, 1984. Acoso y aborto: Berger, J., «Induced abortion and social factors in wild horses», *Nature*, 303 (1983), 59; Pereira, M., «Abortion following the immigration of an adult male baboon *(Papio cynephalus)*», *American Journal of Primatology*, 4 (1983), 93; Alberts, S., Sapolsky, R., y Altmann, J., «Behavioral, endocrine and immunological correlates of immigration by an aggressive male into a natural primate group», *Hormones and Behavior*, 26 (1992), 167. Abortos provocados por el olfato en roedores: Bruce, H., «An exteroceptive block to pregnancy in the mouse», *Nature*, 184 (1959), 105; y De Cantanzaro, D., Muir, C., O'Brien, J., y Williams, S., «Strange-male-induced pregnancy disruption in mie: reduction of vulnerability by 17 beta-estradional antibodies», *Physiology and Behavior*, 58 (1995), 401.

Página 206: Los abortos espontáneos suelen producirse días o semanas después de la muerte del feto: capítulo 24 («Abortions»), en Pritchard, J., MacDonald, P., y Gant, N., *Williams Obstetrics*, 17.ª ed., East Norwalk, Conn., Appleton-Century-Crofts, 1985.

Para una buena revisión de los posibles mecanismos de aborto inducido por estrés, véase Myers, R., «Maternal anxiety and fetal death», en Ziochella, L., y Pancheri, P., eds., *Psychoneuroendocrinology in Reproduction*, Nueva York, Elsevier, 1979. La idea de que la disminución del riego sanguíneo en el feto puede ser el mecanismo subyacente al aborto se halla en Lapple, M., «Stress as an explanatory model for spontaneous abortions and recurrent spontaneous abortions», *Zentralblatt fur Gynakologie*, 110 (1988), 325 (en alemán).

Estrés y partos prematuros: De Haas, I., Harlow, B., Cramer, D., y Frigoletto, F., «Spontaneous preterm birth: a case-control study», *American Journal of Obstetrics and Gynecology*, 165 (1991), 1290.

Página 207: * La tasa de natalidad keniana: Hatcher, J., Kowal, N., Guest, S., Trussell, J., Stewart, N., Bowen, T., y Cates, J., *Contraceptive Technology: International Edition*, Atlanta, Ga., Printed Matter, Inc., 21. Estudios sobre los huteritas: Eaton, J., y Mayer, A., «The social biology of very high fertility among the Hutterites: The demography of a unique population», *Human Biology*, 25 (1953), 206 (para un cálculo de 9 hijos por familia). Véase Frisch, R., «Population, food intake and fertility», *Science*, 199 (1978), 22 (para un cálculo de 10 o 12 hijos por familia).

Página 207: ** Los estudios nazis de las mujeres del campo de concentración de Theresienstadt se examinan, sin nombrar a quienes los llevaron a cabo, en Reichlin, S., «Neuroendocrinology», en Williams, R., ed., *Textbook of Endocrinology*, 6.ª ed., Filadelfia, Saunders, 1974.

Capítulo 8
Inmunidad, estrés y enfermedad

Página 209: Para una introducción a la psicoinmunología, o psiconeuroinmunología (estudio de las relaciones entre los sistemas nervioso, endocrino e inmunitario), la Biblia en este campo es Ader, R., Felten, D., y Cohen, N., *Psychoneuroimmunology*, 3.ª ed., San Diego, Academic Press, 2001.

Proyecciones desde el sistema nervioso autónomo hasta los órganos inmunes, y presencia de receptores de hormonas autónomas en las células inmunes: Downing, J., y Miyan, J., «Neural immunoregulation: emerging roles for nerves in immune homeostasis and disease», *Immunology Today*, 21 (2000), 277; y Bellinger, D., Lorton, D., Lubahn,C., y Felten, D., «Innervation of lymphoid organs —association of nerves with cells of the immune system and their implications in disease», en Ader y otros, *op. cit.*, 55.

Psicoinmunología de agentes entrenados: Futterman, A., Kemeny, M., Shapiro, D., y Fahey, J., «Immunological and physiological changes associated with induced positive and negative mood», *Psychosomatic Medicine*, 56 (1994), 499.

Página 211: La mayor parte de los manuales de fisiología universitarios contiene una introducción al funcionamiento del sistema inmunitario. Para quienes deseen todavía más, un buen texto introductorio de inmunología es Benjamini, E., y Leskowitz, S., *Immunology: a Short Course*, 2.ª ed., Nueva York, Wiley-Liss, 1991.

Página 217: Una revisión sobre la inmunidad innata: Gura, T., «Innate immunity: ancient system ges new respect», *Science*, 291 (2001), 2068.

Página 218: Exámenes sobre la capacidad del estrés para inhibir el sistema inmune: Cohen, S., y Herbert, T., «Health psychology: psychological factors and physical disease from the perspectiva of human psychoneuroimmunology», *Annual Review of Psychology*, 47 (1996), 113; Coe, C., «Psychosocial factors and immunity in non human primates: a review», *Psychosomatic Medicine*, 55 (1993), 298; Herbert, T., y Cohen, S., «Stress and immunity in humans: a meta-analytic review», *Psychosomatic Medicine*, 55 (1993), 364; y Chiappelli, F., y Hodgson, D., «Immune suppression», en Fink, G., ed., *Encyclopedia of Stress*, San Diego, Academic Press, 2000, vol. 2, 531.

Página 220: Los efectos de los glucocorticoides en el sistema inmunitario: las revisiones más recientes y mejores se hallan en McEwen, B., Biron, C., Brunson, K., Bulloch, K., Chambers, W., Dhabhar, F., Goldfarb, R., Kitson, R., Millar, A., Spencer, R., y Weiss, J., «The role of adrenocorticoids as modulators of immune function in health and disease: neural, endocrine and immune interactions», *Brain Research Reviews*, 23 (1997), 79. Para algunos de los más recientes hallazgos respecto a cómo los glucocorticoides anulan la liberación de mensajeros inmunes, véanse Scheinman, R., Cogswell, P., Lofquist, A., y Baldwin, A., «Role of transcriptional activation of IkNFkappaB in mediation of immunosuppression by glucocorticoids», *Science*, 270 (1995), 283; y Auphan, N., DiDonato, J., Rosette, C., Helmberg, A., y Karin, M., «Immunosuppression by glucocorticoids inhibition of NF-KB actitivty through induction of IkB síntesis», *Science*, 270 (1995), 286. (Otro caso de dos artículos con información sobre los mismos descubrimientos en la misma semana.)

Los glucocorticoides destruyen las células del sistema inmunitario de gran número de especies dividiendo en trocitos el ADN, lo cual se ha demostrado en muchos estudios; algunos de los más clásicos son: Wyllie, A., «Glucocorticoid-induced thymocyte apoptosis is associated with endogenous endonuclease activation», *Nature*, 284 (1980), 555; Cohen, J., y Duke, R., «Glucocorticoid activation of a calcium-dependent endonuclease in thymocyte nuclei leads to cell death», *Journal of Immunology*, 132 (1984), 38; y Compton, M., y Cidlowski, J., «Rapid in vivo effects of glucocorticoids on the integrity of rat lymphocyte genomic DNA», *Endocrinology*, 118 (1986), 38. Como se ha señalado a lo largo del capítulo, una pregunta habitual es la siguiente: «Muy bien, así que si se le inyecta a un animal una enorme cantidad de glucocorticoides y se altera su sistema inmunitario (en este caso, destruyendo los linfocitos), ¿se trata de un efecto "fisiológico"? ¿Las cantidades menores de glucocorticoides que se segregan durante el estrés (o el propio estrés) obtienen el mismo resultado?». El último artículo presenta un reducido conjunto de datos que indica que el estrés daña los linfocitos del mismo modo: Compton, M., Haskill, J., y Cidlowski, J., «Analysis of glucocorticoid actions on rat thymocyte

DNA by fluorescence-activated flow cytometry», *Endocrinology,* 122 (1988), 2158. Para algunos recientes avances en los mecanismos que subyacen a la apoptosis inducida por glucocorticoides, véase Nocentini, G., Giunchi, L., Ronchetti, S., Krausz, L., Bartola, A., Moraca, R., Migliorati, G., y Riccardi, C., «A new member of the tumor NF/NGF receptor family inhibits T cell receptor-induced apoptosis», *Proceedings of the National Academy of Sciences,* USA 94 (1997), 6216.

Página 222: * El papel del simpático en la supresión de la inmunidad: Hori, T., Katafuchi, T., Take, S., Shimizu, N., y Nijima, A., «The autonomic nervous system as a communication channel between the brain and the immune systema», *Neuroimmuno-modulation,* 2 (1995), 203; papel de la betaendorfina, véase Shavit, Y., Lewis, J., y Terman, G., «Opioid peptides mediate the suppressive effect of stress on natural likker cell cytotoxicity», *Science,* 188 (1984), 233; papel del CRH: Irwin, M., Vale, W., y Rivier, C., «Central CRF mediates the suppressive effect of footshock stress on natural cytotoxicity», *Endocrinology,* 126 (1990), 2837. Los glucocorticoides no desempeñan un papel en algunos ejemplos de inmunosupresión: Gust, D., Gordon, T., y Wilson, M., «Renoval from natal social group to peer housing affects cortisol levels and absolute numbers of T cell subsets in juvenile rhesus monkeys», *Brain Behavior and Evolution,* 6 (1992), 189; Manuck, S., Cohen, S., Rabin, B., Muldoon, M., y Bachen, E., «Individual differences in cellular immune response to stress», *Psychological Sciences,* 2 (1991), 111; y Keller, S., Weiss, J., Schleifer, S., Miller, N., y Stein, M., «Stress-induced supresión of immunity in adrenalectomized rats», *Science,* 221 (1983), 1301.

La obra escrita de Stephen Jay Gould se halla impregnada de la idea de que no todos los rasgos del organismo tienen que ser forzosamente producto de la evolución para ser adaptativos. Se presenta en su forma más resumida en «The spandrels of San Marco and the Panglossian paradigm: A critique of the adaptationist programme». Escrito en colaboración con el genetista Richard Lewontin: *Proceedings of the Royal Society of London B,* 205 (1979).

Página 222: ** La interleuquina I provoca la liberación de CRH en el hipotálamo: Sapolsky, R., Rivier, C., Yamamoto, G., Plotsky, P., y Vale, W., «Interleukin-1 stimulates the secretion of hypothalamic corticotropin-releasing factor», *Science,* 238 (1987), 522; Berkenbosch, F., Van Tiers, J., Del Rey, A., Tilders, F., y Bese-dovsky, H., «Corticotropin-releasing factor-producing neurons in the rat activated by interleukin-1», *Science,* 238 (1987), 524. Para empeorar las cosas, el mismo número de la revista contiene un informe de que la interleuquina-1 actúa en la pituitaria, no en el hipotálamo, para estimular la respuesta de estrés: Bernton, E., Beach, J., Holaday, J., Smallridge, R., y Fein, H., «Release of multiple hormones by a direct action of interleukin-1 on pituitary cells», *Science*, 238 (1987), 519. Creo que está surgiendo un vago consenso en este campo acerca de que el efecto en el hipotálamo se puede reproducir en los animales, en tanto que el efecto en la pituitaria depende del empleo de células de la pituitaria en una placa de Petri (en vez de en un animal vivo) y en las condiciones en que las células se cultivan. Para recientes avances en este campo, véase Bethin, K. E., Vogt, S. K., y Muglia, L. J., «Interleukin-6 is an essential, corticoprin-releasing hormona-independent stimulator of the adrenal axis during immune system activation», *Proceedings of the Nacional Academy of Sciences*, USA 97 (2000), 9317.

Página 224: El estrés de corto plazo estimula la inmunidad: Berkenbosch, F., Heijnen, C., y Croiset, G., «Endocrine and immunological responses to acute stress», en Plotnikoff, N., Faith, R., Murgo, A., y Good, R., eds., *Enkephalins and Edorphins: Stress and the Immune System*, Nueva York, Plenum Press, 1986; Croiset, G., Hejnen, C., y Veldhuis, H., «Modulation of the immune response by emotional stress», *Life Sciences*, 40 (1987), 775; Dhabhar, F., y McEwen, B. S., «Stress-induced enhancement of antigen-specific cell-mediated immunity», *Journal of Immunology*, 156 (1996), 2608; Weiss, J., Sundar, S., Becker, K., y Cierpial, M., «Behavioral and neural influences on cellular immune responses: effects of stress and interleukin-1», *Journal of Clinical Psychiatry*, 50 (1989), 43; Herbert, T., Cohen, S., Marsland, A., Bachen, E., y Rabin, B., «Cardiovascular reactivity and the course of immune response to an acute psychological stressor», *Psychosomatic Medicine*, 56 (1994), 337; Herbert, T., y Cohen, S., «Stress and immunity in humans: a meta-analytic review», *Psychosomatic Medicine*, 55 (1993), 364; Carlson, S., «Neural influences on cell adhesion molecules and lymphociyte trafficking», en Ader y otros, *op. cit.*, 231; y Dhabhar, F., y McEwen, B., «Bidirectional effects of stress and glucocorticoid hormones on immune function: Possible explanation for paradoxical observations», en Ader y otros, *op. cit.*, 301.

Por qué es lógico este aumento transitorio: Moynihan, J., y Sevens, S., «Mechanisms of stress-induced modulation of immunity in animals», en Ader y otros, *op. cit.*, vol. 2, 227. Liberación de anticuerpos en la saliva: Wood, P., Farol, M., Kusnecov, A., y Rabin, B., «Enhancement of antigen-specific humoral and cell-mediated immunity by electric footshock stress in rats», *Brain Behavior and Immunity*, 7 (1993), 121; Carroll, D., Ring, C., y Winzer, A., «Stress and mucosal immunity», en Fink, G., ed., *Encyclopedia of Stress*, San Diego, Academic Press, 2000, vol. 2, 781; y Booth, R., «Antibody response», en Fink, *op. cit.*, vol. 1, 206.

Este aumento a corto plazo lo median las hormonas del simpático: Bachen, E., Manuck, S., Cohen, S., Muldoon, M., y Raible, R., «Adrenergic blockage ameliorates cellular immune responses to mental stress in humans», *Psychosomatic Medicine*, 64 (1995), 15; Landmann, R., Muller, F., y Perini, C., «Changes of immunoregulatory cells induced by psychological and physical stress: relationship to plasma catecholamines», *Clinical and Experimental Immunology*, 58 (1984), 127; y Ernstrom, U., y Sandberg, G., «Effects of alpha- and beta-receptor stimulation on the release of lymphocytes and granulocytes from the spleen», *Scandinavian Journal of Hematology*, 11 (1973), 275. Implicación de los glucocorticoides: Bateman, K., Bulloch, K., Chambers, W., Dhabhar, F., Goldfarb, R., Kitson, R., Millar, A., Spencer, R., y Weiss, J., «The role of adrenocorticoids as modulators of immune function in health and disease: neural, endocrine and immune interactions», *Brain Research Reviews*, 23 (1997), 79. Aproximadamente entre el 40 y el 70 por 100 disminuye: Dhabhar, F., «Immune cell distribution, effects of stress on», en Fink, *op. cit.*, vol. 2, 507.

Página 226: Las ideas de Munck: Munck, A., Guyre, P., y Holbrook, N., «Physiological actions of glucocorticoids in stress and their relation to pharmacological actions», *Endocrine Reviews*, 5 (1984), 25. Éste probablemente sea el artículo de mayor influencia sobre los glucocorticoides del último cuarto de siglo. Esta reorientación ha sido actualizada recientemente en Sapolsky, R., Romero, M., y Munck, A., «How do glucocorticoids influence the stress-response?: integrating permissive, suppressive, stimulatory and preparative actions», *Endocrine Reviews*, 21 (2000), 55.

El bloqueo de la recuperación mediada por glucocorticoides desde la activación del sistema inmune inducida por estrés se asocia con la autoinmunidad: Wick, G., Hu, Y., Schwarz, S., y Kroemer, G., «Immunoendocrine communication via the hypothalamo-pituitary-adrenal axis in autoimmune diseases», *Endocrine Reviews*, 14 (1993), 539; Sternberg, E., Chrousos, G., Wilder, R., y Gold, P., «The stress-response and regulation of inflammatory disease», *Annals of Internal Medicine*, 117 (1992), 854; Rose, N., Bacon, L., y Sundick, R., «Genetic determinants of thyroiditis in the OS Chicken», *Transplantation Reviews*, 31

(1976), 264-270; Heim, C., Ehlert, U., y Hellhammer, D., «The potential role of hypocortisolism in the pathophysiology of stress-related bodily disorders», *Psychoneuroendocrinology*, 25 (2000), 1; Wilder, R., «Arthritis», en Fink, *Encyclopedia of Stress*, vol. 1, 251; Takasu, N., Komiya, I., Nagasawa, Y., Aaswa, T., y Yamada, T., «Exacerbation of autoimmune thyroid dysfunction after unilateral adrenalectomy in patients with Cushing's syndrome due to adrenocortical adenoma», *New England Journal of Medicine*, 322 (1990), 1708-1712; Harbuz, S., y Lightman, S., «Stress and hypothalamo-pituitary-adrenal axis: acute, chronic and immunological activation», *Journal of Endocrinology*, 134 (1992), 327-339; y Green, M., y Lim, K., «Bronchial asthma with Addison's disease», *The Lancet* 1 (1971), 1159-1165. Sensibilidad disminuida de las células inmunes a los glucocorticoides, y los mecanismos que intervienen en ello: Farell, R. J., y Séller, D., «Glucocorticoid resistance in inflammatory bowel disease», *Journal of Endocrinology*, 178 (2003), 339; Franchimont, D., Martens, H., Hagelstein, M., Louis, E., Dewe, W., Chrousos, G., Belaiche, J., y Geenen, V., «TNF alpha decreases and IL-10 increases, the sensitivity of human monocytes to dexamethasone: potencial regulation of the GR», *Journal of Clinical Endocrinology and Metabolism*, 84 (1999), 2834; y Pariante, C., Pearce, B., Pisell, T., Sanchez, C., Po, C., Su, C., y Miller, A., «The proinflammatory cytokine, Il-1a, reduces glucocorticoid receptor translocation and function», *Endocrinology*, 140 (1999), 4359.

Asimismo, hay evidencia de una actividad del sistema nervioso simpático menor de lo normal en algunos estallidos autoinmunes: Madden, K., «Catecholamines, sympathetic nerves, and immunity», en Ader y otros, *Psychoneuroimmunology*, 3.ª ed., *op. cit.*, 197.

Página 227: La idea de que los glucocorticoides esculpen la respuesta immune se puede hallar en Besedovsky, H., Del Ray, S., Sorkin, E., y Dinarello, C., «Immunoregulatory feedback between interleukin-1 and glucocorticoid hormones», *Science*, 233 (1986), 652; y Besedovsky, H., y Del Ray, A., «Immuno-neuro-endocrine interactions: facts and hypotheses», *Endocrine Reviews*, 17 (1996), 64.

Página 228: * Los glucocorticoides como causantes de una saludable redistribución de los linfocitos: Dhabhar, F., y McEwen, B., «Stress-induced enhancement of antigen-specific cell-mediated immunity», *Journal of Immunology*, 156 (1996), 2608; McEwen, B., Biron, C., Brunson, K., Bulloch, K., Chambers, W., Dhabhar, F., Goldfarb, R., Kitson, R., Miller, A., Spencer, R., y Weiss, J., «The role of adrenocorticoids as modulators of immune function in health and disease: neural, endocrine and immune interactions», *Brain research Reviews*, 23 (1997), 79; y Dhabhar, F., y McEwen, B., «Bidirectional effects of stress and glucocorticoid hormones on immune function: possible explanation for paradoxical observations», en Ader y otros, *Psychoneuroimmunology*, 3.ª ed., *op. cit.*, 301.

Página 228: ** Los agentes estresantes prolongados pueden proteger contra la autoinmunidad: Kuroda, Y., Mori, T., y Hori, T., «Restraint stress suppresses experimental allergic encephalomyelitis», *Brain Research Bulletin*, 34 (1994), 15.

Página 230: Informes de pacientes sobre el empeoramiento de la autonmunidad a causa del estrés: Affleck, G., y otros, «Attributional processes in rheumatoid artritis patients», *Artritis and Rheumatology*, 30 (1987), 927. Documentación de que el estrés puede exacerbar algunas enfermedades autoinmunes: Leclere, J., y Weryha, G., «Stress and autoimmune endocrine diseases», *Hormone Research*, 31 (1989), 90; Weiner, H., «Social and psychobiological factors in autoimmune diseases», en Ader, F., Felten, D., y Cohen, N., *Psyconeuroimmunology*, 2.ª ed., San Diego, Academic Press, 1991; Chiovato, L., y Pinchera, A., «Stressful life events and Grave's disease», *European Journal of Endocrinology*, 134 (1996), 68; Rimon, R., Belmaker, R., y Ebstein, R., «Psychosomatic aspects of juvenile rheumatoid arthritis», *Scandinavian Journal of Rheumatology*, 6 (1977), 1;, Dancey, C., Taghavi, M., y Fox, R., «The relationship between daily stress and symptoms of irritable bowel», *Journal of Psychosomatic Research*, 44 (1998), 537; Homo-Delarche, F., Fitzpatrick, F., Christeff, N., Nunez, E., Bach, J., y Dardenne, M., «Sex steroids, glucocorticoids, stress and autoimmunity», *Journal of Steroid Biochemistry and Molecular Biology*, 40 (1991), 619; Potter, P., y Zautra, A., «Stressful life events' effects on rheumatoid arthritis disease activity», *Journal of Consulting and Clinical Psychology*, 65 (1997), 319; Zautra, A., Burleson, M., Matt, K. I., Roth, S., y Burrows, L., «Interpersonal stress, depression, and disease activity in rheumatoid arthritis and osteoarthritis patients», *Health Psychology*, 13 (1994), 139; Sekas, G., y Wile, M., «Stress-related illnesses and sources of stress: comparing M.D.-Ph.D., M.D., y Ph.D. students», *Journal of medical Education*, 55 (1980), 440; Buske-Kirschbaum, A., Von Auer, K., Krieger, S., Weis, S., Rauh, W., y Hellhammer, D., «Blunted cortisol responses to psychosocial stress in asthmatic children: a general feature of atopic disease?», *Psychosomatic Medicine*, 65 (2003), 806; y Harbuz, M. S., Korendowych, E., Jessop, D. S.,

Crown, A. L., Li, S. L., y Kirwan, J. R., «Hypothalamo-pituitary-adrenal axis dysregulation in patients with rheumatoid arthritis after the desamethasone/corticotrophin releasing factor test», *Journal of Endocrinology*, 178 (2003), 55. Un informe sobre la ausencia de efecto del estrés: Nispeanu, P., y Korczyn, A., «Psychological stress as risk factor for exacerbations in multiple sclerosis», *Neurology*, 43 (1993), 1311. En contraste: Warren, S., Greenhill, S., y Warren, K., «Emotional stress and the development of multiple sclerosis: case-control evidence of a relationship», *Journal of Chronic Disease*, 35 (1982), 821; y; Ackerman, K., Heyman, R., Rabin, B., Anderson, B., Houck, P., Frank, E., y Baum, A., «Stress life events precede exacerbation of multiple sclerosis», *Psychosomatic Medicine*, 64 (2002), 916. Para críticas sobre la conexión entre el estrés y estas enfermedades, véase Reder, A., «Múltiple esclerosis», en Fink, *Encyclopedia of Stress*, vol. 2, 791.

El estrés puede empeorar la autoinmunidad en modelos animales: Chandler, N., Jacobson, S., Esposito, P., Connolly, R., y Theoharides, T., «Acute stress shortens the time to onset of experimental allergic encephalomyelitis in SJL/J mice», *Brain Behavior and Immunity*, 16 (2002), 757; Lehman, C., Robin, J., McEwen, B., y Brinton, R., «Impact of environmental stress on the expresión of insulin-dependent diabetes mellitus», *Behavioral Neuroscience*, 2 (1991), 241; y Joachim, R., Ouarcoo, D., Arck, P., Herez, U., Renz, H., y Klapp, B., «Stress enhances airway reactivity and airway inflammation in an animal model of allergic bronchial asthma», *Psychosomatic Medicine*, 65 (2003), 811.

Página 236: Las relaciones sociales se asocian con una disminución de la tasa de mortalidad: House, J., Landis, K., y Umberson, D., «Social realtionships and health», *Science*, 241 (1988), 540. Los agentes estresantes sociales son particularmente inmunosupresores: Herbert, T., y Cohen, S., «Stress and immunity in humans: a meta-analytic review», *Psychosomatic Medicine*, 55 (1993), 364; Berkman, L., y Breslow, L., *Health and Ways of Living: The Alameda County Study*, Nueva York, Oxford University Press, 1983. Las personas solitarias tienen células agresoras naturales menos activas: Kiecolt-Glaser, J., Garner, W., Speicher, C., Penn, G., y Glaser, R., «Psychosocial modifiers of immunocompetence in medical students», *Psychosomatic Medicine*, 46 (1984), 7. Índices similares entre los socialmente aislados y los solitarios: Kiecolt-Glaser, J., McGuire, L., Robles, T., y Glaser, R., «Psychoneuroimmunology and psychosomatic medicine, back to the future», *Psychosomatic Medicine*, 64 (2002), 15-28; y Cohen, S., Frank, E., Doyle, W.,

Skoner, D., Rabin, B., y Gwaltney, J., «Types of stressor that increase susceptibility to the common cold in healthy adults», *Health Psychology*, 17 (1998), 214.

Factores como el divorcio o la discordia conyugal se asocian con aspectos suprimidos de la función inmune. Revisado en Robles, T., y Kiecolt-Glaser, J., «The physiology of marriage: pathways to health», *Physiology and Behavior*, 79 (2003), 409.

El aislamiento y la disminución de la función inmunitaria: examinado en Kiecolt-Glaser y otros, *op. cit.*; y Leserman, J., Petitto, J., Goleen, R., Gaynes, B., Gu, H., Perkins, D., Silva, S., Folds, J., y Evans, D., «Impacto of stressful life events, depresion, social support, doping and cortisol on progresión to AIDS», *American Journal of Psychiatry*, 157 (2000), 1221.

Algunos sutiles aspectos de las relaciones estilo de vida-enfermedad: debates interesantes se pueden hallar en House, J., Landis, K., y Umbrson, D., «Social relationships and health», *Science*, 241 (1988), 540. Menor obediencia médica entre los socialmente aislados: Williams, C., «The Edgecomb County high blood pressure control program: III. Social support, social stressors, and treatment dropout», *American Journal of Public Health*, 75 (1985), 483.

El apoyo social ayuda al sistema inmune de los primates: Cohen, S., Kaplan, J., Cunnick, J., Manuck, S., y Rabin, B., «Chronic social stress, affiliation, and cellular immune response in nonhuman primates», *Psychological Science*, 3 (1992), 301. El aislamiento social suprime la inmunidad en los primates: Laudenslager, M., Capitano, J., y Reite, M., «Posible effects of early separation experiences on subsequent immune function in adult macaque monkeys», *American Journal of Psychiatry*, 142 (1985), 862; y; Coe, C., «Psychosocial factors and immunity in nonhuman primates: a review», *Psychosomatic Medicine*, 55 (1993), 298. El studio SIV: Capitano, J., Mendoza, S., Lerche, N., y Manson, W., «Social stress results in altered glucocorticoid regulation and shorter survival in SIV síndrome», *Proceedings of the Nacional Academy of Sciences*, USA 95 (1998), 4717; también Capitano, J., Mendoza, S., y Baroncelli, S., «The relationship of personality dimensions in adult male rhesus macaques to progression of SIV disease», *Brain, Behavior and Immunity*, 13 (1999), 138; y Capitano, J., y Lerche, N., «Social separation, housing relocation, and survival in simian AIDS: a retrospective analysis», *Psychosomatic Medicine*, 60 (1998), 235-244.

Página 238: La pérdida de un ser querido disminuye la función inmunitaria y aumenta el riesgo de mortalidad: Kiecolt-Glaser, J., y Glaser, R., «Stress and immune function in humans», en Ader, R., Felten, D., y Cohen, N., eds., *Psychoneuroimmunology*, 2.ª ed., San Diego, Academic Press, 1991; Levav, I., Fiedlander, Y., Dark, J., y Peritz, E., «An epidemiological study of mortality among bereaved parents», *New England Journal of Medicine*, 319 (1988), 457; y Clayton, P., «Bereavement», en Fink, ed., *Encyclopedia of Stress*, vol. 1, 304.

Página 239: El estrés y el resfriado común: Cohen, S., Tyrrell, D. y Smith, A., «Psychological stress and susceptibility to the common cold», *New England Journal of Medicine*, 325 (1991), 606; Cohen, S. W., y Doyle, W., «Social ties and susceptibility to the common cold», *Journal of the American Medical Association*, 277 (1997), 1940; y Cohen, S., Frank, E., Doyle, W., Skoner, D., Rabin, B., y Gwaltney, J., «Types of stressors that increase susceptibilityto the common cold in healthy adults», *Health Psychology*, 17 (1998), 214. Menos anticuerpos en la saliva y conductos nasales: Carroll, D., Ring, C., y Winzer, A., «Mucosal immunity, stress and», en Fink, ed., *Encyclopedia of Stress*, vol. 2, 781. Nota a pie de página: Roach, M., «How I blew my summer vacation», Health (enero-febrero de 1990), 73.

El estrés y el resfriado común en los primates no humanos: Cohen, S., Line, S., Manuck, S., Rabin, B., Heise, E., y Kaplan, J., «Chronic social stress, social status and susceptibility to upper respiratory infections in nonhuman primates», *Psychosomatic Medicine*, 59 (1997), 213.

Página 241: El estrés y la progresión del VIH-estudios de placas de Petri: Antoni, M., y Cruess, D., «AIDS», en Fink, ed., *Encyclopedia of Stress*, vol. 2, 118. El estudio SIV: Capitano y otros, «Social separation», *op. cit.* Estudios humanos: Cole, S., y Kemeny, M., «Psychosocial influences on the progression of HIV infection», en Ader y otros, *Psychoneuroimmunology*, 3.ª ed., vol. 2, 583. Elevada actividad del sistema nervioso simpático: Cole, S., Naliboff, B., Kemeney, M., Griswold, M., Fahey, J., y Zack, J., «Impaired response to HAART in patients with high autonomic nervous system activity», *Proceedings of the National Academy of Sciences*, USA 98 (2001), 12695; y Leserman y otros, «Impact of stressful life events», *op. cit.* El duelo entre los pacientes de VIH: Goodkin, K., Feaster, D., Tuttle, R., Blaney, N., Kumar, M., Baum, M., Shapshak, P., y Fletcher, M., «Bereavement is associated with time-dependent decrements in cellular immune function in asymptomatic HIV type 1-seropositive homosexual men», *Clinical and Diagnostic Laboratory Immunology*, 3 (1996), 109; Kemeny, M., Weiner, H., Duran, R., Taylor, S.,

Visscher, B., y Fahey, J., «Immune system changes after the death of a partner in HIV-positive gay men», *Psychosomatic Medicine*, 57 (1995), 547; y Kemeny, M., y Dean, L., «Effects of AIDS-related bereavement on HIV progression among New York City gay men», *AIDS Education and Prevention*, 7 (1995), 36.

Página 243: Reactivación de virus latentes por estrés o glucocorticoides: Padgett, D., Sheridan, J., Dorne, J., Berntson, G., Candelora, J., y Glaser, R., «Social stress and the reactivation of latent herpes simplex virus type», *Proceedings of the National Academy of Sciences*, USA 95 (1998), 7231; Padgett, D., y Sheridan, J., «Herpes-viruses», en Fink, ed., *Encyclopedia of Stress*, vol. 2, 357; Glaser, R., Friedman, S., Smyth, J., Ader, R., Bijur, P., Brunell, P., Cohen, N., Krilov, L., Lifrak, S., y Stone, A., «The differential impact of training stress and final examination stress on herpesvirus latency at the U.S. Military Academy at West Point», *Brain, Behavior and Immunity*, 13 (1999), 240; y Hudnall, S., Rady, P., Tyring, S., y Fish, J., «Hydrocortisone activation of human herpesvirus 8 viral DNA replication and gene expression in vitro», *Transplantion*, 67 (1999), 648. Virus latentes reactivados por niveles medidos de glucocorticoides: Hardwicke, M., y Schaffer, P., «Differential effects of NGF and dexamethasone on herpes simplex virus type 1 oriL- and oriS-dependent DNA replication in PC12 cells», *Journal of Virology*, 71 (1997), 3580. El herpes estimula la secreción de glucocorticoides: Bonneau, R., Sheridan, J., Feng, N., y Glaser, R., «Stress-induced modulation of the primary cellular immune response to HSV infection is mediated by both adrenal-dependent and independent mechanisms», *Journal of Neuroimmunology*, 42 (1993), 167.

Página 245: El estrés aumenta el índice de tumores en los ratones: Henry, J., Stephens, V., y Watson, F., «Forced breeding, social disorder, and mammary tumor formation in CBAIUSC mouse colonies: A pilot study», *Psychosomatic Medicine*, 37 (1975), 277. El estrés acelera el crecimiento de tumores en las ratas: Sklar, L., y Anisman, H., «Stress and coping factors influence tumor growth», *Science*, 205 (1979), 513; Riley, V., «Psychoneuroendocrine influences on immunocompetence and neoplasia», *Science*, 212 (1981), 1100; Visintainer, M., Volpicelli, J., y Seligman, M., «Tumor rejection in rate after inescapable or escapable shock», *Science*, 216 (1982), 437; y Sapolski, R., y Donnelly, T., «Vulnerability to stress-induced tumor growth increases with age in rats: Role of glucocorticoids», *Endocrinology*, 117 (1985), 662. La tasa de desarrollo tumoral en roedores se acelera al alojarlos en condiciones estresantes, someterlos a estrés rotacional y/o administrarles glucocorticoides: Riley, V., «Psychoneuroendocrine influences on immunocompetence and neoplasia», *Science*, 212 (1981), 1100. El crecimiento tumoral se acelera asimismo ante una descarga inevitable: Visintainer, M., Volpicelli, J., y Seligman, M., «Tumor rejection in rats alter inescapable or escapable shock», *Science*, 216 (1982), 437. Discusiones sobre algunos límites de esta literatura: las conexiones entre estrés y cáncer en su mayoría implican tumores inducidos, la aceleración del crecimiento tumoral más que su aparición inicial, y tumores de origen vírico: Fitzmaurice, M., «Physiological relationships among stress, virases, and cancer in experimental animals», *International Journal of Neuroscience*, 39 (1988), 307; y Justice, A., «Review of the effects of stress on cancer in laboratory animals: importante of time of stress application and type of tumor», *Psychological Bulletin*, 98 (1985), 108.

Los efectos del estrés tienen sentido en el contexto de la biología de la tumorigénesis. Los efectos del estrés y los glucocorticoides sobre la actividad natural de las células destructoras: Munck, A., y Guyre, P., «Glucocorticoids and immune function», en Ader y otros, *Psychoneuroimmunology*, 2.ª ed.; y Wu, W. J., Yamaura, T., Murakami, K., Murata, J., Matsumoto, K., Watanabe, H., y Saiki, I., «Social isolation stress enhanced liver metastasis of murine colon 26-L5 carcinoma cells by suppressing immune responses in mice», *Life Sciences*, 66 (2000), 1827. Efectos sobre la angiogénesis: Folkman, J., Langer, R., Linhardt, R., Haudenschild, C., y Taylor, S., «Angiogenesis inhibition and tumor regression caused by heparin ora heparin fragment in the presence of cortisona», *Science*, 221 (1983), 719. Efectos de los glucocorticoides sobre el metabolismo tumoral: Romero, L., Raley-Susman, K., Redish, K., Brooke, S., Horner, H., y Sapolsky, R., «A possible mechanism by which stress acelerates growth of virally-derived tumors», *Proceedings of the National Academy of Sciences*, USA 89 (1992), 11084.

Página 247: Mínimo vínculo entre una historia de estrés y cáncer en humanos revisada en: Turner-Cobb, J., Sephton, S., y Spiegel, D., «Psychosocial effectson immune function and disease progression in cancer A: human studies», en Ader y otros, *Psychoneuroimmunology*, vol. 2, 565. La conexión estrés y cáncer de colon: Courtney, J., Longnecker, M., Theorell, T., y Gerhardsson-de-Verdier, M., «Stressful life events and the risk of colorectal cancer», *Epidemiology*, 4 (1993), 407; Kune, S., Kune, G., Watson, L., y Rahe, R., «Recent life changes and large bowel cancer: data from the Melbroune Colorectal Cancer Study», *Journal of Clinical*

Epidemiology, 44 (1991), 57. El estudio de la Western Electric: Shekelle, R., Raynor, W., Ostfeld, A., Garron, D., Bieliauskas, L., Liu, S., Maliza, C., y Paul, O., «Psychological depression and 17-year risk of death from cancer», *Psychosomatic Medicine*, 43 (1981), 117, y Persky, V., Kempthorne-Rawson, J., y Shekelle, R., «Personality and risk of cancer: 20-year follow up of the Western Electric Study», *Psychosomatic Medicine*, 49 (1987), 435. Su desacreditación revisionista: Fox, B., «Depressive symptoms and risk of cancer», *Journal of the American Medical Association*, 262 (1989), 1231. Otros estudios que no muestran ningún nexo entre depresión y cáncer: Kaplan, G., y Reynolds, P., «Depression and cancer mortality and morbidity: prospective evidence from the Alameda County Study», *Journal of Behavioral Medicine*, 11 (1988), 1; y Hahn, R., y Petitti, D., «Minnesota Multiphasic Personality Inventory-rated depression and the incidence of breast cancer», *Cancer*, 61 (1988), 845. Una revisión (McGee, R., Williams, S., y Elwood, M., «Depression and the development of cancer; a meta-analysis», *Social Science and Medicine*, 38 [1993], 187) examinaba todos los estudios existentes en ese momento y concluía que existía una pequeña pero importante relación entre depresión y cáncer, con la depresión aumentando el riesgo de cáncer en torno a un 14 por 100. Sin embargo, uno de los efectos más fuertes en ese meta-análisis se halló en el desde entonces desacreditado estudio de la Western Electric; una vez que se ha eliminado, desaparece cualquier efecto.

La ausencia de conexiones entre otras clases de agentes estresantes y posterior cáncer se examina en Hilakivi-Clarke, L., Rowland, J., Clarke, R., y Lippman, M., «Psychosocial factors in the development and progression of breast cancer», *Breast Cancer Research and Treatment*, 29 (1993), 141. Este asunto de tratar de hallar conexiones entre el estilo de vida o la personalidad y alguna enfermedad años después es extremadamente engañoso. Por ejemplo, según muchos informes los índices de cáncer aumentaron en toda la zona que rodea a la isla de Three Mile tras el accidente nuclear de 1979. No obstante, se trataba de cánceres de muy diversa clase, entre ellos algunos que no se pensaba que fueran sensibles a la radiación liberada. En ese caso, el elemento de confusión quizás era que las personas estaban más ansiosas y, por tanto, más alerta, lo que aumentaba sus visitas al médico, quien, conocedor de la historia del accidente, las examinaba de forma más minuciosa —y así localizaba más cánceres. Pool, R., «A stress-cancer link following accident?», *Nature*, 351 (1991), 429.

Cáncer, turnos de trabajo nocturnos, y el probable papel de la melatonina: Schernhammer, E., Laden, F., Speizer, F., Willett, W., Hunter, D., Kawachi, I., y Colditz, G., «Rotating night shifts and risk of breast cancer in women participating in the nurses' health study», *Journal of the National Cancer Institute*, 93 (2001), 1563; y Hansen, J., «Light at night, shiftwork, and breast cancer risk», *Journal of the National Cancer Institute*, 93 (2001), 1513.

Tratamiento con glucocorticoides e incidencia de cáncer de piel: Karagas, M., Cushing, G., Greenberg, E., Mott, L., Spencer, S., y Nierenberg, D., «Non-melanoma skin cancers and glucocorticoid therapy», *British Journal of Cancer*, 85 (2001), 683.

Página 249: Cáncer de mama relacionado con estrés: Petticrew, M., Fraser, J., y Regan, M., «Adverse life-events and risk of breast cancer: a meta-analysis», *British Journal of Health Psychology*, 4 (1999), 1. Cáncer y personalidad —uno de los artículos más influyentes que demuestran una conexión es Temoshok, L., Heller, B., Sagebiel, R., Blois, M., Sweet, D., y DiClemente, R., «The relationship of psychosocial factors to prognostic indicators in cutaneous malignant melanoma», *Journal of Psychosomatic Research*, 29 (1985), 139. Otros artículos sobre el tema se examinan cuidadosamente en Spiegel, D., y Kato, P., «Psychosocial influences on cancer incidence and progression», *Harvard review of Psychiatry*, 4 (1996), 10; también Bryla, C., «The relationship between stress and the development of breast cancer: literature review», *Oncology Nursing Forum*, 23 (1996), 441; y Hilakivi-Clarke, L., Rowland, J., Clarke, R., y Lippman, M., «Psychosocial factors in the development and progression of breast cancer», *Breast Cancer Research and Treatment*, 29 (1993), 141.

Página 250: Estrés y recaída en el cáncer: Ramirez, A., Craig, T., Watson, J., Fentiman, I., North, W., y Rubens, R., «Stress and relapse of breast cancer», *British Medical Journal*, 298 (1989), 291; y Barraclough, J. K., Pinder, P., Cruddas, M., Osmond, C., y Perry, M., «Life events and breast cancer prognosis», *British Medical Journal*, 304 (1992), 1078.

Una vez que el cáncer se ha declarado, los beneficiosos efectos de un espíritu luchador: Temoshok, L., y Fox, B., «Coping styles and other psychosocial factors related to medical status and to prognosis in patients with cutaneous malignant melanoma», en Fox, B., y Newberry, B., eds., *Impact of Psychoneurocrine System in Cancer and Immunity*, Toronto, Hogrefe, 1984. Estos autores dicen que los individuos propensos a la depresión que se derrumban frente al cáncer poseen una personalidad «Tipo C», un término que ha arraigado en este campo hasta cierto punto. En muchos sentidos, dichas personas se parecen mucho a los individuos reprimidos que parecen más propensos al cáncer en primer lugar. Para aumentar la confusión, además de un espíritu luchador, algunos estudios han demostrado que la negación es, asimismo, útil (revisado en Bauer, S., «Psychoneuroimmunology and cancer: an integrated review», *Journal of Advanced Nursing,* 19 [1994], 1114).

Página 251: El estudio de Spiegel respecto a la supervivencia al cáncer y el hecho de estar en un grupo de apoyo: Spiegel, D., Bloom, J., y Kraemer, H., «Effect of psychosocial treatment on survival of patients with metastatic breast cancer», *The Lancet,* 2 (1989), 888. El más reciente y conocido estudio que no logró replicar este hallazgo: Goodwin, P., Leszcz, M., Ennis, M., Koopmans, J., Vincent, L., Guther, H., Drysdale, E., Hundleby, M., Chochinov, H., Navarro, M., Speca, M., y Hunter, J., «The effect of group psychosocial support on survival in metastatic breast cancer», *New England Journal of Medicine,* 345 (2001), 1767. Comentario de Spiegel sobre los hallazgos de Goodwin: Spiegel, D., «Mind matters: group therapy and survival in breast cancer», *New England Journal of Medicine,* 345 (2001), 1767. Los porcentajes de médicos que le dicen a sus pacientes que tienen cáncer: Holland, J., «History of psycho-oncology: overcoming attitudinal and conceptual barriers», *Psychosomatic Medicine,* 64 (2002), 206-221.

Página 254: * Las intervenciones psicosociales bloquean la respuesta de estrés: Van der Polmpe, G., Duivenvoorden, H., Antoni, M., Visser, A., y Heijnen, C., «Effectiveness of a short-term group psychotherapy program on endocrine and immune function in breast cancer patients: an exploratory study», *Journal of Psychosomatic Research,* 42 (1997), 453; y Schedlowski, M., Jung, C., Schimanski, G., Tewes, U., y Schmoll, H., «Effects of behavioral intervention on plasma cortisol and lymphocytes in breast cancer patients: an exploratory study», *Psychooncology,* 3 (1994), 181.

Los pacientes de cáncer con más estrés tenían menor actividad natural de las células destructoras: Anderson, *Journal of the National Cancer Institute,* 90 (1998), 30. Pese a una mayor actividad celular NK con apoyo social, ninguna predicción de tiempo de supervivencia con la actividad NK: Spiegel, D., «Cancer», en Fink, ed., *Encyclopedia of Stress,* vol. 1, 368; Fawzy, F. I., Fawzy, N. W., y Hyun, C. S., «Malignant melanoma: effects of an early structured psychiatric intervention, coping, and affective state on recurrence and survival 6 years later», *Archives of General Psychiatry,* 50 (1993),

681; Fawzy, F., Kemeny, M., Fawzy, N., Elashoff, R., Morton, D., Cousins, N., y Fahey, J., «A structured psychiatric intervention for cancer patients: II. Changes over time in immunological measures», *Archives of General Psychiatry,* 47 (1990), 729.

Página 254: ** Nota a pie de página acerca de nuestro estudio sobre la periodicidad de los glucocorticoides: Sephton, S., Sapolsky, R., Kraemer, H., y Spiegel, D., «Diurnal cortisol rhythm as a predictor of breast cancer survival», *Journal of the National Cancer Institute,* 92 (2000), 994.

Página 255: El tema de la obediencia se discute en Spiegel, D., y Kato, P., «Psychosocial influences on cancer incidence and progression», *Harvard Review of Psychiatry,* 4 (1996), 10.

Página 256: Sentimientos muy similares a los de la obra magna de Bernie Siegel, *Love, Medicine and Miracles,* 1986, se hallan en otros libros, entre ellos los de sus mentores: Simonton, O., Matthews-Simonton, S., y Creighton, J., *Getting Well Again,* Los Ángeles, Tarcher, Inc., 1978. La ausencia de efectos del programa de Siegel en la supervivencia se halla en Morgenstern, H., Gellert, G., Walter, S., Ostfeld, A., y Siegel, B., «The impact of a psychosocial support program on survival with breast cancer: The importance of selection bias in program evaluation», *Journal of Chronic Disease,* 37 (1984), 273; y Gellert, G., Maxwell, R., y Siegel, B., «Survival of breast cancer patients receiving adjunctive psychosocial support therapy: a 10-year follow-up study», *Journal of Clinical Oncology,* 11 (1993), 66. La falta de eficacia del programa se señaló en 1992 en un debate entre Siegel y David Spiegel (el médico a cuyo trabajo nos hemos referido antes en este capítulo y que confiesa sentirse muy incómodo por tener un apellido que se confunde tan fácilmente con el de Siegel): «Psychosocial interventions and cancer», *Advances,* 8, 2.

Página 259: * La cita de Herbert Weiner procede de su libro *Perturbin the Organism: The Biology of Stressful Experience,* Chicago, University of Chicago Press, 1992.

Página 259: ** La «culpa» en la administración Reagan: en un extraordinario episodio, un alto cargo del Departamento de Educación defendió una concepción de este tipo: «La injusticia no existe en el universo», escribió. «Por muy injusto que parezca, las circunstancias externas de la vida de una persona se ajustan a su nivel interno de desarrollo espiritual... [los minusválidos] asumen erróneamente que la lotería de la vida les ha castigado al azar. No es así. Nada le sucede a una persona que (en algún momento de su desarrollo) no haya pedido». (Los paréntesis son de esta señora.) Amplió esta filosofía para explicar por qué James

Brady, jefe de prensa de Reagan, había sido gravemente herido en el intento de asesinato de John Hinckley. Su política se inclinaba por anular los programas de educación para los minusválidos. Por suerte, ella sólo duró tres días en su nuevo puesto, desde donde volvió al búnker fundamentalista y conservador del que había salido.

Testimonios sobre esta mujer —Eileen Gardner— de la conservadora Heritage Foundation, así como testimonios personales, se hallan en las Senate Hearings Before the Committee on Appropiations, nonagésimo noveno congreso, primera sesión, 1986, HR 3424, parte 3, Appropiations Hearings for the Departments of Labor, HHS, and Education, páginas 74 y 177. Los periódicos de todo el país informaron de los encendidos debates que tuvieron lugar en estas audiencias (por ejemplo, The New York Times, 17-19 de abril de 1985 y Washington Post, 17 de mayo de 1985). En el Senado, la señora Gardner manifestó la opinión de que, a veces, los recién nacidos presentan enfermedades congénitas no por sus propios pecados, sino por los de los padres, sin caer, en ningún momento, en la cuenta de que el senador que presidía la audiencia, Lowell Weicker, de Connecticut, era padre de un niño retrasado de nacimiento y recluido en una institución y un apasionado defensor de la investigación del retraso mental y de las anomalías congénitas. Weicker, un político veterano, que probablemente sea uno de los que mejor conoce los entresijos del poder, describe el testimonio de la señora Gardner como «lo más increíble que he oído en mi carrera en el Senado de los Estados Unidos. Nunca he visto tal grado de insensibilidad» (The New York Times, 17 de abril de 1985).

El estudio de 2001 sobre la atribución del cáncer de mama: Stewart, D. E., Cheung, A. M., Duff, S., Wong, F., McQuestion, M., Cheng, T., Purdy, L., y Bunston, T., «Attributions of cause and recurrence in long-term breast cancer survivors», Psychooncology, 10 (2001), 179.

Página 264: Yo fui quien publicó la historia del estatus timicolinfático con el título «Poverty's remains», The Sciences septiembre/octubre (1991), 8. Sobre la observación original de los timos «agrandados» en los niños con SMIS informó en 1830 Kopp, J., «Denkwurdigkeiten in der artzlichen Praxis», y lo difundió ampliamente Paltauf, A., Plotzlicher Thymus Tod, Wiener klin, Berlín, Woechesucher, 1889, 46 y 9. La supuesta enfermedad recibió su nombre años después en Escherich, T., Status thymico-lymphaticus, Berlín, Woechesucher, 1896, 29. A finales de la década de 1920 se hallaba en todos los manuales, acompañada de consejos sobre la radiación (cuánta administrar, hacia dónde dirigirla, etc.). Véase, por ejemplo, Lucas, W., *Modern Practise of Pediatrics*, Nueva York, Macmillan, 1927. En esta triste historia, me divirtió observar que, cuando se publicó este manual, la «enfermedad» se hallaba tan bien establecida que el autor inició una nueva vía describiendo los sorprendentes y distintivos rasgos de conducta de los bebés que más tarde habían muerto de timicolinfático. Se caracterizaban por una disposición «flemática», probablemente porque eran niños normales y, por tanto, flemáticos sobre sus enfermedades imaginarias. Es una experiencia espeluznante deambular por el polvoriento piso inferior de una biblioteca médica y leer esas pruebas olvidadas y las confiadas discusiones sobre esta supuesta enfermedad. Páginas y páginas llenas de errores. ¿Qué equivocaciones similares estaremos cometiendo ahora?

Perdido en el consenso de los eruditos había un estudio de 1927 que llevó a cabo E. Boyd («Growth on the thymus, its relation to status thymicolympahticus and thymic symptons», *American journal of Diseases of Children* 33 [1927], 867) que debiera haber acabado con toda esta historia. Boyd demostró por vez primera que un agente estresante (la desnutrición, en este caso) provoca la atrofia del timo. Esta investigadora demostró, además, que la autopsia de niños que habían muerto en accidentes demostraba que «padecían» timicolinfático, lo que indicaba por primera vez que todo el asunto era falso. Hasta la década de 1930, los manuales de pediatría no comenzaron a hacerse eco de la opinión de que esta conclusión podía ser correcta; hasta 1945 el manual más importante de este campo no afirmó enfáticamente que tratar tal «enfermedad» era algo desastroso (Nelson, W., *Nelson's Text-book of Pediatrics*, 4.ª ed., Filadelfia, Saunders, 1945). Al investigar este tema, he tenido el placer de hablar con el doctor Nelson en persona, que ahora tiene más de noventa años y sigue examinando todos los días a niños del centro de la ciudad en el Hospital de la Universidad de Pensilvania, mientras disfruta de las buenas críticas que ha recibido la reciente edición de su manual clásico. Recordaba que, a principios de la década de 1930, los pediatras jóvenes (uno de los cuales, sin duda, era él mismo) mostraban su desprecio por la vieja guardia que abogaba por algo tan demencial y pasado de moda como irradiar a los niños para prevenir una enfermedad imaginaria. A pesar de todo, esta práctica continuó hasta bien entrada la década de 1950.

Para una discusión sobre cómo el estatus timicolinfático supuso un avance «progresivo» en la medicina del siglo XIX (al dejar de limitarse a culpar a los padres), véase Guntheroth, W., «The thymus, suffocation, and sudden infant death síndrome social agenda or hubris?», *Perspectives in Biology and Medicine*, 37 (1993), 2.

Capítulo 9
Estrés y dolor

Página 267: * La larga cita procede de la página 178 de *Catch-22*, de Joseph Heller (Nueva York, Simon and Schuster, 1955).

Página 267: ** Asimbolia del dolor (incapacidad de sentir dolor): Appenzeller, O., y Kornfeld, M., «Indifference to pain: A chronic peripheral neuropathy with mosaic Schwann cells», *Archives of Neurology*, 27 (1972), 322; Murray, T., «Cogenital sensory neuropathy», *Brain*, 96 (1973), 387; y Fox, J., Belvoir, F., y Huott, A., «Congenital hemihypertrophy with indifference to pain», *Archives of Neurology*, 30 (1974), 490.

Una revisión general de las vías de dolor se puede hallar en Hopkin, K., «Show me where it hurts: tracing the pathways of pain», *Journal of the National Institutes of Health research*, 9(10) (1997), 37. El dolor de una vejiga hinchada: Cockayne, D., Hamilton, S., Zhu, Q., Dunn, P., Novakovic, S., Malmberg, A., Cain, G., Berson, A., Kassotakis, L., Hedley, L., Lachnit, W., Burnstock, G., McMahon, S., y Ford, A., «Urinary bladder hyporeflexia and reduced pain-related behaviour in P2X3-deficient mice», *Nature*, 407 (2000), 1011. Cómo una herida causa inflamación: Samad, T., Moore, K., Saplistein, A., Billet, S., Allchorne, A., Poole, S., Bonventre, J., y Woolf, C., «Interleukin-1-beta-mediated inudction of cox-2 in the CNS contributes to inflammatory pain hypersensitivity», *Nature*, 410 (2001), 471; Blackburn-Munro, G., y Blackburn-Munro, R., «Chronic pain, chronic stress, and depression; coincidence or consequence?», *Journal of Endocrinology*, 13 (2001), 1009; y Woolf, C., y Salter, M., «Neuronal plasticity: Increasing the gain in pain», *Science*, 288 (2000), 1765.

Página 268: La capsaicina: Caterina, M., Leffler, A., Malmberg, A., Martin, W., Trafton, J., Petersen-Zeitz, K., Koltzenburg, M., Basbaum, A., y Julius, D., «Impaired nociception and pain sensation in mice lacking the capsaicin receptor», *Science*, 288 (2000), 306. Me agrada señalar que una de las autoras de este artículo clave, Jodie Trafton, fue un miembro destacado de mi laboratorio. El componente de rábano picante del dolor: Jordt, S., Bautista, D., Chuang, H., McKemy, D., Zygmunt, P., Hogestatt, E.,

Meng, I., y Julius, D., «Mustard oils and cannabinoids excite sensory nerve fibres through the TRP channel ANKTM1», *Nature*, 427 (2004), 260.

Página 272: La interacción de las fibras lentas y rápidas del dolor se describió por primera vez en un artículo, ya clásico, de Melzack, R., y Wall, P., «Pain mechanisms: A new theory», *Science*, 150 (1965), 971. Se estudian en Wall, P., y Melzack, R., *Textbook of Pain*, 2.ª ed., Edimburgo, Churchill Livingstone, 2003.

Página 274: Los mecanismos de la hipersensibilidad al dolor se revisan en Julius, D., y Basbaum, A., «Molecular mechanisms of nociception», *Nature*, 413 (2001), 203. La formación de neuromas se revisa en Blackcurn-Munro y otros, «Chronic pain, chronic stress», *op. cit.* Una médula espinal superexcitable: Woolf y otros, «Neuronal plasticity», *op. cit.;* Samad y otros, «Interleukin-1beta mediated inudction», *op. cit.;* Tsuda, M., Shigemoto-Mogami, Y., Koizumi, S., Mizokoshi, A., Kohsaka, S., Salter, M., e Inoue, K., «P2X4 receptor induced in spinal microglia gate tactile allodynia after nerve injury», *Nature*, 424 (2003), 778; e Ikeda, H., Heinke, B., Ruscheweyh, R., y Sandkuhler, J., «Synaptic plasticity in spinal lamina 1 projection neurons that mediate hyperalgesia», *Science*, 299 (2003), 1237.

Página 275: La medicación del dolor que requieren los enfermos sometidos a cirugía de la vesícula biliar: Ulrich, R., «View through a window may influence recovery from surgery», *Science*, 224 (1984), 420.

El contexto del dolor como elemento decisivo: Price, D., «Psychological and neural mechanisms of the affective dimension of pain», *Science*, 288 (2000), 1769. Hipnosis y la anatomía de las respuestas de dolor: Rainville, P., Duncan, D., Price, D., Carrier, B., y Bushnell, M., «Pain affect encoded in human anterior cingulated but not somatosensory cortex», *Science*, 177 (1997), 968.

Página 277: La mayor parte de los médicos que se interesa por los síndromes de dolor crónico tiene un conocimiento anecdótico de la analgesia inducida por estrés, aunque muchos manuales básicos de neurología, neurociencia o psicología fisiológica tratan el tema; por ejemplo, véase el capítulo sobre el dolor de Dennis Kelly en Kandel, E., y Schwartz, J., eds., *Principles of Neural Science*, Nueva York, Elsevier, 1985. Este libro también contiene la famosa descripción del fenómeno que realizó el doctor David Livingstone cuando fue gravemente herido por un león. Vease también Fields, H., *Pain*, Nueva York, McGraw-Hill, 1987.

Petición de morfina de soldados frente a civiles: Beecher, H., «Relationship of significance of wound to pain experienced», *Journal of the American Medical Association,* 161 (1956), 17.

Página 278: * Analgesia inducida por estrés en los animales: Terman, G., Shavit, Y., Lewis, J., Cannon, J., y Liebeskind, J., «Intrinsic mechanisms of pain inhibition: Activation by stress», *Science,* 226 (1984), 1270; y Helmstetter, F., «The amygdala is essential for the expresión of conditioned hypoalgesia», *Behavioral Neuroscience,* 106 (1992), 518.

Página 278: ** Analgesia en atletas femeninas frente a masculinos: Sternberg, W., Bokat, C., Kass, L. O., Alboyadjan, A., y Gracely, R., «Sex-dependent components of the analgesia produced by athletic competition», *Journal of Pain,* 2 (2001), 65.

Opiáceos, receptores de opiáceos y opioides: para una revisión técnica de este tema, véanse Akil, H., Watson, S., Young, E., Lewis, M., Khachaturian, H., y Walker, J., «Endogenous opioids: Biology and function», *Annual Review of Neuroscience,* 7 (1984), 223; y Basbaum, A., y Fields, H., «Endogenous pain control systems: Brainstem spinal pathways and endorphin circuitry», *Annual Review of Neuroscience,* 7 (1984), 309. Para una revisión sorprendentemente amena de la historia de este campo, véase Snyder, S., *Brainstorming: The Science and Politics of Opiate Research,* Cambridge, Harvard University Press, 1989. Snyder, uno de los descubridores de los receptores de opiáceos y una primera figura en este campo, es un excelente escritor en lenguaje no técnico.

Página 281: * Los receptores de opiáceos median en los efectos de la acupuntura: Mayer, D., Price, D., Barber, J., y Rafii, A., «Acupuncture analgesia: Evidence for activation on a pain inhibitory system as a mechanism of action», en Bonica, J., y Albe-Fessard, D., eds., *Advances in Pain Research and Therapy,* vol. 1, Nueva York, Raven Press, 1976, 751; y Mayer, D., y Hayes, R., «Stimulation-produced analgesia: Development of tolerance and cross-tolerance to morphine», *Science,* 188 (1975), 941.

Página 281: ** El meta-análisis de cuándo son útiles los placebos: Hrobjartsson, A., y Gotzsche, P., «Is the placebo powerless?», *New England Journal of Medicine,* 344 (2001), 1594. Los calmantes son menos eficaces cuando se administran sin conocimiento del paciente: Holden, C., «Drugs and placebos look alike in the brain», *Science,* 295 (2002), 947. Los efectos placebo son dependientes de los opioides: Petrovic, P., Kalso, E., Petersson, K., e Ingvar, M., «Placebo and opioid analgesia. Imaging a shared neuronal network», *Science,* 295 (2002), 1737.

Página 282: La primera demostración de la liberación de endorfinas durante el estrés: Guillemin R., Vargo, T., y Rossier, J., «Beta-endorphin and adrenocorticotropin are secreted concomitantly by pituitary gland», *Science*, 197 (1977), 1367. Su estimulación por diversos agentes estresantes: Colt, E., Wardlaw, S., y Frantz, A., «The effect of running on plasma beta-endorphin», *Life Science*, 28 (1981), 1637; Cohen, M., Pickar, D., y Dubois, M., «Stress-induced plasma beta-endorphin immunoreactivity may predict postoperative morphine usage», *Psychiatry Research*, 6 (1982), 7; Katz, E., Sharp, B., y Kellermann, J., «Beta-endorphin immunoreactivity and acute behavioral distress in children with leukemia», *Journal of Nervous and Mental Disease* 170 (1982), 72; y Jungkunz, G., Engel, R., y King, U., «Endogenous opiates increase pain tolerance after stress in humans», *Psychiatry Research*, 8 (1983), 13. Eficacia de los opioides en la piel y los órganos: Stein, C., Schafer, M., y Machwelska, H., «Attacking paina t its source: new perspectivas on opioids», *Nature Medicine*, 9 (2003), 1003.

Analgesia no mediada por opioides durante el estrés: Mogil, J., Sternberg, W., Marek, P., Sadowski, B., Belknap, J., y Liebeskind, J., «The genetics of pain and pain inhibition», *Proceedings of the Nacional Academy of Sciences*, USA 93 (1996), 3048; Mogil, J., Marek, P., Yirmiya, R., Balian, H., Sadowski, B., Taylor, A., y Liebeskind, J., «Antagonism of the non-opioid component of ethanol-induced analgesia by the NMDA receptor antagonist MK-801», *Brain Research*, 602 (1993), 126; y Nakao, K., Takahashi, M., y Kaneto, H., «Implications of ATP-sensitive K+channels in various stress-induced analgesia in mice», *Japanese Journal of Pharmacology*, 71 (1996), 269.

Página 284: Ansiolíticos que bloquean la hiperalgesia por estrés: Price, «Psychological and neural mechanisms», *op. cit.*

Página 285: Fibromialgia: Kalb, C., «Taking a new look at pain», *Newsweek*, 19 de mayo de 2003.

Capítulo 10
Estrés y memoria

Página 291: Algunos libros elementales de biología y neuropsicología sobre el funcionamiento de la memoria: Squire, L., *Memory and Brain*, Nueva York, Oxford University Press, 1987; Gazzaniga, M., *The Cognitive Neurosciences*, Cambridge, Mass., MIT Press, 1995 (atención: este libro tiene casi 1.500 páginas); Hebb, D. O.,

The Organization ofBehavior, Nueva York, Wiley, 1947. Este último libro es una especie de clásico de culto. Hebb fue uno de los mayores neurocientíficos de todos los tiempos y, en este libro, predecía cómo iban a funcionar la potenciación de largo plazo y las redes neuronales. Básicamente, todo lo nuevo que se ha producido en este campo durante décadas estaba esbozado en este libro de 1947.

Página 294: * El libro de Squire da una buena visión general de H.M. y su extraordinaria historia. Para profundizar en los muy diferentes funcionamientos de la memoria de corto plazo, véase Egorov, A., Hamam, B., Fransen, E., Hasselmo, M., y Alonso, A., «Graded persistent activity in entorhinal cortex neurons», *Nature,* 420 (2002), 173.

Página 294: ** Uno de los clásicos de los ganadores del premio Nobel: Hubel, D., y Wiesel, T., «Receptive fields, binocular interaction and functional archi-tecture in the cat's visual cortex», *Journal ofPhysiology* (Londres), 160 (1962), 106.

Página 296: Para una introducción a las redes neuronales (y una lección de lo distorsionada y simplificada que es la versión de una red de este capítulo), véase Arbib, M., *The Handbook of Brain Theory and Neural Networks,* Cambridge, Mass., MIT Press, 1995; también Taylor, J., *Neural Networks and Their Applications,* Chichester, Inglaterra, Wiley, 1996. Véase además Fitzsimonds, R., Song, H., y Poo, M., «Propagation of activity-dependent synaptic depression in simple neural networks», *Nature,* 388 (1997), 439.

Página 297: Para introducciones a la potenciación de largo plazo, véase Gluck, M., y Meyers, C., «Psychobiological models of hippocampal function in learning and memory», *Annual Review of Psychology,* 48 (1997), 481.

Página 299: * Memoria y formación de nuevas sinapsis: Trachtenberg, J., Vhen, B., Knott, G., Feng, G., Sanes, J., Welker, E., y Svoboda, K., «Long-term in vivo imaging of experience-dependent synaptic plasticity in adult cortex», *Nature,* 420 (2003), 788; y Grutzendler, J., Kasthuri, N., y Gan, W., «Long-term dendritic spine stability in the adult cortex», *Nature,* 420 (2003), 812. Memoria y formación de nuevas neuronas: Shors, T., Miesegaes, G., Beylin, A., Zhao, M., Rydel, T., y Gould, E., «Neurogenesis in the adult is involved in the formation of trace memories», *Nature,* 410 (2001), 372-376.

Página 299: ** Para una extensa visión general del estrés y la memoria, véanse McGaugh, J., *Memory and Emotion,* Nueva York, Weidenfeld y Nicolson, 2003; Sauro, M., Jorgensen, R., Pedlow, C.,

«Stress, glucocorticoids and memory: a meta-analytic review», *Stress*, 6 (2004), 235; Lupien, S., y McEwen, B., «The acute effects of corticosteroids on cognition: integration of animal and human model studies», *Brain Research Reoiews*, 24 (1997), 1; Garcia, R., «Stress, hippocampal plasticity, and spatial learning», *Synapse*, 40 (2001), 180; Kim, J. J., y Diamond, D., «The stressed hippocampus, synaptic plasticity and lost memories», *Nature Reviews Neuroscience*, 3 (2002), 4534-4562; Roozendaal, B., «Glucocorticoids and the regulation of memory consolidation», *Psychoneuroendocrinology*, 25 (2000), 213-238; Sapolsky, R., «Stress and cognition», en Gazzaniga, M., ed., *The Cognitive Neurosciences*, 3.ª ed., Cambridge, Mass., MIT Press, 2005. El libro de McGaugh y los análisis de Roozendaal, y de Kim y Diamond, son especialmente convincentes al discutir el ámbito en el que la memoria es mejorada por el estrés.

Cahill y McGaugh: Cahill, L., Prins, B., Weber, M., y McGaugh, J., «Beta-adrenergic activation and memory for emotional events», *Nature*, 371 (1994), 702. El contexto mayor de este estudio, sobre todo en el desarrollo de la amígdala, se comenta en McGaugh, *Emotion and Memory, op. cit.*, y en Roozendaal, «Glucocorticoids and the regulation of memory consolidation», *op. cit.*

Página 302: Un examen general de los efectos trastornadores del estrés se puede hallar en Sapolsky, «Stress and cognition», *op. cit.*

Página 303: Problemas de memoria en la enfermedad de Cushing: Starkman, M., Gebarski, S., Berent, S., y Schteingart, D., «Hippocampal formation volume, memory dysfunction, and cortisol levels in patients with Cushing's syndrome», *Biological Psychiatry*, 32 (1992), 756-765. Problemas de memoria en personas tratadas con glucocorticoides sintéticos: Keenan, R., Jacobson, M., Soleymani, R., Mayes, M., Stress, M., y Yaldoo, D., «The effect on memory of chronic prednisone treatment in patients with systemic disease», *Neurology*, 47 (1996), 1396-1403.

Página 304: * Los glucocorticoides alteran la memoria en humanos sanos: Wolkowitz, O., Reuss, V., y Weingartner, H., «Cognitive effects of corticosteroids», *American Journal of Psychiatry*, 147 (1990), 1297-1310; Wolkowitz, O., Weingartner, H., Rubinow, D., Jimerson, D., Kling, M., Berretini, W., Thompson, K., Breier, A., Doran, A., Reus, V., y Pickar, D., «Steroid modulation of human memory: biochemical correlates», *Biological Psychiatry*, 33 (1993), 744-751; Wolkowitz, O., Reus, V, Canick, J., Levin, B., y Lupien, S., «Glucocorticoid medication, memory and steroid psychosis in medical illness», *Annals of the New York Academy of Sciences*, 823 (1997), 81-96; y Newcomer, J., Craft, S., Hershey, T., Askins, K., y

Bardgett, M., «Glucocorticoidinduced impairment in declarative memory performance in adult human», *Journal of Neuroscience*, 14 (1994), 2047-2053. Alteraciones con niveles de glucocorticoides naturalmente elevados: Newcomer, J., Selke, G., Melson, A., Hershey, T., Craft, S., Richards, K., y Alderson, A., «Decreased memory performance in healthy humans induced by stress-level cortisol treatment», *Archives of General Psychiatry*, 56 (1999), 527-33.

El estrés deteriora la función ejecutiva: Arnsten, A., «Stress impairs prefrontal cortical function in rats and monkeys: role of dopamine DI and norepinephrine alpha-1 receptor mechanisms», *Progress in Brain Research*, 126 (2000), 183-192.

Página 304: ** El estrés altera la potenciación de largo plazo y refuerza la depresión de largo plazo: los niveles de glucocorticoides generados por el estrés inhiben la potenciación de largo plazo: Diamond, D., Bennet, M., Fleshner, M., y Rose, G., «Inverted-U relationship between the level of peripheral corticosterone and the magnitude of hippocampal primed burst potentiation», *Hippocampus*, 2 (1992), 421; y Joels, M., «Steroid hormones and excitability in the mammalian brain», *Frontiers in Neuroendocrinology*, 18 (1997), 2. El estrés refuerza la depresión de largo plazo: Xu, L., Anwyl, R., y Rowan, M., «Behavioural stress facilitates the induction of long-term depression in the hippocampus», *Nature*, 387 (1997), 497. Para una reciente demostración de cómo olvidar y suprimir la formación de nuevos recuerdos es un proceso activo: Anderson, M., Ochsner, K., Kuhl, B., Cooper, J., Robertson, E., Gabrieli, S., Glover, G., y Gabrieli, J., «Neural systems underlying the suppression of unwanted memories», *Science*, 303 (2004), 232. El estrés altera estas formas de memoria dentro de la preservación de la memoria implícita: Woodson, J., Macintosh, D., Fleshner, M., y Diamond, D., «Amnesia inducida en ratas de forma emocional: deterioro de la memoria específica, correlación memoria-corticosterona y temor frente a los efectos agitadores sobre la memoria», *Learning and Memory*, 10 (2003), 326.

Los dos sistemas receptores de glucocorticoides: Reul, J., y De Kloet, E., «Two receptor systems for corticosterone in rat brain: microdistribution and differential occupation», *Endocrinology*, 117 (1985), 2505. La importancia para la memoria de los dos sistemas receptores se discute en Kim y Diamond, «The stressed hippocampus», *op. cit.*

La necesidad de la activación amigdaloide para que el estrés altere la función del hipocampo: discutida en Roozendaal, *op. cit.*, y McGaugh, «Glucocorticoids and the regulation of memory consolidaron», *Memory and Emotion, op. cit.* El sexo eleva los niveles de glucocorticoides sin alterar la función del hipocampo: Woodson y otros, «Emotion-induced amnesia in rats», *op. cit.*

Página 305: Para un examen de la depresión de largo plazo, véanse Stevens, C., «Strengths and weaknesses in memory», *Nature,* 381 (1996), 471; y Nicoll, R., y Malenka, R., «Long-distance long-term depression», *Nature,* 388 (1997), 427.

Página 306: Atrofia de las conexiones neuronales del hipocampo con el estrés: Woolley, C., Gould, E., y McEwen, B., «Exposure to excess glucocorticoids alters dendritic morphology of adult hippocampal pyramidal neurons», *Brain Research,* 531 (1990), 225; Magarinos, A., y McEwen, B., «Stress-induced atrophy of apical dendrites of hippocampal CA3c neurons: comparison of stressors», *Neuroscience,* 69 (1995), 83; Magarinos, A., y McEwen, B., «Stress-induced atrophy of apical dendrites of hippocampal CA3c neurons: involvement of glucocorticoid secretion and excitatory amino acid receptors», *Neuroscience,* 69 (1995), 88; y Magarinos, A., McEwen, B., Flugge, G., y Fuchs, E., «Chronic psychosocial stress causes apical dendritic atrophy of hippocampal CAS pyramidal neurons in subordínate tree shrews», *Journal of Neuroscience,* 16 (1996), 3534.

Página 308: El estrés inhibe la neurogénesis: Gould, E., y Gross, C., «Neurogenesis in adult mammals: some progress and problems», *Journal of Neuroscience,* 22 (2002), 619. Este artículo es un fuerte apoyo a la idea de que hay una considerable neurogénesis en el hipocampo adulto. Las nuevas neuronas se necesitan para determinadas clases de aprendizaje: Shors y otros, «Neurogenesis in the adult», *op. cit.* Para una revisión del campo por parte de uno de los mayores escépticos, véase Rakic, R., «Neurogenesis in adult primate neocortex: an evaluatíon of the evidence», *Nature Reviews Neuroscience,* 3 (2002), 65-71.

Nota a pie de página 56, sobre la neurogénesis inducida en el embarazo: Shingo, T., y otros, «Pregnancy-stimulated neurogenesis in the adult female forebrain mediated by prolactin», *Science,* 299 (2003), 117.

Página 309: Los glucocorticoides inhiben la utilización y el transporte de glucosa en el hipocampo y en las neuronas del hipocampo: Kadekaro, M., Masonori, I., y Gross, R., «Local cerebral glucose utilization is increased in acutely adrenalectomized rats», *Neuroendocrinology,* 47 (1988), 329; Horner, H., Packan, D., y Sapolsky, R., «Glucocorticoids inhibit glucose transport in cultured hippocampal neurons and glia», *Neuroendocrinology,* 52 (1990),

57; y Virgin, C., Ha, T., Packan, D., Tombaugh, G., Yang, S., Horner, H., y Sapolsky, R., «Glucocorticoids inhibit glucose transport and glutamate uptake in hippocampal astrocytes: implications for glucocorticoid neurotoxicity», *Journal of Neurochemistry*, 57 (1991), 1422.

El peligroso efecto de los glucocorticoides sobre el sistema neuronal se discute en Sapolsky, R., «Stress, glucocorticoids, and damage to the nervous system: the current state of confusión», *Stress*, 1 (1996), 1. Véase también Sapolsky, R., *Stress, the Aging Brain, and the Mechanisms of Neuron Death*, Cambridge, Mass., MIT Press, 1992.

Página 310: Los glucocorticoides agravan el daño en el hipocampo causado por un ataque en una rata: Sapolsky, R., «A mechanism for glucocorticoid toxicity in the hippocampus: increased neuronal vulnerability to metabolic insults», *Journal of Neuroscience*, 5 (1995), 1227, y por la falta de oxígeno provocada por un paro cardíaco: Sapolsky, R., y Pulsinelli, W., «Glucocorticoids potentiate ischemic injury to neurons: therapeutic implications», *Science*, 229 (1985), 1397; vulnerabilidad al daño causado por el fragmento amiloide de la enfermedad de Alzheimer: Behl, C., Lezoualc'h, F., Trapp, T., Widmann, M., Skutella, T., y Holsboer, F., «Glucocorticoids enhance oxidative stress-induced cell death in hippocampal neurons in vitro», *Endocrinology*, 138 (1997), 101; Goodman, Y., Bruce, A., Cheng, B., y Mattson, M., «Estrogens attenuate and corticosterone exacerbates excitotoxicity, oxidative injury, and amyloid beta-peptide toxicity in hippocampal neurons», *Journal of Neurochemistry*, 66 (1996), 1836; daño inducido por el gp120 en las neuronas: Brooke, S., Chan, R., Howard, S., y Sapolsky, R., «Endocrine modulation of the neurotoxicity of gp120 implications for AIDS-related dementia complex», *Proceedings of the National Academy of Sciences, USA*, 94 (1997), 9457-9462.

Página 311: Los glucocorticoides como neurotóxicos: el primer informe sobre la neurotoxicidad glucocorticoidea: Aus der Muhlen, K., y Ockenfels, H., «Morphologische veranderungen im diencephalon und telenceaphlin nach storngen des regelkreises adenohypophyse-nebennierenrinde III. Ergebnisse beim meerschweinchen nach verabreichung von cortison und hydrocortison», *Z Zellforsch*, 93 (1969), 126. El primer informe sobre el hipocampo como objetivo de la actividad glucocorticoidea: McEwen, B., Weiss, J., y Schwartz, I., «Selective retention of corticosterone by limbic structures in rat brain», *Nature*, 220 (1968), 911. Glucocorticoides, estrés y acelerada pérdida neuronal del hipocampo:

Sapolsky, R., Krey, L., y McEwen, B., «Prolonged glucocorticoid exposure reduces hippocampal neuron number: implications for aging», *Journal of Neuroscience*, 5 (1985), 1221; y Kerr, D., Campbell, L., Applegate, M., Brodish, A., y Landfield, P., «Chronic stress-induced acceleration of electrophysiologic and morphometric biomarkers of hippocampal aging», *Journal of Neuroscience*, 11 (1991), 1316. Eliminar glucocorticoides o disminuir su secreción retrasa la pérdida de neuronas del hipocampo: Landfield, P., Baskin, R., y Pitler, T., «Brain-aging correlates: retardation by hormonal-pharmacological treatments», *Science*, 214 (1981), 581; y Meaney, M., Aitken, D., Bhatnager, S., Van Berkel, C., y Sapolsky, R., «Effect of neonatal handling on age-related impairments associated with the hippocampus», *Science*, 239 (1988), 766.

El estrés y los glucocorticoides dañan el hipocampo de los primates no humanos: Uno, H., Tarara, R., Else, J., Suleman, M., y Sapolsky, R., «Hippocampal damage associated with prolonged and fatal stress in primates», *Journal of Neuroscience*, 9 (1989), 1705; Sapolsky, R., Uno, H., Rebert, C., y Finch, C., «Hippocampal damage associated with prolonged glucocorticoid exposure in primates», *Journal of Neuroscience*, 10 (1990), 2897; y Uno, H., Bisele, S., Sakai, A., Shelton, S., Baker, E., DeJesus, O., y Holden, J., «Neurotoxicity of glucocorticoids in the primate brain», *Hormones and Behavior*, 28 (1994), 336.

Página 313: * Atrofia del hipocampo en la enfermedad de Cushing: Starkman, M., Gebarski, S., Berent, S., y Schteingart, D., «Hippocampal formation volume, memory dysfunction, and cortisol levels in patients with Cushing's syndrome», *Biological Psychiatry*, 32 (1992), 756.

Página 313: ** Atrofia del hipocampo en el estrés postraumático (PTSD): Bremner, J., Randall, R., Scott, T., Bronen, R., y otros, «MRI-based measurement of hippocampal volume in patients with combat-related PTSD», *American Journal of Psychiatry*, 152 (1995), 973; Gurvits, T., Shenton, M., Hokama, H., Ohta, H., Lasko, N., Gilbertson, M., y otros, «Magnetic resonance imaging study of hippocampal volume in chronic, combat-related post-traumatic stress disorder», *Biological Psychiatry*, 40 (1996), 1091; y Bremner, J., Randall, P., Vermetten, E., Staib, L., Bronen, A., y otros, «Magnetic resonance imaging-based measurement of hippocampal volume in PTSD related to childhood physical and sexual abuse—a preliminary report», *Biological Psychiatry*, 41 (1997), 23. La mayoría de los expertos en este campo piensan que la pérdida de volumen del hipocampo en el PTSD es irreversible. Sin embargo, un reciente informe sugiere que tal vez no sea así: Vermetten, E., Vythilingam, M., Southwick, S. M., Charney, D. S., y Bremner, J. D., «Long-term treatment with paroxetine increases verbal declarative memory and hippocampal volume in posttraumatic stress disorder», *Biological Psychiatry,* 54 (2003), 693.

Página 314: * Atrofia del hipocampo en la depresión: Sheline, Y., Wang, P., Gado, M., Csernansky, J., y Vannier, M., «Hippocampal atrophy in recurrent major depression», *Proceedings of the National Academy of Sciences, USA,* 93 (1996), 3908-4003; Sheline, Y., Sanghavi, M., Mintun, M., y Gado, M., «Depression duration but not age predicts hippocampal volume loss in medical healthy women with recurrent major depression», *Journal of Neuroscience,* 19 (1999), 5034-5041; Bremner, J., Narayan, M., Anderson, E., Staib, L., Miller, H., y Charney, D., «Hippocampal volume reduction in major depression», *American Journal of Psychiatry,* 157 (2000), 115-127; Sheline, Y., Gado, M., y Kraemer, H., «Untreated depression and hippocampal volume loss», *American Journal of Psychiatry,* 160 (2003), 1516; MacQueen, G., Campbell, S., McEwen, B., Macdonald, K., Amano, S., Joffe, R., Nahmias, C., y Young, L., «Course of illness, hippocampal function, and hippocampal volume in major depression», *Proceedings of the National Academy of Sciences, USA,* 100 (2002), 1387.

Página 314: ** *Jet lag* y atrofia del hipocampo: Cho, K., «Chronic "jet lag" produces temporal lobe atrophy and spatial cognitive deficits», *Nature Neuroscience,* 4 (2001), 567.

Página 314: *** Envejecimiento normativo: Lupien, S., De León, M., De Santi, S., Convit, A., Tarshish, C., Nair, N., Thakur, M., McEwen, B., Hauger, R., y Meaney, M., «Cortisol levels during human aging predict hippocampal atrophy and memory deficits», *Nature Neuroscience,* 1 (1998), 69-73.

Página 314: **** Interacciones glucocorticoideas con agresiones neurológicas: superiores niveles de glucocorticoides asociados a un peor resultado de una apoplejía en humanos: Astrom, M., Olsson, T., y Asplund, K., «Different linkage of depression to hypercortisolism early versus later after stroke», *Stroke,* 24 (1993), 52.

Problemas y complicaciones examinados en Sapolsky, R., «Glucocorticoids and hippocampal atrophy in neuropsychiatric disorders», *Archives of General Psychiatry,* 57 (2000), 925.

La atrofia en el síndrome de Cushing considerada reversible: Bourdeau, I., Gbard, C., Noel, B., Leclerc, L., Cordeau, M., Belair, M., Lesage, J., Lafontaine, L., y Lacroix, A., «Loss of brain volume in endogenous Cushing's syndrome and its reversibility after correction of hypercortisolism», *Journal of Clinical Endocrinology and Metabolism*, 87 (2002), 1949.

Página 317: El efecto inflamatorio de los glucocorticoides en el sistema nervioso lesionado: Dinkel, K., Ogle, W., Sapolsky, R., «Glucocorticoids and CNS inflammatíon», *Journal of NeuroVirology*, 8 (2002), 513; Dinkel, K., MacPherson, A., y Sapolsky, R., «Novel glucocorticoid effects on acute inflammatíon in the central nervous system», *Journal of Neurochemistry*, 84 (2003), 705; y Dinkel, K., Dhabhar, F., y Sapolsky, R., «Neurotoxic effects of polymorphonuclear granulocytes on hippocampal primary cultures», *Proceedings of the National Academy of Sciences, USA*, 101 (2004), 331.

Página 318: Los glucocorticoides y su uso clínico en pacientes con sida: Bozzette, S., Sattler, F., Chiu, J., Wu, A., Gluckstein, D., y otros, «A controlled trial of early adjunctíve treatment with corticosteroids for Pneumocystis carinii pneumonia in the acquired immunodeficiency syndrome», *New England Journal of Medicine*, 323 (1990), 1451; y Gagnon, S., Boota, A., Fischl, M., Baier, H., Kirksey, O., y La Voie, L., «Corticosteroids as adjunctive therapy for severe pneumocystis carinii pneumonia in the acquired immunodeficiency syndrome: a double-blind, placebo-controlled trial», *New England Journal of Medicine*, 323 (1990), 1444.

Página 319: Enorme respuesta de estrés tras agresiones neurológicas en los humanos: Feibel, J., Hardi, R, Campbell, M., Goldstein, N., y Joynt, R., «Prognostic value of the stress response following stroke», *Journal of the American Medical Association*, 238 (1977), 1374. Bloquear la secreción de glucocorticoides después de un ataque o apoplejía en una rata es neuroprotector: Stein, B., y Sapolsky, R., «Chemical adrenalectomy reduces hippocampal damage induced by kainic acid», *Brain Research*, 473 (1988), 175; y Morse, J., y Davis, J., «Chemical adrenalectomy protects hippocampal cells following ischemia», *Society for Neuroscience Abstracts*, 15 (1989), 149.4.

Página 320: La cita de Woody Allen es de *El Dormilón*.

Capítulo 11
El estrés y el sueño reparador

Página 323: Fundamentos del sueño: Pace-Schott, E., y Hobson, E., «The neurobiology of sleep; genetics, cellular physiology and subcortical networks», *Nature Reviews Neuroscience*, 3 (2002), 591; y Siegel, J., «Why we sleep», *Scientific American, noviembre* (2003), 92.

Nota a pie de página: patos silvestres: Rattonborg, N., Lima, S., y Amlaner, C., «Half-awake to the risk of predation», *Nature* (1999), 397. Delfines y pájaros: Siegel, «Why we sleep», *op. cit.*

Página 324: La función cerebral durante diferentes fases del sueño: Braun, A., Balkin, T., Wesensten, N., Gwadry, R., Carson, R., Varga, M., Baldwin, R., Belenky, G., y Herscovitch, P., «Dissociated patterns of activity in visual cortices and their projections during human rapid eye movement sleep», *Science*, 279 (1998), 91. Disminución de la energía como señal de sueño: Benington, J., y Heller, H., «Restoration of brain energy metabolism as the function of sleep», *Progress in Neurobiology*, 45 (1995), 347. Por qué los sueños son oníricos: Sapolsky, R., «Wild dreams», *Discover*, 22 (2001), 36.

Página 326: ¿Para qué sirve el sueño? El sueño de las moscas de la fruta: Shaw, P., Tononni, G., Greenspan, R., y Robinson, D., «Stress response genes protect against lethal effects of sleep deprivation in Drosophila», *Nature*, 417 (2002), 287. Teorías sobre el sentido del sueño: Maquet, R., «The role of sleep in learning and memory», *Science*, 294 (2001), 1048.

Página 327: Sueño y cognición: Stickgold, R., conferencia en la Universidad de Wisconsin, abril de 2002. Consolidar información del día anterior: Fenn, K., Nusbaum, H., y Margoliash, D., «Consolidation during sleep of perceptual learning of spoken language», *Nature*, 425 (2003), 614. La privación de sueño altera la consolidación: examinado en McGaugh, J., *Memory and Emotion*, Nueva York, Weidenfeld y Nicolson, 2003. La privación de sueño no es sólo estrés: Maquet, «Role of sleep», *op. cit.* Las pautas de las fases del sueño predicen pautas de consolidación de la memoria: Wagner, U., Gais, S., y Bonn, J., «Emotional memory formation is enhanced across sleep intervals with high amounts of rapid eye movement sleep», *Learning and Memory*, 8 (2001), 112; Stickgold, *op. cit.; y* Pace-Schott y Hobson, «Neurobiology of sleep», *op. cit.*

Página 329: * La obra de McNaughton: Wilson, M., y McNaughton, B., «Reactivation of hippocampal ensemble memories during sleep», *Science*, 265 (1994), 676; y Skaggs, W., y McNaughton, B., «Replay of neuronal firing sequences in rat hippocampus during sleep following spatial experience», *Science*, 271 (1996), 1870. Estudios similares en humanos: Maquet, *op. cit.* Activación de los genes durante el sueño: Pace-Schott y Hobson, *op. cit.* Metabolismo elevado en el hipocampo: Siegel, *op. cit.*

Página 329: ** Facilitación de un tipo de aprendizaje por medio de la privación de sueño: Hairston, I., Little, M., Scanlon, M., Lutan, C., Barakat, M., Palmer, T., Sapolsky, R., y Heller, H., «Sleep deprivation enhances memory?», *Society for Neuroscience Annual Meeting* (2003), abstracto 616.19.

Curiosamente, una siesta puede beneficiar a la cognición tanto como una noche de sueño reparador: Mednick, S., Nakayama, K., y Stickgold, R., «Sleep-dependent learning: a nap is as good as a night», *Nature Neuroscience*, 6 (2003), 697.

Página 330: Factor inductor de sueño Delta como un CIF: Okajima, T., y Hertting, G., «Delta-sleep-inducing peptide inhibited CRF-induced ACTH secretion from rat anterior pituitary gland in vitro», *Hormones and Metabolic Research*, 18 (1986), 497.

Página 331: Buena visión general del tema: VanReeth, O., Weibel, L., Spiegel, K., Leproult, R., Dugovic, C., y Maccari, S., «Interactions between stress and sleep: from basic research to clinical situations», *Sleep Medicine Reviews*, 4 (2000), 201. Activación de la respuesta de estrés durante la privación de sueño: Meerlo, P., Koehl, M., Van der Borght, K., y Turek, F., «Sleep restriction alters the HPA response to stress», *Journal of Neuroendocrinology*, 14 (2002), 397-402; y Cauter, E., y Spiegel, K., «Sleep as a mediator of the relationship between socioeconomic status and health: a hypothesis», *Annals of the New York Academy of Sciences*, 896 (1999), 254. La cita sobre la privación del sueño y la muerte: Vgontzas, A., Bixler, E., y Kales, A., «Sleep, sleep disorders, and stress», en Fink, ed., *Encyclopedia of Stress*, vol. 3, 449.

Página 332:Los glucocorticoides acaban con el glicógeno durante la privación de sueño: Gip, P., Hagiwara, G., Sapolsky, R., Cao, V., Heller, H., y Ruby, N., «Glucocorticoids influence brain glycogen levels during sleep deprivation», *American Journal of Physiology*, 286(6) (2004). El córtex frontal se abastece de otras regiones corticales para resolver problemas durante la privación de sueño: Drummond, S., Brown, G., Gillin, J., Stricker, J., Wong, E., y Buxton, R., «Altered brain response to verbal learning following sleep deprivation», *Nature*, 403 (2000), 655.

Página 333: Las consecuencias para la salud del trabajo nocturno y los cambios de turno: Van Cauter, E., «Sleep loss, jet lag, and shift work», en Fink, ed., *Encyclopedia of Stress*, vol. 3, 447. Estudio sobre el *jet lag:* Cho, K., «Chronic "jet lag" produces temporal lobe atrophy and spatial cognitive deficits», *Nature Neuroscience*, 4 (2001), 567. Horas de sueño ahora y en 1910: Vgontzas, «Sleep, sleep disorders, and stress», *op. cit.*

Página 334: El estrés como factor alterador del sueño. Efectos de la administración de CRH: Vgontzas, A., y Chrousos, G., «Sleep, the HPA axis, and cytokines: multiple interactions and disturbances in sleep disorders», *Endocrinology and Metabolism Clinics of North America*, 31 (2002), 15. Respuesta de estrés activada en muchas personas con problemas de insomnio: Vgontzas y Chrousos, *op. cit.* El sueño fragmentado como generador de estrés: Dugovic, C., Maccari, S., Weibel, L., Turek, F., y Van Reeth, O., «High corticosterone levels in prenatally stressed rats predict persistent paradoxical sleep alterations», *Journal of Neuroscience*, 19 (1999), 8656. Menos sueño delta debido al estrés: Prinz, P. N., Bailey, S. L., y Woods, D. L., «Sleep impairments in healthy seniors: roles of stress, cortisol and interleukin-1 beta», *Chronbiology International*, 17 (2000), 391. Los glucocorticoides alteran la consolidación de la memoria durante el sueño: Plihal, W., Pietrowsky, R., y Born, J., «Dexamethasone blocks sleep-induced improvement of declarative memory», *Psychoneuroendocrinology*, 24 (1999), 313-331.

Página 336: El estudio que muestra la interacción de las dos mitades: Born, J., Hansen, K., Marshall, L., Molle, M., y Fehm, H., «Timing the end of nocturnal sleep», *Nature*, 397 (1999), 29.

Capítulo 12
Envejecimiento y muerte

Página 340: El envejecimiento como algo no necesariamente negativo: Vaillant, G., y Mukamal, K., «Succesful aging», *American Journal of Psychiatry*, 158 (2001), 839. La cualidad de las redes sociales conservadas: Carstensen, L., y Lockenhoff, C., «Aging, emotion, and evolution: the bigger picture», *Annals of the New York Academy of Sciences*, 1000 (2003), 152. Técnicas cognitivas mejoradas: Helmuth, L., «The wisdom of the wizened», *Science*, 299 (2003), 1300. La media de los ancianos se sienten más sanos que la media general: Vaillant, *op. cit.* La felicidad aumenta con la edad: Carstensen, *op. cit.* Impacto de las imágenes negativas: Mather, M., y Carstensen, L., «Aging and attentional biases for emotional faces», *Psychological Sciences*, 14 (2003), 409; e Iadaka, T., Opkada, T., Murata, T., y Omori, M., «Age-related differences in the medial temporal lobe responses to emotional faces as revealed by MRI», *Hippocampus*, 12 (2002), 352-362.

Página 342: * La respuesta de estrés de los ancianos a nivel celular: Horan, M., Barton, R., y Lightgow, G., «Aging and stress, biology of», en Fink, ed., *Encyclopedia of Stress*, vol. 1, 111.

Página 342: ** Una detallada exposición de todas las formas en que el sistema cardiovascular funciona de forma similar en los sujetos sanos, jóvenes y viejos, en ausencia de estrés se halla en Lakatta, E., «Heart and circulation», en Schneider, E. y Rowe, J., eds., *Handbook of the Biology of Aging*, 3.ª ed., Nueva York, Academic Press, 1990. Disminución con la edad del ritmo cardíaco y la capacidad de trabajo máximos: Gerstenblith, G., Lakatta, E. y Weisfeldt, M., «Age changes in myocardial function and exercise response», *Progress in Cardiovascular Disease*, 19 (1976), 1. Disminución con la edad del volumen de eyección durante el ejercicio: Rodeheffer, R., Gerstenblith, G., Becker, L., Fleg, J., Weisfeldt, M., y Lakatta, E., «Exercise cardiac output is maintained with advancing age in healthy human subjects: Cardiac dilatation and increased stroke volume compensate for diminished heart rate», *Circulation*, 69 (1984), 203. Aumento de la rigidez del músculo cardíaco en función de la edad: Spurgeon, H., Thorne, P., Yin, F., Shock, N., y Weisfeldt, M., «Increased dynamic stiffness of tabeculae carneae from senescent rats», *American Journal of Physiology*, 232 (1977), H373.

La energía de un cerebro viejo y de uno joven, la influencia de la edad sobre la vulnerabilidad del metabolismo cerebral a un agente estresante metabólico: Benzi, G., Pastoris, O., Vercesi, L., Gorini, A., Viganotti, C., y Villa, R., «Energetic state of aged brain during hypoxia», *Gerontology*, 33 (1987), 207, y Hoffman, W., Pelligrino, D., Miletich, D., y Albrecht, R., «Brain metabolic changes in young versus aged rats during hypoxia», *Stroke*, 16 (1985), 860.

Envejecimiento y temperatura corporal: el estrés afecta más al funcionamiento de los organismos viejos que al de los jóvenes. Los clásicos estudios sobre desregulación de la temperatura durante el envejecimiento se pueden encontrar en Shock, N., «Systems integration», en Finch, C., y Hayflick, L., eds., *Handbook of the Biology of Aging*, 1.ª ed., Nueva York, Van Nostrand, 1977, 200.

Página 343: * La influencia de la edad en la realización de tests de inteligencia: este amplio tema se revisa en varios capítulos de Birren, J., y Shaie, K., *Handbook of the Psychology of Aging*, 3.ª ed., Nueva York, Van Nostrand, 1990; este amplio tema se analiza en varios capítulos en Cerella, J., «Aging and information-processing rate»; Kausler, D., «Motivation, human aging and cognitive performance»; y Hultsch, D., y Dixson, R., «Learning and memory in aging». Véase, asimismo, Katzman, R., y Terry, R., *The Neurology of Aging*, Filadelfia, Davis, 1983.

Página 343: ** Concentraciones elevadas de adrenalina y noradrenalina durante el ejercicio en función de la edad: Fleg, J.,

Tzankoff, S., y Lakatta, E., «Age-related augmentation of plasma catecholamines during dynamic exercise in healthy males», *Journal of Applied Physiology*, 59 (1985), 1033. Disminución con la edad de la sensibilidad cardiovascular a la adrenalina y la noradrenalina: Lakatta, E., «Catecholamines and cardiovascular function in aging», *Endocrinology and Metabolism Clinics of North America*, 16 (1987), 877.

Página 343: *** Recuperación más lenta de la adrenalina y noradrenalina después del cese del estrés: McCarty, R., «Age-related alterations in sympatheticadrenal medullary responses to stress», *Gerontology*, 32 (1986), 172. Recuperación más lenta de los glucocorticoides tras el cese del estrés: Sapolsky, R., Krey, L., y McEwen, B., «The adrenocortical stress-response in the aged male rat: Impairment of recovery from stress», *Experimental Gerontology*, 18 (1983), 55; y Ida, Y., Tanaka, M., y Tsuda, A., «Recovery of stress-induced increases in noradrenaline turnover is delayed in specific brain regions of old rats», *Life Sciences*, 34 (1984), 2357. El retraso en la recuperación de los glucocorticoides puede acelerar el crecimiento de los tumores: Sapolsky, R., y Donnelly, T., «Vulnerability to stress-induced tumor growth increases with age in the rat: Role of glucocorticoid hypersecretion», *Endocrinology*, 117 (1985), 662.

Los niveles de adrenalina y noradrenalina, en estado de reposo, aumentan con la edad: Fleg, J., Tzankoff, S., y Lakatta, E., «Aged-related augmentation of plasma catecholamines during dynamic exercise in healthy males», *Journal of Applied Physiology*, 59 (1985), 1033; asimismo Rowe, J., y Troen, B., «Sympathetic nervous system and aging in man», *Endocrine Reviews*, 1 (1980), 167. En las ratas, el nivel de glucocorticoides en estado de reposo se eleva con la edad: revisado en Sapolsky, R., «Do glucocorticoid concentrations rise with age in the rat?, *Neurobiology of Aging*, 13 (1991), 171. En los humanos ancianos: revisado en Sapolsky, R., «The adrenocortical axis», en Schneider, E., y Rowe, J., eds., *Handbook of the Biology of Aging*, 3.ª ed., Nueva York, Academic Press, 1990. En el babuino salvaje: Sapolsky, R., y Altmann, J., «Incidences of hypercortisolism and demaxethasone resistance increase with age among wild babbons», *Biological Psychiatry*, 30 (1991), 1008.

Página 344: Neurogénesis dañada: Cameron, H., y McKay, R., «Restoring production of hippocampal neurons in old age», *Nature Neuroscience*, 2 (1999), 894. El nivel elevado de glucocorticoides altera la capacidad del cerebro de ramificarse tras una lesión: Scheff, S., y Cotman, C., «Chronic glucocorticoid therapy alters axon sprouting in the hippocampal dentate gyrus», *Experimental*

Neurology, 76 (1982), 644; y DeKosky, S., Scheff, S., y Cotman, C., «Elevated corticosterone levels: a possible cause of reduced axon sprouting in aged animals», *Neuroendocrinology,* 38 (1984), 33.

Página 346: Para una discusión de por qué el envejecimiento programado (y el envejecimiento en general) ha evolucionado, véase Sapolsky, R., y Finch, C., «On growing old: Not every creature ages, but most do. The question is why», *The Sciences,* marzo/abril (1990), 30. Para la demostración original de lo que les ocurre a los salmones, véase Robertson, O., y Waxier, B., «Pituitary degeneration and adrenal tissue hyperplasia in spawning Pacific salmon», *Science,* 125 (1957), 1295. Para una comparación entre la influencia del envejecimiento en el salmón y la de un exceso de glucocorticoides, véase Wexler, B., «Comparative aspects of hyperadrenocorticism and aging», en Everitt, A., y Burgess, J., eds., *Hypothalamus, Pituitary and Aging,* Springfield Illinois, Thomas, 1976. Para una introducción a la literatura sobre el envejecimiento del ratón marsupial, véanse McDonald, I., Lee, A., y Bradley, A., «Endocrine changes in dasyurid marsupials with differing mortality patterns», *General and Comparative Endocrinology,* 44 (1981), 292; y McDonald, I., Lee, A. y Than, K., «Failure of clucocorticoid feedback in males of a population of small marsupials *(Antechinus swainsonii)* during the period of mating», *Journal of Endocrinology,* 108 (1986), 63. Betamiloide en los cerebros de los salmones: Maldonado, T., Jones, R., y Norris, D., «Distribution of beta-amyloid and amyhloid precursor protein in the brain of spawning (senescent) salmon: a natural, brain-aging model», *Brain Research,* 858 (2000), 237.

Una breve digresión: ¿qué les sucede a esos niños que envejecen con increíble rapidez y mueren de viejos a los doce años? La progeria, que es el nombre de esta enfermedad, es extremadamente rara. Quienes la padecen se quedan calvos, tienen la barbilla huesuda, la nariz ganchuda y la voz seca y rasposa; pierden el sentido del oído, se les endurecen las arterias y enferman del corazón (que es lo que los suele matar). Cultivar sus células en una placa de Petri plantea tantos problemas como si se tratara de células de una persona de setenta años. A pesar de todo, los niños progéricos no envejecen prematuramente en todos los aspectos: no se vuelven dementes ni padecen cáncer, dos enfermedades típicamente relacionadas con la vejez (aunque, como es evidente, no de forma forzosa). El consenso general en este campo es que la progeria es una enfermedad en la que se aceleran algunos aspectos del envejecimiento, no todo el proceso (lo que demuestra de modo indirecto que envejecer implica el funcionamiento en el organismo de múltiples relojes independientes). Para una discusión de la progeria y de su relación con el envejecimiento, véanse Finch, C., *Longevity, Senescence and the Genome*, Chicago, University of Chicago Press, 1991; y Mills, R., y Weiss, A., «Does progeria provide the best model of accelerated aging in humans?», *Gerontology*, 36 (1990), 84.

Página 347: ¿Acelera el estrés el proceso de envejecimiento? Para quienes deseen ir al grano (en alemán): Rubner, M., *Das Problem der Lebensdauer and seine Beziehungen zun Wachstum and Ernahurun*, Múnich, Oldenbourg, 1908. Véase asimismo Pearl, R., *The Rate of Living*, Nueva York, Knopf, 1928 para el examen más detallado que conozco de las hipótesis de la tasa de vida. Para las ideas de Selye sobre el estrés y el envejecimiento, véase Selye, H., y Tuchweber, B., «Stress in relation to aging and disease», en Everitt, A., y Burgess, J., eds., *Hypothalamus, Pituitary and Aging*, Springfield, Illinois, Charles C. Thomas, 1976. Para una exposición erudita del tema completo de uno de los pensadores fundamentales en geriatría, véase el capítulo 5 («Rates of living and dying: Correlations of lifespan with size, metabolic rates and cellular and biochemical characteristics») en Finch, C., *Longevity, Senescence, and the Genome*, Chicago, University of Chicago Press, 1990.

Página 349: Los humanos, primates y ratas viejos tienden a ser resistentes a la dexametasona: se revisa en Sapolsky, R., «The adrenocortical axis», en Schneider, E., y Rowe, J., eds., *Handbook of the Biology of Aging*, 3.ª ed., Nueva York, Academic Press, 1990. En el babuino salvaje: Sapolsky, R., y Altmann, J., «Incidences of hypercortisolism and dexamethasone resistance increase with age among wild baboons», *Biological Psychiatry*, 30 (1991), 1008.

Página 350: * El hipocampo desempeña una función en la inhibición de la secreción de glucocorticoides: se revisa en Jacobson, L., y Sapolsky, R., «The role of the hippocampus in feedback regulation of the hypothalamicpituitary-adrenocortical axis», *Endocrine Reviews*, 12 (1991), 118.

Página 350:** La interacción entre la influencia de los glucocorticoides en el hipocampo y la influencia del hipocampo en la secreción de glucocorticoides: Sapolsky, R., Krey, L. y McEwen, B., «The neuroendocrinology of stress and aging: The glucocorticoid cascade hypothesis», *Endocrine Reviews*, 7 (1986), 284. Para una actualización de estas ideas, véanse Sapolsky, R., «Stress, glucocorticoids, and their adverse naurological effects: relevante to aging», *Experimental Gerontology*, 34 (1999), 721; y Reagan, L., y McEwen, B., «Controversias surrounding glucocorticoid-mediated cell death inthe hippocampus», *Journal of Chemical Neuroanatomy,* 13 (1997), 149.

Página 351: Para una revisión de todo el tema escrita de forma técnica y poco legible, los realmente masoquistas pueden comprar una docena de ejemplares de Sapolsky, R., *Stress, the Aging Brain and the Mechanisms of Neuron Death,* Cambridge, MIT Press, 1992.

Capítulo 13
¿Por qué es estresante el estrés psicológico?

Página 352: El lamento infantil de Teddy Roosevelt se halla en Morris, E., *The Rise of Theodore Roosevelt,* Nueva York, Ballantine Books, 1979.

Página 355: Para una historia de la investigación del estrés y para el célebre debate entre Selye y Mason, véanse Selye, H., «Confusion and controversy in the stress field», *Journal of Human Stress,* 1 (1975), 37; y Mason, J., «A historical view of the stress field», *Journal of Human Stress,* 1 (1975), 6.

Página 358: Salidas a la frustración: para una revisión no técnica del trabajo de Weiss, véase Weiss, J., «Psychological factors in stress and disease», *Scientific American,* 226 (junio de 1972), 104. La demostración de que las redes de apoyo social se asocian con concentraciones inferiores de glucocorticoides se puede hallar en Ray, J., y Sapolsky, R., «Styles of male social behavior and their endocrine correlates among high-ranking wild baboons», *American Journal of Primatology,* 28 (1992), 231; y Virgin, C., y Sapolsky, R., «Styles of male social behavior and their endocrine correlates among low-ranking baboons», *American Journal of Primatology,* 42 (1997), 25.

Página 361: Apoyo y roedores: Ruis, M., Te Brake, J., Buwalda, B., De Boer, S., Meerlo, P., Korte, S., Blokhuis, H., y Koolhaas, J., «Housing familiar male wild-type rats together reduces the long-term adverse behavioural and physiological effects of social defeat», *Psychoneuroendocrinology,* 24 (1999), 285. Apoyo y primates no humanos en un entorno nuevo: Gust, D., Gordon, T., Brodie, A., y McClure, H., «Effect of companions in modulating stress associated with new group formation in juvenile rhesus macaques», *Physiology and Behavior,* 59 (1996), 941; Smith, T., McGreer-Whitworth, B., y French, J., «Close proximity of the heterosexual partner reduces the physiological and behavioral consequences of novel-cage housing in black tufted-ear marmosets *(Callithrix kuhli)*», *Hormones and Behavior,* 34 (1998),

211; Sapolsky, R., Alberts, S., y Altmann, J., «Hypercortisolism associated with social subordinance or social isolation among wild baboons», *Archives of General Psychiatry,* 54 (1997), 1137; y Aureli, F., Prestan, S., y De Waal, F., «Heart rate responses to social interactions in free-moving rhesus macaques: a pilot study», *Journal of Comparative Psychology,* 113 (1999), 59.

Amistades de apoyo durante los agentes estresantes humanos: Lepore, S., Alien, K., y Evans, G., «Social support lowers cardiovascular reactivity to an acute stressor», *Psychosomatic Medicine,* 55 (1993), 518; Edens, J., Larkin, K., y Abel, J., «The effect of social support and physical touch on cardiovascular reactions to mental stress», *Journal of Psychosomatic Research,* 36 (1992), 371; Gerin, W., Pieper, C., Levy, R., y Pickering, T., «Social support in social interaction: a moderator of cardiovascular reactivity», *Psychosomatic Medicine,* 54 (1992), 324; y Kamarck, T., Manuck, S., y Jennings, J., «Social support reduces cardiovascular reactivity to psychological challenge: a laboratory model», *Psychosomatk Medicine,* 52 (1990), 42. Glucocorticoides en niños adoptados: Flinn, M., y England, B., «Social economics of childhood glucocorticoid stress response and health», *American Journal of Physical Anthropology,* 102 (1997), 33. Estudio de cáncer de mama: Turner-Cobb, J., Sephton, S., Koopman, C., Blake-Mortimer, J., y Spiegel, D., «Social support and salivary cortisol in women with metastatic breast cancer», *Psychosomatic Medicine,* 62 (2000), 337.

Apoyo social y sistema nervioso simpático: Fleming, R., «Mediating influence of social support on stress at Three Mile Island», *Journal of Human Stress,* 8 (1982), 14. Apoyo social y enfermedades cardiovasculares: Williams, R., y Littman, A., «Psychosocial factors: role in cardiac risk and treatment strategies», *Cardiology Clinics,* 14 (1996), 97.

Los beneficios para la salud del espulgamiento (en primates no humanos) y las caricias (en humanos) se pueden hallar en: Boccia, M., Reite, N. M., y Laudenslager, M., «On the physiology of grooming in a pigtail macaque», *Physiology and Behavior,* 45 (1989), 667; y Drescher, V., Gantt, W., y Whitehead, W., «Heart rate response to touch», *Psychosomatic Medicine,* 42 (1980), 559.

Apoyo social a nivel de la comunidad: Boydell, J., Van Os, J., McKenzie, K., «Incidence of schizophrenia in ethnic minorities in London: ecological study into interactions with environment», *British Journal of Medicine,* 323 (2001), 1336; y Neeleman, J., Wilson-Jones, C., y Wessely, S., «Ethnic density and deliberate self-harm; a small area study in south east London», *Journal of Epidemiology and Community Health,* 55 (2001), 85.

Por último, un reciente artículo demuestra que los beneficios para la salud de la socialización se extienden a unos ámbitos inesperados; entre los babuinos salvajes, cuanto más social es una hembra (al margen de factores ecológicos o el rango social) mejores son las oportunidades de supervivencia de sus crías: Silk, J., Alberts, S., y Altmann, J., «Social bonds of female baboons enhance infant survival», *Science*, 302 (2003), 1231.

Página 362: La importancia de la capacidad de previsión: Abbott, B., Schoen, L., y Badia, P., «Predictable and unpredictable shock: behavioral measures of aversion and physiological measures of stress», *Psychological Bulletin*, 96 (1984), 45; Davis, H., y Levine, S., «Predictability, control, and the pituitary-adrenal response in rats», *Journal of Comparative and Physiological Psychology*, 96 (1982), 393; y Seligman, M., y Meyer, B., «Chronic fear and ulcers with rats as a function of the unpredictability of safety», *Journal of Comparative and Physiological Psychology*, 73 (1970), 202. Capacidad de predecir: un análisis similar al mío (una señal de aviso indica cuándo hay que preocuparse y, lo que es más importante, cuándo uno se puede relajar) es el que el psicólogo Martin Seligman ha denominado *Helplessness: On Depression, Development and Death*, San Francisco, W. H. Freeman y Co., 1975.

Página 363: * Proceso de habituación de los saltadores en paracaídas: Ursin, H., Baade, E., y Levine, S., *Psychobiology of Stress: A Study of Coping Men*, Nueva York, Academic Press, 1978.

La respuesta de estrés en las aves migratorias, revisada en Wingfield, J., y Sapolsky, R., «Reproduction and resistance to stress: when and how», *Journal of Neuroendocrinology*, 15 (2003), 711.

Página 363: ** Úlcera y bombardeos en la Segunda Guerra Mundial: Stewart, D., y Winser, D., «Incidence of perforated peptic ulcer: effect of heavy air-raids», *The Lancet* (28 de febrero de 1942), 259.

Página 366: El control: No hay que ejercerlo realmente para obtener sus beneficios: Glass, D., y Singer, J., *Urban Stress: Experiments on Noise and Social Stressors*, Nueva York, Academic Press, 1972. Efectos sobre la incapacidad de controlar el crecimiento de un tumor: Visintainer, M., Volpicelli, J., y Seligman, M., «Tumor rejection in rats after inescapable or escapable shock», *Science*, 216 (1982), 437. Referencias generales en las que el control es útil: Houston, B., «Control over stress, locus of control, and response to stress», *Journal of Personality and Social Psychology*, 21 (1972), 249; y Lundberg, U., y Frankenhaeuser, M., «Psychophysiological reactions to noise as modified by personal control over stimulus intensity»,

Biological Psychology, 6 (1978), 51; Brier, A., Albus, M., Pickar, D., Zahn, T. P., Wolkowitz, O., y Paul, S., «Controllable and uncontrollable stress in humans: alterations in mood and neuroendocrine and psychophysiological function», *American Journal of Psychiatry*, 144 (1987), 1419; y Manuck, S., Harvey, A., Lechleiter, S., y Neal, K., «Effects of coping on blood pressure responses to threat of aversive stimulation», *Psychophysiology*, 15 (1978), 544. Ratas obligadas a hacer ejercicio: Moraska, A., Deak, T., Spencer, R., Roth, D., y Fleshner, M., «Treadmill running produces both positive and negative physiological adaptations in Sprague-Dawley rats», *American Journal of Physiology: Regulatory, Integrative and Comparative Physiology*, 279 (2000), R1321. Se puede hallar una revisión magistral en Haidt, J., y Rodin, J., «Control and efficacy as interdisciplinary bridges», *Review of General Psychology*, 3 (2000), 317.

Página 367: Estrés y control en el lugar de trabajo: Karasek, R., y Theorell, T., *Health, Work, Stress, Productiirity, and the Reconstruction of Working Life*, Nueva York, Basic Books, 1990; Schnall, P., Pieper, C., Schwartz, J., Karasek, R., Schlussel, Y., Devereux, R., Ganau, A., Alderman, M., Warren, K., y Pickering, T., «Relationship between job strain, workplace diastolic blood pressure, and left ventricular mass index», *Journal of the American Medical Association*, 263 (1990), 1929; y Steptoe, A., Kunz-Ebrecht, S., Owen, N., Feldman, P., Rumley, A., Lowe, G., y Marmot, M., «Influence of socioeconomic status and job control on plasma fibrinogen responses to acute mental stress», *Psychosomatic Medicine*, 65 (2003), 137. El estrés laboral sólo se produce en ciertos ámbitos: Kohn, M., y Schooler, C., *Work and Personality; An Inquiry into the Impact of Social Stratification*, Norwood, N.J., Ablex, 1983. Músicos de orquesta estresados: Levine, R., y Levine, S., «Why they are not smiling: stress and discontent in the orchestral workplace», *Harmony*, 2 (1996), 15-25.

Página 368: La percepción de la mejora o el empeoramiento de las cosas: los babuinos que ascienden o descienden en la jerarquía: Sapolsky, R., «Cortisol concentrations and the social sígnificance of rank instability among wild baboons», *Psychoneuroendocrinology*, 17 (1992), 701 (el cortisol es el glucocorticoide que se halla en el torrente circulatorio de los primates y los humanos). Los padres de los niños con cáncer: Wolff, C., Friedman, S., Hofer, M., y Mason, J., «Relationship between psychological defenses and mean urinary 17-hydroxycorticosteroid excretion rates», *Psychosomatic Medicine*, 26 (1964), 576 (los 17 hidroxicorticosteroides son las variantes de los glucocorticoides que excretan los humanos).

Página 369: El uso del terror fortuito entre los babuinos competitivos: Silk, J., «Practice random acts of aggression and senseless acts of intimidation: the logic of status contest in social groups», *Evolutionary Anthropology*, 11 (2002), 221.

Página 370: Los cambios como agentes estresantes, aunque sean buenos: Shively, C., Laber-Laird, K., y Anton, R., «Behavior and physiology of social stress and depression in female cynomolgus monkeys», *Biological Psychiatry*, 41 (1997), 871.

Página 372: La información predictiva no funciona con un intervalo de tiempo muy grande: Pitman, D., Natelson, B., Ottenweller, J., McCarty, R., Pritzel, T., y Tapp, W., «Effects of exposure to stressors of varying predictability on adrenal function in rats», *Behavioral Neuroscience*, 109 (1995), 767; y Arthur, A., «Stress of predictable and unpredictable shock», *Psychological Bulletin*, 100 (1986), 379.

Página 373: Sutilezas del control: DeGood, D., «Cognitive control factors in vascular stress responses», *Psychophysiology*, 12 (1975), 399; Houston, B., «Control over stress, locus of control, and response to stress», *Journal of Personality and Social Psychology*, 21 (1972), 249; Lundberg, U., y Frankenhaeuser, M., «Psychophysiological reactions to noise as modified by personal control over stimulus intensity», *Biological Psychology*, 6 (1978), 51.

Página 376: El síndrome del estrés del ejecutivo y los monos con úlcera: versiones técnicas y no técnicas del famoso experimento con monos ejecutivos se hallan, respectivamente, en Brady, J., Porter, R., Conrad, D., y Mason, J., «Avoidance behavior and the development of gastroduodenal ulcers», *Journal of the Experimental Analysis of Behavior*, 1 (1958), 69; y Brady, J., «Ulcers in "executive" monkeys», *Scientific American*, 199 (1958), 95. Las críticas técnicas y no técnicas de Weiss a este experimento de hallan, respectivamente, en Weiss, J., «Effects of coping response on stress», *Journal of Comparative and Physiological Psychology*, 65 (1968), 251, y Weiss, J., «Psychological factors in stress and disease», *Scientific American*, 226 (1972), 104. Una crítica técnica la ofrece asimismo Natelson, B., Dubois, A., y Sodetz, R., «Effect of multiple stress procedures on monkey gastroduodenal mucosa, serum gastrin and hydrogen ion kinetics», *American Journal of Digestive Diseases*, 22 (1977), 888.

Volveremos sobre muchas de las ideas de este capítulo en el último, que trata del control del estrés, y se darán referencias adicionales.

Capítulo 14
Estrés y depresión

Página 378: Entre un 5 y un 20 por 100 de la población sufre depresiones profundas: Robins, L., Helzer, J., Weissman, M., Orvaschel, H., Gruenberg, E., Burke, J., y Regier, D., «Lifetime prevalence of specific psychiatric disorders in three sites», *Archives of General Psychiatry*, 41 (1984), 949; Weissman, M., y Myers, J., «Rates and risks of depressive symptoms in a United States urban community», *Acta Psychiatrica Scandinavica*, 57 (1978), 219; Helgason, T., «Epidemiological investigation concerning affective disorders», en Schor, M., y Stromgren, M., eds., *Origin, Presentation and Treatment of Affective Disorders*, Londres, Academic Press, 1979, 241. El índice está subiendo: Klerman, G., y Weissman, M., «Increasing rates of depression», *Journal of the American Medical Association*, 261 (1989), 2229. Segunda causa principal de incapacidad: *Science*, 288, 39.

Página 379: Buenas descripciones de los síntomas de los distintos subtipos de depresión se hallan en la «biblia» de este tema, el *Diagnostic and Statistical Manual of Mental Disorders* (DSM-III-R), 3.ª ed. rev., Washington, D.C., American Psychiatric Association, 1987. Asimismo véase Gold, P., Goodwin, F., y Chrousos, G., «Clinical and biochemical manifestations of depression: relation to the neurobiology of stress», *New England Journal of Medicine*, 319 (1988), 348. Las emociones positivas y negativas no son meros opuestos: Zautra, A., *Emotions, Stress and Health*, Nueva York, Oxford University Press, 2003.

Página 381: * 800.000 suicidios al año: «Spirit of the age», *The Economist* (18 de diciembre de 1998), 113.

Página 381: ** Nota a pie de página: quién corre riesgo de sufrir una depresión: Whooley, M., y Simon, G., «Managing depression in medical outpatients», *New England Journal of Medicine*, 343 (2000), 1942.

Página 382: Para una discusión clásica de la depresión como trastorno cognitivo, véase Beck, A., *Cognitive Therapy and the Emotional Disorders*, Nueva York, International Universities Press, 1976.

Página 383: Síntomas vegetativos: el primer informe sobre cambios de sueño en muchos pacientes depresivos: Diaz-Guerrero, R., Gottlieb, J., y Knott, J., «The sleep of patients with manic-depressive psychosis, depressive type: an electroencephalographic study»,

Psychosomatic Medicine, 8 (1946), 399. Asimismo véanse Coble, P., Foster, F., y Kupfer, D., «Electroencephalographic sleep diagnosis of primary depression», *Archives of General Psychiatry,* 33 (1976), 1124; y Gillin, J., Duncan, W., Pettigrew, K., Frankel, B., y Snyder, F., «Successful separation of depressed, normal and insomniac subjects by EEG sleep data», *Archives of General Psychiatry,* 36 (1979), 85. El nivel de cortisol (un glucocorticoide) es elevado en muchos depresivos; para una de las primeras demostraciones, véase Sachar, E., «Neuroendocrine abnormalities in depressive illness», en Sachar, E., ed., *Topics of Psychoendocrinology,* Nueva York, Grune y Stratton, 1975, 135. Para una revisión más reciente, véase Sapolsky, R., y Plotsky, P., «Hypercortisolism and its possible neural bases», *Biological Psychiatry,* 27 (1990), 937.

Página 384: Problemas de memoria en la depresión: Austin, M., Mitchell, P., y Goodwin, G., «Cognitive deficits in depression», *British Journal of Psychiatry,* 178 (2001), 200.

Página 386: La sintomatología de los depresivos puede seguir patrones cíclicos temporales: una demostración clásica se halla en Richter, C., «Two-day cycles of alternating good and bad behavior in psychotic patients», *Archives of Neurology and Psychiatry,* 39 (1938), 587. Para una buena revisión de los trastornos afectivos estacionales, véase Rosenthal, N., Sack, D., Gillin, C., Lewy, A., Goodwin, F., Davenport, Y., Mueller, P., Newsome, D., y Wehr, T., «Seasonal affective disorder», *Archives of General Psychiatry,* 41 (1984), 72. Para una demostración del uso de terapia ligera en este tipo de trastornos, véanse Rosenthal, N., Sack, D., Carpenter, C., Parry, B., Mendelson, W., y Wehr, T., «Antidepressant effects of light in seasonal affective disorder», *American Journal of Psychiatry,* 142 (1985), 163; y Wehr, T., Jacobsen, F., Sack, D., Arendt, J., Tamarkin, L., y Rosenthal, N., «Phototherapy of seasonal affective disorder», *Archives of General Psychiatry,* 43 (1986), 870. Las células de la retina envían información al sistema límbico: Barinaga, M., «How the brain's clock gets daily enlightenment», *Science,* 295 (2002), 955.

Página 387: La neuroquímica de la depresión es un tema muy amplio sobre el que se han publicado innumerables artículos, muchos de ellos contradictorios. Para un examen bastante accesible del estado de confusión actual acerca de si es un problema de noradrenalina o de serotonina, si interviene un exceso o un defecto de neurotransmisor(es) o un exceso o un defecto de receptor(es), véase Kandel, E., «Disorders of mood», en Kandel, E., Schwartz, J., y Jessell, T., eds., *Principles of Neural Sciences,* 3.ª ed., Nueva York,

Elsevier, 1991. Una excelente y accessible introducción al tema de los neurotransmisores se halla en Barondes, S., *Molecules and Mental Illness*, Nueva York, Scientific American Library, W. H. Freeman, 1993-.

Página 391: Nota a pie de página: eficacia del mosto de San Juan: DiCarlo, G., Borrelli, F., Ernst, E., e Izzo, A., «St. John's wort: Prozac from the plant kingdom», *Trends in Pharmacological Sciences*, 22 (2001), 292. St. John's wort disrupting efficacy of other medications: Vogel, G., «How the body's "garbage disposal" may inactivate drugs», *Science*, 291 (2001), 35.

Página 393: Una breve digresión sobre la terapia electroconvulsiva: pocos procedimientos médicos actuales tienen peor imagen popular. En el pasado, la TEC implicaba cantidades de electricidad suficientes para producir daño cerebral, pérdida de memoria y convulsiones que causaban lesiones corporales. Para empeorar las cosas, su uso en cualquier tipo de trastorno además de la depresión incurable —alteraciones de la conducta, delincuencia juvenil, etc.— la convertía en un medio de control médico-político y de castigo. Sin embargo, en la actualidad se lleva a cabo de forma muy distinta: se usa menos electricidad y no hay pruebas de que su versión moderna produzca daño cerebral o pérdida permanente de la memoria. Por otra parte, los pacientes suelen estar sedados durante las sesiones, lo que prácticamente elimina el riesgo de lesiones físicas por convulsiones. Y lo que es más importante, correctamente administrada, salva vidas. Para pacientes que han pasado por todo tipo de psicoterapias, por todo tipo de antidepresivos y por todas las combinaciones de ambos, y que siguen estando deprimidos y manifestando tendencias suicidas, es probable que la TEC sea la única técnica conocida que pueda ayudarlos. Puede ser un procedimiento extraordinariamente útil, según afirman muchos exdepresivos. Para una exposición de la historia de la TEC y de la seguridad de su utilización actual, véase Fink, M., «Convulsive therapy: fifty years of progress», *Convulsive Therapy*, 1 (1985), 204. Mecanismos de acción de la TEC: algunos artículos que demuestran los efectos de la TEC en varios receptors de noradrenalina y de otros neurotransmisores relacionados: Kellar, K., y Stockmeier, C., «Effects of electroconvulsive shock and serotonin axon lesions on beta-adrenergic and serotonin-2 receptors in rat brain», *Annals of the New York Academy of Sciences*, 462 (1986), 76; Chiodo, L., y Antelman, S., «Electroconvulsive shock: progressive dopamine autoreceptor subsensitivity independent of repeated treatment», *Science*, 210 (1980), 799; Reches, A., Wagner, H.,

Barkai, A., Jackson, V., Yablonskaya-Alter, E., y Fahn, S., «Electro-convulsive treatment and haloperidol: effects on pre-and postsynaptic dopamine receptors in rat brain», *Psychopharmacology*, 83 (1984), 155; y Devan, D., Dwork, A., Hutchinson, E., Bolwig, T., y Sackeim, H., «Does ECT alter brain structure?», *American Journal of Psychiatry*, 151 (1994), 957. Asimismo, véase Fink, M., *Electroshock: Restoring the Mind*, Nueva York, Oxford University Press, 1999-.

Página 395: Vías cerebrales del placer: para una historia de los inicios de este campo por uno de sus dos descubridores, véase Milner, P., «The discovery of self-stimulation and other stories», *Neuroscience and Biobehavioral Reviews*, 13 (1989), 61. Para otro examen general del campo, véase Routtenberg, A., «The reward system of the brain», *Scientific American* (noviembre de 1978). Para una demostración de que la estimulación de estas vías es más gratificante que la comida, véase Routtenberg, A., y Lindy, J., «Effects of the availability of rewarding septal and hypothalamic stimulation on bar pressing for food under conditíons of deprivation», *Journal of Comparative and Physiological Psychology*, 60 (1965), 158. Para uno de los primeros estudios sobre la intervención de la noradrenalina en las vías del placer, véase Stein, L., «Effects and interactions of imipramine, chlorpromzaine, reserpine, and amphetamine on self-stimulation: possible neurophysiological basis of depression», en Wortis, J., ed., *Recent Advances in Biological Psychiatry*, vol. 4, Nueva York, Plenum, 1962, 288. Este estudio demostró que el agotamiento de la noradrenalina en las ratas disminuye la autoestimulación de las vías del placer. En los últimos años se ha producido un cambio en este campo y se ha dejado de considerar la noradrenalina el principal neurotransmisor de las vías del placer, igual que se ha dejado de considerarla la única culpable de la depresión. Otro neurotransmisor, la dopamina, avanza hacia la primera línea como el principal neurotransmisor que interviene en las vías del placer, lo cual tiene cierto sentido, ya que la cocaína actúa fundamentalmente en las sinapsis de dopamina. No obstante, aunque la noradrenalina sea probablemente el neurotransmisor más importante de la percepción del placer, un defecto de su regulación en esa área cerebral tiene, en cualquier caso, un enorme potencial para causar estragos. Para comprender el modo en que múltiples neurotransmisores se emplean en diversos pasos de la sinapsis de estas vías del placer, vamos a emplear una analogía: un cable largo puede estar formado por materiales fuertes y débiles en diversos puntos; no obstante, cortarlo en cualquier punto causa problemas, y el vínculo con la noradrenalina estaría donde se produce la ruptura. Esto se examina en Milner, P.,

«Brain-stimulation reward: a review», *Canadian Journal of Psychology,* 45 (1991), 1.

Una revisión de la literatura sobre las vías del placer y la autoestimulación en humanos se halla en Heath, R., «Electrical self-stimulation of the brain in man», *American Journal of Psychiatry,* 120 (1963), 571.

Página 396: Sustancia P bloqueadores como antidepresivos: Bondya, B., Baghaia, T., Minova, C., Schulea, C., Schwarza, M., Zwanzgera, P., Rupprechta, R., y Mullera, H., «Substance P serum levels are increased in major depression: preliminary results», *Biological Psychiatry,* 53 (2003), 538. También se discute en Fava, M., y Kendler, K., «Major depressive disorder», *Neuron,* 28 (2000), 335.

Página 399: Para un examen de los inconvenientes y del sorprendente número de ventajas de la cingulotomía (y para una seria discusión de las controversias de la psicocirugía en general), véase Konner, M., «Too desperate a cure?», originalmente publicado en *The Sciences* (mayo de 1988), 6; reimpreso en Konner, M., *Why the Reckless Survive,* Nueva York, Viking Penguin, 1990. Para una discusión técnica del resultado de las cingulotomías, véase Ballantine, H., Bouckoms, A., Thomas, E., y Giriunas, I., «Treatment of psychiatric illness by stereotactic cingulotomy», *Biological Psychiatry,* 22 (1987), 807. Para una historia de la psicocirugía y de la controversia que la acompaña, véase Valenstein, E., *Great and Desperate Cures: The Rise and Decline of Psychosurgery and Other Radical Treatments for Mental Illness,* Nueva York, Basic Books, 1986. Es interesante el que un estudio de 1992 apoye la idea general de que «la corteza cerebral susurra demasiados pensamientos depresivos al sistema límbico»; este artículo demuestra que los pacientes deprimidos tienen mayor metabolismo (con respecto a pacientes no deprimidos) en la corteza prefrontal y en la amígdala: Drevets, W., Videen, T., Price, J., Preskorn, S., Carmichael, S., y Raichle, M., «A functional anatomical study of unipolar depression», *Journal of Neuroscience,* 12 (1992), 3628.

Página 401: * El córtex cingulado anterior; las emociones positivas inhiben el CCA: Aalto, S., Naatanen, R., Wallius, E., Metsahonkaala, L., Stenman, H., Niemi, R., y Karlsson, P., «Neuroanatomical substrate of amusement and sadness: a PET activation study using film stimuli», *NeuroReport,* 13 (2002), 67-73. Estimulación del CCA y sensación de presagio: Drevets, W., «Neuroimaging and neuropathological studies of depression: implications for the cognitive-emotional features of mood disorders», *Current Opinion in Neurobiology,* 11 (2001), 240. Hipnosis y activación del CCA:

Rainville, P., Duncan, D., Price, D., Carrier, B., y Bushnell, M., «Rain affect encoded in human anterior cingulated but not somatosensory cortex», *Science*, 277 (1997), 968. CCA activado por el dolor: Hutchison, W., Davis, K., Lozano, A., Tasker, R., y Dostrovsky, J., «Pain-related neurons in the human cingulated cortex», *Nature Neuroscience*, 2 (1999), 403. Viudos/as y activación del CCA: O'Connor, M., Littrell, L., Fort, C., y Lañe, R., «Functional neuroanatomy of grief: an MRI study», *American Journal of Psychiatry*, 160 (2003), 1946. CCA activado cuando uno es excluido de un juego: Eisenberger, N., Lieberman, M., Williams, K., «Does rejection hurt? An fMRI study of social exclusión», *Science*, 302 (2003), 290. Las caras tristes provocan exageradas respuestas del CCA: Drevets, *op. cit.* Trabajo de Davidson sobre la lateralidad de la activación del CCA: Davidson, R., Jackson, D., y Kalin, N., «Emotion, plasticity, context, and regulation: perspectives from affective neuroscience», *Psychological Bulletin*, 126 (2000), 890. Pautas de activación del CCA en las crías de mono: Rilling, J., Winslow, J., O'Brien, D., Gutman, D., Hoffman, J., y Kilts, C., «Neural correlates of maternal separation in rhesus monkeys», *Biological Psychiatry*, 49 (2001), 146.

Página 401: ** La genética de la depresión se revisa en Kendler, K., Prescott, C., Myers, J., y Neale, M., «The structure of genetic and environmental risk factors for common psychiatric and substance use disorders in men and women», *Archives of General Psychiatry*, 60 (2003), 929.

Página 403: Activación inmune y depresión: Dantzer, R., «Cytokines and depression: an update», *Brain Behavior and Immunity*, 16 (2002), 501; y Anisman, H., y Merali, Z., «Cytokines, stress, and depressive illness», *Brain, Behavior and Immunity*, 16 (2002), 513.

Página 404: * La insuficiencia de la hormona tiroidea puede conducir a la depresión: Denko, J., y Kaelbling, R., «Psychiatric aspects of hypoparathyroidism», *Acta Psychiatrica Scandinavica*, 38 (1962), supp. 164, 7; y Whybrow, P., Prange, A., y Treadway, C., «Mental changes accompanying thyroid gland dysfunction», *Archives of General Psychiatry*, 20 (1969), 47. Esto puede deberse a que las hormonas tiroideas influyen en la noradrenalina que se procesa en el cerebro: Prange, A., Meek, J., y Lipton, M., «Catecholamines: diminished rate of synthesis in rat brain and heart after thyroxine pretreatment», *Life Sciences*, 9 (1970), 901. Muchos enfermos de depresión tienen una deficiencia de la hormona tiroidea: Lipton, M., Breese, G., Prange, A., Wilson, I., y Cooper, B., «Behavioral effects of hypothalamic polypeptide hormones in animals and man», en Sacher, E., ed., *Hormones, Behavior and Psychopathology*, Nueva York, Raven Press, 1976, 15. El hipotiroidismo puede provocar resistencia a los antidepresivos: Bauer, M., Heinz, A., y Whybrow, E., «Thyroid hormones, serotonin and mood: of synergy and significance in the adult brain», *Molecular Psychiatry*, 7 (2002), 140-156, y Cole, D., Thase, M., Mallinger, A., Soares, J., Luther, J., Kupfer, D., y Frank, E., «Slower treatment response in bipolar depression predicted by lower pretreatment thyroid function», *American Journal of Psychiatry*, 159 (2002), 116.

Página 404: ** Mayor incidencia de la depresión en mujeres que en hombres: Murphy, M., Sobol, A., Neff, R., Olivier, D., y Leighton, A., «Stability of prevalence», *Archives of General Psychiatry*, 41 (1984), 990. Más episodios depresivos en mujeres bipolares que en hombres: Gater, R., Tansella, M., Korten, A., Tiemens, B., Mavreas, V., y Olatawura, M., «Sex differences in the prevalence and detection of depressive and anxiety disorders in general health care settings: report from the World Health Organization Collaborative Study on psychological problems in general health care», *Archives of General Psychiatry*, 55 (1998), 405. Diferencias sexuales en la incidencia de la depresión: la mejor visión general de varias teorías no hormonales se halla en Nolen-Hoeksma, S., «Sex differences in depression: theory and evidence», *Psychological Bulletin*, 101 (1987), 259. Los aspectos hormonales de las diferencias sexuales en la depresión: las mujeres presentan una incidencia mucho mayor de la depresión en torno al momento de la menstruación: Abramowitz, E., Baker, A., y Fleischer, S., «Onset of depressive psychiatric crises and the menstrual cycle», *American Journal of Psychiatry*, 139 (1982), 475. En el periodo inmediatamente posterior al parto hay un riesgo elevado de sufrir una depresión: Campbell, S., y Cohn, J., «Prevalence and correlates of postpartum depression in first-time mothers», *Journal of Abnormal Psychology*, 100 (1991), 594; O'Hara, M., Schlechte, J., Lewis, D., y Wright, E., «Prospective study of postpartum blues: biologic and psychosocial factors», *Archives of General Psychiatry*, 48 (1991), 801. En un estudio reciente ha aparecido una idea generalmente considerada herética, a saber, que los padres tienen el mismo índice de depresión posparto que las madres: Richman, J., Raskin, V., y Gaines, C., «Gender roles, social support, and postpartum depressive symptomatology», *Journal of Nervous and Mental Disease*, 179 (1991), 139.

Página 404: *** Las diferencias de género en el control y en el consumo de sustancias en las sociedades tradicionales: Loewenthal,

K., y Goldblatt, V., «Gender and depression in Anglo-Jewry», *Psychological Medicine*, 25 (1995), 1051. Este estudio me pareció bastante desconcertante, o al menos distinto a mis expectativas. Dicho artículo inicialmente parecía examinar la idea de que la diferencia de género se refería a que los hombres tienen más tendencia que las mujeres a enmascarar su depresión en el alcoholismo y otras formas de consumo de drogas (es decir, el alcohólico deprimido tiene más probabilidad de ser categorizado como un alcohólico que como un depresivo). Así, los autores examinaron a una población de judíos ortodoxos, entre los cuales los índices de consumo de alcohol y drogas eran enormemente bajos. Si en la población general los hombres tienen una tasa de depresión de X y las mujeres de 2X, cabría esperar que las tasas de depresión en estas mujeres y hombres ortodoxos fuesen ambas de 2X (en otras palabras, en la población general, los hombres realmente tenían índices de depresión de 2X, pero la mitad de esos casos se clasificaron como consumo de drogas). El artículo informaba de tasas de depresión equivalentes en mujeres y hombres entre los judíos ortodoxos, en claro contraste con la población general. No obstante, en vez de tener todos la tasa de 2X de la población general, estaban más próximos a X. Por tanto, no era que la ausencia de alcoholismo revelase una tasa más elevada de depresión en los hombres, sino que la mentalidad ortodoxa había hecho descender la tasa de depresión de las mujeres a los niveles más bajos detectados en los hombres. Los autores sugerían que esto se debía al papel honorable y socialmente importante de las mujeres en el seno de la sociedad judía ortodoxa. Como alguien que se ha criado en una comunidad semejante, soy un poco escéptico ante esta interpretación, pero no puedo proponer una mejor.

Página 405: Los estrógenos y la progesterona influyen en el cerebro; por ejemplo, los estrógenos cambian la capacidad de excitación eléctrica del cerebro (Teyler, T., Vardaris, R., Lewis, D., y Rawitch, A., «Gonadal steroids: effects on excitability of hippocampal pyramidal cells», *Science*, 209 [1980], 1017) y el número de receptores de algunos de los neurotransmisores más importantes (Schumacher, M., «Rapid membrane effects of steroid hormones: an emerging concept in neuroendocrinology», *Trends in Neurosciences*, 13 [1990], 359; véase también Weiland, N., «Sex steroids alter N-methyl-D-aspartate receptor binding in the hippocampus», *Society for Neuroscience Abstracts*, 16 [1990], 959), así como el número de puntos de recepción de las dendritas («espinas dendríticas») que forman sinapsis con las terminaciones de los axones. Esta última observación es especialmente interesante, pues se ha demostrado que el número de espinas dendríticas varía, en diversas áreas del cerebro de la rata, en función del ciclo reproductor de la hembra (Woolley, C., Gould, E., Frankfurt, M., y McEwen, B., «Naturally occurring fluctuation in dendritic spine density on adult hippocampal pyramidal neurons», *Journal of Neuroscience*, 10 [1990], 4035; y Young, E., y Korszun, A., «Psychoneuroendocrinology of depression: Hypothala-mic-pituitary-gonadal axis», *Psychiatric Clinics of North America*, 21 [1999], 309).

La progesterona también influye en el cerebro por el hecho de que uno de sus productos de desecho (metabolitos) puede unirse a uno de los tipos de receptors cerebrales de los neurotransmisores principales y alterar su funcionamiento: Majewska, M., Harrison, N., Schwartz, R., Barker, J., y Paul, S., «Steroid hormone metabolites are barbiturate-like modulators of the GABA receptor», *Science*, 232 (1986), 1004. Esto es muy interesante por dos razones: en primer lugar, el hecho de que el agente decisivo no sea la progesterona, sino su metabolito (al que sus amigos íntimos llaman: 3-alfa-hidroxi-5-alfa-dihidroprogesterona) significa que hay que tener en cuenta no sólo la cantidad de progesterona, sino también cuánta se convierte en metabolito. De particular interés para el ciclo menstrual, la progesterona, el estado de ánimo, y la depresión, es el hecho de que los metabolitos de la progesterona se hallen vinculados al mismo grupo de receptores que los tranquilizantes de benzodiazepina (los que se venden como Valium y Librium) y los anestésicos barbitúricos. Además, en dosis adecuadas, este metabolito de la progesterona actúa como anestésico («anestésicos esteroides» de este tipo se han usado en humanos durante una operación). Nadie ha comprendido aún el significado de todo esto, pero todo el mundo supone que se trata de algo muy interesante.

Por último, para la forma en que los estrógenos y la progesterona alteran la acción de los fármacos antidepresivos en el cerebro, véase Wilson, M., Dwuyer, K., y Roy, E., «Direct effects of ovarian hormones on antidepressant binding sites», *Brain Research Bulletin*, 22 (1989), 181. Para una demostración de que las hembras descomponen los fármacos antidepresivos en la sangre con más lentitud que los machos, de modo que le llega mayor cantidad al cerebro, véase Biegon, A., y Samuel, D., «The in vivo distribution of an antidepressant drug (DMI) in male and female rats», *Psychopharmacology*, 65 (1979), 259. Para una fascinante exposición de la variabilidad de la sensibilidad de etnias distintas a diversos fármacos psicoactivos, véase Holden, C., «New center to study therapies and ethnicity», *Science,* 251 (1991), 748.

Página 406: Para un tratamiento más amplio de las relaciones entre estrés y depresión, véanse Gold, P., Goodwin, F., y Chrousos, G., «Clinical and biochemical manifestations of depression: relation to the neurobiology of stress», *New England Journal of Medicine,* 319 (1988), 348 (esboza un modelo, muy similar al propuesto en este capítulo, del defecto genético de la depresión como el fracaso del estrés en producir tirosina hidroxilasa); Zis, A., y Goodwin, F., «Major affective disorders as a recurrent illness: a critical review», *Archives of General Psychiatry,* 36 (1979), 385; Anisman, H., y Zacharko, R., «Depression: the predisposing influence of stress», *Behavioral and Brain Science,* 5 (1982), 89; y Turner, R., y Beiser, M., «Major depression and depressive symptomatology among the physically disabled: assessing the role of chronic stress», *Journal of Nervous and Mental Disease,* 178 (1990), 343. La producción de estrés entre los depresivos: Roberts, J., y Ciesla, J., «Stress generation in the context of depressive disorders», en Fink, ed., *Encydopedia of Stress,* vol. 3, 512.

Grandes agentes estresantes antes de la primera depresión profunda: Brown, G., y Harris, T., *Social Origins of Depression,* Nueva York, Free Press, 1978; y Brown, G., Harris, T., y Hepworth, C., «Loss, humiliation and entrapment among women developing depression: a patient and non-patient comparison», *Psychological Medicine,* 25 (1995), 7. Para algunos estudios que examinan los factores que predicen quién se deprime en respuesta a grandes agentes estresantes, véanse Maciejewiski, P., Prigerson, H., y Mazure, C., «Self-efficacy as a mediator between stressful life events and depressive symptoms: differences based on history of prior depression», *British Journal of Psychiatry,* 176 (2000), 373; y Mitchell, P., Parker, G., Gladstone, G., Wilhelm, K., y Austin, V., «Severity of stressful life events in first and subsequent episodes of depression: the relevance of depression subtype», *Journal of Affective Disorders,* 73 (2003), 245.

Página 408: Un gen que predispone: Caspi, A., Sugden, K., Moffitt, T., Taylor, A., Craig, I., Harrington, H., McClay, J., Mili, J., Martin, J., Braithwait, A., y Poulton, R., «Influence of life stress on depression: moderation by a polymorphism in the 5-HTT gene», *Science,* 301 (2003), 386. Un hallazgo similar en primates no humanos: Bennett, A., Lesch, K., Heils, A., Long, J., Lorenz, J., Shoaf, S., Champoux, M., Suomi, S., Linnoila, M., y Higley, J., «Early experience and serotonin transporter gene variation interact to influence primate CNS function», *Biological Psychiatry,* 7 (2002), 118.

Página 409: Bajo nivel de glucocorticoides en la depresión atípica: Gold, P., y Chrousos, G., «Organization of the stress system and its dysregulation in melancholic and atypical depression: high versus low CRH/NE states», *Molecular Psychiatry,* 7 (2002), 254-275.

Página 410: Problemas de realimentación en la depresión, para un examen, véase Pariante, C., y Miller, A., «Glucocorticoid receptors in major depression: relevance to pathophysiology and treatment», *Biological Psychiatry,* 49 (2001), 391.

Página 411: El estrés altera la neuroquímica que afecta a la depresión: revisado en Tafet, G., y Bernardini, R., «Psychoneuroendocrinological links between chronic stress and depression», *Progress in Neuro-Psychopharmacology and Biological Psychiatry,* 27 (2003), 893; y Safaban, E., y Kvetnansky, R., «Stress-triggered activation of gene expression in catecholaminergic systems: dynamics of transcriptional events», *Trends in Neurosciences,* 24 (2001), 91. Para un vínculo enormemente interesante entre los glucocorticoides y la neuroquímica de la serotonina, véase Glatz, K., Mossner, R., Heils, A., y Lesch, K., «Glucocorticoid-regulated human serotonin transporter (5-HTT) expression is modulated by the 5-HTT gene-promoter-linked polymorphic región», *Journal of Neurochemistry,* 86 (2003), 1072. También Van Riel, E., Meijer, O., Steenbergen, P., y Joels, M., «Chronic unpredictable stress causes attenuation of serotonin responses in cornu ammonis 1 pyramidal neurons», *Neuroscience,* 120 (2003), 649. Para una demostración de que el estrés incontrolable altera la neuroquímica de la serotonina, véase Bland, S., Twining, C., Watkins, L., y Maier, S., «Stressor controllability modulates stress-induced serotonin but not dopamine efflux in the nucleus accumbens shell», *Synapse,* 49 (2003), 206.

Página 412: * Consecuencias de los elevados niveles de glucocorticoides en la depresión: Inmunidad: Irwin, M., «Depression and immunity», en Ader, R., Felten, D., Cohen, N., eds., *Psychoneuroimmunology,* 3.ª ed., San Diego, Academic Press, 2001, vol. 2, 383. Osteoporosis: Cizza, G., Ravn, P., Chrousos, G., y Gold, P., «Depression: a major, unrecognized risk factor for osteoporosis?», *Trends in Endocrinology and Metabolism,* 12 (2001), 198. Enfermedad cardíaca: Penninx, B., Beekman, A., Honig, A., Deeg, D., Schoevers, R., Van Eijk, J., y Van Tilburg, W., «Depression and cardiac mortality: results from a community-based longitudinal study», *Archives of General Psychiatry,* 58 (2001), 229; Ferketich, A., Schwartzbaum, J., Frid, J., y Moeschberger, M., «Depression as an antecedent to heart disease among women and men in the

NHANES I study», *National Health and Nutrition Examination Survey*, *Archives of Infernal Medicine*, 9 (2000), 1261; y Grippoa, A., y Johnson, A., «Biological mechanisms in the relationship between depression and heart disease», *Neuroscience and Biobehavioral Reviews*, 26 (2002), 941.

Página 412: ** Atrofia del hipocampo en la depresión: Sheline, Y., Wang, R., Gado, M., Csernansky, J., y Vannier, M., «Hippocampal atrophy in recurrent major depression», *Proceedings of the National Academy of Sciences, USA*, 93 (1996), 3908-4003; Sheline, Y., Sanghavi, M., Mintun, M., y Gado, M., «Depression duration but not age predicts hippocampal volume loss in medical healthy women with recurrent major depression», *Journal of Neuroscience*, 19 (1999), 5034-5041; Bremner, J., Narayan, M., Anderson, E., Staib, L., Miller, H., y Charney, D., «Hippocampal volume reduction in major depression», *American Journal of Psychiatry*, 157 (2000), 115-127; Sheline, Y., Gado, M., y Kraemer, H., «Untreated depression and hippocampal volume loss», *American Journal of Psychiatry*, 160 (2003), 1516; y MacQueen, G., Campbell, S., McEwen, B., Macdonald, K., Amano, S., Joffe, R., Nahmias, C., y Young, L., «Course of illness, hippocampal function, and hippocampal volume in major depression», *Proceedings of the National Academy of Sciences, USA*, 100 (2002), 1387.

Atrofia cortical frontal: Lai, T., Payne, M. E., Byrum, C. E., Steffens, D. C., y Krishnan, K. R., «Reduction of orbital frontal cortex volume in geriatric depression», *Biological Psychiatry*, 48 (2000), 971; Rajkowska, G., Miguel-Hidalgo, J., Wei, J., Pittman, S., Dilley, G., Overholser, J., Meltzer, H., y Stockmeier, C., «Morphometric evidence for neuronal and glial prefrontal cell pathology in major depression», *Biological Psychiatry*, 45 (1999), 1085. Sensibilidad cortical frontal a los glucocorticoides: Sánchez, M., Young, L., Plotsky, P., y Insel, T., «Distribution of corticosteroid receptors in the rhesus brain: relative absence of GR in the hippocampal formation», *Journal of Neuroscience*, 20 (2000), 4657.

Página 413: Neurogénesis y depresión: Kempermann, G., y Kronenberg, G., «Depressed new neurons-adult hippocampal neurogenesis and a cellular plasticity hypothesis of major depression», *Biological Psychiatry*, 54 (2003), 499. Un número de 2004 de *Biological Psychiatry* incluye un debate entre dos de los principales grupos que participan en esta controversia (Duman, Vollmayr, Henn), moderado por el autor de estas líneas.

Página 414: Efectos antidepresivos de los inhibidores de esteroidogénesis: Wolkowitz, O., Reus, V., Chan, T., Manfredi, E, Raum, W.,

Johnson, R., y Canick, J., «Antiglucocorticoid treatment of depression: double-blind ketoconazole», *Biological Psychiatry,* 45 (1999), 1070; McQuade, R., y Young, A., «Future therapeutic targets in mood disorders: the glucocorticoid receptor», *British Journal of Psychiatry,* 177 (2000), 390; y Sapolsky, R., «Taming stress», *Scientific American* (septiembre de 2003), 86. Eficacia de los bloqueadores de receptores de glucocorticoides: Belanoff, J., Rothschild, A., Cassidy, F., DeBattista, C., Baulieu, E., Schold, C., y Schatzberg, A., «An open label trial of C-1073 (Mifepristone) for psychotic major depression», *Biological Psychiatry,* 52 (2002), 386-392. DHEA como antidepresivo: McQuade, «Future therapeutic agents», *op. cit.*

Página 416: Normalizar los niveles de glucocorticoides como requisito previo para la eficacia antidepresiva: Holsboer, F., «The corticosteroid receptor hypothesis of depression», *Neuropsychopharmacology,* 23 (2000), 477. La normalización de los niveles de glucocorticoides precede a la salida de la depresión: Yau, J., y Seckl, J., «Antidepressant actions on glucocorticoid receptors», en Fink, ed., *Encyclopedia of Stress,* vol. 1, 212. Como consecuencia de este pensamiento, algunos investigadores sugieren que los antidepresivos básicamente funcionan no tanto cambiando los niveles de los receptores de glucocorticoides como cambiando la actividad de una proteína que regula la cantidad de glucocorticoides que penetra en una neurona. Es una idea interesante, pero claramente minoritaria y se examina en Pariante, C., Thomas, S., Lovesteon, S., Makoff, A., y Kerwin, R., «Do antidepressants regulate how cortisol affects the brain?», *Psychoneuroendocrinology,* 29 (2004), 423.

Página 417: El ensayo clásico de Freud, «Mourning and melancholia», se halla en *The Collected Papers,* vol. 4, Nueva York, Basic Books, 1959.

Página 419: Rasgos psicológicos de la indefensión aprendida: el libro definitivo sobre este tema es el de Martin Seligman (del que he tomado varias citas): *Helplessness: On Depression, Development and Death,* San Francisco, W. H. Freeman, 1975. Esta monumental (y muy amena) obra es uno de los libros más influyentes publicados en psicología. Los experimentos humanos específicos que se citan en este apartado son: Hiroto, D., «Locus of control and learned helplessness», *Journal of Experimental Psychology,* 102 (1974), 187 (un ruido incontrolable provoca indefensión en una tarea de evitación del mismo); Hiroto, D., y Seligman, M., «Generality of learned helplessness in man», *Journal of Personality and Social Psychology,* 31 (1974), 311 (un ruido incontrolable altera el aprendizaje de sencillos trabalenguas y las tareas irresolubles provocan indefensión); Seligman, *Helplessness*, p. 35 (las tareas irresolubles provocan indefensión social).

Para un examen de la indefensión aprendida como fenómeno cognitivo/afectivo, véase Seligman, *Helplessness*. Para una exposición de la indefensión aprendida como fenómeno de retraso psicomotor, véase Weiss, J., Bailey, W., Goodman, P., Hoffman, L., Ambrose, M., Salman, S., y Charry, J., «A model for neurochemical study of depression», en Spiegelstein, M., y Levy, A., eds., *Behavioral Models and the Analysis of Drug Action*, Ámsterdam, Elsevier, 1982. La «pereza aprendida» en animales a los que se recompensa de modo no contingente: la expresión «mocoso mimado» es de Seligman, *Helplessness*, p. 35. La versión publicada de estos hallazgos se encuentra en Engberg, L., Hansen, G., Welker, R., y Thomas, D., «Acquisition of key-pecking via autoshaping as a function of prior experience: "learned laziness?"», *Science*, 178 (1973), 1002.

Página 422: Rasgos biológicos de la indefensión aprendida, en los que las ratas manifiestan alteraciones en la forma de espulgarse, la conducta social, la conducta sexual, la alimentación y muchos otros síntomas vegetativos: Stone, E., «Possible grooming deficit in stressed rats», *Research Communication in Psychology, Psychiatry and Behavior*, 3 (1978), 109; Weiss, J., Simson, P., Ambrose, M., Webster, A., y Hoffman, L., «Neurochemical basis of behavioral depression», en Katkin, E., y Manuck, S., eds., *Advances in Behavioral Medicine*, vol. 1, Greenwich, Conn. JAI Press, 1985; y Weiss, J., Goodman, R, Losito, R, Corrigan, S., Charry, J., y Bailey, W., «Behavioral depression produced by an uncontrolled stressor: relation to norepinephrine, dopamine and serotonin levels in various regions of the rat brain», *Brain Research Reviews*, 3 (1981), 167. Para una comparación explícita entre los síntomas de la depresión (criterios DSM-III) y la indefensión aprendida, véase Weiss, J., Bailey, W, Goodman, P., Hoffman, L., Ambrose, M., Salman, S., y Charry, J., «A model for neurochemical study of depression», en Spiegelstein, M., y Levy, A., eds., *Behavioral Models and the Analysis of Drug Action, Nueva York, Elsevier, 1982*.

Los antidepresivos y la terapia electroconvulsiva reducen la indefensión aprendida: Dorworth, T., y Overmier, J., «On learned helplessness: the therapeutic effects of electroconvulsive shocks», *Physiological Psychology*, 5 (1977), 355; Leshner, A., Remler, H., Biegon, A., y Samuel, D., «Desmethylimipramine counteracts learned helplessness in rats», *Psychopharmacology*, 66 (1979), 207; Petty, R., y Sherman, A., «Reversal of learned helplessness by imipramine», *Communications in Psychopharmacology,* 3 (1980), 371; y Sherman, A., Allers, G., Petty, R., y Henn, R., «A neuropharmacologically-relevant animal model of depression», *Neuropharmacology* 18 (1979), 891.

Página 423: Un *locus* de control internalizado como factor protector: Maciejewiski y otros, «Self-efficacy as a mediator», *op. cit.*

Página 424: Rozin, R., Poritsky, S., y Sotsky, R., «American children with reading problems can easily learn to read English represented by Chinese characters», *Science,* 171 (1971), 1264.

Página 425: La pérdida temprana de los padres aumenta el riesgo de depresión en la edad adulta: Breier, A., Kelso, J., Kirwin, R., Beller, S., Wolkowitz, O., y Pickar, D., «Early parental loss and development of adult psychopathology», *Archives of General Psychiatry,* 45 (1988), 987; Amato, P., y Keith, B., «Consequences of parental divorce for the well-being of children: a meta-analysis», *Psychological Bulletin,* 110 (1991), 26; y Gurman, D., y Nemeroff, C., «Persistent CNS effects of an adverse early environment: clinical and preclinical studies», *Physiology and Behavior,* 79 (2003), 471.

Página 428: El estrés vacía partes del cerebro de noradrenalina y aumenta la actividad de la tirosina hidroxilasa: Stone, E., y McCarty, R., «Adaptation to stress: tyrosine hydroxylase activity and catecholamine reléase», *Neuroscience and Biobehavioral Reviews,* 7 (1983), 29. Los glucocorticoides se relacionan con esto: Dunn, A., Gildersleeve, N., y Gray, H., «Mouse brain tyrosine hydroxylase and glutamic acid decarboxylase following treatment with adrenocorticotropic hormone, vasopressin or corticosterone», *Journal of Neurochemistry,* 31 (1978), 977. Además, el CRH puede también hallarse relacionado: Ahlers, S., Salander, M., Shurtleff, D., y Thomas, J., «Tyrosine pretreatment alleviates suppression of schedule-controlled responding produced by CRF in rats», *Brain Research Bulletin,* 29 (1992), 567; y Sabban y Kvemansky, «Stress-triggered activation», *op. cit.*

Página 430: Glatz y otros, «Glucocorticoid-regulated human serotonin transporter», *op. cit.*; y Koch, C., y Stratakis, C., «Genetic factors and stress», en Fink, ed., *Encyclopedia of Stress,* vol. 2, 205.

Capítulo 15
La personalidad, el temperamento y el estrés

Página 434: Personalidad animal: Koolhaas, J., Korte, S., De Boer, S., Van der Vegt, B., Van Reenen, C., Hopster, H., De Jong, I., Ruis, M., y Blokhuis, H., «Coping styles in animals: current status in behavior and stress-physiology», *Neuroscience and Biobehavioral Review,* 23 (1999), 925. Para una revisión de la personalidad del primate, véase Clarke, A., y Boinski, S., «Temperament in non-human primates», *American Journal of Primatology,* 37 (1995), 103. Personalidad en el pez luna: Wilson, D., Coleman, K., Clark, A., y Biderman, L., «Shy-bold continuum in pumpkinseed sunfish (Lepomis gibbosus): an ecological study of a psychological trait», *Journal of Comparative Psychology,* 107 (1993), 250. Personalidad en los gansos: Pfeffer, K., Fritz, J., y Kotrschal, K., «Hormonal correlates of being an innovative greylag goose, *Anser anser*», *Animal Behavior,* 63 (2002), 687.

Página 435: Babuinos, personalidad y fisiología: Sapolsky, R., y Ray, J., «Styles of dominance and their physiological correlates among wild baboons», *American Journal of Primatology,* 18 (1989), 1; Ray, J., y Sapolsky, R., «Styles of male social behavior and their endocrine correlates among high-ranking baboons», *American Journal of Primatology,* 28 (1992), 231.; Sapolsky, R., «Why should an aged male baboon transfer troops?», *American Journal of Primatology,* 39 (1996), 149; y Virgin, C., y Sapolsky, R., «Styles of male social behavior and their endocrine correlates among low-ranking baboons», *American Journal of Primatology,* 42 (1997), 25. Véase también: Suomi, S., «Early determinants of behaviour: evidence from primate studies», *British Medical Bulletin,* 53 (1997), 270.

Página 442: Antes de abordar la cuestión de qué tipos de personalidad están asociados a determinadas respuestas de estrés, primero debemos preguntar si hay diferencias individuales estables en la cualidad de las respuestas de estrés entre las personas. Esto está documentado en Cohen, S., y Hamrick, N., «Stable individual differences in physiological response to stressors: implications for stress-elicited changes in immune related health», *Brain, Behavior, and Immunity,* 17 (2003), 407. Para el examen más detallado de la literatura sobre abortos psicogénicos, véase Huisjes, H., *Spontaneous Abortion,* Nueva York, Churchill Livingstone, 1984.

Página 446: * El lector encontrará en el capítulo 13 referencias del perfil de depresión cognitiva y endocrina.

Página 446: ** Visión general del estrés y la ansiedad: Ohman, A., «Anxiety», en Fink, ed., *Encyclopedia of Stress,* vol. 1, 226. Ansiedad y catecolaminas: Friedman, B., Thayer, J., Borkovec, T., Tyrrell, R., Johnson, B., y Columbo, R., «Autonomic characteristics of nonclinical panic and blood phobia», *Biological Psychiatry,* 34 (1993), 298. Para una discusión de la dicotomía entre seguir luchando por afrontar una situación de estrés (acompañado de secreción de catecolaminas) y haberse rendido (caracterizado por la hipersecreción de glucocorticoides), véase Frankenhaeuser, M., «The sympathetic-adrenal and pituitary-adrenal response to challenge», en Dembroski, T., Schmidt, T., y Blumchen, G., eds., *Biobehavioral Basis of Coronan/ Heart Disease*, Basilea, Karger, 1983, 91. Expectativa de vida más corta en ratas ansiosas: Cavigelli, S., y McClintock, M., *Proceedings of the National Academy of Sciences*, 100 (diciembre de 2003). La nota a pie de página es de Aragno, A., *Forms of Knowledge: A Psychoanalytic of Human Communication*, Madison, Conn., International Universities Press, 2004.

Página 447: Modelos animales de ansiedad: Davis, M., «Functional nenroanatomy of anxiety and fear: a focus on the amygdala», en Charney, D., Nestler, E., y Bunney, B., *Neurobiology of Mental Illness*, Nueva York, Oxford University Press, 1999, 463.

Página 448: McGaugh, J., *Memory and Emotion*, Nueva York, Weidenfeld y Nicol-son, 2003; y Roozendaal, B., «Glucocorticoids and the regulation of memory consolidation», *Psychoneuroendocrinology*, 25 (2000), 213-238.

Página 449: Aceleración cardíaca antes del estado de conciencia: Dolan, R., «Emotion, cognition and behavior», *Science*, 298 (2002), 1191. El sistema nervioso simpático influye en la amígdala: Critchley, H., Mathias, C., y Dolan, R., «Fear conditioning in humans: the influence of awareness and autonomic arousal on functional neuroanatomy», *Neuron*, 33 (2002), 653-663.

Página 450: El desconcertante descubrimiento sobre la raza y la activación de la amígdala: Hart, A., Whalen, P., Shin, L., Mclnerney, C., Fischer, H., y Rauch, S., «Differential response in the human amygdala to racial outgroup vs ingroup face stimuli», *Neuro Report*, 11 (2000), 2351; y Golby, A., Gabrieli, J., Chiao, J., y Eberhardt, J., «Differential responses in the fusiform region to same-race and other-race faces», *Nature Neuroscience*, 4 (2001), 845. Los lectores atentos de este último artículo advertirán que realmente no se activa la amígdala, sino una zona relacionada que es muy sensible a los rostros.

Página 451: * Las personas con trastornos de ansiedad son aún más lentas: Ohman, *op. cit.*

Página 451: ** La amígdala se vuelve hiperexcitable: Karst, H., Nair, S., Velzing, E., Rumpff-van Essen, L., Slagter, E., Shinnick-Gallagher, P., y Joels, M., «Glucocorticoids alter calcium conductances and calcium channel subunit expression in basolateral amygdala neurons», *European Journal of Neuroscience*, 16 (2002), 1083-1089; y Diamond, D., Park, C., Puls, M., y Rose, G., «Differential effects of stress on hippocampal and amygdaloid LTP», en Holscher, C., ed., *Neuronal Mechanisms of Memory Formation*, Nueva York, Cambridge University Press, 2001, 379. Nuevas conexiones: Vyas, A., Mitra, R., Rao, B., y Chattarji, S., «Chronic stress induces contrasting patterns of dendritic remodeling in hippocampal and amygdaloid neurons», *Journal of Neuroscience*, 22 (2002), 6810. Hacer a la amígdala de una rata más excitable: Rosen, J., Hammerman, E., Sitcoske, M., Glowa, J., y Schulkin, J., «Hyperexcitability and exaggerated fear-potentiated startle produced by partial amygdala kindling», *Behavioral Neuroscience*, 110 (1996), 43. Modelo de LeDoux: LeDoux, J., *The Emotional Brain*, Nueva York, Simon y Schuster, 1996.

Página 452: Tipo A: el definitivo estudio prospectivo que muestra un vínculo entre la personalidad Tipo-A y la enfermedad cardíaca coronaria es Rosenman, R., Brand, R., Jenkins, C., Friedman, M., Straus, R., y Wurm, M., «Coronary heart disease in the Western Collaborative Group Study: final follow-up experience of 812 years», *Journal of the American Medical Association*, 233 (1975), 872. Véase también Friedman, M., y Rosenman, R., *Type A Behavior and Your Heart*, Nueva York, Knopf, 1974. El ilustre equipo que respaldó el concepto del Tipo-A publicó su informe como Cooper, T., Detre, T., y Weiss, S., «Coronary prone behavior and coronary heart disease; a critical review», *Circulation*, 63 (1981), 1199.

Problemas para reproducir el primer hallazgo sobre el Tipo A: el estudio más influyente fue Shekelle, R., Billings, J., y Borhani, N., «The MRFIT behavior pattern study. II. Type-A behavior and incidence of coronary heart disease», *American Journal of Epidemiology*, 122 (1985), 599. Otros se discuten en Barefoot, J., Peterson, B., Harrell, F., y otros, «Type A behavior and survival: a follow-up study of 1,467 patients with coronary artery disease», *American Journal of Cardiology*, 64 (1989), 427.

La demostración de que la conducta de Tipo A se asocia con una mejor supervivencia: el estudio de Barefoot recién citado, más Ragland, D., y Brand, R., «Type A behavior and mortality from coronary heart disease», *New England Journal of Medicine*, 313 (1988), 65. Ese hallazgo es una buena lección sobre lo increíblemente sutiles que pueden ser algunos elementos de confusión en la investigación epidemiológica. ¿Por qué habría que asociar el Tipo A con una mejor supervivencia, una vez que se le ha diagnosticado enfermedad coronaria? Algunas posibilidades: las personas Tipo A, debido a su naturaleza disciplinada, tienen más probabilidad de obedecer las prescripciones médicas, de dieta y ejercicio que les dan sus médicos. O ciertas personas podrían ser reconocidas en seguida como del Tipo A por sus médicos, que entonces piensan «Ajá, aquí está este paciente Tipo A con enfermedad cardíaca coronaria. Lo sé todo sobre los estudios de Friedman y Rosenman; debería poner un cuidado especial en esta persona». O las personas de Tipo A podrían ser más disciplinadas en sus revisiones médicas anuales y, por tanto, recibir un diagnóstico de enfermedad cardíaca coronaria antes que la media, cuando todavía es bastante suave, lo que contribuiría a un mejor índice de supervivencia. Este último factor probablemente ha sido descartado, pero nadie está seguro aún sobre los otros elementos poco claros posibles, pues los estudios que indican una mejor supervivencia del Tipo A son bastante recientes. Algunas de las posibles fuentes de elementos de confusión en estos hallazgos se discuten en Matthews, K., y Haynes, S., «Type A behavior pattern and coronary disease risk», *American Journal of Epidemiology*, 123 (1986), 923.

Página 454: La importancia de la hostilidad como pronosticador de enfermedad cardíaca: la demostración de esto por medio del reanálisis de los datos originales de Friedman y Rosenman: Hecker, M., Chesney, M. N., Black, G., y Frautsch, N., «Coronary-prone behaviors in the Western Collaborative Group Study», *Psychosomatic Medicine*, 50 (1988), 153. Hostilidad en estudiantes de medicina: Barefoot, J., Dahlstrom, W., y Williams, R., «Hostility, CHD incidence, and total mortality: a 25-year follow-up study of 255 physicians», *Psychosomatic Medicine*, 45 (1983), 59. En abogados: Barefoot, J., Dodge, K., Peterson, B., Dahlstrom, W., y Williams, R., «The Cook-Medley Hostility scale: Ítem content and ability to predict survival», *Psychosomatic Medicine*, 51 (1989), 46. En mellizos finlandeses: Koskenvuo, M., Kaprio, J., Rose, R., Kesaniemi, A., Sarna, S., Helkkila, K., y Langin-vainio, H., «Hostility as a risk factor for mortality and ischemic heart disease in men», *Psychosomatic Medicine*, 50 (1988), 330. En empleados de la Western Electric: Shekelle, R., Gale, M., Ostfeld, A., y Paul, O., «Hostility, risk of coronary disease, and mortality», *Psychosomatic Medicine*, 45 (1983), 219. Para revisiones generales, véase Miller, T., Smith, T., Turner, C., Guijarro, M., y Hallet, A., «A meta-analytic review of research on hostility and physical health», *Psychological Bulletin*, 119 (1996), 322; y Williams, R., y Littman, A., «Psychosocial factors: role in cardiac risk and treatment strategies», *Cardiology Clinics*, 14 (1996), 97. La hostilidad como pronosticador de mortalidad global: Houston, B., Babyak, M., Chesney, M., Black, G., y Ragland, D., «Social dominance and 22-year all-cause mortality in men», *Psychosomatic Medicine*, 50 (1997), 5; y Yan, L. L., Liu, K., Matthews, K. A., Daviglus, M. L., Ferguson, T. F., y Kiefe, C. I., «Psychosocial factors and risk of hypertension: the Coronary Artery Risk Development in Young Adults (CARDIA) study», *Journal of the American Medical Association*, 290 (2003), 2190. Hostilidad en diversas ciudades: Marmol, M., «Epidemiology of SES and health: are determinants within countries the same as between countries?», *Annals of the New York Academy of Sciences*, 896 (1999), 16. Hostilidad y apoplejía: Williams, J., Nieto, R., Sanford, C., Couper, D., y Tyroler, H., «The association between trait anger and incident stroke risk», *Stroke*, 33 (2002), 13.

La inseguridad como la clave de la condición de Tipo A: Price, V., Friedman, M., Ghandour, G., y Fleischmann, N., «Relation between insecurity and Type A behavior», *American Heart Journal*, 129 (1995), 488.

Página 455: Los estudios de James Gross sobre la inhibición deliberada de la expresión emocional se pueden hallar en Gross, J., y Levenson, R., «Emotional suppression: physiology, self-report, and expressive behavior», *Journal of Personality and Social Psychology*, 64 (1993), 870. Véase también Gross, J., y Levenson, R., «Hiding feelings: the acute effects of inhibiting negative and positive emotion», *Journal of Abnormal Psychology*, 106 (1997), 95. Por un voto a favor de que la expresión de la hostilidad tiene el efecto más perjudicial: Siegman, A., «Cardiovascular consequences of expressing, experiencing, and repressing anger», *Journal of Behavioral Medicine*, 16 (1993), 539.

Página 456: Función hormonal y cardiovascular en personas hostiles frente a las no hostiles. Demostración de que las personas hostiles y las no hostiles no se diferencian entre las medidas hormonales o de presión sanguínea durante el reposo o durante agentes estresantes no sociales: Sallis, J., Johnson, C., Treverow, T., Kaplan, R., y Hovell, M., «The relationship between cynical hostility and blood pressure reactivity», *Journal of Psychosomatic Research*, 31 (1987), 111. Véase también Smith, M., y Houston, B., «Hostility, anger expression, cardiovascular responsivity, and social support», *Biological Psychology*, 24 (1987), 39. También Krantz, D., y Manuck, S., «Acute psychophysiologic reactivity and risk of cardiovascular disease: a review and methodological critique», *Psychological Bulletin*, 96 (1984), 435; y Suarez, E., Kuhn, C., Schanberg, S., Wüliams, R., y Zimmermann, E., «Neuroendocrine, cardiovascular, and emotional responses of hostile men: the role of interpersonal challenge», *Psychosomatic Medicine*, 60 (1998), 78.

Demostración de respuestas mayores en personas hostiles frente a las provocaciones sociales: ser interrumpido durante una tarea:

Suarez, E., y Williams, R., «Situational determinants of cardiovascular and emotional reactivity in high and low hostile men», *Psychosomatic Medicine*, 51 (1989), 404. Durante un juego amañado contra un contrincante despreciativo: Glass, D., Krakoff, L., y Centrada, R., «Effect of harassment and competition upon cardiovascular and catecholamine responses in Type A and Type B individuals», *Psychophysiology*, 17 (1980), 453. Durante un conflicto social: Hardy, J., y Smith, T., «Cynical hostility and vulnerability to disease: social support, life stress, and physiological response to conflict», *Health Psychology*, 7 (1988), 477. Tareas irresolubles con malas instrucciones: Weidner, G., Friend, R., Ficarrotto, T., y Mendell, N., «Hostility and cardiovascular reactivity to stress in women and men», *Psychosomatic Medicine*, 51 (1989), 36; véase también Suls, J., y Wan, C., «The relationship between trait hostility and cardiovascular reactivity: a quantitative review and analysis», *Psychophysiology*, 30 (1993), 615. Adviértase que muchos de estos estudios se hicieron cuando todavía se establecía una dicotomía entre personas de Tipo A y de Tipo B, en vez de hostiles y no hostiles.

Página 458: Si podemos cambiar las tendencias de Tipo A, disminuimos el riesgo de enfermedad coronaria: Friedman, M., Thoresen, C., y Gill, J., «Alteration of Type A behavior and its effect on cardiac recurrences in post-myocardial infarction patients: summary results of the Recurrent Coronary Prevention Project», *American Heart Journal*, 112 (1986), 653; y Friedman, M., Breall, W., Goodwin, M., Sparagon, B., Ghandour, G., y Fleischmann, N., «Effect of Type A behavioral counseling on frequency of episodes of silent myocardial ischemia in coronary patients», *American Heart Journal*, 132 (1996), 933.

Por último, para un análisis de las historias médicas y la duración de la vida de los presidentes norteamericanos, en el que el autor concluye que han fallecido desproporcionadamente de enfermedad cardiovascular asociada al estrés: Gilbert, R., «Travails of the chief», *The Sciences* (enero-febrero de 1993), 8.

Página 459: La historia del (no) descubrimiento de la condición de Tipo A se puede hallar en Sapolsky, R., «The role of upholstery in cardiovascular physiology», *Discover* (noviembre de 1997), 58.

Página 460: Una discusión más extensa de la vida de Friedman se puede hallar en Sapolsky, R., «All the rage», *Men's Health* (abril de 2002), 104.

Página 462: Optimistas frente a pesimistas: Cohen, F., Kearney, K., Zegans, L., Kemeny, M., Neuhaus, J., y Stites, D., «Differential immune system changes with acute and persistent stress for optímists vs pessimists», *Brain, Behavior and Immunity,* 13 (1999), 155. Individuos más tímidos: Dettling, A., Gunnar, M., y Donzella, B., «Cortisol levels of young children in full-day childcare centers: relations with age and temperament», *Psychoneuroendocrinology,* 24 (1999), 519.

Página 466: Personalidades represivas: en realidad son felices: Brandtstadter, J., Balte, S., Gotz, B., Kirschbaum, C., y Hellhammer, D., «Developmental and personality correlates of adrenocortical activity as indexed by salivary cortisol: observations in the age range of 35 to 65 years», *Journal of Psychosomatic Research,* 35 (1991), 173; Weinberger, D., Schwartz, G., y Davidson, R., «Low-anxious, high-anxious, and repressive coping styles: psychometric patterns and behavioral and physiological responses to stress», *Journal of Abnormal Psychology,* 88 (1979), 369; Shaw, R., Cohen, F., Fishman-Rosen, R., Murphy, M., Stertzer, S., Clark, D., y Myler, K., «Psychologic predictors of psychosocial and medical outcomes in patients undergoing coronary angioplasty», *Psychosomatic Medicine,* 48 (1986), 582; y Shaw, R., Cohen, F., Doyle, B., y Palesky, J., «The impact of denial and repressive style on information gain and rehabilitation outcomes in myocardial infarction patients», *Psychosomatic Medicine,* 47 (1985), 262.

Pautas de los represivos: Brown, L., Tomarken, A., Orth, D., Loosen, P., Kalin, N., y Davidson, R., «Individual differences in repressive-defensiveness predict basal salivary cortisol levels», *Journal of Personality and Social Psychology,* 70 (1996), 362. Dichos individuos tienen perfiles inmunes deteriorados: Jamner, L., Schwartz, G., y Leigh, H., «The relationship between repressive and defensive coping styles and monocyte, eosinophile, and serum glucose levéis: support for the opioid peptide hypothesis of repression», *Psychosomatic Medicine,* 50 (1988), 567; y Tomarken, A., y Davidson, R., «Frontal brain activation in repressors and non-repressors», *Journal of Abnormal Psychology,* 103 (1994), 339. Sociopatía y córtex frontal: Damasio, A., Tranel, D., y Damasio, H., «Individuals with sociopathic behavior caused by frontal damage fail to respond autonomically to social stimuli», *Behavioural Brain Research,* 41 (1990), 81.

Capítulo 16
Drogadictos, adictos a la adrenalina y placer

Página 470: * Blackmore, S., Wolpert, D., y Frith, C., «Why can't you tickle your-self?», *NeuroReport,* 11 (2000), R11. El sexo y sus efectos sobre los niveles de glucocorticoides: Woodson, J., Macintosh, D., Fleshner, M., y Diamond, D., «Emotion-induced amnesia in rats: working memory-specific impairment, corticosterone-memory correlation, and fear versus arousal effects on memory», *Learning and Memory,* 10 (2003), 326.

Página 470: ** La dopamina y la vía del *tegmentum/accumbens:* se pueden hallar revisiones técnicas en Kelley, A., y Berridge, K., «The neuroscience of natural rewards: relevance to addictive drugs», *Journal of Neuroscience,* 22 (2002), 3306-3311; y Koob, G. E, «Allostatic view of motivation: implications for psychopathology», en Bevins, R., y Bardo, M. T, eds., *Motivational Factors in the Etiology of Drug Abuse,* Nebraska Symposium on Motivation, vol. 50, Lincoln, Neb., University of Nebraska Press, 2004.

Página 471: La obra de Schultz: Schultz, W., Tremblay, L., y Holerman, J., «Reward processing in primate orbitofrontal cortex and basal ganglia», *Cerebral Cortex,* 10 (2000), 272; y Waelti, R., Dickinson, A., y Schultz, W., «Dopamine responses comply with basic assumptions of formal learning theory», *Nature,* 412 (2001), 43.

Página 472: * La obra de Phillips: Phillips, P., Stuber, G., Heien, M., Wightman, R., y Carelli, R., «Subsecond dopamine release promotes cocaine seeking», *Nature,* 422 (2003), 614.

Página 472: ** Obra reciente de Schultz: Fiorillo, C., Tobler, R., y Schultz, W., «Discrete coding of reward probability and uncertainty by dopamine neurons», *Science,* 299 (2003), 1998; éste y el estudio anterior se discuten en Sapolsky, R., «The pleasures (and pain) of "maybe"», *Natural History* (septiembre de 2003), 22.

Página 473: El estudio sobre el amor verdadero de uno se describe en Helmuth, L., «Caudate-over-heels in love», *Science,* 302 (2003), 1320.

Página 474: El juego en los animales: Spinka, M., Newberry, R., y Bekoff, M., «Mammalian play: training for the unexpected», *Quarterly Review of Biology,* 76 (2001), 141. Para una buena revision de las diferencias entre desafío (es decir, estimulación) y amenaza, véase Epel, E., McEwen, B., y Ockovics, J., «Embodying psychological thriving: physical thriving in response to stress», *Journal of Social Issues,* 54 (1998), 301.

Página 476: Glucocorticoides y dopamina: Piazza, R., y Le Moal, M., «Glucocorticoids as a biological substrate of reward: physiological and patho-physiological implications», *Brain Research Reviews,* 25 (1997), 359; Rouge-Pont, F., Abrous, D., Le Moal, M., y Piazza, R., «Release of endogenous dopamine in cultured mesencephalic neurons: influence of dopaminergic agonists and glucocorticoid antagonists», *European Journal of Neuroscience*, 1 (1999), 2343; Piazza, P., y Le Moal, M., «The role of stress in drug self-administration», *Trends in Pharmacological Sciences*, 19 (1998), 6; y Deroche-Gamonet, V., Sillaber, I., Aouizerate, B., Izawa, R., Jaber, M., Ghozland, S., Kellendonk, C., Le Moal, M., Spanagel, R., Schutz, G., Tronche, R., y Piazza, P. V., «The glucocorticoid receptor as a potential target to reduce cocaine abuse», *Journal of Neuroscience*, 23 (2003), 4785.

Estrés y reducción de dopamina: Gambarana, C., Masi, R., Tagliamonte, A., Scherggi, S., Ghiglieri, O., y De Montí, M., «A chronic stress that impairs reactivity in rats also decreases dopaminergic transmission in the nucleus accumbens: a microdialysis study», *Journal of Neurochemistry*, 72 (1999), 2039. Estrés y liberación de dopamina en la amígdala: Wolak, M., Gold, P., y Chrousos, G., «Stress system: emphasis on CRF in physiologic stress responses and the endocrinopathies of melancholic and atypical depression», *Endocrine Reviews*, 11 (2002), en imprenta.

Página 477: Neuronas que no son sensibles a las señales de dopamina: Ding, Y, Chi, H., Grady, D., Morishima, A., Kidd, J., Kidd, K., Flodman, P., Spence, M., Schuck, S., Swanson, J., Zhang, Y., y Moyzis, M., «Evidence of positive selection acting at the human dopamine receptor D4 gene locus», *Proceedings of the National Academy of Sciences*, 99 (2002), 309.

Página 479: * Elementos comunes en las adicciones: Holden, C., «"Behavioral" addictions; Do they exist?», *Science*, 294 (2001), 980. Para una discusión sobre si la neurobiología de la adicción es applicable a ámbitos muy diferentes, véase Insel, T., «Is social attachment an addictive disorder?», *Physiology and Behavior*, 79 (2003), 351.

Página 479: ** Correlación entre la vía de la activación y el placer subjetivo: Stein, Elliott, conferencia, Universidad de Wisconsin, abril de 2002. Un aumento de mil veces en dopamina: Abbott, A., «Addicted», *Nature*, 419 (2002), 872.

Página 480: * Proceso oponente: Ahmed, S., Lin, D., Koob, G., y Parsons, L., «Escalation of cocaine self-administration does not depend on altered cocaine-induced nucleus accumbens dopamine levels», *Journal of Neurochemistiy*, 86 (2003), 102.

Página 480: ** Opioides endógenos y «necesidad»: Kelley y Berridge, *op. cit.* Películas porno: Stein, *op. cit.*

Página 481: Recaída contexto-dependiente: Grimm, J., Hope, B., Wise, R., y Shaham, Y., «Incubation of cocaine craving after withdrawal», *Nature*, 412 (2001), 141; y Schulteis, G., Ahmed, S.,

Morse, A., Koob, G., y Everitt, B., «Conditioning and opiate withdrawal», *Nature*, 405 (2000), 1013.

Página 482: Potenciación de las proyecciones hacia las neuronas de dopamina: Ungless, M., Whistler, J., Malenka, R., y Bonci, A., «Single cocaine exposure in vivo induces LTP in dopamine neurons», *Nature*, 411 (2001), 583; Bao, S., Chan, V., y Merzenich, M., «Cortical remodeling induced by actívity of ventral tegmental dopamine neurons», *Nature*, 412 (2001), 79; Nestler, E., «Total recall-the memory of addictíon», *Science*, 292 (2001), 2266; y Hyman, S., y Malenka, R., «Addiction and the brain: the neurobiology of compulsion and its persistence», *Nature Neuro-science*, 2 (2001), 695. Estimulación eléctrica de la vía: Vorel, S., Liu, X., Hayes, R., Spector, J., y Gardner, E., «Relapse to cocaine-seeking after hippocampal theta burst stimulation», *Science*, 292 (2001), 1175.

Página 483: El alcohol eleva los niveles de glucocorticoides: Taylor, A., y Pilati, M., «Alcohol, alcoholism and stress: a psychobiological perspective», en Fink, ed., *Encydopedia of Stress*, vol. 1, 131; el alcohol disminuye los efectos del CRH: Valdez, G. R., Roberts, A. J., Chan, K., Davis, H., Brennan, M., Zorrilla, E. P., y Koob, G. R., «Increased ethanol self-administration and anxiety-like behavior during acute withdrawal and protracted abstinence: regulation by corticotropin-releasing factor», *Alcoholism: Clinical and Experimental Research*, 26 (2002), 1494-1501.

Página 484: Estrés predecible frente a estrés impredecible: Piazza y Le Moal, «The role of stress», *op. cit.* Subordinación social: Morgan, D., Grant, K., Gage, H., Mach, R., Kaplan, J., Prioleau, O., Nader, S., Buchheimer, N., Ehrenkaufei, R., y Nader, M., «Social dominance in monkeys: dopamine D2 receptors and cocaine self-administration», *Nature Neuroscience*, 5 (2002), 169-174; y Ellison, G., «Stress and alcohol intake: the socio-pharmacological approach», *Pkysiology and Behavior*, 40 (1987), 387. El estrés aumenta el consumo de alcohol: Taylor, *op. cit.* El agente estresante debe aparecer justo antes de la exposición a la droga: Piazza y Le Moal, «The role of stress», *op. cit.*

Página 485: Estrés prenatal, propensión a la droga de adulto: DeTurck, K., y Pohorecky, L., «Ethanol sensitivity in rats: effect of prenatal stress», *Physiology and Behavior*, 40 (1987), 407. Complicación en el parto: Brake, W., Sullivan, R., y Gratton, A., «Perinatal distress leads to lateralized medial prefrontal cortical dopamine hypofunction in adult rats», *Journal of Neuroscience* 20, (2000), 5538. Lo mismo en la infancia: Taylor y Pilati, *op. cit.* Separación en los monos: Bennet y otros, *op. cit.*: «Separation in humans», citado en Taylor y Pilati, *op. cit.*; y Bohman, M., Sigvardsson, S., Cloninger, R., y

Von Knorring, A., «Alcoholism: lessons from population, family and adoption studies», *Alcohol and Alcoholism* (1987), supp. 1, 55.

Página 486: El estrés aumenta el grado de consumo: Piazza, P., y Le Moal, M., «Interactions between stress and drugs of abuse», en Fink, ed., *Encyclopedia of Stress*, vol. 2, 586. Elevado nivel de CRH durante la retirada: Service, R., «Probing alcoholism's dark side», *Science*, 285 (1999), 1473. Elevados niveles de glucocorticoides en la retirada: Leshner, A., «Drug use and abuse», en Fink, ed., *Encyclopedia of Stress*, vol. 1, 755. El estrés justo antes del regreso a la jaula: Leshner, ibíd.

Página 488: Ratas alto-reactoras: Piazza, P., Deminiere, J., Le Moal, M., y Simon, H., «Factors that predict individual vulnerability to amphetamine self-administration», *Science*, 245 (1989), 1511; y Kabbaj, M., Devine, D. P., Savage, V. R., y Akil, H., «Neurobiological correlates of individual differences in novelty-seeking behavior in the rat: differential expression of stress-related molecules», *Journal of Neuroscience*, 20 (2000), 6983.

Página 489: Sterling, P., «Principies of allostasis: optimal design, predictive regulation, pathophysiology and rational therapeutics», en Schulkin, J., ed., *Allostasis, Homeostasis, and the Costs of Adaptation*, Cambridge, Mass., MIT Press, 2003.

Capítulo 17
La vista desde el fondo

Página 492: Rudolph Virchow: Rosen, G., «The evolution of social medicine», en Freeman, H., Levine, S., y Reeder, L., eds., *Handbook of Medical Sociology*, 2.ª ed., Englewood Cliffs, N. J., Prentice-Hall, 1972. Ésta también es la fuente de las citas de Virchow.

Página 494: Para diversas introducciones a la conducta social del babuino, véanse Strum, S., *Almost Human*, Nueva York, Random House, 1987; Smuts, B., *Sex and Friend in Baboons*, Nueva York, Aldine, 1985; y Ransom, T., *Beach Troop of the Combe*, Lewisburg, Pa., Bucknell University Press, 1981.

Página 497: Elevados niveles de glucocorticoides y otros problemas en los babuinos macho de rango bajo: Sapolsky, R., «Adrenocortical function, social rank and personality among wild baboons», *Biological Psychiatry*, 28 (1990), 862; Sapolsky, R., «Endocrinology alfresco: psychoendocrine studies of wild baboons», *Recent Progress in Hormone Research*, 48 (1993), 437; y Sapolsky, R., y Spencer, E., «Social subordinance is associated with suppression of insulin-like growth factor I in a population of wild primates», *American Journal of Physiology,* 273 (1997), R1346. Temas similares con monos rhesus: Kaplan, T., Manuck, S., Anthony, M., y Clarkson, T., «Premenopausal social status and hormone exposure predict postmenopausal atherosclerosis in female monkeys», *Obstetrics and Gynecology,* 99 (2002), 381-383.

Página 498: Una revisión de las diferencias de las respuestas de estrés relacionadas con el rango en otras especies: Sapolsky, R., «The physiological and pathophysiological implications of social stress in mammals», en McEwen, B., ed., *Coping with the Environment.* Handbook of Physiology, Washington, D.C., American Physiological Association Press), en imprenta.

Página 500: * Examen de los marmosetos: Abbott, D., Saltzman, W., Schultz-Darken, N., y Smith, T., «Specific neuroendocrine mechanisms not involving generalized stress mediate social regulation of female reproduction in cooperatively breeding marmoset monkeys», en Carter, C., Kirpatrick, B., y Liederhendler, I., eds., *The Integrative Neurobiology of Affiliation,* Nueva York, New York Academy of Sciences Press, 1997.

Página 500: ** La vida para los perros salvajes y las mangostas dominantes: Creel, S., Creel, N., y Monfort, S., «Social stress and dominance», *Nature,* 379 (1996), 212; y Creel, S., «Social dominance and stress hormones», *Trends in Ecology and Evolution,* 16 (2001), 491. El reciente estudio con Abbott y otros primatólogos: Abbott, D., Keverne, E., Bercovith, F., Shively, C., Mendoza, S., Saltzman, W., Snowdon, C., Ziegler, T., Banjevic, M., Garland, T., y Sapolsky, R., «Are subordinates always stressed? A comparative analysis of rank differences in cortisol levels among primates», *Hormones and Behavior,* 43 (2003), 67.

Página 501: * Para diversas introducciones a la cultura animal: Wrangham, R., *Chimpanzee Cultures,* Cambridge, Mass., Harvard University Press, 1994; De Waal, E., *The Ape and the Sushi Master,* Nueva York, Basic Books, 2001; y Laland, K., y Hoppitt, W., «Do animals have culture?» *Evolutionary Anthrapology,* 12 (2003), 150-159.

Página 501: ** Rhesus reconciliadores: Gust, D., Gordon, T., Hambright, K., y Wilson, M., «Relationship between social factors and pituitary-adrenocortical activity in female rhesus monkeys», *Hormones and Behavior,* 27 (1993), 318. La manada benigna de babuinos: Sapolsky, R., y Share, L., «A pacific culture among wild baboons, its emergence and transmission», *Public Library of Science, Biology,* 13(2) (2004), e106. Babuinos durante una sequía: Sapolsky, R.,

«Endocrine and behavioral correlates of drought in the wild baboon», *American Journal of Primatology,* 11 (1986), 217.

Página 502: Inestabilidad social como agente estresante de los primates: Sapolsky, R., «The physiology of dominance in stable versus unstable social hierarchies», en Mason, W., y Mendoza, S., eds., *Primate Social Conflict,*Nueva York, SUNY Press, 1993; y Cohen, S., Kaplan, J., y Cunnick, J., «Chronic social stress, affiliation and cellular imrnune response in nonhuman primates», *Psychological Sciences,* 3 (1992), 301.

Página 503: * Los efectos inmunodepresores del traslado de un macho agresivo: Alberts, S., Altmann, J., y Sapolsky, R., «Behavioral, endocrine and immunological correlates of immigration by an aggressive male into a natural primate group», *Hormones and Behavior,* 26 (1992), 167.

Página 503: ** Una revisión de la personalidad del primate: Clarke, A., y Boinski, S., «Temperament in nonhuman primates», *American Journal of Primatology,* 37 (1995), 103.

Página 505: Algunos estudios sobre el rango humano: Elias, M., «Cortisol, testosterone and testosterone-binding globulin responses to competitive fighting in human males», *Aggressive Behavior,* 7 (1981), 215; Meyerhoff, J., Leshansky, M., y Mougey, E., «Effects of psychological stress on pituitary hormones in man», en Chrousos, G., Loriaux, D., y Gold, R., eds., *Mechanisms of Physical and Emotional Stress,* Nueva York, Plenum Press, 1988; Houston, B., Babyak, M., Chesney, M., Black, G., y Ragland, D., «Social dominance and 22-year all-cause mortality in men», *Psychosomatic Medicine,* 59 (1997), 5; y Mazur, A., y Booth, A., «Testosterone and dominance in men», *Brain and Behavioral Sciences,* 21 (1997), 353-363. Historia del cazador-recolector: Boehm, C., *Hierarchy in the Forest: The Evolution of Egalitarian Behavior,* Cambridge, Mass., Harvard University Press, 1999.

Página 507: * Consecuencias endocrinas de ganar por medio del esfuerzo frente a ganar gracias a la suerte: Mazur, A., y Lamb, T., «Testosterone, status and mood in human males», *Hormones and Behavior,* 14 (1980), 236; y McCaul, K., Gladue, B., y Joppa, M., «Winning, losing, mood, and testosterone», *Hormones and Behavior,* 26 (1992), 486.

Página 507: ** Los pobres padecen la mayoría de los agentes estresantes: McLeod, J., y Kessler, R., «Socioeconomic status differences in vulnerability to undesirable life events», *Journal of Health, Society and Behavior,* 31 (1990), 162; Cohen, S., y Wills, T., «Stress, social support and the buffering hypothesis», *Psychological Bulletin,* 98

(1985), 310; y Brown, G., y Harris, T., *Social Origins of Depression*, Londres, Tavistock, 1978.

Página 508: * La amenaza del desempleo altera la salud: Beale, N., y Nethercott, S., «Job-loss and family morbidity: a study of a factory closure», *Journal of the Royal College of General Practitioners*, 35 (1985), 510; y Cobb, S., y Kasl, S., *Termination: The Consequences of Job Loss*, DHEW-NIOSH Publication No. 77-224, Cincinnati, Ohio, U.S. NIOSH, 1977. El estudio sobre los obreros que no tomaban sus diuréticos porque no podían ir al servicio en el trabajo: citado en Adler, N., Boyce, T., Chesney, M., Folkman, S., y Syme, S., «Socioeconomic inequalities in health: no easy solution», *Journal of the American Medical Association*, 269 (1993), 3140.

Página 508: ** Los pobres no afrontan los agentes estresantes de modo muy eficaz: Hobfoll, S., *Stress, Community and Culture*, Nueva York, Plenum, 1998.

Página 510: Escolares de Montreal: Lupien, S., King, S., Meaney, M., y McEwen, B., «Child's stress hormone levels correlate with mother's socioeconomic status and depressive state», *Biological Psychiatry*, 48 (2000), 976. Lituanos: Kristenson, M., y otros, «Antixoidant state and mortality from coronary heart disease in Lithuanian and Swedish men», *British Medical Journal*, 314 (1997), 629. En un estudio más reciente se demostraba que cuanto más bajo era tu NSE en el funcionariado británico (al margen del sexo) más se elevaban los niveles de glucocorticoides en anticipación al trabajo por la mañana: Kunz-Ebrecht, S., Kirschbaum, C., Marmot, M., y Steptoe, A., «Differences in cortisol awakening response on work days and weekends in women and men from the Whitehall II cohort», *Psychoneuroendocrinology*, 29 (2004), 516. Para complicar las cosas un poco, el NSE influye en el nivel de glucocorticoides durante la jornada laboral. Sin embargo, la pauta en este caso es que, entre los hombres, cuanto más bajo es el NSE (de nuevo, en el funcionariado británico), más alto es el nivel de glucocorticoides. En cambio, entre las mujeres, cuanto más alto es el NSE, más alto es el nivel de glucocorticoides en la jornada laboral. Véase Steptoe, A., Kunz-Ebrecht, S., Owen, N., Feldman, E., Willemsen, G., Kirschbaum, C., y Marmot, M., «Socioeconomic status and stress-related biological responses over the working day», *Psychosomatic Medicine*, 65 (2003), 461-470.

Página 511: * Revisiones del gradiente del NSE y la salud (todos ellos son figuras destacadas en el campo): Pincus, T., y Callaban, L., «What explains the association between socioeconomic status and health: primarily access to medical care or mind-body variables?»,

Advances, 11 (1995), 4; Syme, S., y Berkman, L., «Social class, susceptibility and sickness», *American Journal of Epidemiology,* 104 (1976), 1; Adler, N., Boyce, T., Chesney, M., Folkman, S., y Syme, S., «Socioeconomic inequalities in health: no easy solution», *Journal of the American Medical Association,* 269 (1993), 3140; Anderson, N., y Armstead, C., «Toward understanding the association of SES and health; a new challenge for the biopsychosocial approach», *Psychosomatic Medicine,* 57 (1995), 213; Evans, R., Barer, M., y Marmor, T., *Why Are Some People Healthy and Others Not? The Determinants of Health of Populations,* Nueva York, Aldine de Gruyter, 1994; Antonovsky, A., «Social class and the major cardiovascular diseases», *Journal of Chronic Diseases,* 21 (1968), 65; Marmot, M., «Stress, social and cultural variations in heart disease», *Journal of Psychosomatic Research,* 27 (1983), 377; Levenstein, S., Prantera, C., Varvo, V., Arca, M., Scribano, M., Spinella, S., y Berto, E., «Long-term symptom patterns in duodenal ulcer: psychosocial factors», *Journal of Psychosomatic Research,* 41 (1996), 465; y Hahn, R., Eaker, E., Barker, N., Teutsch, S., Sosniak, W., y Krieger, N., «Poverty and death in the United States», *International Journal of Health Services,* 26 (1996), 673. Menor peso al nacer: Stern, A., «Social adversity, low birth weight, and pre-term delivery», *British Medical Journal,* 295 (1987), 291; y Budrys, G., *Unequal Health: How In-equality Contributes to Health or Illness,* Lanham, Md., Rowman and Littlefield, 2003. Nota a pie de página: Enfermedades más predominantes entre los ricos: melanoma maligno y cáncer de mama: Kitagawa, E., y Hauser, P., *Differential Mortality in the United States,* Cambridge, Mass., Harvard University Press, 1973. Esclerosis múltiple: Pincus, T., y Callahan, L., «What explains the association between socioeconomic status and health: primarily access to medical care or mind-body variables?», *Advances,* 11 (1995), 4. Polio: Pincus, T., en Davis, B., ed., *Microbiology, Including Immunology and Molecular Genetics,* 3.ª ed., Nueva York, Harper and Row. El NSE y el hospitalismo se examinan en Sapolsky, R., «How the other half heals», *Discover* (abril de 1998), 46.

Página 511: ** Diferencia de cinco a diez años en la esperanza de vida: Wilkinson, R., *Mind the Gap: Hierarchies, Health and Human Evolution,* Londres, Weidenfeld y Nicolson, 2000-. Décadas de diferencias: Murray, C. J. L., Michaud, C. M., y otros, *U.S. Patterns of Mortality by County and Race: 1965-1994,* Cambridge, Mass., Burden of Disease Unit, Harvard Center for Population and Development Studies, 1998.

Nota a pie de página: Los datos del *Titanic* se discuten en Marmot, M., «Epidemiology of SES and health: are determinants within countries the same as between countries?», *Annals of the New York Academy of Sciences*, 896 (1999), 16.

Página 512: El gradiente que se remonta varios siglos se comenta en Evans, R., *Interpreting and Addressing Inequalities in Health: From Black to Acheson to Blair to...?*, Londres, OHE Publications, 2002.

Página 513: * El NSE predice la salud más tarde en la vida: Lynch, J., Kaplan, G., Pamuk, E., Cohen, R., Heck, K., Balfour, J., y Yen, I., «Income inequality and mortality in metropolitan areas of the United States», *American Journal of Public Health*, 88 (1998), 1074. Pobreza en los primeros años de la vida: Hertzman, C., «The biological embedding of early experience and its effects on health in adulthood», *Annals of the New York Academy of Sciences*, 896 (1999), 85. El estudio de la monja: Snowdon, D., Ostwald, S., y Kane, R., «Education, survival and independence in elderly Catholic sisters 1936-1988», *American Journal of Epidemiology*, 120 (1989), 999; y Snowdon, D., Ostwald, S., Kane, R., y Keenan, N., «Years of life with good and poor mental and physical function in the elderly», *Journal of Clinical Epidemiology*, 42 (1989), 1055. Salud y porcentaje acumulativo del tiempo de vida en que se ha sido pobre: Hertzman, *op. cit.*

Página 513: ** El NSE y ser resucitado en una ambulancia: Sudnow, D., *Passing On: The Social Organization of Dying*, Englewood Cliffs, N.J., Prentice-Hall, 1967. Más recientemente: Kapral, M., Wang, H., Mamdani, M., y Tu, J., «Effect of SES on treat-ment and mortality after stroke», *Stroke*, 33 (2002), 268; y Goirnick, M., «Disparities in Medicare services: potential causes, plausible explanations, and recommendations», *Health Care Financial Review*, 21 (2000), 23.

Página 514: * Un abanico de países europeos: Cavelaars, A., «Morbidity differences by occupational class among men in seven European countries: an application of the Erikson-Goldthorpe social class scheme», *International Journal of Epidemiology*, 27 (1998), 222. El gradiente del NSE empeora en Inglaterra: Susser, M., Watson, W., y Hopper, K., *Sociology in Medicine*, 3.ª ed., Oxford, Inglaterra, Oxford University Press, 1985.

Página 514: ** Estudio en el que los pobres tenían mayor uso de planes de salud pagados por anticipado y aún tenían más enfermedades: Oakes, T., y Syme, S., «Social factors in newly discovered elevated blood pressure», *Journal of Health, Society and Behavior*, 14 (1973), 198.

Página 515: * La obra de Marmot: Marmot, «Epidemiology of SES and health», *op. cit.*

Página 515: ** La obra de Pincus se examina en Pincus, T., y Callahan, L., «What explains the association between socioeconomic status and health: primarily access to medical care or mind-body variables?», *Advances*, 11 (1995), 4.

Página 518: Personas que nunca han oído hablar de los tests PAP: Harlan, L., Bernstein, A., y Kessler, L., «Cervical cancer screening: who is not screened and why?» *American Journal of Public Health*, 81 (1991), 885. Nota a pie de página: La educación como factor que empeora el gradiente: Asplund, K., «Down with the class society!», *Stroke*, 34 (2003), 2628.

Página 519: * Evans: Evans, «Interpreting and addressing inequalities in health», *op. cit.* Estudio de Whitehall: Marmot, M., y Feeney, A., «Health and socioeconomic status», en Fink, ed., *Encyclopedia of Stress*, vol. 2, 313.

Página 519: ** Pautas internacionales de contaminación: Pacala, S., Bulte, E., List, J., y Levin, S., «False alarm over environmental false alarms», *Science*, 301 (2003), 1187. Ninguna relación entre riqueza y salud: Marmot, «Epidemiology of SES and health», *op. cit.;* y Kawachi, I., Kennedy, B., Lochner, K., y Prothrow-Stith, D., «Social capital, income inequality, and mortality», *American Journal of Public Health*, 87 (1997), 1491. Esperanza de vida norteamericana y griega: Bezruchka, S., «Is our society making you sick?», *Newsweek* (febrero de 2001), 26; y Wilkinson, *op. cit.*

Nota a pie de página: Estadísticas sobre la felicidad: Diener, E., Oishi, S., y Lucas, R., «Personality, culture, and subjective well-being: emotional and cognitive evaluations of life», *Annual Review of Psychology*, 54 (2003), 403.

Página 521: Obra de Adler: Adler, N., Epel, E., Castellazzo, G., e Ickovics, J., «Relationship of subjective and objective social status with psychological and physiological functioning: preliminary data in healthy white women», *Health Psychology*, 19 (2000), 586; Adler, N., y Ostrove, J., «SES and health: what we know and what we don't», *Annals of the New York Academy of Sciences*, 896 (1999), 3; Goodman, E., Adler, N., Daniels, S., Morrison, J., Slap, G., y Dolan, L., «Impact of objective and subjective social status on obesity in a biracial cohort of adolescents», *Obesity Research*, 11 (2003), 1018; Singh-Manoux, A., Adler, N., y Marmot, M. G., «Subjective social status: its determinants and its association with measures of ill-health in the Whitehall II study», *Social Science and Medicine*, 56 (2003), 1321; Goodman, E., Adler, N. E., Kawachi, I., Frazier, A. L., Huang, B., y

Colditz, G. A., «Adolescents' perceptions of social status: development and evaluation of a new indicator», *Pediatrics,* 108 (2001), E31; y Ostrove, J. M., Adler, N. E., Kuppermann, M., y Washington, A., «Objective and subjective assessments of socioeconomic status and their relationship to self-rated health in an ethnically diverse sample of pregnant women», *Health Psychology,* 19 (2000), 613.

Página 522: Fotografías de modelos femeninos: Kenrick, D., Montello, D., Gutierres, S., y Trost, M., «Effects of physical attractiveness on affect and perceptual judgments: when social comparison overrides social reinforcement», *Perspectives in Social Psychology Bulletin,* 19 (1993), 195.

Página 523: Fundamentos del NSE subjetivo: Singh-Manoux, *op. cit.*

Página 525: * Wilkinson, *op. cit.* Tasas de mortalidad infantil: Lynch, J., Smith, G. D., Hille-meier, M., Shaw, M., Raghunathan, T., y Kaplan, G., «Income inequality, the psychosocial environment, and health: comparisons of wealthy nations», *Lancet,* 358 (2001), 194; Hales, S., «National infant mortality rates in relation to gross national product and distribution of income», *Lancet,* 354 (1999), 2047; y Howden-Chapman, P., y Odea, D., «Income, income inequality and health in New Zealand», en Eckersley, R., Dixon, J., y Douglas, B., eds., *The Social Origins of Health and Well-Being,* Cambridge, Inglaterra, Cambridge University Press, 2001, 129. En Estados Unidos: Ross, N. A., Wolfson, M. C., Dunn, J. R., Berthelot, J. M., Kaplan, G. A., y Lynch, J. W, «Relation between income inequality and mortality in Canada and in the United States: cross sectional assessment using census data and vital statistics», *British Medical Journal,* 320 (2000), 898; y Lynch y otros, «Income inequality and mortality», *op. cit.*

Página 525: ** Relación no universal entre desigualdad de ingresos y salud: Lynch y otros, «Income inequality and morality», *op. cit.*; Osler, M., Prescott, E., Gronbaek, M., Christensen, U., Due, R., y Engholm, G., «Income inequality, individual income, and mortality in Danish adults: analysis of pooled data from two cohort studies», *British Medical Journal,* 324 (2002), 13. Para una revision muy detallada de este material, véase Lynch, J., Smith, G., Harper, S., Hillemeier, M., Ross, N., Kaplan, G., y Wolfson, M., «Is income inequality a determinant of population health?: A systematic review», *The Milbank Quarterly,* 82(1) (2004), 5-99. Distribución de la riqueza en Estados Unidos: Bezruchka, *op. cit.*

Página 526: El sistema de la asíntota fue primero señalado en Rodgers, G. B., «Income and inequality as determinants of mortality:

an international cross-section analysis», *Population Studies*, 33 (1979), 343. Este método potencial contribuye al fenómeno, pero no lo explica en su totalidad: Wolfson, M., Kaplan, G., Lynch, J., Ross, N., y Backlund, E., «Relation between income inequality and mortality: empirical demonstration», *British Medical Journal*, 319 (1999), 953.

Página 527: El Índice Robin Hood: Atkinson, A., y Micklewrighí, J., *Transformation in Eastern Europe and the Distribution of Income*, Nueva York, Cambridge University Press, 1992.

Página 528: El concepto de capital social: Coleman, J., *Foundations of Social Theory*, Cambridge, Mass., Belknap Press of Harvard University Press, 1990. La obra de Kawachi: Kawachi, I., y Kennedy, B., *The Health of Nations: Why Inequality Is Harmful to your Health*, Nueva York, New Press, 2002; y Kawachi, I., y Berkman, L., «Social ties and mental health», *Journal of Urban Health*, 78 (2001), 458. Éste contiene el estudio sobre la bebida en la universidad.

Página 529: Ser un miembro invisible de la sociedad: Antonovsky, A., «A sociological critique of the "Well-Being" movement», *Advances*, 10(3) (1994), 6.

Página 531: Más delincuencia: posesión de armas de fuego: Hemenway, D., Kennedy, B., Kawachi, L., y Putnam, R., «Firearm prevalence and social capital», *Annals of Epidemiology*, 11 (2001), 484. La desigualdad de ingresos predice delincuencia: Kawachi, L., Kennedy, B., y Wilkinson, R., «Crime: social disorganization and relative deprivation», *Social Science and Medicine*, 48 (1999), 719.

Página 532: * Evans: Evans, «Interpreting and addressing inequalities in health», *op. cit.*

Página 532: ** Salud en el Bloque del Este: Evans, «Interpreting and addressing inequalities in health», *op. cit.* Véase también Kennedy, B., Kawachi, I., y Brainerd, E., «The role of social capital in the Russian mortality crisis», *World Development*, 26 (1998), 2029.

Página 533: Y Estados Unidos: fuertemente armado: Hemenway y otros, *op. cit.* La metáfora de Putnam: Putnam, R., *Bowling Alone*, Nueva York, Simon & Schuster, 2000. La salud en Estados Unidos empeora incluso al compararla con Canadá en lo que respecta a la desigualdad de la renta: Lynch, «Income inequality and mortality», *op. cit.* La desigualdad de la renta se agrava en Estados Unidos: Atkinson, A. B., Rainwater, L., y Smeeding, T. M., *Income Distribution in OECD Countries: Evidence from the Luxembourg Income Study*, París, OECD, 1995; y Lindert, P. H., «When did inequality rise in Britain and America?», *Journal of Income Distribution*, 9 (2000), 11.

Página 534: La conclusión de Adler y sus colegas: Adler, N., Boyce, T., Chesney, M., Folkman, S., y Syme, S., «Socioeconomic inequalities in health: no easy solution», *Journal of the American Medical Association*, 269 (1993), 3140.

Capítulo 18
Cómo controlar el estrés

Página 537: Una descripción técnica de la alopecia areata se halla en Rook, A., y Dawber, R., *Diseases of the Hair and Scalp*, 2.ª ed., Oxford, Blackwell Scientific Publications, 1991. En la actualidad, sin embargo, no se produce cambio del color del pelo en tales circunstancias. La alopecia areata se manifiesta en personas que ya tienen el pelo algo blanco o gris. Al inicio del trauma, el pelo que no es gris o blanco se cae, probablemente porque el sistema inmunitario ataca los bulbos pilosos oscuros, lo que origina que todo el pelo que queda sea gris o blanco. Varios expertos a los que he consultado indican que, en cierto modo, los medios de comunicación han magnificado un fenómeno que es extremadamente raro y que suele durar semanas o meses, no producirse de la noche a la mañana.

Una descripción especialmente divertida de la historia de este trastorno y de las especulaciones que provocó se halla en Jelinek, J., «Sudden whitening of the hair», *Bulletin of the New York Academy of Medicine*, 48 (1972), 1003. Jelinek, catedrático de dermatología, narra muchas historias, a lo largo de los siglos, de personas que, condenadas a ser ejecutadas por el rey, vieron cómo, debido al terror que experimentaban, sus cabellos se volvían blancos la noche anterior a la ejecución. A la mañana siguiente, el prisionero, con el pelo completamente cano, es llevado ante el rey y la corte reunida para la ejecución. Todos se quedan maravillados y apenados ante la transformación y el pobre desgraciado obtiene el perdón. Numerosas fuentes afirman que el pelo y la barba de sir Tomás Moro, que había perdido el favor de Enrique VIII y fue condenado a muerte, se volvieron blancos el día anterior a la ejecución. Contrariamente a la norma de estas historias, Enrique no se conmovió en absoluto, la ejecución se llevó a cabo y la cabeza de Moro fue cocida y expuesta al público en el Puente de Londres. Durante el encarcelamiento previo a la ejecución, parece que el pelo de María Antonieta se volvió gris, aunque puede que éste no sea un caso de alopecia areata. «Existen cínicas conjeturas de que los guardianes del calabozo no se ocuparon de colocar tintes para el pelo en el tocador de su huésped. Los iconoclastas no respetan nada, ni siquiera los cabellos grises de la realeza», opina el mordaz doctor Jelinek.

Página 538: La tendencia a que la variabilidad aumente en la población anciana se discute en Rowe, J., Wang, S. y Elahi, D., «Design, conduct, and anaylysis of human aging research», en Schneider, E., y Rowe, J., *Handbook of the Biology of Aging*, 3.ª ed., San Diego, Academic Press, 1990, 63.

Las características de los supervivientes al Holocausto se discuten en Valent, P., «Holocaust survivors, experiences of», en Fink, ed., *Encyclopedia of Stress*, vol. 2, 396. Uno de los temas aquí tratados se resume en la cita de Viktor Frankl, psicoterapeuta y superviviente del Holocausto: «Todo se le puede arrebatar al hombre menos una cosa, la última de las libertades humanas: elegir la propia actitud ante cualquier circunstancia», Frankl, V., *Man's Search for Meaning* [*El hombre en busca de sentido*], Nueva York, Basic Books, 1985. Para volver a un tema en el que se ha hecho hincapié en diversos momentos de este libro, es muy impresionante y conmovedor que algunas personas pudieran soportar el infierno del Holocausto sin perder la capacidad de elegir su actitud. Sin embargo, nadie debería sermonear jamás a una víctima haciéndola ver que se espera de ella semejante prodigio de entereza.

Página 539: El alentador tema de un buen envejecimiento se revisa en Rowe, J., y Kahn, R., «Human aging: Usual and successful», *Science*, 237 (1987), 143; y Baltes, P., y Baltes, M., *Sucessful aging*, Cambridge, Cambridge University Press, 1990.

Página 542: Las ratas viejas sin lesiones cognitivas no presentan ninguno de los tipos habituales de degeneración: Issa, A., Rowe, W., Gauthier, S., y Meaney, M., «Hypothalamic-pituitary-adrenal activity in aged, cognitively impaired and cognitively unimpaired rats», *Journal of Neuroscience*, 10 (1991), 3247. Coger y tocar una rata en los primeros días de vida provoca una protección similar en la vejez: Meaney, M., Aitken, D., Bhatnager, S., Van Berkel, C., y Sapolsky, R., «Effect of neonatal handling on age-related impairments associated with the hippocampus», *Science*, 239 (1988), 766; Meaney, M., Aitken, D., y Sapolsky, R., «Postnatal handling attenuates neuroendocrine, anatomical and cognitive dysfunctions associated with aging in female rats», *Neurobiology of Aging*, 12 (1990), 31.

Página 543: * Las ratas madres que lamen y acicalan: Liu, D., Diorio, J., Tannenbaum, B., Caldji, C., Francis, D., Freedman, A., Sharma, S., Pearson, D., Plotsky, P., y Meaney, J., «Maternal care, hippocampal glucocorticoid receptors, and HPA responses to stress», *Science*, 277 (1997), 1659.

Página 543: ** Vaillant, G., y Mukamal, K., «Succesful aging», *American Journal of Psychiatry*, 158 (2001), 839.

Página 545: El efecto del Óscar: Redelmeier, D., y Singh, S., *Annals of Internal Medicine*, 134 (2001), 955. Los autores explican dicho efecto con el argumento de que al margen de lo espantosas que sean las interpretaciones posteriores y lo malas que sean las películas, «Un Óscar es un logro que nadie puede quitarle a uno».

Página 546: Maneras de enfrentarse al cáncer de un hijo: Wolff, C., Friedman, S., Hofer, M., y Mason, J., «Relationship between psychological defenses and mean urinary 17-hydroxycorticosteroid excretion rates, I., A predictive study of parents of fatally ill children», *Psychosomatic Medicine*, 26 (1964), 576. El posterior estudio de seguimiento que demostró que los padres con los niveles más bajos de glucocorticoides durante el periodo de remisión (relacionados con un grado elevado de negación) presentaban los más elevados cuando su hijo salió de esta fase y murió se halla en Hofer, M., Wolff, E., Friedman, S., y Mason, J., «A psychoendocrine study of bereavement, partes I y II», *Psychosomatic Medicine*, 34 (1972), 481.

Página 547: La resistencia a la indefensión aprendida se expone en Seligman, M., *Helplessness*, 2.ª ed., Nueva York, W. H. Freeman, 1992.

Página 548: Sapolsky, R., «Why should an aged male baboon transfer troops?», *American Journal of Primatology*, 39 (1996), 149; y Sapolsky, R., «The graying of the troops», *Discover* (marzo de 1996), 46.

Página 552: Cambio del perfil de colesterol en las personas del Tipo A que reciben psicoterapia: Gill, J., Price, V, y Friedman, M., «Reduction in Type A behavior in healthy middle-aged American military officers», *American Heart Journal*, 110 (1985) 503. Véase asimismo Thoresen, C., y Powell, L., «Type A behavior pattern: New perspectives on theory, assessment and intervention», *Journal of Consulting and Clinical Psychology*, 60 (1993), 595-604.

Página 553: El cambio de la respuesta de estrés con el tiempo en quienes aprenden a saltar en paracaídas: Ursin, H., Baade, E., y Levine, S., *Psychobiology of Stress*, San Diego, Academic Press, 1978.

Página 554: La automedicación en pacientes con dolores agudos se puede llevar a cabo en condiciones de seguridad: Norman, J., White, W., y Pearce, D., «New possibilities in analgesia: The demand analgesia computer. Round table on morphinomimetics», *Quinto Congreso Europeo de Anestesiología*, París, 1978; Jully, C., y Sibbald, A., «Control of postoperative pain by interactive demanda analgesia», *British Journal of Anaesthesiology*, 53 (1981), 385; Baumann, T., Bastenhorst, R., Graves, D., Foster, T., y Bennett, R., «Patient-controlled analgesia in the terminally ill cancer patient», *Drug Intelligence Clinical Pharmacology,* 20 (1986), 297; y Citron, M., Johnston-Early, A., Boyer, M., Krasnow, S., Hood, H., y Cohen, M., «Patient-controlled analgesia for severe cancer pain», *Archives of Internal Medicine,* 146 (1986), 734. Esta automedicación se asocia con una disminución general de la cantidad de medicamentos que se toma: Chapman C., y Hill, H., «Prolonged morphine self-administration and addiction liability: Evaluation of two theories in a bone marrow transplant unit», *Cancer,* 63 (1989), 1636; Chapman, C., «Giving the patient control of opioid analgesic administration», en Hill, C., y Fields, W., eds., *Advances in Pain Research and Therapy,* vol. 11, Nueva York, Raven Press, 1989, 339; y Chapman, C., y Hill, H., «Patient-controlled analgesia in a bone marrow transplant setting», en Foley, K., ed., *Advances in Pain Research and Therapy,* vol. 16 (1990), 231.

Página 555: Los estilos de enfrentarse a las situaciones difieren en los humanos jóvenes y viejos: Folkman, S., Lazarus, R., Pimley, S., y Novacek, J., «Age differences in stress and coping processes», *Psychology and Aging,* 2 (1987), 171.

Página 557: Manipulación de las variables psicológicas en poblaciones de residencias de ancianos: la amplia literatura sobre el tema se revisa en Rodin, J., «Aging and health: Effects of the sense of control», *Science,* 233 (1986), 1271; y Rowe, J., y Kahn, R., «Human aging: Usual and successful», *Science,* 237 (1987), 143. El estudio en que las funciones alcanzaron niveles inferiores a los previos al experimento se detalla en Schulz, J., «Effect of control and predictability on the physical and psychological well-being of the institutionalized aged», *Journal of Personality and Social Psychology,* 33 (1976), 563; y Schulz, R., y Hanusa, B., «Long-term effects of contol and predictability-enhancing interventions: Findings and ethical issues», *Journal of Personality and Social Psychology,* 36 (1978), 1194.

Página 559: Continuación del estudio del cáncer: Hofer, M., Wolff, E., Friedman, S., y Mason, J., «A psychoendocrine study of bereavement, parts I and II», *Psychosomatic Medicine,* 34 (1972), 481.

Página 560: * Continuación del estudio de las residencias de ancianos: Schultz, J., «Effects of control and predictability on the physicial and psychological well-being of the institucionalized aged», *op. cit.,* 563.

Página 560: ** Los efectos fisiológicos del ejercicio, y los perfiles de personalidad de los practicantes: Khatri, P., y Blumenthal, J., «Exercise», en Fink, ed., *Encyclopedia of Stress,* vol. 2, 98. La importancia de que el ejercicio sea voluntario: Greenwood, B., Foley, T.,

Day, H., Campisi, J., Hammack, S., Campeau, S., Maier, S., y Fleshner, M., «Freewheel running prevents learning helplessness/ behavioral depression: role of dorsal raphe serotonergic neurons», *Journal of Neuroscience*, 23 (2003), 2889.

Página 562: Algunos artículos que demuestran los efectos saludables de la meditación trascendental en diversos aspectos fisiológicos (el nivel de glucocorticoides en estado de reposo, el consumo de oxígeno, el ritmo cardíaco, etc.): Wallace, R., «Physiological effects of transcendental meditation», *Science*, 167 (1970), 1751; Wallace, R., y Benson, H., «The physiology of meditation», *Scientific American* (febrero de 1972), 84 (estos dos artículos tratan del mismo material, pero el segundo es más accesible y ofrece una visión más general del tema); Jevning, R., Wilson, A., y Davidson, J., «Adrenocortical activity during meditation», *Hormones and Behavior,* 10 (1978), 54; Carlson, L. E., Speca, M., Patel, K. D., y Goodey, E., «Mindfulness-based stress reduction in relation to quality of life, mood, symptoms of stress, and immune parameters in breast and prostate cancer outpatients», *Psychosomatic Medicine*, 65 (2003), 571; Newberg, A., Alavi, A., Baime, M., Pourdehnad, M., Santanna, J., y D'Aquili, E., «The measurement of regional cerebral blood flow during the complex cognitive task of meditation: a preliminary SPECT study», *Psychological Research*, 106 (2001), 113; Lazar, S., Bush, G., Gollub, R., Fricchione, G. Khalsa, G., y Benson, H., «Functional brain mapping of the relaxation response and meditation», *NeuroReport,* 11 (2000), 1581; y Carlson, L., Speca, M., Patel, K., y Goodey, E., «Mindfulness-based stress reductions in relation to quality of life, mood, symptoms of stress and levels of cortisol DNEAS and melatonin breast and prostate cancer outpatients», *Psychoneuroendocrinology*, 29 (2004), 448.

Página 567: John henrismo: James, S., «John Henryism and the health of African-Americans», *Culture, Medicine and Psychiatry,* 18 (1994), 163. Un *locus* de control internalizado en una población de estudiantes de Harvard: Peterson, C., Seligman, M., y Vaillant, G., «Pessimistic explanatory style is a risk factor por physical illness: a thirty-five-year longitudinal study», *Journal of Personality and Social Psychology,* 55 (1988), 23.

Página 569: La función inmunitaria tiende a disminuir en los roedores alojados en grupo: Bohus, B., y Koolhaas, J., «Psychoimmunology of social factors in rodents and other subprimate vertebrates», en Ader, R., Felten, D., y Cohen, N., eds., *Psychoneuroimmunology,* 2.ª ed., San Diego, Academic Press, 1991, 807. El alojamiento en grupo tiende a elevar el nivel de glucocorticoides en roedores y primates: Levine, S., Wiener, S., y Coe, C., «The psychoneuroendocrinology of stress: A psychobiological perspective», en Levine, S., y Brush, F., eds., *Psychoendocrinology*, San Diego, Academic Press, 1989. En esta revisión se discute asimismo el estudio que demuestra que las crías de mono separadas de sus madres no se sienten consoladas (es decir, no presentan menor secreción de glucocorticoides) simplemente por el hecho de colocarlas en un grupo social. Véase asimismo Clarke, A., Czekala, N., y Lindburg, D., «Behavioral and adrenocortical responses of male cynomolgus and lion-tailed macaques to social stimulation and group formation», *American Journal of Primatology*. Las desavenencias matrimoniales se asocian con la supresión de la inmunidad: Kiecolt-Glaser, J., Fisher, L., Ogrocki, P., Stout, J., Speicher, C., y Glaser, R., «Marital quality, marital disruption, and immune function», *Psychosomatic Medicine*, 49 (1987), 13; Kiecolt-Glaser, J., Kennedy, S., Malkoff, S., Fisher, L., Speicher, C., y Glaser, R., «Marital discord and immunity in males», *Psychosomatic Medicine*, 50 (1988), 213; y Kiecolt-Glaser, J., Malar, J., Chee, M., Newton, T., Cacioppo, J., Mao, H., y Glaser, R., «Negative behavior during martial conflict is associated with immunological down-regulation», *Psychosomatic Medicine*, 55 (1993), 395. Los peligros para la salud de un mal matrimonio: Robles, T., y Kiecolt-Glaser, J., «The physiology of marriage: pathways to health», *Physiology and Behavior*, 79 (2003), 409.

Página 573: Religión y salud. Religiosidad frente a espiritualidad: Hill, P., y Pargament, K., «Advances in the conceptualization and measurement of religion and spirituality», *American Psychologist*, 58 (2003), 64. La obra de Thoresen se puede encontrar en Thoresen, C., «Spirituality and health: is there a relationship?», *Journal of Health Psychology*, 4 (1999), 291; McCullough, M., Hoyt, W., Larson, D., Koenig, H., y Thoressen, C., «Religious involvement and mortality: a meta-analytic review», *Health Psychology*, 19 (2000), 211; Miller, W., y Thoresen, C., «Spirituality, religion and health», *American Psychologist*, 58 (2003), 24; y Powell, L., Shahabi, L., y Thoresen, C., «Religion and spirituality: linkages to physical health», *American Psychologist*, 58 (2003), 36. Este último me parece especialmente útil. La obra de Sloan: Sloan, R., y Bagiella, E., «Claims about religious involvement and health outcomes», *Annals of Behavioral Medicine*, 24 (2002), 14-21. La observación de Galton se señala en Brown, A., *The Darwin Wars*, Nueva York, Simon and Schuster, 1999. Menor riesgo de depresión y enfermedad cardiovascular: Luskin, E., «Review of the effect of spiritual and religious factors on mortality and morbidity with a focus on cardiovascular and pulmonary disease», *Journal of Cardiopulmonary Rehabilitation*, 20 (2000), 8; Koenig, H., McCullough, M., y Larson, D., *Handbook* *of Religion and Health,* Nueva York, Oxford University Press, 2001; y Larson, D., Swyers, J., y McCullough, M., *Scientific Research on Spirituality and Health: A Consensus Report,* Rockville, Md., National Institutes of Health, 1998.

Página 574: Respuestas a la crítica de Sloan: McCullough, M., Hoyt, W., Larson, D., «Small, robust, and important: reply to Sloan and Gabriella 2001», *Health Psychology,* 20 (2001), 228.

Página 576: * Algunos ejemplos extraordinarios de dichas fuentes de consuelo se pueden hallar en Van Biema, D., *Time* (16 de julio de 2001), 62.

Página 576: ** Packer, S., «Religion and stress», en Fink, ed., *Encyclopedia of Stress,* vol. 3, 348.

Página 577: Seligman, M., Learned Optimistm, Nueva York, Knopf, 1991-.

Página 578: La obra de Antonovsky se resume en Antonovsky, A., «A sociological critique of the "Well-Being" movement», *Advances,* 10, núm. 3 (1994), 6.

Página 581: Advertencias contra el hecho de sobrecargar a las personas ancianas con un exceso de control y de responsabilidad: Rodin, J., «Aging and health: effects of the sense of control», *Science,* 233 (1986), 1271; Langer, E., *The Psychology of Control,* Beverly Hills, California, Sage, 1983; y Langer, E., *Mindfulness,* Reading, Massachusetts, Addison Wesley Publishing, Co., 1989.

Los peligros de la ira no realista: Williams, R., *The Trusting Heart: Great News about Type A Behaviour,* Nueva York, Random House, 1989. Asimismo Williams, R., y Williams, V., *Anger Kills: Seventeen Strategies for Controlling the Hostility That Can Harm Your Health,* Nueva York, Times/Random House, 1993.

Página 582:Las ventajas de la negación: Lazarus, R., «The costs and benefits of denial», en Breznitz, S., ed., *The Denial of Stress,* Nueva York, International Universities Press, 1983, 1.

ÍNDICE ANALÍTICO

y respuesta de estrés, 31,
114, 124-129, 332

Galton, Francis, 573, 722
Genética y depresión,
401-402, 408-409, 687
Glándulas suprarrenales,
secreción de
glucocorticoides por las,
55-57, 62, 221, 270, 346,
376, 410
Glucagón, 57, 95, 164, 353
Glucocorticoides, 55-63,
405-416
aumento del apetito por
los, 112-114, 117, 119, 427,
608
en el metabolismo de la
glucosa, 95-105, 150, 602-604
en la depresión, 248, 305,
313, 384, 407-416,
426-430, 444-447, 692, 694
en el síndrome de Cushing,
172, 233-234, 303,
312-313, 316, 407, 626,
653
exceso, muerte y, 345-346
farmacológicos, 173, 311,
350
neurotoxicidad de los,
311-312, 349-351, 666
para enfermedades
autoinmunes, 241-250, 641
metabolismo del calcio y,
172-173
niveles en la depresión,
62-63, 305, 313, 384, 409-
416, 444, 664, 683, 692,
694
regulación de la
retroalimentación de los,
348-350, 410

y antiglocorticoides,
413-416
y atrofia muscular, 98
y debilitamiento de la
memoria, 302-303, 314, 331
y degeneración del
hipocampo, 309-319,
349-350, 384, 412, 542,
666-667
y diabetes, 101-102, 602, 604
y envejecimiento, 314-315,
344-351, 541-542, 675
y sida, 318, 669
y sistema inmunitario,
218-231, 233-234, 241-
255, 318, 617, 641, 644
Véase también respuesta de
estrés
Gluconeogénesis, 96, 98, 600
Grasa corporal, y
reproducción femenina, 192
Gross, James, 455, 465, 701
Grupos de apoyo
para enfermos de cáncer,
251-254, 654
y tolerancia al estrés,
358-361
Guillemin, Roger, 51-54, 282,
590-591, 661

Hairston, Ilana, 329, 670
Harlow, Harry, 174-178, 627
Harris, Geoffrey, 51, 54, 590
Helicobacter pylori, 130-134,
137, 614
Henry, James, 62, 74, 591,
594, 650
Hidrocortisona, *véase*
glucocorticoides
Hienas, función eréctil en las,
189-190

ÍNDICE